实验动物从业人员

上岗培训教材

第2版

杨利峰　刘文菊　贺争鸣　主编

中国农业大学出版社
·北京·

内 容 简 介

本教材旨在为实验动物从业人员提供全面系统的培训，内容涵盖实验动物资源、实验动物法制化管理、实验动物标准及质量管理、动物实验常用操作技术、实验动物的福利与伦理、实验动物机构职业健康安全管理等方面，帮助从业人员掌握实验动物科学的基本理论、操作技能和管理规范，以提升实验动物从业人员的专业化、标准化水平。本教材内容系统全面，涵盖实验动物科学的各个方面，满足不同层次实验动物从业人员的学习需求；注重实践应用，结合案例分析，帮助实验动物从业人员将理论知识应用于实际工作；强调伦理规范，将实验动物福利和伦理贯穿始终，引导实验动物从业人员树立正确的伦理观念；紧跟时代步伐，反映了实验动物科学领域的最新进展和发展趋势。

本教材适用于实验动物生产、使用、管理等相关从业人员，高等院校实验动物相关专业师生以及对实验动物科学感兴趣的其他人员，希望本教材的出版能为以上从业人员提供专业指引，推动我国实验动物行业向更加规范化、人性化、国际化的方向迈进，为人类健康事业和生命科学的进步做出应有的贡献。

图书在版编目(CIP)数据

实验动物从业人员上岗培训教材 / 杨利峰，刘文菊，贺争鸣主编．-- 2 版．-- 北京 ：中国农业大学出版社，2025．3．-- ISBN 978-7-5655-3430-0(2025.10 重印)

Ⅰ．Q95-331

中国国家版本馆 CIP 数据核字第 2025ZG5057 号

书　　名　实验动物从业人员上岗培训教材　第 2 版

Shiyan Dongwu Congye Renyuan Shanggang Peixun Jiaocai

作　　者　杨利峰　刘文菊　贺争鸣　主编

策划编辑　张　程　　　**责任编辑**　张　程　张　妍

封面设计　李尘工作室

出版发行　中国农业大学出版社

社　　址　北京市海淀区圆明园西路 2 号　　　**邮政编码**　100193

电　　话　发行部 010-62733489，1190　　　读者服务部 010-62732336

编辑部 010-62732617，2618　　　出　版　部 010-62733440

网　　址　http://www.caupress.cn　　　**E-mail** cbsszs@cau.edu.cn

经　　销　新华书店

印　　刷　运河(唐山)印务有限公司

版　　次　2025 年 3 月第 2 版　　2025 年 10 月第 2 次印刷

规　　格　210 mm×285 mm　　16 开本　　24.25 印张　　704 千字

定　　价　75.00 元

第 2 版编审人员

主　　编　杨利峰　刘文菊　贺争鸣

副 主 编　李学勇　王　文　付　瑞　常　在　卢选成　陈柏安

编写人员（以姓氏笔划为序）

于　洋　牛屹东　王　文　王　吉　王　洪　王凤超
王玉佳　王守雄　王嘉琪　韦玉生　付　瑞　卢选成
左　琴　白　玉　刘　帅　刘　津　刘　铭　刘云波
刘文菊　刘执寅　刘苗苗　刘晓宇　刘甦苏　孙芳玲
巩　薇　闫　辰　张　锐　张　静（首都医科大学）　张　静（清华大学）
张艺钟　李　吏　李　秦　李学勇　李胜利　李晓燕
李嘉赢　杜　凯　杨利峰　邢　进　陈　华　陈柏安
战大伟　胡建武　范　涛　常　在　康爱君　郭慧敏
董　浩

主　　审　王　熙　赵德明　李根平

第 1 版编写人员

主　编　孙德明　李根平　陈振文　郑振辉

副主编（以姓氏笔画为序）

王天奇　刘鸿雁　沈培清　陈志高　岳秉飞　林建伟
荣瑞章　黄　韧　窦如海

编　者（以姓氏笔画为序）

王天奇　王可洲　刘文菊　刘鸿雁　孙树和　孙荣泽
孙德明　吴思寡　张　钰　李根平　沈培清　陈志高
陈振文　岳秉飞　林建伟　郑振辉　荣瑞章　郝自强
黄　韧　窦如海

第2版前言

党的二十大指出，深化科技体制改革。实验动物作为生命科学研究的重要工具和人类健康事业发展的关键支撑，在基础研究、药物研发等环节中发挥着不可替代的作用。然而，实验动物的合理应用不仅关乎科学研究的严谨性与可靠性，更涉及福利伦理、法制规范以及从业人员职业安全等多维度问题。因此，培养一支具备专业素养、伦理意识与规范操作能力的实验动物从业人员队伍已成为推动科研高质量发展、践行科技向善理念的必然要求。

为适应新时代实验动物科学与应用领域的发展需求，我们组织实验动物领域的专家学者、行业管理者及一线技术人员，结合国内外最新法律法规、技术标准、管理规范与实践经验，编写了本教材第2版。本教材第2版以“科学、规范、伦理、安全”为核心，系统梳理实验动物工作的全流程要点，旨在为实验动物从业人员提供理论指导与实践参考，助力提升行业人员的整体水平。

本教材共有六个部分。第一章，实验动物资源：解析了实验动物的生物学特性、遗传背景及资源分类，帮助从业人员科学选择实验动物，保障研究数据的准确性与可重复性；第二章，实验动物法制化管理：呈现了国内外最新的法律法规与行业标准，阐明实验动物生产、使用、运输等环节的合规要求，强化从业者的法制意识与责任担当；第三章，实验动物标准及质量管理：从微生物、寄生虫、病理、环境设施等监测，系统地介绍了实验动物质量管理的标准化体系，确保动物健康与实验结果的科学性；第四章，动物实验常用操作技术：聚焦动物实验的规范化操作流程，涵盖动物保定、给药、采样、麻醉与安乐死等关键技术，强调操作的精准性与动物福利保护的平衡；第五章，实验动物的福利与伦理：深入探讨“3R原则”的实践路径，引导从业人员在科研创新中践行伦理关怀，构建人与动物和谐共处的科研生态；第六章，实验动物机构职业健康安全管理：针对实验动物从业环境中的生物安全、化学品危害及职业暴露风险等，提出科学防控策略，保障人员健康与实验室安全运行。

本教材既可作为高等院校实验动物专业教学用书，也可为科研机构、医药企业、检测机构等单位的实验动物从业人员提供系统化培训支持。在编写过程中，我们注重理论与实践结合，通过案例分析、操作图示与法规附录等形式增强实用性，力求使读者在掌握专业知识的同时，树立尊重生命、敬畏科学的职业价值观。在本教材付梓之际，感谢全体参编人员付出的辛勤劳动。由于编写水平有限，书中难免有不足之处，希望同行和其他读者不吝赐教，批评指正。

编　者

2025年2月8日

第 1 版前言

目前，快速发展的生命科学对实验动物行业人才队伍提出了更高的要求，强化实验动物人才队伍建设，建立实验动物人才专业化职业化培训、考核和资格认定标准体系，是我国实验动物事业持续、健康、快速发展的基础和保障。根据《实验动物管理条例》对从业人员进行技术培训和考核的要求，参考国际现代实验动物人才职业化的发展趋势以及我国现代实验动物行业专业技术人才队伍建设的实际需要，根据“国家实验动物人才培训考核体系的建立”项目所制定的《实验动物专业人才分类分级标准》和《实验动物人才培训考核评估办法》，科技部和北京市科委通过专门立项，组织专家编写了《实验动物从业人员上岗培训教材》《初级实验动物专业技术人才考试参考教材》《中级实验动物专业技术人才考试参考教材》《高级实验动物专业技术人才考试参考教材》《初级动物实验专业技术人才考试参考教材》《中级动物实验专业技术人才考试参考教材》和《高级动物实验专业技术人才考试参考教材》。

本教材为《实验动物从业人员上岗培训教材》，分 4 章共 21 节，重点突出对申请“实验动物从业人员岗位证书”的各类人员各项基本的和规范性的要求。本教材力求内容丰富，涵盖上岗人员应知应会的和必要的知识点。所有编写内容尽可能做到深入浅出、通俗易懂，语言文字规范、准确、没有歧义。本书各章节内容紧紧围绕培训目标，充分体现本教材的实用性、系统性、完整性、科普性和行业管理的规范性。教材的内容强调实验动物行业工作的特殊性，从基础知识、基本技能和基本规范入手，循序渐进，具有一定的可读性、可操作性和可考核性。在编写过程中，充分收集了国内外先进的知识、技术和管理经验及成果，立足本国国情并尽可能地与国际接轨。

本教材的定位是基于我国《实验动物专业人才分类分级标准》，将实验动物行业从业人员划分为“实验动物专业技术人才”和“动物实验专业技术人才”两个类别，作为新进入实验动物行业的两类人员均须先行参加由地方实验动物管理部门组织的“实验动物从业人员岗位证书”专门考试，合格后方可获得从事实验动物和动物实验工作资格，也才具有申请实验动物专业技术等级考试的报名资格。本教材也适于实验动物学科初学者或其他专业相关人员培训和自学时使用，同时也为他们今后的工作提供重要的参考工具。

众多实验动物行业专家参与编写并反复修改，使本教材成为一本质量较高并有专业特色的培训教材，它的出版将为提高我国实验动物行业科技和管理从业人员的专业素质和技能，促进实验动物科学技术事业的健康快速发展起到积极的推动作用。

由于编者知识、水平和能力所限，加之实验动物科学发展迅速，新规范、新知识、新技术不断涌现，虽然参编者已尽全力，但遗漏和错误在所难免，恳请同行专家和读者见谅，敬请不吝指正。

孙德明

2011 年 6 月

目录

第一章

实验动物资源

第一节 实验动物科学概述

一、实验动物科学

实验动物科学(laboratory animal science)是专门研究实验动物和动物实验的一门综合性的应用学科。实验动物科学是生命科学的一个分支,又是生命科学重要的基础支撑。实验动物是活的"精密仪器"。实验动物资源、实验动物标准化和动物实验的规范化是实验动物科学的重要内容。

实验动物科学主要涵盖两个方面:一方面是实验动物,包括实验动物培育、保存生物学特性、生活环境、饲养繁殖与管理、质量监测、疾病防治、野生动物的实验动物化等,以最终达到实验动物质量标准化为目的,保证现代生物医学的实验研究可以获得质量可靠、来源充足、经济、安全、使用方便、符合各种实验要求的标准化实验动物;另一方面是动物实验,以实验动物为材料或模型,探索和规范动物实验相关技术和方法,以及各种动物实验科学设计、顺利进行的技术和条件,研究实验过程中实验动物的反应及其发生机制和发展规律。

二、实验用动物

实验用动物(experimental animal)泛指用于各类实验的所有动物,即用于实验的动物。在广义上,包括实验动物、野生动物、经济动物和其他动物。"实验用动物"这一概念只表明该类动物被用于实验这一用途属性,不表明该类动物的质量属性或其使用的规范性。狭义上是指尚无国家标准、行业标准或地方标准但却用于各类实验的动物。

三、实验动物

实验动物(laboratory animal)是指经人工饲育,对其携带的微生物和寄生虫实行控制,遗传背景明确或者来源清楚的,用于科学研究、教学、生产、检定以及其他科学实验的动物。我国对不合格的实验动物以及本不属于实验动物的各类实验用动物的使用,是通过《实验动物管理条例》第十九条明令予以禁止的,即"应用不合格实验动物取得的检定或安全评价结果无效,所生产的制品不得使用"。

四、实验动物的特征

在我国,实验动物有法定的概念。实验动物是广义的实验用动物中的一个特殊群体,也是为满足科学研究需要而人工定向培育的标准化动物。在自然环境中,并不存在标准化的实验动物。非实验动物则必须经过人工培育才可能转化为实验动物。

实验动物通常应具有以下特征。

(一)遗传背景明确

实验动物是遗传限定动物(genetically defined animal)。基因影响动物对外界刺激的反应,不同遗传背景的实验动物对同一实验处理的反应不同。为了保证实验研究结果的相对均一性和可比性,须对动物的基因杂合性进行限定。根据遗传特点的不同,实验动物被培育成近交系(inbred strain)、封闭群

(closed colony)和杂交群(hybrid colony)等。

(二)对所携带的微生物和寄生虫实施监测

实验动物繁育的正常进行和动物实验结果的可靠性、准确性与其健康状态均有着直接关系。在自然状态下,动物会受到不同病原微生物、寄生虫等的感染。由于所感染的病原体种类与致病性不同,动物的健康状况也会不同,用这样的动物进行科学研究会影响研究结果。因此,在实验动物的繁育和使用过程中,必须对其携带的微生物和寄生虫实施监测。对实验动物携带的微生物、寄生虫进行监测和控制不仅可起到预防人畜共患病的目的,也可保证实验结果的准确性和可靠性。根据对微生物和寄生虫的控制程度,我国将实验动物划分为四个等级:普通级动物、清洁级动物、无特定病原体级动物和无菌级动物。

(三)特定的环境条件、人工科学饲育

除基因会影响动物的反应外,生存环境同样会影响动物的反应。实验动物是在标准的环境中,经过科学繁殖和人工培育的动物。通常越是高质量、高等级的实验动物和利用基因工程技术制作的基因修饰动物受环境因素影响越大。因此,标准化的环境条件是实验动物生产繁育和实验使用的必要前提条件。

(四)应用范围明确

实验动物可用于科学研究、教学、生产、检定以及其他科学实验。其应用领域包括医学、制药、化工、畜牧、农业、工业、环保、商检、外贸、军工、航空航天以及人类生命现象研究等。实验动物在其中扮演着不可替代的“替身”角色,是标准化的工具,还是现代精密复杂仪器无法完全替代的独一无二的“活的精密仪器”。

(五)与其他动物区别的特征

我国政府对实验动物实行许可证制度和质量监督制度,实行统一的法制化管理和质量标准控制。因此,实验动物与实验用动物以及其他用途的动物有着规范化的明确界定,且在法规和技术层面有着本质上的区别。我国实验动物的工作由国家科技行政主管部门主管,其遗传学、微生物学、营养学和饲育环境等方面的标准由国家技术监督主管部门统一颁布,并强制执行,这是我国实验动物工作特有的管理模式,也是近年来实验动物工作得以快速、健康发展的法制保障和技术保障。

第二节 实验动物资源分类与生产

实验动物资源是生物医学研究的重要基础,广泛应用于科学实验、药物研发、毒理学评价等领域。为了更好地管理和利用实验动物资源,有必要对其进行合理的分类。

一、实验动物资源分类

(一)按照用途分类

1. 教学类实验动物

教学类实验动物主要用于全日制中等、高等教育和职业培训机构的教学活动,如医学、生物学、药学等专业课程。随着教育规模的扩大和专业课程的增加,教学型实验动物的需求量逐步增加。兔和犬等实验动物常被用于教学示范,具有相对较高的认知度和可操作性,有助于提高学生对相关学科的理解和掌握。

随着生物技术的不断发展，新的实验动物的品种和品系不断涌现，为教学提供了更多的选择。例如，基因编辑技术的发展产生了许多具有特定基因突变的实验动物品系，这些品系对于理解基因功能和表型具有重要意义。此外，一些新的实验动物品种，如小型猪和迷你猪等，也为教学提供了新的选择。

近年来，新技术在教学类实验动物中的应用日益广泛。例如，光学成像技术可以用于实时观察动物体内的生理变化；基因编辑技术可以用于研究特定基因的功能；人工智能和机器学习技术可以用于分析实验数据和预测实验结果。这些新技术的应用提高了教学实验的效率和精度。随着人们对动物权益的关注度不断提高，教学实验中的伦理问题也逐渐得到更多的重视。因此，需要不断探索新的教学方法和技术，以便更好地利用实验动物进行教学。同时，我们也应关注实验动物的伦理问题，尽可能地减少对动物的伤害，减轻动物的痛苦。

总的来说，教学类实验动物的发展正在不断进步，为教学提供了更多选择和技术支持。同时，我们也应关注实验动物的伦理问题和使用规范，以保护动物的权益和福利。只有科学、合理地利用教学类实验动物，才能更好地服务于生命科学研究和教学工作。

2. 科研类实验动物

科研类实验动物是指在科学研究中广泛使用的动物，主要用于科学研究和探索。科研类实验动物主要由小鼠、大鼠、豚鼠、兔等几个主要品种组成，其中，小鼠和大鼠因其与人类的基因相似度高、繁殖速度快等特点成为科研中常用的实验动物。目前已培育出能够满足多类实验需求的标准实验动物。例如，小鼠和大鼠常用于基因功能和疾病机制研究，豚鼠和兔常用于免疫学和生理学研究，线虫和果蝇等常用于衰老研究等。

随着免疫学、肿瘤学和疫苗研究等领域的发展，免疫缺陷动物模型和遗传修饰动物模型成为该类实验动物的热点。免疫缺陷动物模型是研究免疫系统相关疾病的理想模型。近年来，科研人员成功培育了多种免疫缺陷小鼠和大鼠模型，为免疫学、肿瘤学和疫苗研究等领域提供了有力支持。遗传修饰动物模型是科学家们通过转基因和基因敲除技术对动物基因组进行精确的改造。目前，已经成功构建多种具有特定表型和生理特征的转基因和基因敲除动物模型。这些模型在药物研发、毒理学研究和疾病机制研究中发挥了重要作用。另外，再生医学是一个迅速发展的领域，实验动物在再生医学的研究中也发挥了关键作用。例如，通过将人类干细胞注入免疫缺陷的实验动物，可以生成与人相似的组织和器官，为药物和疾病研究提供了更为真实的模型。此外，一些实验动物本身就是再生医学研究的对象，如具有强大再生能力的蝾螈和水螅等。不同学科之间的交叉融合将推动技术革新和科研方法的改进，为实验动物研究带来新的突破和发展。在具体的实验操作过程中，应根据课题研究的具体内容来选择适当的动物。免疫学、遗传学、肿瘤学研究领域，应该选择遗传纯合度高，遗传性状稳定的近交系动物，这样既可以保证实验结果的准确性和可靠性，又提高了实验的可重复性。

总的来说，科研类实验动物取得了显著进展，为人类健康和科技进步做出了重要贡献。随着科技的不断进步和伦理观念的加强，实验动物在研究中的应用将继续向更加人性化、精确化和高效化的方向发展。

3. 药物研发类实验动物

药物研发类实验动物在新药研发的各个阶段都发挥着不可或缺的作用，包括靶点发现、先导化合物筛选、候选药物确定、临床前研究、临床试验和上市审批等阶段。常用的实验动物模型包括小鼠、大鼠、兔、犬和猴等，这些实验动物模型在药物研发的不同阶段发挥着不同的作用。随着新药研发投入的增加，药物研发型实验动物的市场需求持续增长。随着生物技术的进步，基因工程、细胞工程等新型药物研发手段的出现，对药物研发类实验动物的需求也将进一步增加。

在靶点发现阶段，实验动物主要用于验证靶点的功能和作用机制。科研人员通过基因敲除或敲入技术，构建具有特定基因变异的人源化动物模型，用于验证靶点的功能、药物与靶点的相互作用以及评估药物的初步效果。

先导化合物筛选阶段，实验动物主要用于评估先导化合物的活性和安全性。研究人员通过给动物模型服用不同浓度的先导化合物，观察其生理反应和生化指标变化，用以筛选出具有潜在疗效且副作用小的先导化合物；也可通过基因编辑和诱导多能干细胞技术，构建具有特定基因突变的动物模型，用以模拟罕见疾病或特定人群的疾病特征。这有助于开发针对特定患者群体的个性化药物。

在临床前研究阶段，实验动物模型主要用于评估药物的疗效和安全性。研究人员通过给动物模型服用不同剂量的药物，观察其治疗效果以及对疾病模型的改善作用。同时，对动物的毒性反应和副作用进行监测，以确保药物的安全性。利用各种动物模型，模拟人类的病理生理过程，对新药进行全面的评估。此外，实验动物在药物代谢和药效动力学研究中也发挥着重要作用，为临床试验提供了重要的数据支持。

在临床试验阶段，虽然以人为研究对象，但实验动物模型仍具有重要作用。研究人员通过人源化动物模型来模拟人类的疾病情况，对新型疗法的效果进行初步评估。此外，动物模型还在研究药物的代谢、分布和排泄等方面，为临床试验提供重要参考依据，从而降低临床试验的风险。

毒理学评价是新药研发中不可或缺的一环，大鼠和小鼠是常用的模型动物，具有诸多优势。第一，大鼠和小鼠的生命周期短，可以降低研究成本减少研究时间；第二，大鼠和小鼠具有适应性强和繁殖周期短的特点，能够满足实验数量需要；第三，大鼠和小鼠基因组和人类相似，具有与人类相似的基因表达模式。随着新药研发的复杂性和安全要求的提高，实验动物在毒理学评价中的需求呈现出稳步增长的趋势，例如，非啮齿类动物模型（如小型猪和非人灵长类等）在药物安全性评价中的应用逐渐增多，这些动物模型与人类更接近，能更准确地预测药物对人体的毒性作用。此外，利用组织工程和 3D 打印技术创建的动物模型也在毒理学评价中发挥了作用。

随着科技的不断进步，实验动物模型的应用将更加精准、高效和人性化。未来，随着替代性实验动物模型和计算机模拟技术的发展，实验动物在新药研发中的应用将更加广泛和深入，可为新药的研发提供更准确、更可靠的数据支持。

4. 生物技术类实验动物

生物技术类实验动物主要用于基因编辑、细胞治疗等生物技术的研发和应用。随着基因编辑技术的发展，生物技术类实验动物在医学、农业等领域的应用越来越广泛。传统的实验动物种类主要包括小鼠、大鼠、兔和犬等。然而，随着生物技术的不断发展，实验动物的种类也在不断增多。例如，基因编辑技术的发展使基因改造实验动物成为可能，如基因敲除小鼠、基因敲入小鼠等。此外，为了模拟人类疾病，研究人员还培育了转基因猴、转基因猪等动物模型。

基因工程是生物技术的核心领域之一，而实验动物则是基因工程的重要工具。基因敲除、基因敲入等基因工程技术可以对实验动物的基因进行改造，进而研究基因的功能和作用机制。此外，基因工程实验动物还可以用于药物筛选和疾病模型的建立。

干细胞研究是当前生物技术领域的前沿和热点，而实验动物在干细胞研究中发挥着重要的作用。将干细胞注入实验动物的胚胎或利用成年组织可以研究干细胞的分化、发育和再生机制，从而为治疗疾病提供新的思路和方法。

实验动物作为生物技术领域的重要工具和模式动物，随着基因治疗等新型生物技术的普及，生物技术的不断进步和应用领域的拓展，实验动物的研究将不断取得新的进展和突破。

5. 医疗器械评价类实验动物

医疗器械评价类实验动物是指专门用于医疗器械安全性和有效性评估实验的动物。其在医疗器械的研发、改进和安全性评估过程中发挥作用，帮助研究人员了解医疗器械在生物体内的作用机制、潜在的不良反应以及治疗效果等。常用于医疗器械临床评价的实验动物包括小鼠、大鼠、兔、犬、猪等，这些实验动物通常是经过严格的筛选和培育的特定品种或品系，它们与人类在生理、病理和基因上具有一定的相似性，因此能够模拟人类在接受医疗器械治疗或检测时的反应。其选择依据多方面的因素，如医疗器械的特性、预期用途、作用机制及人体相似性等。例如，用于心血管器械评价的猪，其心血管系统的结构和功能与人类相似；用于骨科器械评价的兔，其骨骼生长和修复特点可作为参考。在具体实验中，通过观察动物使用器械后的生理指标变化、组织病理学反应，判断其是否存在毒性、刺激性、致敏性等；也用于检测器械的有效性，如器械的治疗效果、诊断的准确性等。

医疗器械评价类实验动物的作用主要体现在以下几个方面：第一，实验动物可以用于测试医疗器械的物理性能，如强度、耐用性和生物相容性等；第二，实验动物可模拟人类疾病模型，评估医疗器械的治疗效果；第三，通过动物实验可以预测医疗器械可能引发的生物反应，如免疫反应、炎症反应等，从而为后续的临床试验提供重要参考；第四，实验动物还有助于发现医疗器械的潜在风险，如毒性、致癌性等，确保医疗器械的安全性。总之，医疗器械评价类实验动物是医疗器械研发过程中不可或缺的一环，通过其模拟人类的反应，为医疗器械的性能测试、治疗效果评估和安全性评价提供重要依据。这些实验动物的存在，不仅有助于提高医疗器械的质量和安全性，也为人类的健康事业做出了巨大贡献。

(二)按照动物种属分类

实验动物包括小鼠、大鼠、豚鼠、地鼠、兔、犬、猴等哺乳类动物；鸡、鸭、鸽等禽类动物；斑马鱼、剑尾鱼等鱼类动物；牛蛙、非洲爪蟾等两栖类动物；果蝇、线虫等无脊椎动物等。

(三)按照是否经过基因工程改造分类

基因工程(gene engineering)是应用人工方法将重组后的体外 DNA 导入某种宿主细胞或个体，从而改变其遗传特性。这种创造新生物并赋予新生物以特殊功能的过程即为基因工程，也称 DNA 重组技术。根据对基因修饰的不同方式，基因工程分为以下几种。

1. 基因敲除

基因敲除是在 20 世纪 80 年代后期应用 DNA 同源重组原理基础上发展起来的，分为全身性基因敲除和条件性基因敲除。

(1)全身性敲除　全身性基因敲除(knockout)是指通过分子生物学方法，某一基因被敲除，或者通过同源重组将外源基因定点整合入靶细胞基因组上某一确定的位点，以达到定点修饰改造染色体上某一基因的目的的一种技术。其特征是将全身性的基因片段直接敲除，模型动物所有的组织和细胞都不表达该基因产物。

全身性敲除的常规制备方法是通过基因打靶，将目标基因的几个重要的外显子或功能区用 Neo Cassette 替换掉。目前，利用 CRISPR 基因编辑技术，将设计好的 sgRNA 与 Cas9 mRNA 或 Cas 蛋白共同注射入小鼠的受精卵，通过随机非同源性末端连接修复，使基因组移码突变或片段敲除，从而实现基因敲除(图 1-1)。该类基因敲除方式一般用于研究某个基因在小鼠体内的病理生理影响，且该基因没有胚胎致死性。

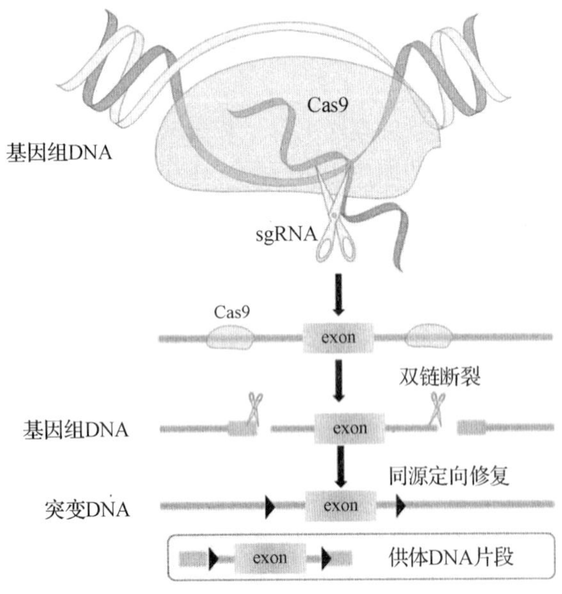

图 1-1　CRISPR/Cas9 的组成及工作原理示意图

(2)条件性敲除　条件性基因敲除(conditional knockout)是指将某个基因的修饰限制于动物某些特定类型的细胞或动物发育的某一特定阶段，实现对其基因组的时空特异性修饰。与全身性基因敲除相比，条件性基因敲除能够与不同组织特异性的 Cre 交配而得到不同组织特异性的敲除模型，能够避免传统基因敲除动物的不足，用于具有胚胎致死性目的基因的研究，并用于研究基因在特定的组织或细胞中的病理生理功能，因而具有更大的应用价值。

条件性敲除位点特异性的同源重组发生在两条 DNA 上，该系统主要由两部分构成：一段同源序列以及可以特异性识别这一同源序列的重组酶，其中最常用的就是 Cre-LoxP 和 FLP-FRT 两个系统。

Cre-LoxP 系统来源于 F1 噬菌体。其中，LoxP 是一段长 34 bp 的 DNA 序列，由重组 Cre 特异性识别，该序列含有两个 13 bp 的反向重复序列和一个 8 bp 的核心序列；Cre 重组酶是由 343 个氨基酸组成的单体蛋白，可以使两个 LoxP 位点之间的 DNA 发生重组。当两个 LoxP 的方向相同时，该 DNA 在 Cre 重组酶的作用下被缺失；当两个 LoxP 的方向相反时，该 DNA 在 Cre 重组酶的作用下被倒转。利用 Cre-LoxP 重组酶系统形成基因敲除小鼠需要在 ES 细胞内通过同源重组和位点特异性重组对靶基因进行修饰，将两个方向相同的 LoxP 位点分别插入靶基因两侧的内含子区域，形成 Floxed 靶基因（两侧由 LoxP 位点包围），这样既不影响目的基因的表达，又可使两个方向相同的 LoxP 位点之间的靶序列为所要敲除的目标基因，由此，可以产生正常表型的动物模型。最终与表达 Cre 重组酶的动物交配，利用 Cre 酶对 LoxP 位点的特异性识别即可产生目的基因敲除的转基因动物模型。

FLP-FRT 系统的基本工作原理与 Cre-LoxP 系统相同，也是由一个重组酶和一段特殊的 DNA 序列组成。从进化的角度考虑，FLP/FRT 系统是 Cre-LoxP 系统在真核细胞内的同源系统。其中，重组酶 FLP 是酵母细胞内的一个由 423 个氨基酸组成的单体蛋白，FLP 与 LoxP 位点相似，同样有两个 13 bp 的反向重复序列和一个 8 bp 的核心序列构成。当该系统发挥作用时，FRT 位点的方向同样决定目的片段的缺失或倒转。

1981 年，英国科学家 Evans 和 Kaufman 成功提取出小鼠胚胎干细胞，在此基础上，1994 年 Gu 等利用 Cre-Loxp 系统对胚胎干细胞进行了改造，完成第一例条件性基因敲除的研究。迄今为止，条件性敲除的技术已经发展成熟，主要步骤为：①打靶载体的设计和构建；②打靶载体导入同源胚胎干细胞，并筛选发生同源重组的阳性克隆；③显微注射；④F0 代的鉴定，阳性鼠与 Cre 工具鼠杂交；⑤F1 代的繁殖和鉴定。

2. 转基因

转基因一词最早在 1981 年由 Gordon 和 Ruddle 创建，是利用现代分子生物学手段，通过将外源性目的基因整合到动物基因组中，以获得能表达且稳定遗传该外源基因的动物的一门技术。自 1982 年第一只转基因动物——一只因导入大鼠生长激素基因而使生长速度倍增的转基因鼠诞生以来，各种转基因动物，如鱼、兔、猪、羊、牛等相继问世。1997 年，举世轰动的“多莉（Dolly）”克隆羊的诞生使转基因克隆动物成为现实，其相关研究得到了进一步的发展。

目前，哺乳动物系统最常用的转基因制备技术包括 Tol2 转座子系列、睡美人转座子（sleeping beauty，SB）及粉虱转座子（piggyBac，PB），其中，Tol2 转座子系列是目前应用最多的工具之一，自其被发现以来，已经成功应用于果蝇、斑马鱼、非洲蟾和小鼠等模式生物的转基因研究。Tol2 转座子是 hAT 转座子家族中的一员，是目前发现的唯一一个可以编码具有完整转座酶功能的自主性转座子。Tol2 转座元件全长为 4 682 bp，包含末端倒位重复序列、亚末端重复序列、中间倒位重复序列、靶位重复序列及转座酶基因（图 1-2）。Tol2 通过“复制和粘贴”机制将单拷贝基因整合到染色体中，不会造成目标位点的重排和修饰，但在目标位点生成了 8 bp 的靶位重复序列。作为基因转移载体，Tol2 转座子可以携带长达 11 kb 的 DNA 片段，且不会降低转座效率。因此，Tol2 转座子是在功能基因组研究中，尤其是在哺乳动物的研究中的一个强大的生物学工具。

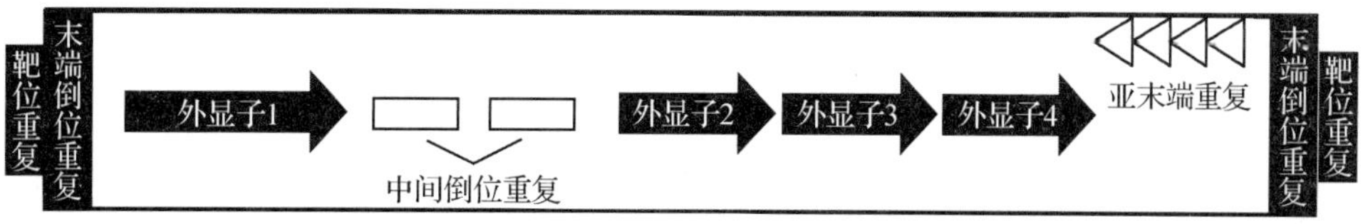

图 1-2　Tol2 转座子的结构

3. 人源化模型

实验动物人源化有两种方式：一种方式是基因人源化，即将人类的抗体、病原受体、药物代谢基因等敲入动物（主要是大小鼠）基因组中，代替动物原有的基因，使动物可以分泌人类抗体、可以感染人传染病病原、可以与人类有相似的药物代谢行为和毒理表型，用于人源化抗体生产、传染病模型制备、靶点药物评价或药物安全评价等；另一种方式是细胞人源化，在免疫缺陷的动物中，例如，NSG 小鼠或严重免疫缺陷大鼠，注射一定数量的人类细胞或干细胞，使动物的组织具有一定量的人类细胞，形成细胞人源化动物模型；又如，血液组织人源化的小鼠可以感染 HIV，肝组织人源化小鼠可以感染 HBV 等。但是，因为小鼠和人类之间交叉反应不充分，所以人源化小鼠模型存在一定的局限性。在过去的数十年中，由于新型基因工程技术的应用，人源化小鼠的研究突飞猛进，其更易操作，而且更具有经济价值，成为人类健康和疾病临床前期研究的重要模型系统。

人源化小鼠模型的应用前景广阔，可以运用新的技术使其进一步发展，例如，疾病特异性胚胎干细胞的产生、诱导多能干细胞以及其后代组织特异性躯体干细胞。

4. 基因敲入模型

基因敲入（knock in）是指利用基因同源重组，将外源功能性基因（基因组原先不存在或已失活的基因）经同源重组插入基因组，使其在细胞内获得表达的技术。基因敲入包括两种：一种是原位敲入，即在原基因敲除的位点插入新基因，它是基因敲除的逆过程；另一种是定点敲入，即无论敲除基因的位点在哪里，敲入的基因是在特定启动子下，以转移载体的形式转座进去，所以插入的位点是一定的。目前，常见的插入位点是 *ROSA26* 位点和 *Hipp11* 位点。

①*ROSA26* 位点。小鼠的 *ROSA26* 基因位于 6 号染色体，该位点存在一个编码转录本和两个非编码转录本，而只有非编码转录本可受到外源基因的影响，所以，插入外源基因的小鼠都能正常地发育生长。此位点几乎在所有组织中都能表达一种非编码的核 RNA，因此成为外源基因的插入热点。*ROSA26* 位点可被用于基因安全敲入，该位点的基因敲入对细胞无副作用，并能保证转入基因的正常稳定表达。

②*Hip11* 位点。小鼠 *Hipp11*（H11）基因位于第 11 号染色体，在 *Eif4enif1* 和 *Drg1* 基因之间，最早由 Hippenmeyer 等报道，并在小鼠中进一步验证了整合酶介导的转基因和广泛表达。由于该位点位于两个基因之间，而且这两个基因的侧翼序列区域具有广泛的空间和时间 EST（expression sequence tag）表达模式，因此，外源性基因插入后影响内源基因表达的风险很小，能够使在此整合的外源基因受指定启动子的驱动而稳定表达。由此产生的小鼠健康且可生育。

二、实验动物生产

实验动物是科学研究中活的精密仪器，同时也是一种特殊的商品，生产不足会影响科研使用，生产过剩会造成浪费。因此，实验动物生产供应与使用的合理衔接，是实验动物生产管理的重要环节。同时，实验动物对生活环境有严格的要求和控制，在科研使用中有固定的规格要求，必须根据实验动物资源品种品系的不同分类及特性，科学地、有效地采取管理措施并组织生产，分别根据不同种类、品种、品系制订相应的生产技术方法，根据教学、科研、销售需求制订相应的生产计划。

（一）实验动物生产方法

繁殖方法的选择是实验动物资源生产的关键环节，其目的是确保实验动物种群的遗传稳定性和一致性。主要的繁殖方法包括①近亲繁殖法：选择具有高度纯合基因型的动物进行繁殖，以维持品系的遗传稳定性；②随机交配法：适用于一般性实验动物，通过随机交配使种群保持一定的杂合度；③人工授精法：用人工技术进行动物配种，以提高繁殖效率和品系的一致性；④克隆技术：利用胚胎移植和核移植等技术，实现遗传物质的精确复制。

生产中根据实验动物遗传特点的不同，可以将其分为近交系、封闭群、杂交群和基因修饰动物等。在大规模繁育饲养的过程中，近交系动物一般分为基础群（同胞兄妹交配）、血缘扩大群（同胞兄妹交配）和生产群（随机交配）三级种群进行保种与生产。封闭群是不引进外部动物、在群体内随机选择种动物进行繁殖的，以维持有限杂合度的实验动物种群。封闭群在大规模繁育生产中，分为保种群、基础群和繁殖群，在繁殖过程中，要尽可能降低近交系数的增长率，一般根据种群大小选择适当的繁殖方法进行生产。杂交群是由两个不同的近交系杂交产生的后代群体，杂交群的繁殖方法采用循环交配或定期交配进行生产。

（二）封闭群实验动物生产方法

远交群或封闭群实验动物的繁殖原则是尽量保持封闭群的基因异质性及多态性，避免近交系数随繁殖代数增加而过快上升。参照（GB 14923—2022）《实验动物　遗传质量控制》中建议的繁殖交配方法进行繁殖，同时按照制订的生产计划进行动物生产。

1. 选种留种

按照生产计划制订生产群选种计划，定期进行选种。种用动物应符合其品种品系的遗传学特征，选种时按健康标准一般选留 2～4 胎体质强壮、活力强、抗病力强的后代作种用。选种时采取同窝中选雄不选雌的方法，每窝选 1～2 只健康的动物，最好每次从多个饲养间同时选种，每个饲养间只选同一性别。产仔少、产仔不良（流产、死仔多等）或体质差的后代不选种，同时做好繁殖及留种记录，育成期中出现异常者应立即淘汰。配种前按照健康标准和生殖器情况进行定选。

留种需要考虑以下几个方面：

①体质强壮，营养良好，骨骼粗壮结实；

②被毛有光泽，被毛洁净密实；

③头、颈、胸、腹、臀结构紧凑，活泼、行动敏捷；

④眼明亮、无分泌物，鼻潮湿、无脱毛现象，呼吸平稳；

⑤皮肤柔软有弹性，无皮肤病；

⑥雄种睾丸对称、阴囊皮肤细致、阴茎发育正常，雌种外阴洁净、乳房发育良好、乳头突出。

2. 交配方式

动物生产的方法可以分为 3 种，分别是自然交配法、人工辅助交配法、人工授精法，根据动物种类和生产计划选择相应交配方法（具体可参考本章第三节　实验动物生物学特性）。

3. 妊娠分娩

妊娠期因品种品系不同略有差异，大鼠、小鼠一般为 19～23 d。妊娠动物受惊吓可造成流产或早产。分娩昼夜均有发生，但以夜间居多。待产动物临产前一般表现为不安状态，常不停地整理产窝，随着子宫收缩将子代娩出。一部分品种品系分娩结束后 12～24 h 雌种出现产后发情，此时若与雄种交配，多能受孕。

远交群和封闭群动物产仔数量因品种品系不同而不同。啮齿类远交群每胎产仔 5～16 只，每窝保留哺乳仔数以少于 12 只为宜，多于 12 只时应予以淘汰，当个别产仔不足时可从其他产仔数量多的动物笼盒中补充。

4. 哺乳和育成

雌种通常在产后 1～2 d，由于产后不适，饲料消耗量突然下降。饲料消耗量从第 3 天开始恢复正常，并有逐渐增加的趋势。从子代出生到离乳，这段时间被称为哺乳期。兔的哺乳期一般为 40～45 d，此阶段由于乳汁分泌量大，所以必须加强雌种的营养供给。当哺乳只数较多时，相对较弱的子代因得不到足够的乳汁而发育不良，将导致个体之间发育不均匀。哺乳期随着动物品种品系不一，有各自的时期。仔鼠的哺乳期一般为 21 d，留种的仔鼠可延长至 23 d。

哺乳期满后，进行离乳，离乳后的动物雌雄分笼饲养。如果离乳后雄、雌混养，两周内应清查并分开，超过两周或发现雌种盒内混入雄种，所在的整盒动物应视其为不合格动物全部淘汰。离乳动物可以根据生产计划分为留种动物和待发动物，其中留种动物使用繁殖饲料饲养至配种日期，待发动物使用繁殖饲料或维持饲料饲养至发出使用。

5. 生产记录管理

繁殖种群应做好繁殖记录，每个饲养盒均应有记录卡片，随时记录生产情况。生产记录应包括动物父母编号、动物编号、出生日期、交配日期和产仔只数等信息。应及时将生产记录整理归档，有条件的实验室可以进行电子数据管理，即录入实验动物生产管理系统或其他电子记录系统。

(三)近交系实验动物生产方法

近交系是一个动物群体中任何个体基因中98.6%以上的等位基因为纯合的品系。近交系实验动物资源生产繁殖一般分为基础群、血缘扩大群和生产群。当近交系动物生产供应数量不是很大时，实验动物资源生产繁殖仅设生产群和血缘扩大群。基础群是一个封闭的群体(不引入新动物)，通过严格的全同胞兄妹方式进行繁殖。基础群能保持近交系自身的传代繁衍，为扩大群和生产群提供种用动物。基础群是未来所有该品系实验动物的基因储存库。为了防止品种分化，在基础群体中，选择自身的传代繁衍和血缘扩大群和生产群提供种用时非常重视育种性能。血缘扩大群的种源来自基础群，以全同胞兄妹方式进行繁殖。设立血缘扩大群有助于进一步扩大可用种用动物的数量。血缘扩大群的后代为生产群体提供种用动物，生产大量的动物以供使用。根据生产群体所需的动物数量，血缘扩大群可能会扩大，以确保有足够数量的育种者，进而满足所需的生产群体需求。血缘扩大群动物繁殖3代后必须从基础群重新引入新的种源。生产群是生产供应实验动物用近交系动物，生产群的种用来自基础群或血缘扩大群。生产群的动物一般以随机交配方式进行生产，动物随机交配繁殖代数应不超过4代。

1. 近交系实验动物的交配方式

近交系实验动物资源生产使用的交配形式必须考虑群体规模、后代产量、动物饲养空间、所需饲养人员参与程度等因素。近交系实验动物资源生产一般选择一雄一雌长期同居和一雄多雌长期同居两种交配方式。

(1)一雄一雌长期同居的交配方式　这种交配方式是指将一只雄性和一只雌性放在一个繁殖笼中，长期同居。雄性的持续存在能在产后发情期间进行交配，从而最大限度地提高雌性的繁殖产量。与其他交配形式相比，在繁殖群体中，一雄一雌长期同居的交配方式需要更多的雄性实验动物。由于在这个笼子里产生的所有后代都有相同的父母，这种交配系统是可以准备的记录实验动物父母代的信息，也是近交系基础群通常选择的交配方式。

(2)一雄多雌长期同居的交配方式　在近交系实验动物资源生产中，一雄多雌长期同居的交配方式通常是将一只雄性和两只雌性放入一个繁殖笼中来完成的。当雌性进入发情期时，雄性会与雌性交配。如果饲养实验动物的空间大小合适，可以容纳成年和生产出的幼崽直到断奶，这一只雄性和两只雌性种用动物可以作为一个稳定的繁殖群体。与一雄一雌长期同居的交配方式相比，一雄多雌长期同居的交配方式有一个优势：它需要的雄性数量是雌性的一半就能产生相同数量的幼崽。与一雄一雌长期同居的交配方式一样，这种交配方式允许在产后发情时交配，以最大限度地提高繁殖效率。然而，一雄一雌长期同居的交配方式可能会导致某些种群或品系的雌鼠出现攻击性行为，从而降低实验动物的繁殖性能。在这种情况下，必须在分娩前将其中一只雌性移走，以防止攻击。这种交配形式要求在繁殖群体中每两只雌性有一只雄性，并且尽可能增加繁殖群体饲养空间，以容纳妊娠和哺乳的雌性。与一雄一雌长期同居的交配方式相比，一雄多雌长期同居的交配方式的记录保存可能更复杂，特别是雌性没有被送回同一雄性进行后续繁殖。由于一雄多雌长期同居的交配方式使每个繁殖群体的动物数量较多，如果繁殖群体所处空间不足以容纳繁殖群体动物的数量，妊娠的雌性就必须在分娩前被移走，并允许在单独的空间里分娩。有些近交系实验动物资源生产的血缘扩大群按照该交配方法进行生产。

2. 近交系实验动物生产

生产群的目的是生产供应实验用近交系动物。生产群种用动物来自基础群或血缘扩大群。

①生产群动物一般以随机交配的方式进行繁殖；

②生产群动物应设繁殖记录卡；

③生产群动物随机交配繁殖代数一般不应超过4代。

3. 近交系实验动物生产性能评估

为了有效地监控一个繁殖群体，必须对"繁殖单位"的生产力进行评估。所评估的繁殖单位可以定义为繁殖雌性的产量或单位生产空间的产量(一雄多雌的交配方式)。评估繁殖性能的主要目的是确保群体的最大繁殖效率。持续或定期对近交系实验动物生产群体进行评估，让饲养管理人员能够监测种群繁殖特性，掌握不同种群的繁殖特性。近交系实验动物生产繁殖性能的发生改变可能表明存在重大的遗传变化，如遗传污染、基因突变、遗传漂变等。定期对近交系实验动物繁殖群体繁殖性能进行评估，在符合该品系预期生殖性能的亲本中选择种用动物，可降低重大遗传变化的可能性，这些对于近交系实验动物资源生产至关重要。自身的特性导致近交系实验动物比封闭群的实验动物繁殖性能差。评估繁殖群体的生殖性能可以使饲养管理人员很容易地识别和移除繁殖群里中生殖特征差的或异常的动物，以保障近交系实验动物资源的生产。

4. 影响近交系实验动物生产的因素

(1)近交系实验动物本身的因素　近交系实验动物本身的因素会影响实验室近交系实验动物生产繁殖性能。影响因素包括几个方面:幼崽的先天缺陷、近交系实验动物缺少杂种优势、品系特性(一些品种的攻击性行为和与其他品种的母性本能差异影响繁殖性能和幼崽的存活率)等。

(2)近交系实验动物生产的环境因素　不同的光照周期、光照强度会影响不同近交系实验动物的发情周期、激素水平、幼崽的生长发育等;噪声已被证明对生殖行为有重大影响，并影响在子宫内暴露的幼崽的变化。噪声的影响取决于响度或强度[以分贝(dB)为单位]和频率[以赫兹(Hz)为单位]。一种波状运动——振动已被发现可以给许多哺乳动物带来压力。振动的影响很难与噪声区分开来，因为这二者经常是相关的;温度对近交系实验动物生产有着极大的影响，过高的温度可能会导致动物精子的异常，从而影响近交系实验动物的生产。

(3)近交系实验动物生产饮食的因素　不同品种的实验动物在生长、繁育不同阶段对于饲料中不同营养需求有所差别。

(四)杂交群实验动物生产方法

(GB 14923—2022)《实验动物　遗传质量控制》中提到的杂交群的概念是两个不同近交系杂交产生的后代群体，第一代动物是杂交一代即F1代，其遗传组成均等地来自两个近交品系，F1代动物遗传均一并且表现型相同，一般不进行繁殖而直接用于实验。F1代动物同胞交配的后代是F2代，F2代动物将出现性状分离。在研究中多使用F1代动物。由同一交配产生的F1代杂交群动物在所有位点上都是等基因和杂合的，因此，F1代动物在遗传和表型上是一致的，但不同于近交系的是F1代动物的基因型不再纯合。杂交动物具有杂交优势，通常为健壮的动物模型，对许多研究应用具有很高的价值。但F2代以后不再是等基因的，而是来自两个亲本动物的等位基因的随机混合物。

两个用于生产杂交一代的近交系为亲本品系(parental strain)，提供雌性的为母系(maternal strain)，提供雄性的为父系(paternal strain)。在F1代动物生产中，由于所用亲本的雌雄不同，F1代动物因母体环境不同或性染色体的不同而出现差异。当亲本背毛颜色比较相近时，有交配错误和基因污染的风险。亲本规模大小可根据F1代小鼠的生产量来决定，需要维持两个近交亲本品系饲养规模，交配方法最好采用循环交配和定期轮种交配进行生产。可使每胎生产日期比较集中，也可成批提供数量较多，体重和年龄较为接近的F1代小鼠。

(五)基因修饰实验动物的生产

基因修饰动物模型是指通过生物技术与生物工程手段，将外源基因转入动物基因组，或者将动物基因组中特定基因敲除，并通过验证，表型分析后获得的能稳定遗传、具有特定表型的动物模型。由于小鼠模型是数量最多，用途最广泛的模型，所以以小鼠模型为例，说明基因修饰动物模型动物生产繁殖体系。

1. 基因修饰动物模型类型

经过基因改造，其繁殖方式与普通动物相比，基因修饰动物模型需要更加标准、更加严格的环境。按照基因修饰方式的不同，基因修饰动物模型可分为基因敲除模型和基因敲入模型。基因敲除模型，尤其是免疫缺陷类动物模型，缺失部分免疫细胞会导致免疫力降低等。由于导入外源性基因，基因敲入模型受外界环境影响，复杂未知。因此，基因修饰动物模型在繁殖上需要更加专业的饲养条件。

2. 建系方法

要首先通过聚合酶链反应(polymerase chain reaction，PCR)技术、DNA 印迹法(southern blotting)等检测方法确认阳性基因在子代动物中整合成功。经鉴定为阳性的小鼠成为首建鼠(founder)。

(1)转基因小鼠　在获得转基因首建鼠之后，由一些转座酶系如 PiggyBac 介导的基因可能存在多位点整合的可能，在首建鼠后续传代过程中会伴随多位点的分离。因此，每个首建鼠与野生型小鼠需要交配 2～3 代以获得外源基因的单位点整合，且表达稳定的转基因小鼠。其具体繁殖方式，即杂合子小鼠(heterozygous)与野生型小鼠(wildtype)交配，其后代阳性鼠与野生型小鼠的比例各半。转基因小鼠以杂合方式繁育保种。每一只首建鼠来源的后代作为一个系(line)，同一转基因的不同首建鼠来源的后代不相互交配，尽可能得到两个以上可以稳定表达的系，以排除整合位点引发的位置效应还是过表达外源基因引发的表型。

(2)普通基因敲除小鼠　对于近交系背景的基因敲除或基因突变小鼠而言，得到首建鼠(杂合)后，将其与野生型交配，得到的 F1 代杂合子，再进行自交，从而得到纯合子基因敲除(或突变)小鼠。

(3)条件性基因敲除小鼠　条件性基因敲除小鼠，是指在目的基因中插入含有成对的 Loxp 位点的小鼠，在与 Cre 工具鼠交配后可在特定的组织或细胞中敲除目的基因。如果与广泛表达或生殖细胞特异 Cre 小鼠交配，则可以获得全身基因敲除小鼠，如果与组织特异性 Cre 小鼠交配，那么可得到组织特异性敲除的小鼠，其繁殖方式，在得到 F0 代阳性鼠后将其与野生型小鼠交配，得到能够稳定遗传的杂合 F1 代阳性鼠(flox/＋)，经过自交，得到纯合的 F2 代小鼠(flox/flox)，同时，将 F1 代杂合小鼠与 Cre＋交配得到 F2 代小鼠(flox/＋ Cre＋)，然后，将两个 F2 代小鼠交配，即得到敲除目的片段的阳性小鼠。

(4)基因敲入小鼠　基因敲入小鼠繁殖策略同基因敲除小鼠类似，在得到 F1 代杂合子小鼠后，再进行自交，从而得到纯合子基因敲入小鼠。

3. 繁殖特点

基因修饰动物模型因其自身特点及构建疾病模型的需要，普遍存在免疫力低下、环境适应能力差、寿命短及繁育困难等特点，所以需要更加关注模型动物的繁殖生产。

提高日常管理水平，加强环境设施、饲料、垫料和饮水等的监测，对受污染动物及早采取措施，以免疫情扩大，导致动物死亡。

进入生产的种鼠要经过挑选，且应符合该品系的遗传学特征，无变异，体质强壮、活泼、被毛有光泽、尾部血管明显、眼鼻无异物、外生殖器发育良好和生长发育正常。另外，需要考量动物不育的表现是由什么而产生的。以下介绍几种比较常见的情况。

①配子无法正常产生，则该基因型无法进行繁育；

②配子可以产生，但后续激素分泌途径或器官病变会导致无法正常生育，可以通过体外受精或胚胎移植的方式进行繁育；

③雌鼠可以生育，但是雌鼠产后泌乳出现问题，可以使用代乳的方式进行繁育；

④免疫缺陷、营养吸收代谢异常等原因常导致动物繁殖性能弱，生长状态差的品系。针对这种情况，可以改用营养成分更高的饲料或增加辅助食物，保障种群繁殖；

⑤不同的小鼠品系其繁育周期也不尽相同，如某些疾病模型的病理进程会严重缩短小鼠的繁育周期，在建立繁殖对前需要充分了解小鼠的品系特征，适当调整配种时间和周期。

基于基因修饰动物模型生存与繁育能力较弱的特性，生产繁殖应着重观测动物的繁育表现，及时采取精子冻存、体外受精等方式进行繁殖，以确保不会出现繁育中断、资源丢失的情况。

4. 基因型鉴定

基因修饰动物模型通过基因编辑技术对基因组进行有目的地改造或修饰，以获得新的功能或表型，用于研究基因的功能、调控机理以及相互作用等基因的内在信息，可以通过修饰某些基因而提高抗原的免疫反应，通过基因改造诱导制备疾病模型，以解决药物安全性评价、药效评价、机制研究等问题。目前，基因编辑技术发展迅速，尤其是 CRISPR/Cas9 技术的应用，使改造基因的编辑效率和精确性不断提高，越来越多的基因修饰动物模型已被广泛应用于各个行业。经过改造的基因修饰动物需要基因型鉴定手段来判断基因型是否符合预期结果，通常采用 PCR 技术、DNA 印迹法以及测序技术综合进行判断。

(1)PCR 技术　PCR 技术是一种用于扩增特定的 DNA 片段的分子生物学技术，其最大的特点是能将微量的 DNA 大幅度增加。其基本原理类似于 DNA 的天然复制过程，其特异性依赖于与靶序列两端互补的寡核苷酸引物，由变性、退火、延伸三个基本反应步骤组成。PCR 反应基因型鉴定的原理是率先设计能与目标基因结合的特异性引物，扩增目标基因中的 DNA 序列。引物的设计很关键，转基因动物基因型分析的引物通常位于转入的外源基因，一般选择特异性的 DNA 序列作为引物以确定转基因是否存在。在通常情况下，转基因的插入位点是未知的，难以设计引物以确定转基因是否为纯合子或杂合子。由于明确知道基因修饰的位置，基因敲除和基因敲入动物可以设计野生型和突变型的引物以确定基因型是否为纯合子或杂合子。在基因型分析时要注意设立对照组，阳性对照组以确定 DNA 质量和正确的扩增反应体系，阴性对照组以排除污染和假阳性。制备阶段得到的 F0 代小鼠通常需要使用短片段、长片段 PCR 及长片段测序三个过程以确认外源基因是否存在。短片段 PCR 操作简易、成功率高，用于实验的初步筛选。验证基因组中是否存在打靶载体序列，但无法区分正确重组与随机插入。长片段 PCR 用于鉴定敲入片段是否在正确位置重组。

实验过程：提取基因修饰动物的 DNA，用 PCR 反应扩增靶序列，琼脂糖凝胶电泳检测 DNA 片段的有无和大小以确定基因型。转基因的基因型鉴定可以只用一对特异性引物进行分析，结果为阳性(＋)或阴性(－)，阳性表示有转基因，阴性表示没有转基因。基因敲除或基因敲入小鼠的基因型鉴定通常需要设计两对引物：一对为引物扩增野生型；另一对为引物扩增突变型。基因型鉴定结果有三种情况：＋/－为基因敲除杂合子；＋/＋为野生型小鼠；－/－为基因敲除纯合子，野生型用＋表示，突变型用－表示。

(2)DNA 印迹法　Southern blot 是最早出现的印迹技术，是检测 DNA 的一种方法，该技术的最基本形式用于从复杂的基因组 DNA 混合物中确定 DNA 片段的大小。该技术是相对定量的，可用于确定基因组中存在的片段的拷贝数以及确定转基因是否发生重排或删除，也是将电泳分离的 DNA 片段转移到膜上以进行固定和鉴定的过程。其类似于将生物分子从膜转移到另一膜以进行检测和鉴定的印迹技术。将待分析的 DNA 用限制性内切酶消化，并通过琼脂糖凝胶电泳过程按大小分级。DNA 链通过碱处理变性，并通过印迹过程转移到尼龙或硝酸纤维素膜上。膜上的链通过烘烤或紫外线照射固定在表面上，通过杂交过程检测膜上的 DNA 序列。杂交反应是特异性的，其因使用的探针与由互补序列组成的目标片段结合。使用的探针标有不同的成分，可以通过不同的方法可视化，具体取决于所用探针的类型。通常采用两种探针(外源和内源)进行检测：外源探针设计在同源臂外侧，可以检测正确重组；内源探针设计在外源序列上，既可以检测正确重组又可以检测随机插入，检测的片段尽量包含外源序列。经过 PCR 技术、DNA 印迹法及测序确认后的基因修饰小鼠，利用其作为亲本繁殖得到的子代鼠再次进行鉴定时，只需进行小片段 PCR 或小片段 PCR 结合测序鉴定即可。

5. 表型分析

基因修饰动物模型的表型比较复杂多样，表型分析是研究基因功能、阐明新型基因修饰动物模型特征的重要内容，需要根据被修饰基因的特性，针对性地设计实验开展研究。一般的表型分析可包括生长曲线、体重、外观、生存率、临床症状；也可从血液生理生化的角度开展分析研究。除此之外，需要根据研究对象所属学科领域，设计专门的实验。以转入新型冠状病毒受体 *ACE2* 基因的小鼠模型为例，重要的表型观察应该包括感染新型冠状病毒的特征，如感染途径、易感靶器官、病毒载量、病理变化、免疫反应等；以转入人原癌基因 *c-Ha-ras* 的基因修饰动物模型为例，其典型特征为致癌，所以需要观察肿瘤发生的时间、靶器官的肿瘤类型、肿瘤发生率以及致癌的分子机制等。

第三节　实验动物生物学特性

一、哺乳类实验动物

生物医学研究中使用的实验动物除了少量的无脊椎动物外，绝大多数是脊椎动物门的哺乳动物，尤以啮齿类动物使用量最大。啮齿类动物在分类上属脊椎动物门、哺乳动物纲、啮齿目，特征为上颌、下颌皆有一对开放性齿根的门齿(incisor)，无犬齿(canine)，因门齿持续不断地生长，须啃食硬物磨牙而得名，常见其上门齿、下门齿咬合不正(malocclusion)。

在研究中经常使用的实验动物，如小鼠(mouse)、大鼠(rat)、豚鼠(guinea pig)、地鼠(hamster)等都属于啮齿目动物，啮齿目动物的使用量占整个脊椎动物的 80%以上，小鼠则占整个啮齿目实验动物的 70%以上。

(一)小鼠

小鼠(*Mus musculus*)在生物学分类上属脊椎动物门、哺乳纲、啮齿目、鼠科、小鼠属、小家鼠种，来源于野生小家鼠，染色体数 $2n=40$。小鼠最早作为宠物被饲养，后被用于比较解剖学研究及动物实验。现已育成各具特色的远交群和近交系小鼠 1 000 余种，广泛用于各研究领域。

1. 生物学特性

(1)一般特性

①体型小，寿命 2～3 年。全身被毛，面部尖突，吻前生触须，耳耸立呈半圆，尾与身体约等长，成年鼠体长为 10～15 cm。

②小鼠性情温顺，胆小怕惊、行动敏捷，非同窝雄性易发生咬斗。

③昼伏夜动，喜阴暗、安静。

④小鼠为群居动物。在群居饲养时，饲料消耗量多，生长发育快。但由于过于拥挤，同笼的雌鼠生殖周期受影响，性周期延长。

⑤小鼠对外界环境敏感，适应性差，不耐冷热。强光或噪声刺激时，可能导致哺乳母鼠神经紊乱进而食仔。温度过高或过低会导致繁殖力下降、免疫力下降，严重造成死亡。

⑥对疾病的抵抗力低，对多种毒素和病原体易感，反应极灵敏，对致癌物质敏感，自发肿瘤较多。

(2)解剖学特点

①小鼠的齿式为门齿 2/2，犬齿 0/0，前臼齿 0/0，臼齿 6/6(总:16)，门齿终生不断生长，需经常磨损、啃咬物品来维持齿端长度。

②小鼠下颌骨喙状突较小，髁状突发达。运用下颌骨的形态分析技术，可进行近交系小鼠遗传监测。

③小鼠为杂食动物。其食道细长，约为 2 cm，胃分前胃和腺胃，容量小，为 1～1.5 mL，功能较差、不耐饥饿，以谷物性饲料为主。与兔和豚鼠等草食性动物相比，肠道较短，盲肠不发达，肠内能合成维生素 C，有胆囊。小鼠有褐色脂肪组织，参与代谢和增加热能。小鼠肝脏分左、右、中、尾四叶。胰腺分散

在十二指肠、胃底及脾门处，似脂肪组织。

④小鼠的淋巴系统特别发达，但无腭和咽扁桃体，外界刺激常使淋巴系统增生，易患淋巴系统疾病。胸腺发达，呈乳白色，分两叶覆盖于心脏上方。

⑤脾有造血功能，雄性小鼠的脾比雌性大约50%。小鼠骨髓为红骨髓，无黄骨髓，终生造血。

⑥小鼠尾部血管丰富。尾椎节呈段性分布和纵向贯通分布相结合。尾有4条主要血管，两侧有两根明显的静脉，表浅粗大，适宜静脉注射。其尾具有运动平衡、调节体温、自我保护和两侧后肢血运代偿通道等功能。

⑦成年雄鼠的阴囊明显，雌鼠可见阴道开口和五对乳头。幼鼠或仔鼠的外生殖器与肛门的距离近者为雌，远者为雄。雌鼠肛门和生殖器之间有一无毛小沟，雄鼠的肛门和生殖器之间长毛。雌鼠比雄鼠有明显多的乳头，乳腺发达，胸部3对，腹部2对。小鼠雄性幼年时睾丸藏于腹腔，性成熟后下降到阴囊。前列腺分背、腹两叶，副性腺分泌物有营养精子、形成阴道栓等作用。雌鼠子宫为双子宫，呈"Y"形，分为子宫角、子宫体、子宫颈。卵巢外有卵巢系膜包绕，不与腹腔相通。

(3)生理学特点　小鼠的常见生理指标见表1-1。

表1-1　小鼠的常见生理指标

生理参数	小鼠	生理参数	小鼠
成年体重/g	雄性：20～40；雌性25～40	血容量/(mL/kg)	76～80
心率/(次/min)	300～800	血红蛋白/(g/100 mL)	10～17
呼吸频率/(次/min)	100～200	血细胞比容(体积百分比)/%	39～49
体温/℃	36.5～38.0	血糖/(mg/100 mL)	124～262
体表面积	体重20 g的小鼠的体表面积为36 cm^2	白细胞/mm^3	$(5～12)\times10^3$
饮水量/[mL/(100 g·d)]	15		

资料来源：刘恩歧．医学实验动物学．北京：科学出版社，2008.

①新生小鼠赤裸无毛，体重约为1.5 g，全身呈红色，闭眼，两耳与皮肤粘连。3日龄，脐带脱落，皮肤转白，开始长毛；4～6日龄，双耳张开耸立；7～8日龄，开始爬动，被毛渐浓密，下门齿长出；9～11日龄，听觉发育齐全，被毛长齐；12～14日龄，小鼠睁眼，长出上门齿，开始采食和饮水；3周龄可离乳独立生活；4周龄雌鼠阴腔张开；5周龄雄鼠睾丸降落至阴囊，开始生成精子。发育迅速、生长期短、性成熟早、繁殖力强。小鼠性成熟：雌性35～50日龄、雄性45～60日龄；体成熟：雌性为65～75日龄、雄性为70～80日龄。在36日龄雄鼠的附睾精液中可找到运动活泼的精子，雌鼠在37日龄时即可发情、排卵，进行生殖。小鼠的性周期为4～5 d、妊娠期为19～21 d、哺乳期为20～22 d，有产后发情的特点，一次排卵10～23个(因品种不同而不同)，每胎产仔8～15只，1年可产仔胎数6～10胎，生育期为1年，为全年多发情动物。小鼠的性周期可分为四个阶段：动情前期、动情期、动情后期、动情间期。在动情周期的不同阶段，阴道黏膜发生典型变化，根据阴道涂片的细胞学改变，可推断卵巢功能的周期性变化。雌鼠仅在动情期内才接受雄鼠配种，成年雌鼠交配后10～12 h阴道口有白色的阴道栓，一般以此作为交配成功的标志，常以其作为妊娠起始时间。

②成年小鼠的体温为37～39 ℃。小鼠的褐色脂肪组织可在寒冷环境中通过非颤抖性方式增加机体产热，其在寒冷静态下产生的热量相当于基础代谢的3倍。小鼠无汗腺，不能通过喘式呼吸进行散热，环境温度升高则需通过体温升高、代谢率下降及耳血管扩张以加快散热，又因其体表面积相对较大，对饮水量不足敏感，需要供给充足的饮水。

③小鼠饮水量为4～7 mL/d。小鼠尿量少，一次排尿仅1～2滴，排尿量为1～3 mL/d。小鼠的尿液中含有蛋白质和肌酸酐。

2. 主要品种品系

小鼠是实验动物中培育品系和品种最多的动物。世界上常用的近交系小鼠有 250 多个，具有不同特征。

（1）封闭群

①昆明小鼠（KM）：1926 年美国 Rockfeller 研究所从瑞士引入白化小鼠培育成 Swiss 小鼠。1944 年 3 月 17 日我国卫生部北京生物制品研究所汤飞凡从印度 Hoffkine 研究所引进 Swiss 小鼠，饲养在中国昆明中央防疫处。1952 年由昆明引入北京生物制品研究所，1954 年推广到全国。由于该小鼠起初引入地是昆明，故称为昆明小鼠。该鼠高产，抗病力和适应力很强，繁殖率、成活率高，常见自发肿瘤为乳腺癌，发病率约 25%，是我国应用最多的实验小鼠，广泛用于药理、毒理、微生物学研究以及药品、生物制品检定。

②NIH：白化。由美国国立卫生研究院（The National Institutes of Health，NIH）培育而成。繁殖力强，产仔成活率高，雄性好斗。免疫反应敏感性比昆明小鼠强，是国际上广泛通用的实验动物。广泛用于药理和毒理研究以及生物制品检定。

③ICR：又名 CD-1，白化。起源于美国研究所（Hauschka and Mirand-Roswell Park Memorial institute，HaM/ICR）饲养的瑞士小鼠。该品种小鼠性情温顺、生育能力高。广泛用于药物安全性评价、药效药理试验、免疫学、血液学实验等方面的研究。

④CFW：白化。起源于 Webster 小鼠，1935 年，英国 Car worth 公司由美国 Rockefeller 研究所引进，经 20 代近交培育后，采用随机交配育成。

⑤LACA：白化。原名为 CFW，引进英国实验动物中心后改名为 LACA，1973 年，我国从英国实验动物中心引进。对放射性物质敏感，可用于辐射损伤研究。

(2)近交系

①C57BL/6：1921 年由 Clarence Cook Little 用 Abby Lathrop 的原种雌鼠 57 和雄鼠 52 交配而得 C57BL。1937 年育成 C57BL/6 和 C57BL/10 两个亚系。黑色，繁殖率较低，乳腺癌发病率低，对放射物质耐受力强，以 X 射线诱发淋巴瘤发病率高。眼畸形、口唇裂的发生率达 20%。对结核分枝杆菌、百日咳组胺易感因子敏感。嗜乙醇性高。该品系小鼠为肿瘤学、生理学、遗传学研究常用品系。据统计，该品系小鼠是使用率很高的近交系小鼠。

该品系有多种亚系，常用的有 C57BL/6J 和 C57BL/6N。C57BL/6J 是使用广泛的近交系。

C57BL/6J 小鼠对听源性癫痫发作具有抗性，骨密度相对较低，并发生与年龄相关的听力损失，该品系易患饮食引起的肥胖、2 型糖尿病和动脉粥样硬化。C57BL/6J 是从 C57BL 中筛选的近交系小鼠，其烟酰胺核苷酸转氢酶（nicotinamide nucleotide transhydrogenase，NNT）的基因 *Nnt* 发生突变（缺失），而 C57BL/6N 保留了 C57BL/6 小鼠 *Nnt* 基因没有突变。

C57BL/6N 小鼠则用于酒精性疾病和吗啡成瘾的研究。C57BL/6N 小鼠对酒精的厌恶程度低，饲料中给予酒精后，血浆酒精浓度容易升高或者升高的幅度比其他品系小鼠高，因此，可用于酒精性脂肪肝、酒精性胰腺炎、酒精性股骨头坏死等疾病的造模。

②C3H/He：1920 年育成，野生色。组织相容性基因 $H\text{-}2^k$。乳腺癌发病率为 97%，易发生肝肿瘤，对致肝癌因素、狂犬病毒敏感，但对炭疽杆菌有抗力。其主要用于肿瘤学、生理学、核医学、免疫学等研究。

③BALB/c：1923 年育成，亚系有 BALB/cd、BALB/cJ、BALB/cAnN 等。白化。组织相容性基因 $H\text{-}2^d$。该品系小鼠易患慢性肺炎，6 月龄以后大多数个体出现免疫球蛋白过多症，主要是 IgG1 和 IgA 含量的增加。乳腺肿瘤发生率低，但对致癌因子敏感。老龄鼠易发心脏病和多发动脉硬化，对放射线照射十分敏感，对鼠沙门菌敏感，对麻疹病毒中度敏感。该品系小鼠肺癌发病率，雌性 26%、雄性 29%。本品系生产性能良好，繁殖期长，广泛应用于肿瘤学、生理学、免疫学、核医学和单克隆抗体等研究。

④DBA/2：1909 年育成，是第一个培育成功的近交系，主要亚系有 DBA/2、DBA/2J 等。淡巧克力

色。该品系产仔数少，不易哺育，较难繁殖。体内红细胞多，血压较低。雄鼠接触氯仿和乙二醇的氧化物，以及体内缺乏维生素 K 时会导致较高的死亡率。经产鼠乳腺癌发生率为 66%，未产鼠为 3%。白血病发生率雌鼠为 6%，雄鼠为 8%。听源性癫痫发作在 36 日龄小鼠为 100%，55 日龄后为 5%。对鼠伤寒沙门菌补体有抗力，对百日咳组胺易感因子敏感。

⑤CBA：1920 年育成，主要亚系有 CBA/Br、CBA/Ca、CBA/J、CBA/st、CBA/H 等。野生色，组织相容性基因 $H\text{-}2^k$。该品系易诱发免疫耐受性，对维生素 K 缺乏高度敏感，连续注射酪蛋白后较 C3H 品系更易引起淀粉样变性。雌鼠乳腺癌发生率为 33%～65%，雄鼠肝癌发生率为 25%～65%，对麻疹病毒高度敏感。高发乳腺肿瘤，考地松可诱发口盖裂。

⑥A：1921 年育成，主要亚系有 A/He、A/J、A/WySN 等。白化，组织相容性基因 $H\text{-}2^a$。初生仔鼠 7.6%有唇裂；6 月龄雌鼠 44%红斑狼疮和抗核抗体为阳性。经产鼠乳腺癌发生率高(30%～80%)，未产鼠发生率低。可的松极易诱发唇裂和腭裂。对麻疹病毒高度敏感，对 X 线非常敏感。在致癌物质作用下，肺肿瘤发病率高。老龄鼠多发肾脏疾病。

⑦AKR：1936 年育成，主要亚系有 AKR/A、AKR/J、AKR/N 等。白化，组织相容性基因 $H\text{-}2^k$，该品系体内缺乏补体，易诱发免疫耐受性。为高发白血病品系。淋巴细胞性白血病发病率雄性为 76%～99%，雌性为 68%～90%。血液内过氧化氢酶活性高，肾上腺类固醇脂类浓度低。对百日咳组胺易感因子敏感。常用于肿瘤学和免疫学等研究。生育期短，最佳繁殖月龄为 2～5 月龄。

⑧TA1(津白 1 号)和 TA2(津白 2 号)：天津医学院分别于 1955 年(TA1)和 1963 年(TA2)由昆明小鼠近亲交配育成，白化。TA1 为自发低乳腺癌系，TA2 为自发高乳腺癌系。

⑨615：1961 年中国医学科学院输血和血液学研究所将普通小白鼠与 C57BL/6 杂交育成，深褐色。雌性小鼠易发生乳腺癌，雄性小鼠肺腺癌发病率高。8 月龄后开始出现衰老现象，表现为肥胖、增重。

⑩129：淡黄色。易发睾丸畸形。

⑪中国 1 号(C-1)：1955 年由中国医学科学院实验医学研究所，将昆明小鼠经近亲交配 20 代以上而育成，白化。2 月龄体重 17 g，肿瘤自发率低。

⑫AMMS/1 号：1974 年军事医学科学院将昆明种小白鼠经亲代交配 20 代以上而育成，白化，对炭疽弱毒株比较敏感，骨髓多向性造血干细胞测定较规律。

(3)杂交一代动物(F1 代)　F1 杂交群(F1-hybrid)指根据需要在两个品系动物之间有计划地进行交配所获得的第 1 代动物。F1 代小鼠具有清楚的遗传背景和双亲特性，均一性优于亲代，生命力强，对各种实验重复性好，已得到广泛应用，常用于合成制备单克隆抗体。常见的 F1 代小鼠见表 1-2。

表 1-2　常见的 F1 代小鼠

亲本品系		F1 代	亲本品系		F1 代
♀	♂		♀	♂	
C57BL/6	DBA/2	B6D2F1	CBA	C57BL/6	CBB6F1
C57BL	DBA	BDF1	C3H	C57BL/6	C3B6F1
NZB	NZW	NZBWF1	C57BL	C3H	BC3F1
C57BL/6	C3H	B6C3F1	C57BL	CBA	BCBF1
C3H	DBA/2	C3D2F1	BALB/c	DBA/2	CD2F1
C57BL/6	A	B6AF1	BALB/c	C57BL/6	CB6F1
C57BL/6	CBA	B6CBF1			

(4)突变系

①无胸腺裸鼠(athymic nude mouse)：一种 11 号染色体上隐性裸基因(nu)发生突变的小鼠。该鼠

繁殖力低，需饲养于屏障环境或隔离环境中。普通环境下仅能存活 14～30 d，SPF 无菌条件下寿命达 1 年以上，最长 2 年。裸鼠几乎全身无毛，皮薄，皮肤光滑或有皱褶，胸腺先天性发育不全，故 T[淋巴]细胞缺损，免疫机能低下，易受外界细菌和病毒的侵染而致病。裸鼠无细胞毒效应，不出现移植排斥反应和移植物抗宿主反应，适用于免疫生物学免疫病理学、移植免疫、肿瘤免疫、微生物学、免疫学和胸腺功能研究。同时裸鼠也是寄生虫感染机制研究、疫苗、菌苗安全性和免疫源性生物制品检定的理想动物模型。

②dw(dwarf)侏儒小鼠：缺乏脑下垂体前叶的生长激素和促甲状腺激素，生长发育障碍。两性均不育，这种动物可以作为研究内分泌的动物模型。

③hr(hairless)无毛鼠：出生后 14 d 左右上眼睑、下部四脚趾背部开始脱毛，随后是尾背部及全身，只留下一些散在的毛，但触须还保留，几乎成裸体，雌性母性差或不育。

④ob(obese)肥胖小鼠：体重可达 60 g，小鼠出生后 4～6 周即显示肥胖症，9～10 周出现高血糖、不育，可作为人类肥胖症的疾病模型。

⑤db(diabetes)糖尿病小鼠：db 小鼠 3～4 周龄腋下和腹股沟皮下组织出现脂肪异常沉积。此时血糖升高，可高达 6.82 mg/mL。雌鼠无生殖能力。

⑥重症联合免疫缺陷小鼠(combined immunodeficiency mice，SCID 小鼠)：一种 16 号染色体上 SCID 基因发生突变的小鼠。外观与普通小鼠无异，但免疫器官中的 T 淋巴细胞和 B 淋巴细胞数量极少，细胞免疫和体液免疫功能缺陷，巨噬细胞和 NK 细胞仍具有免疫功能，血清中缺少免疫球蛋白，属于 SCID 小鼠，需饲养于屏障环境或隔离环境中。常用于免疫学、肿瘤学、病毒学和单克隆抗体制备等研究。

3. 生物医学研究中的应用

(1)药物评价和毒性实验　小鼠广泛应用于药品的毒性及“三致”(致畸、致癌、致突变)实验、药物筛选实验、生物制品的效价测定等。

①药物筛选试验：小鼠常用于药物对疾病疗效筛选试验，如抗肿瘤药物，抗结核药物，抗疟疾药物等的筛选。

②药物效果及其副作用研究：如利用声源性惊厥小鼠来评价抗痉药物。

③毒性试验和安全分析：用于铅、苯、汞、矽、一氧化碳等职业性中毒的急性、亚急性和慢性毒性试验以及半数致死量(LD_{50})测定。

(2)肿瘤学研究　许多近交系小鼠自发性肿瘤的发病率很高，从肿瘤发生学来看，与人体肿瘤较为接近，用其作为治疗药物的筛选可能更理想。

①对近交系小鼠自发性肿瘤进行研究，如 AKR 小鼠白血病发生率可达 90%，C3H 小鼠乳腺癌发病率可达 97%。而 C57BL 小鼠乳腺癌发病率极低。

②进行肿瘤模型的复制：小鼠对致癌物质、射线及某些病毒敏感，可诱发各种肿瘤，如二乙基亚硝胺可诱发小鼠肺癌；甲基胆蒽可诱发小鼠胃癌和宫颈癌等；感染小鼠白血病病毒可诱发白血病；感染人类腺病毒可诱发小鼠肉瘤及淋巴瘤。

③移植性肿瘤模型：将各种实体瘤、腹水瘤等一定数量的瘤细胞或无细胞的滤液(病毒性肿瘤)接种于相关品系的小鼠，使一群小鼠带有相同的肿瘤，生长速度一致，个体差异小，接种存活率可达 100%。

④免疫缺陷小鼠在肿瘤研究中的应用：免疫缺陷小鼠是指由于先天性遗传突变或人工方法造成一种或多种免疫系统成分缺陷的小鼠，常用的有裸小鼠、SCID 小鼠等。

(3)传染性疾病研究　因小鼠对多种病原体敏感、易感染，常用于研究这些病原体的发病机制、临床症状及治疗。常用小鼠对沙门菌病、淋巴细胞脉络丛脑膜炎、狂犬病、血吸虫病、疟疾、破伤风、脊髓灰质炎和钩端螺旋体病等疾病进行研究。

(4)遗传学和遗传性疾病的研究　小鼠毛色变化多样，其遗传学基础已研究得比较清楚，因此常用小鼠毛色做遗传学分析。例如重组近交系用于研究基因定位及其连锁关系。同源近交系用来研究多态性基因位点的多效性、基因的效应和功能以及发现新的等位基因。且许多小鼠具有与人类发病相似的遗传疾病，如小鼠黑色素瘤、糖尿病、肥胖遗传性贫血、尿崩症、肌肉萎缩症、骨硬化症、自身免疫缺陷症等，可用作人类遗传疾病的动物模型。

（5）老年病学研究 小鼠寿命短，传代时间短，随着鼠龄的增加，机体内的一些生理、生化指标不断发生变化，特别是高龄鼠中老年病明显增多，是老年学研究的极好材料。多用于糖类、脂质、胶原和免疫等方面的研究。

（6）生殖方面的研究 小鼠繁殖力强，性周期和妊娠期短，生长快，适合生殖生理方面的研究。如常用小鼠作为抗生育、抗着床、抗早孕、抗排卵等实验的首选动物。

（7）免疫学研究 免疫缺陷小鼠可将人的免疫组织或免疫细胞移植到小鼠身上，使其具有人的部分免疫系统（SCID-hu 小鼠），用于研究人类免疫系统的发育过程以及免疫细胞的分化和功能研究。纯系新西兰黑色小鼠（NZB）其自身免疫缺陷的病因与引起人的红斑狼疮的病因一样，病症特征与人类很相似，是研究红斑狼疮的良好动物模型。BALB/C、AKR、C57BL/6J 等小鼠常用于单克隆抗体的制备和研究。

（8）其他 小鼠还可用于神经、呼吸、消化和代谢等疾病的研究。

4. 饲养管理要点

（1）环境 （GB 14925—2023）《实验动物 环境及设施》的要求，小鼠的生产繁殖和实验环境须为屏障环境或隔离环境。应严格按国家标准设计小鼠饲养设施，如温度、相对湿度、噪声、光照、换气次数、风速等各项指标都要控制在标准范围内。小鼠饲养环境的最佳温度为 20～26 ℃，相对湿度为 30%～70%。日温差不超过 4 ℃，氨浓度不超过 14 mg/m^3。

（2）笼具与垫料 目前我国采用无毒塑料鼠盒，不锈钢丝笼盖，金属笼架。笼盒既要保证小鼠有活动的空间，又要阻止其啃咬磨牙咬破鼠盒逃逸，还要便于清洗消毒。一般垫料以阔叶林木的刨花或锯末为宜，也可用玉米芯加工粉碎除尘后使用。切忌使用针叶木（松、桧、杉）刨花做垫料，其发出的具有芳香味的挥发性物质，可对肝细胞产生损害，影响药理和毒理方面的实验结果。每周应至少更换两次垫料。更换垫料时需在专门的房间倾倒垫料，可防止室内气溶胶的产生。SPF 级小鼠及无菌小鼠的垫料在使用前应经高压灭菌。

（3）饲料与饮水 一般饲喂小鼠全价营养颗粒饲料，以保证其正常生长发育需要，并要有一定的硬度，以便其磨牙，不同种类的小鼠有不同的营养标准。小鼠饲料中蛋白质含量应为 18%～22%，小鼠对维生素 A 敏感，每周应固定添加新饲料。饲料的消毒方法有两种：一种是预真空高压消毒，但对营养成分有破坏；另一种是^{60}Co 照射，对营养破坏小，但成本高。

饮用水瓶采用耐高压的塑料瓶，饮用水瓶盖多为不锈钢材质；饮用水通过过滤、高压灭菌、酸化处理等方式处理。灭菌最彻底的还是高温高压方法，动物饮用水应定期进行微生物检测以达到国家标准。

（4）日常管理饲养 管理和实验人员必须严格遵守相应标准操作规程，做好相应的工作，保证动物福利，保证饲料和饮水充足、清洁卫生和消毒，做好工作记录。

（5）运输 运输必须采用有空气过滤膜隔离窗的专用运输盒。保证空气在过滤后进入盒内从而保证动物不受病原微生物的污染。运输箱内应放置消毒灭菌后的垫料、食物和饮水。运输车厢内应配备空调以保证车厢内温度适宜，笼盒内动物不可太密集，以免运输途中死亡。

（6）生产繁殖

①留种：进入生产的种鼠要经过挑选，即选种。种鼠应符合该品系的遗传学特征，无变异。初选时按健康标准一般选留 2～5 胎的仔鼠，适当延长哺乳期至 23 d，然后雌雄分开，同时做好记录。小鼠初配的适龄期为 60～90 d。应选择体质强壮、活泼、被毛有光泽、尾部血管明显、眼鼻无异物、外生殖器发育良好和生长发育正常的小鼠作为种鼠。

②繁殖方法：鼠按预定的配种方案置于繁殖盒中，建立繁殖卡。配种方案因小鼠的种类和品系而异。广义的繁殖，如大群生产等，有两种方法。长期同居法：1 只雄鼠与 1 只雌鼠同居，在雌鼠分娩后几小时内可再行交配受孕。定期同居法：1 只雄鼠与 6 只雌鼠编为一繁殖单元，每周向雄鼠笼放入 1 只雌

鼠，即依周次使雄鼠与1只雌鼠同居，同时将受孕雌鼠提出，置单笼分娩、哺乳、离乳，依此类推，每只雌鼠生产周期为42 d，比长期同居法要长。

（二）大鼠

大鼠（*Rattus norvegicus*）属脊椎动物门、哺乳纲、啮齿目、鼠科、大鼠属，由野生褐色大鼠驯化而成。染色体数$2n=42$。

1. 生物学特性

（1）一般特性

①大鼠的外观与小鼠相似，但体型较大。成年大鼠体长一般为18～20 cm。尾上被有短毛和环状角质鳞片，尾部皮肤较厚。

②大鼠性情温顺。喜欢啃咬，抗病力强，行动较迟缓，一般不会主动攻击咬人，但当操作粗暴或营养缺乏时可发生攻击人或互相撕咬现象。

③大鼠习惯昼伏夜动。夜间和清晨比较活跃，采食、交配多在此期间发生。

④大鼠对噪声敏感。大鼠喜欢安静环境，噪声和不适光照对其繁殖影响很大，强烈的噪声会引起大鼠内分泌系统紊乱，性功能减退，出现恐慌、互相撕咬和食仔等现象，严重致其死亡。

⑤大鼠的嗅觉灵敏。对空气中的粉尘、氨气和硫化氢等极为敏感，易引发呼吸道疾病。长期慢性刺激会引起大鼠肺炎或进行性肺组织坏死。

⑥大鼠食性较杂。以谷物为主，兼食肉类，对营养缺乏敏感。维生素A和氨基酸供应不足会发生典型的缺乏症状。

⑦大鼠对饲养环境中的湿度敏感。一般饲养室湿度应以30%～70%为宜。如果相对湿度低于40%，大鼠易发生环尾症，还会引起哺乳母鼠食仔现象发生。

⑧大鼠与小鼠相似，同笼多个饲养较之单笼饲养，具有生长发育快、易于捕捉的优势。

⑨大鼠汗腺极不发达。仅在爪垫上有汗腺，尾巴是散热器官。当周围环境温度过高时，会涂抹唾液，通过唾液蒸发散发热量来调节体温。当唾液腺机能失调时，易中暑引起死亡。

（2）解剖学特点

①大鼠上颌、下颌各有2个门齿和6个臼齿，齿式为门齿1/1，犬齿0/0，前臼齿0/0，臼齿3/3（总:16）。门齿终身不断生长，需经常磨损以维持其恒定。磨牙的解剖形态与人类相似，给致龋菌和致龋食物可产生与人相似的龋损，适用于建立龋齿的动物模型。大鼠无乳齿。

②大鼠的垂体较脆弱地附着在漏斗下部，可用吸管吸除垂体，制作垂体摘除模型。

③大鼠视神经区有一个呈喙状的延伸，呈不规则的带状腺体，一般在眼角内有一导管开口，这就是哈氏腺，其能够分泌泪液润滑瞬膜，对眼睛起机械保护作用，且具有皮脂腺和分泌物质的腺体的功能。其属于外周免疫器官可接受抗原刺激，分泌特异性抗体，在上呼吸道免疫上起着重要的作用。

④大鼠的胃分为前胃（非腺胃）和胃体（腺胃）两部分。两部分由一个界限嵴隔开，食管通过此嵴的一个褶进入胃小弯，故而大鼠无呕吐反射。

⑤大鼠肝的分叶明显，依据一些深裂可把肝分为6个叶（左外叶、左中叶、中叶、右叶、尾状叶和乳突叶），肝脏再生能力很强，将其切除60%～70%后，可再生。

⑥大鼠无胆囊，来自各叶的胆管在肝门处汇集而成胆总管，长度为1.2～4.5 cm，直径为0.1 cm。胆总管几乎沿其全长都为胰组织所包围，并在其行程中接收若干条胰管。胆总管在距幽门括约肌2.5 cm处通入十二指肠。

⑦大鼠肺结构特别，左肺为1个大叶，右肺分成4个叶（前叶、中叶、副叶、后叶）。气管位于食管的腹侧，由24个背面不相衔接的"U"形软骨环构成。

⑧心脏和外周循环与其他哺乳动物稍有不同。心脏的血液供给既来自冠状动脉，也来自冠状外动脉。

⑨大鼠尾部血管丰富，尾椎节段性分布和纵向贯通分布相结合。背腹面各有一条动脉，腹背两根静脉比较表浅、粗大，适宜静脉注射。大鼠尾部覆有短毛和角质鳞片皮肤较厚，尾有运动平衡、调节体温、自我保护和两侧后肢血运代偿通道等功能。

⑩大鼠雄性生殖系统有许多高度发育的副性腺，包括大的精囊、尿道球腺、凝固腺和前列腺。腹股沟管终身保持开放，睾丸于 40 日龄开始下降。

⑪雌性大鼠的子宫为“Y”形双子宫，左右子宫腔完全分开，两个子宫独立开口于阴道。胸部和腹部各有 3 对乳头。

(3)生理学特性

①生长发育：新生大鼠体重为 5.5～10 g；大鼠的品种因品系不同，生仔数量多少也不同。新生大鼠全身无毛，两耳关闭，四肢短小。3～4 日龄两耳张开，8～10 日龄长出门齿，14～17 日龄睁眼，16 日龄被毛长齐，20～21 日龄可断奶。大鼠生长发育的快慢与其品系、营养状况、健康状况、环境条件以及母鼠的哺乳能力、生产胎次均有密切关系。大鼠的寿命一般为 2～3 年。

②生殖生理：大鼠妊娠期为 19～23 d，平均为 21 d 或 22 d，初产鼠的妊娠期略长于经产鼠。大鼠平均窝产仔数 6～13 只，最多可产仔达 20 只。

③雄鼠出生后 30～35 d 睾丸下降进入阴囊，45～60 d 产生精子，60 日龄性成熟，可自行交配，但 90 日龄后体成熟时才为最适繁殖期。雌鼠一般 70～75 d 阴道开口，初次发情排卵是在阴道开口前后，80 日龄体成熟进入最适繁殖期。

④大鼠是自发排卵，雌鼠性周期为 4～5 d。成年雌鼠在动情周期不同阶段，阴道黏膜发生典型变化，分为动情前期、动情期、动情后期和动情期间。阴道涂片可观察性周期中阴道上皮细胞的变化，从而推测可知性周期各个时期中卵巢、子宫状态与垂体激素的变动，大鼠是全年多发情动物。

⑤雌鼠成群饲养时可抑制发情；在有 1 只雄鼠或其排泄物存在的情况下诱发发情。大鼠存在产后发情，繁殖和生产使用期为 90～300 日龄。交配后雌鼠阴道口会形成阴道栓，可作为判断交配成功的标志。

⑥大鼠心电图中没有 S-T 段，甚至有的导联也不见 T 波。

⑦其他生理指标：成年大鼠的胃容量为 4～7 mL，每只大鼠的食料量为 20～30 g/d(妊娠泌乳期的大鼠食量加大)，排粪量为 7～14 g/d，排尿量为 10～15 mL/d。其他见表 1-3。

表 1-3　大鼠常见生理指标

生理参数	大鼠
成年体重/g	雄性：300～500；雌性 250～300
心率/(次/min)	300～500
呼吸频率/(次/min)	70～110
体温/℃	37.5～38.5
体表面积	体重 50 g 的大鼠体表面积为 130 cm^2 体重 130 g 的大鼠体表面积为 250 cm^2 体重 200 g 的大鼠体表面积为 325 cm^2
饮水量/[mL/(100 g·d)]	10～12
血容量/(mL/kg)	60
血红蛋白/(g/100 mL)	14～20
血细胞比容(体积百分比)/%	36～48
血糖/(mg/100 mL)	134～219
白细胞/mm^3	$(6～17)\times 10^3$

资料来源：刘恩歧．医学实验动物学．北京：科学出版社，2008.

2. 主要品(种)系及特征

(1)封闭群

①Wistar:1907 年,由美国 Wistar 研究所育成,白化。使用数量多,遍及全世界。头部较宽,耳朵较长,尾长小于身长。该种群性周期稳定,繁殖力强,产仔多,生长发育快,性情温顺,对环境适应性强,对传染病的抵抗力较强,自发肿瘤发生率低。

②SD:1925 年,由美国 Sprague-Dawley 农场育成。头部狭长,尾长度近于身长,产仔多,生长发育较 Wistar 快,抗病能力尤以对呼吸系统疾病的抵抗力强。自发肿瘤率低。对性激素敏感。其常用作营养学、内分泌学和毒理学研究。

③Long-Evans:1915 年,Long 和 Evans 用雄性野生褐家鼠和雌性白化大鼠交配育成。头颈部为黑色,背部有一条黑线。其可用于视神经损伤修复、原位肾移植等研究。

④此外,还有 Osborne-mended、Sherman、August、brown-Norway 等品种较为常用。

(2)近交系　大鼠近交系有 100 多种,常用近交大鼠有以下数种。

①ACI:1926 年育成。黑色,腹部和脚白色。该品系易发生先天性畸形。28%雄鼠和 20%雌鼠有遗传缺陷,有时缺少一侧肾或发育不全或囊肿,雄性同侧睾丸萎缩,雌性无子宫或缺陷。该品系自发肿瘤率较高,血压低。平均寿命为雄鼠 113 周、雌鼠 108 周。雄鼠睾丸肿瘤自发率为 46%,肾上腺肿瘤为 16%,脑下垂体肿瘤为 5%,皮肤、耳道及其他类型肿瘤为 6%;雌鼠脑垂体瘤为 21%,子宫瘤为 13%,乳腺瘤为 11%,肾上腺瘤为 6%。

②F344/N 系:1920 年育成,白化。雄鼠寿命为 31 个月,雌鼠寿命为 29 个月。乳腺肿瘤自发率雄鼠为 23%,雌鼠为 41%:脑垂体腺瘤自发率雄鼠为 24%,雌鼠为 36%;睾丸间质细胞瘤自发率为 85%,甲状腺肿瘤自发率为 22%,单核细胞白血病自发率为 24%,可诱导发生膀胱癌、食道癌和卵黄囊癌。该品系大鼠可允许多种肿瘤移植生长。血清胰岛素含量低;对高血压蛋白盐的产生有抵抗力。

③LEW:由 Wistar 大鼠培育而成,白化,血清中甲状腺素、胰岛素和生长激素含量高。对诱发自身免疫性心肌炎高度敏感,可诱发过敏性脑脊髓炎、过敏性关节炎和自身免疫复合物血管球性肾炎等。其可移植多种肿瘤,饲喂高脂饲料容易引起肥胖症。

④SHR:1963 年,由 Wistar 大鼠培育而成为自发性高血压大鼠,白化。10 周龄后动脉收缩压雄鼠为 200～350 mmHg(26.7～46.3 kPa),雌鼠为 180～200 mmHg(24.0～26.7 kPa),心血管疾病发病率高,可作为高血压动物模型用于药物筛选。

⑤WKY:1971 年,由 Wistar 大鼠培育而成,白化。为 SHR 大鼠的正常血压对照动物,雄鼠动脉收缩压为 140～150 mmHg(18.7～20.0 kPa),雌鼠约为 130 mmHg(17.3 kPa)。

⑥LOU/C 和 LOU/M:白色,1972 年,Bazin 和 Becker 选出浆细胞瘤高发率系培育成 LOU/C,以及浆细胞瘤低发率系培育成 LOU/M。具有相同的组织相容性。LOU/C 大鼠 8 月龄以上的雄性自发性浆细胞瘤的发生率为 30%,雌性为 16%,常发生在回肠淋巴结。70%的免疫细胞瘤合成并分泌单克隆免疫球蛋白。Y3 骨髓瘤细胞系就是来自 LOU 系大鼠。LOU/C 大鼠广泛用于免疫学研究,特别是单克隆抗体的制备。LOU/M 大鼠浆细胞瘤发病率,雄性为 0.7%,雌性为 2.1%。

(3)杂交一代(F1 代)　大鼠的 F1 代不如小鼠的 F1 代使用广泛,常用的有 AS×AS2F1、F344×WistarF1、LEW×BNF1 和 WAG×BNF1。

(4)突变系

①癫痫大鼠:受到铃声刺激会旋转起舞数秒,然后一侧倒地发作癫痫,与人的癫痫病相似,可用作研究癫痫病的动物模型。

②肥胖症大鼠:食量和体重均大于正常鼠,血浆中脂肪酸总量是正常大鼠的 10 倍,胆固醇和磷脂含量增高。有高血压而无动脉壁的病变。其可作为研究肥胖病的动物模型。

3. 生物医学研究中的应用

(1)药物学及药效学研究　大鼠由于繁殖力强、易饲养、体型大小合适、给药容易、采样方便、畸胎发生率低、行为多样化,被广泛用于药物毒力、药效评价、新药筛选等研究。

①药物毒理学试验。大鼠广泛应用在急性、亚急性和慢性毒性试验、生殖毒性试验和药物依赖试验,也经常用于"三致"(致畸、致癌、致突变)试验研究。

②药物药效研究。

A. 神经系统疾病药物。首选大鼠做影响副交感神经效应器接点的药物研究。

B. 心血管疾病药物。大鼠的血管阻力和血压对药物的反应均很敏感,与人类或大动物的反应较一致。

C. 治疗炎症药物。大鼠踝关节对炎症反应敏感,用于抗关节炎药物的研究。

(2)行为学研究　大鼠体型大小合适,行为表现多样,情绪反应灵敏,适应新环境快,探索性强,可人为唤起和控制其动、视、触、嗅等感觉、神经系统反应方面与人有一定的相似性,所以在行为及行为异常的研究中用得很多,如迷宫训练、奖励和惩罚效应、高级神经活动障碍等研究。

(3)老年病学研究　年龄与环境因素密切相关,老年病研究中必须选用无特定病原以上级别的大鼠,并严格控制环境条件。如衰老的生理生化变化研究可从大鼠得到足够量的血样和其他体液样品,可使用大鼠进行衰老的激素水平等生理、生化研究,探讨衰老过程与 DNA 合成、复制、转录和翻译有关酶的活性及其改变,还可用于饮食方式与寿命的关系研究等。

(4)心血管疾病研究　大鼠是研究高血压的首选动物,现已培育出多种不同类型的高血压大鼠品系。还有自发性动脉硬化大鼠品系,通过诱发可使大鼠出现肺动脉高压、冠心病、局部缺血性心脏病等模型,用于进行发病机制和治疗研究。但其结构功能、代谢与人类不完全相同。

(5)内分泌疾病研究　大鼠的内分泌腺容易手术摘除,尤其是垂体更易摘除。常用于研究各种腺体对全身生理、生化功能的调节;激素腺体和靶器官的相互作用;激素对生殖生理功能的调控作用及计划生育。大鼠还可用于应激性胃溃疡、卒中、克汀病等疾病研究。

(6)感染性疾病研究　大鼠对多种细菌、病毒和寄生虫敏感,适宜复制多种细菌性和病毒性疾病模型,是研究支气管肺炎、副伤寒的重要实验动物。

(7)营养代谢病研究　大鼠对营养物质缺乏敏感,缺乏可出现典型症状,是研究营养学的首选动物。大鼠常用于蛋白质缺乏,氨基酸,维生素和无机离子代谢等研究,如核黄素缺乏时出现皮炎、脱毛、体质虚弱和生长缓慢,还可引起角膜血管化、白内障、贫血和髓质退化。大鼠可用于代谢性疾病的研究,例如,自发高血压肥胖大鼠 SHR/N-CP 用于研究 2 型糖尿病;自发糖尿病大鼠"BB"Wistar 用于研究 1 型糖尿病;盐敏感大鼠 Ds 用于研究高盐对生理因素的影响。

(8)口腔医学研究　大鼠适宜研究龋齿与微生物、唾液及食物的关系,用变异链球菌接种大鼠口腔,然后喂给含蔗糖食物,大鼠牙齿上的珐琅质蛀损在宏观和微观上同人的蛀齿相似,可以用来研究龋齿。也可以用来研究牙垢产生的条件,如牙周炎疾病,口腔组织生长发育及其影响因素;口腔肿瘤的发生和治疗等。

(9)肿瘤学研究　有些大鼠品系具有较高的肿瘤自发率。实验中主要用化学物质诱发大鼠的肿瘤,如形成肝癌、肺癌、胃癌、肺腺癌、白血病、垂体肿瘤等多种肿瘤,易研究癌变机理。大鼠对二乙基亚硝胺等致癌物敏感,可诱导复制成各种肿瘤模型。

(10)生理学研究　大鼠垂体-肾上腺系统发达,垂体摘除比较容易,可用来进行肾上腺、垂体、卵巢等内分泌研究。利用大鼠对新环境易适应,有探索性,易训练,对惩罚和暗示敏感等特性进行行为学研究和高级神经活动的研究。

(11)其他　如遗传疾病研究、环境污染与人类健康的研究等。

4. 饲养管理要点

(1)环境　大鼠听觉灵敏,对噪声耐受性低,饲养环境应保持安静,防止噪声。光照对大鼠生殖、生理和繁殖行为影响较大,封闭的饲养室多采用光照定时装置,提供适当的(12 h 光照 12 h 黑暗或 14 h 光照 10 h 黑暗)夜光变化周期。大鼠对氨气和硫化氢敏感,应加强通风换气,尽量减少饲养室中的粉尘。在微生物控制高等级大鼠的饲养设施中,应有良好的通风设备与空气过滤系统。

(2)饲料和饮水　大鼠的饲料应保证其营养需要,并符合各等级动物饲料的卫生质量要求。生长发育的阶段不同,饲料的成分也应有所不同。刚离乳的幼鼠需加喂软料,哺乳期加喂葵花籽。大鼠具有随时采食的习惯,应保证其充足的饲料和饮水。饲料按照少量多次的原则添加,软料则应每日更换。饲料在加工、运输、贮存过程中应严防污染、发霉、变质,饲料一般贮存时间夏季不超过 15 d,冬季不超过 30 d。SPF 大鼠饮水为高温高压灭菌水。大鼠饲料与水的消耗比例为 1∶2,即吃 1 g 饲料要饮 2 mL 水。

(3)笼具和垫料　饲养大鼠的笼盒有两种:一种是实底装铺垫物的塑料盒;另一种是金属丝底带接粪盘的笼子。塑料盒多用于饲养繁殖及实验观察。目前采用的垫料主要是多种阔叶树木的刨花、锯末、碎木屑等,玉米轴或秸秆粉碎后也是很好的垫料。因鼠盒的空间有限,大鼠的排泄物中含有的氨气、硫化氢等刺激性气体,极易引发呼吸道疾病,需要每周更换两次垫料。鼠盒冲刷干净后需用消毒液浸泡 3～5 min,用水冲净、晾干备用。脏垫料需及时移出饲养室并做无害化处理。

(4)卫生消毒措施　饲养员进入饲养室前必须更衣,用肥皂水洗手并用清水冲洗干净,戴上消毒过的口罩、帽子、手套后方可进入;饲养室内保持整洁,门窗、墙壁、地面、鼠盒、架子等每天擦洗;每周二、周五用 0.1%新洁尔灭或用 0.2%过氧乙酸喷雾等消毒剂消毒,隔周更换消毒剂品种,每月进行 1 次大消毒。垫料、饲料经高压消毒后放到清洁准备间贮存,贮存时间不超过 15 d。鼠盒、饮水瓶每月使用 0.2%过氧乙酸浸泡 3 min 或高压灭菌。在屏障环境中进行操作时更应严格遵守卫生消毒制度。

(5)抓取大鼠　抓取时应轻抓轻放,避免激怒大鼠引起应激反应。抓取时应提其尾巴根部,对于怀孕母鼠要从背部向腋下抓起,另一只手托起臀部避免导致其流产。

(三)豚鼠

豚鼠(*Cavia porcellus*)属哺乳纲、啮齿目、豚鼠科、豚鼠属,由野生动物驯养而来。豚鼠又名天竺鼠、荷兰猪、海猪等。染色体数 $2n=64$。

1. 生物学特性

(1)一般特性

①豚鼠属草食性动物,喜食含纤维素较多的禾本科嫩草或干草。日夜采食,两餐间有较长的休息。

②豚鼠性情温顺,很少发生打斗或攻击咬伤人的现象,由于四肢短小而不善攀爬。豚鼠胆小易惊,对外界刺激极为敏感,喜欢安静,外界突然产生的响声、震动可致其四散奔逃,甚至可引起孕鼠的流产。一般不互相打斗。

③豚鼠一雄多雌的群体构成具有明显的群居稳定性。

④豚鼠喜欢干燥清洁而又宽敞的生活环境,过于拥挤容易发生脱毛、皮肤损伤和皮炎等。

⑤豚鼠喜活动,爱群居。需较大的活动场地,单笼饲养时易发生足底溃疡。

⑥豚鼠听觉非常发达,能够识别多种不同的声音,听到的声域远大于人类。当有尖锐的声音刺激时,常表现为耳郭竖起微动以应答,即听觉耳动反应(普赖厄反射)。

(2)解剖学特点

①豚鼠体形短粗,全身被毛,耳朵和四肢短小,尾巴只有残迹,耳壳薄而血管明显,上唇分裂。前足有四趾,后足有三趾,趾端有尖锐短爪,脚形似豚。毛色有白色、黑色、棕色、灰色、黄色等,毛色组成有单色、双色和三毛色。

②豚鼠的齿式为门齿 1/1,犬齿 0/0,前臼齿 1/1,臼齿 3/3(总:20)。门齿呈弓形,深入颌部,臼齿发达,咀嚼面锐利,终身生长。咬合不正时门齿和臼齿会过度生长。成年豚鼠有 256～261 块骨。

③胃壁非常薄，黏膜呈皱袋状，胃容量为 20～30 mL。肠管较长，约为体长的 10 倍，其盲肠发达，约占整个腹腔容积的 1/3。肝脏呈黄褐色，可分为 5 叶，有胆囊。胰脏呈粉红色，位于胃的后面。脾脏位于胃大弯处。

④豚鼠肺呈粉红色，分左、右肺，共分 7 叶其中右肺 4 叶（上叶、中叶、下叶及从中叶分出的侧叶），左肺 3 叶（上叶、中叶、下叶）。气管及支气管不发达，只有喉部有气管腺体，支气管以下皆无。

⑤豚鼠淋巴系统较发达，对侵入的病原微生物极为敏感。肺组织中淋巴组织特别丰富，反应敏感，在少量机械或细菌刺激时，很快发生淋巴结炎。与其他动物不同，豚鼠的胸腺全部在颈部，位于下颌角到胸腔入口中间，为两个光亮、淡黄色细长呈椭圆形、分叶的腺体，易摘除。

⑥豚鼠大脑半球没有明显的回纹，只有原始的深沟和神经，属于平滑脑组织，较其他同类动物发达。脑在胚胎期 42～45 d 发育成熟，属于胚胎发育完善动物。

⑦雌、雄豚鼠腹部皆有一对乳腺，但雌性豚鼠的一对乳头细长而明显，雌鼠两组乳腺位于腹股沟部。雌性具有无孔的阴道闭合膜，发情期张开，非发情期闭合。子宫有两个完全分开的子宫角，两个子宫角会合后形成子宫颈，开口于阴道。雄性有位于两侧突起的阴囊，内含睾丸，出生后睾丸并不下降到阴囊，但通过腹壁可以摸到。豚鼠在外观进行性别鉴定时要用一只手抓住豚鼠的颈部，另一手推挤生殖器孔上部皮肤，雄性在圆孔中露出性器官的圆形突起，雌性则无。

（3）生理学特性

①生长发育：豚鼠妊娠期长，属于晚成性动物。新生的仔鼠有被毛、恒齿和视力，生后 4 h 即能行走和进食，有被毛，眼耳张开，有门齿，3～4 d 后就能独立生活。新生仔鼠体重约为 80 g，在出生后前半月内每日增重 4～5 g，2 月龄体重可达 350 g，5 月龄雌鼠体重可达 700 g，雄鼠可达 750 g。豚鼠寿命一般为 4～5 年，最长可达 8 年。

②生殖生理：豚鼠性成熟早，雌性 30～45 日龄，雄性 70 日龄左右即性成熟，受饲料营养和饲养环境的影响，性成熟期不同。豚鼠一般在 5 月龄左右达到体成熟，可配种繁殖。豚鼠性周期为 15～17 d，发情时间可持续 1～18 h，妊娠期长，为 59～72 d，每胎产仔 1～8 只，多数为 3 只或 4 只，哺乳期为 2～3 周。

③豚鼠泌乳能力强，只有一对乳头，但能将所生仔鼠全部带活。雌豚鼠有互相哺乳习惯，不是自己亲生的仔鼠亦能让其吸乳。豚鼠为全年多发情动物，有产后发情特性。

④雄性豚鼠射出的精液含有精子和副性腺分泌物，分泌物在雌性豚鼠阴道中凝固形成阴道栓。此栓被脱落的阴道上皮覆盖，在阴道口停留数小时脱落，查找可确定交配日期，准确率达 85%～90%。豚鼠的繁殖时限一般在 1～1.5 年，此后繁殖率降低。

⑤每只成年豚鼠的胃容量为 20～30 mL，食料量为 14～28 g/d，排粪量为 21～85 g/d，排尿量为 15～75 mL/d。

⑥血细胞特性：豚鼠的红细胞、血红蛋白和血细胞比容比其他实验啮齿动物低。其淋巴细胞中有一种称为 Kurloff 小体的单核细胞，细胞形态比较大，胞质内含有大的黏多糖包涵体，通常在血管或胸腺内发现，在雌激素刺激和妊娠情况下，数量比平时明显增多，并由肺和脾转移至胸腺和胎盘。外周血和骨髓细胞的形态与人相似。

⑦豚鼠对抗生素高度敏感，尤其是对青霉素类和四环素类极为敏感。青霉素对豚鼠的毒性比小鼠高 1 000 倍，使用青霉素会引起豚鼠肠炎，甚至死亡。因此，治疗豚鼠的感染性疾病一般用磺胺类药物。

⑧营养代谢：豚鼠体内缺乏左旋葡萄糖内酯氧化酶，不能合成维生素 C。

⑨豚鼠有较强的抗缺氧能力，比小鼠强 4 倍，比大鼠强 2 倍。

⑩其他生理特点：豚鼠耐冷不耐热，自动调节体温的能力较差，易受外界温度变化的影响，温度过高或过低都会降低其抵抗力。当室温升至 35～36 ℃时，易引起豚鼠急性肠炎。

豚鼠常见生理指标见表 1-4。

表 1-4 豚鼠常见生理指标

生理参数	豚鼠
成年体重/g	雄性:900～1 000；雌性 700～900
心率/(次/min)	230～380
呼吸频率/(次/min)	42～104
体温/℃	38～40
体表面积	体重 400 g 的豚鼠体表面积为 565 cm^2 体重 800 g 的豚鼠体表面积为 720 cm^2
饮水量/[mL/(100 g·d)]	10
血容量/(mL/kg)	69～75
血红蛋白/(g/100 mL)	12～15
血细胞比容(体积百分比)/%	38～48
血糖/(mg/100 mL)	60～125
白细胞/mm^3	$(7～13)×10^3$

资料来源:刘恩歧. 医学实验动物学. 北京:科学出版社,2008.

2. 主要品种(系)及特征

豚鼠按毛的长短可分为短毛、长毛和刚毛豚鼠 3 种。一般实验用豚鼠多为短毛豚鼠。

(1)封闭群

①英国种(也称荷兰种):我国使用的多为此种封闭群,毛短光滑,毛色有白、黑、棕、灰、淡黄、巧克力色等单色,也有白黑双色或白、棕、黑三色。此品种生长快,抗病力强,繁殖性能好。

②Hartley 系:远交系,毛色白色,1973 年从英国实验动物中心引进。

③FMMU 白化豚鼠:由南方医科大学顾为望教授等育成的封闭群,白化。繁殖性能与花色豚鼠相比较差。缺氧耐受性优于花色豚鼠,具有独特的免疫学特性,血清中免疫球蛋白含量(IgG、IgA、IgM)、C3、C4 含量及补体总活性均显著低于花色豚鼠;淋巴细胞转化率比花色豚鼠略低。SPF 级 FMMU 豚鼠白细胞水平低,其嗜碱性粒细胞为零,嗜酸性粒细胞和单核细胞极少,中性粒细胞较少,主要由淋巴细胞发挥免疫功能。不同级别 FMMU 豚鼠的免疫功能状态也存在差异,SPF 级 FMMU 白化豚鼠总体的免疫学功能低于花色豚鼠,更适于制作感染类疾病的动物模型。FMMU 白化豚鼠听功能更为敏感,其耳蜗对爆震的敏感性较高,是复制爆震性耳聋的理想动物模型。

(2)近交系

①近交系 2:美国培育,1950 年由 NIH 分赠给世界各地,毛色为黑、棕、白三色。体型小,对结核分枝杆菌抵抗力强,并具有结合的 GPL-AB. 1 抗原,血清中缺乏诱发的迟发超敏反应因子。

②近交系 13:培育历史与近交系 2 相同,体型较大,毛色为黑、棕、白三色。对结核分枝杆菌抵抗力弱,受孕力比近交系 2 差,GPL-AB. 1 抗原与 2 系相同。

3. 生物医学研究中的应用

(1)药物学研究

①皮肤刺激实验。豚鼠皮肤对毒物刺激反应灵敏,其反应近似人类,通常用于局部皮肤毒物作用的实验。

②致畸研究。豚鼠妊娠期长,胎儿发育完全幼仔形态功能已成熟,可适用于药物或毒物对胎儿后期发育影响的实验。

③药效评价实验。

A. 平喘药和抗组胺药。豚鼠对组胺类药物很敏感,可引起支气管痉挛性哮喘;

B. 镇咳药物:豚鼠对化学刺激和机械刺激都很敏感,是镇咳药物筛选的首选动物;

C. 局部麻醉药:豚鼠常用于制备角膜擦伤、皮肤灼伤、坐骨神经刺激等动物模型测试局部麻醉药效果;

D. 抗结核药物:豚鼠对结核分枝杆菌很敏感,是研究治疗各种结核病药物的首选实验动物。

(2)免疫学研究

①补体:豚鼠特别是老龄豚鼠的血清中含有丰富的补体,是所有实验动物中血清补体含量最高的一种动物,含量非常稳定,获取方便,免疫学实验中所用的补体多来自豚鼠血清。

②过敏反应或变态反应研究:豚鼠易于过敏,是过敏性休克和变态反应研究的首选动物,豚鼠的迟发超敏反应与人类相似,是研究Ⅰ型超敏反应(速发型超敏反应)和Ⅴ型超敏反应(迟发型超敏反应)的常用模型动物。

(3)耳科学研究　豚鼠耳郭大,耳道宽,易于进入中耳和内耳,耳蜗的血管伸至中耳腔,便于进行内耳微循环的观察。听觉特别敏锐,特别是对 700～2 000 Hz 的纯音最敏感,存在可见的普赖厄反射,所以常用于听觉的内耳疾病的研究,如噪声对听力的影响、药物对听神经的影响等。

(4)营养代谢研究　豚鼠体内不能合成维生素 C,且对其缺乏十分敏感,是研究实验性坏血病的良好动物模型。

(5)传染病研究　豚鼠对结核分枝杆菌、白喉棒状杆菌、鼠疫耶尔森菌、钩端螺旋体、布鲁氏菌以及沙门菌都较敏感,尤其对结核分枝杆菌有高度敏感性,感染后的病变酷似人类的病变,是结核分枝杆菌分离、鉴别、疾病诊断以及病理研究的最佳动物。

(6)肺水肿研究　切断颈部两侧迷走神经可引起肺水肿,复制典型的急性肺水肿模型,适于观察出血和血管通透性变化实验。

(7)其他研究应用

①豚鼠也适用于妊娠毒血症、自发流产、睾丸炎以及畸形等方面的研究。

②幼仔发育完全,易成活,可准确查知豚鼠剖宫产时间,常用于悉生生物学研究。

③豚鼠为草食性动物,不易发生呕吐反射,不宜用于呕吐实验研究。

4. 饲养管理要点

(1)饲养环境　豚鼠听觉好,胆小易惊,故饲养环境应保持安静,噪声应严格控制在 60 dB 以下。不应频繁将雌鼠迁往新笼舍。

(2)笼具　豚鼠饲养室应建立严格的清洁卫生制度。SPF 级以上动物应按国家标准严格进行微生物控制。笼盒保温性能要好,清洗和消毒灭菌方便。豚鼠活动性较强,笼具底面积要求比一般啮齿类动物要大。另外,要防止豚鼠在受惊吓时跳出盒外。

(3)垫料　一般铺不具有机械损伤的软刨花垫料,也可加干草或稻草,最好将其消毒后使用。豚鼠既可在受到惊吓时藏身,又可啃咬补充纤维素。但在进行营养学方面的实验时放干草或稻草容易影响实验结果,需注意。

(4)饲料和饮水　豚鼠属于草食性动物,饲料中的粗纤维含量不能低于 20%,粗纤维比例低易导致豚鼠出现排粪障碍、脱毛或相互吃毛的现象。注意补充维生素 C,一般每天每 100 g 体重 4～5 mg,处于快速生长期和妊娠、哺乳期的豚鼠,实际需要量可为每天每 100 g 体重 30～40 mg。传统的方法是饲喂富含维生素 C 的新鲜蔬菜和水果,较经济和效率高的方法是在豚鼠的饮水中添加维生素 C,新鲜配制含维生素 C 200～400 mg/L 的饮水。用于溶解维生素 C 的饮水最好使用蒸馏水或去离子水,因为含氯离子和一些金属离子的水会使维生素 C 失效。

(5)饲养　豚鼠可采用池养方式,池高 40 cm 不需加盖,池内垫小刨花,垫料不宜过碎,以免粘在生殖器黏膜上影响交配。垫料应每周换 1～2 次。

(6)繁殖　豚鼠一般采用 1 只雄鼠,3～6 只雌鼠长期同居法,这种方式可提高胎次,但分不出亲子关系。此外，还有一种方法是一雄一雌定期同居交配，怀孕后将雌鼠移出。

(四)地鼠

地鼠又名仓鼠，属于哺乳纲、真兽亚纲、啮齿目、仓鼠科、仓鼠亚科的小型实验动物。常用作实验动物的地鼠主要有金黄地鼠(*Mesocricetus auratus*，染色体 $2n=44$)和中国地鼠(*Cricetulus griseus*，又名黑线仓鼠，染色体 $2n=22$)。生物医学研究中多使用金黄地鼠。

1. 生物学特性

(1)一般特性

①金黄地鼠背部毛色为淡褐色，侧面及腹部为白色，成年体长 16～19 cm，成年雌性体重 90～130 g，雄性 85～120 g。身体粗壮，尾短粗，耳色深，眼小而明亮，被毛柔软。中国地鼠灰褐色，体型小，体长大约 9 cm，成年体重为 28～40 g，眼大而黑，外表肥壮，短尾，背部从头顶直至尾基部有条暗色条纹。行动迟缓，喜独居。

②地鼠为杂食性动物，有贮存食物的习性，可将食物贮存于颊囊内，颊囊可充分扩张，贮存能力极大，便于冬眠时食用。地鼠通过颊囊将食物搬运进洞穴贮存。

③地鼠是昼伏夜行动物，一般在夜晚 8～11 点最为活跃。运动时腹部着地，行动不敏捷，有嗜睡习惯，熟睡时全身松弛，如死亡状，不易醒。室温低时出现冬眠，一般于 8～9 ℃时可出现冬眠，此时体温、心跳、呼吸频率、基础代谢率均降低。室温低于 13 ℃时则幼仔易于冻死，室温最好保持在 20～26 ℃，相对湿度为 30%～70%。

④地鼠好斗，牙齿十分坚硬，可咬断细铁丝，受惊时会咬人。雌鼠比雄鼠强壮而凶猛，除发情期外，雌鼠不宜与雄鼠同居，难以成群饲养。金黄地鼠初胎有食仔恶习。

(2)解剖学特点

①齿式为门齿 1/1，犬齿 0/0，前臼齿 0/0，臼齿 3/3(总:16)，门齿终身生长。

②地鼠口腔内两侧各有一个颊囊，深度为 3.5～4.5 cm，直径为 2～3 cm，一直延续至耳后颈部。其由一层薄而透明的肌膜构成，容量可达 10 cm^3。颊囊缺少腺体和完整的淋巴通路，因此对外来组织不产生免疫排斥反应，是进行组织培养、人类肿瘤移植和观察微循环改变的良好区域，可用于异体移植。

③金黄地鼠的睾丸较大，为体长的 1/6～1/7，重为 1.6～2 g。雌性子宫呈“Y”形，左右各有一个圆形的卵巢，一次排卵约 20 个，乳头 6～7 对。

④中国地鼠的染色体少而大，二倍体细胞 $2n=22$，大多数能相互识别，定位明确，尤其 Y 染色体形态独特，极易识别。

⑤中国地鼠无胆囊，大肠长度是金黄地鼠的一半，但脑、睾丸均比金黄地鼠重近 1 倍。

(3)生理学特点

①生长发育:金黄地鼠初生仔鼠重 1.5～2.5 g，无毛，闭眼。3～4 日龄长被毛，耳壳开始突出体外。7 日龄全身蒙上被毛。10～14 日龄睁眼有听觉。12 日龄可爬出窝外觅食，一边觅食一边靠母鼠乳汁哺育，生长发育快，断乳时体重可达 25～28 g，成年体重可达 150 g，雌鼠体重比雄鼠稍大。成年中国地鼠体重约为 35 g，雄鼠则比雌鼠大。平均寿命为 2～3 年。

②生殖生理:金黄地鼠 30～32 d 性成熟，性周期 4～5 d，妊娠期约 15 d，是啮齿类动物中妊娠期最短者。哺乳期 21 d，雄鼠 2 月龄离乳，雌鼠 1.5 月龄可配种。每年可产 5～7 胎每胎产仔 5～10 只(平均 7 只)。金黄地鼠为常年发情动物，有产后发情特点，生殖寿命为 6 个月，9 月龄后受孕率下降。中国地鼠一般是 8 周龄性成熟，性周期是 3～7 d(平均 4.5 d)，妊娠期 19～21 d(平均 20.5 d)，哺乳期 20～25 d，离乳后最佳繁殖时间为 12 周龄，每胎产仔 4～8 只。

③地鼠对皮肤移植的免疫反应特别强，封闭群内个体间皮肤移植常可存活，并能长期生存下来，但不同群体间移植则 100%被排斥，这一现象正吸引着众多免疫工作者进行深入的研究。金黄地鼠常见生理指标见表 1-5。

表 1-5　金黄地鼠常见生理指标

生理参数	地鼠
成年体重/g	雄性：120～140；雌性 140～160
心率/(次/min)	250～500
呼吸频率/(次/min)	40～120
体温/℃	37～38
体表面积	125 g 的鼠体表面积为 260 cm^2
饮水量/[mL/(100 g·d)]	8～10
血容量/(mL/kg)	80
血红蛋白/(g/100 mL)	10～18
血细胞比容(体积百分比)	36～60
血糖/(mg/100 mL)	60～150
白细胞/mm^3	(3～11)×10^3

资料来源：刘恩歧. 医学实验动物学. 北京：科学出版社，2008.

2. 主要品种(系)及特征

(1)金黄地鼠(golden hamster，*Mesocricetus auratus*)　实验动物化的历史较短，全部品系的来源都是 1930 年从叙利亚捕获的 7 只同窝地鼠。现有近交系 38 种，突变系 17 种，远交群 38 种。我国使用最多的是远交群的金黄地鼠，繁殖性能良好。

(2)中国地鼠(Chinese hamster，*Cricetulus griseus*)　中国地鼠系仓鼠属、中国种，又称黑线仓鼠或条纹仓鼠。1919 年引入并进行医学研究。已有群、系 20 个，其中包括 4 个近交品系。

①A/gy 系 F42：针毛异常(brittle bristle)，伴性(♀)自家免疫性疾病品系；主要用于子宫癌、子宫腺癌、间质细胞淋巴瘤和肝癌的移植研究。

②Aa/Gy 系 F42：特点与 A/Gy 系 F42 相同，多用于子宫癌、子宫腺癌和肝癌的移植研究。

③B/Gy 系 F39：为遗传性糖尿病品系，可用于子宫癌和子宫腺癌移植研究。

④C/Gy 系 F17 癫品系，可用于骨肉瘤移植等研究。

(3)欧洲黑腹地鼠(european hamster，*Cricetus cricetus*)　其体型大，性凶猛，体重约 200 g，22 对染色体。

3. 生物医学研究中的应用

(1)肿瘤学研究　地鼠颊囊是缺少组织相容性抗原的免疫学特殊区，可进行组织培养。瘤组织接种于地鼠颊囊中易于生长，是人类肿瘤移植和观察微循环改变的良好区域。金黄地鼠无原发性肺肿瘤，适合诱发支气管肺癌和肺肿瘤。地鼠广泛应用于研究肿瘤的增殖、致癌、抗癌、移植、药物筛选、X 线治疗等。

(2)感染性疾病研究　中国地鼠对多种病毒、细菌和寄生虫高度敏感，是内脏利什曼病和阿米巴肝脓肿极佳的动物模型，还可作弓形体、阴道滴虫病等的研究模型。中国地鼠的睾丸特别大，是良好的接种器官，可用于肺炎球菌性肺炎、白喉、结核病、狂犬病等的研究。

(3)生殖生理研究　地鼠成熟早，妊娠期较短，仅 16 d，雌鼠出生后 28 d 即可繁殖，动情周期准确，适用于生殖生理和计划生育的研究。

(4)糖尿病研究　近交系中国地鼠易产生自发性遗传性糖尿病，血糖可比正常地鼠高 2～8 倍，胰岛退化，B 细胞呈退行性变，是研究真性糖尿病的良好动物模型。

(5)遗传学研究　中国地鼠染色体大，数量少，且易于相互鉴别为研究染色体畸变和染色体复制机制的极好材料。可进行细胞遗传，辐射遗传与进化遗传学研究。

(6)生殖生理和计划生育研究　地鼠成熟早，动情周期准确，可确切得知其怀孕日期，妊娠期短，繁殖快，适用于生殖生理和计划生育的研究。

(7)营养学研究　地鼠对维生素缺乏敏感,可应用于B族维生素、维生素A缺乏和维生素E缺乏症的研究。

(8)血管生理学和微循环研究　地鼠的颊囊黏膜薄、色淡、透光性好,微血管致密、清晰,适合观察淋巴细胞、血小板、血管反应,是进行血管生理学和微循环研究的很好的动物模型。

(9)其他　地鼠还应用于皮肤移植、龋齿、老化、冬眠、行为等研究。

4. 饲养管理要点

①地鼠的饲养管理基本同小鼠,每周加喂含有20%鸡蛋的玉米粉软料1次,青绿饲料每周3次或每天1次。饲料中应特别注意蛋白质的含量和质量,需达到20%～25%,动物性蛋白与植物性蛋白比值为1∶2或2∶3,否则地鼠生殖功能会发生障碍。

②种雄鼠和幼鼠饲料的蛋白质含量不应低于20%,注意补充维生素,给予充足清洁的饮水。

③保持一定的室温,地鼠为夜行性动物,繁殖时夜间配种,以提高受孕率。

④单笼饲养,垫料每周更换1次。仔鼠离乳后,雌雄分开饲养,种鼠从春夏季节出生的2～3胎仔鼠中选择。

⑤保持室内安静,空气流通。

⑥地鼠发情交配时应将发情雌鼠放入雄鼠笼内,完成受精后取出单养。也可以采取长期同居的方式,但雌性鼠好斗,要注意雄鼠易被雌鼠咬伤。

(五)长爪沙鼠

长爪沙鼠(mongolian gerbil,*Meriones unguiculatus*)属哺乳纲、啮齿目、鼠科(2005年,沙鼠亚科从仓鼠科转为鼠科的一个亚科)、沙鼠亚科、沙鼠属,又称蒙古沙鼠或黑爪蒙古沙土鼠、黄耗子、砂耗子等。染色体数 $2n=44$。野生的长爪沙鼠在我国分布于内蒙古、河北北部、山西、甘肃、宁夏、青海等地的草原地带。

1. 生物学特性

(1)一般特性

①长爪沙鼠是一种小型食草动物,大小介于大鼠和小鼠之间,雄性大于雌性,体长97～132 mm,尾长97～106 mm。尾粗长,长满较硬的被毛并在尾端集中形成毛簇。眼大而圆。耳壳前缘有灰白色长毛,内侧顶端毛少而短。背毛棕灰杂色,体侧与颊部毛色较淡,腹部灰白色。

②长爪沙鼠后肢长而发达,长度为24～30 mm,可做垂直与水平快速运动,常呈直立姿势。后肢与掌部被以细毛,趾端有弯锥形长而有力的爪,擅长掘洞。

③长爪沙鼠昼夜活动,短期剧烈活动与短期休息或沉睡交替,午夜和下午3:00左右是其活动高峰,行动敏捷,有一定的攀跃能力。

④野生沙鼠有在秋季贮粮以备越冬的生活史阶段,喜囤积。

⑤长爪沙鼠性情温顺,通常少有斗殴行为,但成年沙鼠混群通常导致激烈斗殴,伴有损伤甚至死亡。

⑥长爪沙鼠日排尿量较少,有时仅几滴,粪便干燥,温差适应性强。

(2)解剖学特点

①门齿1/1,犬齿0/0,前臼齿0/0,臼齿3/3(总:16),牙齿尖利,可咬嚼木头。

②腹部有一卵圆形棕褐色的无毛区,称为腹标记腺或腹标记垫,上面被有蜡样物质,腹标记腺在物体上摩擦时会分泌一种油状、具有怪味的分泌物,可作为沙鼠活动区域的标记。雄性沙鼠的腹标记腺较雌性沙鼠明显,且出现早,其标记行为和腺体的完整性受雄激素控制,其发育程度可作为雄鼠完全性成熟时日龄的估算依据。一般在群养时,最先分泌腺体的动物将成为该群体的统治者。雌性沙鼠的标记行为在妊娠期和哺乳早期增强。

③后眼角内侧有副泪腺,分泌一种吸引素从鼻孔排出或与唾液混合,在动物清洁腹部时扩散出来。雄性沙鼠的吸引素对于动情期雌性沙鼠有促进交配的作用。

④肾上腺较大。同体重前提下,其肾上腺几乎为大鼠肾上腺的3倍,其产生的皮质酮也较多,所以

切除肾上腺的沙鼠不能通过体外补钠而维持钠盐的代谢。

⑤大脑动脉环(Willis 环)前后交通支存在不同程度的缺损,绝大多数缺少联系颈内动脉和椎基底动脉系统的后交通支,是制备脑缺血模型的理想动物。

(3)生理学特性

①生长发育:幼鼠出生时无毛,体重 1.5～2 g,贴耳,闭眼。3～4 日龄竖耳,6 日龄开始长毛,8～9 日龄长出门齿,16～18 日龄开眼。初生仔鼠生长发育较快,雌鼠在 150 日龄、雄鼠在 180 日龄之后基本停止增长。

②野生沙鼠的平均寿命为 1.5 年,经过驯养的沙鼠平均寿命可达 2～3 年。

③生殖生理:雄性长爪沙鼠睾丸下降到阴囊的时间为 23～35 d,雌鼠阴道开口时间为 36～99 d。驯养的长爪沙鼠为长年发情动物,冬季繁殖率稍有下降。雌鼠性成熟期为 9～12 周,雄鼠为 10～12 周,性周期 4～6 d,妊娠期为 24～26 d,哺乳期 21 d 左右。雌鼠通常 5～6 月龄配种,可繁殖期 15 个月,人工饲养条件下,一年可繁殖 5～8 胎,每胎产仔 4～8 只,多时可达 11 只左右。交配多发生于傍晚和夜间。

沙鼠常见生理指标见表 1-6。

表 1-6　沙鼠常见生理指标

生理参数	沙鼠
成年体重/g	雄性:80～110;雌性 70～100
心率/(次/min)	360
呼吸频率/(次/min)	90
体温/℃	38.1～38.4
体表面积	体重 190 g 的沙鼠体表面积为 205 cm^2
饮水量/[mL/(100 g·d)]	4～7
血容量/(mL/kg)	66～78
血红蛋白/(g/100 mL)	13～16
血细胞比容(体积百分比)	44～47
血糖/(mg/100 mL)	50～135
白细胞/mm^3	$(7～12)\times10^3$

资料来源:刘恩歧. 医学实验动物学. 北京:科学出版社,2008.

2. 生物医学研究中的应用

长爪沙鼠作为实验动物的使用量比小鼠、大鼠、豚鼠、地鼠少得多,但其独特的解剖学、生理学和行为学特征,使其在某些领域的研究中具有重要价值。

(1)微生物感染性疾病研究　长爪沙鼠对布鲁氏菌、结核分枝杆菌、肺炎链球菌、流感嗜血杆菌、炭疽杆菌、支气管败血鲍特菌、鼠麻风分枝杆菌、单核细胞增多性李斯特菌、鼠伤寒沙门菌等反应敏感,对其培养物也极为敏感。长爪沙鼠是极少数能由幽门螺杆菌引起胃炎、胃癌继而发展成为胃溃疡、胃癌的模型动物。该模型能产生与人极相似的病理组织学改变。将细菌接种于长爪沙鼠中耳泡上腔内,5～7 d 可引起中耳炎,可用于制作细菌性中耳炎动物模型。长爪沙鼠对来自黑线姬鼠、褐家鼠和人的流行性出血热病毒感染也十分敏感,是研究流行性出血热和生产流行性出血热疫苗的良好模型动物。长爪沙鼠在实验条件下对多种寄生虫敏感,是研究寄生虫病的理想模型动物。

(2)脑血管疾病研究　由于长爪沙鼠具有独特的脑血管解剖特征,用简单易行的结扎方法即可获得比小鼠、大鼠更加典型的全脑或半脑缺血动物模型。其作为制备脑缺血模型的动物存在多种优势:操作方便,结扎单侧或双侧颈总动脉均能造成不同程度的脑缺血。用单侧结扎的方法可以进行同体对照,即同一个脑的两个半球(一侧缺血,另一侧不缺血)进行组织学比较,比不同个体的对照更准确和方便;而且移开动脉夹就可以逆转脑缺血或进行再灌注，即使不用进行再灌注动物也可以存活较长的时间，从而使这种模型与人实际发生的脑缺血更吻合，有利于治疗实验和药物评价实验的进行。在人工饲养时发现部分沙鼠出现类似于人类的自发性癫痫发作，这种病症可由强光、噪声、惊吓等因素引发。月龄不同，发病频率也不同，发病率可达40%～80%，并持续至整个生存期，雌雄无差异。因此，可将长爪沙鼠作为研究癫痫疾病的天然模型。加利福尼亚大学洛杉矶分校的Loskota在沙鼠的这种特性基础上，已培育出毒性发作易感型品系WJL/UC和耐受型品系STR/UC，成为研究癫痫的理想动物模型。

(3)代谢病研究　长爪沙鼠血清胆固醇受饲料中胆固醇含量的影响很大，但长时间给予高水平的胆固醇饲料，肝和血清中的胆固醇就会明显高于对照组，但不会出现动脉粥样变性或动脉瘤性硬化。用普通小鼠、大鼠的饲料喂养沙鼠，约10%的沙鼠会出现肥胖现象，且耐糖力低，血中胰岛素的含量很高。喂养6个月后引起牙周炎，增加糖含量后可发展为龋齿。用50%半乳糖喂养，24 h后能出现白内障。因此其是研究糖尿病、肥胖病、牙周炎、龋齿及白内障的良好实验动物。

(4)肿瘤学研究　10%～20%的24月龄以上的沙鼠产生自发性肿瘤，一般发生于肾上腺皮质、卵巢和皮肤等部位。沙鼠是唯一产生自发性耳表皮样瘤的动物，用电耳蜗记录技术，可有效而无损伤地记录耳表皮样瘤的发生。长爪沙鼠也容易接受同种和异种肿瘤移植物。

(5)其他研究　长爪沙鼠有较强的抗辐射能力，对放射性钴的抵抗力高于普通实验动物两倍(用半数致死量LD_{50}表示)，可用于探查抗辐射机制。长爪沙鼠有较强的“一夫一妻”配对倾向，其群体具有独特的行为和社会结构特征，可用于社会学、行为学、心理学等领域的研究。长爪沙鼠有很强的蓄铅能力，给予相同剂量的醋酸铅，12周后沙鼠肾中的铅比大鼠高4～6倍，可用于肾功能病变研究以及急性铅中毒研究。长爪沙鼠对缺水的耐受力极强，可利用沙鼠饮水量和尿量的关系研究肾功能。长爪沙鼠在促黄体激素的作用下，睾丸间质细胞不仅可释放雄激素，也释放黄体酮。因此，长爪沙鼠可用来研究睾丸分泌激素的特点及代谢情况等。

3. 饲养管理要点

饲养长爪沙鼠的室温保持在22～24 ℃为宜，超过25 ℃容易生病进而死亡，湿度应控制在50%～70%。每笼内放一对长爪沙鼠长期同居繁殖为佳，离乳小鼠按性别15～20只放在笼盒内饲养铺垫锯末，用铁丝网作盖。长爪沙鼠每天分泌的尿液很少，粪球小而干燥，所以无须频繁更换垫料，每周清洁一次即可，每月消毒一次。驯养的长爪沙鼠饲喂啮齿类动物的全价颗粒料就可以生长良好，还可以偶尔添加一点胡萝卜、苹果、白菜等蔬菜，水果和适量的葵花籽。若有充足的蔬菜，可不喂水。成年沙鼠的日食量为块料5 g左右，冬季稍增加，蔬菜12 g左右或水10 mL。

(六)兔

兔(rabbit，*Oryctolagus cuniculus*)属于哺乳纲、兔形目、兔科、穴兔属。兔有6个门齿，其中上颌有2对前后排列的门齿(后排门齿较小)，与啮齿目门齿数不同，故而单列为兔形目。

1. 生物学特性

(1)一般特性

①体型中等，毛色主要有白色、黑色、灰色、棕色、麻色等。上唇有纵裂，门齿外露。耳郭大，眼睛大而圆，腰臀丰满，四肢粗壮有力，后肢比前肢长，趾端有爪，尾短，某些属种雌兔颈下有肉髯。

②食草类单胃动物，牙齿终生处在不断生长的状态，兔咀嚼食物时的咀嚼动作是通过门齿和臼齿前后左右的运动研磨食物。喜欢磨牙且有啃木习惯。

③兔性情温顺，胆小怕惊。群居性差，适于单笼饲养。听觉和嗅觉都十分灵敏，喜爱安静和空气新鲜的环境。

④夜行性和嗜眠性，兔白天安静，除摄食外常闭目睡眠；夜间活跃，晚间采食量占全天的75%，饮水占60%左右。当使其仰卧时，顺毛抚摸其胸腹部并按摩其太阳穴，可使其进入睡眠状态，在不进行麻醉的情况下可进行短时间的实验操作。

⑤食粪性，兔排泄两种粪便：一种是白天排出的颗粒状硬粪；另一种是夜间排出的团状软粪，软粪含有较丰富的粗蛋白和维生素，兔在自己的肛门口采食新鲜软粪，哺乳期仔兔也有摄食母兔软粪的习性，食粪是兔的一种正常生理行为，可补充粗蛋白和维生素。

⑥耐寒不耐热，耐干燥不耐潮湿，兔被毛发达，汗腺少，耐寒而不耐潮热，气温超过 30 ℃以上或湿度过高时，易引起母兔减食、流产、拒乳。

(2)解剖学特点

①兔的齿式为门齿 2/1，犬齿 0/0，前臼齿 3/2 臼齿 3/3(总:28)，上颌除一对大门齿外，其后还有一对小门齿。

②兔的唾液腺有四对，即腮腺、颌下腺、舌下腺及兔所特有的眶下腺，眶下腺在人体中没有对应的结构。兔的食管有三层横纹肌，一直延伸到根部，包括胃的贲门。兔食管内无黏液腺。兔的胃大约占胃肠道体积的 15%，胃不会完全空，会存有梳理食入的被毛。

③兔的回盲肠相接处膨大形成一个厚壁的圆囊，称为圆小囊，系兔所特有。圆小囊内壁呈六角形蜂窝状，里面充满淋巴组织，其黏膜可不断地分泌碱性液体，中和盲肠中微生物分解纤维素所产生的各种有机酸，有利于消化吸收。

④兔的胸腔构造与其他动物不同，胸腔中央由纵隔连于顶、底及后壁之间，将胸腔分为左右两部，互不相通。肺被肋胸膜和肺胸膜隔开，心脏被心包胸膜隔开。因此，在暴露心脏进行实验操作时，只要不弄破纵隔胸膜，无须做人工呼吸。

⑤兔颈部有减压神经独立分支。兔颈神经血管束中有三根粗细不同的神经，最粗、呈白色者为迷走神经；较细、呈灰白色者为交感神经；最细者为减压神经，位于迷走神经和交感神经之间，属于传入性神经。

⑥兔的甲状旁腺分布比较散，位置不固定，除甲状腺周围外，有的甚至分布至胸腔内主动脉弓附近。

⑦兔后肢膝关节的屈面腘窝部有一个比较大呈卵圆形的腘淋巴结，长约 5 mm，青紫蓝兔的腘淋巴结更大。在体外极易触摸和固定，适于做淋巴结内注射，进行免疫功能研究。

⑧兔耳廓大，血管清晰，便于血管注射和采血。

⑨雄兔睾丸可自由下降到阴囊或缩回腹腔，雌兔有 2 个完全分离的子宫，为双子宫类型，有 3～6 对乳房。

(3)生理学特性

兔常见生理指标见表 1-7。

表 1-7 兔常见生理指标

生理参数	兔
成年体重/kg	雄性:2～5；雌性:2～6
心率/(次/min)	130～325
呼吸频率/(次/min)	30～60
体温/℃	38.5～39.5
体表面积	体重 2～5 kg 的兔体表面积为 1 270 cm^2 体重 4～8 kg 的兔体表面积为 1 270 cm^2
饮水量/[mL/(100 g·d)]	6
血容量/(mL/kg)	60
血红蛋白/(g/100 mL)	10～16
血细胞比容/%	36～48
血糖/(mg/100 mL)	78～155
白细胞/mm^3	$(5\sim11)\times10^3$

资料来源：刘恩歧. 医学实验动物学. 北京：科学出版社，2008.

①生长发育:仔兔出生时全身赤裸,双眼紧闭,耳闭塞无孔,趾趾相连,不能自由活动。3～4 日龄开始长毛,4～8 日龄脚趾分开,6～8 日龄耳根内出现小孔与外界相通,10～12 日龄睁眼,出巢活动并随母兔试食饲料,21 日龄即能正常摄食,30 日龄被毛形成。新生兔体重约 50 g,1 月龄体重为出生时的 10 倍,初生至 3 月龄,体重几近直线增加,3 月龄后体重增加相对缓慢,平均寿命 8 年。

②兔属于恒温动物,对致热物质反应敏感,适于用作热原试验。兔汗腺不发达,在高温环境下主要通过浅而快的喘式呼吸和耳部血管扩张来散热,维持体温恒定。适宜的环境温度因年龄而异,初生仔兔窝内温度为 30～32 ℃,成年兔为 18～22 ℃。

③换毛:兔在正常生命活动中有两种换毛现象:一种是年龄性换毛,另一种是季节性换毛。仔兔 30 d 乳毛长齐,到 100 d 左右第 1 次脱换乳毛,130～190 d 开始第 2 次换毛,此次换毛就意味着发育到成年,通称为年龄性换毛。季节性换毛是指每年春秋季均有一次换毛现象,换毛期间兔抵抗力差,易发生消化系统疾病。

④生殖生理:不同品种的兔性成熟年龄有差异,一般雌性 3～5 个月,雄性 4～6 个月,体成熟推后 1 个月。兔属于典型的刺激性排卵动物,卵巢内一次有许多成熟的卵,并不排出,只有经过雄兔的交配刺激或注射一定单位绒毛膜促性腺激素后才能诱发排卵,交配后 10～12 h 可排卵。如果没有雄兔交配,成熟的卵经 10～16 d 全部吸收。性周期一般为 8～15 d,无发情期,但雌兔可表现出性活跃期,持续 3～4 d,此时交配极易受孕。

⑤妊娠:兔妊娠期为 30～35 d,平均为 31 d。每胎平均产仔 6～9 只,哺乳期为 40～45 d,年产 4 胎左右,依品种不同而异。正常的生育期为 5～6 年,但一般超过 3 年繁殖能力下降,应予以淘汰。

2. 主要品系及特征

由于生物医学领域不同科学研究目的的需要,经过长期选择和培育已形成不同用途的品种品系的实验用兔多达数十种,我国常用的有如下几种。

(1)新西兰兔　原产于美国,按毛色可分为白色、黑色和红色 3 种。其是世界上饲养最多的实验兔品种。毛色纯白、皮肤光泽、体格健壮、繁殖力强、生长迅速、性情温和。体长中等,头宽圆而粗短,耳较宽厚而直立,臀圆,腰及胸肋部肌肉丰满,四肢粗壮有力,体型中等,早期生长快,成年体重 4.5～5 kg。新西兰兔繁殖力强,平均每胎产仔 7～8 只,已被培育成质量稳定的近交系实验动物。

(2)青紫蓝兔　原产于法国,属于皮肉兼用型兔,我国各地都有饲养。被毛整体为蓝灰色,耳尖及尾、面为黑色,眼睛为茶褐色或蓝色,眼圈、尾底、腹下和后额三角区呈灰白色。单根纤维自基部至毛梢的颜色依次为深灰色、乳白色、珠灰色、雪白色和黑色,被毛中夹杂有全白或全黑的针毛,以口吹气,毛便分出 3 圈或 5 圈不同的颜色,在我国又称其为山羊青。该兔耳下垂,母兔颈下有肉髯。青紫蓝兔分标准型和大型两个品种:标准型体重 2.5～3.5 kg,无肉髯;大型体重为 4～6 kg,毛色稍浅,有肉髯。后者体质强壮,适应性强,生长快,一般每窝产仔 5～6 只,出生后 3 个月时可达 2 kg 以上。体健壮,耐寒,适应性强,生长快。

(3)日本大耳白兔　原产于日本,是用中国白兔与日本兔杂交培育而成的皮肉兼用和供实验用的良种兔。大耳白兔体格强健,较耐粗饲,适应性强,体型较大,生长发育较快。该兔头大小适中,额宽,面凸,被毛全白且浓密而柔软,皮张面积大,质地良好,眼红色,颈粗,母兔颈下有肉髯。体型中等偏大,成兔体重 4～6 kg。繁殖力强,每胎产仔 8～10 只,初生重 60 g 左右。兔母性好,泌乳量大。2 月龄 1.4 kg,4 月龄平均重 3 kg。大耳白兔生长发育快,繁殖力较强,但抗病力较差。耳大、耳根细、耳端尖耳薄,形同柳叶并向后竖立,血管明显,适于注射和采血,是理想的实验用兔。

(4)中国白兔　又名菜兔,世界上较为古老的品种之一,我国各地均有分布。体型偏小,毛色纯白,体型紧凑匀称,体重 1.5～2.5 kg,红眼睛,嘴较尖,耳朵短厚而直立。皮板厚实,被毛洁白紧密,嘴头较尖,无肉髯,该兔种间有灰色或黑色等其他毛色兔,杂色兔的眼睛为黑褐色。中国白兔为早熟小型品种,性成熟较早,约 2.5 月龄。仔兔出生重 40～50 g,30 d 断奶体重 300～450 g,3 月龄体重 1.2～1.3 kg,成年母兔体重 2.2～2.3 kg，公兔 1.8～2.0 kg，繁殖力较强，年产 4～6 胎，母兔有乳头 5～6 对，平均每胎产仔 6～8 只，最多达 15 只以上。中国白兔抗病力强，耐粗饲，对环境适应性好；其缺点是体型较小，生长较慢，多在民间饲养，各实验动物机构饲养较少，还需进一步选育提高性能。

(5)喜马拉雅白化兔　原产于我国西部喜马拉雅山一带，被毛白色，因具有黑色的鼻、耳、尾以及前足、后足，所以又称五黑兔。成年兔体重为 3～4 kg，毛短、柔软浓密，体格健壮，繁殖力较强，耐粗饲，易饲养。

(6)长毛兔　又名安哥拉兔，是世界著名的毛用品种。其原产于土耳其，后经江苏一带人民的培育，掺入中国白兔血缘，选育出生产性能超过英、法两国的狮子头全耳毛型长毛兔，又称中国长毛兔。成年兔体重为 2.5～3.5 kg，体格健壮，头宽而短，呈面圆鼻扁的狮子头状。

3. 生物医学研究中的应用

(1)发热研究和热原实验　兔的体温变化灵敏，最易产生发热反应，发热反应典型、恒定。其可广泛应用于药品、生物制品等热原实验及发热、解热机制研究。

(2)心血管疾病和肺源性心脏病研究　兔颈部神经、血管和胸腔构造特殊，很适合做急性心血管实验以及复制心血管疾病和肺源性心脏病动物模型。兔对外源性胆固醇吸收率高达 75%～90%，对血脂清除能力较低，动物模型制备时间短，一般 3 个月左右即可成型，且兔形成的高脂血症、主动脉粥样硬化等病变与人类的病变相似。

(3)免疫学研究　制备高效价和特异性强的免疫血清，其制品广泛地用于人类各类抗血清和诊断血清的研制。

(4)生殖生理和避孕药研究　利用兔可诱发排卵的特点进行各种研究。如雄兔的交配动作或静脉注射绒毛膜促性腺激素均可诱发排卵，可准确检测排卵时间，易取得胚胎材料；也可用于避孕药的筛选研究。

(5)眼科研究　兔的眼球大，几乎呈圆形，便于进行手术操作和观察。同时在同一只兔的左、右眼进行疗效观察，可以避免动物年龄、性别、产地、品种等的个体差异。

(6)其他研究

①遗传性疾病和生理代谢失常的研究：如淀粉样变、维生素 A 代谢异常、软骨发育不全、遗传性青光眼、新生儿的淀粉酶性黏液样肠炎、脑积水、脊柱裂和遗传性骨质疏松等。

②皮肤反应实验：兔皮肤对刺激反应敏感，反应近似于人，常选用兔进行毒物、药物、化妆品等对皮肤局部作用的研究。

③微生物学研究：兔对多种微生物和寄生虫都非常敏感，可建立天花、脑炎、狂犬病、细菌性心肌炎、淋球菌感染、慢性葡萄球菌骨髓炎、肺吸虫病、血吸虫病、弓形虫病等动物模型，用于研究相应的传染性疾病。

④胆固醇代谢和动脉粥样硬化症研究：兔对致病胆固醇的敏感性高，造模时间短，成型快。

⑤急性动物试验：常用兔做失血性休克、肠毒素引起的休克、微血管缝合、阻塞性黄疸等急性实验。

⑥兔是草食性动物，不易发生呕吐反射，不宜选作呕吐实验研究。此外，兔的甲状旁腺分布较散，位置不固定，因此不宜做甲状旁腺切除术。

4. 饲养管理要点

实验兔的饲育要求按兔的微生物学和寄生虫学控制等级提供相应的环境条件。

(1)饲育条件　普通级兔开放饲养，要求兔舍通风干燥、安静、光线充足，室温为 18～27 ℃。SPF 级以上兔应饲养在相应的屏障系统内，并建立检疫、消毒、检测制度。

(2)饲料要求　为保证动物质量，全价营养饲料应达到国家规定的营养需要和卫生质量标准，注意粗纤维的含量，一般每日 2 次，3 个月内的幼兔少喂勤添。育成兔日粮量为 150 g，妊娠兔为 180 g，饮水自由摄取。

(3)不同类型兔的管理

①种公兔:严防早配、乱交;一笼一兔;注意休息;换毛期不配或少配;仔细记录配种。

②种母兔:空怀兔既要提高健康水平,又不能过肥;怀孕兔应提供优质饲料,做好护理和产前准备。

③哺乳兔:增强营养;注意饲料喂量;保证足够饮水;发现乳腺炎及时治疗;笼具保持清洁;产后 3 d 调整好仔兔数。

④仔兔:做到早吃奶,吃足奶;做好离乳准备;母、仔分开饲养;注意垫料清洁干燥。

⑤幼兔:特别护理;环境必须清洁、温暖、干燥,控制吃料。

⑥青年兔:搞好卫生消毒工作,雌雄分开饲养;拟做种用者单笼饲养。

(七)犬

犬(*Canis lupus familiaris*)属哺乳纲、食肉目、犬科、犬属。现有品种多达 100 余种。

1. 生物学特性

(1)一般特性

①外形:比格犬头部呈大圆顶的形状,眼睛大呈榛色,广阔的长垂耳,肌肉结实,尾端细直,不卷曲。成年体重为 7～12 kg。

②习性:犬是肉食性动物。喜欢肉类和脂肪,同时喜咬骨头,吃食时总是囫囵吞下。消化道短,食物通过消化道时间短。

③血型:犬有五种血型,即 A 型、B 型、C 型、D 型、E 型。只有 A 型能引起输血反应,其他四型可任意供各种血型的犬(包括 A 型犬在内)受血。

④神经类型:犬有不同的神经类型,导致不同的性格,其用途也不一样。犬分为四种神经类型:强、均衡的灵活型,即多血质(活泼型);强、均衡的迟钝型,即黏液质(安静型);强、不均衡兴奋占优势的兴奋型,即胆汁质(不可抑制型);弱型,兴奋和抑制不发达,即忧郁质(衰弱型)。

⑤嗅觉灵敏:犬的嗅脑、嗅觉器官和嗅神经极为发达,所以犬的嗅觉特别灵敏,能够嗅出稀释千万分之一的有机酸,尤其是对动物性脂肪酸更为敏感。实验证明,犬的嗅觉能力是人的 1 200 倍,有的犬能嗅出 1 500 m 外雌犬的气味。出生仔犬也依靠嗅觉来寻找母乳。

⑥听觉灵敏:犬的听觉也很敏锐,比人灵敏 16 倍。犬的可听范围为 45～67 000 Hz,不仅能分辨极为细微的声音,而且对声源的判断能力也很强,能清楚地辨别出来自 12 个方向的音响。犬听到声音时,由于耳与眼的交感作用,有注视声源的习性。

⑦犬群居性:具有合群欺弱的特点,管理不当容易恢复野性。作为家畜长期与人类一起生活,有服从主人的天性,能领会人的简单意图。

⑧视力较差:犬视网膜上没有黄斑,即没有最清楚的视点,因而视觉较差。对固定目标,在 50 m 内可以看清,对移动物体感觉灵敏,视力仅为 20～30 m,在 100 m 以外无法辨别主人的动作。每只眼睛有单独视野,视野不足 25°,并且无立体感。犬在夜晚微弱光线下,辨别物体的能力很强,故具有夜行性。犬是红绿色盲,不能用红绿色作条件刺激进行条件反射实验。

⑨犬的寿命:犬寿命 10～20 年,品种个体差异很大。根据成年体重,习惯将犬分为袖珍型(3 kg 以下)、小型(10 kg 以下)、中型(10～25 kg)和大型(25 kg 以上)。

(2)解剖特点

①乳齿齿式为门 3/3,犬 1/1,前臼 3/3,臼齿 0/0(总:28)。成年齿式为门 3/3,犬 1/1,前臼 4/4,臼齿 2/3(总:42)。

②眼晶体较大,嗅脑、嗅觉器官、嗅神经发达,鼻黏膜上布满嗅神经。无锁骨,肩胛骨由骨骼肌连接躯体。食道全部由横纹肌构成。

③具有发达的血液循环和神经系统,内脏与人相似,比例也近似。胸廓大,心脏较大。肠道短,约为体长的 5 倍。

④犬的汗腺不发达，仅鼻尖有一种鼻镜腺和脚（枕部）有汗腺。在炎热的季节里，犬常喘式呼吸，并加快呼吸频率，才能散热调节体温。

⑤犬的胰腺小，分左右两支，扁平长带状，于十二指肠降部各有一胰腺管开口处，胰腺向左横跨脊柱而达胃大弯及脾门处，犬胰腺是分离的，易摘除。

⑥脾脏是犬最大的储血器官，当奔跑需要更多的血时，则动员出来参加循环代谢，靠其有丰富的平滑肌束收缩将脾中的血挤到周围血管中。

⑦犬心脏很大，占犬体重的0.72%～0.96%。胸腺在幼年犬发育期间发达，但2～3岁时已退化萎缩。犬肝脏很大，占犬体重的2.8%～3.4%。犬胃较小，相当人胃长径的一半，容易做胃导管手术。肠道较短，仅为身体长度的3倍，肠壁厚薄与人相似。

（3）生理特征

①犬的血液学和生理生化指标与动物性别和年龄有关，可根据实际情况查询。

②正常犬鼻尖呈油状滋润，能灵敏地反映动物全身的健康状况，人以手背触其鼻尖有湿润凉感。若发现鼻尖无滋润，手背触其鼻尖无凉感或有热感，则表示其即将得病或已患病。

③犬有发达的唾液腺，包括腮腺、颌下腺、舌下腺等，能分泌唾液，具有消化作用。

（4）行为学

①爱活动：犬习惯于不停地活动，因此要求有足够的运动场地，对生产繁殖的种犬更应注意。若活动量不够或无活动量，则母犬会出现不发情或交配后不孕。

②可调教：犬大脑发达，适应性强，经调教可与人为伴，能理解人的旨意，对饲育人员有依附性。但在受到虐待时，对施虐者易丧失信任感，难以接近。

（5）繁殖　比格犬6～9个月性成熟，18～36个月体成熟。为每年春、秋单发情动物，发情期13～19 d平均发情间隔为7.4个月，妊娠期2个月（58～63 d），哺乳期2个月，双子宫型，每胎产仔2～8只。适配年龄：雄犬1.5～2岁，雌犬1～1.5岁。

2. 主要品系及特征

国际上常用的实验犬主要有以下几种。

（1）比格犬　原产于英国，是猎犬中较小的一种，又叫小猎兔犬。1880年传入美国。我国于1983年引入并繁殖成功。比格犬性情温顺，熟悉之人易于抓捕和调教。体型小（成年体重为7～10 kg，体长为30～49 cm）、短毛、花斑色，便于实验操作和观察。遗传性能稳定。且比格犬品种固定优良，性成熟期早（8～12个月），产仔数多，对环境的适应力强、抗病力强，通常未见遗传性神经疾病等。比格犬血液循环系统很发达，器官功能也较一致，形态和体质均一，在实验中反应一致性较好，尤其在毒性实验中可信度强，已成为生命科学研究工作中的首选犬。

（2）四系杂交犬　该犬是为科研工作需要而培养成的一种外科手术用犬。它由格力犬、拉布拉多猎犬、萨摩耶犬及巴仙吉犬四个品种的犬杂交而成。取拉布拉多猎犬较大体躯、极大胸腔和心脏等优点，取萨摩耶犬耐劳和不爱吠叫的优点。

（3）黑白斑点短毛犬　该犬可进行特殊的嘌呤代谢研究，也可进行中性粒细胞减少症、青光眼、白血病、肾盂肾炎、埃勒斯-当洛综合征等疾病的研究。

（4）拉布拉多猎犬　被毛有黑色、黄色和咖啡色，主要用于遗传性白内障、髋关节炎与肘关节炎研究，也可用于实验外科研究。

（5）拳师犬　该犬可作为红斑狼疮和淋巴瘤研究用。

（6）我国繁殖饲养的犬　品种也很多，如中国猎犬、西藏牧羊犬、狼犬、四眼犬、华北犬、西北犬等。华北犬和西北犬广泛用于烧伤、放射损伤、复合伤等研究。华北犬耳较小，后肢较小，颈部较长，前肢较大，而西北犬正好与此相反。两种犬各种体表面积的百分比有一定的差异。体表面积差异对烧伤实验研究时烧伤面积的计算具有很重要的意义。狼犬适用于胸外科、脏器移植等的研究。

3. 生物医学研究中的应用

犬的解剖生理特点较一般哺乳动物更接近人类，它作为实验动物已应用于营养、遗传、病理、生理、药理、实验外科等研究，主要用于以下几个方面。

(1)实验外科学犬　犬被广泛应用于心血管外科、脑外科、断肢再植、器官或组织移植等。临床外科医生在研究新的手术或麻醉方法时，往往选用犬做动物实验。

(2)犬的神经系统和血液循环系统很发达　适合失血性休克、弥散性血管内凝血、动脉粥样硬化，特别是研究脂质在动脉壁上的沉积等研究，也可以用来研究急性心肌梗死、不同类型的心律失常、急性肺动脉高压、肾性高血压、脊髓传导实验、条件反射实验、内分泌腺摘除实验等。

(3)犬的消化系统类似于人类　可用犬进行各种消化道和消化腺瘘(食管瘘、肠瘘、胃瘘、唾液腺瘘和胰管瘘等)的动物实验。

(4)人类传染性疾病研究　犬可用作人类病毒性肝炎、狂犬病的动物模型，也可作为细菌性疾病如链球菌性心内膜炎、牛型或人型菌株所致结核病的动物模型等。

(5)药理学和毒理学研究　犬在毒理学研究和药物代谢研究中也被广泛应用，如各种新药在临床使用前的毒性实验和药效实验等。

(6)慢性病实验研究　犬的消化系统与人比较接近，饲养过程容易调教，特别适合做条件反射试验、各种疗效效果试验、内分泌试验和慢性毒性试验。

(7)其他疾病研究　如蛋白质营养不良、高胆固醇血症、动脉粥样硬化、糖原缺乏综合征、先天性白内障、胱氨酸尿症、遗传性耳聋、A 型血友病、先天性心脏病、先天性淋巴水肿、家族性骨质疏松、视网膜发育不全、黑头粉刺病、淋巴肉瘤、红斑狼疮、肾盂肾炎、青光眼和狂犬病等。

4. 犬的饲养管理

(1)犬的购入和检疫

①外购犬时，必须先向当地了解犬群是否有疫情(主要是狂犬病等人畜共患病)。收购 5 岁以下、健康、短毛、性情温顺者，然后按大小不同分别装入运输笼中。

②若运输要 2 d 以上，每笼最多不超过 3 只，并需每日喂料和水 1 次。

③入犬房前先用 2%煤酚皂溶液或 0.2%敌百虫溶液等喷洒全身，除去体外寄生虫(冬天可免去此步)。

④每批新来的犬，在检疫期内不与其他批次的犬混放。检疫期定为 20 d，检疫期间注射狂犬疫苗，进行驱除体内和体外寄生虫等多项工作。

(2)犬体清洁　繁殖用犬或长期饲养的实验犬需经常保持清洁，夏季可用水冲洗犬笼，同时用水缓缓冲洗犬身(不可用强水冲)。用刷子或特制金属梳子，梳刷犬身，除去浮毛和污秽物。手术前若能用肥皂清洗犬的身体，则可以减少继发感染，提高手术成功率。

(3)保持犬舍和犬笼清洁　每天要打扫粪便并冲洗清洁，冬季勤除粪，适当减少冲洗次数，以保持相对干燥。夏季每周喷消毒除虫剂 1 次，冬天则换一批犬时彻底消毒 1 次。

(4)饲养及营养要求　犬全价营养膨化饲料可以饲喂繁殖犬、断奶仔犬和实验用犬，具有使用方便和便于保存的优点。按犬体重的 4%供给，分 2 次喂食，可干喂也可湿喂。

饮水的供应：育成犬每天需水量为每千克体重 150 mL，成年犬每天需水量为每千克体重 100 mL，在正常情况下，全天供应任其自饮。

(5)调教　调教繁殖用犬和慢性实验用犬，最低要求是能做到叫得来，牵得走，抱得起。要达到此要求一般需要调教 7～14 d，一般由喂食人调教最为方便。

(6)不同类型犬的管理

①种公犬。单独饲养；经常运动；注意休息和营养。

②种母犬。空怀期适当运动；配种期注意观察防止漏配；怀孕期保证优质饲料，防止流产，产前单独饲养；哺乳期饲料少量勤添，保证喂量，保持安静，勤于观察。

③哺乳仔犬。0～10 d 尽可能让仔犬吃到初乳；21～30 d 逐步补料；31～60 d 补充少量牛奶、米粥、肉块，逐渐离乳。

④离乳仔犬。加强管理，认真护理；地面经常消毒要有充足的运动和日晒；按时接种疫苗。

（八）小型猪

小型猪属哺乳纲（Mammalia）偶蹄目（Artiodactyla）野猪科（Suidae）猪属（*Sus*）猪种（*Sus scrofa*）。亚种包括欧洲中部野猪（*Sus scrofa*）东南亚野猪（*Sus vittatus*）和印度野猪（*Sus cristatus*），一般认为这三个亚种构成了家猪（*Sus domesticus*）的培育血缘。小型猪（minipig）在解剖学、生理学、疾病发生机制等方面与人极其相似，已用于肿瘤、外科、口腔科、皮肤烧伤、代谢性疾病、新药评价异种移植、转基因克隆等多个方面的研究。

1. 生物学特性

（1）一般特性

①杂食性、食量大、耐粗饲、排泄有规律。不反刍，采食能力强，具有较强的消化吸收各种饲料的能力。舌体和味蕾能感觉甜味，故而喜食甜食。嗅觉灵敏，具有坚强的吻突，好用吻突到处拱。采食具有竞争性。猪爱干净，通常不在吃睡处排尿，呈一定的粪尿排泄规律。

②猪的汗腺不发达，皮下有脂肪层，不耐炎热。

③小型猪性情温顺，喜群居，习惯于成群活动、居住和睡卧。小型猪易于调教，通过学习和训练，可形成一些非本能的后效行为，如学会做某些事和听从人们的指挥等。

④小型猪的活动大部分来源于探究行为（看、听、闻、嗅、啃、拱等），以获得对环境的认识和适应。寿命最长达 27 年，平均为 16 年。成年小型猪体重通常为 30 kg 左右（6 月龄），而微型猪最小为 15 kg 左右。

⑤猪群中具有明显的等级制度。当成年猪合群时会爆发激烈的争斗，建立优势序列。群养公猪时，地位低的公猪会被其他公猪爬跨。母猪在发情时会出现特异的求偶行为，会爬跨其他母猪或等待被其他母猪爬跨。在发情中期，工作人员按压母猪的背部时会出现静立反射。

（2）解剖学特点　小型猪恒齿齿式为门齿 3/3，犬齿 1/1，前臼齿 4/4，臼齿 3/3（总：44），门齿和犬齿发达，齿冠尖锐突出。既便于食肉，又便于食草。颈椎 7 块，胸椎 13 块，腰椎 5～6 块（荐椎 4 块愈合成荐骨），尾椎 21～24 块（多数 23 块）。

唾液腺发达。单胃，在近食管口端有一扁圆锥形突起，称憩室；贲门腺占胃的大部分，幽门腺比其他动物宽大。胆囊浓缩胆汁的能力低，且肝分泌胆汁的数量也少。消化特点介于食肉类和反刍类之间。

小型猪汗腺不发达，对外界温度和湿度变化敏感。小型猪和人的皮肤不仅组织结构相似，在上皮修复再生性方面、皮下脂肪层和烧伤后内分泌与代谢的改变等方面也十分相似。

小型猪脏器质量、牙釉质和齿龈的结构与人颇相似。猪的心血管系统、消化系统、营养需要、骨骼发育以及矿物质代谢等均与人极为相似。猪的血液学和血液生化常数和人相当接近。

（3）生理特性　小型猪因品（种）系不同、繁育条件差异等生理学指标会有较大的差异。家猪、微型猪和小型猪的生理学特征比较见表 1-8。

表 1-8　家猪、微型猪和小型猪的生理学特征比较

生理学特征	家猪	微型猪	小型猪
体温/℃	39.2±0.5	39.2±0.5	39.2±0.5
心率/（次/min）	70～120	85±15	105±7
呼吸频率/（次/min）	20±3	20±9	25±4
饮水量/[mg/（kg・d）]	80～120	80～120	80～120

续表 1-8

生理学特征	家猪	微型猪	小型猪
食物消耗/(kg/d)	3.6～4.1	1.0～1.5	1.6～2.1
出生体重/kg	1～2	0.6～0.7	0.6～1.0
性成熟体重/kg	200～300	15～29	20～42
2岁成年体重/kg	200～300	35～55	70～90
寿命/年	15～20	10～15	10～15
发情周期/d	21	21	21
发情期/d	1～3	1～3	1～3
妊娠期/d	111～114	111～114	111～114
平均产仔数/只	10～12	5～8	5～8
断奶年龄/d	28～35	28～35	28～35

小型猪为全年多发情动物，一般雌性的性成熟为4～8月龄，雄性的性成熟为6～10月龄，性周期21(16～30) d，发情期平均2.4(1～4)d，最适交配期在发情开始后的10～25 h，妊娠期114(109～120)d，产仔数2～12头，哺乳期60 d左右，小型猪的胎盘类型属上皮绒毛膜型。初生仔猪体内没有母源抗体，只能从初乳中获得。由于妊娠期119 d，经产母猪一年能产2胎。寿命最长达27年，平均为16年。表1-8为家猪、微型猪和小型猪的生理学特征比较。表1-9为小型猪与人的血液学和生化特征比较。

表1-9　小型猪与人的血液学和生化特征比较

血液学和生化特征	人	小型猪
白细胞计数(WBC)/($\times10^9$/L)	3.8～9.8	4.7～18.6
红细胞计数(RBC)/($\times10^{12}$/L)	3.5～5.9	4.9～8.6
血红蛋白/(g/L)	12.1～17.5	12.5～17.3
血球容积/%	36～50.3	28～52.8
血小板数/($\times10^{12}$/μL)	150～450	311～585
葡萄糖/(mg/dL)	65～115	48～153
钠/(mEp/L)	135～147	139～146
钾/(mEp/L)	3.5～5.0	3.9～6.8
氯/(mEp/L)	95～110	98～102
钙/(mg/dL)	8.6～10.3	10～11.8
磷/(mg/dL)	2.5～5.0	5.8～10.7
γ-谷氨酰转移酶/(IU/L)	8～50	19～86
天门冬氨酸氨基转移酶/(IU/L)	11～47	16～90
总蛋白/(g/dL)	6～8	5.8～7.8
白蛋白/(g/dL)	3.6～5.0	3.1～4.3
总胆红素/(mg/dL)	0.1～1.0 0	0.09～0.41

资料来源：Peter A、McAnulty. 主编 The Minipig in Biological Reasearch.

2. 主要品种与形态特征

(1)国内主要小型猪品种　中国的小型猪品种源自于交通闭塞、经济文化落后、农牧业生产低下的偏僻山区。如西藏小型猪来源于藏猪，藏猪主要分布于中国的西藏自治区及毗邻的四川省、云南省和甘肃省境内一些交通不便的半农半牧区。广西巴马小型猪源于香猪，主要产于我国广西环江、巴马等少数民族聚居地区。在这些交通闭塞的地区,不但其他猪种的血缘难以进入,而且当地人习惯于将猪进行亲子交配,同胞、半同胞交配等近亲交配的自繁自养方式,从而形成独特小型猪群体。

①西藏小型猪:西藏小型猪来源于藏猪,是我国小型猪资源中最为稀缺的珍贵品种。该品系小型猪初生重(0.885±0.074) kg,2月龄离乳时重(7.374±1.099) kg,3月龄平均体重4～6.5 kg,6月龄平均体重9～16 kg,成年体重一般25～40 kg,毛色纯黑,四蹄或额前偶有白色,具有耐寒、耐粗饲、生长慢、体格小、性成熟早、抗感染及抗逆性强等独特的生物学特征。母猪在4～5月龄初次发情,发情周期为20 d左右,发情期为3～4 d;公猪65～80日龄性成熟,4月龄可开始配种繁殖。西藏小型猪长期生活在高原缺氧环境,其心脏和呼吸系统组织学有其独特的一面。高脂环境下西藏小型猪可自发高血压。西藏小型猪动脉粥样硬化的发病特点与人类以胰岛素抵抗为病理基础的多靶点动脉粥样硬化发病特点极其相近,在心血管疾病研究中具有很高的应用价值。

②广西巴马小型猪:自1987年,广西大学王爱德教授等从原产地引入广西地方猪种巴马香猪,已完成了封闭群和近交系的培育。该小型猪头部和臀部黑色,全身其他部分白色,号称"两头乌"。24月龄母猪体重40～50 kg,公猪30～40 kg,具有体型矮小、性成熟早、多产、遗传背景相似等优点。

③五指山小型猪:又称老鼠猪,主产于海南省五指山市。被毛黑色或白色,或背部黑色腹部白色等,有头小、耳小、腰背平直、臀部不发达、四肢细长等特点。反应灵敏,善于奔跑。成年体重一般为35 kg左右。冯玉堂等经过近20年的时间培育成近交系,据称近交系数高达96.5%以上,具有性成熟早、遗传稳定、代谢率低、适应性强等优良特性。

④版纳微型猪:版纳微型猪是由云南农业大学曾养志教授等从滇南小耳猪中经过17年14代亲子或兄妹交配培育而成,已初步培育成两个体型大小不同的品系,即JB(成年体重70 kg)和JS(成年体重20 kg)近交系,近交系数高达95.2%。6月龄平均体重10～18 kg,12月龄平均体重20～35 kg。具有抗逆性和抗病力较强、耐粗饲等特点。

⑤贵州小香猪:1985年,贵州中医学院甘世祥教授等以原产于贵州从江县的从江香猪为基础种群进行定向选育。6月龄平均体重25 kg,12月龄平均体重30 kg,成年体重一般为35～45 kg,其有体躯小、被毛全黑、皮薄细嫩、耳小、四肢短细等特征,性情较温顺,但繁殖力较低。

⑥中国小型猪:由中国农业大学近几年培育出来的,已广泛应用于动脉粥样硬化、口腔相关疾病、糖尿病和皮肤移植等研究。中国小型猪的主要特点:体型小,6月龄体重只有20～40 kg,相当于普通猪体重的1/5～1/3,便于试验操作;遗传性状稳定,后代中不产生分化现象,体型均一;耐粗饲,对青饲料有较强的消化能力,易于饲养,节省饲料;猪只健康,已达到国家实验动物二级标准,肠道菌群正常,能保证试验正常进行;属早熟品种,性成熟在4月龄左右,6月龄即可配种。中国小型猪有Ⅰ系、Ⅱ系和Ⅲ系3个品系,Ⅰ系小型猪体型小,6月龄后生长缓慢,12月龄体重只有45～50 kg,适用于较长时间的研究;Ⅱ系小型猪比较耐受寒冷,适于北方寒冷地区选用;Ⅲ系小型猪毛色为白色,适用于皮肤试验研究。

(2)国外主要小型猪品种

①哥廷根小型猪:由越南引入的小型野猪与明尼苏达·霍麦尔系小型猪杂交而成。该品系小型猪更加小型化,繁殖性能好,性情温和,耐粗饲。12月龄平均体重30～35 kg,成年猪(24月龄)平均体重40～60 kg,遗传性质较稳定,常用于致性实验、各种药物代谢、异种移植、皮肤实验等研究。其是世界上应用最广泛的实验用小型猪。

②明尼苏达荷美尔系小型猪:明尼苏达大学L. M. Winters教授领导的小组经15年努力培育而成的小型猪。明尼苏达小型猪毛色有黑白斑,6月龄平均体重22 kg,12月龄平均48 kg,成年猪体重80 kg左右,遗传性状比较稳定,变异不大。

③毕特曼·摩尔系小型猪:由毕特曼·摩尔制药公司的研究室培育而成的小型猪。此猪以弗洛达野猪为基础,与加利夫岛的猪等交配后所得的后代培育而成,毛色有各种各样斑纹。其主要用于日本脑炎、猪瘟、猪萎缩性鼻炎研究及皮肤、药理实验等。

④海福特系小型猪:由美国俄亥俄州海福特研究所育成。用于皮肤研究的实验用小型猪其皮肤白色,体毛稀少,成年体重 70～90 kg。其可供化妆品实验用。

⑤尤卡坦小型猪:原产于墨西哥和中美洲,20 世纪 70 年代初期由美国科罗拉多州立大学实验室培育,多用于糖尿病研究。

⑥辛克莱型小型猪:由明尼苏达的密苏里大学比较医学研究所选育出。它有较高的皮肤黑色素瘤发生率,其黑色素瘤在组织学上类似人的浅表扩散性黑色素瘤。

⑦其他:还有制作血友病动物模型的冯·温里布莱猪,用于糖尿病研究的乌克坦猪以及聂布拉卡猪,日本用我国东北小体型黑猪培育成的欧米尼猪等。

3. 生物医学研究中的应用

由于小型猪的心血管、消化器官、免疫系统及肾、皮肤、眼球、鼻软骨等在解剖、组织、生理和营养代谢等方面与人类极为相似,故已逐渐成为研究人类疾病的实验动物。

(1)皮肤烧伤的研究　小型猪是进行皮肤烧伤损伤研究的较理想动物,因小型猪的皮肤与人非常相似(体表毛发的疏密、表皮厚薄、表皮形态学和增生动力学、烧伤皮肤的体液和代谢变化机制等)。小型猪的皮肤还可用于烧伤后创面敷盖,比常用的液状石蜡纱布要好,伤口愈合速度比后者快一倍,既能减少疼痛和感染,又有利于血管再生。此外,由于小型猪对放射线的抵抗能力强,皮肤放射损伤与人类临床表现一致等特点,还被广泛应用于各种放射线所引起的皮肤损伤研究。

(2)肿瘤研究　辛克莱小型猪可作为研究人类黑色素瘤的良好动物模型。该品种 80%的猪于出生前和产后有自发性皮肤黑色素瘤,有典型的皮肤自发性退行性变,有与人黑色素瘤病变和传播方式完全相同的变化。瘤细胞变化和临床表现与人黑色瘤从良性到恶性的变化过程相似,是研究人黑色瘤的动物模型。

(3)免疫学研究　刚出生的仔猪,体液内免疫球蛋白含量极少,但可从母猪的初乳中获取。无菌猪体内没有任何抗体,一经接触抗原就能产生极好的免疫反应。可利用这些特点进行免疫学研究。

(4)心血管研究　小型猪冠状动脉循环在解剖学、血流动力学方面与人类很相似,对高胆固醇食物的反应与人一样,很容易出现动脉粥样硬化的典型病灶,常用于老年性冠状动脉病研究。幼猪和成年猪也会自然发生动脉粥样硬化,其粥样变前期可与人相比,而且小型猪和人对高胆固醇饮食的反应是一样的,因此小型猪是研究动脉粥样硬化理想的动物模型。此外,研究猪心脏病的病因和病理发生,可能对人类心脏病的研究有很高的价值。

(5)糖尿病研究　尤卡坦小型猪(墨西哥无毛猪)是糖尿病研究中的一个很好的模型动物。只需一次静脉注射水合阿脲(每千克体重 200 mg/kg 体重)就可以产生典型的急性糖尿病。我国常用链脲佐菌素和四氧嘧啶破坏小型猪胰岛 B 细胞而诱发糖尿病。

(6)发育生物学等研究　新生仔猪和幼猪的呼吸系统、泌尿系统和血液系统与新生婴儿很相似,所以仔猪广泛应用于营养和婴儿食谱的研究。由于母猪泌乳期长短适中,一年多胎、每胎多仔,易获得和便于操作,所以仔猪成为发育生物学、儿科学研究的理想动物模型。

(7)遗传性和营养性疾病研究　猪可用于遗传性疾病如先天性红细胞病、先天性肌肉痉挛、先天性小眼病、先天性淋巴水肿等,营养代谢病如食源性肝坏死等疾病的研究,且仔猪和幼猪与新生婴儿的呼吸系统、泌尿系统、血液系统很相似。仔猪像婴儿一样,也患营养不良症,蛋白质、铁、铜和维生素 A 的缺乏症,因此被广泛应用于儿科营养学研究。

(8)悉生猪和无菌猪心脏瓣膜的应用　悉生猪和无菌猪可用于研究各种细菌、病毒感染性疾病,以及寄生虫病、血液病、代谢性疾病和其他疾病。利用猪的心脏瓣膜修补人的心脏瓣膜缺损或其他疾患,每年可达十数万例。

(9)口腔科学研究　小型猪的牙齿解剖结构与人类相似,饲喂致龋齿食物可产生与人类一样的龋损,是复制龋齿的良好动物模型。主要用于口腔基础医学,牙齿发育规律及比较医学研究,口腔细菌分布，龋齿及牙周疾病，口腔新药物，植牙，正畸及牙齿钙质沉积规律等研究内容。

(10)异种移植研究　小型猪的肾脏结构、心脏结构等与人体相似，是最理想的异种器官供体。2002年，赖良学等利用体细胞基因敲除技术与体细胞克隆技术，获得了世界上第一头敲除 α-1，3 半乳糖基转移酶基因的克隆猪，克服了猪器官移植到人体内所引起的超急性排斥反应，使异种器官移植成为可能。2018 年报道，基因敲除 α-1，3 半乳糖基转移酶可将猪的心或肾移植到狒狒体内，分别成活 179 d 和 83 d。临床上猪胰岛细胞移植治疗胰岛素依赖性糖尿病已有数千例，用产多巴胺的猪脑细胞异种移植治疗帕金森病的动物实验也已取得成功。

(11)外科学研究　由于小型猪体型矮小、体重轻，且其腹壁可安装拉链，拉链对其正常生理功能干扰不大，保留时间可达 40 d，这为科学研究和临床治疗中需反复手术的问题提供了较好的解决办法。猪的颈静脉插管可保留 26～50 d，这为进行频繁采血提供了良好而且方便的手段。

(12)其他领域的应用　应用小型猪进行医疗器械生物效能测试及安全性评价、生物制品研制（如甲型 H1N1 流感疫苗）以及应用猪血制备人用纤维蛋白封闭止血剂已获得成功。猪的病毒性胃肠炎可做婴儿病毒腹泻动物模型。支原体关节炎可做人的关节炎动物模型。双白蛋白血症只见于人和猪，更是特有的动物模型。此外，还可用猪研究十二指肠溃疡，胰腺炎，食物源性肝坏死等疾病。

4. 饲养管理要点

(1)环境控制　保持清洁卫生的环境，注意防寒、防暑。小型猪对环境的温湿度变化敏感，适宜温度为 20～26 ℃，相对湿度为 30%～70%。夏季时可用水喷淋或用风扇等降低猪只体温，避免发生热应激。每天更换垫草 1 次。定期进行必要的预防接种及驱虫，主要是接种猪瘟和口蹄疫疫苗。日常应观察猪的食欲、粪便等有无异常，如出现喘气、腹泻、发热等症状时应及时治疗。小型猪多采用围栏饲养。室内最少 8 h 低度光照，新生仔猪需保暖，24 h 光照。

(2)营养标准和饲喂方式　小型猪日给食 1～2 次，一日的饲料量一般为体重的 3%左右。饲喂可用混合饲料或用固形饲料、饲喂量为体重的 2%～3%。仔猪自由采食。生长期饲料含蛋白质 16%，脂肪 3%，粗纤维 5.5%，维持期饲料含蛋白质 16%，脂肪 2%，粗纤维 14%。饲料配方可根据实验条件灵活调整。有些小型猪品种，尤其是有肥胖特性的需采取限食措施。实验用小型猪，应在每天采食量大于 1 kg 时，开始限食。微型猪 2 月龄后开始限食，每天 0.5 kg。饮水要充分供给，最好用自动饮水器。

(3)繁殖管理　繁殖用猪，雌雄需分开饲养，每只雄猪可配 5～7 只雌猪。母猪断奶后一般经 7～10 d 会再次发情，可进行配种繁殖。妊娠母猪产前应进入产房，单圈饲养。断奶、转栏和换料对仔猪均会造成较大的应激，因此更要特别照料，加强管理应给予清洁饮水，换料时以渐进式调整过渡。

(九)非人灵长类

非人灵长类动物分类上属灵长目，全世界共有 11 科 57 属 242 种，可分为原猴亚目类和类人猿亚目（包括新大陆猴类和旧大陆猴类）。与人类的遗传物质有 95%～98.5%的同源性，生物学特性和行为特征与人类相似，是解决人类健康和疾病问题等基础研究及临床前研究的重要实验动物。用于科学研究的非人灵长类动物主要种属有：猕猴属（恒河猴、食蟹猴、红面猴、平顶猴、藏酋猴、卷尾猴）、普通狨猴、黑猩猩等。非人灵长类动物用于研究工作最多的是旧大陆猴，其中猕猴最为重要，其主要品种为恒河猴和食蟹猴。

1. 猕猴

猕猴(*Macaca mulatta*)属哺乳纲、灵长目、类人猿亚目、猴科，又称为旧大陆猴，猕猴属动物。猕猴属共有 12 种 46 亚种，主要分布在旧大陆，即非洲、南亚、东南亚、中国南部和中部。分布在我国的包括恒河猴、食蟹猴、熊猴、红面猴、藏酋猴、台湾岩猴和平顶猴等。其中恒河猴数量最多，分布和应用最广。猕猴在解剖结构、生理生化、免疫和代谢功能等方面同人类很相似，应用此类动物进行实验研究，易于探索、解析人类疾病的发病机制和防治问题。

(1)生物学特性

①一般特性。

A. 进化程度:猴的进化程度高,接近人类。具有与人类相似的生理生化代谢特征、代谢方式和相同的药物代谢酶。猕猴的大脑发达,善攀登、跳跃,会游泳,能用手操纵工具。

B. 猕猴生活习性和采食特性:一般栖居于树木和岩石坡面上,少数在平原地面上,难以驯养。喜欢清洁卫生,经常整饰自己的皮毛,清除皮屑、异物和寄生虫,并把这些东西塞进嘴里吃下去或吐出来。猕猴为杂食性动物,以素食为主。猴体内缺乏维生素C合成酶,自身不能合成维生素C,需从饲料中摄取。

C. 视觉:猕猴视觉较人类敏锐,嗅觉不灵敏。视网膜有黄斑,有中央凹,与人类十分相似,有立体感,能辨别物体的形状和空间位置;有色觉,能辨别各种颜色,并有双目视力。嗅觉不灵敏,而听觉敏锐,有发达的触觉和味觉。

D. 颊囊:口腔内有颊囊,系口腔中上、下黏膜的侧壁与口腔分界而成,是因摄食方式改变而发生的进化特征。吃食时,猕猴先将食物送入颊囊中,不立即吞咽,待摄食结束后,再以手指将颊囊内的食物顶入口腔内咀嚼。

E. 性皮:雌性猕猴有典型的月经周期排卵期、发情期外阴皮肤出现红肿现象。

F. 胼胝体:臀部有坚硬的胼胝体。

G. 行为学:具有社会性和地位等级。猕猴群居性强,猕猴群之间喜欢吵闹和厮打。每群猴均由一只最强壮、最凶猛的雄猴当"猴王"。在"猴王"的严厉管制下,其他雄猴和雌猴都严格听从,吃食时"猴王"先吃,但"猴王"有保护整群猴安全的职责。猕猴活动和觅食均在白天,从拂晓开始采食活动,夜晚回到大树和岩石上过夜。

②解剖学特点。

猕猴属于灵长类动物,猿猴类的共同特征是前指能握物,掌面上有各种不同的指纹和掌纹,圆环状的眼窝外缘,双眼并列向前,视物有立体感,能辨识颜色等。猕猴具有较高的眼眶,发达的盲肠,胸部有两个乳房,有三种牙齿和脱落更新的恒齿,有较长的手指和脚趾,都是五个,而且前肢和后肢都有岔开的能活动的拇指,颅骨有一钙质的裂缝。

猕猴具有发达的大脑,表面有大量的沟回,聪明伶俐、动作敏捷,好奇心和模仿能力都很强,对周围发生的一切事情都感兴趣。猴具有双目视力,视觉较人类更敏感,视网膜具有黄斑,黄斑上的视锥细胞与人相似,有中央凹。猴有立体视觉能力,能辨别物体的形状和空间位置,有色觉,能辨别各种颜色。猴的嗅脑不很发达,嗅觉不灵敏,而听觉敏感,有发达的触觉与味觉。

猕猴的牙齿在大体结构和显微解剖方面,在发育的次序和数目方面与人类牙齿有共同之处。乳齿齿式为:(4 204/4 204)=40,恒齿齿式为:(4 246/4 246)=64。根据长出牙齿的顺序及牙齿的磨损程度可判断其年龄的大小。

猕猴胃为单室,呈梨形,胃液呈中性,含0.01%~0.043%的游离盐酸,肠的长度与体长的比例为5∶18;猴的盲肠很发达,无蚓突。猕猴都有胆囊,位于肝的右中央叶,肝分6叶。

猴肺为不成对肺叶,右肺3~4叶,左肺2~3叶。猴的血液循环系统与人类相似。

③生理特性。

A. 繁殖特点:雄猴性成熟为4.5岁,雌猴为3.5岁。雌猴为单子宫,月经周期为28 d(变化范围为21~35 d),月经期多为2~3 d(变化范围为1~5 d)。雌猴在交配季节,生殖器官周围区域发生肿胀,外阴、尾根部、后肢的后侧面、前额和脸部等处的皮肤都会发生肿胀,这种肿胀称为"性皮肤"。雄猴精液射出1 min内形成凝块。雌猴怀孕期为164 d(156~180 d)。哺乳期为7~14个月。每年可怀1胎,每胎产1仔。幼猴离乳后,母猴应休息2个月再行交配。若让幼猴3月龄时离乳,可确保雌猴每年怀1胎。猴的生殖能力可持续到20岁左右,寿命可达30年。

B. 血型特点:血型分两类:一类同人的A型、B型、O型和Rh型相同,有A型、B型、C型、Lewis

型、MN 型、Rh 型、Hr 型等，其 Rh 系统全是 RhO(又叫 Rh1)。栗色猕猴主要是 B 型血，食蟹猴主要是 A 型、B 型、AB 型血，O 型血较少；平顶猴主要是 O 型、B 型血。另一类是猕猴属特有的，有 A^{rh} 型、C^{rh} 型、D^{rh} 型、E^{rh} 型、F^{rh} 型、G^{rh} 型、H^{rh} 型、I^{rh} 型、X^{rh} 型、Y^{rh} 型、Z^{rh} 型、K^{rh} 型、J^{rh} 型。

(2)主要品种与形态特征

①恒河猴(*Macaca mulatta*)，又名忠罗猴、广西猴等，英文名 rhesus monkey，猕猴属。恒河猴在解剖结构、生理生化、免疫和代谢功能等方面同人类很相似。被毛通常为栗色，前肢带灰，后部毛较长，内侧颜色较浅：冠毛向后倒；面裸露、肉色；尾约等于身长，着生毛。发情期间，约 50% 雌猴性皮肿胀变红，甚至可能波及腹部、臀部及腰部，成熟雌猴更显著。

②熊猴(*Macaca asamensis*)，英文名 Assamese monkey，猕猴属。熊猴又称阿萨密猴或蓉猴，形态和恒河猴很相似，身体比恒河猴稍大，面部较长；毛色较褐，腰背部的毛色和其他部分相同，缺少恒河猴那种橙黄色的光泽，毛较粗，不如恒河猴细密；面部、两耳为肉色，老猴面部常生雀斑；头皮薄，头顶有旋，头毛向四面分开；雄猴身长 65 cm，尾长 23～25 cm，体重 12～14 kg，雌性较小。其行动不如恒河猴敏捷和活泼，性情粗暴，小猴也不如恒河猴聪明易驯，叫声和恒河猴不同，声哑，有时如犬吠。

③短尾猴(*Macaca speciosa*)，英文名 stump-tailed monkey，猕猴属。又名红面猴、断尾猴，产于广东、广西、福建等地。红面断尾猴又称华南断尾猴，土名叫黑猴和泥猴。被毛蓬松，深褐色，随年龄增大而逐渐变深，冠毛较长，自中间向两侧披开。面部红色，随年龄增长颜色加深，甚至近黑色。尾短，甚至短缺，有的仅占身体的 1/10～1/8。雌猴乳头为红色，因为色素的关系，有时为一红一蓝。雄猴身长 60～65 cm，尾长 5～7 cm。红面断尾猴常用于眼科和行为学研究。

④四川短尾猴(*Macaca thibetana*)，又名藏酋猴、大青猴，猕猴属。产于四川的西部、西藏的东部。毛色和红面猴相近的，为乌黑色，但稍浅，褐色较多，罕见纯黑色的，胸腹部浅灰色的毛很多，毛的长度也和红面猴差不多，但被毛比红面猴厚。面色偶发红色，老年猿在两颊和须下常生出长长的大胡子。身体比红面猴略大。雄猴身长 70 cm 以上，尾长在 7～10 cm。聪明伶俐，可以驯养。

⑤台湾岩猴(*Macaca cyclopis*)，台湾猕猴、黑肢猴、岩栖猕猴，英文名 formosan rock macaque，猕猴属。产于我国台湾地区。肩毛长，有花纹，体大。毛青褐色，四肢较深，毛皮厚毯状；冠毛黑，向后倒；脸肉色、较短，前为裸露，两颊生黑须；尾为头身长的 1/3～1/2，粗壮，多毛，下垂雌猴发情期间，性皮明显肿胀变红，波及长尾的基部、臀部和股后部。

⑥日本猕猴(*Macaca fuscata*)，又名雪猴，猕猴属。体大，成年雄猴重 11～18 g，雌猴重 8.3～16.3 kg，月经周期为 28 d，妊娠期 170～180 d，性成熟时，猴为 4.5 岁，雌猴为 3.5 岁。刚出生的仔猴重 400～500 g，哺乳期 6～8 个月，每年 3～8 月为繁殖生育时间。毛灰褐色，脸部、四肢和下腹部为粉红色；尾短，生从毛，尖端有硬毛；雌猴性皮通常淡红色，发情期间变红色，成年雌猴尤甚，性皮肿胀少见。

⑦食蟹猕猴(*Macaca fascicularis*)，又称食蟹猴、长尾猴、爪哇猴、长尾猕猴，猕猴属，有 21 个亚种。毛淡黄褐色或灰黑褐色，内侧较浅：顶毛后倒；颊毛形成围绕面部的胡须，眼睑内侧有三角形裸露皮肤；尾与头身长相等或更长些，毛光滑。月经周期 29(22～33)d，妊娠期 167(153～179)d，哺乳期 14～18 个月，性成熟为 4.5 岁。

⑧狮尾猴(*Macaca silenus*)，又名狮尾猕猴，英文名 lion-tailed macaque，猕猴属，无亚种。狮尾猴分布在印度半岛，全身黑毛，密而长的灰髯围住颜面，仅余前额、吻部，双目炯炯，无篝处有顶毛，向外侧，状极庄严；面裸露，肤色黑；尾为头身长的 1/2～2/3，毛光滑，尾端有簇毛；雌猴发情期性皮肿胀显著淡红色。

⑨黑冠猕猴(*Macaca nigra*)，又名苏拉威西猴，英文名 crested black macaque，猕猴属，有 4 个亚种。毛黑色或深褐色；顶毛向后；面裸露，黑褐色；眉脊粗：尾毛稀疏，尾端球状；雌猴性皮肿胀，可观察到两种类型：A. 臀部胼胝之上生毛处显著淡红色；B. 仅臀部有时波及大腿内面呈分散淡红色块，不影响尾部。

⑩豚尾猴(*Macaca leonina*)，又名平顶猴，英文名 pig-tailed macaque，猕猴属，有 4 个亚种。分布在

马来西亚、苏门答腊、加里曼丹岛、彭加岛、缅甸、泰国和中国云南。一般浅黄色到深褐色，头、背及尾部较深，内侧较浅；头顶中心窝毛向周围辐射，短黑，形成厚帽，毛直立；面裸露，淡褐色，脸较长；眼睑白色，清晰；尾为头身长的 1/3，毛很少，如猪尾，又名猪尾猴；雌猴发情期间，性皮肿胀变红，波及臀部和尾的基部，色青灰。

(3)猕猴在生物医学中的应用　由于猕猴解剖生理学特点与人类近似，尤其高级神经活动比较发达，是其他实验动物无法比拟的，是现代生物学、医学和药物学等科学研究中最重要的动物模型。

①传染病学的研究：感染人类的疾病几乎都能感染猕猴，最易感染人的痢疾杆菌和结核杆菌，但猕猴的肝炎、结核病、痢疾、沙门菌病以及风疹病毒、类人猿脑膜炎病等会传播给人，造成人类发病。猕猴作为动物模型常用于以下疾病的研究。A. 病毒性疾病：是研究脊髓灰质炎、麻疹、病毒性肝炎、流感等疾病的动物模型。B. 细菌性疾病：对人的志贺菌属(痢杆菌)和结核分枝杆菌最易感染，是链球菌病、葡萄球菌病、肺炎球菌性肺炎、立克次体病等的动物模型。C. 寄生虫病：非人灵长类动物可被人疟原虫感染，是理想的筛选药物的动物模型，也是研究阿米巴脑膜炎、丝虫病和弓形虫病等的动物模型。

②营养、代谢的研究：在正常代谢、血脂、动脉粥样硬化等疾病的性质和部位，临床症状以及各种药物的疗效等，都与人体非常相似。因此，可用于制备胆固醇代谢、脂肪沉积、肝损伤、维生素 A 和 B 族维生素缺乏症、离子缺乏伴随的低葡萄糖利用降低等的模型。用添加胆固醇的饲料饲喂猕猴，可发生严重而广泛的粥样硬化症，且可产生心肌梗死，还可出现冠状动脉、脑动脉、肾动脉及股动脉的粥样硬化。猕猴也可做老年性白内障、慢性气管炎、肺气肿、老年性耳聋、牙龈、牙科口腔疾病的研究。

③生殖生理研究：猕猴的生殖生理与人类非常接近，是人类研究避孕药物极为理想的实验动物，可作为胆固醇型避孕剂、非类固醇型避孕剂、子宫内留置器等研究的动物模型。

④环境卫生、公害方面的研究：大气污染，如一氧化碳、二氧化碳、臭氧、尘肺病，采煤工人肺、肺石棉沉着症等均可采用猕猴做动物模型。

⑤药理学和毒理学研究：筛选抗震颤性麻痹药物最有价值的方法是电解损伤引起的猴震颤。猕猴对麻醉药与毒品的依赖表现与人类接近，戒断症状又较明显，且易于观察，已成为新麻醉剂和其他新药进入临床试用前必需的试验。

⑥器官移植的研究：非人灵长类是研究人类器官移植的重要动物模型。猕猴的主要组织相容性抗原同人的 HLA 抗原相似，有高度的多态性。其是灵长类动物组织相容性复合体基因区域的主要研究对象，基因位点排列同人类有相似性。

⑦行为学和精神病及神经生物学研究：如用于药物麦角酸二乙基酰胺、苯异丙胺诱发而产生的精神病、隔离关养猕猴而发生行为异常的模型。各种抑郁症、精神分裂症、药物引发的刻板型强迫行为的模型。还用于建立帕金森病等神经退行性疾病的动物模型和研究衰老的动物模型。

⑧代谢疾病研究可培育猕猴成为 1 型糖尿病动物模型，以及尿崩症、库欣病和肥胖症等动物模型。

2. 狨猴

狨猴(*Callithrix jacchus*)，又名指猴、毛猴，英文名 marmoset，狨科，狨属，是产于中南美洲的小型低等猿类，有 3 属 35 种之多。其特点是体小尾长，尾不具有缠绕性。头圆、无颊囊、鼻孔侧向。各种狨猴皆活泼温顺脆弱，易驯养。狨猴主要以昆虫、野果、花蜜、树芽、树汁、幼鸟及鸟蛋为食，尤其喜欢动物蛋白的食物。近年来，因狨猴具有操作处理方便、易繁殖等许多优点，研究人员将其作为生物医学领域新型的实验动物及生物医学的实验动物模型。

(1)生物学特性

①进化程度：狨猴进化程度高，在系统发生上近缘于人类；它的染色体为 $2n=46$。其血液生理、生化值较猕猴更近于人类。

②齿式和指甲：狨猴的齿式为 2 132/2 132(总:32)，不同于猕猴的 2 123/2 123(总:32)。狨猴除大脚趾是扁平指甲外，其余各指、趾都是尖锐的镰刀状爪。

③必需维生素 D 和维生素 C：狨猴需要在食物中摄取维生素 C，以维持其在骨骼、牙齿和血管的细胞含量；维持每只动物健康生长所需的抗坏血酸量为每千克体重 1～5 mg/d。如果缺乏维生素 C，严重可导致出现长骨骨折、长骨骨骼肿胀以及易感染传染病。

④表情和叫声：与猩猩、狒狒相比较，狨猴的面部表情有限。普通狨猴紧张时，其耳旁两撮白毛竖起，脑袋左右晃动，龇牙咧嘴地发出叫声。白须狨猴更易激动，当有人类靠近时，会张大嘴，连续发出较普通狨猴更为响亮而短促的尖叫声。白须狨猴在安全的环境中较少发音，唯有在进窝时，发出像小鸡归巢时“叽叽”的叫声；在其紧张或害怕时发出响亮的高音调，叫声十分刺耳；而在遭人捕捉时，声音变得格外响亮。

(2)繁殖　雄猴的性成熟为 10～14 月龄，雌猴为 8～10 月龄。在野生环境中，有些狨猴种的繁殖是有季节性的，在实验室的饲育环境中，狨猴可在任何月份繁殖。狨猴的性周期 14～16 d，妊娠期 135～150 d；每胎产仔 1～3 只，绝大部分是 2 仔/胎(异卵双生)。在同胎双生中，多数为 1 雌 1 雄，也有全雌或全雄。哺乳期约为 2.5 个月，哺乳期间母猴能够连续受孕。母猴仅在分娩后的 2～3 d 单独照料幼猴，此后由雄猴设法让幼猴爬到背上背着它们，唯有哺乳时交给母猴，如此持续至幼猴离乳；其间若父猴死亡，其他雄猴能代行“父职”。在狨猴群中没有乱伦现象，如果把母猴移至群外，整群动物不能繁殖。在实验室饲育环境中，狨猴的生育间隔平均为 9 个月，可以连续生育 10 年以上。在野外，狨猴科动物一般由双亲与一对或几对双胞胎组成小群体。与黑猩猩群最显著的不同是，狨猴群以成年雌猴为女王，整个狨猴群内只有这个女王处于繁殖状态，能与一个以上的雄猴进行交配。猴群内其他成员将帮助其携带小猴。年轻雌猴成熟后就离群分开。

(3)行为学

①树上栖息：狨猴在树上栖息的时间最长，活动围绕栖木进行。一般以四肢攀爬或后肢站立，从未见到仅用后肢行走的行为。改变位置时，以跳跃“飞行”等迅速敏捷的行为为主。活动或栖息时，以长尾保持身躯平衡，但未见以其尾巴卷在栖木上倒悬。

②学习照料：为了使狨猴发展正常的行为形式，必须把它饲养在一个适当的、正常的社会地位中。人工哺育的动物很少交配，并有很多其他的变态行为。狨猴中未参与照料年幼弟妹而较早离开双亲的个体，成熟后总是抛弃甚至杀死其亲生幼仔。因此，在繁殖群里出生的动物，应尽可能长期留在其父母动物群里。

③其他特征：狨猴是灵长类动物，具有小型灵长类动物的优点。其体型小，后肢比前肢长。两性在体型、体重和外貌方面都没有显著性差异。口腔中无颊囊，臀部无胼胝体。狨猴伤口愈合能力强，且不留伤痕，不能用文身法作为永久性标记。狨猴不主动进攻人，易于实验室操作，通常只需两个人便可进行各种基本实验室操作。如果在操作时喂给小块香蕉或苹果，可以减轻动物的紧张和挣扎。

(4)主要品种与形态特征

①普通狨猴(common marmoset，*Callithrix jacchus*)主要分布在巴西。在美国、英国、德国日本、澳大利亚和我国都已建立大规模的繁殖群。1977 年已培养成功 SPF 级普通狨猴。这种动物最常用于繁殖研究以及畸胎学和牙周病的研究。

②棉顶狨猴(cotton-top tamarin，*Saguinus oedipus*)其特征是在头顶上有一小撮白毛，发怒时竖起。已能在饲养条件下繁殖。这种动物在病毒学和免疫学方面得到广泛使用。

③白须狨猴(moustached tamarin，*Saguinus mystax*)主要分布于秘鲁和巴西。自然栖息地内群体由双亲及一对或几对后代组成。该品种害怕人类接近，在实验室中性子急躁、易怒，喜欢抓人，已培育出人类甲型肝炎实验室动物模型。

④倭狨(pygmy marmoset，*Callithrix pygmaea*)灵长类中体型最小的一种动物。产于南美洲的厄瓜多尔、秘鲁北部和巴西西部。成年猴体长 15 cm，尾长 12 cm，体重不足 100 g，性情活泼、温顺。驯化后可放在主人口袋中供观赏，因此又被称为囊猴。

其他：黄顶狨产于巴西、哥伦比亚、厄瓜多尔和秘鲁。白耳狨猴和黄头狨猴产于巴西。杂色裸面狨猴产于巴西北部。白脚狨猴产于哥伦比亚北部。以上五种狨猴均已被列入濒危灵长类动物品种。

(5)小型灵长类实验动物所具有的优点

①在系统发生方面近缘于人类。

②易于操作、便于进行实验。

③只需要较小的饲育空间就能生存，饲养费用较大型灵长类动物便宜。

④繁殖率高，每年产 2 胎，每胎 1～3 只，可以进行室内计划生产。

⑤世代交替时间短(1～2 年成熟，可培育近交系)。

⑥可以控制微生物，有培育 SPF 猴和无菌(germ free，GF)猴的可能性。

⑦性成熟早，14 个月可以性成熟。

⑧小型雄性灵长类实验动物对于计划生育研究、关于活动机制和安全实验必不可少。

⑨由于伦理上和供应上的原因，诸如人类的试管内受精、胚胎贮存和运输等方面的研究不能在人类或类人猿上进行，而可使用小型灵长类动物。

(6)小型灵长类实验动物在使用和管理上存在的问题

①动物的获得越来越困难，大多数出产国有严格的限定法规。

②动物引进后 1 个月内死亡率较高。

③常携带人畜共患病原体，威胁接触人员的健康。

④体型小，进行外科手术实验比较困难，也不能一次抽取大量的血液。

⑤在新陈代谢方面与人类有明显的不同。

⑥体型小，不适用于药理学和毒理学方面的筛选。

(7)生物医学研究中的应用

①传染病研究：狨猴(如白须狨猴、普通狨猴)可感染人类甲型肝炎病毒，作为人类甲型肝炎的动物模型，用于人类甲型肝炎病毒疫苗的安全性评价。

②癌症和病毒肿瘤学研究：EB 病毒可以感染某些狨猴(如棉顶狨猴、普通狨猴等)，诱发恶性淋巴瘤，而 EB 病毒与鼻咽癌也有密切的关系。某些狨猴对痘病毒、黏液病毒等敏感。狨猴还可作为许多癌症，如腺癌、肠癌等研究的动物模型。

③行为学研究：猴有较强的领域性，因领域的大小与动物的食物有密切的关系。狨猴哺育幼仔通常是由父亲及其未成年的兄姐照料。而对于年轻的雌性狨猴，照料同胞幼猴是其一个学习的过程。狨猴在交配期会出现特定的性行为，诸如雌猴经常以生殖器摩擦笼具、巢箱、栖木等，雄猴则嗅雌猴摩擦过的地方和生殖器。配对的狨猴互相理毛、玩耍嬉戏。攻击和好斗也是狨猴正常行为的一部分。

④营养与代谢研究：猴群中常见自发"消耗性综合征"(wasting marmoset syndrome，WMS)贫血与该疾病有关。患病的动物常出现明显的体温过低和低血糖。若狨猴饲料中缺乏维生素 D；可导致纤维性骨营养不良症；缺乏叶酸可导致口角干裂、体重减轻、腹泻、贫血和黏膜溃疡。

⑤生殖生物学研究：猴的性周期一般为 16 d，其中 6 d 滤泡期，10 d 黄体期，无月经出血现象。在性周期内，动物体内的性激素会产生一些变化。狨猴的繁殖能力强，产仔率是其他灵长类动物的数倍，多为双胞胎。此外，在具有多个雌性的群体中，只有占统治地位的雌性个体才具有繁殖能力，而处于从属地位的雌性个体不出现发情周期。

⑥毒理学和畸胎学研究：猴是人类研究致畸性疾病的良好动物，患有细菌性肠炎或肺炎的狨猴会产生病理学变化，表明其可用于常规毒理学实验。

⑦牙周病研究：由于狨猴对自发性牙周病敏感性高，可用作人类牙科学研究的动物模型，如普通狨猴。

3. 猴饲养管理

(1)饲养方式　主要有笼养和舍养两种。笼养主要用于检疫驯化群、隔离群和急性实验群。舍养主要用于繁殖群和慢性实验群，舍养包括内室和外室，内室用于猴休息、避风、避雨和防寒，外室主要采用露天封闭铁栏或网眼结构，供室外活动。

(2)饲养食物 饲喂食物由谷类主食和瓜菜等组成，配合蛋类、鱼粉、牛奶等。食物要煮熟或加工成饼干颗粒料，也可用微火焙制某些谷物，豆类可用盐水浸泡 12 h 以加强适口性。喂食时应先粗后细，每日将定量分 3 次以上投喂。饮水必须全日满足，无自动饮水设备时，更要注意保持水质清洁，每日更换。

(3)新入场猴必须进行隔离检疫 在完全隔离情况下进行检疫，至少要有 1 个月以上的检疫期。在此期间要登记、编号，做好临床观察记录和有关生理生化项目的检验。必须进行结核菌素试验和驱除体内外寄生虫，还应特别注意其他人畜共患病检查。

(4)繁殖方法 依饲养方式而不同舍养时 1 只雄猴配置 3～12 只雌猴。笼养时，待雌猴月经后第 11～17 天，性皮肤肿胀最明显时转入雄猴笼。经过观察相合后，任其自行交配，交配后分笼饲养。母猴通常有很好的带仔性，但单笼饲养，产第一胎的母猴往往母性较差。仔猴 3 月龄开始采食，需增加饲喂量。6～7 月龄可完全采食成年猴食物。母猴缺奶或不愿带仔时需要人工哺乳。特别注意室温维持 20 ℃左右，喂给大米粥或加糖牛奶。

(5)做好安全措施 防止猴外逃。

(十)其他特有动物资源

1. 东方田鼠

东方田鼠(*Microtus fortis*)，别称沼泽田鼠、远东田鼠、大田鼠，为田鼠中的大型种，圆筒形身体，短尾短肢，尾长为体长的 1/3～1/2，有 5 枚足垫。体背毛褐棕色，腹毛灰白色，尾双色，上下面分别与体腹面色调一致。我国主要有 5 个亚种，主要分布于中国东北、华北和华南共 17 个省区，俄罗斯、朝鲜和蒙古国也有分布。

东方田鼠是我国特有的野生动物资源，广泛栖息于湖南省洞庭湖区域，是迄今为止由我国学者在血吸虫病疫区发现的唯一一种感染日本血吸虫后不致病的哺乳动物。由中南大学牵头的国家重点攻关项目“东方田鼠实验动物化及其抗日本血吸虫机理研究”对东方田鼠进行了人工繁殖、室内驯化、生物学特性、生态及行为学、抗日本血吸虫机理等研究，有望在将来在日本血吸虫抗性机理研究、疫苗制作等方向提供更为合适的实验动物选择。

2. 灰仓鼠

灰仓鼠(*Cricetus migratorius*)属啮齿目、仓鼠科、仓鼠亚科、仓鼠属小型啮齿动物，广泛分布于中亚区域，耐旱、适应性强。褐家鼠侵入新疆前，灰仓鼠曾是中亚地区仅次于小家鼠的伴人鼠种。其是新疆实验动物研究中心从 1989 年开始自主培育的实验动物。研究人员发现，在自然界该鼠可以自然感染土拉伦、森林脑炎、鼠疫、包虫病等多种自然疫源性疾病，且灰仓鼠对鼠疫菌感受性、敏感性较小鼠和豚鼠更高，更适用于鼠疫菌的分离培养，并已成功建立了包虫病模型。其实验动物化研究已完成微生物、遗传和生物学特性等测定，并已建立清洁级灰仓鼠封闭群、相应技术规范及地方实验动物标准。

3. 子午沙鼠

子午沙鼠(*Meriones meridianus Pallas*)属啮齿目仓鼠科沙鼠属，是一种新疆特有的野生啮齿类动物。子午沙鼠为沙鼠属中中等大小的种类，体长 100～150 mm，尾约与体长相等，耳较短小，向前折可达眼部，体背面浅沙黄色至深棕灰色，体侧沙黄色至浅灰色调，体腹面纯白色，眼周和眼后以及耳后毛色较淡，多是白色或灰白色；尾呈鲜棕黄色，有时腹面稍淡，尾端通常有明显黑褐色毛束，爪浅白。子午沙鼠繁殖力强，每胎多为 6 只，每年至少生两胎，可多达三胎，且由于其是杂食性，啃食各种荒漠植物的枝叶及种子，对荒漠植物的生长有很大的危害。在农作区，其进入农田、粮仓，盗食谷物，危害瓜果，造成减产，同时由于筑洞做巢和储粮，对农田水利设施破坏性极大。

子午沙鼠对鼠棘球虫敏感，并在鼠疫、脑卒中、肺包虫、戊型肝炎等动物模型的研究方面具有极大的潜力。

4. 棕背䶄

棕背䶄(*Myodes sundevall*),为仓鼠科、䶄属的动物。棕背䶄的体型较胖,耳较大,四肢短小,背部红棕色,体侧灰黄色,腹毛污白色。棕背䶄夜间活动频繁,不冬眠,杂食性,且食性存在着明显的季节变化,年产 2～4 胎,每胎 4～13 只,栖息于针阔混交林、阔叶疏林、杨桦林、落叶松林、栎林、沿河林、台地森林及坡地林缘等生境中,分布于中国、芬兰、日本、朝鲜、蒙古、挪威、俄罗斯、瑞典等。

5. 树鼩

树鼩(*Tupaia belangeri*)属于哺乳纲攀鼩目树鼩科,别名中缅树鼩、北树鼩。形似松鼠,头骨的眶后突发达,形成一骨质眼球,脑室较大,吻部尖长,犬齿细小,前臼齿宽大,前后足均具有五趾,每趾都有发达而尖锐的爪。树鼩根据外部毛色及形态特征,可分为 6 个亚种,其中滇西亚种是目前所广泛研究的种类,其体型较小,成年体重在 150 g 左右,体背与体侧均为橄榄绿或橄榄灰绿色,腹部灰白色或棕黄色,肩纹白色且较明显,尾毛蓬松向两侧伸展。

树鼩是灵长类的近亲,昼行性动物,善于攀援,行动敏捷,多在地上活动休息,食性杂,喜食无脊椎动物和水果。树鼩的领地意识明显,通过不同的叫声、丰富的视觉信号、特殊气味的分泌物等识别环境与相互联系,对外界环境的变化极为敏感,受到外界不确定性刺激或突然身处陌生环境,容易产生焦躁、抑郁情绪。

树鼩具有繁殖快、体型小、饲养成本低、进化程度高等特点,在生理机能、生化代谢和基因组方面与人的相似程度远高于大鼠、小鼠、犬等实验动物,能够较好地模拟人类疾病的发生和发展过程,拥有比猕猴等高级灵长类动物更适合大规模应用的优势,已被广泛应用于生物医学、药学及生命科学的诸多研究领域,如各种类型的病毒性肝炎模型,流感病毒、登革病毒、轮状病毒、疱疹病毒感染模型,糖尿病、胆结石、肿瘤和癌症病模型等,以及细菌、寄生虫、神经生物学、遗传免疫学等人类疾病的动物模型。我国研究人员已经成功建立了寨卡热疾病模型,在树鼩研究方面取得了显著进展。

二、禽类实验动物

禽类实验动物,广义上指用于实验动物的多种禽类,包括鸡、鸭、鹌鹑、鸽、鹅等,目前实现标准化的有 SPF 鸡和 SPF 鸭。

(一)鸡

1. 分类学

鸡属鸟纲(Aves)鸡形目(Galliformes)雉科(Phasianidae)鸡属(*Gallus*)。实验鸡近交程度高,生产和饲养环境控制严格,作为实验动物使用主要为 SPF 鸡和鸡胚。

2. 生物学特性

(1)一般特性

①外形特点:鸡的体型紧凑而匀称,覆盖着各色羽毛,有纯白、杂色、黑、褐等多种颜色。公鸡通常比母鸡体型稍大。实验动物常用 SPF 鸡基本都选用产白壳蛋的鸡,多数拥有白来航血统。白来航鸡体型小而清秀,全身紧贴白色羽毛,单冠,喙、跖、皮肤均为黄色,耳叶白色,性成熟早,产蛋量高,蛋壳白色,无就巢性。

②生活习性:日行性动物,喜欢在白天活动,白天视力敏锐,听力灵敏,对突然的声响和发出的光都会特别惊恐。有极强的领地意识,会用各种方式标记领地。鸡是群居性动物,具有成群结队采食的习性,喜大群生活。

③繁殖习性:鸡属于卵生动物,产蛋没有季节性。

④生长与寿命:鸡的消化道短,生长发育快,白羽鸡养殖 42 d 后,可以出栏。根据鸡的不同生长阶段,分为雏鸡、青年鸡和成年鸡。鸡的寿命平均为 7～8 年。

⑤耐寒怕热:鸡体表大部分被羽毛覆盖,具有良好的隔热性能,没有汗腺,主要通过呼吸散热,怕热更甚于怕冷。

(2)生理学特点

①繁殖性能:鸡的性成熟时间为4~6月龄,一般每只公鸡和10只母鸡交配,种蛋的受精率可以保证90%以上,如果采用人工授精,公、母比例可以达到1∶50。

②消化系统发达:鸡的消化系统包括喙、食道、胃、肠等,能够很好地消化食物并获取养分,具有食砂粒帮助消化的特性。

③生理学指标:鸡性成熟年龄4~6个月,鸡蛋的孵化期为21 d,体温41.7(41.6~41.8)℃,呼吸频率12~21次/min,潮气量4.5 mL,心跳频率120~140次/min,血压(颈动脉压)150 mmHg,总血量占体重的8.5%,红细胞335(306~344)万/mm^3,白细胞32 600/mm^3,血小板13万~23万/mm^3,血红蛋白10.3(7.3~12.9)g/100 mL,红细胞比重1.090,血浆比重1.029~1.034,血液pH 7.42。

(3)解剖学特点

①消化系统:鸡的消化系统由消化道和消化腺组成,消化道包括鸡喙、口腔、咽、食道、嗉囊、腺胃、小肠、盲肠、直肠、泄殖腔、肛门;消化腺有唾液腺、胃腺、肝脏和胆管、胆囊、胰腺。在食道和胃之间有球形膨大的嗉囊,胃分为腺胃和肌胃,腺胃分泌胃液,用于消化蛋白质,肌胃肌肉发达,可以磨碎食物,有利于消化。小肠由十二指肠、空肠、回肠组成,空肠与回肠长度大致相等,无明显界限。大肠包括一对盲肠和直肠。直肠末端和尿生殖道共同开口于泄殖腔;泄殖腔被两个环行褶分为粪道、泄殖道、肛道。无膀胱,尿液生成后直接排入泄殖腔。

②呼吸系统:由鼻腔、喉、气管、肺、气囊五大部分组成。肺分为左右叶,为海绵状,紧贴于肋骨上,无肺胸膜及横膈。肺上有许多小支气管直接通气囊,气囊共有9个,主要功能为贮存空气。

③循环系统:鸡的循环系统包括血液循环器官、淋巴器官和造血器官。血液循环器官包括心脏、动脉和静脉。淋巴主要存在于消化道壁上。

④生殖系统:雄鸡生殖器由1对睾丸、1对输精管组成。雌鸡生殖器由卵巢和输卵管组成,特点是左侧的卵巢和输卵管发育,右侧的退化。

(4)主要品种、品系 实验鸡近交程度很高,生产和饲养环境控制严格,SPF鸡和鸡胚是我国得到广泛应用的SPF级实验动物。常用的实验鸡品种有以下几种。

①白来航鸡:世界著名的蛋用型鸡种。外貌特征是体型小而清秀,产蛋少耗料少;性情活泼好动,觅食力强,神经敏感,一般无就巢性,适应性强。

②星杂288白鸡:属于白来航鸡小型高产配套杂交品系,特点是体型小,耗料少,产蛋多,觅食能力强,适应性强,无就巢性。

③国家禽类实验动物资源库目前保有SPF鸡BWEL、MQ、SJ5、ZH7、BW/Gn共5个品种17个品系,包括封闭群鸡和MHC单倍型鸡。

(5)在生物医学中的应用 鸡繁殖快、卵生、体外孵化容易控制,实验成本相对较低,容易获得大量的鸡胚和胚胎细胞。胚胎期鸡的免疫系统发育不全部,鸡胚和鸡胚细胞适于做多种病毒的培养基。近年来无特定病原体(SPF)鸡和鸡胚的生产和应用增量显著,成为禽用及部分人用生物制品研发、生产和检定的重要原材料之一。

①疫苗的制造和疫苗质量鉴定:应用SPF鸡胚制苗能提高产品纯度以及效价。SPF鸡胚是人用疫苗(小儿麻疹、腮腺炎、黄热病、狂犬病和流感)、全部鸡病疫苗和部分水禽疫苗,以及部分猪用疫苗(伪狂犬病等)的生产和检定实验材料。

②药物研究:1~7日龄雏鸡的膝关节和交叉神经反射,可评价脊髓镇静药的药效;6~14日龄雏鸡可用于评价药物对血管功能的影响;鸡的离体器官可用于药物评价试验,还可用于筛选抗癌及抗寄生虫药等。

③禽病研究：用 SPF 鸡作为实验动物，可排除非研究病原体的干扰作用，通过实验感染开展禽类疾病发生、变化研究。

④传染病研究：可用于研究支原体感染引起的肺炎和关节炎，还可用于研究链球菌感染、细菌性内膜炎等传染性疾病。

⑤病毒学研究：鸡胚用于种毒的培养传代，制备高免血清，可保持毒种纯净、血清的特异性和高效价。

⑥老年学研究：鸡的生殖功能随着年龄的增长而衰退，其产蛋可作为研究衰老的一个客观指标。

⑦内分泌学研究：将雄鸡睾丸手术摘除，可进行雄性激素的研究；还可研究因切除睾丸而导致的甲状腺功能减退、垂体前叶囊肿等内分泌疾病。

⑧环境污染研究：有机磷化合物对鸡的脱髓鞘作用可用于监测环境有机磷水平。鸡易经空气感染疾病，可由此监测空气中微生物的污染水平。

⑨用于营养学、胚胎学、遗传学、病理学、生理学等方面的研究。

3. 饲养管理

(1)营养标准和饲喂方式　鸡的饲养管理分为孵化、出雏、育雏和成年鸡几个管理阶段。

①孵化出雏：孵化的卵蛋形、蛋色正常，蛋壳结构致密均匀。孵化的 3 周内，孵化器温度设定 37.8 ℃，湿度设定 53%～57%。18 d 后将蛋转入出雏盘，21 d 时出雏，出雏的小鸡在破壳后 1 d 内转入育雏室。

②育雏：雏鸡开食管理。开食一般在出壳后 24～36 h 进行。加料方法要遵循“少加多添”的原则。育雏期间根据不同发育阶段给予不同的饲料，0～6 周龄饲喂中雏饲料，10～18 周饲喂大雏饲料，18 周龄后饲喂成鸡饲料。1 日龄雏鸡应保持其环境温度为 32～33 ℃，然后每周降 3 ℃，直到 5 周龄降到 18 ℃。相对湿度设为 50%～70%。光照随日龄调节，第 1 周光照 16 h，第 2 周光照 14 h，第 3 周以后光照保持 12 h。

③成年鸡：人工光照能满足生殖要求，繁殖时可采取雄雌比 1∶(10～16)自然交配或人工授精方式。

(2)环境要求　目前有普通级和 SPF 级鸡，而实验动物主要使用 SPF 级鸡。

①SPF 鸡质量标准

微生物质量检测：符合(GB/T 17999—2008)《SPF 鸡　微生物学监测》规定的微生物监测要求。

遗传质量检测：(T/CALAS 16—2017)《实验动物 SPF 鸡遗传质量控制》制定了 SPF 鸡的繁殖和遗传质量监测方法，适用于封闭群和 MHC 单倍型鸡群的遗传质量控制。

②SPF 鸡生产或动物实验区屏障环境指标(GB 14925—2023)《实验动物　环境及设施》：温度 16～28 ℃，相对湿度 30%～70%，相通区域的最小静压差≥10 Pa，动物笼具周边处气流速度≤0.20 m/s，最小换气次数 15/(次/h)，饲养室空气洁净度为 7，即≥5 μm 的尘粒数在 293～2 930 个/m^3，沉降菌最大平均浓度不大于 3 个 CFU/0.5 h · φ90 mm 平皿，氨浓度≤14，噪声 dB(A)≤60 dB，动物照度 5～10 lx，工作照度≥150 lx，昼夜明暗交替时间 12/12 或 14/10。

4. 现有标准

(GB 14925—2023)《实验动物　环境及设施》。

(GB 14923—2022)《实验动物　遗传质量控制》。

(GB/T 17999.10—2008)《SPF 鸡　微生物学监测　第 10 部分：SPF 鸡　间接免疫荧光试验》。

(T/CALAS 15—2017)《实验动物　SPF 鸡配合饲料》。

(T/CALAS 16—2017)《实验动物　SPF 鸡遗传质量控制》。

(T/CALAS 38—2017)《实验动物　SPF 鸡和 SPF 鸭饲养管理指南》。

(DB23/T 3551—2023)《实验动物　实验用禽基本操作技术规范》。

(DB32/T 2130—2012)《普通级实验用鸡　饲养管理规范》。

(DB31/T 1377—2022)《实验鸡和鸭》。

(二)鸭

1. 分类学

家鸭属鸟纲(Aves)雁形目(Anseriformes)鸭科(Anatidae)河鸭属(*Anas*)。家鸭起源于绿头鸭(*Anas Platyrhynchos Linnaeus*)和斑嘴鸭(*Anas poecilorhyncha Forster*)。

2. 生物学特性

(1)一般特性

①外形特点:全身被羽,头大而圆,无冠、肉垂及耳叶;喙长而扁平,上下腭边缘呈锯齿状角质化突起;颈较长,活动自如;体宽长、呈船形,前驱昂起;腿短,趾间有蹼,趾部与蹼部裸露,利于游泳。

②喜水、合群:喜在水中寻食,嬉戏,求偶交配,在水中活动时间较长,一般只有在休息和产蛋时回到陆地,喜欢群居生活,适于放牧饲养或圈养,少争斗、易管理。

③喜欢杂食:鸭的嗅觉、味觉不发达,对饲料的口味要求不高。精饲料、粗饲料或青饲料以及昆虫、蚯蚓、鱼虾等都可作为饲料。

④耐寒性:保温性强,成年鸭的大部分体表都覆盖着羽毛,能阻碍皮肤表面蒸发散热。腹部具有绒羽毛,冬季仍然能下水游泳。

⑤抗热能力差:鸭无汗腺,散热能力较差,比较怕热。鸭有许多气囊,可通过加强呼吸过程促进散热。

⑥无就巢性:鸭经过人类的长期驯化、选育,已丧失就巢本能,需要人工孵化和育雏。

⑦胆小易惊:鸭比鸡更神经质,易受外界突然的刺激而惊群,对人、畜及其他突然出现的声音、强光、色彩等刺激均产生强烈反应。

⑧适应能力强:对不利的环境条件和应激因素有较强的适应能力,对家禽常见的传染病,按自然感染发病的种类统计,鸭比鸡少 1/3 左右。

(2)生理学特点

①繁殖性能:鸭的繁殖率高,1 只公鸭可以配 25～30 只母鸭,且交配和产蛋不受季节影响,全年均可进行繁殖。鸭一般达百日龄即开始产蛋,孵化过程一般为 30 d。

②生长速度快、生产效率高,肉鸭早期生长速度较快,6 周龄即可上市,蛋用型鸭年产蛋量达 180～300 枚。

③生理学指标:新陈代谢旺盛,正常体温为 41.5～43 ℃,心跳次数每分钟 160～210 次,呼吸每分钟 16～26 次,对氧气的需要量大。鸭的活动性强,有发达的肌胃,消化能力强,对饥渴比较敏感。

(3)解剖学特点

①呼吸系统:双重呼吸。肺和气囊相通,当吸气时空气经气管进入肺和气囊,在肺内进行第一次气体交换;呼气时,肺内气体经气管呼出,此时气囊内的气体回到肺中,进行第二次气体交换。

②骨骼:骨骼可以划分为头骨、躯干骨、前肢骨(又叫翼部骨骼)和后肢骨四部分。骨骼轻,强度大,有些骨骼为含气骨,前肢演变成了翅膀,绝大多数家鸭已失去飞翔能力。

③泌尿系统:没有膀胱,泌尿汇集在输尿管形成白色的尿酸盐结晶体,与粪便同时排出体外。

④消化系统:由口腔、舌、咽、食道、食道膨大部、腺胃、肌胃、小肠、盲肠、直肠、泄殖腔及肝脏和胰腺等组成。口腔内无牙齿,唾液腺分泌唾液的能力较差,因而采食时伴随饮水,以湿润食物,便于吞咽。食道下端为膨大部,呈纺锤形,用于贮存、软化食物。食物在腺胃中进行初步消化后,进入肌胃。肌胃壁肌肉十分发达,收缩力强,主要用于磨碎食物,完成物理消化过程。

(4)主要品种、品系

实验用鸭和鸭胚主要为 SPF 级,常用实验鸭的品种有以下几种。

①金定鸭:产于福建省,体格中等,体躯较长,外形清秀,体型轻而结实。头部和颈上部羽毛具有翠绿色光泽,无明显白羽颈环,胸部棕色。脚胫橘红色,爪黑色。

②绍兴鸭：原产于浙江绍兴、萧山、诸暨等地。蛋用型品种。该鸭体躯狭长，母鸭以麻雀羽为基色，分两种类型：带圈白翼梢和红毛绿翼梢。

③国家禽类实验动物资源库率先成功培育了我国SPF绍兴麻鸭、金定鸭鸭群，目前有SPF级鸭HBK-B、HBK-Q、HB/Bn 3个品种6个品系。

(5)在生物医学中的应用

①疫苗研发、生产和检定：用于种毒的培养传代，制备高免血清。通过鸭胚传代可使某些病毒毒力减弱，常用于病毒疫苗的生产检定和病毒学研究，SPF实验鸭对禽流感、小鹅瘟、新城疫、鸡传支、呼肠孤等疫苗研制生产非常重要。

②种属屏障相关研究：对家禽常见的传染病，按自然感染发病的种类统计，鸭比鸡少1/3左右。

③病毒的分离、鉴定：SPF鸭和鸭胚主要用于病毒的分离、鉴定，以及病原微生物的致病分子机制等方面的研究。

④人类疾病的动物模型：鸭乙型肝炎病毒(duck hepat B virus，DHBV)与人乙型肝炎病毒(hepat B virus，HBV)在生物学特性和致宿主肝脏疾病方面非常相似，鸭乙型肝炎动物模型是研究人病毒性肝炎的较好模型。

3. 饲养管理

(1)繁殖与喂养　对育雏期、育成期、产蛋前期、产蛋高峰等不同生长时期的鸭制定不同的饲养管理操作规程如下。

①孵化：孵化的卵蛋形、蛋色正常，蛋壳结构致密均匀。孵化器彻底消毒灭菌，孵化器温度设定37.8 ℃，湿度设定75%～80%。18 d后将蛋转入出雏盘，20～22 d出雏，出雏的小鸭在破壳后1 d内转入育雏室。

②育雏：育雏室温度保持在35 ℃，随雏鸭日龄增加可逐步降低。第3日龄后每2日降低1 ℃，直到4周龄降到20 ℃。相对湿度设为60%～70%。孵出24～36 h适宜开食，自由采食。

(2)环境要求

①SPF鸭质量标准。

微生物质量检测：SPF鸭和鸭胚的微生物质量控制需符合(T/CALAS 18—2017)《实验动物 SPF鸭微生物学监测总则》规定的微生物监测要求。

遗传质量检测：(T/CALAS 37—2017)《实验动物 SPF鸭遗传学质量监测》制定了封闭群和MHC单倍型的检测方法，单倍型的检测以*tap*基因的纯化性为依据。

②SPF鸭生产或动物实验区屏障环境指标。

参考(DB31/T 1377.4—2022)《实验鸡和鸭　第4部分：设施及环境》：温度为16～28 ℃，相对湿度为40%～70%，相通区域的最小静压差≥10 Pa，动物笼具周边处气流速度为0.20 m/s，最小换气次数15次/h。饲养室空气洁净度为7，即≥5 μm的尘粒数在293～2 930个/m^3，沉降菌最大平均浓度不大于3个CFU/0.5 h・φ90 mm平皿，氨浓度≤14，噪声dB(A)≤60 dB，动物照度10 lx，工作照度≥200 lx，昼夜明暗交替时间14/10。

4. 现有标准

(T/CALAS 38—2017)《实验动物　SPF鸡和SPF鸭饲养管理指南》。

(T/CALAS 17—2017)《实验动物　SPF鸭配合饲料》。

(T/CALAS 18—2017)《实验动物　SPF鸭微生物学监测总则》。

(DB31/T 1377—2022)《实验鸡和鸭》。

(三)鸽

1. 分类学

原鸽属鸟纲(Aves)鸽形目(Columbiformes)鸠鸽科(Columbidae)鸽属(*Columba*)。鸽子种类繁

多，目前已知种类超过 300 种，常见有原鸽、家鸽、野鸽、斑鸠等。

2. 生物学特性

(1)一般特性

①外形特点：身体圆胖，腿短而粗。嘴短而尖，上嘴弯曲，适合捕食和啄食。羽毛丰满，一般呈现灰色、白色等浅色调，也有些种类具有鲜艳的颜色。

②飞行能力：飞行能力极为出色，是鸟类中最擅长飞行的物种之一。胸肌发达，翼展 50～70 cm。

③行为习性：社交性动物，喜成群结队活动。

④繁殖习性：繁殖能力强，一年多次繁殖。雌鸽每次产卵 1～2 枚，孵化期为 17～19 d。

⑤与人类关系：鸽子与人类的关系密切，尤其是家鸽。家鸽被驯化为人类的宠物或运输工具已有数千年历史。

(2)解剖学特点

①骨骼系统：骨骼系统复杂，主要由头骨、躯干骨、胸骨、四肢骨等组成。轻而坚固的骨骼(充气的腔隙、骨块愈合等)有利飞翔。

②消化系统：消化系统由口开始直到泄殖腔为止，食道中有嗉囊，食物入口后先贮存在嗉囊中软化，然后再分送到胃里。胃包括腺胃(前胃)和肌胃(砂囊)两部分，腺胃能够分泌消化液消化食物；肌胃的胃壁有发达的肌肉，内壁上有一层角质膜，胃腔内有许多沙粒。磨碎的食物经十二指肠到小肠、大肠，逐渐消化吸收，所剩的残渣由泄殖腔排泄出。

③呼吸系统：呼吸系统由外鼻孔、内鼻孔、喉、气管、肺和气囊组成。空气由鼻吸入后，经由喉咙进气管，再进入肺部进行气体交换。有气囊分布于身体各处同时，飞行时通过两翼开闭，促使气囊扩张和收缩，气囊内的空气可经过肺而最后排出体外。每呼吸一次，空气两次经过肺，在肺里进行两次气体交换，这种特殊的呼吸方式称为双重呼吸。

④泌尿生殖系统：雄鸽有 1 对睾丸，睾丸产生精子，经过输精管贮存于贮精囊。雌鸽只有左侧卵巢发达，右侧卵巢退化。血液中的废物由肾脏经过输尿管被送到泄殖腔附近，和肠里的内容物一起排泄出去。输精管与输卵管在靠近泄殖腔处有通路。

⑤循环系统：肉鸽循环系统包括血液循环和淋巴循环两大系统。前者由心脏、血管和造血器官组成；后者由淋巴管道、淋巴器官、淋巴组织和淋巴液组成，是机体的主要防卫系统。

(3)主要品种、品系　主要有原鸽、家鸽、岩鸽、信鸽等。

(4)在生物医学中的应用　鸽的听觉和视觉非常发达，对于姿势的平衡反应也很敏锐，作为实验动物用于研究动物行为、神经系统等。鸽子有优秀的方向感和记忆力，对于导航和记忆相关的研究和应用有重要意义。也应用于鸽类疾病的防治研究。

3. 饲养管理

参照(DB11/T 1807—2020)《实验动物　环境条件》。

4. 现有标准

(DB11/T 1807—2020)《实验动物　环境条件》。

(四)鹅

1. 分类学

鹅属鸟纲(Aves)雁形目(Anseriformes)鸭科(Anatidae)雁属(*Anser*)，多数鹅品种来源于雁属的灰雁和鸿雁。

2. 生物学特性

(1)一般特性

①外形特点：鹅喙短而坚固，体躯丰满，有些品种有腹褶，少数颌下有垂皮；羽毛丰满紧凑，御寒能力强，有灰、白两种羽色；腿短而粗壮，脚趾间有蹼连接。

②喜水性：天性喜水，每天有1/3的时间在水中，习惯在水中嬉戏、觅食和求偶交配。

③合群性：具有很强的合群性，觅食时也是在一定的范围内扩散，利于鹅群的管理。

④草食性：草食性家禽，饲料以植物性饲料为主，觅食活动强。

⑤耐寒性：成年鹅的耐寒性能很强，因其羽绒厚密服帖，具有很好的隔热保温功能，鹅喙梳理羽毛时压迫尾脂腺，挤出的分泌物涂在羽毛表面，可使羽毛具有防水御寒的特性，且皮下脂肪较厚，增强耐寒性。

⑥警觉性：具有敏锐的听觉，警觉性很强，反应迅速，叫声响亮。

⑦规律性：在放牧、交配、采食、洗羽、休息和产蛋等方面都有固定时间，且这种生活规律一旦形成不易改变。

(2)生理学特点

①羽毛绒的产量高、质量好。

②以青草为主食，消化器官结构特殊，肌胃收缩力很强。

③代谢强、采食量大、增重快。

④季节性繁殖动物，出生后6～10月龄即可性成熟，性成熟后会在每年9月至翌年4月期间产蛋。

(3)解剖学特点

①鹅颈很长，颈椎有17个，便于颈部灵活伸展转动。

②无嗉囊，鹅食管富有扩张性，分颈部和胸部两段，在两段交界处的腹侧有一膨大部分，称食管膨大部，是食物的暂时贮存处。

③消化道十分发达，消化道长度为体长的10倍。肌胃的肌层很厚，十分发达。肌胃的收缩是典型的磨碎式收缩。

④鹅脂肪代谢特点是肝脏易沉积脂肪。

(4)主要品种、品系

我国目前主要鹅品系有籽鹅、雁鹅、狮头鹅、浙东白鹅等。

(5)在生物医学中的应用

①免疫学研究：主要针对其免疫系统、免疫应答和免疫调节等方面的研究。

②疫苗生产与鉴定：鹅相关疾病疫苗研究。

③药物研究：鹅肠道疾病的治疗药物。

④传染病研究：病毒分离鉴定。

3. 现有标准

(DB11/T 1807—2020)《实验动物　环境条件》。

三、鱼类实验动物

全世界有记载的鱼类多达22 000种，是脊椎动物门中品种最多的纲。鱼类终生生活在水中，材料易得、且绝大部分是体外受精、体外发育，所以是毒性试验、环境监测、发育生物学、生理学、生态学、遗传学等研究常用的实验材料，在不同领域得到广泛应用。鱼类实验动物没有统一的标准，对一些有应用价值的小型鱼类进行了纯化培育工作，如斑马鱼(*Danio rerio*)、剑尾鱼(*Xiphophorus helleri*)、孔雀鱼(*Poecilia reticulatus*)、稀有鮈鲫(*Gobiocypris rarus*)、青鳉(*Oryzias latipes*)都有近交超过20代的品系，这些品系已经有较高的遗传均一性，但在微生物控制和饲养与应用条件方面的标准化与陆生实验动物仍有差距。2020年推出的(GB/T 39649—2020)《实验动物　实验鱼质量控制》包含斑马鱼、剑尾鱼和虾虎鱼3种实验鱼。随着“3R原则”指导的实验动物替代与方法研究加速进展，对于水生实验动物的使用不断增加，尤其在化妆品、食品和保健食品评价中。

(一)斑马鱼

1. 分类学

斑马鱼(*Danio rerio*),别名蓝条鱼、花条鱼,属辐鳍鱼纲(Actinopterygii)鲤形目(Cypriniformes)鲤科(Cyprinidae)鲐属(*Danio*)。原产于印度半岛的淡水水域,为杂食性的热带淡水鱼类。

2. 生物学特性

(1)一般特性

①外形特点:鱼体呈梭形,长度 3～5 cm,从背部至腹部、臀鳍,有多条深蓝色纵向条纹直达尾鳍,因满身条纹似斑马而得名;背鳍、臀鳍偏后,尾鳍深叉形,诸鳍均淡黄色透明。鱼体条纹的多少和宽窄不同,以及鳍的差异,形成各个不同的品种。雄鱼为深蓝色条纹间柠檬色条纹,鱼体修长,鳍大,腹部扁平,体色偏黄,臀鳍呈棕黄色,条纹显著;雌鱼为蓝色条纹间银灰色条纹,鱼体较肥大,体色较淡,偏蓝,臀鳍呈淡黄色,各鳍均比雄鱼小,怀卵期鱼腹膨大明显。

②生活习性:性情温和,喜结群游动。对水温的变化有较强的抵抗力,只要水温不低于 20 ℃即能生活,最适生长温度为 25 ℃。

③繁殖特性:卵生鱼类,四季产卵,产卵量大;体外受精、体外发育,胚胎发育同步且速度快,易于实现多种实验操作。

④胚胎透明:便于进行实验操作,可直接观察到外源物质对体内器官的影响,还可利用荧光标记等手段进行实时监测与定性定量评价。

(2)生理学特点

在实验室养殖环境下,斑马鱼性成熟期为 3 个月左右,全年皆可交配产卵,雌鱼性成熟后可产几百个卵,繁殖周期 7 d 左右。胚胎在 10～24 h 进入体节期,24 h 内发育成形,仔鱼期只有 1 个月,孵出后约 3 个月达到性成熟。斑马鱼的自然寿命可大于 5 年,但在实验室中,除特殊需求外,一般不会养殖年龄大于 2 年的斑马鱼。

(3)解剖学特点

①身体结构:身体由头部、躯干和尾部组成。头部包括口腔、眼睛、鳃盖和鼻孔等器官。躯干部分包括背鳍、腹鳍和尾鳍等。尾部呈现出分叉状,有助于游泳。

②内部器官:内部器官包括心脏、肝脏、肾脏、肠道和生殖器官等。这些器官的结构和功能与人类和其他脊椎动物相似。

③心脏结构:心脏位于胸腔中,由心房和心室组成。它们的心脏结构相对简单,但功能正常,可以有效泵血,便于观察与检测。

④鳃盖结构:鳃盖位于头部的侧面,用于呼吸。鳃盖的开合可以帮助斑马鱼吸入氧气并排出二氧化碳。

(4)主要品种、品系

①AB 品系:AB 品系是最早和最常用的品系之一。具有中等大小的体型和透明的皮肤,适于观察胚胎发育和基因表达。

②TU 品系:TU 品系是用于斑马鱼全基因组测序的品系,具有特殊突变基因,在测序和诱变前敲除该胚胎致死突变基因,常用于发育生物学和遗传学研究。

③TL 品系:TL 品系是另一种最常用和最早被用于研究的斑马鱼品系,具有类似于 AB 品系的特征,但体型稍大。

④Casper 品系:Casper 品系是一种透明斑马鱼品系,具有突变基因,使得皮肤和内脏器官都呈现透明的特征,可更好地观察内部结构和器官发育。

(5)在生物医学中的应用　斑马鱼基因组与人类同源性高,产量高且个体差异小,可开展大量样品实验,具有高通量、快速高效的特点。斑马鱼发育快,实验设计都可对应产品作用靶点,很多实验周期可在几天完成。由于胚胎通体透明，实验易于观察可视化强。除此之外，斑马鱼还有一定的成本优势。我国2012年在中国科学院水生所建立国家斑马鱼资源中心（China Zebrafish Resource Center，CZRC），以斑马鱼研究资源的收集、创制、整理、保藏和分享为主旨，2022年累计保藏2 500多个品系，已成为国际学术界公认的，与位于美国的国际斑马鱼资源中心（Zebrafish International Resource Center，ZIRC）和位于德国的欧洲斑马鱼资源中心（European Zebrafish Resource Center ，EZRC）并列为全球三大斑马鱼资源库之一。斑马鱼在生物医药基础和转化研究以及产品研发中的主要应用如下。

①发育生物学研究：斑马鱼体外受精，体外发育，胚胎发育同步且速度快，胚体透明。斑马鱼胚胎细胞标记技术、组织移植技术、突变技术、单倍体育种技术、转基因与基因编辑技术、基因活性抑制技术等已较为成熟，且有非常丰富的胚胎突变体，是研究胚胎发育分子机制的优良资源，成为最为重要的脊椎动物发育生物学模式动物之一。

②基因表达与功能研究：构建特定基因位点表达荧光蛋白的转基因/基因敲入或融合蛋白品系，利用斑马鱼胚胎透明的特点，可研究目的基因或蛋白的功能与表达特点。通过构建基因过表达、基因敲除或表达抑制品系，可在体内研究基因相关功能。利用斑马鱼可以进行大规模的正向基因饱和突变与筛选。斑马鱼是功能基因组时代生命科学研究重要的模式动物。

③人类疾病研究：斑马鱼基因组中约有30 000个基因，69%的斑马鱼基因都可以在人类基因组中找到至少一个直系同源基因。人类疾病基因约80%能在斑马鱼基因组中找到同源基因。斑马鱼的中枢神经系统、内脏器官、血液以及视觉系统，在分子水平上与人类相近，尤其是心脏与血管系统的早期发育和人类极为相似，使其成为研究心血管疾病相关基因的最佳实验动物之一。斑马鱼的肿瘤发生也与人类很类似。利用致病基因或突变转基因以及人源化斑马鱼模型，可研究肝脏、肾脏、眼睛、骨骼肌肉、代谢系统、神经系统等的人类疾病。

④新药研发：斑马鱼模型既具有体外实验快速，高效、费用低等优势，又具有哺乳类动物实验预测性强、可比度高等优点，有效完善了现有药物研发体系。利用斑马鱼模型既可大规模对作用靶点明确的候选化合物进行靶向筛选和药效学评价，进行单个或多个作用靶点的筛选与验证，也可以对靶点不明或致病机制复杂疾病的治疗药物进行基于药效学的筛选和评价，能够提高药物早期药效学评价的灵敏性和可靠性。利用斑马鱼模型能够早期发现化合物毒性和鉴别化合物毒性靶器官。将斑马鱼模型体外实验和哺乳动物实验相结合，可以从整体上缩短药物早期研发的实验周期，降低实验成本，提高实验预测的准确性，进而提高药物研发效率，降低研发风险。

⑤环境毒理研究：广泛应用于环境化学物的监测与评价，并得到经济合作与发展组织（Orgamzation Economic Co-operation and Development，OECD）、国际标准化组织（Internation Organization for Standardization，ISO）等权威机构的认可，被用于环境中许多化学物，包括发育毒性与致畸、致癌毒性、胚胎毒性、心血管毒性、神经毒性、特别是生殖毒性在内的一系列环境毒理学研究中，广泛应用于环境化学物的危害识别和风险评估。

⑥免疫学研究：鱼类是已知生物中最早具备获得性免疫系统的纲，斑马鱼免疫系统成为探究非特异性免疫系统和获得性免疫系统进化与功能相互关系的重要体系。独特的免疫系统进化地位还赋予斑马鱼作为免疫学研究实验动物的另一重要优势，即其成体可以在缺失胸腺、淋巴细胞生成的情况下存活传代。

⑦化妆品评价：斑马鱼的皮肤和人类皮肤一样分为表皮、真皮、下表皮等几个部分，皮肤发育也和人类有较多相似之处。斑马鱼不仅可用于原料筛选、安全性评价，还可对最终产品进行功效评价。将建立斑马鱼模型来替代更高级动物实验模型作为细胞与人体评价之间的重要过渡，并以此为化妆品的安全和功效评估提供重要的依据。

3. 饲养管理

2020年推出的（GB/T 39649—2020）《实验动物　实验鱼质量控制》，制定了实验鱼的饲养管理标准，主要包括斑马鱼、红箭鱼和虾虎鱼3种实验鱼。

(1)饲育密度和饵料

①饲育密度:合适的放养密度取决于水质、流速和水温等诸多物理因素。在温度较高时,水中氧气含量减少,必须减小最大饲养密度。防止放养密度过高,需要监测流出水中氧气和氨气浓度,如果氧浓度低于5 mg/L,而氨浓度升高到0.02 mg/L,需降低放养密度,或者增大流速。

A. 斑马鱼:5～15日龄,不超过50尾/L;16～30日龄,不超过25尾/L;31～90日龄,不超过8尾/L;大于90日龄成鱼,不超过5尾/L。

B. 剑尾鱼:1～30日龄,不超过5尾/L;31～120日龄,不超过3尾/L;大于120日龄成鱼,不超过1尾/L。

C. 虾虎鱼:5～15日龄,不超过50尾/L;16～30日龄,不超过30尾/L;31～120日龄,不超过10尾/L;大于120日龄成鱼,不超过3尾/L。

②饲育饵料:实验鱼饲料分为配合饲料和生物饵料两类。不同实验鱼不同日龄适宜投喂的生物饵料有草履虫、卤虫无节幼虫、褶皱臂尾轮虫、丰年虫幼虫等,可自行培育或购买。生物饵料不应携带实验鱼应排除的微生物和寄生虫。

(2)环境要求

①饲育鱼房工艺布局:宜配备检疫间、隔离饲养间和洁物贮存间;饲养间顶部、内墙面、门窗和地面采用不渗透、耐腐蚀、防潮防霉的无毒无味材料,地面平滑,易于清洁、消毒。

②饲育设施

饲育缸:符合实验鱼健康和福利要求,材质要求无毒、无害、无放射性,耐腐蚀、易清洗、易消毒,内表面圆滑。配备缸盖,侧壁或顶部局部透明,便于观察。

水处理设备:包括筛网过滤设备、蛋白分离和微滤设备、生物处理设备以及消毒杀菌设备。

其他配套设备:供排水设备、温控设备、空调或其他调温设备、增氧设备、水质检测设备和供电设备。

(3)繁殖管理

①饲育环境条件:室温18～32 ℃,24 h内变动不超过6 ℃。环境噪声低于70 dB。采用14 h光照10 h黑暗的方式饲养。光照时间内,饲育鱼房内和鱼缸水面光照强度 > 200 lx。

②饲育用水:水温18～32 ℃,24 h内变动不超过4 ℃,电导率300～1 500 μS/cm,pH 6.8～8.5。非离子氨 ≤ 0.02 mg/L,亚硝酸盐含量 ≤ 0.2 mg/L,溶解氧 ≥ 5.0 mg/L。水面照度54～324 lx。淡水符合(GB 5749—2022)《生活饮用水　卫生标准》要求,天然海水或优质海盐配制水,水质符合(NY 5052—2001)《无公害食品　海水养殖用水水质》。

③安乐死:将鱼置于冰水混合物中快速预冷2 min后,放入−20 ℃冰箱冻存;或采用过量的甲磺酸三卡因(MS-222)溶液对鱼浸泡至失去鱼鳃活动后持续30 min。鱼安乐死后应及时转移至饲育鱼房外的专用尸体存放冰箱中冻存,集中进行无害化处理。

④质量规范:实验用鱼来源应由国家认可或质量评审合格的种源单位引种,引种数量和传代方式宜根据实验鱼应用方向确定,如需保持群体较高遗传杂合度,引种数量应少于25对,采用非近亲交配方式繁殖后代。如需保持群体较高遗传纯合度,引种数量根据需要确定,用全同胞兄妹、雌核发育等方式繁殖后代。实验鱼引种、传代过程应建立完整信息的谱系档案。传代亲本宜选择适龄健康成熟个体。

实验鱼应排除的微生物和寄生虫见表1-10,并每6个月按抽样单元群体数量的5%进行实验鱼质量检测。

4. 现有标准

(GB/T 39649—2020)《实验动物　实验鱼质量控制》。

(T/CAS 768—2023)《实验用斑马鱼鱼房建设与养殖规范》。

(DB11/T 1053.1-6-2013)《实验用鱼》。

(DB32/T 3979—2021)《实验用　斑马鱼　饲育技术条件》。

(DB37/T 4134—2020)《实验用鱼安乐死操作规范》。

表 1-10 实验鱼应排除的微生物和寄生虫指标

检测指标		实验鱼		
		斑马鱼	剑尾鱼	诸氏鲻虾虎鱼
微生物	致病性嗜水气单胞菌(*Pathogenic Aeromonas hydrophila*)	●	●	●
	海分枝杆菌(*Mycobacterium marinum*)	●		
	迟钝爱德华菌(*Edwardsiella tarda*)	○		●
	创伤弧菌(*Vibrio vulnificus*)			○
寄生虫	多子小瓜虫(*Ichthyophthirius multifiliis*)	●	●	
	刺激隐核虫(*Cryptocaryon irritans*)			●
	微孢子虫(*Microsporidium*)	○		
	眼点淀粉卵涡鞭虫(Amyloodinium ocellatum)			○

注:●表示应检测指标;○表示体色、形态、行为异常时补充的检测指标。

资料来源:(GB/T 39649—2020)《实验动物 实验鱼质量控制》。

(二)剑尾鱼

1. 分类学

剑尾鱼(*Xiphophorus helleri*),别名红箭鱼、剑鱼、绿剑,属硬骨鱼纲(Osteichthyes)鳉形目(Cyprinodontiformes)胎鳉科(Poeciliidae)剑尾鱼属(*Xiphophorus*),一种热带淡水小型鱼类。

2. 生物学特性

(1)一般特性 鱼体呈纺锤形,头较尖,口上位、斜裂,下颌微突出,体被圆鳞,尾鳍较大。体型小,成体通常在 5 cm 左右。雌雄鱼体型有明显差别:雄鱼腹部侧扁,臀鳍鳍条延长,变形为输精器,尾鳍下叶若干鳍条伸延呈剑状;雌鱼腹缘圆凸,尾鳍圆而稍突出,体侧有 3 条侧线,其中近腹部 2 条不完整;最主要的区别是雌鱼臀鳍前方的泄殖孔比较突出,且具有妊娠斑点。剑尾鱼适应性强,易饲养,对水质要求不严,能在弱酸性、中性或弱碱性水中正常生活、繁殖,适宜水温为 20~25 ℃。

(2)生理学特点 剑尾鱼为卵胎生生殖,在 27 ℃情况下,胚胎经约 30 d 发育直接产下小鱼,产仔数一般 100 尾左右,仔鱼自母体产出后即可独立生活。每隔 4~5 周繁殖一次。150~180 日龄性成熟。适宜繁殖的水 pH 7.0~7.2。剑尾鱼食性杂、食量大,一般寿命为 3~5 年。

(3)解剖学特点

①消化系统:包括口腔、食道、胃和肠道等器官。

②循环系统:包括心脏、血管和血液等组成部分。心脏泵血将氧气和营养物质输送到身体各部分,并将二氧化碳和废物带回鳃供氧交换和排泄。

③感觉器官:具有发达的视觉和侧线系统。眼睛适应水中的光线,能够感知周围的环境。侧线系统可以感知水流和周围物体的运动,帮助定位和捕食。

④生殖系统:雄性剑尾鱼尾鳍形成棒状的生殖器,尖端有剑状的交接器。剑尾鱼有特异生理现象,在生长过程中常常会出现“性逆转”,即同一尾鱼可由雌性转化为雄性。

(4)主要品种、品系

原产于墨西哥南部及危地马拉等地,经人工优选培育,已育出不少新品种,如红剑鱼、黄剑鱼、鸳鸯剑鱼等。目前,饲养较多的为红剑鱼,依背鳍和尾鳍形状分为两类:一类是背鳍高宽,尾鳍上下末端均有剑状延伸的高鳍燕尾红剑;另一类是雄鱼背鳍很长,尾鳍下部末端拖带一条高鳍竿尾红剑。我国实验用剑尾鱼目前主要有 3 个不同体征剑尾鱼近交系(群),其中 RR-B(红眼体红)系达第 26 代。RW-H(红眼体白)达 14 代。BY-F(黑眼体橘红)达 14 代。从形态特征、同工酶、RAPD 等分析,整个种群具有较好的遗传均一性，并已经应用于各个研究领域。剑尾鱼 RR-B 系已通过了全国水产原良种审定委员会的审定，并由中华人民共和国农业农村部公告第 348 号明确为适用于水环境监测、水产药物安全性评价、化学品毒性检测、动物疾病模型等领域的水生实验动物。

(5)在生物医学中的应用

①药物安全性评价和环境污染监测：对多种农药、重金属较敏感，剑尾鱼在水环境监测、水产药物安全性评价、化学品毒性检测显示很好的应用前景。剑尾鱼对甲胺磷、马拉硫磷、敌百虫等有机磷农药的敏感性比白鳞鱼、斑马鱼、金鱼等鱼类好。剑尾鱼也是水生生态环境研究和水产药物安全性评价的理想实验动物。剑尾鱼对胁迫的敏感性比国际标准化组织推荐使用的斑马鱼和黑头软口鲦强。

②鱼类疾病动物模型：用鱼类病原菌人工感染试验显示，剑尾鱼对高强毒株、中强毒株和弱毒株的死亡率呈明显的梯度变化，症状与天然发病鱼相似；与原始世代相比，近交系的更高世代剑尾鱼个体之间对病原菌反应较为一致，感染后死亡时间相对集中，适用于鱼类病原菌毒力的评价和疾病模型的构建，在药物治疗中也显示出较好的反应一致性和稳定性。

③人类疾病研究：存在盲眼、畸形等诸多适合动物模型的突变性状。种间和属间杂交后代易发黑色素瘤，可用于肿瘤发生机理和药物筛选等相关研究。近交培育的 BY-F 剑尾鱼白内障比例较高，可作为比较医学的材料进行晶状体病变的相关研究。

3. 饲养管理

见(一)斑马鱼。

4. 现有标准

(GB/T 39649—2020)《实验动物　实验鱼质量控制》。

(SC/T 1115—2012)《剑尾鱼　RR-B 系》。

(DB11/T 1053—2013)《实验用鱼》。

(三)虾虎鱼

1. 分类学

诸氏鲻虾虎鱼(*Mugilogobius chulae*)属鲈形目(Perciformes)虾虎鱼亚目(Gobioidei)虾虎鱼科(Gobiidae)鲻虾虎鱼属(*Mugilogobius*)，为暖水性底层小型海水鱼类。

2. 生物学特性

(1)一般特性　实验用虾虎鱼主要为诸氏鲻虾虎鱼，体长小于 5.0 cm，第一背鳍，第二至第四鳍棘末端延长呈丝状，以第二和第三鳍棘最长；第一背鳍下的颈背部有斜行带状条纹，尾鳍基部有两个垂直排列的圆形或椭圆形斑点。性成熟的雌鱼外生殖突膨大，外观呈椭圆形，无色素沉淀，半透明状，泄殖孔较大，位于生殖突的次末端，两侧稍隆起；雄鱼外生殖突比雌鱼小得多，呈三角形，颜色较深，泄殖孔开口于最末端。诸氏鲻虾虎鱼具有体型小、胚胎透明、饲养简便等特点。诸氏鲻虾虎鱼发育快，85 d 性成熟，繁殖周期短，为 15～20 d，繁殖力强，单次产卵平均 2 000 个，平均孵化率 70%，控温条件下全年可多次繁殖。性情温顺，广温、广盐，耐低氧。

(2)生理学特点　诸氏鲻虾虎鱼腹鳍并成一体，形成了一个吸盘样的结构，能够使虾虎鱼紧紧吸附在岩石或其他固定的物体上不被冲走。最大特征是寿命短，生长快，能在 3 周内长成成体。

(3)主要品种、品系　国内已建成诸氏鲻虾虎鱼封闭群和 4 个近交系品系(SG-CB、SG-DB、OG-B、OG-D)，其中近交系 OG-D 最高近交代数已达第 18 代(系)。

(4)在生物医学中的应用

①海洋油气开发排海废物毒性检测：目前，虾虎鱼已被(GB/T 18420.2—2009)《海洋石油勘探开发污染物生物毒性　第 2 部分：检验方法》和(GB 30980—2014)《海洋倾倒物质评价规范　疏浚物》推荐为生物毒性评价受试生物，国内多家海洋环境监测机构已应用虾虎鱼开展相应检验工作。

②重金属毒理学研究：诸氏鲻虾虎鱼作为海洋水生态毒理评价模型具有淡水实验鱼类不可替代的

作用。

③鱼类疾病感染模型:已建立诸氏鲻虾虎鱼迟钝爱德华菌感染模型,可用于感染机制、药物评价等方面研究。

3. 饲养管理

见“三、鱼类实验动物(一)斑马鱼”。

4. 现有标准

(GB/T 39649—2020)《实验动物　实验鱼质量控制》。

(DB44/T 2340—2021)《诸氏鲻虾虎鱼　毒理学评价》。

(四)红鲫

1. 分类学

红鲫(*Carassius auratus red variety*)又名金鲫鱼、草金鱼,属鲤形目(Cypriniformes)鲤科(Cyprinidae)鲫属(*Carassius*)。

2. 生物学特性

(1)一般特性　鱼体呈纺锤形,身体侧扁,全鳞,口端位,无须,单尾,形似鲤。体色有红,银白、花斑等。

(2)生理学特点　典型的多次产卵鱼类。体质强健,适应性强,食性广,容易饲养,喜聚集。1 年龄可达性成熟,世代周期短,繁殖量大,一次产卵可达 3 万粒,可一年多次产卵。体外产卵、体外受精、体外发育,卵径大,胚胎便于操作。生活能力强,水温在 4～33 ℃,水中溶氧量仅 0.1 mg /L 时也能正常生存,杂食性,红色体色,便于观察淘汰变异个体。

(3)主要品种、品系　采用全封闭自然杂交方法和人工雌核发育繁殖技术,分别建立了实验红鲫封闭群 HN:CARV1 及近交系 C1HD 系,实验红鲫 C1HD 是我国自主培育的淡水实验鱼类。

(4)在生物医学中的应用　实验红鲫对毒物敏感,且体型大小合适,是毒理学研究的理想实验动物,应用于水生态环境监测。此外,还广泛应用于水产品安全性评价、化学品环境管理、内分泌学、免疫学、发育生物学等研究领域,以及用于鱼类疾病模型、鱼药筛选等。

3. 饲养管理

水质符合(GB 11607—89)《渔业水质标准》,水温 18～24 ℃,24 h 内变动不超过 4 ℃,硬度 95～105 mg/L,pH 7.5～8.5,亚硝酸盐含量≤0.4 mg/L,溶解氧≥6.0 mg/L。水面照度 54～324 lx,明暗交替 14/10 或 12/12。

4. 现有标准

(DB43/T 1191—2016)《实验鱼类　实验红鲫 C1HD 系遗传质量控制》。

(五)稀有鮈鲫

1. 分类学

稀有鮈鲫(*Gobiocypris rarus*),别名墨线鱼、金白娘,属鲤形目(Cypriniformes)鲤科(Cyprinidae)鮈鲫属(*Gobiocypris*)。广泛分布于我国四川省的成都平原及其西部边缘地区,涉及岷江中游、沱江上游、大渡河中下游和青衣江中下游,是我国特有的小型实验鱼种。

2. 生物学特性

(1)一般特性　小型鱼类,通常全长为 38 ～ 45 mm 时达到性成熟。体纺锤形,稍侧扁,胸、腹部圆,无腹棱,头中等大。侧线不完全,吻钝,口较小、端位,无鼻须。体侧具有淡黄色宽纵纹,腹部白色,尾鳍基中部有一较明显的黑斑。成年雌鱼腹部饱满,胸鳍、腹鳍的相对长度较长,胸鳍末端距离腹鳍起点距离较近,鳃盖、胸鳍上有细小的棘状珠星;雌鱼胸鳍、腹鳍的相对长度较短,一般体表光滑,无珠星。

(2)生理学特点　体型小、生命力强、饲养简便、不易染病、卵膜透明、繁殖季节长,人工控制条件下可全年产卵；性成熟快，产卵批次多，属于连续产卵类型，符合模式动物的必要条件。稀有鮈鲫的全生命周期，分为受精卵、胚胎期、卵黄囊阶段、仔鱼、幼鱼和成鱼 6 个阶段。一般情况下 4 个月左右即可产卵；繁殖温度范围为 16～28 ℃；在控温的条件下能够实现全年的周期性的繁殖。稀有鮈鲫卵较斑马鱼卵大，卵粒透明度比斑马鱼高，能够清晰地观察到胚胎发育的具体阶段，便于核移植等实验操作。

(3)主要品种、品系　稀有鮈鲫的品系主要有近交系(HAN 系)和野生封闭系(IHB 系)。近交系(HAN 系)经过长期近交配对获得，目前近交系(30 多代)已达较高的近交程度，与野生种群相比遗传多样性明显降低，为遗传学分析和分子生物学研究提供了基础。

(4)在生物医学中的应用　与传统的水生模式动物斑马鱼相比，稀有鮈鲫对环境温度具有更广泛的适应性，对环境污染物(如重金属等)的灵敏度更高，对草鱼出血病病毒的感染敏感性也高于斑马鱼。稀有鮈鲫已广泛应用于遗传学、鱼病学、生理学、生物监测、毒性测试等领域。在《化学品测试方法》及化学品测试的相关国家标准中，稀有鮈鲫被列为受试鱼类之一。

3. 饲养管理

饲养条件为水 pH 为 6.0～8.5；温度为 21～25 ℃；光照为每天 12～16 h；溶解氧浓度不低于空气饱和值的 80%。应保证一次实验用鱼为同一批号，规格一致、来源可靠、健康。

4. 现有标准

(GB/T 29763—2013)《化学品　稀有鮈鲫急性毒性试验》。

(GB/T 41692—2022)《化学品　稀有鮈鲫幼体生长试验》。

四、其他类型的实验动物

(一)果蝇

1. 分类学

果蝇有 1 000 多种，用于模式动物的主要是黑腹果蝇(*Drosophila melanogaster*)，属节肢动物门(Arthropoda)昆虫纲(Insecta)双翅(Diptera)目果蝇科(Drosophilidae)果蝇属(*Drosophila*)。

2. 生物学特性

(1)一般特性

①成虫外形特征：成虫身长 2～2.5 mm，雌性约重 1.4 mg，雄性约重 0.8 mg，淡黄至黄褐色。复眼具光泽，裸或被微毛。额部具侧额鬃 3 对，下方的 1 对远离眼缘，指向前方；上方的 2 对指向后方，距眼较近。后顶鬃端部会合，单眼鬃、内外顶鬃各 1 对，髭 1～2 根。喙短曲，口器呈舐吸式。中胸盾片具纵行排列的细刚毛 2～10 行；背中鬃 2 对，中侧鬃缺如；小盾片背面光洁，具小盾鬃 2 对。后足胫节常有端前鬃。翅透明，有时具淡褐或褐色斑纹；前缘脉 2 个破折痕；亚前缘脉细弱、退化不全。第二基室与中室联合或有横脉隔开。腹部狭小，雄性抱器具齿，雌性产卵器骨化较弱。

②幼虫外形特性：幼虫淡色，蛆型，头和口器均退化，头大部缩入胸内，主要部分为头咽骨，露于外面的为尖细头节和一对口钩，用其捣碎食物，吸取汁液。口钩内缘上齿的数目可随龄期的不同而变化。体分 12 节，除头节外，胸部 3 节，腹部 8 节，每节的背腹面常有微小的钩形突起，后端有 2 个肉质突起和成对的后气门。

③生活周期：1 个完整生活周期分为 4 个明显的时期，即卵→幼虫→蛹→成虫。卵白色，长椭圆形，长约 0.5 mm，白色背侧有 2～10 个丝状物或 2 个膜质突起。前端背面伸出触丝，能附着在食物或瓶壁上，不致深陷入食物中。卵经 22～24 h 孵化为幼虫，幼虫经两次蜕皮为 3 龄幼虫，长 4～5 mm；肉眼可见其一端稍尖为头部，上有一黑色钩状口器。幼虫 4 d 左右化蛹，初始颜色淡黄、柔软，以后逐渐硬化变成深褐色，此时即将羽化；成虫果蝇自羽化后 8 h 可交配，2 d 后，即可产卵，成虫果蝇在 25 ℃下一般存活 37 d。

④形态变异突变体：现有几十种常见的果蝇突变体，包括眼睛颜色（白眼、橙眼），翅膀形状（短翅、长翅、卷翅），身体颜色（黑体、黄体以及灰体），以及头部形态（无眼、触角腿）等。

（2）生理学特点　生活史短、易饲养、繁殖快、染色体少、突变型多、个体小，是经典的遗传学实验材料。在 25 ℃、相对湿度为 60%的条件下，发育周期大约为 10 d。雌雄果蝇在羽化后 24 h 内即可交配。雌性果蝇交配约 40 h 后开始产卵，产卵初期每天可达到 50～70 枚，4～5 d 后出现产卵高峰。

（3）解剖学特点

①复眼：头部有一对大而多呈鲜红色的复眼，两复眼内侧有三对眼缘刚毛，复眼间的后头中央微微隆起，形成一个单眼三角区，三个单眼的前下方生有一对单眼刚毛。果蝇的复眼约有 850 个镜头单元（小眼），每个都能在空间中捕获一个点，每个小眼由 8 个细胞组成一圈。eyeless（无眼）基因出现异常，呈现无眼蝇表型。

②刚毛：头部刚毛主要分布在复眼内侧、单眼区和后头区，足和体上均有刚毛，刚毛形状有直刚毛、卷刚毛。

③多线染色体：幼虫的唾腺细胞中含有巨大的多线染色体，比一般细胞染色体大百余倍，其上分布深浅不同、粗细各异的横纹，可用于研究染色体变异的各种遗传学效应。

（4）在生物医学中的应用　黑腹果蝇是最重要的模式动物之一，其具有诸多其他模式动物无法比拟的优势：个体小，繁殖快，容易饲养，雌雄易区分；染色体数目少，基因组小，只有 4 对染色体，且形态、大小等均有明显差异；易于进行遗传学操作。果蝇基因突变的类型多，如眼色、翅形、体色、刚毛等性状都有多种变异，为遗传学研究提供了丰富方便的材料。果蝇胚胎发育速度快，易于观察，是研究胚胎发育调控机制的绝佳材料。果蝇的繁殖能力强，数量庞大，便于进行大规模实验。

①遗传学研究：广泛应用于遗传学研究，在整个遗传学科发展过程中，果蝇的应用极大丰富和更新了遗传学的概念及内容。果蝇基因组仅由 4 条染色体组成，已经完成全部测序和注释，遗传背景非常清楚。另外，果蝇拥有成熟、强大的遗传学工具体系和品系资源，如 Gal4/UAS 系统、嵌合体技术、基因组编辑和基因激活技术以及转基因干扰品系等资源库明显优于其他模式动物。通过遗传交叉和基因敲除等方法可快速分析基因功能和遗传机制。

②发育与细胞学生物学研究：果蝇胚胎发育时期非常短，成虫产出的受精卵只经 1 d 就可孵化出幼虫，胚胎发育速度快，易于观察卵裂、早期胚胎发生、躯体模式形成和各器官结构的变化；胚胎阶段有极性和分节这两个最重要的特征；幼虫体腔内的各对成虫盘相应发育为成虫不同器官结构，是研究细胞分化的优选材料；可以追踪和研究发育中的关键事件和信号通路，揭示生物体形成和器官发育的基本原理。相对高等动物，果蝇在基因分子进化、细胞生长、代谢、分化、繁殖和器官发生等方面具有保守性，可揭示发育的基本原理与机制。

③人类疾病研究：黑腹果蝇全基因组编码 1.4 万多个基因，其中约一半与哺乳动物编码蛋白质的基因具有较高的同源性，约 75%的人类疾病基因在果蝇中都能找到同源基因。基因组分析显示，果蝇中很多重要生化途径的生物合成网络与人类具有良好的对应关系。果蝇的基因可以被人工插入、删除或修改，容易引入突变表现人类疾病特征，常被用于普通生物过程和人类疾病的研究。目前，在神经退行性疾病中应用较多，包括帕金森病、阿尔茨海默病、多聚谷氨酰胺病以及脆性 X 染色体综合征等。果蝇寿命短常用以研究老年性的学习记忆障碍以及人类衰老基因及其相关病症。此外，果蝇还可作为肿瘤、心血管疾病、线粒体病等的动物模型，作为肿瘤研究模型不仅可以鉴定肿瘤相关基因，与复杂的信号通路关联，还可筛选治疗药物。

④神经研究：果蝇简单的神经系统、结构精密的信息系统、复杂的行为等特点使其成为基因、神经与行为间关系研究的理想动物模型。果蝇具有与人很相似的学习记忆机理，可以作为学习记忆的模式动物进行神经科学相关研究。果蝇同样是生物节律和睡眠调节研究的重要模型，可推进重要节律相关调控基因的发现和药物的筛选。

3. 饲养管理

(1)营养标准和饲喂方式

①培养瓶的选择：果蝇喜欢光亮透明的容器，三角瓶瓶高、底部空间大，有利于果蝇的活动与产卵，瓶内壁面积大利于幼虫爬壁化蛹，瓶口小易塞盖，成蝇不易飞出，透明度高更便于观察。

②培养基配制方法：培养基各成分含量见表 1-11。配制时将玉米糊和蔗糖・琼脂液分别煮溶后混合并搅拌均匀，沸腾 1～2 min，从微波炉中取出，待温度降至 50～60 ℃时，将丙酸和酵母粉加入。搅拌均匀后，按照 20 mL/瓶的体积分装到 50 mL 三角瓶中，加盖包有纱布的棉塞，0.11 MPa、121 ℃下灭菌 15 min。冷却至室温后将含培养基的三角瓶保存于 4 ℃冰箱中；若在短期内不使用，建议移至－20 ℃冰箱保存。

表 1-11　配制 1 L 培养基各成分含量

成分	数量	作用	成分	数量	作用
水/mL	900	溶剂	琼脂/g	9	固化剂
玉米粉/g	102	基本成分	酵母粉/g	8	菌种
蔗糖/g	78	基本成分	丙酸/mL	6	防腐剂

③果蝇的转接：为减少污染，果蝇转接工作最好在超净工作台进行。从冰箱里取出培养基，在超净工作台上待培养基升温至室温，将 2 个瓶口对接，空培养瓶在上方，尽量用手握住下方培养瓶以遮住光线，让果蝇自行爬到空培养瓶中。转接完一个品系后，要彻底清理超净工作台，对逃逸的果蝇要全部处理掉，再转接下一个品系，以免造成品种混杂影响后期的实验。

④培养温度的控制：培养箱内温度的高低直接影响果蝇生命周期的长短，同时也影响果蝇生长发育繁殖的进程。温度低于 20 ℃时果蝇生长速度慢，例如，黑腹果蝇的发育起点温度为 12.8 ℃，高于 30 ℃可导致果蝇不育甚至死亡。果蝇生长繁殖的最适温度为 20～25 ℃。培养箱温度调至 25 ℃时最为适宜。实验用果蝇需饲养于 18 ℃/25 ℃/29 ℃、60%湿度、12 h/12 h 交替光照的培养箱或房间。

(2)繁殖管理

①果蝇保种温度宜及时调节：在 25 ℃进行繁殖产卵 10 d 左右，转入较低温度保种，即将培养箱温度设置为 18 ℃保种。在 60%湿度、12 h/12 h 交替光照的培养箱或房间，其生命周期可达 20 d，可一个月传代一次。

②保种期间防感染：霉菌与酵母菌生活环境相似，所以在培养基的配制、灭菌，以及果蝇转接时瓶塞的取、放、盖等每一个环节都必须在超净工作台上进行无菌操作，防止霉菌污染。被霉菌污染的果蝇品系没有备用瓶时，需杀灭果蝇身上携带的霉菌。

国家果蝇资源中心(National Drosophila Resource Center of China，NDRCC)是依托中国科学院分子细胞科学卓越创新中心建立的非营利性科研服务机构，以服务科研为宗旨，完成模式动物果蝇品系及其相关资源的构建、收集、保藏、信息化和线下共享。另外，清华大学、北京大学都建有不同的果蝇资源保藏中心和信息平台。

4. 现有标准

(GB/T 27822—2011)《化学品　黑腹果蝇伴性隐性致死试验方法》。

(二)线虫

1. 分类学

线虫纲中用作模式动物的秀丽隐杆线虫(*Caenorhabditis elegans*)属线形动物门(Nemathelminthes)线虫纲(Nematoda)小杆线虫目(Rhabditida)广杆线虫属(*Caenorhabditis*)。

2. 生物学特性

(1)一般特性　秀丽隐杆线虫是一种非寄生线虫，身体呈蠕虫状、两侧对称，体表有一层角质层覆盖物，无分节，有四条主要的表皮索状组织及一个充满体液的假体腔，基本解剖构造包括一个口、咽、肠、性腺，及胶原蛋白角质层。秀丽隐杆线虫易于实验室大规模饲养，通体透明易于实验观察，遗传信息简单，基因操作技术简单成熟，生命周期短，易于实验操作，对人体不易产生危害，并且线虫实验目前不涉及动物伦理问题。

(2)生理学特点　秀丽隐杆线虫主要以细菌为食，不具有致病性。有雄性和雌雄同体两种性别，成年雌雄同体线虫由 959 个体细胞构成(成年雄性线虫由 1 031 个体细胞构成)，具有 302 个神经元，有明确的器官和组织结构。寿命为二至三周，其中发育时间为 3 d 左右，分为胚胎期、幼虫期和成虫期。自然条件下，雌雄同体虫占大多数，可自体受精，也可接受雄虫的精子产生后代。雌雄同体个体产卵孵化后，经历四个幼虫期(L1～L4)。当族群拥挤或食物不足时，幼虫会进入另一状态，即耐久型幼虫，其具有很强的抗逆性，而且难以老化。雌雄同体个体在 L4 期生产精子，并在成虫期产卵。而雄性也能使雌雄同体受精，雌雄同体会优先选择雄性精子。在实验室 20 ℃的环境下，线虫平均寿命为二周、三周，而发育一个世代仅约为 4 d。线虫可以冻存在液氮或者－80 ℃冰箱中，保存几年之后可复苏使用。

(3)解剖学特点

①上皮层与体壁肌：上皮层由大型多核合胞体细胞组成，源自胚胎外胚层。上皮层在其上方形成表皮。表皮是线虫具有保护作用的外骨架，是其维持形态所必需的结构，并且可为肌肉收缩提供固定位点。上皮层下方是体壁肌，体壁肌呈条纹状，有多个肌节。此外，咽部还有 8 层共 20 个肌细胞，与表皮相连。头部另有一个肌细胞，起到联系腹部、背部体壁肌组织的作用。

②消化系统：消化系统由咽、肠等构成。咽部为一个神经-肌肉泵，吸入细菌并将其送入肠道中，含有 20 个相对独立于全身神经系统的神经细胞。咽部通过一个类似阀的结构与肠相连，肠道末端又与直肠相连。

③神经系统：中枢神经系统在前端有环绕咽的围咽神经环和与其相连的侧神经节和腹神经节等。线虫体表上分布有可感觉的乳突。此外，在前端常有头感器，在尾端有尾感器。乳突和头、尾感器都有神经与围咽神经环或神经索相连。秀丽隐杆线虫的神经系统含有 302 个(雌雄同体)或 383 个(雄虫)神经元，其胞体主要位于头部、腹部和背部的神经节中。大多数神经元的结构比较简单，只含有 1 个或 2 个无分支的神经突，但也有部分结构复杂的感觉神经元。突触总数在 7 000 个以上，主要分布在头部、背部、腹部、尾部的四个区域中，大多是由两个并排的神经突在交叉处形成。

④生殖系统：雌雄同体虫的生殖器官包括排卵口和性腺。排卵口位于腹侧中心，是排卵和雄虫精子进入的通道。雌雄同体虫的性腺包括两个 U 形管状的臂，每个臂从远端到排卵口可依次分为卵巢、环形区、输卵管、储精囊、球形瓣膜和子宫等区域。生殖细胞在卵巢远端产生，精子贮存于储精囊表面，在卵母细胞进入储精囊后发生受精作用。雄虫的生殖器官包括性腺和用于交配的尾，精子在精巢中产生，在精囊中成熟，并在交配时由输精管输送至尾部的泄殖腔。

(4)在生物医学中的应用

①衰老研究：线虫因其较短的生命周期成为衰老研究的理想模型，早期利用线虫对衰老机制的研究主要在遗传学方面。目前，线虫广泛用于研究饮食、外源激素等环境因素对衰老进程的影响、衰老相关疾病机制，以及寻找与衰老调控相关的药物等。

②代谢研究：人类脂肪合成和分解途径的许多方面在线虫中高度保守，线虫是探索脂肪贮存的遗传调控的良好模型，被广泛用于肥胖研究。线虫与人类胰岛素信号的主要调控机制相似且高度保守，现已构建的有秀丽隐杆线虫胰岛素抵抗模型。

③细胞生物学和发育研究：线虫生命周期短，从一个受精卵发育成成虫只需要 3 d。有明确的器官和组织结构。线虫是世界上第一个被阐明所有体细胞发育谱系和神经元相互作用的多细胞生物。线虫胚胎发育中细胞分裂和细胞系的形成具有高度的程序性，并且线虫发育过程中发生的细胞凋亡过程也已经确定。

④人类疾病研究：线虫是第一个被完整测序的多细胞真核生物，线虫及人类基因之间存在较高的保守性。线虫已被用于多种人类疾病的研究和药物筛选，包括肿瘤、帕金森症、老年期痴呆、糖尿病、多囊肾病等。

⑤毒理学研究：线虫作为成熟的毒性评价及机制研究模型，在环境毒理学领域得到广泛应用，用于重金属污染物毒性、农药毒性、持久性有机污染物毒性等的研究和评价。

3. 饲养管理

(1)培养基与食物 秀丽线虫固体饲养采用 NGM 固体培养基，液体饲养应用 S 培养基。线虫以大肠埃希氏菌 OP50 为食，需进行摇菌培养制备，并要做质量检测。

(2)线虫转板与饲养密度 固体培养时使用挑虫器在培养基上挑取线虫至新的 OP50-NGM 培养皿中，用灭菌的解剖刀，从 OP50-NGM 培养皿中切取带线虫的琼脂块，置于新的 OP50-NGM 培养皿中；液体饲养使用移液器进行转移。固体饲养每 1 cm^2 OP50 菌苔上饲养的线虫数量宜为 2 只，培养 3～5 d 后(食物耗尽前)进行转板；液体培养每 1 mL S 培养基中添加 50 mg 的 OP50，供 2 只线虫生长 3～5 d，培养过程应注意观察线虫生长状况，并根据需要在食物耗尽前添加 OP50 或进行转移。

(3)饲养条件 线虫培养宜选无菌三角瓶、无菌 24 孔板、96 孔板等。饲养环境要求：生长温度为 15～25 ℃，相对湿度在 40%～80%，光照不超过 30 lx；固体饲养的线虫置于洁净的恒温培养箱中，液体饲养的线虫置于恒温摇床中，恒温摇床振荡频率为 100～200 r/min。

(4)繁殖管理

①保种：线虫的保种应采用超低温冻存技术，应选取 L1 幼虫期线虫或耐受期线虫进行长期保种。冻存液中收集的线虫密度宜为每 1 mL 冻存液中包含 600～1 000 只线虫，每支冻存管中分装 1 mL；冻存管在－80 ℃冰箱的临时保存区梯度降温至－80 ℃；冻存管梯度降温完成后转移至－80 ℃冰箱或液氮罐的长期保存区。

②繁育：自体受精繁育线虫有雄性及雌雄同体两种性别。雌雄同体虫既能产生精子，又能产生卵子，可以在无雄虫存在的情况下进行自体受精繁育。每只雌雄同体虫自交产 250～300 只后代，雄虫和雌雄同体虫杂交产 950～1 050 只后代。

4. 现有标准

(T/GDCA 013—2022)《化妆品 抗氧化活性的评价 秀丽线虫法》。

(DB35/T 2132—2023)《实验用秀丽隐杆线虫 饲育技术》。

(三)两栖动物

1. 分类学

两栖纲(Amphibian)初步实现由水栖向陆栖的转变，各大系统基本上已经具备了陆生脊椎动物的结构，但还是不能脱离水环境生活。现生两栖动物种类达 40 000 种以上，主要分为 3 个目，即无足目(Apoda，如蚓螈和鱼螈)、有尾目(Caudata，如大鲵、小鲵和蝾螈)和无尾目(Anura，如牛蛙和非洲爪蟾)。

2. 生物学特征

(1)一般特性 均为卵生，体外受精，胚胎没有羊膜；变态发育，幼体生活在水中，用鳃呼吸，成体大多数生活在陆地上，一般用肺呼吸，皮肤裸露分泌黏液，可辅助呼吸。心脏有两个心房，一个心室，血液为混合血，不完全的双循环，变温动物体温不恒定。两栖类实验动物主要是蟾蜍和青蛙，背腹扁平，左右对称，头为三角状，眼大并突出于头部两侧，有上眼睑、下眼睑和瞬膜以及鼻、耳等感受器官。前肢有 4 趾，后肢有 5 趾，趾间有蹼，适于水中游泳。一年四季均可人工诱导排卵，产卵量大，其蝌蚪以及成体均生活在水中。

(2)在生物医学中的应用 两栖类动物具有水陆两栖的独特地位，生活周期比较复杂，幼体生长速度快，卵、鳃和皮肤具有渗透性，污染物能在其体内富集。

①基本生物学实验与标本：蛙的离体心脏常用于研究心脏生理功能和药物对心脏的作用。腓肠肌

和坐骨神经标本可作神经肌肉实验。通过刺激蛙的皮肤可观察反射弧作用。此外，蛙还常用作脊髓休克、脊髓反射和反射弧的分析，以及肠系膜上的微循环观察等实验。利用蟾蜍下肢血管灌注方法可观察肾上腺素和乙酰胆碱等药物对血管的作用等。

②发育生物学与细胞生物学研究：非洲爪蟾是发育生物学重要的模式动物，其卵和胚胎个体较大，便于进行显微注射、胚胎切割和移植等操作。爪蟾体外受精，早期胚胎体外分化发育很快，便于开展胚胎发育和器官形成研究。爪蟾卵母细胞是非常好的体系，用于外源表达特定蛋白，研究目的蛋白的生物学功能。另外，爪蟾卵母细胞也是研究细胞分裂和细胞周期调控的重要材料。

③组织器官再生研究：蝾螈、蝌蚪等两栖类是组织器官再生研究的重要模式动物，不仅为再生修复人类组织器官提供了有用的线索和指导，也为因疾病、衰老或其他原因造成损伤器官的功能恢复提供可能的方案。

④皮肤活性物质应用研究：两栖动物皮肤裸露，为抵御外界生物因子或者非生物因子的侵袭，皮肤中含有大量多功能的活性多肽，如促胰岛素释放肽、缓激肽、抗菌肽、速激肽、丝氨酸蛋白酶抑制剂等。这些多肽类物质可开发应用于镇痛、创伤愈合、抗氧化、以及抗光损伤等领域。

⑤毒理学研究：两栖动物由于复杂的生活史和较高的水体依赖性使得其对环境变化更为敏感。同时，其幼体蝌蚪的鳃、受精卵甚至是皮肤都具有较高的通透性，当水体中的污染物浓度达到或超过一定数值时，机体将在细胞、组织、器官、个体性状、行为及生理生化等多方面出现不良反应，因而成为监测环境污染的前哨物种，在环境毒理学研究中发挥重要的作用。

3. 饲养管理

(1)饲养场地　两栖类动物饲养池(箱)主要包括产卵池、孵化池、幼体(蝌蚪)饲养池、变态池、幼体饲养池、成体饲养池、越冬池。两栖类动物应根据不同生长时期分池饲养，对于在繁殖地与其栖息地之间进行季节性的迁徙的种类，应在变态前和越冬期分池饲养和越冬。饲养池应由深浅不一的各水池组成。饲养池要求保水性能良好，给排水方便、便于清理，设置防逃及防天敌设施。每个饲养池均应设置饲料台。饲养池的数量和大小要根据饲养对象和规模来确定。配备喷灌设备在炎热和干燥季节对饲养区域进行喷灌，降低环境温度和保持足够的湿度。根据物种特点提供不同的光照强度和时长，同时需要提供足够躲避光线的地方。

(2)饲料和饮水　根据不同物种以及不同发育阶段的饮食特点与需求，提供能满足动物日常需求的食物和饮水以及进食条件，饲料卫生符合(GB 13078—2017)《饲料卫生标准》，投喂饲料应做到定时、定量、定位。投喂量要考虑群体水平，照顾个体差异。

(3)繁殖与孵化　在繁殖季节为动物提供优良的产卵或繁殖场所，根据不同动物的繁殖习性调整雌雄比例，繁殖产卵期间应保持安静，除喂食等必需的管理外，禁止一切外来干扰，保证光照和温、湿度要求。根据饲养动物的特性和饲养场条件，选择自然孵化或人工孵化方式，应设有孵化室，并能自动控制孵化温、湿度。

4. 现有标准

(GB/T 39920—2021)《蛙病毒感染检疫技术规范》。

(GB/T 25884—2010)《蛙类形态性状测定》。

(LY/T 1565—2015)《陆生野生动物饲养场通用技术条件　两栖、爬行类》。

(四)爬行动物

1. 分类学

爬行类(Reptilia)现存有喙头目(Rhynchocephalia，如楔齿蜥)、龟鳖目(Testudines，如乌龟、鳖)、有鳞目(Squamata，如草蜥、壁虎、蟒、蝮蛇)和鳄目(Crocodilia，如扬子鳄、湾鳄)，共 6 300 多种。

2. 生物学特性

(1)生理学特点　爬行动物由于具有个体适应陆地生活的器官结构、行为，以及保证在陆地繁衍生命的功能，是真正的陆生脊椎动物。运动时采用典型的爬行方式。其皮肤具有由表皮形成的角质鳞或由真皮形成的骨板，一般用肺呼吸，心脏由2个心房和分隔不完全的心室构成，体温不恒定，会随外界的温度变化而变化，在胚胎发育过程中有羊膜出现，绝大多数爬行动物为卵生。

(2)在生物医学中的应用

①生物演化与多样性研究：处于有脊椎动物演化的关键节点，对理解脊椎动物复杂表型的演化具有重要意义，近年来分子进化相关研究的深入有助于提升对一些人类遗传疾病的认识。

②蛇毒研究：蛇毒抗血清研发制备用于蛇毒治疗。蛇毒中含有诸多复杂的生物活性分子，具有镇痛、免疫调节、抗炎、抗病毒、溶解血栓等功效，在心血管、肿瘤和神经退行性疾病治疗中展现应用前景。

③应用仿生学研究：蛇类流线型的体型，多种运动方式和功能，以及分叉的舌，敏锐的锄鼻器和颊窝等感觉器官，在仿生学研究上有极大的启示作用，目前仿生蛇类红外探测原理的产品不断研发和应用。

④毒理学研究：蜥蜴用于生态毒理学和农药毒理学研究，蛇类也应用于环境监测研究。

3. 饲养管理

(1)饲养设施与条件　饲养区域的大小需要根据种属而定，陆栖种属需要宽敞的面积，配备活动场与休息场、越冬室及繁殖场所，饲养池底均应根据饲养对象辅以软泥或细沙；水栖和半水栖物种需要水和栖息平台，配备饲养池、自然孵化场所或人工孵化设施、越冬场地，场内可栽培草本及小灌木等植物，应设排水沟，防止雨后积水。应将不同年龄和不同生理时期的动物分池饲养。各饲养池均要求有注水排水设施、动物防逃设施及防天敌设施。提供遮蔽区域、过滤水源和加热环境等必须条件，做好消毒，供易获得的饮用水，用水符合(GB 11607—1989)《渔业水质标准》。

(2)饲养温度　爬行动物属于变温动物，通过行为来调节体温，且只有在一定的温度范围内才能调节自身的体温，最适体温(preferved body temperature，PBT)是爬行动物各个系统正常发挥功能的体温。环境温度不超过PBT，在提供热源的同时，不影响正常的昼夜周期。每天12～14 h光照即可，过长的光照时间可引发应激。

(3)饲料和饮水　根据不同物种以及不同发育阶段的饮食特点，提供能满足动物日常需求的食物和饮水以及进食条件，饲料卫生符合(GB 13078—2017)《饲料卫生标准》，投喂饲料应做到定时、定量、定位。

(4)繁殖　在繁殖季节为动物提供优良的产卵或繁殖场所，根据不同动物的繁殖习性调整雌雄比例，繁殖产卵期间应保持安静，保证光照和温、湿度要求。根据饲养动物的特性和饲养场条件，选择自然孵化或人工孵化方式，应设有孵化室，并能自动控制孵化温度、湿度。

4. 现有标准

(LY/T 1565—2015)《陆生野生动物饲养场通用技术条件　两栖、爬行类》。

第四节　实验动物模型

一、动物模型的概念

人类疾病的动物模型(animal models of human diseases)是指在生物学、医学及药学研究中建立具有人类疾病模拟性表现的动物实验对象和材料。疾病模型包括整体动物模型、离体器官和组织模型、细胞模型以及数学模型等，其中整体动物模型是最常用的疾病模型之一。构建动物模型模拟疾病进程，有助于更高效地探索和理解人类疾病本质、发展规律及防控策略。

由于直接在人类身上探索复杂疾病机制既不可行也不符合伦理，动物模型成为揭秘疾病发生发展机制的重要桥梁和工具，使科学家能够在受控环境下深入探究病因及治疗策略。这些模型能够部分或全面反映人类疾病的临床特征及病理机制，且实验可控、结果可复现，不仅克服了临床研究的局限性，还规避了直接人体实验的伦理争议。动物模型的使用和深入分析，促进人类疾病多维度认知和解析，是现代医学研究中不可或缺的重要一环，展现其在生物学和医学研究中无可替代的应用前景和实用价值。

二、动物模型的意义

（一）避免人体实验风险

任何实验都具有损伤性或潜在损伤性，从人道主义角度考虑，实验不宜直接在人体上进行。利用动物模型进行模拟实验，可避免对人体的伤害，克服人类疾病研究中面临的伦理与道德限制。某些研究如外伤、中毒、肿瘤和烈性微生物感染等难以在临床上进行重复实验，不能直接在人体上开展，实验动物替代人体开展模拟实验，在充分考虑实验动物福利、伦理的前提下，能够在人为设置的特定实验条件下进行实验并反复观察。例如各种药品、生物制品、化妆品等投放市场前必须通过相应的临床前研究及“三致”试验。动物模型的使用除能克服在人类研究中经常会遇到的伦理和社会限制外，还允许采用某些不能应用于人类的方法学途径，甚至为了研究需要可以损伤动物组织、器官或处死动物。

（二）可以严格控制实验条件，增强实验材料在方法学上的可比性

除传染病、中毒等疾病外，许多疾病很难在临床上获得大量的定性材料。临床上人类疾病十分复杂，多种因素可能共同发挥作用，病人的年龄、性别、体重、体质、遗传等因素都有可能影响疾病的发生发展过程。有时病人可能同时患有两种以上的疾病，如患有心脏病的人，可能同时患有其他一些疾病，使得疾病情况复杂多样。利用实验动物复制人类疾病模型不但能够在群体数量上容易实现，而且通过选用品系、年龄、性别、体重、健康状态、微生物等级等控制一致的标准化实验动物，能够以单一因素模拟疾病的发生发展。同时，实验时，应严格控制饲养环境、温度、湿度、光照、噪声等条件，使实验条件尽可能趋于一致，排除其他因素干扰，可以提高实验材料的可比性，增加实验的可重复性。

（三）简化实验操作，便于实验样品全面收集

临床观察通常只能通过采集血液、尿液或其他体液样品实现，其余脏器、组织样品只能通过活检、手术切除或死后尸检获得，使疾病研究受到诸多限制。动物模型作为人类疾病的复制品，能够让研究者按课题设计需求采集各种样品，弥补人体病理观察中的某些缺陷，及时或分批处死动物，收集标本，更加系统全面地观察疾病发生以及病变发展过程，以了解疾病的全过程，同时实验动物处死或处死后即刻给予必要的预处理，例如标记或灌注固定材料等，有利于实验效果观察。此外，实验动物培育向小型化发展的趋势也有利于实验者日常管理和简化实验操作。

（四）提供发病率低、潜伏期长、病程长和老年疾病等特殊病理材料

许多人类疾病发病率低、潜伏期长、病程缓慢，研究者难以在有限时间内收获大量实验材料或进行重复观测。例如，遗传性、免疫性、代谢性和内分泌、血液等疾病在临床上发病率较低，放射病、毒气中毒、烈性传染病等病人的病理材料在临床上也很难收集到，临床数据相对零散，给科研带来了一定的困难。实验动物具有生命周期短，对疾病治疗反应快的特点，复制动物模型则能在实验室根据研究目的要求，有意识地选择动物品种品系中发病率高的或人为采用实验诱发的方法在动物身上复制模拟人类疾病进行实验研究，获得丰富的病理资料，对于一些老年性疾病以及病程较长的疾病，采用动物模型能够快速了解疾病的发生和转归。

（五）有助于更全面地认识疾病本质

利用动物模型来研究人类疾病，一方面可以克服平时一些不易见到，而且不便于在病人身上进行实验的各种人类疾病的研究困境；另一方面还可以克服人类疾病发生发展缓慢，潜伏期长，发病原因多

样，并伴有其他疾病等因素的干扰。此外，某些病原体既可使人类致病，也可使动物致病，通过对人畜共患病的比较研究，可以充分认识同一病原体（或病因）对不同机体带来的各种损害。动物模型能够在严格的变量控制条件下开展研究有助于研究者细致地观察环境或遗传因素等对疾病发生发展的影响。通过动物模型的复制，帮助人们更加全面、立体地认识疾病的本质，为研究人类各种疾病的发生发展规律和防治疾病疗效的机理等提供了重要手段和工具。

三、动物模型的分类

动物模型根据产生的原因可以分为四类：自发性动物模型、诱发性动物模型、基因修饰动物模型、生理对照性动物模型。

（一）自发性动物模型

自发性动物模型（spontaneous animal models）是指实验动物未经任何有意识的人工处理，在自然情况下自发产生或由于基因突变导致疾病，并经过人工定向培育而稳定遗传的实验动物，包括突变系的遗传疾病模型和近交系的肿瘤模型。

突变系的遗传疾病模型是由于实验动物自然发生的基因突变导致的疾病模型。常见的突变系遗传疾病模型包括无胸腺裸鼠、肌肉萎缩症小鼠、肥胖症小鼠、癫痫大鼠、高血压大鼠、无脾小鼠和青光眼兔等。它们为生物医学研究提供了许多有价值的动物模型。近交系肿瘤模型是通过近交繁殖培育出的具有特定遗传背景的动物品系，在自然条件下容易发生特定类型的肿瘤。随实验动物种属、品系的不同，其肿瘤的发生类型和发病率有很大差异。

自发性动物模型是在长期的繁殖和育种过程中，遗传基因随机突变所产生的。近年来，自发性动物模型的开发备受重视。与传统的诱发性动物模型相比，自发性动物模型具有许多优点。第一，自发性动物模型疾病的发生、发展与人类相应的疾病非常相似，更接近自然的人类疾病。第二，由于自发性动物模型疾病是完全在自然环境下发生的疾病，无须人为诱发，在一定程度上减少了人为因素。第三，该类模型的应用价值很高，在遗传病、代谢病、免疫缺陷病、肿瘤等的研究上得到了广泛应用。其缺点在于模型种类有限，来源比较困难，无法大量应用；疾病发生概率低，影响因素多，随机性大；品系培育周期长，饲养条件要求高，需要消耗较多的人力和物力。

（二）诱发性动物模型

诱发性动物模型（induced animal models），又称实验性动物模型，是指研究人员通过物理、化学、生物等致病因素作用于动物，造成动物的组织、器官或全身一定程度的损害，出现某些类似人类疾病功能、代谢或形态结构方面的病变或患上相应的传染病，即人为诱发的具有类似人类疾病特征的动物模型，如用放射线、化学致癌剂、致癌病毒诱发动物的肿瘤等。

根据造模方式的不同，可以将诱发性动物模型分为物理因素诱发动物模型、化学因素诱发动物模型、生物因素诱发动物模型和复合因素诱发动物模型。

诱发性动物模型的制作方法简单，实验条件可人工控制，重复性好，可在短时间内根据需要复制出大量所需模型，广泛应用于药物筛选、毒理学评价、传染病、肿瘤等机制研究。值得注意的是，诱发性动物模型与人类疾病在发生、发展上存在一定的差异，难以全面反映疾病本质，如诱发形成的肿瘤和自发肿瘤对药物的敏感性是不一样的，存在一定的局限性。此外，有些人类疾病至今仍不能用人工的方法在动物身上诱发出来。因此，在应用诱发性动物模型时，要尽量克服其不足，发挥其特点。

（三）基因修饰动物模型

基因修饰动物模型（genetically modified animals models）是指利用基因工程技术对动物基因组进行修饰（如转入基因、基因敲除或敲入等），并且修饰的基因可稳定遗传给后代，由此而获得的动物模型。

基因修饰动物模型是生命科学领域集成度最高的综合性研究模型之一。它在深入探索基因功能、构建人类疾病的动物模型、评估新药效果以及生产药用蛋白等多个领域，都发挥着不可或缺的作用。借助基因编辑技术，科研人员可以更加快速地实现对实验动物基因的敲除、敲入和突变等操作，进而更好地模拟人类疾病，为药物研发和疾病治疗提供更加可靠的模型。目前，科研人员已经成功构建多种具有特定表型和生理特征的转基因和基因敲除动物模型。这些模型在药物研发、毒理学研究和疾病机制研究中均发挥了重要作用。

(四)生理对照动物模型

生理对照动物模型(physiological controlled animal models)是指某些实验动物具有特殊的生物学特征，可以提供人类疾病相似表现的疾病模型。例如，长爪沙鼠缺乏完整的基底动脉环，左右大脑的供血相对独立，是制作脑缺血动物模型的理想动物，可以用于脑卒中的相关研究；部分品种鹿的正常红细胞呈镰刀状，多年来被用作镰状细胞贫血的研究。

抗疾病动物模型是指不会发生某种特定疾病的动物模型，用于探讨为何这种动物对该疾病具有天然的抵抗性。如哺乳动物容易感染血吸虫病，而洞庭湖流域的东方田鼠却不会感染血吸虫病，因此，抗疾病动物模型可用于血吸虫感染和抗感染的研究，这是一类特殊的生理对照动物模型。

生理对照动物模型凭借这种独特的生物学特性被广泛应用于某一类人类疾病的研究，在没有人为干预或特殊处理的情况下，展现出与人类疾病的相似生理特性。但是该类模型种类有限，只适用于某类疾病的研究，具有一定的局限性。此外，需要注意的是，这类模型与人类疾病存在一定的差异，应用时应加以分析、比较以获得所需资料。

四、实验动物模型评价基本原则

(一)相似性原则

利用动物模型复制人类疾病的目的是通过深入研究这些动物模型，进而推演应用于人类，防治人类疾病。因此，评价动物模型是否合格的最基本原则是所复制的动物模型应尽可能再现人类疾病，近似于人类疾病表现。

自发性动物模型凭借其独特的优势成为模型复制的良好选择。例如，日本京都大学培育的大鼠原发性高血压是目前研究人类原发性高血压的理想模型；猪自发性冠状动脉粥样硬化是研究人类冠心病的理想模型；犬自发性类风湿性关节炎与人类幼年型类风湿性关节炎十分相似，也是一种理想模型。

然而，由于自发性动物疾病模型在种类、数量和饲养等方面的局限性，往往需要研究人员人工诱导以复制出与人类疾病更为相似的模型。因此，在复制动物模型之前需要明确研究目的，熟悉动物特性以及遗传背景、性别、年龄等因素对模型复制的影响。同时，对人类疾病的发生、发展、临床症状和发病机制的深入了解也必不可少。了解致病因素对动物所产生的临床症状和发病情况，以确保所复制的动物模型能达到预期的结果。以草食性动物兔为例，在复制动脉硬化模型时，往往采用给予远高于人类剂量的胆固醇的方法进行造模，但得到的动物模型的病变部位和病理表现与人类动脉硬化仍存在差距。这就要求研究人员在复制动物模型时，必须全面了解致病因素、动物特性以及实验方法，掌握致病因素的适宜剂量，分析实验结果是否能够达到预期目标。

(二)重复性原则

理想的动物实验结果应具有良好的重复性，甚至可以标准化重复。影响动物模型重复性的因素很多，如动物因素、环境因素、人为因素等。为保证动物实验的重复性，在实验前应充分查阅相关文献资料，了解与本领域和本项目相关的研究结果、实验动物的使用情况及实验条件。根据所查阅的信息制订详细有效的研究计划，选择适合的实验动物，使研究更简洁、有效，以及更具有特色和创新。

为保证动物实验结果的重复性，应选用遗传背景明确、微生物情况清楚的标准化实验动物在标准化的实验设施内完成动物模型的复制。动物实验的标准化可以排除很多非实验因素的干扰，在动物品系、年龄与体重、性别与健康情况、营养情况，动物饲养与实验管理，实验操作及环境条件控制，实验者操作技术熟练程度和规范操作等方面都应保持良好的一致性，才能保证实验结果的可重复性。

(三)可靠性原则

复制的动物模型应力求可靠地反映人类疾病，即可特异地、可靠地反映某种疾病或某种机能、代谢、结构变化，应具备该种疾病的主要症状和体征，并经化验、X线片、心电图、病理切片等证实。为确保模型的可靠性，根据特定疾病表现建立相应的模型评价指标，如：不符合评价指标则不可选用；易自发地出现某些相应病变的动物，就不应加以选用；易产生与复制疾病相混淆的疾病者也不宜选用。例如，复制铅中毒模型时如果选用大白鼠，其自身易患地方性肺炎及进行性肾病，后者常会与铅中毒所致的肾病相混淆。相比之下，选用蒙古沙土鼠则比较适宜，其只有铅中毒才会使其出现相应的肾病变。

(四)适用性和可控性原则

在某些情况下，复制的动物模型并不要求在所有方面都严格模拟人类疾病的变化，而是基于动物器官、组织的结构、功能、代谢或生理、病理反应特点或特殊性来选择动物，利用其某一方面的特性来达到实验目的。此外，科研人员还应尽量考虑到模型未来在临床应用中的潜力和疾病进程发展的可控性，从而确保研究的顺利进行。例如，研究呕吐反应时，鸽、犬、猴和猫因其对呕吐反应敏感而被选为理想的实验对象，而大鼠、小鼠则无呕吐反应。同时，也存在对某些致病因子极为敏感的动物，暴露后极易死亡，也不适用。如犬腹腔注射粪便滤液引起腹膜炎很快死亡(80%犬注射后 24 h 内死亡)，往往来不及做实验治疗观察，且粪便剂量及细菌菌株不好控制，难以准确地重复实验结果。因此，在选择动物模型时，必须充分考虑这些实际因素，以确保实验可行和结果可靠。

(五)易行性和经济性原则

在复制动物模型的过程中，所采用的方法需确保简便易行且经济高效。研究人员应了解并掌握复制模型所需条件、宿主的特性、疾病症状和发病机制，即对所研究的动物模型有全面透彻地认识，以评估实验是否能够达到预期的效果。实验动物疾病模型应适用于多数研究者使用，容易复制，实验过程中便于操作和采集各种标本。在不影响实验结果的前提下，尽量选用容易获得、价格便宜和饲养经济的实验动物，尽量满足实验方法简便易行、实验成本低的选择原则。

由于进化程度高且与人类生理机能接近，非人灵长类动物在许多研究中具有不可替代的优点，如猕猴、狒狒、猩猩等。这些动物来源稀少、价格昂贵，且繁殖周期长，饲养和实验操作困难，又受到有关动物保护法律法规的限制，因此，在实际应用中并不常见。相比之下，许多啮齿类实验动物，如小鼠、大鼠、地鼠、豚鼠等同样可以复制出类似于人类疾病的动物模型；它们具有遗传背景明确、微生物等级可控等优势且啮齿类动物繁殖周期短，饲养管理简便，价格便宜，供应充足，在性别、年龄及体重等方面可灵活选择。因此，在满足动物实验需求的前提下，原则上应该优先考虑选用啮齿类动物。

具体来说，急性毒理学实验常以大鼠和小鼠为主要研究对象，尤以大鼠使用最多，但是大鼠对所有外来化合物并不是都敏感。兔常用于研究化合物的皮肤毒性，包括对黏膜的刺激。猪作为杂食动物，其对一些化合物的生物效应与人类较为相似，尤其是皮肤结构与人类相近；但因其体型大、价格较高，使用量相对小型啮齿类动物明显较少。

(六)符合动物福利伦理原则

在动物模型的制备过程中，特别是采取各种诱发手段制备相关模型时，会给动物造成严重的伤害。因此，在我们要开展模型研究前，应该对研究目的进行审查，论证动物模型在本研究中的必要性，探讨采用其他方法替代动物模型的可能性。在模型复制全过程中，研究人员遵循动物福利与实验动物伦理，采用有效措施，在不影响试验结果的前提下，尽可能减少因实验操作给动物造成的伤害。

五、实验动物模型评价鉴定基本方法

模型评价鉴定是指根据明确的目标来测定对象系统的属性或特征，并将这种属性转化为客观定量的数值或主观效用评价。实际上，动物模型的构建过程与自然界的生物进化过程相似，即在人为因素的干预下，使动物这一复杂的生命系统展现出与人类预期疾病相似的特征，其过程本质上是一种优化过程。值得注意的是，没有一种动物模型能完全复制人类疾病的真实情况。动物模型只是对人类疾病的一种间接性研究，仅在局部或某些方面与人类疾病相似，而非人体的完美缩影。因此，模型实验结论的正确性只是相对的，最终必须在人体得到验证。复制过程中一旦出现与人类疾病不同的情况，必须分析其分歧范围和程度，找到相平衡的共同点，正确评估哪些是有价值的。动物模型评价鉴定一般采用以下方法。

(一)表型鉴定与分析

1. 外观表现分析

某些疾病在发作之前往往会先出现一系列的临床症状。动物的外观表现作为疾病发生的前期信号，是动物健康反应不可忽略的重要指标。外观特征通常包括精神状态、营养状况、反应性、毛发、黏膜颜色、呼吸等方面进行分析。

(1)精神状态　健康动物表现灵活，反应敏捷，眼睛有神，被毛整洁且有光泽等。精神异常可表现为抑制或兴奋。抑制时，动物常表现为倦怠，眼睛无神、微睁，行动迟缓，对外界刺激反应迟钝。精神兴奋表现为狂躁、惊恐不安、乱叫等，严重情况下表现出攻击性。

(2)营养状况　营养状况评估主要依据肌肉状态和皮下脂肪积累，以及毛发状态和光泽等。健康动物表现为肌肉结实、体态健硕、毛发光亮。相反，病弱动物则体瘦骨露，被毛蓬乱无光泽。营养水平可以直接反映机体代谢状况，在表型分析上通过肌肉饱满度、脂肪覆盖情况及整体外观，可将营养状况分为良好、中等和不良，严重营养不良，即恶病质，是判断预后不良的强烈信号，尤其对大型动物而言。

(3)发育状态　健康动物的生长应匹配其品种特性和年龄，骨骼强健、肌肉发育适中，是评估生长状况的直观指标。通过测量动物体高、体长、体重等数值，可有效监测其发育情况。发育优良的动物外观匀称，被毛光亮；反之，若动物体型偏小、结构失衡，尤其是幼崽生长缓慢甚至发育停滞，可能是营养不足或慢性病、遗传病的信号。此外，先天畸形及代谢紊乱同样可影响动物正常发育。

(4)黏膜表现　黏膜状况常为疾病的重要指征，尤其体现在眼、口、直肠及生殖部位。临床上变化主要表现为出血、苍白、灰白、黄色或发绀等，其中以眼结膜的变化最为明显。眼结膜颜色的变化可能表示不同情况，如苍白常见于各种贫血、大出血或内出血疾病；潮红则表明黏膜充血；发绀通常见于缺氧、循环障碍和某些中毒状态；黄染则与胆红素沉积相关。

(5)体温、脉搏、呼吸与血压　体温、脉搏、呼吸与血压是生命维持的基本生理特征，也是衡量动物机体状况的重要参数。正常情况下，除受外界气候及运动等环境条件的暂时影响外，这些指标通常保持在相对稳定的范围内。然而，由于各种致病因素的影响，这些指标可能会发生不同程度和形式的变化。

2. 比较行为学分析

人类和动物的行为受多种因素影响，包括生存环境、种群间相互作用、种群内部竞争以及进化地位等。这些行为具有遗传性、获得性、适应性、社会性和能动性等特征。比较行为学的研究范畴主要是建立反映人类生理行为和病理行为的动物模型，对动物模型的行为内涵进行研究，与人类行为内涵进行比较，进而深入研究人类行为。要全面了解这些行为的表型分子生物学基础，除通过人类自身的行为进行分析外，还需要借助基因功能动物模型进行研究。比较分析动物模型与人类行为异同，探讨行为学生理机制以及基因对行为调控机制等问题，可为人类疾病研究提供重要思路。

3. 比较病理学分析

在致病因子和机体反应功能的相互作用下，患病机体相关形态结构、代谢和功能都会发生种种改变，表现出特有的变化，这是研究和认识疾病的重要依据。疾病性质的认识、疾病的发生、发展以及病变程度、范围、特征、转归等都离不开病理诊断和分析。主要从以下几个方面分析。

(1)大体解剖观察分析　大体解剖是动物实验分析的一个重要方法，对动物组织器官的大小、形状、色泽、重量、表面及切面状态、病灶特征、与周围组织的关系，主要运用肉眼或辅以放大镜、量尺等辅助工具，对检材及其病变性状进行细致的观察和检测。此法简便易行，通过大体观察有助于大体确定诊断或病变性质（如肿瘤的良恶性等）。

（2）组织学观察分析　组织学观察分析是通过微观层面探究疾病机理的重要技术，涉及对病变样本进行特殊处理和染色，随后在显微镜下观察细胞及组织结构的细微病变。这一过程不仅能够揭示疾病的发展阶段、损伤特征，还有助于理解病因及病理过程，是疾病诊断和研究的基石。通过识别组织中特有的形态学特征，组织学分析能为临床提供确切的诊断依据，是比较医学、病理学和基础医学研究不可或缺的工具。

（3）细胞学技术分析　细胞学技术分析涉及从体腔积液、病变部位收集细胞，制作细胞学涂片后显微镜下观察，以识别病变特征，尤适用于某些肿瘤早期诊断。由于取材范围和精确度受限，其诊断难免会受到一定的限制。近年来，结合现代影像和内镜引导的细针穿刺技术已显著提升了操作安全性和诊断精确性。

（4）免疫组织技术分析　免疫组织化学技术是一种重要且常用的实验技术，用于检测和定位组织标本（通常是活体组织或组织切片）中特定蛋白质抗原的存在和表达水平。该技术结合了免疫学和组织化学的原理，通过使用特异性抗体对目标蛋白质进行标记，并利用染色方法将这些抗体可视化在组织中的位置。免疫组织化学技术的精确性和灵敏度使其成为研究和临床实践中不可或缺的工具，为解剖病理学、细胞生物学和分子医学领域提供了重要支持。然而，该技术依赖于待测物质的抗原性和蛋白质浓度，且不能区分蛋白质来源。例如，检出的免疫反应阳性蛋白质不能被确定是细胞新合成的蛋白质还是通过细胞间运输而来的蛋白质。为弥补此不足，分子原位杂交可用于确定蛋白质的细胞内合成情况，优化实验设计时应考虑这些因素。

4. 影像学技术分析

影像学技术利用不同介质与生物体的相互作用，将内部组织器官结构及密度以图像形式展现，涵盖可见光、核素成像（如单光子发射计算机断层成像 SPECT 和正电子发射断层成像 PET）、MRI、CT、超声成像、血管造影及生物发光等多种手段。其中，分子影像技术在活体动物中实现了生物学过程的直接观测和定量分析，追踪特定基因功能及相互作用，支持动态、连续的体内监测，既减少了个体差异影响，又实现活体观测符合伦理要求。

随着分子生物学及相关技术的发展，影像技术趋向于高分辨率、绝对定量、数字化、标准化及高度整合，增强对分子活动的敏感度，并与其他检测手段互补。在动物模型研究中分子影像技术的应用大大增强了对模型多维度特性的理解，为疾病机制探索、药物评估等提供了强大的可视化工具，增进了动物模型的分析深度和广度。

总之，对动物表型分析应当综合运用多种先进技术和研究方法，进行全方位、多层次的评价鉴定。

（二）遗传学鉴定与分析

对于动物模型的研究，除采用表型分析的方法进行全面剖析外，还应深入研究其遗传基础。对动物模型进行遗传学分析，不仅能揭示其发病机制，且在了解其遗传基础的前提下，还可人工培育自发性动物模型。

1. 表观遗传分析

表观遗传学是研究在 DNA 序列不变的情况下，基因表达模式如何发生可遗传改变，从而影响生物体表型。其三大核心特征为遗传性、基因表达调控的可逆性及 DNA 序列的稳定性。经典的表观遗传学修饰调控主要包括组蛋白修饰、DNA 甲基化、RNA 调控、染色质重塑、遗传印迹、X 染色体失活等。表观遗传学评估和干预主要依赖于 APOBEC 偶联表观遗传测序（APOBE-coupled epigenetic squencing，ACE-seq）、单细胞多组学和成簇规律间隔短回文重复（clustered regulatory interspaced short palindromic repeat，CRISPR）靶向编辑技术。通过这些技术，可确定某个特定的表观遗传标记是直接导致基因表达的变化，或仅与遗传活性的变化相关，抑或是相互起协同作用。

2. 孟德尔遗传学分析

由一对等位基因控制的自发遗传性动物疾病模型，称为单基因遗传，也叫孟德尔遗传。按致病基因所在染色体的不同，单基因遗传分为常染色体遗传和性连锁遗传两类；按致病基因在世代中传递的特点，单基因遗传又分为显性遗传和隐性遗传两种。

通常可根据单基因的传递方式来建立遗传系谱，通过分析遗传系谱来揭示单基因传递规律。遗传系谱是记载遗传性疾病模型各成员发病情况的图解。通过系谱研究，可以调查动物家族中全同胞、半同胞以及其他有亲缘关系的个体的发病情况，进而为疾病机制研究和遗传性动物模型培育奠定基础。

3. 比较基因组学分析

比较基因组学(comparative genomics)是利用某些已有的基因组图谱和测序信息，来推测其他生物基因组的基因数目、位置、功能、表达机制和物种进化的学科。为推进人类基因组特别是功能基因组计划，相继启动了小鼠等模式生物基因组计划，对其基因组与人类基因组进行比较，寻找同源性和差异，这有助于克隆疾病相关基因，揭示基因功能和疾病分子机制，阐明物种进化关系及基因组的内在结构。基因组测序完成后，利用基因工程技术，基于实验动物基因组的特异变化构建了众多基因改造动物模型。事实上，没有一种生物能够单独提供解读人类基因组的所有线索。鉴于单一生物模型的局限性，运用比较基因组学分析，综合分析多种生物的DNA、蛋白质序列、基因定位、功能和进化路径，可以有效破解基因功能，建立基因型与表型之间的关联，对揭示人类疾病机制具有重要价值。

4. 比较蛋白质组学分析

比较蛋白质组学专注于对不同生理或病理状态下生物体蛋白组的全面分析，在研究多基因事件引发的整体蛋白质组分变化方面具有独特优势。在人类疾病中，仅2%源于单基因缺陷，其余多为遗传因素和环境因素共同作用的多基因事件。人类疾病的动物模型与人类类似，也适用于蛋白质组学比较分析。例如，肿瘤转移动物模型主要通过以下方式建立。

①体内筛选实验可以从亲代肿瘤细胞开始，通过多次裸鼠体内接种和转移灶回收，在多次传代中分离获得具有不同转移能力的细胞株。

②体外癌细胞培养筛选，获得具有不同转移能力的癌细胞株。

运用比较蛋白质组学技术，可深入剖析这些细胞株的蛋白质组成，绘制肽质量指纹图谱，鉴别差异表达蛋白质，并进一步验证其功能，以期发现疾病机制和潜在治疗靶点。这种方法有助于深入理解肿瘤转移机制，推动精准医疗发展。

5. 生物信息学分析

生物信息学利用信息技术探索生命奥秘，核心在于通过网络和专用软件分析生物数据(核酸、蛋白质序列等)，进行比较归纳，以揭示生命的本质特征。生物技术，特别是分子生物学的迅速发展，已促成众多实验动物基因组的全面测序，并深入探究了诸多基因的具体功能。同时，计算机数据库技术为处理和解析海量数据提供了强大工具，极大地促进了生物医学研究的效率和深度。

生物信息学的基石是生物信息数据库，分为原始数据库和二级数据库两大类。原始数据库保存生物基本数据，如DNA序列、蛋白质结构；二级数据库则基于前者进行深化分析，便于科研使用，如启动子、结构功能基序数据库。一个典型的数据库记录通常包含数据本身及其生物学注释，这两者对研究均至关重要。生物学功能的注释虽有助于揭示物种间差异，但常滞后于测序速度，且存在错误与更新不及时的问题。因此，选用数据库时，留意数据的侧重点与时效性，以确保研究的准确性。

(三)实用性分析

人类疾病的产生与发展过程极为复杂，直接在人体上深入探索其发病机制和治疗效果存在极大的限制与风险。因此，动物模型成了不可或缺的科研工具，用以安全、有效地探索疾病机制与治疗策略。理想的动物模型需兼具科研与实用双重价值，超越基础实验层面，更紧密联系临床实践与服务。然而,动物和人类在生理结构、生活习惯以及生存环境等方面都存在一定的差异,为了确保动物模型在生命科学研究中的应用价值,科研人员需不断优化模型,在遵循生命伦理的前提下,提高其实用性和应用价值。

第五节 实验动物资源保存技术与资源共享

一、实验动物资源保存技术

遗传资源的实质是基因资源,保存遗传资源就是保存基因的多样性。现阶段动物遗传资源保存主要有三种方式:活体保存、冷冻保存(精子、胚胎、体细胞等)和基因文库保存。活体保存是指保存并繁殖活的动物群体,一般是在其原产地原位进行保种。活体保存的优点是能够随时对保护的品种进行评价,包括生产性能、繁殖性能等,随着环境的改变或者市场的需要进行相应的改变。缺点是需要专门的组织机构、计划性较强、保护的费用很高、同时管理问题以及种群会受到各种有害因素的侵袭,例如,疾病、近交、有害基因的存在,其他种群的污染,自然选择带来的群体遗传结构变化等。冷冻保存一般指在干冰(−79 ℃)或液氮(−196 ℃)中保存,其最大的优点是可以长期保存,不影响保存的活力。但是冷冻的程序比较复杂,包括冷冻和解冻的速度、保存液的种类、抗冷冻剂的种类和浓度、冷冻剂的洗脱等都会直接影响保存后的活力,其中任何一个环节出现问题,都会造成冷冻的损伤和冷冻遗传物质难以复原。随着生物技术的发展而不断进步,出现了基因文库保存技术,该技术是一种新型的遗传资源保存方法,目前基本上处于研究阶段。随着分子生物学和基因工程技术的完善,可以直接在 DNA 分子水平上有目的地保存一些特定的性状,即基因组合,通过对独特性能的基因或基因组定位,进行 DNA 序列分析,利用基因克隆,长期保存 DNA 文库。这是一种比较安全、可靠,而且维持费用最低的遗传资源保存方法。

(一)实验动物资源的活体保存

1. 近交系实验动物的活体保存

(1)近交系的活体保种的原则　近交系动物活体保存的种群一般分为基础群、血缘扩大群和生产群。当近交系动物生产供应数量不是很大时,一般不设血缘扩大群,仅设基础群和生产群。

①基础群。设立基础群的目的:一是保持近交系自身的传代繁衍;二是为扩大繁殖提供种用动物。基础群严格以全同胞兄妹交配方式进行繁殖。基础群应设动物个体记录卡(包括品系名称、近交代数、动物编号、出生日期、双亲编号、离乳日期、交配日期、生育记录等)和繁殖系谱。基础群动物不超过 5～7 代都应能追溯到一对共同祖先。

②血缘扩大群。血缘扩大群的种源来自基础群,以全同胞兄妹交配方式进行繁殖。血缘扩大群动物应设繁殖记录卡。血缘扩大群动物繁殖 3 代后必须从基础群重新引入新的种源。

③生产群。设生产群的目的是生产供应实验用近交系动物,生产群种源来自基础群或血缘扩大群。生产群动物一般以随机交配方式进行繁殖。生产群动物应设繁殖记录卡。生产群动物随机交配繁殖代数不应超过 4 代。

(2)近交系的活体保存的要求

①核心群维持在隔离器、独立送风系统(IVC)或层流架等饲育设备中。

②血缘扩大群维持在大型隔离器或屏障式饲育设施中。

③生产群维持在屏障式饲育设施中。

④严格控制核心群至血缘扩大群、生产群的单向流程。遇核心群不能维持或核心群繁殖失败，可从血缘扩大群中选择若干种鼠作为核心群，但繁殖代数须退回到增殖群的亲代数。

⑤核心群和血缘扩大群，每一种鼠都必须有完整的谱系管理系统，以便日后筛选新种之用。谱系记录采用实地标签和计算机管理系统双重记录。

⑥生产群不做谱系记录，但必须做好繁育及日常观察记录。

⑦群体维持最小数量，核心群维持 3 对以上，增殖群维持 10 对以上。

2. 远交群或封闭群实验动物活体保存

(1)远交群或封闭群活体保存的原则　尽量保持远交群的动物的基因异质性及多态性，避免近交系数随繁殖代数增加而过快上升是远交群或封闭群活体保存的原则。

(2)繁殖方法的选择　远交群的种群大小，选种方法及交配方法是影响远交群的繁殖过程中近交系数上升的主要因素，应根据种群的大小，选择适宜的繁殖交配方法。具体方法如下。

当远交群中每代交配的雄种动物数目为 10～25 只时，一般采用最佳避免近交法；也可采用循环交配法；当远交群中每代交配的雄种动物数目为 26～100 只时，一般采用循环交配法；也可采用最佳避免近交法；当远交群中每代交配的雄种动物数目大于 100 只时，一般采用随选交配法；也可采用循环交配法。

①最佳避免近交法。采用该方法在留种时每只雄种动物和每只雌种动物，分别从子代各留一只雄性动物和雌性动物，作为繁殖下一代的种动物。动物交配时，尽量使亲缘关系较近的动物不配对繁殖，编排方法尽量简单易行。对某些动物品种，如小鼠、大鼠等，生殖周期较短，易于集中安排交配，可按下述方法编排配对进行繁殖：假设一个远交群有 16 对种动物，分别标以笼号 1、2、3……、16。设 n 为繁殖代数(n 为自 1 开始的自然数)。n 代所生动物与+1 代交配编排见表 3-14。对于某些动物品种如犬、猫、兔等，生殖周期较长，难以按上述方式编排交配。只要保持种群规模不低于 10 只雄种，20 只雌种的水平，留种时每只雌、雄种各留一只子代雌、雄动物作种，交配时尽量避免近亲交配，则可以把繁殖中每代近交系数的上升控制在较低的程度。

表 1-12　最佳避免近交法的交配编排

n+1 代表笼号	雌种来自 n 代笼号	雄种来自 n 代笼号	n+1 代表笼号	雌种来自 n 代笼号	雄种来自 n 代笼号
1	1	2	9	2	1
2	3	4	10	4	3
3	5	6	11	6	5
4	7	8	12	8	7
5	9	10	13	10	9
6	11	12	14	12	11
7	13	14	15	14	13
8	15	16	16	16	15

②循环交配法。该方法广泛适用于中等规模以上的实验动物远交群，其优点：一是可以避免近亲交配；二是可以保证留种动物对整个远交群有比较广泛的代表性。

循环交配法的实施办法为：将远交群划分成若干个组，每组包含有多个繁殖单位(一雄一雌单位，一雄二雌单位，一雄多雌单位等)；安排各组之间以系统方法进行交配。示例：一远交群每代有 48 笼繁殖用种动物(一雄一雌，或一雄多雌)。先将其分成 8 个组，每组有 6 笼。各组内随机选留一定数量的种动物，然后在各组之间按以下排列方法进行交配，见表 1-13。

表 1-13　循环交配法组间交配编排

新组编号	雄种动物原组编号	雌种动物原组编号	新组编号	雄种动物原组编号	雌种动物原组编号
1	1	2	5	2	1
2	3	4	6	4	3
3	5	6	7	6	5
4	7	8	8	8	7

③随机交配法。当远交群的动物数量非常多(繁殖种动物在 100 个繁殖单位以上),不易用循环交配法进行繁殖时可用随选交配法。实施过程中可以从整个种群中随机选取种动物,然后任选雌雄种动物交配繁殖。

(二)实验动物资源的冷冻保存

1. 精子冷冻保存技术

20 世纪初期至 20 世纪 50 年代,对动物精子的冷冻保存尝试属于起步阶段。科学家们开始意识到精子冻存的重要性,但由于技术限制和对细胞生物学的了解不足,成功率并不高。在 20 世纪 60—70 年代,随着冷冻技术的进步和对细胞生物学的深入研究,精子冷冻技术取得了一系列重要突破。这一时期,科学家们首次成功地将动物精子冷冻保存,并取得了较高的存活率。其中,关于添加不同类型的保护剂和控制冷冻速率等技术创新,极大地提高了精子的存活率和质量。在 20 世纪 80—90 年代,随着冷冻媒体的优化和对冷冻过程的更好控制,精子冷冻技术进一步得到改善。科学家们致力于寻找更适合不同动物种类的冷冻媒体,并对冷冻过程进行了更精细的调节,以提高精子的存活率和受精能力。21 世纪初,随着基因工程和生物技术的发展,精子冷冻技术进入了一个新的发展阶段。科学家们开始探索如何在冷冻过程中保持精子的遗传信息完整性,并研究如何在解冻后成功地将冷冻精子用于人工授精、胚胎移植等技术。这一阶段的突破为动物遗传资源的保护和利用提供了新的可能性。近年来,随着生物医学研究的不断深入,精子冷冻技术在实验动物资源管理中的地位日益凸显。科学家们不断优化冷冻过程,提高精子的质量和可用性,以满足动物模型研究的需要。同时,随着基因编辑技术的发展,精子冷冻技术的应用领域也在不断拓展。

精子冷冻保存技术作为一种高效便捷的资源保存手段,其在保护遗传资源方面具有重要意义,特别适用于珍稀物种或具有特定遗传优势的动物品种。通过冷冻精子,可以有效防止遗传缺失或基因流失,为繁殖、遗传学研究以及保存濒危物种提供了重要支持。同时,精子冷冻也有助于降低种子资源保存成本,避免了活体保存带来的人力、物力、财力浪费。此外,精子冷冻技术还延长了实验的时间窗口,使得研究人员可以在需要时使用冷冻样本,不受时间和季节的限制,为科学研究提供了持久的资源支持。更为重要的是,精子冷冻促进了全球科研资源的共享和国际合作,科研人员可以轻松地交换、共享和运输冷冻样本,推动了科学界的合作和创新。

其中,在精子冷冻保存技术过程中,需要注意的是雄性种子挑选需符合目标要求的性成熟的雄性。同时选择外观睾丸形态正常并以自然交配可正常生产子代的雄性为最佳。精子冻存时间尽量缩短,减少附睾和精子暴露在空气中的时间。保存条件采取液氮低温保存,液氮能够迅速将样品冷冻至极低温度,从而有效减缓生化反应和微生物生长的速率。这种方法具有快速冷冻的优势,能够有效保护样品的生物活性,而且操作和维护相对较为简单,经济成本也较低。然而,也存在一些缺点,包括液氮挥发带来的安全风险,以及样品在液氮中接触冷冻容器可能产生污染的问题。此外,液氮的存储和处理需要专门的设备和操作,增加了管理的复杂性。为了更好地管理样品,可以采用数字化智能管理系统,通过该系统可以清晰、可视化地记录冻存信息,便于资源的申请使用和更新,更加安全可靠。

2. 胚胎冷冻保存技术

20 世纪初期至 20 世纪 50 年代,胚胎冻存技术的尝试处于起步阶段。科学家们开始意识到胚胎冷冻保存的潜力，但由于技术限制以及对细胞生物学的了解不足，成功率较低。在 20 世纪 60—70 年代，胚胎冷冻技术取得了一系列重要突破。首次成功冻存和解冻胚胎使动物繁殖和遗传资源管理有了新的可能性。科学家们探索了不同冷冻媒体和冷冻速率对胚胎存活率的影响，并通过改进冷冻方法提高了冷冻胚胎的存活率和质量。20 世纪 80—90 年代，随着移植技术的进步，胚胎冷冻技术得到了进一步发展。成功的胚胎移植实验使冻存胚胎的实际应用得以推广，这对动物繁殖和遗传资源管理具有重要意义。同时，科学家们不断优化冷冻和解冻过程，提高了胚胎的存活率和发育能力。21 世纪初，随着基因编辑和转基因技术的发展，胚胎冷冻技术进入了新的发展阶段。科学家们开始探索如何在冷冻过程中保持胚胎的遗传信息完整性，并研究如何成功地利用冻存胚胎进行基因编辑和转基因技术。这一阶段的突破为动物模型研究和遗传资源的利用提供了新的可能性。近年来，随着生物医学研究的不断深入，胚胎冷冻技术在实验动物资源管理中的地位日益凸显。科学家们不断优化冷冻过程，提高胚胎的质量和存活率，以满足动物模型研究和遗传资源管理的需要。同时，随着基因编辑技术的发展，胚胎冷冻技术的应用领域也在不断拓展。综上所述，胚胎冷冻技术经历了多个阶段的发展，从早期的尝试到现代综合发展，取得了显著的进步，并为动物模型研究和遗传资源的保护与利用提供了重要支持。

胚胎冻存技术在多个方面发挥着重要作用。第一，它有助于保护珍稀物种防止它们因各种原因而灭绝或丧失遗传多样性；第二，冻存的胚胎为科学研究提供了便利，研究人员可以根据需要随时使用胚胎进行实验，推动基础科学和应用研究的进展；第三，胚胎冻存为生物医学研究提供了重要资源，例如，用于基因编辑、干细胞研究、再生医学等领域，为疾病治疗和药物开发提供支持和便利。胚胎冻存还有利于保留更多的遗传信息，一个冻存的胚胎携带了完整的基因组，而精子只携带半数的遗传信息。相较于精子冻存，胚胎冻存具有更高的繁殖效率，能够在较短时间内获得大量多对基因纯合子的小鼠后代。此外，胚胎已经经历了一定的发育阶段，相对更稳定。冻存后复苏相对精子冻存技术更容易实现高存活率，第四，胚胎冻存不仅适用于小鼠，还适用于其他哺乳动物，如牛、猪等，具有更广泛的应用前景。

在胚胎冷冻保存技术中，需要注意的是，挑选适合周龄的供胚种子，使用适当的冷冻速率可以最大限度地减少细胞的损伤，提高胚胎的存活率。在冻存过程中，确保正确标记每个样本，并记录冷冻日期、胚胎的来源等信息更新至种子资源管理系统中。胚胎冷冻保存条件为液氮低温保存，较为经济，成本低廉，适用于各种规模的实验室和研究机构。

3. 卵细胞冷冻保存技术

将优良的实验动物资源的卵母细胞进行冷冻保存，像建立精子库一样，建立卵母细胞库，不仅可以为胚胎生物技术提供材料，还可以为育种价值高的个体、稀有濒危动物的遗传资源的长期保存和利用提供另外一种途径和方法。

卵母细胞与精子细胞在低温敏感性特性和要求上有显著不同。动物圆形卵母细胞通常直径大于精子，因此卵母细胞的表体积比较小，对低温和细胞内冰形成的敏感性相应较高。卵母细胞本身脆弱的细胞骨架也降低了对体积变化的抵抗力。此外，保护性的透明带以及卵母细胞的质膜也构成了挑战。哺乳动物的质膜渗透性很低，阻碍了低温保护剂和水的流动。一般来说，卵母细胞有较高的水和细胞质脂质含量，增加了寒冷敏感性。例如，犬科动物和猫科动物，以及牛和猪的卵母细胞中存在大量的脂质。其较高的脂质含量，导致其在冷冻的过程中脂质含量变化和活性氧(reactive oxygen species，ROS)的形成，影响卵母细胞的功能，研究发现白藜芦醇可以提高卵母细胞中谷胱甘肽的水平，减少了 ROS 反应。也有研究表明，在小鼠和水貂 GV 期卵母细胞玻璃化冷冻液中添加甘氨酸可以降低卵母细胞早期凋亡的比例和减少冷冻后对线粒体的损伤。自 1977 年 Whittingham 等首次成功冷冻小鼠的 MⅡ期卵母细胞后，多种动物的卵母细胞相继获得成功。

卵母细胞冷冻会导致细胞质膜损伤、细胞器结构的变化、脂肪滴分布变化以及纺锤体微管发生不可逆的变化，低温损伤通常发生在 5～15 ℃。慢速程序化冷冻更容易导致低温损伤，而玻璃化冷冻则可以通过此区间避免造成低温损伤。因此，玻璃化冷冻保存是目前保存牛、羊、猪、马等动物卵母细胞的首选方法。自玻璃化法对小鼠的卵母细胞冷冻保存成功以来，为了降低高浓度的玻璃化液对卵母细胞的损伤，相继发明了细管法、微滴法、电子显微镜铜网法、开放式拉长麦管法、冷冻环法、玻璃细管法等多种方法。用于卵母细胞的渗透性冷冻保护剂和精子一样，包括甘油、乙二醇、二甲基亚砜等，而这些保护剂高浓度时也同样对卵母细胞有毒性作用。为了研发一种没有毒性的保护剂，CPLL 可以作为一种有效的新型的没有毒性的冷冻保护剂，用于小鼠的卵母细胞的冷冻保存。

卵母细胞冷冻损伤主要来自冷冻保护剂的渗透损伤和冰晶形成的机械性损伤，为了减少这种渗透性损伤，改良玻璃化冷冻方法，在培养滴中采用液滴之间划桥的连接方法，让渗透压逐步升高，这种方法在卵子复苏率、卵裂率方面优于传统的玻璃化冷冻方法。

4. 睾丸/卵巢冷冻保存技术

睾丸组织冷冻保存作为雄性遗传资源多样性保护的重要策略之一，为生殖细胞保存、珍稀濒危物种保护及未成年雄性辅助生殖提供了新的途径。睾丸组织结构复杂且包含多种睾丸细胞，因此睾丸组织的冷冻保存需要兼顾各类睾丸细胞对低温的耐受能力，使用有效降低低温损伤的冻存保护剂是维持睾丸组织结构完整和生理活性的关键。适宜的睾丸组织冻存体系，可以减弱低温、冷冻剂对组织和细胞的损伤及毒副作用，为后续的预期应用建立基础。

睾丸组织冷冻是一种通过抑制细胞代谢活动，使其在低温条件下长期稳定保存的技术，冷冻程序的发展经历由繁至简的探索过程，根据冷冻速率的不同，一般可分为慢速冷冻、快速冷冻及玻璃化冷冻 3 种方式。慢速冷冻法又细分为依赖程序性降温设备的程控冷冻或手工梯度降温的非程控冷冻（uncontrolled slowfreezing，USF），是目前睾丸组织冷冻保存的常用方法。研究表明，应用慢速冷冻保存的睾丸组织，经酶解分离后获得的精原细胞、间质细胞（Leydig cell）、支持细胞（sertoli cell，SC）等仍可保持原有的代谢活性及生理功能。液氮蒸汽冷冻（两步冷冻法）是常用于辅助生殖领域中的快速冷冻保存技术。

冷冻样品通过液氮蒸气短暂熏蒸降温后，直接投入液氮保存，极大地减少了程序化的冻存时间。研究表明，浸润于冷冻保护剂中的人睾丸组织活检样品，经液氮蒸气冷冻法保存，常规快速复苏后可直接获取成熟的功能性精子，用于卵胞浆的单精注射。同时，该法也可较好地保存突发性死亡的成年濒危物种的精子与睾丸组织细胞。玻璃化冷冻保存技术在成为畜牧业中胚胎及卵细胞冻存的实用技术后，也逐渐在睾丸组织冷冻保存领域取得显著进展。样品通常在高浓度冷冻保护剂中平衡后，通过超高冷冻速率使细胞内液、外液转相为非晶体特性的玻璃态，避免了冷冻过程中冰晶的形成和结晶热的释放，有效降低细胞损伤和冻-融效应。适宜的降温速率、冻存载体及冷冻保护剂是玻璃化冷冻中减少机械损伤和化学毒性的关键因素。研究表明，多种玻璃化冷冻方法，如微滴法（microdroplet method，MD）、固体表面玻璃化法（solid surface vitrification，SSV）、开放式拉长细管法（open pulled straw，OPS）等，已被尝试用于睾丸组织的冷冻保存研究。

由于组织中各类睾丸细胞对脱水皱缩和低温的耐受能力不同，与单一细胞悬液相比，睾丸组织的冷冻保存更为困难。既往单项研究中的保存方式与评估方案并不能作为比较和评判睾丸组织冷冻保存的绝佳标准。因此，睾丸组织的低温保存应根据物种年龄、样品状态、细胞类型及预期应用选择适宜的冷冻方案，并进一步优化冻存体系。

卵巢是雌性哺乳动物生殖系统的重要组成部分。在保种过程中，对于衰老或突然死去以及遗传工程修饰的繁殖能力低的珍贵雌鼠的卵巢予以及时冷冻保存。需要时，可通过解冻卵巢，移植入其他小鼠体内发育获得成熟卵泡。1960 年，Parrot 首次进行了小鼠的卵巢原位移植，并获得正常的后代，这些小鼠的卵巢组织是以甘油作为冷冻保护剂被冷冻和贮存在 −79 ℃。目前，卵巢组织的冷冻保存已经成功应用于哺乳动物，包括人类。

卵巢冷冻的基本原理与胚胎冷冻的原理类似，在 20 世纪 90 年代初期，小鼠、大鼠、兔、猴、牛等的卵巢组织玻璃化冷冻均获得成功。但是目前世界上卵巢玻璃化冷冻方法还未形成一个标准的方法可供参考，通常的做法是将卵巢组织切成 1 mm 的小块，也有将卵巢整个进行冷冻。先在较低浓度的玻璃化冷冻保护剂中平衡数分钟，然后加到高浓度的冷冻保护剂中，投入液氮中保存。

常用的卵巢组织冷冻保护剂有甘油、乙二醇、丙二醇、二甲基亚砜等小分子渗透性保护剂以及蔗糖、棉子糖等大分子非渗透性保护剂。渗透性与非渗透性保护剂的联合使用，制成高效低毒的玻璃化冷冻保护剂是卵巢组织冷冻的研究方向。

5. 干细胞/体细胞的保存技术

除精子、卵子、胚胎等外，体细胞冷冻保存也是一种重要的保护动物物种的办法。体细胞冷冻保存技术与生殖辅助技术相结合，特别是体细胞克隆技术的应用，就可以复原和繁殖濒危动物。与胚胎一样，体细胞也包含了父母双方的遗传信息，通过体细胞核移植技术可以培育出与供体遗传信息一样的后代。

体细胞可以从活体组织中获取，包括耳朵的皮肤，肌肉、乳腺上皮等。一般来说，大多数研究都使用皮肤组织，特别是来自耳朵的皮肤组织，这是因为在动物的常规管理过程中皮肤组织容易获得。耳朵组织中获取的耳皮肤成纤维细胞在体外的增殖能力强、细胞形态结构稳定、也容易进行传代和在传代的过程中不易转化等特点，因此在体细胞核移植技术、转基因技术等研究领域具有重要的研究价值。体细胞在体外培养的过程中，随着传代次数的增加、细胞各种生物活性特征就会发生转变，因此，必须在合适的时候将其进行冻存，以免造成资源的浪费，以方便需要的时候及时地获取。

在进行细胞冷冻时，通常会选择液氮进行细胞冷冻，但是细胞在不同的冻存温度、不同的冻存方式和不同的冷冻保护剂及其浓度中冻存的效率有差异。体细胞用的冷冻保护剂与精子、卵母细胞等基本一样，包括渗透性和非渗透性冷冻保护剂，以及抗冻蛋白等。用 100 mL/L DMSO 成功冻存了水牛耳皮肤成纤维细胞，复苏后肉眼可见贴壁率超过 70% 以上用羧化聚 *L*-赖氨酸（Carboxylated Poly-L-Lysine，CPLL）一种新型冷冻化合物冷冻水牛体细胞，得到了好的存活率和增殖率，认为其具有与 DMSO 同样好的冷冻保护效果。用蔗糖和高浓度胎牛血清改善了野猪体细胞冷冻效果。不同的冷冻保护剂组合也是影响冷冻的效果，用不同的冷冻剂组合进行了美洲虎体细胞的冻存，筛选出最好的组合效果。体细胞冷冻保存，除可以用于濒危动物的克隆复原和繁殖外，也可以作为遗传物质的一种保存方式，在需要的时候，提取 DNA，克隆相关基因，或诱导 iPS 细胞，进行其他途径的利用，在动物种质资源保护中具有重要应用前景。

6. 基因资源保存技术

基因文库是指将某种生物的全部基因组的遗传信息贮存在可以长期保存的稳定的重组体中，以备需要时能够随时从中分离出所需要的目的基因，这种保存基因遗传信息的材料，就称为基因文库，又称 DNA 文库。基因文库由外源 DNA 片段、载体和宿主细胞组成。通常是将某生物不同基因用适当的工具酶剪切后拼接到低等微生物如细菌的质粒、噬菌体等载体上，将这些载体导入受体细菌或细胞中，使得各受体细胞中分别含有这种生物的不同基因；经过繁殖扩增，许多细胞一起包含了该生物全部基因组序列，建构成该生物的基因文库。

对难以进行精子和胚胎冷冻保存的物种，可以收集它们的组织、血液等样品并通过构建基因文库的方式进行资源保存。从理论上来说，这是一种最安全、可靠、维持费用最低的动物遗传资源保存方法，它可以长期保存动物的基因，并在需要时随时取用。如果将来需要该物种时，可以通过转基因技术，把保存好的独特基因整合到同种，甚至异种动物的基因组中，从而使所需要的理想性能重新在活体种群中出现。

它在实际操作过程中还有几个难题：第一，基因文库不仅必须精确地集合全部基因组，还需要有效地保存该文库；第二，基因文库在扩增期间有可能发生基因的突变与重组现象。有研究者认为，建立基因文库在严格意义上讲并不是一种畜禽遗传资源保护的方法，而是一种遗传信息的片段式保存。因为它忽视了想要保护的遗传资源即基因组合体系、基因型和遗传共适应性，而且建立 DNA 基因文库并没有满足物种多样性的要求。要想把数千个不同的 DNA 片段与活的动物个体和配子画上等号其实是很难的事情。在还没有完全搞清楚基因的表达和调控机制的情况下，不大可能任意地用可能含有有利基因的 DNA 片段去改造动物的某一特性。因此，目前建立基因文库在遗传资源保存上的应用仍是有限的。要想把这项技术更好地利用到实践当中，仍需要分子生物学技术和基因工程技术的进一步完善与发展。

二、实验动物资源共享

（一）实验动物资源共享的内涵及意义

1. 实验动物资源共享的内涵

实验动物资源共享是指在不损害实验动物资源利益相关者合法权益的前提下，避免或减少实验动物资源的搁置浪费和重复建设，将实验动物资源面向社会开放共享，使实验动物资源得到充分利用的过程。当今数字经济时代，实验动物资源共享就是实验动物资源拥有方将实验动物资源通过互联网平台免费或有偿分享给他人使用，可以视实验动物资源的情况而确定线上或线下服务的方式。

2. 实验动物资源共享的意义

实验动物资源作为“活的精密仪器”，是不可或缺的实验材料和生物种质资源，是国家生命科学研究的重要科技资源。实验动物资源的共享和充分利用是生物科技创新的基础和保障。目前，在实际应用过程中，实验动物资源普遍存在信息孤岛、资源共享效率低、知识产权保护不到位等现象，一定程度上阻碍了实验动物种质资源的有效利用，阻碍了科技资源的创新发展。有效的共享机制和合理的共享方式是实现实验动物资源共享和充分利用的重要保障，是规范实验动物资源共享行为和确保共享安全的迫切需求。它不仅可以使各类实验动物资源需求者获取到更多优质的资源，开展科学研究、技术创新、产品研发等活动，创造更大的价值；可以减少人力、物力、财力的重复投入，减少资源闲置，解决信息不对称、资源分配不合理等问题，从而促进科技资源的交流合作，促进知识共享，加快科技成果转化，帮助科研人员及时了解科研前沿信息、最新科研成果，以便聚焦研究方向、寻找合作对象、优化研究成果。因此，实验动物资源共享对促进国家的创新发展驱动和经济发展具有重要意义。

（二）实验动物资源共享的形式

实验动物资源共享是一项复杂的系统工程，涉及资源、技术、人才、资金、政策法律、规则规范、监督与评估等一系列措施和环节。实验动物资源共享包括数据共享和实物共享两个层次的内容。

1. 实验动物资源数据共享

数据共享就是让在不同地方使用不同计算机、不同软件的用户能够读取他人数据并进行各种操作、运算和分析。实现数据共享，可以使更多的人更充分地使用已有数据资源，减少资料收集、数据采集等重复劳动和相应费用，并把精力重点放在开发新的应用程序及系统集成上。

实验动物资源数据共享：一方面是建立实验动物管理的信息化网络平台以及完整记录全过程的质量保障体系，为法制化实验动物管理提供实时、科学、可操作的痕迹管理技术手段，从而减少产能过量造成的资源浪费，既适应社会需求，又为科研创新提供基础保障；另一方面是整合实验动物领域主管部门、科研机构、高等院校、企业等的资源、技术、成果，形成实验动物资源与服务的大数据资源中心，打造开放式的实验动物资源对接平台，达成行业内相互之间的资源整合、提升服务、开放合作的意识，实现实验动物资源共享的最大化和行业资源的协同管理。数据共享的程度反映了一个地区、一个国家的信息发展水平，数据共享程度越高，信息发展水平越高。要实现数据共享，应建立一套统一的、法定的数据交换标准，规范数据格式，使用户尽可能采用规定的数据标准。

2. 实验动物资源实物共享

实物共享顾名思义就是将一件实体的使用权或知情权与其他所有人共同拥有，有时也包括产权。

实验动物资源实物共享就是资源拥有方将其拥有的实验动物资源或者闲置资源通过社会化平台与他人共享。目前，资源共享相关政策和法规尚待完善，资源实物共享平台建设和共享服务的初期阶段，可将实物共享分为配额共享、对社会开放的实物资源共享、有条件交换的资源共享等方式。配额共享就是资源拥有方将其保存的特色资源，向保种中心或资源库上交，有权分等分类共享相同的份额（其他单位资源）；向社会开放的实物资源共享就是由国家投入而产出的成果应作为国家公共资源，在允许范围内实现向社会最大化的开放和最大限度地共享；有条件交换共享是从资源共享和资源库建设考虑出发，资源保存者和拥有者一方面向资源使用者提供需要的资源，以满足使用者的需求；另一方面，通过有条件交换，也可将散落在各个单位的资源收集起来，防止资源的流失。同时，也扩大资源库的库存量，提供资源库服务于社会的能力。

（三）实验动物资源共享现状

1. 国外现状

美国的实验动物资源在美国国内实现了很高程度的共享，同时也辐射到了欧洲，形成很多共享的网络信息系统和服务平台。实验动物资源研究一直是发达国家的关注重点之一，不仅有研制、培育途径，还有购买、引进或掠夺等多种途径；不仅可以作为实验动物资源，也作为物种资源加以保存、培育和利用；对生命科学、医药等起到了极大的支持作用。而欧洲采用多国合作、集中研制的形式，也在实验动物资源方面占领了一席之地。

国外发达国家的资源共享方式较多，其中大部分以公益型共享为主，但针对一些珍稀的、独特的、有巨大研究价值的资源，不免费向国外扩散。同时在美国，新品种取得专利权是非常重要的，因为专利权中有适当的权利要求，专利品种的持有人可阻止他人以育种为目的取得种质而去获取商业利益。

2. 国内现状

改革开放 40 多年来，我国在科技创新及科技资源管理方面都取得了飞速发展。随着科技资源总量不断增加，开展科技资源有效管理和深层次服务，提升科技资源的质量和使用效率，越来越受到社会各界的高度重视。特别是党的十八届五中全会提出了“创新、协调、绿色、开放、共享”五大发展理念，科技资源的开放与共享引起了全社会的广泛关注，并逐渐成为我国科技领域的重要发展战略。

（1）政策法规体系建设　伴随着我国科技体制建设，1993 年 7 月颁布了我国第一部科技领域具有基本法性质的《中华人民共和国科学技术进步法》，从此我国科技事业步入法制轨道。1996 年 5 月，为了加速科学技术进步，促进科技成果转化为现实生产力，推进经济建设和社会发展，《中华人民共和国促进科技成果转化法》发布施行。进入 21 世纪后，我国的科技法规制度建设步入快车道。为加快推进创新型国家建设，全面落实《国家中长期科学和技术发展规划纲要（2006—2020 年）》，充分发挥科技对经济社会发展的支撑引领作用，2012 年 9 月，中共中央、国务院印发了《关于深化科技体制改革加快国家创新体系建设的意见》；2015 年 1 月，国务院印发了《关于国家重大科研基础设施和大型科研仪器向社会开放的意见》（国发〔2014〕70 号）；2017 年 8 月，根据《国务院印发关于深化中央财政科技计划（专项、基金等）管理改革方案的通知》（国发〔2014〕64 号）有关工作部署，落实《国家创新驱动发展战略纲要》和《“十三五”国家科技创新规划》有关要求，科技部会同财政部、国家发展改革委制定了《国家科技创新基地优化整合方案》，旨在解决我国现有科研基地之间交叉重复、定位不够清晰的问题，进一步推进国家科技创新基地建设；2018 年 2 月，科技部、财政部印发了《国家科技资源共享服务平台管理办法》；2018 年 3 月，国务院办公厅印发了《国务院办公厅关于印发科学数据管理办法的通知》。上述法律法规从政策层面对我国的科技资源管理工作进行了指导和规范，初步形成了我国科技资源管理与开放共享的法律法规体系。

（2）国家区域平台体系建设　为全面提升我国科学整体水平，更好地服务于科技发展，自 1998 年起，国家分别建立了“国家啮齿类实验动物种子中心”和“国家遗传工程小鼠资源库”。自 2002 年以来，又先后启动了“国家实验用小型猪种质资源基地”“国家实验动物兔种质资源基地”“国家实验用猕猴种源基地”“国家 SPF 禽类种质资源中心”“实验用比格犬种源基地”和“国家实验灵长类种质资源中心”等项目，集中开展实验动物种质资源的收集、整合、保存，并开展标准化研究。建立种质资源生物学特性数据库，推动和实现种质资源的共享。

2010 年，科技部正式批准成立了包括国家犬类实验动物种子中心在内的 6 个国家实验动物种子中心（国科发财〔2010〕267 号），至此，国家共建立了 8 个国家级实验动物资源中心，涵盖了啮齿类、遗传工程小鼠、禽类、兔类、犬类、非人灵长类实验动物种子资源以及国家实验动物数据资源中心。这些中心的主要职责是引进、收集、保存实验动物品种品系，研发保种新技术，培育新品种品系，并向国内外用户提供标准的实验动物种子。

2019 年，科技部、财政部发布国家科技资源共享服务平台优化调整名单，“国家啮齿类实验动物资源库”“国家鼠和兔实验动物资源库”“国家非人灵长类实验动物资源库”“国家禽类实验动物资源库”“国家犬类实验动物资源库”“国家遗传工程小鼠资源库”纳入其中，2020 年增加了国家人类疾病动物模型资源库。推进了实验动物领域科技资源的开发应用与分析挖掘利用，提升了科技资源使用效率和科技创新支撑能力，为科学研究、技术进步和社会发展提供高质量的科技资源共享服务。

（3）国家共享网络体系建设　为了加快科技创新，积极推进科技资源开放共享，自 2002 年起，我国加快了国家共享网络体系建设。2006 年 2 月，国家批准成立国家科技基础条件平台中心，负责承担国家科技基础条件平台的建设和管理工作，全面落实和推动科技资源开放共享。2009 年，国家科技基础条件平台中心推动建设了“中国科技资源共享网”（以下简称“共享网”），承担国家科技资源信息汇集与发布、科技成果展示的任务，并开展科技资源信息的整合与开放共享工作。

随着我国科技的进步与发展，各个行业逐步建立了一批高质量的国家科技基础条件平台。2017 年，科技部、财政部、国家发展改革委印发了《国家科技创新基地优化整合方案》（国科发基〔2017〕250 号），对国家科技基础条件平台进行了优化调整，通过绩效考评，将符合条件的平台纳入国家科技资源共享服务平台序列进行管理。此外，围绕科研仪器、科研设施、科学数据、科技文献和实验材料等领域，科技部依托科研院所、高校，根据各自功能定位和建设运行标准，建设了一批高质量、高标准的国家科技资源共享服务平台（以下简称“国家平台”）。

2019 年，科技部、财政部依据《国家科技资源共享服务平台管理办法》对国家科技基础条件平台进行了调整优化，通过部门推荐和专家咨询，共形成了“国家高能物理科学数据中心”等 20 个国家科学数据中心、“国家重要野生植物种质资源库”等 30 个国家生物种质与实验动物材料库，2020 年增加了国家人类疾病动物模型资源库。至此，我国形成了以中国科技资源共享网为平台门户，以 51 家科技资源平台为核心的国家级科技资源共享网络体系。借助于大数据、云计算、区块链等现代信息技术手段，中国科技资源共享网整合了国家平台的科技资源目录信息，用户可以通过共享网“一站式”查询、浏览科技资源的基本信息，具体数据获取和资源服务由国家平台提供，这种信息“一站式”访问、资源分布式服务的方式初步实现了以信息共享带动实物及实体资源共享的目的，成为当前推动科技资源共享最便捷、高效的手段。

第二章

实验动物法制化管理

第一节 实验动物组织管理体系

一、国内外实验动物工作的发展历程与法制化管理

(一)国外实验动物工作的发展历程与法制化管理

1. 国外实验动物工作的发展历程

古埃及人为保存尸体，首先将猫、蛇和昆虫等动物制成木乃伊进行观察；古罗马人为研究人体结构，解剖了猪和猴子等；16世纪，Andreas Vasalius根据对人体解剖的直接观察，出版了巨著《人体解剖》，并用犬、猪做解剖学示教，从而奠定了现代解剖学的基础；17世纪，William Harvey与Stephen Hales，采用犬、蛙、蛇和鱼等证实了动物体内的血液循环现象，并于1628年发表了《动物心血运动的解剖研究》；1829年，Jerner研究牛的痘疹，发现牛痘与挤奶者手部接触的关系，提出了牛痘免疫预防天花的理论；18世纪末和19世纪，自然科学三大发现——细胞学说、能量守恒和转化定律与生物进化论，大大促进了比较解剖学、生理学和胚胎学的发展，并为实验动物科学的发展创造了条件；19世纪末，Friedrich用豚鼠做试验研究白喉杆菌，开创了抗生素治疗的时代。德国医生冯梅林从切除胰腺的犬身上发现了胰岛素与尿糖代谢有关。

1914年，日本人山极和市川用沥青长期涂抹兔耳朵，证实了化学物质致癌；1932—1933年，德国科学家Domagk用百浪多息(Prontosil)治疗感染链球菌的败血症小鼠，从而发现了体外试验无抗菌作用的百浪多息，在机体组织中偶氮基断裂形成对氨基苯环酰胺而发挥了抗菌作用；这一发现导致20世纪30—50年代的20年间，2 500种磺胺类药物的问世，从而开创了抗菌治疗的时代；1928年，英国细菌学家A. Flemling发现了青霉素，但直到1940年，Florey和Chian用其注射感染了链球菌、葡萄球菌的小鼠，才证实了青霉素是强有力的抗菌药物，从而开创了抗生素治疗的新时代；20世纪60年代初，美国农业部家禽研究所Narary最先研究出鸡的马立克病疫苗，这是人类战胜肿瘤性疾病的第一株疫苗；1959—1962年，欧洲发生了一种治疗孕妇妊娠反应的药物Thalidomide(反应停)中毒事件，造成欧洲出生了几万个短臂畸形儿，迫使世界各国修改药典，一类新药必须做畸形实验，以加强对药品的安全性评价。

1975年，英国科学家Kohler和Milstein利用BALB/c小鼠和传代的BALB/c小鼠骨髓瘤细胞SP20，发明了用杂交瘤研制单克隆抗体的技术，为免疫学、分子生物学、传染病学的发展做出了巨大贡献而获得诺贝尔奖；1982年，美国科学家Palmiter将大鼠生长素基因导入小鼠受精卵，所获得的部分转基因仔鼠生长加快，体重明显增加，这种小鼠被称为“超级小鼠”(super mouse)，引起全世界的轰动；1981年，Evans和Martin利用小鼠胚胎内细胞团建立的体外可以连续扩增和传代的具有发育全能性的胚胎干细胞，为基因敲除奠定了技术基础；1987年，Thomas首次建立了完整的胚胎干细胞基因敲除的小鼠模型；2009年，美国威斯康星医学院及法国国家卫生院等部门的研究人员在《科学》杂志上宣布他们利用锌指核酸技术成功创建了首个基因靶标剔除大鼠。

21世纪初，人类和小鼠基因组序列草图的公布标志着生命科学进入了一个新的纪元——后基因组时代。自此，人们开始把目光更多地投向了基因的功能与作用研究。于是各种基因修饰动物模型，在与人类疾病密切相关的生命科学研究工作中备受科学家们的青睐和推崇。

2. 国外实验动物工作的法制化管理

由于实验动物是人类的替身，国际上的许多发达国家对实验动物工作都非常重视。20世纪40年

代以后，美国、日本、法国、荷兰、联邦德国、英国、加拿大等国先后成立了实验动物学会或类似组织；1956年，联合国教育、科学及文化组织（UNESCO）、国际医学科学组织理事会（CIOMS）、国际生物科学联合会（IUBS）共同发起成立了国际实验动物委员会（ICLA）；1961年，ICLA的活动得到世界卫生组织（WHO）的合作，并于1979年更名为国际实验动物科学协会（ICLAS）。ICLAS通过建立并提供标准、资源和咨询服务，提倡全球范围内实验动物科技知识的进步和生物研究资源的共享，促进高质量实验动物的监控与生产，促使人们在科研实验中遵循伦理原则、科学合理地使用动物。

自20世纪中叶起，许多发达国家都颁布了一系列的实验动物法律法规和质量标准。如美国的《实验动物饲养管理和使用指南》（1963年）、《动物福利法》（1966年）、《良好实验室操作规范（GLP）》（1978年），日本的《动物保护管理法》（1971年）、《实验动物饲养与保护基准》（1980年）、《关于实施医药品安全性试验的标准（GLP）》（1982年）、《实验动物设施建筑和设备》（1983年），英国的《动物使用保护（麻醉）法》（1951年）、《善待动物法》（1962年）、《科研用动物居住和管理操作规程》（1989年）、《动物设施中的健康与安全规定》（1992年），欧洲共同体的《用于实验动物和其他科学目的的脊椎动物保护欧洲公约》（1986年），加拿大的《研究用动物法》（1971年）、《实验动物管理和使用指南》（1980年），澳大利亚的《实验动物管理与使用法》（1985年），韩国的《动物保护法》（1991年）等。

这些法律法规和质量标准从保护实验动物福利、提高实验动物质量和保证动物实验结果的可靠性等多角度出发，对实验动物生产和使用都提出了具体要求，促进了相应国家实验动物工作的法制化、规范化管理，也为其生命科学研究水平的持续提高和生物医药产业的快速发展，发挥了巨大的推动和促进作用。

（二）我国实验动物工作的发展历程与法制化管理

1. 我国实验动物工作的早期状况

在中华民族文明的发展过程中，动物很早就被用于实验研究。我国的商周时期即有用动物试验毒药的记载。进入20世纪以后，我国开始从国外引进并开始饲养和使用实验动物。1918年，原北平中央防疫处处长齐长庆最先开始饲养繁殖小鼠并从日本引进豚鼠。1919年，谢恩增最先使用地鼠做肺炎球菌的检定。1946年，汤飞凡教授从印度Hoffkine研究所引入小鼠，饲养在昆明中央防疫处，这便是当今普遍饲养的昆明小鼠。1948年，蓝春霖教授从美国引入金黄地鼠。中华人民共和国成立后，北京、上海、长春、兰州、成都等地的生物制品研究所，北京、上海的一些科研机构和大专院校等许多单位，陆续建立了一定规模的实验动物繁殖场。当时的饲养设施条件极其简陋，专业化管理更无从谈起。

2. 我国实验动物工作的发展历程

1978年，我国召开了第一次全国科学大会，使我国各个行业的科技工作步入了快速发展阶段。作为生命科学研究和生物医药产业发展不可或缺的重要支撑条件，我国的实验动物工作受到广泛重视。1980年，农业部邀请了美国马里兰州立大学比较医学系主任徐兆光教授到我国讲学，在北京举办了第一个全国高级实验动物人才培训班，启动了我国实验动物科学现代化的进程。之后，国务院委托国家科委主管全国的实验动物科学工作。国家科委在1982年和1985年先后两次召开全国实验动物科学工作会议，通过加紧各种条例的制订和专业人员的培训等举措，我国的实验动物工作才开始走上快速发展的轨道。但那时的饲养设施条件没有根本性的改善，也还没有动物质量等级标准。

3. 我国实验动物工作的组织管理体系

进入20世纪80年代以后，我国的生命科学研究工作得到了广泛而深入的开展，对实验动物的使用需求越来越多，实验动物的法制化管理工作也变得越来越迫切。经过广大实验动物从业人员的积极努力和诸多老一辈实验动物专家的不断呼吁，在各级政府领导的重视和支持下，1988年10月，国家科学技术委员会以2号令的形式，颁布并实施了《实验动物管理条例》。该《条例》第五条明确规定："国家科学技术委员会主管全国实验动物工作。省、自治区、直辖市科学技术委员会主管本地区的实验动物工作。国务院各有关部门负责管理本部门的实验动物工作。"

根据该《条例》的要求，在国家层面，科技部负责全国的实验动物管理工作；国务院各有关部门负责本部门的实验动物管理工作。在省级层面，各省、自治区、直辖市科技管理部门，通过设置省级动管办或动管会等机构，对本地区的实验动物工作进行组织管理；各省、自治区、直辖市有关部门负责本部门的实验动物管理工作。在单位层面，各实验动物相关机构的科研条件管理部门负责本单位的实验动物管理工作。

自此，我国自上而下建立了统一规划、条块结合、逐级管理的实验动物组织管理体系，见表 2-1。

表 2-1　我国实验动物的组织管理体系

类别		机构	职责
国家层面	国家主管部门	科技部	主管全国实验动物工作，统一制定我国实验动物的法规、规章和发展规划，监管各地、各部门的执行情况
	行业管理部门	国务院各有关部门	负责管理本部门的实验动物工作，依职责参与国家有关实验动物标准、规章的制定
省级层面	地方主管部门	地方科技管理部门	主管本辖区的实验动物工作，是实验动物许可证发放、管理的实施机关
	地方行业管理部门	地方各有关部门	依其职责，负责管理本部门的实验动物工作
	地方管理机构（动管办、动管会）	地方科技管理部门或有关部门设立	具体负责本地区或本部门的实验动物日常管理与监督工作
单位层面	单位动管会	从事实验动物工作的法人单位	负责制定本单位的实验动物发展规划及具体的管理工作

4. 我国实验动物工作的法规标准体系

根据《实验动物管理条例》，在遵照执行《中华人民共和国行政许可法》《中华人民共和国动物防疫法》等相关法律的基础上，科技部统一制定我国实验动物的发展规划、战略目标和实施方案；独自或联合国家市场监管总局等部门，分别于 1997 年 12 月、1998 年 5 月、1998 年 9 月、2001 年 12 月和 2006 年 9 月，先后颁布了《实验动物质量管理办法》《实验动物种子中心管理办法》《国家啮齿类实验动物种子中心引种、供种实施细则》《实验动物许可证管理办法（试行）》《关于善待实验动物的指导性意见》等针对实验动物管理工作的规范性文件，以规范全国的实验动物管理工作。

国务院各有关部门发布实验动物的规范性文件和国家标准（环境设施、微生物寄生虫、饲料营养、遗传繁育、福利伦理等），负责《实验动物管理条例》《实验动物质量管理办法》《实验动物许可证管理办法（试行）》等国家法规、国家标准、规范性文件在本部门的贯彻落实工作。

各省、自治区、直辖市科技管理部门根据本地区的实际情况，通过制定落实国家法规的实施细则和执行国家标准，或敦促地方立法、建立地方标准，以规范本地区的实验动物管理工作。

各实验动物相关机构的科研条件有关部门负责《实验动物管理条例》《实验动物质量管理办法》《实验动物许可证管理办法（试行）》等国家和地方的法规、规章、标准在本单位的组织实施。

由此，我国的科技部颁布行政法规，国务院各有关部门颁布国家标准或部门规范性文件；地方主管部门出台实施细则或敦促地方人大立法，地方有关部门颁布地方标准；各实验动物相关机构具体组织实施实验动物的各项法规、规章、标准。逐步形成了一套较为完善的实验动物法规标准体系，见表 2-2。

5. 我国各地实验动物管理机构的职能

为了有效贯彻落实《实验动物管理条例》，全国各省、自治区、直辖市根据本地区的实际情况，分别在本地区科技管理部门或有关部门设立动管办、动管会等管理机构。各地动管办、动管会受托或协助本地区科技管理部门或有关部门，进行实验动物许可证的发放、管理等行政执法工作；负责本地区实验动物及其相关产品的质量管理和从业人员的培训考核工作；负责本地区的实验动物日常管理与监督工作。

表 2-2　我国实验动物的法规标准体系

类　别	法规规章标准名称	发布机构
国家法律	《中华人民共和国动物防疫法》等与实验动物管理相关的法律	全国人大常委会
行政法规	《实验动物管理条例》,1988/2011/2013/2017	国务院批准,科技部发布
部门规范性文件	《实验动物质量管理办法》,1997	科技部、国家市场监管总局
	《实验动物种子中心管理办法》,1998	科技部
	《国家啮齿类实验动物种子中心引种、供种实施细则》,1998	科技部
	《实验动物许可证管理办法(试行)》,2001	科技部等七部局联合发布
	《关于善待实验动物的指导性意见》,2006	科技部
地方法规规章	《北京市实验动物管理条例》,1996/2004/2021	北京市人大常委会
	《XX 省实验动物管理条例》	XX 省人大常委会
	《XX 省实验动物管理办法(或实施细则)》	XX 省人民政府
技术标准	各种实验动物国家标准,1994/2001/2008、2010/2022、2023	国家市场监管总局 国家标准化管理委员会
	各地方实验动物质量、检测等标准	各地方市场监管局
	实验动物从业人员要求等团体标准	中国实验动物学会

党的十八大以来,党中央提出了创新、协调、绿色、开放、共享的新发展理念,实施了京津冀协同发展、长江经济带建设等引领区域发展的重大战略。2023 年 12 月 27 日,为贯彻落实党中央的京津冀协同发展战略,进一步推动京津冀实验动物管理工作的协同发展,提升服务实验动物持证单位能力与水平,经三地科技管理部门共同研究,三地联合制定了《进一步推动京津冀三地实验动物管理工作协同发展的若干措施》(冀科平〔2023〕15 号)。该《措施》的主要内容包括:建立信息通报机制;推进管理信息平台共建共享;推动地方标准互认;推动人员培训交流;推动专家团队融合。该《措施》的贯彻落实,将为京津冀三地实验动物管理工作的法制化、标准化和协同化发展提供制度性保障,也为我国实验动物管理工作区域协同发展竖起了一面旗帜。以下介绍北京市实验动物管理办公室的概况和职能。

(1)北京市实验动物管理办公室的概况　北京市实验动物管理办公室的前身为北京市实验动物管理委员会办公室,是 1991 年 8 月经市人民政府批准成立,隶属于北京市科学技术委员会、中关村科技园区管理委员会的独立法人单位,也是常设机构。

(2)北京市实验动物管理办公室的职能　为贯彻落实国家《实验动物管理条例》,北京市第十届人大常委会第三十一次会议于 1996 年 10 月 17 日,通过了《北京市实验动物管理条例》。2021 年修订版《北京市实验动物管理条例》第五条规定:市科学技术部门主管本市实验动物工作,负责制定实验动物发展规划,以科技项目经费支持实验动物科学研究。北京市实验动物管理办公室在市科学技术部门的领导下,负责实验动物工作的日常管理与监督。

自成立以来,北京市实验动物管理办公室全面参与了《北京市实验动物管理条例》的历次制修订,还组织制定了《北京市实验动物许可证管理办法》《北京市实验动物运输管理办法》《北京市实验动物废物无害化处理管理办法》《突发实验动物事件应急预案》等一系列北京地区实验动物法制化管理办法;每年组织数百人次的实验动物许可证现场评审验收与监督检查;组织实验动物质量检测机构对北京地区所有实验动物生产单位每年进行 2 次实验动物质量抽检。通过这些管理工作的实施,积极促进了国家有关实验动物的法律、法规和规章在北京地区的贯彻落实,也有力地推动了北京地区实验动物管理工作的法制化和规范化。

二、实验动物质量管理与相关专业委员会

(一)实验动物的质量管理

1. 实验动物种质资源的条件支撑

(1)实验动物种子中心的建立　根据《实验动物管理条例》第十条"实验动物的保种、饲育应采用国内或国外认可的品种、品系,并持有效的合格证书"和《实验动物质量管理办法》第五条"实验动物品种、品系的维持,是保证实验动物质量和科研水平的重要条件。建立国家实验动物种子中心的目的,在于科学地保护和管理我国实验动物资源,实现种质保证"之规定,1998 年 5 月,科技部颁发了《国家实验动物种子中心管理办法》。

《国家实验动物种子中心管理办法》总则中规定:根据国家科学技术发展的需要,由科学技术部统一协调,择优建立各品种的国家实验动物种子中心,必要时各品种实验动物种子中心可设分中心和特定品种、品系保种站;国家实验动物种子中心受各自的主管部门领导,业务上接受科学技术部的指导和监督。

(2)实验动物种子中心的效能　《国家实验动物种子中心管理办法》规定国家实验动物种子中心的主要任务是:引进、收集、保存实验动物品种品系;研究实验动物保种新技术;培育实验动物新品种、品系;为国内外用户提供标准的实验动物种子。

实验动物种质资源是支撑国家科技创新与经济发展的基础性、公益性的战略资源,在服务、推进和引领生命科学基础研究、现代生物技术创新和生物医药产业发展中处于重要战略地位,并发挥着其他科技基础支撑条件不可替代的重要作用。国家实验动物种子中心的设立和运营,为我国实验动物种质资源的引进、开发、培育、保存和供应,提供了基础性支撑作用,有效保障了我国实验动物的生产质量,有力促进了我国生命科学研究的原始创新和生物医药产业的高质量发展。

2. 实验动物质量管理体系

我国对实验动物的许可证、种质资源、质量标准、质量监测和市场供应,建立并实施一套较为完善的质量管理体系,使各种实验动物信息资源能够在全国范围内实现共享。

(1)许可证　通过《实验动物许可证管理办法(试行)》在全国各地的贯彻落实,使所有实验动物相关单位都取得《实验动物生产许可证》或《实验动物使用许可证》,从行政许可方面来规范实验动物的生产和使用。

(2)种质资源　通过前述国家实验动物种子中心的运行和种子供应,为全国各生产机构的实验动物生产质量提供种源保障。

(3)质量标准　通过实验动物质量国家标准(尚未制定国家标准的,可依次执行行业标准或地方标准)在全国范围内的全面实施,为全国各生产机构的实验动物生产提供统一的质量标准。

(4)质量监测　通过对所有实验动物质量检测机构实行国家认证制度,使实验动物质量监测工作得到规范化、专业化的技术保障。

全国实验动物质量管理体系可概括如图 2-1 所示。

(二)实验动物管理的专业委员会

1. 实验动物标准化技术委员会

(1)全国实验动物标准化技术委员会　全国实验动物标准化技术委员会成立于 2005 年,是国家标准化管理委员会直属标委会。2005 年 3 月 18 日,国家标准化管理委员会正式批准成立了"全国实验动物标准化技术委员会"(以下简称"全国标委会"),第一届委员会委员共 41 名,中国医学科学院医学实验动物研究所所长秦川教授担任主任委员,全国标委会秘书处设在该所。2005 年 5 月全国标委会成立大会在北京召开,国标委、科技部、卫生部、农业部、药监局、中医药局和医科院等有关领导出席了会议。全

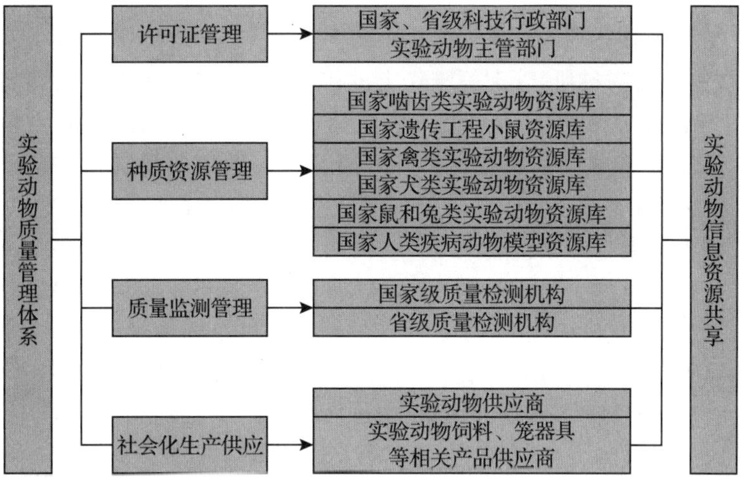

图 2-1　全国实验动物质量管理体系

国标委会的成立，标志着我国实验动物科学研究及产业的标准化工作进入了崭新阶段，向管理科学化、市场规范化迈出了坚实的一步。

全国标委会成立后，充分发挥行业机构和企业的作用，同时积极争取国家有关部门与其他行业技术机构的支持和配合，共同开创实验动物科学标准化工作的新局面。在标准计划完成、上报标准制修订计划、标准审查、标准调研、标准清理、标准体系建设、标准咨询和宣传以及国际标准化活动等各项工作中取得了较大的进展。2004—2005 年组织对 2001 年制(修)订的 83 项国家标准进行了清理。于 2006 年修订实验动物国家标准 20 项，包括微生物 8 项、遗传 3 项、寄生虫 1 项、环境 1 项、营养 7 项。2006 年底分别成立微生物、遗传、寄生虫、环境和营养 5 个工作组共计 34 人参加修订工作。2008 年 11 月，全国标准委批准发布了新修订的 11 项实验动物国家标准，包括微生物 7 项、遗传 2 项、营养 1 项、寄生虫 1 项。2009 年 9 月开始进行实验动物国家标准的体系建设工作，召开了实验动物标准化体系建设研讨会，探讨了我国实验动物的标准体系建设工作整体规划和组织机构设置框架。

(2)地方实验动物标准化技术委员会　以北京市实验动物标准化技术委员会为例。北京市实验动物标准化技术委员会是 2014 年 11 月 14 日经北京市市场监督管理局(原北京市质量技术监督局)批准成立的非法人技术组织，主要负责分析实验动物领域标准化的需求，研究提出本领域标准化工作规划、计划和标准体系的建议，实验动物领域地方标准的立项论证、起草、预审、实施信息反馈和评估、复审等工作，为行业主管部门提供技术支撑，协助相关单位参与国际标准、国家标准、行业标准和团体标准制修订工作，开展或参与实验动物领域标准宣传培训，开展标准化咨询服务工作。北京市实验动物标准化技术委员会秘书处设在北京市实验动物管理办公室。

自成立以来，在北京市市场监督管理局的领导下，结合国内外的实验动物标准发展现状，北京市实验动物标准化技术委员会提出并制(修)订了一系列的北京市实验动物地方标准，如(DB11/T 1457—2017)《实验动物运输规范》、(DB11/T 1734—2020)《实验动物福利伦理审查技术规范》、(DB11/T 1804—2020)《实验动物　繁育与遗传监测》、(DB11/T 1805—2020)《实验动物　病理学诊断规范》、(DB11/T 1806—2020)《实验动物　寄生虫检测》、(DB11/T 1807—2020)《实验动物　环境条件》、(DB11/T 1808—2020)《实验动物　配合饲料养分与卫生要求》、(DB11/T 1809—2020)《实验动物　微生物检测》等。

这些标准的制定充分考虑到了北京地区的实际情况，创新性地填补了北京市缺少实验动物地方标准的空白，不仅有力促进了本地区实验动物品种品系的增加、生产质量的提高、运输与使用的规范，也为北京首善之区和国际科技创新中心的建设发挥了积极的技术推动作用。

2. 实验动物专家委员会

(1)国家实验动物专家委员会　为落实《国家中长期科学和技术发展规划纲要(2006—2020年)》,充分发挥专家在实验动物科研、管理等工作上的咨询作用,进一步推进我国实验动物工作法制化管理、资源平台、质量保障体系和人才队伍等方面的建设,全面支撑我国生命科学和生物产业等的发展,2011 年 4 月,科技部决定成立国家实验动物专家委员会。国家实验动物专家委员会主任委员由孟安明院士担任,副主任委员由北京市实验动物管理办公室原主任李根平等 4 人担任,委员由全国各大实验动物工作相关单位的实验动物专家组成。

国家实验动物专家委员会的主要职责是:开展实验动物发展研究并为我国实验动物工作提供咨询和建议;为我国实验动物法制化管理、相关政策法规的制定提供咨询和建议;受科技部委托,开展我国实验动物资源建设和质量保障体系建设等工作的调研;承担科技部委托的其他相关工作。成立 10 多年来,国家实验动物专家委员会开展了大量的调研、咨询和建议工作,为我国实验动物法制化管理、相关政策法规的制定提供了有力的技术支持。

(2)地方实验动物专家委员会　以北京市实验动物专家委员会为例。为推动北京市实验动物管理工作的深入开展,1991 年 4 月,在北京市实验动物管理委员会成立的同时,还成立了北京市实验动物管理委员会专家委员会(现更名为北京市实验动物专家委员会),协助北京市实验动物管理委员会进行技术咨询工作。北京市实验动物专家委员会委员由具有扎实理论知识和丰富实践经验的北京地区各大实验动物工作相关单位的实验动物专家组成。30 余年来的实践表明,北京市实验动物专家委员会对北京地区实验动物生产质量的提高和使用规范化的提高,都发挥了不可或缺的技术支持作用。

3. 实验动物福利伦理委员会

实验动物是人类的替身,人类从道义上就应当善待实验动物。为此,我国《实验动物管理条例》第二十九条规定:从事实验动物工作的人员对实验动物必须爱护,不得戏弄或虐待。为了贯彻落实《实验动物管理条例》,2006 年 9 月 30 日,科技部发布了《关于善待实验动物的指导性意见》的通知(国科发财字〔2006〕398 号),要求全国实验动物工作相关单位认真贯彻落实。

为了有效贯彻落实《关于善待实验动物的指导性意见》,根据本意见第五条“实验动物生产单位及使用单位应设立实验动物管理委员会(或实验动物道德委员会、实验动物伦理委员会等)”之规定,全国大多数实验动物工作相关单位都成立了实验动物管理委员会(或兼实验动物福利伦理委员会)。其主要任务是保证本单位实验动物设施环境符合善待实验动物的条件要求,实验动物从业人员得到必要的培训和学习,动物实验实施方案设计合理,规章制度齐全并能有效实施,并协调本单位实验动物的应用者之间尽可能合理地使用动物以减少实验动物的使用数量。

10 多年来,全国大多数实验动物工作相关单位的实验动物设施环境都符合了善待实验动物的条件要求,从业人员的实验动物伦理意识不断增强,实验动物福利措施不断丰富,较好地体现了人道地对待实验动物。

三、实验动物社团组织与学术期刊

(一)实验动物社团组织

1. 国家实验动物学会

中国实验动物学会成立于 1987 年,是全国实验动物科技工作者的社团组织。20 世纪 80 年代,在国家科学春天的大好形势和实验动物学界科技工作者的迫切希望下,经过有关专家的不断呼吁和牵头筹建单位(中国医学科学院医学实验动物研究所,系当时我国最早的唯一以实验动物科研、教学和生产为主要任务的科研机构,以下简称“动研所”)的积极努力,1987 年 4 月国家科委批准成立中国实验动物学会(以下简称“学会”)。同年,学会加入中国科协,并在国家科委王仁武、动研所卢耀增、方喜业等专家学者的带领下，分别以国家代表和科学家代表身份加入 ICLAS。

1987 年的学会成立大会上产生了第一届理事会，卫生部原部长钱信忠出任第一届理事长。此后的 30 多年间，动研所所长卢耀增、卫生部科教司司长刘海林、中国医学科学院常务副院校长（后任卫生部副部长）刘谦、动研所所长秦川先后担任学会理事长。目前，赵宏旭任学会秘书长。作为挂靠单位，动研所为学会提供办公场所和专职工作人员，承担起学会秘书处大量的日常工作。

学会的主要职能是开展实验动物学术交流与培训，促进实验动物科学技术的发展，具体包括：举办学术会议，为科技工作者搭建学术交流平台；出版学术期刊，为科技工作者提供学术争鸣和信息交流园地；组织专业培训，开展我国实验动物学科的继续教育和专业教育；加强国际交流，推进我国实验动物事业发展与国际接轨；设立表彰和奖励，发挥学会在科技评价中的优势和作用。

学会成立 30 多年来，在各届理事会的领导下，团结广大实验动物科技工作者，紧紧围绕国家科技中心工作和实验动物科学事业发展需要，扎实工作，奋发进取，业务职能逐步巩固，服务水平不断提高。在开展国内外学术交流与培训，促进实验动物学科发展以及实验动物科技知识的推广和普及，促进民间科技合作，促进我国实验动物行业法制化管理、标准化、规模化发展等方面，发挥了不可替代的作用。

2. 地方实验动物学会

20 世纪 80 年代，我国许多地方陆续成立了省级实验动物学会。这些学会的宗旨主要是：组织实验动物科技领域里的学术交流和人员培训，普及实验动物科学知识，推广新技术、新经验，促进国际间的学术交流和合作，为政府制定实验动物管理法规、标准等提供专业咨询。在此，本书简要介绍北京实验动物学学会。

北京实验动物学学会于 1981 年 10 月在北京筹备运行，1983 年 6 月 6 日正式成立第一届理事会，是实验动物行业形成的较早的理工类社团组织。学会由北京市实验动物相关科研院所、大专院校、生产企业、医疗单位等企事业单位和个人会员所组成。学会内设学术交流部、组织工作部、咨询开发部、科普部（实验动物科学普及工作委员会）、编辑部（《实验动物科学》期刊编辑工作委员会）共 5 个部门，下设实验动物福利伦理专业委员会、实验动物职业健康专业委员会、实验动物生物安全专业委员会、实验动物兽医师专业委员会、实验动物质量与评价专业委员会、实验动物环境设施专业委员会共 6 个分支机构。四十年来，钟品仁、孙靖、季延寿、王宇、荣瑞章、贺争鸣、孙岩松先后担任学会理事长；胡建武为现任学会秘书长。

学会宗旨是团结和组织广大的实验动物工作者，促进科学技术的普及和推广，促进科学技术人才的成长和提高。主办国内外发行的中文科技核心期刊《实验动物科学》。

学会通过积极开展学术、编辑、培训、科普和咨询等方面的工作，坚持民主办会的原则，倡导“献身、创新、求实、协作”的精神，为实验动物相关领域的企业提供相关咨询及技术支持和服务，为实验动物专业学者开展继续教育培训等方面工作，为首都地区的人才培养和经济建设做出了积极的贡献。学会将继续履行桥梁纽带的职能，不断增加凝聚力，把学会真正办成实验动物科技工作者之家。

3. 地方实验动物行业协会

近年来，随着我国实验动物行业的不断发展，一些地方陆续成立了省级实验动物行业协会。这些协会的宗旨是：充分发挥企事业单位与政府间的桥梁作用，宣传、贯彻国家及本地区实验动物科学事业的方针和政策，促进实验动物科学技术的普及推广和实验动物从业人员专业水平的提高，促进实验动物行业的快速、规范、健康发展。在此，本书简要介绍北京实验动物行业协会。

北京实验动物行业协会（以下简称“北京协会”）是经北京市民政局社会团体登记管理办公室注册登记的非营利性社会团体。北京协会成立于 2007 年 5 月 16 日，负责政策宣传、业务培训、认定资格、维护权益、信息服务、合作交流、表扬奖励、中介服务等。北京协会是由北京地区从事实验动物相关工作的企事业单位自愿组成的公益性、地方性社团法人，接受北京市科学技术委员会的业务管理，现有团体会员 170 余家。北京协会秘书处负责处理协会的日常工作，下设办公室、培训部、科普部、信息部、奖励办、国际合作部和财务部等7个职能部门。17年来，贺争鸣、赵德明、李学勇先后担任协会理事长，刘执寅为现任协会秘书长。

北京协会以服务会员、倡导诚信友爱、互助务实、强化社会责任为宗旨，以调动一切积极因素、会员办会、民主办会为方针，充分发挥企事业单位与政府间的桥梁作用，为北京市实验动物行业的快速、健康发展竭智尽力。

北京协会承担了北京地区实验动物从业人员的培训考核工作，每年开展继续教育培训8～10项。北京市实验动物从业人员上岗培训考核是协会的主要工作之一，自北京协会成立以来，累计发放实验动物从业人员上岗证5万多张。屏障设施运行管理培训已经开展了10余年，每年2～3期，培训时间5 d，注重基础和实践操作，在实验动物行业有较高的知名度，参加培训的人员已经扩展到全国范围。北京协会每年都要开展的培训还包括实验动物相关标准培训、福利伦理培训以及针对单位负责人的法律法规培训等。其他的培训工作是根据实验动物行业的需求和最新发展趋势确定的，如实验动物追溯体系应用培训、实验动物常见病模型建立培训、实验动物应急队伍培训、大动物手术制备模型培训和实验动物设施管理与生物安全培训等。

北京协会承担了北京地区实验动物相关会议的承办工作。实验动物国际论坛已经成功举办了10届，每两年1届。小规模的专项技术国际研讨会与大型的实验动物科学国际论坛交替举办，确保实验动物从业人员每年有一次国际交流的机会。北京协会每年举办北京地区实验动物行业会员单位经验交流会，对年度先进集体、先进个人和行业优秀管理者等进行表彰鼓励，促进从业人员积极工作、争先创优。

北京协会近几年承担的实验动物相关项目或课题共计10余项。北京协会承担了北京地区实验动物地方标准发展规划项目的具体实施工作，承担的课题还涉及依法行政、执法能力保障、项目组织管理、动物模型等方面。

（二）实验动物学术期刊

1. 国外常用实验动物学术期刊

国外常用实验动物学术期刊如下：

①*Alternatives to Laboratory Animals*（*ATLA-ALTERN LAB ANIM*）；

②*Animal Welfare*（*ANIM WELFARE*）；

③*COMPARATIVE MED*；

④*Journal of the Institute for Laboratory Animal Research*（*ILAR J*）；

⑤*Experimental Animals*（*EXP ANIM TOKYO*）；

⑥*Journal of Applied Animal Welfare Science*（*J APPL ANIM WELF SCI*）；

⑦*Journal of American Association for Laboratory Animal Science*（*J AM ASSOC LAB ANIM SCI*）；

⑧*Laboratory Animals*（*Lab Animal*）；

⑨*Laboratory Animals*（*UK*）；

⑩*Primates*；

⑪*Scandinavian Journal of Laboratory Animal Science*（*SCAND J LAB ANIM SCI*）。

2. 国内常用实验动物学术期刊

国内常用实验动物学术期刊如下：

①《中国实验动物学报》；

②《中国比较医学杂志》；

③《实验动物科学》；

④《实验动物与比较医学》。

第二节　实验动物法律法规规定

一、国家实验动物法律法规

(一)实验动物行政法规

1.《实验动物管理条例》的颁布和修改

我国现行的《实验动物管理条例》是1988年10月,由原国家科委以2号令的形式颁布实施的,覆盖全国、法律地位最高的实验动物管理行政法规。该条例于2011年、2013年和2017年先后进行过修订。3次修订后的内容变化不大,只是在2017年修订时调整了实验动物的进出口管理规定,删除了"地方各级实验动物工作的主管部门,对从事实验动物工作的各类人员,应当逐步实行资格认可制度"的规定。该条例第一次以行政法规的形式全面规范了我国的实验动物管理工作,标志着我国实验动物管理工作步入法制化、规范化管理的轨道。

该条例的颁布与实施,是我国实验动物发展史上具有划时代意义的事件,在国内实验动物及其相关行业引起极大的反响。不仅有效规范了我国实验动物的生产和使用管理工作,全面提高了我国实验动物的设施条件标准和生产质量,更积极推动了我国实验动物科学及其支撑的医学、药学乃至整个生命科学领域的快速发展,有力促进了我国生物医药产业的国际化和高质量发展。

2.《实验动物管理条例》的主要内容

目前,执行的是2017年3月修订版《实验动物管理条例》,全文共八章、33条,从实验动物的管理模式、饲育管理、检疫和传染病控制、应用、进出口管理、从业人员、奖励与处罚等方面明确了国家管理的准则,为全国实验动物管理工作的规范化、法制化提供了制度依据和发展方向。其主要内容如下。

①提出了加强实验动物管理工作,是为了保证实验动物质量,适应科学研究、经济建设和社会发展的需要。因此,实验动物管理工作的核心是实验动物质量的管理。离开实验动物质量的规范化管理,实验动物管理工作就失去了存在和发展的根基。

②本条例首次对我国实验动物确定了规范的概念:是指经人工饲育,对其携带的微生物实行控制,遗传背景明确或者来源清楚的,用于科学研究、教学、生产、检定以及其他科学实验的动物。目前,我国各类管理文件和技术文献都在沿用这一概念。这一规定性概念为实验动物工作管理提供了具体的范畴。

③本条例规范的相对人是从事实验动物的研究、保种、饲育、供应、应用、管理和监督的单位和个人,这是实验动物质量管理的重点。

④本条例明确了实验动物工作的主管机关是国家和地方的科学技术行政主管部门,确立了我国实行实验动物的质量监督和质量合格认证的管理制度。重点强调对产品质量的管理。为此,本条例规定了国家科委制定具体办法,国家技术监督局制定了实验动物遗传学、微生物学、营养学和饲育环境等方面的国家标准。这就初步形成了我国实验动物质量管理模式,即在技术规范支撑基础上的行政管理体系。

⑤为了实现实验动物质量的有效控制,本条例规定从事实验动物工作的单位,必须根据遗传学、微生物学、营养学和饲育环境方面的标准,定期对实验动物进行质量监测,要有科学的管理制度和操作规程。

⑥实验动物的种子质量合格是保证实验动物质量的首要问题,因此本条例对实验动物的保种进行了规定:实验动物的保种、饲育应采用国内或国外认可的品种、品系,并持有效的合格证书。"合格证"的相关规定,为后来有关种子的管理规范文件的出台提供依据。

⑦本条例规定了我国实验动物的等级划分，对相应等级的微生物控制、饲料的质量、饮水的卫生标准、垫料的质量都提出了原则要求。为后来的实验动物质量标准的出台和相应的实验动物质量管理均提供了依据。

⑧基于实验动物防疫的特殊性和国内外实验动物因防疫问题发生的惨痛教训，本条例对此进行了特殊而详细的规定：

对引入的实验动物，要求必须进行隔离检疫；对补充种源或开发新品种而捕捉的野生动物，要求必须在当地进行隔离检疫，方可进入实验动物饲育室；对必须进行预防接种的实验动物，可根据实验要求或者按照《中华人民共和国动物防疫法》的有关规定，进行预防接种，但用作生物制品原料的实验动物除外；对患病死亡的实验动物，要求及时查明原因，妥善处理，并记录在案；对患有传染性疾病的实验动物，要求立即视情况分别予以销毁或者隔离治疗。对可能被传染的实验动物，进行紧急预防接种；对饲育室内外可能被污染的区域采取严格消毒措施，并报告上级实验动物管理部门和当地动物检疫、卫生防疫单位，采取紧急预防措施，防止疫病蔓延。

⑨规范实验动物的应用是实验动物质量控制的最后一个关键环节，也是实验动物质量管理的目的。为了实现实验动物质量的全程控制，条例规定申报科研课题（实验动物质量的前置性控制）和鉴定科研成果（实验动物质量的后置性控制），要把应用合格实验动物作为基本条件。应用不合格实验动物取得的检定或者安全评价结果无效，所生产的制品不得使用。这样的规定、这样的管理力度，在国际上也是不多见的。

⑩关于实验动物供应环节的质量控制，条例对供应用的实验动物做出详细的规定，要求供应者应提供完整的资料，包括：品种、品系及亚系的确切名称；遗传背景或其来源；微生物检测状况；合格证书；饲育单位负责人签名。无上述资料的实验动物不得应用。

⑪实验动物运输经常是实验动物质量控制的较薄弱环节。条例规定实验动物的运输工作应当有专人负责。实验动物的装运工具应当安全、可靠。不得将不同品种、品系或者不同等级的实验动物混合装运。

⑫关于实验动物的进口与出口的质量管理，有一个质量标准的问题：按国际商品进出口规则，进口与出口双方的标准不同时，进口时应该遵从进口国的标准要求，出口时应遵从进口国的标准要求。

由于原种质量的特殊重要性，条例规定进口作为原种的实验动物，必须附有饲育单位负责人签发的品系和亚系名称以及遗传和微生物状况等资料，否则不得进口和应用；出于对国家动物资源的保护，条例规定出口应用国家重点保护的野生动物物种开发的实验动物，必须按照国家的有关规定，取得出口许可证后，方可办理出口手续；进口、出口实验动物的检疫工作，按照《中华人民共和国进出境动植物检疫法》的规定办理。

⑬实验动物从业人员素质是实验动物质量管理的首要问题。因此，条例规定实验动物工作单位应当根据需要，配备科技人员和经过专业培训的饲育人员。各类人员都要遵守实验动物饲育管理的各项制度，熟悉、掌握操作规程；直接接触实验动物者必须定期组织体格检查，对患有传染性疾病者及时调换工作；从事实验动物工作的人员对实验动物必须爱护，不得戏弄或虐待。

⑭实验动物质量工作的奖励与处罚：奖励由管理实验动物工作的部门负责；对单位的处罚由管理实验动物工作的部门负责，对工作人员由所在单位处分。

⑮条例具体的实施办法，由各地方政府和国务院有关部门根据本条例，结合具体情况制定。

（二）与实验动物相关的法律法规

1. 动物防疫法

《中华人民共和国动物防疫法》是 2021 年 1 月 22 日第十三届全国人大常委会第二十五次会议修订的、与实验动物相关的法律。本法分十二章、共 113 条，从动物疫病的预防、报告、通报、公布和控制，动物和动物产品的检疫，病死动物和病害动物产品的无害化处理，动物诊疗，兽医管理，监督管理，保障措施，法律责任等方面，对我国与动物防疫相关的活动进行了规范。其中，与实验动物有密切关系的是第一百一十二条。但由于普通动物的许多病原都是与实验动物共患的，且普通动物的防疫措施大都适用于实验动物（第一百一十二条规定的除外），显然本法整体内容都与实验动物工作相关。主要条款内容如下。

①国家制定本法的目的在于加强对动物防疫活动的管理，预防、控制、净化、消灭动物疫病，促进养殖业发展，防控人畜共患传染病，保障公共卫生安全和人体健康。

②本法所称的动物是指家畜家禽和人工饲养、捕获的其他动物；动物产品是指动物的肉、生皮、原毛、绒、脏器、脂、血液、精液、卵、胚胎、骨、蹄、头、角、筋以及可能传播动物疫病的奶、蛋等；动物疫病是指动物传染病，包括寄生虫病；动物防疫是指动物疫病的预防、控制、诊疗、净化、消灭和动物、动物产品的检疫，以及病死动物、病害动物产品的无害化处理。

③根据动物疫病对养殖业生产和人体健康的危害程度，本法规定的动物疫病分为下列三类。

一类疫病：是指口蹄疫、非洲猪瘟、高致病性禽流感等对人、动物构成特别严重危害，可能造成重大经济损失和社会影响，需要采取紧急、严厉的强制预防、控制等措施的；

二类疫病：是指狂犬病、布鲁菌病、草鱼出血病等对人、动物构成严重危害，可能造成较大经济损失和社会影响，需要采取严格预防、控制等措施的；

三类疫病：是指大肠杆菌病、禽结核病、鳖腮腺炎病等常见多发，对人、动物构成危害，可能造成一定程度的经济损失和社会影响，需要及时预防、控制的。

前款一类、二类、三类动物疫病具体病种名录由国务院农业农村主管部门制定并公布。国务院农业农村主管部门应当根据动物疫病发生、流行情况和危害程度，及时增加、减少或者调整一类、二类、三类动物疫病具体病种并予以公布。

人畜共患传染病名录由国务院农业农村主管部门会同国务院卫生健康、野生动物保护等主管部门制定并公布。

④动物防疫实行预防为主，预防与控制、净化、消灭相结合的方针。

国务院农业农村主管部门主管全国的动物防疫工作；县级以上地方人民政府农业农村主管部门主管本行政区域的动物防疫工作；县级以上人民政府其他有关部门在各自职责范围内做好动物防疫工作；军队动物卫生监督职能部门负责军队现役动物和饲养自用动物的防疫工作。

⑤从事动物饲养、屠宰、经营、隔离、运输以及动物产品生产、经营、加工、贮存等活动的单位和个人，依照本法和国务院农业农村主管部门的规定，做好免疫、消毒、检测、隔离、净化、消灭、无害化处理等动物防疫工作，承担动物防疫相关责任。

⑥国家建立动物疫病风险评估、疫病监测、疫情预警、疫情通报和防疫条件审查制度。任何单位和个人，发现动物染疫或者疑似染疫的，应当立即向所在地农业农村主管部门或者动物疫病预防控制机构报告，并迅速采取隔离等控制措施，防止动物疫情扩散。

⑦国家对严重危害养殖业生产和人体健康的动物疫病实施强制免疫。饲养动物的单位和个人应当履行动物疫病强制免疫义务，按照强制免疫计划和技术规范，对动物实施免疫接种，并按照国家有关规定建立免疫档案、加施畜禽标识，保证可追溯。

⑧国务院农业农村主管部门制定并组织实施动物疫病净化、消灭规划。县级以上地方人民政府根据动物疫病净化、消灭规划，制定并组织实施本行政区域的动物疫病净化、消灭计划。动物疫病预防控制机构按照动物疫病净化、消灭规划、计划，开展动物疫病净化技术指导、培训，对动物疫病净化效果进行监测、评估。

⑨动物饲养场和隔离场所、动物屠宰加工场所以及动物和动物产品无害化处理场所，应当符合下列动物防疫条件。

场所的位置与居民生活区、生活饮用水水源地、学校、医院等公共场所的距离符合国务院农业农村主管部门的规定；生产经营区域封闭隔离，工程设计和有关流程符合动物防疫要求；有与其规模相适应的污水、污物处理设施，病死动物、病害动物产品无害化处理设施设备或者冷藏冷冻设施设备，以及清洗消毒设施设备；有与其规模相适应的执业兽医或者动物防疫技术人员；有完善的隔离消毒、购销台账、日常巡查等动物防疫制度；具备国务院农业农村主管部门规定的其他动物防疫条件。

动物和动物产品无害化处理场所除应当符合前款规定的条件外，还应当具有病原检测设备、检测能力和符合动物防疫要求的专用运输车辆。

⑩动物、动物产品的运载工具、垫料、包装物、容器等应当符合国务院农业农村主管部门规定的动物防疫要求。

染疫动物及其排泄物、染疫动物产品，运载工具中的动物排泄物以及垫料、包装物、容器等被污染的物品，应当按照国家有关规定处理，不得随意处置。

采集、保存、运输动物病料或者病原微生物以及从事病原微生物研究、教学、检测、诊断等活动，应当遵守国家有关病原微生物实验室管理的规定。

⑪发生不同类型的动物疫病时，应当采取相应的控制措施。

在重大动物疫情（是指一类、二类、三类动物疫病突然发生，迅速传播，给养殖业生产安全造成严重威胁、危害，以及可能对公众身体健康与生命安全造成危害的情形）报告期间，必要时，所在地县级以上地方人民政府可以做出封锁决定并采取扑杀、销毁等措施。

⑫发生人畜共患传染病疫情时，县级以上人民政府农业农村主管部门与本级人民政府卫生健康、野生动物保护等主管部门应当及时相互通报；卫生健康主管部门应当对疫区易感染的人群进行监测，并应当依照《中华人民共和国传染病防治法》的规定及时公布疫情，采取相应的预防、控制措施。

⑬从事动物饲养、屠宰、经营、隔离以及动物产品生产、经营、加工、贮存等活动的单位和个人，应当按照国家有关规定做好病死动物、病害动物产品的无害化处理，或者委托动物和动物产品无害化处理场所处理。

⑭本法第一百一十二条规定：实验动物防疫有特殊要求的，按照实验动物管理的有关规定执行。

2. 进出境动植物检疫法

我国现行的《中华人民共和国进出境动植物检疫法》是根据 2009 年 8 月 27 日第十一届全国人大常委会第十次会议《关于修改部分法律的决定》修正的、与实验动物相关的法律。本法分八章、共 50 条，从进境检疫，出境检疫，过境检疫，携带、邮寄物检疫，运输工具检疫，法律责任等方面，对我国与进出境动植物检疫相关的活动进行了规范。其中，与实验动物有关的主要是动物的进出境检疫。主要条款内容如下。

①国家制定本法的目的在于防止动物传染病、寄生虫病和植物危险性病、虫、杂草以及其他有害生物传入、传出国境，保护农、林、牧、渔业生产和人体健康，促进对外经济贸易的发展。

②输入动物、动物产品、植物种子、种苗及其他繁殖材料的，必须事先提出申请，办理检疫审批手续。输入动植物应在口岸动植物检疫机关指定的隔离场所检疫。检疫合格者，准予入境。

③输入动物，经检疫不合格的，由口岸动植物检疫机关签发《检疫处理通知单》，通知货主或者其代理人做如下处理：

检出一类传染病、寄生虫病的动物，连同其同群动物全群退回或者全群扑杀并销毁尸体；检出二类传染病、寄生虫病的动物，退回或者扑杀，同群其他动物在隔离场或者其他指定地点隔离观察。除害处理合格者，准予入境。

④出境前需经隔离检疫的动物，在口岸动植物检疫机关指定的隔离场所检疫。经检疫合格或者经除害处理合格的，准予出境；检疫不合格又无有效方法作除害处理的，不准出境。

3. 野生动物保护法

我国现行的《中华人民共和国野生动物保护法》是 2022 年 12 月 30 日第十三届全国人大常委会第

三十八次会议第二次修订的、与实验动物相关的法律。本法分五章、共64条，从野生动物及其栖息地保护、野生动物管理、法律责任等方面，对我国与野生动物保护相关的活动进行了规范。其中，与实验动物有关的主要条款内容如下。

①国家制定本法的目的在于保护野生动物，拯救珍贵、濒危野生动物，维护生物多样性和生态平衡，推进生态文明建设，促进人与自然和谐共生。

②本法规定保护的野生动物，是指珍贵、濒危的陆生、水生野生动物和有重要生态、科学、社会价值的陆生野生动物；野生动物及其制品，是指野生动物的整体（含卵、蛋）、部分及衍生物；野生动物栖息地，是指野生动物野外种群生息繁衍的重要区域。

③野生动物资源属于国家所有。国家保障依法从事野生动物科学研究、人工繁育等保护及相关活动的组织和个人的合法权益。禁止违法猎捕、运输、交易野生动物，禁止破坏野生动物栖息地。

社会公众应当增强保护野生动物和维护公共卫生安全的意识，防止野生动物源性传染病传播，抵制违法食用野生动物，养成文明健康的生活方式。任何组织和个人有保护野生动物及其栖息地的义务，有权举报违反本法的行为。

④禁止猎捕、杀害国家重点保护野生动物。因科学研究、种群调控、疫源疫病监测或者其他特殊情况，需要猎捕国家一级保护野生动物的，应当向国务院野生动物保护主管部门申请特许猎捕证；需要猎捕国家二级保护野生动物的，应当向省、自治区、直辖市人民政府野生动物保护主管部门申请特许猎捕证。

⑤人工繁育国家重点保护野生动物实行许可制度。人工繁育国家重点保护野生动物的，应当经省、自治区、直辖市人民政府野生动物保护主管部门批准，取得人工繁育许可证。

⑥人工繁育野生动物应当有利于物种保护及其科学研究，不得违法猎捕野生动物，破坏野外种群资源，并根据野生动物习性确保其具有必要的活动空间和生息繁衍、卫生健康条件，具备与其繁育目的、种类、发展规模相适应的场所、设施、技术，符合有关技术标准和防疫要求，不得虐待野生动物。

4. 生物安全法

《中华人民共和国生物安全法》是2020年10月17日第十三届全国人大常委会第二十二次会议通过的、与实验动物相关的法律。本法分十章、共88条，从生物安全风险防控体制，防控重大新发突发传染病、动植物疫情，生物技术研究、开发与应用安全，病原微生物实验室生物安全，人类遗传资源与生物资源安全，防范生物恐怖与生物武器威胁，生物安全能力建设，法律责任等方面，对我国与生物安全相关的活动进行了规范。其中，与实验动物有密切关系的是第四十七条和第七十七条。

①国家制定本法的目的在于维护国家安全，防范和应对生物安全风险，保障人民生命健康，保护生物资源和生态环境，促进生物技术健康发展，推动构建人类命运共同体，实现人与自然和谐共生。

②本法所称的生物安全，是指国家有效防范和应对危险生物因子及相关因素威胁，生物技术能够稳定健康发展，人民生命健康和生态系统相对处于没有危险和不受威胁的状态，生物领域具备维护国家安全和持续发展的能力。

③本法规定从事下列活动，适用本法：防控重大新发突发传染病、动植物疫情；生物技术研究、开发与应用；病原微生物实验室生物安全管理；人类遗传资源与生物资源安全管理；防范外来物种入侵与保护生物多样性；应对微生物耐药；防范生物恐怖袭击与防御生物武器威胁；其他与生物安全相关的活动。

④国家建立生物安全名录和清单制度、标准和审查制度、风险监测预警和调查评估制度、应急和事件调查溯源制度、信息共享和发布制度。

⑤任何单位和个人发现传染病、动植物疫病的，应当及时向医疗机构、有关专业机构或者部门报告。

⑥国家加强对生物技术研究、开发与应用活动的安全管理，禁止从事危及公众健康、损害生物资源、破坏生态系统和生物多样性等危害生物安全的生物技术研究、开发与应用活动。从事生物技术研究、开发与应用活动的单位应当对本单位生物技术研究、开发与应用的安全负责，采取生物安全风险防控措

施，制定生物安全培训、跟踪检查、定期报告等工作制度，强化过程管理。从事高风险、中风险生物技术研究、开发活动，应当由在我国境内依法成立的法人组织进行，并依法取得批准或者进行备案。

⑦国家加强对病原微生物实验室生物安全的管理，制定统一的实验室生物安全标准。病原微生物实验室应当符合生物安全国家标准和要求。从事病原微生物实验活动，应当严格遵守有关国家标准和实验室技术规范、操作规程，采取安全防范措施。

⑧国家根据病原微生物的传染性、感染后对人和动物的个体或者群体的危害程度，对病原微生物实行分类管理。从事高致病性或者疑似高致病性病原微生物样本采集、保藏、运输活动，应当具备相应条件，符合生物安全管理规范。设立病原微生物实验室，应当依法取得批准或者进行备案。

⑨国家根据对病原微生物的生物安全防护水平，对病原微生物实验室实行分等级管理。从事病原微生物实验活动应当在相应等级的实验室进行。低等级病原微生物实验室不得从事国家病原微生物目录规定应当在高等级病原微生物实验室进行的病原微生物实验活动。高等级病原微生物实验室从事高致病性或者疑似高致病性病原微生物实验活动，应当经省级以上人民政府卫生健康或者农业农村主管部门批准，并将实验活动情况向批准部门报告。对我国尚未发现或者已经宣布消灭的病原微生物，未经批准不得从事相关实验活动。

⑩国家加强对我国人类遗传资源和生物资源采集、保藏、利用、对外提供等活动的管理和监督，保障人类遗传资源和生物资源安全。采集、保藏、利用、对外提供我国人类遗传资源，应当符合伦理原则，不得危害公众健康、国家安全和社会公共利益。国家加强对外来物种入侵的防范和应对，保护生物多样性。

⑪本法第四十七条规定：病原微生物实验室应当采取措施，加强对实验动物的管理，防止实验动物逃逸，对使用后的实验动物按照国家规定进行无害化处理，实现实验动物可追溯。禁止将使用后的实验动物流入市场。病原微生物实验室应当加强对实验活动废弃物的管理，依法对废水、废气以及其他废弃物进行处置，采取措施防止污染。

⑫本法第七十七条规定：违反本法规定，将使用后的实验动物流入市场的，由县级以上人民政府科学技术主管部门责令改正，没收违法所得，并处二十万元以上一百万元以下的罚款，违法所得在二十万元以上的，并处违法所得五倍以上十倍以下的罚款；情节严重的，由发证部门吊销相关许可证件。

5. 固体废物污染环境防治法

《中华人民共和国固体废物污染环境防治法》是 2020 年 4 月 29 日第十三届全国人大常委会第十七次会议修订的、与实验动物相关的法律。本法分九章、共 126 条，从监督管理，工业固体废物，生活垃圾，建筑垃圾、农业固体废物，危险废物，保障措施，法律责任等方面，对我国与固体废物产生、处置相关的活动进行了规范。其中，与实验动物有密切关系的是第七十三条。

①国家制定本法的目的在于保护和改善生态环境，防治固体废物污染环境，保障公众健康，维护生态安全，推进生态文明建设，促进经济社会可持续发展。

②本法所称的固体废物，是指在生产、生活和其他活动中产生的丧失原有利用价值或者虽未丧失利用价值但被抛弃或者放弃的固态、半固态和置于容器中的气态的物品、物质以及法律、行政法规规定纳入固体废物管理的物品、物质。经无害化加工处理，并且符合强制性国家产品质量标准，不会危害公众健康和生态安全，或者根据固体废物鉴别标准和鉴别程序认定为不属于固体废物的除外；危险废物，是指列入国家危险废物名录或者根据国家规定的危险废物鉴别标准和鉴别方法认定的具有危险特性的固体废物。

③本法所称的处置，是指将固体废物焚烧和用其他改变固体废物的物理、化学、生物特性的方法，达到减少已产生的固体废物数量、缩小固体废物体积、减少或者消除其危险成分的活动，或者将固体废物最终置于符合环境保护规定要求的填埋场的活动。

④产生危险废物的单位，应当按照国家有关规定制订危险废物管理计划；建立危险废物管理台

账，如实记录有关信息，并通过国家危险废物信息管理系统向所在地生态环境主管部门申报危险废物的种类、产生量、流向、贮存、处置等有关资料；应当按照国家有关规定和环境保护标准要求贮存、利用、处置危险废物，不得擅自倾倒、堆放。

⑤本法第七十三条规定：各级各类实验室及其设立单位应当加强对实验室产生的固体废物的管理，依法收集、贮存、运输、利用、处置实验室固体废物。实验室固体废物属于危险废物的，应当按照危险废物管理。

6. 放射性废物安全管理条例

我国现行的《放射性废物安全管理条例》是 2011 年 11 月 30 日国务院第 183 次常务会议通过的、与实验动物相关的行政法规。本条例分六章、共 46 条，从放射性废物的处理和贮存、放射性废物的处置、监督管理、法律责任等方面，对我国与放射性废物安全管理相关的活动进行了规范。其中，与实验动物有关的条款如下。

①国家制定本条例的目的在于加强对放射性废物的安全管理，保护环境，保障人体健康。

②本条例所称的放射性废物，是指含有放射性核素或者被放射性核素污染，其放射性核素浓度或者比活度大于国家确定的清洁解控水平，预期不再使用的废弃物；处理，是指为了能够安全和经济地运输、贮存、处置放射性废物，通过净化、浓缩、固化、压缩和包装等手段，改变放射性废物的属性、形态和体积的活动；贮存，是指将废旧放射源和其他放射性固体废物临时放置于专门建造的设施内进行保管的活动；处置，是指将废旧放射源和其他放射性固体废物最终放置于专门建造的设施内并不再回取的活动。

③放射性废物的安全管理，应当坚持减量化、无害化和妥善处置、永久安全的原则。

④国家对放射性废物实行分类管理。根据放射性废物的特性及其对人体健康和环境的潜在危害程度，将放射性废物分为高水平放射性废物、中水平放射性废物和低水平放射性废物。

⑤放射性废物的处理、贮存和处置活动，应当遵守国家有关放射性污染防治标准和国务院环境保护主管部门的规定。

⑥贮存室建造结构应符合放射卫生防护要求，且具有自然通风条件或安装通风设备，出入处设电离辐射标志。供收集废物的污物桶应具有外防护层和电离辐射标志。废物袋或废物包、废物桶及其他存放废物的容器必须在显著位置标有废物类型、核素种类、比活度范围和存放日期的说明。

⑦含有放射性核素的动物尸体应防腐、干化、灰化，灰化后残渣按固体放射性废物处理。含有长半衰期核素的动物尸体，可先固化，然后按固体放射性废物处理。含有较高放射性的尸体一般不应进行防腐处理，而应及时做焚化处理。焚化后残渣按固体放射性废物处理。

⑧核技术利用单位应当对其产生的不能经净化排放的放射性废液进行处理，转变为放射性固体废物；应当及时将其产生的废旧放射源和其他放射性固体废物，送交取得相应许可证的放射性固体废物贮存单位集中贮存，或者直接送交取得相应许可证的放射性固体废物处置单位处置。

7. 危险化学品安全管理条例

我国现行的《危险化学品安全管理条例》是根据 2013 年 12 月 7 日《国务院关于修改部分行政法规的决定》修订的、与实验动物相关的行政法规。本条例分八章、共 102 条，从生产、使用、经营、贮存、运输安全，危险化学品登记与事故应急救援，法律责任等方面，对我国与危险化学品安全管理相关的活动进行了规范。其中，与实验动物有关的条款如下。

①国家制定本条例的目的在于加强危险化学品的安全管理，预防和减少危险化学品事故，保障人民群众生命财产安全，保护环境。

②本条例所称的危险化学品，是指具有毒害、腐蚀、爆炸、燃烧、助燃等性质，对人体、设施、环境具有危害的剧毒化学品和其他化学品。

③生产、贮存、使用、经营、运输危险化学品的单位的主要负责人对本单位的危险化学品安全管理工作全面负责。危险化学品单位应当具备法律、行政法规规定和国家标准、行业标准要求的安全条件，建

立、健全安全管理规章制度和岗位安全责任制度，对从业人员进行安全教育、法制教育和岗位技术培训。从业人员应当接受教育和培训，考核合格后上岗作业；对有资格要求的岗位，应当配备依法取得相应资格的人员。

④使用危险化学品的单位，其使用条件(包括工艺)应当符合法律、行政法规的规定和国家标准、行业标准的要求，并根据所使用的危险化学品的种类、危险特性以及使用量和使用方式，建立、健全使用危险化学品的安全管理规章制度和安全操作规程，保证危险化学品的安全使用。

⑤危险化学品单位应当制定本单位危险化学品事故应急预案，配备应急救援人员和必要的应急救援器材、设备，并定期组织应急救援演练；应当将其危险化学品事故应急预案报所在地设区的市级人民政府安全生产监督管理部门备案。

8. 重大动物疫情应急条例

我国现行的《重大动物疫情应急条例》是根据 2017 年 10 月 7 日《国务院关于修改部分行政法规的决定》修订的、与实验动物相关的行政法规。本条例分六章、共 49 条，从应急准备，监测、报告和公布，应急处理，法律责任等方面，对我国与重大动物疫情应急管理相关的活动进行了规范。其中，与实验动物有关的条款如下：

①国家制定本条例的目的在于迅速控制、扑灭重大动物疫情，保障养殖业生产安全，保护公众身体健康与生命安全，维护正常的社会秩序。

②本条例所称的重大动物疫情，是指高致病性禽流感等发病率或者死亡率高的动物疫病突然发生，迅速传播，给养殖业生产安全造成严重威胁、危害，以及可能对公众身体健康与生命安全造成危害的情形，包括特别重大动物疫情。

③动物防疫监督机构负责重大动物疫情的监测，饲养、经营动物和生产、经营动物产品的单位和个人应当配合，不得拒绝和阻碍。从事动物隔离、疫情监测、疫病研究与诊疗、检验检疫以及动物饲养、屠宰加工、运输、经营等活动的有关单位和个人，发现动物出现群体发病或者死亡的，应当立即向所在地的县(市)动物防疫监督机构报告。重大动物疫情报告包括下列内容：

疫情发生的时间、地点；

染疫、疑似染疫动物种类和数量、同群动物数量、免疫情况、死亡数量、临床症状、病理变化、诊断情况；

流行病学和疫源追踪情况；

已采取的控制措施；

疫情报告的单位、负责人、报告人及联系方式。

④重大动物疫情应急预案及其实施方案应当根据疫情的发展变化和实施情况，及时修改、完善。应当包括下列主要内容：

应急指挥部的职责、组成以及成员单位的分工；

重大动物疫情的监测、信息收集、报告和通报；

动物疫病的确认、重大动物疫情的分级和相应的应急处理工作方案；

重大动物疫情疫源的追踪和流行病学调查分析；

预防、控制、扑灭重大动物疫情所需资金的来源、物资和技术的储备与调度；

重大动物疫情应急处理设施和专业队伍建设。

⑤重大动物疫情发生后，县级以上地方人民政府兽医主管部门应当立即划定疫点、疫区和受威胁区，调查疫源，向本级人民政府提出启动重大动物疫情应急指挥系统、应急预案和对疫区实行封锁的建议，有关人民政府应当立即做出决定。

对疫点应当采取下列措施：扑杀并销毁染疫动物和易感染的动物及其产品；对病死的动物、动物排泄物、被污染饲料、垫料、污水进行无害化处理；对被污染的物品、用具、动物圈舍、场地进行严格消毒。

对疫区应当采取下列措施：在疫区周围设置警示标志，在出入疫区的交通路口设置临时动物检疫消毒站，对出入的人员和车辆进行消毒；扑杀并销毁染疫和疑似染疫动物及其同群动物，销毁染疫和疑似染疫的动物产品，对其他易感染的动物实行圈养或者在指定地点放养，役用动物限制在疫区内使役；对易感染的动物进行监测，并按照国务院兽医主管部门的规定实施紧急免疫接种，必要时对易感染的动物进行扑杀；关闭动物及动物产品交易市场，禁止动物进出疫区和动物产品运出疫区；对动物圈舍、动物排泄物、垫料、污水和其他可能受污染的物品、场地，进行消毒或者无害化处理。

对受威胁区应当采取下列措施：对易感染的动物进行监测；对易感染的动物根据需要实施紧急免疫接种。

⑥自疫区内最后一头(只)发病动物及其同群动物处理完毕起，经过一个潜伏期以上的监测，未出现新的病例的，彻底消毒后，经上一级动物防疫监督机构验收合格，由原发布封锁令的人民政府宣布解除封锁，撤销疫区；由原批准机关撤销在该疫区设立的临时动物检疫消毒站。

二、部门规章和规范性文件

(一)部门规章

1. 国家重点保护野生动物驯养繁殖许可证管理办法

我国现行的《国家重点保护野生动物驯养繁殖许可证管理办法》是根据 2015 年 4 月 30 日国家林业局令第 37 号修改的部门规章。本办法共 14 条，与实验动物有关的主要条款内容如下。

①国家制定本办法的目的在于保护、发展和合理利用野生动物资源，加强野生动物驯养繁殖管理工作，维护野生动物驯养繁殖单位和个人的合法权益。

②本办法所称野生动物，是指国家重点保护的陆生野生动物；所称驯养繁殖，是指在人为控制条件下，为保护、研究、科学实验、展览及其他经济目的而进行的野生动物驯养繁殖活动。

③从事驯养繁殖野生动物的单位和个人，必须取得“国家重点保护野生动物驯养繁殖许可证”(以下简称“驯养繁殖许可证”)。具备下列条件的单位和个人，可以申请《驯养繁殖许可证》：

有适宜驯养繁殖野生动物的固定场所和必需的设施；

具备与驯养繁殖野生动物种类、数量相适应的人员和技术；

驯养繁殖野生动物的饲料来源有保证。

④驯养繁殖野生动物的单位和个人，必须向所在地县级政府野生动物行政主管部门提出书面申请，并填写《国家重点保护野生动物驯养繁殖许可证申请表》。凡驯养繁殖国家一级保护野生动物的，由省、自治区、直辖市政府林业行政主管部门报林业部审批；凡驯养繁殖国家二级保护野生动物的，由省、自治区、直辖市政府林业行政主管部门审批。

⑤驯养繁殖野生动物的单位和个人，应当遵守以下规定：

遵守国家和地方有关野生动物保护管理政策和法规，关心和支持野生动物保护事业；

用于驯养繁殖的野生动物来源符合国家规定；

接受野生动物的行政主管部门的监督检查和指导；

建立野生动物驯养繁殖档案和统计制度；

按有关规定出售、利用其驯养繁殖野生动物及其产品。

⑥因驯养繁殖野生动物需要从野外获得种源的，必须按照《中华人民共和国野生动物保护法》的有关规定办理。

⑦取得《驯养繁殖许可证》的单位和个人，需要出售、利用其驯养繁殖的国家一级保护野生动物及其产品的，必须经林业部或其授权的单位批准；需要出售、利用其驯养繁殖的国家二级保护野生动物及其产品的，必须经省、自治区、直辖市政府林业行政主管部门或其授权的单位批准。

2. *病原微生物实验室生物安全环境管理办法*

为了规范病原微生物实验室(以下简称“实验室”)生物安全环境管理工作，根据《病原微生物实验室生物安全管理条例》和有关环境保护法律和行政法规，生态环境部于2006年3月发布了《病原微生物实验室生物安全环境管理办法》。本办法的主要内容如下。

①本办法所称的病原微生物，是指能够使人或者动物致病的微生物；实验活动，是指实验室从事与病原微生物菌(毒)种、样品有关的研究、教学、检测、诊断等活动。

②国家根据实验室对病原微生物的生物安全防护水平，并依照实验室生物安全国家标准的规定，将实验室分为一级、二级、三级和四级。一级、二级实验室不得从事高致病性病原微生物实验活动。

③新建、改建、扩建实验室，应当按照国家环境保护规定，执行环境影响评价制度。实验室环境影响评价文件应当对病原微生物实验活动对环境可能造成的影响进行分析和预测，并提出预防和控制措施。

④新建、改建、扩建三级、四级实验室或者生产、进口移动式三级、四级实验室，应当编制环境影响报告书，并按照规定程序报国家环境保护总局审批。承担三级、四级实验室环境影响评价工作的环境影响评价机构，应当具备甲级评价资质和相应的评价范围。

⑤实验室应当按照国家环境保护规定、经审批的环境影响评价文件以及环境保护行政主管部门批复文件的要求，安装或者配备污染防治设施、设备。污染防治设施、设备必须经环境保护行政主管部门验收合格后，实验室方可投入运行或者使用。

⑥建成并通过国家认可的三级、四级实验室，应当在取得生物安全实验室证书后填报三级、四级病原微生物实验室备案表，报所在地的县级人民政府环境保护行政主管部门。县级以上人民政府环境保护行政主管部门应当逐级上报，直至上报国家环境保护总局。

⑦实验室的设立单位对实验活动产生的废水、废气和危险废物承担污染防治责任。建立、健全实验室废水、废气和危险废物污染防治管理的规章制度，并设置专(兼)职人员，对实验室产生的废水、废气及危险废物处置是否符合国家法律、行政法规及本办法规定的情况进行检查、督促和落实。

排放废水、废气的，应当按照国家环境保护总局的有关规定，执行排污申报登记制度。产生废水的，必须按照国家有关规定进行无害化处理，符合国家有关排放标准后方可排放；排放的废气不得违反国家有关标准或者规定。

产生危险废物的，必须按照危险废物污染环境防治的有关规定，向所在地县级以上地方人民政府环境保护行政主管部门申报危险废物的种类、产生量、流向、贮存、处置等有关资料，妥善收集、贮存和处置产生的危险废物，防止环境污染。

⑧实验室应当制定环境污染应急预案，报所在地县级人民政府环境保护行政主管部门备案，并定期进行演练。一旦发生泄漏或者扩散，造成或者可能造成严重环境污染或者生态破坏的，应当立即采取应急措施，通报可能受到危害的单位和居民，并向当地人民政府环境保护行政主管部门和有关部门报告，接受调查处理。

(二)规范性文件

1. *实验动物质量管理办法*

为了贯彻落实《实验动物管理条例》，进一步加强实验动物质量管理，保证实验动物和动物实验的质量，科技部和国家技术监督局，于1997年12月发布了《实验动物质量管理办法》(国科发财字〔1997〕593号)。本办法是继《实验动物管理条例》后我国主管部门颁布的专门针对实验动物质量管理的规范性文件，共五章、26条，从管理模式、国家种子中心的职能定位、生产和使用许可证管理、质量检测等方面，对我国实验动物质量管理相关的活动进行了规范。其主要内容如下。

①第一次明确提出了全国实行统一的实验动物质量管理制度和统一的实验动物质量国家标准。尚未制定国家标准的，可依次执行行业或地方标准。

②第一次明确提出了要建立“国家实验动物种子中心”，以便科学地保护和管理我国实验动物资

源，实现种质保证。并对国家实验动物种子中心的主要任务、组成形式和必须具备下列基本条件及其管理做出了具体规定。

③第一次明确提出了“实验动物生产和使用，实行许可证制度”。规定实验动物生产和使用单位，必须取得许可证。

④第一次明确了建立实验动物质量检测机构，实行国家和省两级管理。对各级实验动物检测机构基本条件、主要任务、人员结构和必须取得中国实验室国家认可委员会的认可和管理都做出了有关规定。

为落实《实验动物质量管理办法》中提出的任务，科技部先后制定和发布了《国家实验动物种子中心管理办法》(国科发财字〔1998〕174号)、《国家啮齿类实验动物种子中心引种、供种实施细则》(国科发财字〔1998〕048号)、《关于当前许可证发放过程中有关实验动物种子问题的处理意见》(国科财字〔1999〕044号)、《省级实验动物质量检测机构技术审查准则》和《省级实验动物质量检测机构技术审查细则》(国科财字〔1998〕059号)。这些管理办法的出台，积极促进了我国实验动物种质资源的保存、利用和共享，有力推动了国家和地方两级检测机构的建设和全国实验动物质量检测体系的形成，大大提升了我国实验动物质量管理的规范化进程，对我国实验动物质量管理工作的推进具有历史性意义。

2. 实验动物许可证管理办法(试行)

为了贯彻落实《实验动物管理条例》及有关规定，进一步加强实验动物管理工作，科技部联合卫生部、教育部、农业部、国家技术监督局、国家中医药管理局、解放军总后卫生部等七部局，于2001年12月发布了《实验动物许可证管理办法(试行)》(国科发财字〔2001〕545号)。本办法是继《实验动物管理条例》和《实验动物质量管理办法》后对实验动物工作管理最为有效(实行行政许可)、约束最为广泛(多个部门联合签署，对全国相关行业均有行政约束力)的规范性文件，是我国目前实验动物质量管理的一个核心性文件，有效推动了实验动物事业走向健康、快速和可持续发展的道路。本办法共五章、23条，从许可证分类、申请、审批、发放、管理、监督等方面，对我国实验动物许可证管理相关的活动进行了规范。其主要内容如下。

①规定未取得实验动物许可证的不得从事实验动物的生产、不得使用。这不仅为实验动物单位和个人从事实验动物工作设置了行业准入的门槛，还是我国实行实验动物许可证管理和质量规范管理的最重要的制度依据。通过认证这一法制化管理模式，既能规范科学研究行为，又能促进实验动物事业的发展。

②规定了实验动物许可证分两类：一类为实验动物生产许可证，适用于从事实验动物及相关产品保种、繁育、生产、供应、运输及有关商业性经营的组织和个人。另一类为实验动物使用许可证，适用于使用实验动物及相关产品进行科学研究和实验的组织和个人。

③规定了申请许可证的行为主体、条件、标准、审批和发放程序。其中：

申请实验动物生产许可证的组织和个人，必须具备下列条件：实验动物种子来源于国家实验动物保种中心或国家认可的种源单位，遗传背景清楚，质量符合现行的国家标准；具有保证实验动物及相关产品质量的饲养、繁育、生产环境设施及检测手段；使用的实验动物饲料、垫料及饮水等符合国家标准及相关要求；具有保证正常生产和保证动物质量的专业技术人员、熟练技术工人及检测人员；具有健全有效的质量管理制度；生产的实验动物质量符合国家标准；法律、法规规定的其他条件。

申请实验动物使用许可证的组织和个人，必须具备下列条件：使用的实验动物及相关产品必须来自有实验动物生产许可证的单位，质量合格；实验动物饲育环境及设施符合国家标准；使用的实验动物饲料符合国家标准；有经过专业培训的实验动物饲养和动物实验人员；具有健全有效的管理制度；法律、法规规定的其他条件。

④强调了许可证的管理和监督：

对许可证实行年检制度，年检不合格的单位，由省、自治区、直辖市科技厅(科委)吊销其许可证，并报科技部及有关部门备案，予以公告；

规定许可证的有效期为五年，到期重新审查发证；

明确许可证不得转借、转让、出租给他人使用，取得实验动物生产许可证的单位也不得代售无许可证单位生产的动物及相关产品；

对违反本办法的行为规定了相应的处罚规定，这对实验动物质量管理的规范化起到了有力的推动作用。

⑤对取得实验动物生产许可证的单位要求：严格按照国家有关实验动物的质量标准进行生产和质量控制。在出售实验动物时，应提供实验动物质量合格证并附符合标准规定的近期实验动物质量检测报告。实验动物质量合格证内容应该包括生产单位、生产许可证编号、动物品种品系、动物质量等级、动物规格、动物数量、最近一次的质量检测日期、质量检测单位、质量负责人签字，使用单位名称、用途等。

⑥明确省级实验动物质量检测机构负责检测实验动物生产和使用单位的实验动物质量及相关条件，为许可证的管理提供技术保证。

⑦规定了各省级科技行政主管部门印制全国统一格式和编码方式的许可证并负责受理许可、考核、审批、发放和监督管理。

3. 国家实验动物种子中心管理办法

为了贯彻落实《实验动物管理条例》《实验动物质量管理办法》，加强国家实验动物种子中心的管理，科学地保护、管理和使用我国的实验动物种质资源，科技部于 1998 年 5 月发布了《国家实验动物种子中心管理办法》(国科发财字〔1998〕174 号)。本办法是《实验动物质量管理办法》的配套性、支持性文件，共六章、20 条，从国家种子中心的任务、组织机构、经费和管理、检查与监督等方面，对国家实验动物种子中心的管理进行了规范。其主要内容如下。

①明确了国家实验动物种子中心的主要任务是：引进、收集、保存实验动物品种品系；研究实验动物保种新技术；培育实验动物新品种、品系；为国内外用户提供标准的实验动物种子。

②规定了国家实验动物种子中心必须具备的基本条件：长期从事实验动物保种工作；有较强的实验动物研究技术力量和基础条件；有合格的实验动物繁育设施和检测仪器；有突出的实验动物保种技术和研究成果。

③明确了国家实验动物种子中心的申请、审批程序，以及经费、运营、监督等日常管理要求。

4. 关于做好实验动物检疫监管工作的通知

为了进一步贯彻落实《中华人民共和国动物防疫法》《实验动物管理条例》等法律法规，规范实验动物检疫监管，农业部、科技部于 2017 年 12 月联合发布了《关于做好实验动物检疫监管工作的通知》(农医发〔2017〕36 号)。本通知的主要内容如下。

①明确了实验动物检疫范围，即：小鼠、大鼠、地鼠、豚鼠、兔、犬、猴、鸡(不含蛋、胚)、鸭(黑龙江)、树鼩(云南)、实验用小型猪(北京)、实验用鱼(北京)、实验用羊(上海)、实验用雪貂(江苏)、实验用史宾格犬(江苏)、实验用猫(河北)、东方田鼠(湖南)。

②要求切实做好实验动物检疫，包括以下几方面。

跨省出售、运输实验动物的，实验动物生产单位应当如实填写检疫申报单并提交实验动物生产单位的《实验动物生产许可证》(复印件)、实验动物使用单位的《实验动物使用许可证》(复印件)、实验动物质量合格证(复印件)及实验动物免疫情况，向所在地县级动物卫生监督机构申报检疫。动物卫生监督机构受理检疫申报后，应当派出官方兽医到现场实施检疫。对于符合条件的，出具《动物检疫合格证明》；对不符合的，按相关规定处理。

省内出售、运输实验动物的，凭加盖实验动物生产单位印章的《实验动物生产许可证》(复印件)及附具的质量检测报告(复印件)出售、运输。

③强调各地科技主管部门要加强实验动物生产、使用环节的监管，督促实验动物生产单位定期对实

验动物进行质量检测；各地动物卫生监督机构要强化实验动物运输环节监管，做好实验动物检疫监管工作。

5. 关于善待实验动物的指导性意见

为了贯彻落实《实验动物管理条例》，提高实验动物管理工作质量和水平，维护动物福利，促进人与自然和谐发展，适应科学研究、经济建设和对外开放的需要，科技部于2006年9月发布了《关于善待实验动物的指导性意见》（国科发财字〔2006〕398号）。本意见是我国政府部门发布的第一个针对实验动物福利伦理管理的规范性文件，对提高实验动物管理工作质量和水平，维护动物福利，特别是适应对外开放的需要，具有重要而积极的意义。本意见共六章、30条，从善待实验动物的原则、饲养与使用过程中的基本要求、善待实验动物的相关措施等方面，对如何善待实验动物进行了规范。其主要内容如下。

①本意见所称善待实验动物，是指在饲养管理和使用实验动物过程中，要采取有效措施，使实验动物免遭不必要的伤害、饥渴、不适、惊恐、折磨、疾病和疼痛，保证动物能够实现自然行为，受到良好的管理与照料，为其提供清洁、舒适的生活环境，提供充足的、保证健康的食物、饮水，避免或减轻疼痛和痛苦等。其核心有两条：一是避免不必要的伤害，二是提供舒适的生活条件。这与《实验动物管理条例》第二十九条“对实验动物必须爱护，不得戏弄或虐待”的规定较为接近，但内涵有一定的区别。

②本意见将“3R”（减少、替代、优化）原则明确如下。

替代（replacement）：是指使用低等级动物代替高等级动物，或不使用活着的脊椎动物进行实验，而采用其他方法达到与动物实验相同的目的。

减少（reduction）：是指如果某一研究方案中必须使用实验动物，同时又没有可行的替代方法，则应把使用动物的数量降低到实现科研目的所需的最小量。

优化（refinement）：是指通过改善动物设施、饲养管理和实验条件，精选实验动物、技术路线和实验手段，优化实验操作技术，尽量减少实验过程对动物机体的损伤，减轻动物遭受的痛苦和应激反应，使动物实验得出科学的结果。

③提出实验动物单位应设立实验动物管理委员会或实验动物伦理委员会；使用实验动物的方案应经实验动物管理委员会（或实验动物道德委员会、实验动物伦理委员会等）批准后方可组织实施。

④提出实验动物室内环境指标、笼具、垫料和饲料质量应符合国家标准。

⑤笼具内应放置供实验动物活动和嬉戏的物品。孕、产期实验动物所占用笼具面积，至少应达到该种动物所占笼具最小面积的110%以上。

⑥对于非人灵长类实验动物及犬、猪等天性喜爱运动的实验动物、种用动物应设有运动场地并定时遛放。

⑦规定饲养人员不得戏弄或虐待实验动物。在抓取动物时应避免引起动物的不安、惊恐、疼痛和损伤；动物保定器具应结构合理、规格适宜、坚固耐用、环保卫生、便于操作。在不影响实验的前提下，对动物身体的强制性限制宜减少到最低程度。

⑧提出实验犬、猪分娩时，宜有兽医或经过培训的饲养人员进行监护。对出生后不能自理的幼仔，应采取人工喂乳、护理等必要的措施。

⑨规定实验中应将动物的惊恐和疼痛减少到最低程度，现场避免无关人员进入。手术、解剖时，必须进行有效麻醉。术后恢复期应根据实际情况，进行镇痛和有针对性的护理及饮食调理。

⑩规定处死实验动物应实施安死术（使动物在没有惊恐和痛苦的状态下安静地、无痛苦地死亡），不宜有其他动物在场。确认动物死亡后，方可妥善处置尸体。猿类等灵长类动物原则上不予处死，实验结束后赡养直至自然死亡。

⑪提出在不影响实验结果判定的情况下，应选择“仁慈终点”（选择动物表现疼痛和压抑的较早阶段为实验的终点），避免延长动物承受痛苦的时间。

⑫提出实验动物运输应遵循以下具体规定。

通过最直接的途径本着安全、舒适、卫生的原则尽快完成。

运输笼具能防止动物逃逸或其他动物进入，并能有效防止外部微生物侵袭和污染。不应与感染性微生物、害虫及可能伤害动物的物品混装在一起运输。

运输过程中，保证动物自由呼吸。

患有伤病或临产的怀孕动物，不宜长途运输，必须运输的，应有监护和照料。

运输时间较长的，途中应为实验动物提供必要的饮食。

⑬提出运输人员应经过专门培训。

⑭规定各级实验动物管理部门应制订从业人员培训计划，保证相关人员了解善待实验动物的知识和要求。

⑮规定有下列行为之一者，视为虐待实验动物。

非实验需要，挑逗、激怒、殴打、电击或用有刺激性食品、化学药品、毒品伤害实验动物的；

非实验需要，故意损害实验动物器官的；

玩忽职守，致使设施内环境恶化，给实验动物造成严重伤害、痛苦或死亡的；

进行解剖、手术，不按规定对实验动物采取麻醉或其他镇痛措施的；

处死实验动物不使用安死术的；

在动物运输过程中，违反本意见规定，给实验动物造成严重伤害或大量死亡的；

其他有违善待实验动物基本原则或违反本意见规定的。

虐待实验动物情节较轻者，由所在单位进行批评教育，限期改正；情节较重或屡教不改者，应离开实验动物工作岗位；因管理不妥屡次发生虐待实验动物事件的单位，将吊销单位实验动物生产许可证或实验动物使用许可证。

6. 科技伦理审查办法（试行）

为了规范科技活动中的科技伦理审查工作，强化科技伦理风险防控，促进负责任创新，依据《中华人民共和国科学技术进步法》《关于加强科技伦理治理的意见》等法律法规和相关规定，科技部等十部门于2023年9月发布了《科技伦理审查办法（试行）》（国科发监〔2023〕167号）。本办法是我国政府部门发布的第一个针对科技伦理管理的规范性文件，对规范科学研究、技术开发等科技活动中的科技伦理审查，提高科技工作的质量和水平，具有重要而积极的意义。本办法共五章56条，从审查主体、审查程序、监督管理等方面，对科技伦理审查活动进行了具体规范。其主要内容如下。

①本办法所称科技伦理风险是指从伦理视角识别的科学研究、技术开发等科技活动中的风险。最低风险是指日常生活中遇到的常规风险或与健康体检相当的风险。

开展科技活动应进行科技伦理风险评估。科技伦理（审查）委员会按照本办法要求制定本单位科技伦理风险评估办法，指导科技人员开展科技伦理风险评估。经评估属于②所列范围内的科技活动的，科技活动负责人应向科技伦理（审查）委员会申请科技伦理审查。

②开展以下科技活动应依照本办法进行科技伦理审查。

涉及以人为研究参与者的科技活动，包括以人为测试、调查、观察等研究活动，以及利用人类生物样本、个人信息数据等的科技活动；

涉及实验动物的科技活动；

不直接涉及人或实验动物，但可能在生命健康、生态环境、公共秩序、可持续发展等方面带来伦理风险挑战的科技活动；

依据法律、行政法规和国家有关规定需进行科技伦理审查的其他科技活动。

③开展科技活动应坚持促进创新与防范风险相统一，客观评估和审慎对待不确定性和技术应用风险，遵循增进人类福祉、尊重生命权利、坚持公平公正、合理控制风险、保持公开透明的科技伦理原则，遵守我国宪法、法律法规和有关规定以及科技伦理规范。科技伦理审查应坚持科学、独立、公正、透明原

则，公开审查制度和审查程序，客观审慎评估科技活动伦理风险，依规开展审查，并自觉接受有关方面的监督。涉及国家安全、国家秘密、商业秘密和敏感事项的，依法依规做好相关工作。

④高等学校、科研机构、医疗卫生机构、企业等是本单位科技伦理审查管理的责任主体。从事生命科学、医学、人工智能等科技活动的单位，研究内容涉及科技伦理敏感领域的，应设立科技伦理（审查）委员会。其他有科技伦理审查需求的单位可根据实际情况设立科技伦理（审查）委员会。单位应为科技伦理（审查）委员会履职配备必要的工作人员、提供办公场所和经费等条件，并采取有效措施保障科技伦理（审查）委员会独立开展伦理审查工作。

⑤科技伦理（审查）委员会应制定章程，建立健全审查、监督、保密管理、档案管理等制度规范、工作规程和利益冲突管理机制，保障科技伦理审查合规、透明、可追溯。其主要职责包括以下几方面。

制定完善科技伦理（审查）委员会的管理制度和工作规范；

提供科技伦理咨询，指导科技人员对科技活动开展科技伦理风险评估；

开展科技伦理审查，按要求跟踪监督相关科技活动全过程；

对拟开展的科技活动是否属于⑱确定的清单范围做出判断；

组织开展对委员的科技伦理审查业务培训和科技人员的科技伦理知识培训；

受理并协助调查相关科技活动中涉及科技伦理问题的投诉举报；

按照㉗的要求进行登记、报告，配合地方、相关行业主管部门开展涉及科技伦理审查的相关工作。

⑥科技伦理（审查）委员会人数应不少于 7 人，设主任委员 1 人，副主任委员若干。委员会由具备相关科学技术背景的同行专家，伦理、法律等相应专业背景的专家组成，并应当有不同性别和非本单位的委员，民族自治地方应有熟悉当地情况的委员。委员应具备相应的科技伦理审查能力和水平，科研诚信状况良好，并遵守以下要求：

遵守我国宪法、法律、法规和科技伦理有关制度规范及所在科技伦理（审查）委员会的章程制度；

按时参加科技伦理审查会议，独立公正发表审查意见；

严格遵守保密规定，对科技伦理审查工作中接触、知悉的国家秘密、个人隐私、个人信息、技术秘密、未公开信息等，未经允许不得泄露或用于其他目的；

遵守利益冲突管理要求，并按规定回避；

定期参加科技伦理审查业务培训；

完成委员会安排的其他工作。

⑦科技伦理（审查）的申请材料主要包括：

科技活动概况，包括科技活动的名称、目的、意义、必要性以及既往科技伦理审查情况等；

科技活动实施方案及相关材料，包括科技活动方案，可能的科技伦理风险及防控措施和应急处理预案，科技活动成果发布形式等；

科技活动所涉及的相关机构的合法资质材料，参加人员的相关研究经验及参加科技伦理培训情况，科技活动经费来源，科技活动利益冲突声明等；

知情同意书，生物样本、数据信息、实验动物等的来源说明材料等；

遵守科技伦理和科研诚信等要求的承诺书；

科技伦理（审查）委员会认为需要提交的其他材料。

⑧科技伦理（审查）委员会应根据科技伦理审查申请材料决定是否受理申请并通知申请人。决定受理的应明确适用的审查程序，材料不齐全的应一次性完整告知需补充的材料。

⑨科技伦理审查原则上采取会议审查方式，本办法另有规定的除外；国际合作科技活动属于②所列范围的，应通过合作各方所在国家规定的科技伦理审查后方可开展；单位科技伦理（审查）委员会无法胜任审查工作要求或者单位未设立科技伦理（审查）委员会以及无单位人员开展科技活动的，应书面委托其他满足要求的科技伦理（审查）委员会开展伦理审查。

⑩科技伦理审查会议由主任委员或其指定的副主任委员主持，到会委员应不少于5人，且应包括⑥所列的不同类别的委员。根据审查需要，会议可要求申请人到会阐述方案或者就特定问题进行说明，可邀请相关领域不存在直接利益关系的顾问专家等提供咨询意见。顾问专家不参与会议表决。会议采用视频方式的，应符合科技伦理（审查）委员会对视频会议适用条件、会议规则等的有关制度要求。

⑪科技伦理（审查）委员会应按照以下重点内容和标准开展审查：

拟开展的科技活动应符合③规定的科技伦理原则，参与科技活动的科技人员资质、研究基础及设施条件等符合相关要求。

拟开展的科技活动具有科学价值和社会价值，其研究目标的实现对增进人类福祉、实现社会可持续发展等具有积极作用。科技活动的风险受益合理，伦理风险控制方案及应急预案科学恰当、具有可操作性。

涉及以人为研究参与者的科技活动，所制定的招募方案公平合理，生物样本的收集、贮存、使用及处置合法、合规，个人隐私数据、生物特征信息等信息处理符合个人信息保护的有关规定，对研究参与者的补偿、损伤治疗或赔偿等合法权益的保障方案合理，对脆弱人群给予特殊保护；所提供的知情同意书内容完整、风险告知客观充分、表述清晰易懂，获取个人知情同意的方式和过程合规恰当。

涉及实验动物的科技活动，使用实验动物符合替代、减少、优化原则，实验动物的来源合法合理，饲养、使用、处置等技术操作要求符合动物福利标准，对从业人员和公共环境安全等的保障措施得当。

涉及数据和算法的科技活动，数据的收集、存储、加工、使用等处理活动以及研究开发数据新技术等符合国家数据安全和个人信息保护等有关规定，数据安全风险监测及应急处理方案得当；算法、模型和系统的设计、实现、应用等遵守公平、公正、透明、可靠、可控等原则，符合国家有关要求，伦理风险评估审核和应急处置方案合理，用户权益保护措施全面得当。

所制定的利益冲突申明和管理方案合理。

科技伦理（审查）委员会认为需要审查的其他内容。

⑫科技伦理（审查）委员会对审查的科技活动，可做出批准、修改后批准、修改后再审或不予批准等决定。修改后批准或修改后再审的，应提出修改建议，明确修改要求；不予批准的，应说明理由。科技伦理（审查）委员会做出的审查决定，应经到会委员的三分之二以上同意。

⑬科技伦理（审查）委员会一般应在申请受理后的30日内做出审查决定，特殊情况可适当延长并明确延长时限。审查决定应及时送达申请人。申请人对审查决定有异议的，可向做出决定的科技伦理（审查）委员会提出书面申诉，说明理由并提供相关支撑材料。申诉理由充分的，科技伦理（审查）委员会应按照本办法规定重新做出审查决定。

⑭科技伦理（审查）委员会应对审查批准的科技活动开展伦理跟踪审查，必要时可做出暂停或终止科技活动等决定。跟踪审查间隔一般不超过12个月。跟踪审查的主要内容包括以下几方面。

科技活动实施方案执行情况及调整情况；

科技伦理风险防控措施执行情况；

科技伦理风险的潜在变化及可能影响研究参与者权益和安全等情况；

其他需要跟踪审查的内容。

根据跟踪审查需要，科技伦理（审查）委员会可以要求科技活动负责人提交相关材料。

⑮因科技活动实施方案调整、外部环境变化等可能导致科技伦理风险发生变化的，科技活动负责人应及时向科技伦理（审查）委员会报告。科技伦理（审查）委员会应对风险受益情况进行评估，提出继续实施、暂停实施等意见，必要时，重新开展伦理审查。多个单位合作开展科技活动的，牵头单位可根据实际情况建立科技伦理审查协作与结果互认机制，加强科技伦理审查的协调管理。

⑯科技伦理（审查）委员会应制定适用简易程序审查的工作规程[简易程序审查由科技伦理（审查）

委员会主任委员指定两名或两名以上的委员承担]。审查过程中，可要求申请人就相关问题进行说明。审查决定应载明采取简易程序审查的理由和依据，有下列情形之一的可以适用简易程序审查：科技活动伦理风险发生的可能性和程度不高于最低风险；对已批准科技活动方案作较小修改且不影响风险受益比；前期无重大调整的科技活动的跟踪审查。

⑰简易程序审查过程中出现下列情形之一的，应按规定调整为会议审查，适用一般程序：审查结果为否定性意见的；对审查内容有疑义的；委员之间意见不一致的；委员提出需要调整为会议审查的。采取简易程序审查的，科技伦理（审查）委员会可根据情况调整跟踪审查频度。

⑱建立需要开展专家复核的科技活动清单制度，对可能产生较大伦理风险挑战的新兴科技活动实施清单管理。清单根据工作需要动态调整，由科技部公开发布。开展纳入清单管理的科技活动的，通过科技伦理（审查）委员会的初步审查后，由本单位报请所在地方或相关行业主管部门组织开展专家复核。多个单位参与的，由牵头单位汇总并向所在地方或相关行业主管部门申请专家复核。

⑲申请专家复核的，科技活动承担单位应组织科技伦理（审查）委员会和科技人员按要求提交以下材料：⑦所列材料；科技伦理（审查）委员会初步审查意见；复核组织单位要求提交的其他相关材料。

⑳地方或相关行业主管部门组织成立复核专家组，由科技活动相关领域具有较高学术水平的同行专家以及伦理学、法学等方面的专家组成，不少于 5 人。科技伦理（审查）委员会委员不得参与本委员会审查科技活动的复核工作。

复核专家应主动申明是否与复核事项存在直接利益关系，严格遵守保密规定和回避要求。复核专家组应按照以下重点内容和标准开展复核：初步审查意见的合规性。初步审查意见应当符合我国法律、行政法规、国家有关规定和科技伦理要求；初步审查意见的合理性。初步审查意见应当结合技术发展需求和我国科技发展实际，对科技活动的潜在伦理风险和防控措施进行全面充分、恰当合理的评估；复核专家组认为需要复核的其他内容。

复核专家组采取适当方式开展复核，必要时可要求相关科技伦理（审查）委员会、科技人员解释说明有关情况。复核专家组应当做出同意或不同意的复核意见，复核意见应经全体复核专家的三分之二以上同意。

地方或相关行业主管部门一般应在收到复核申请后 30 日内向申请单位反馈复核意见。

㉑单位科技伦理（审查）委员会应根据专家复核意见做出科技伦理审查决定。单位科技伦理（审查）委员会应加强对本单位开展的纳入清单管理的科技活动的跟踪审查和动态管理，跟踪审查间隔一般不超过 6 个月。

㉒科技伦理风险发生重大变化的，应按照⑮规定重新开展伦理审查并申请专家复核。国家对纳入清单管理的科技活动实行行政审批等监管措施且将符合伦理要求作为审批条件、监管内容的，可不再开展专家复核。审批、监管部门和科技活动承担单位应严格落实伦理监管责任，防控伦理风险。

㉓科技伦理（审查）委员会应制定科技伦理应急审查制度，明确突发公共事件等紧急状态下的应急审查流程和标准操作规程，组织开展应急伦理审查培训。科技伦理（审查）委员会根据科技活动紧急程度等实行分级管理，可设立科技伦理审查快速通道，及时开展应急审查。应急审查一般在 72 小时内完成。对于适用专家复核程序的科技活动，专家复核时间一并计入应急审查时间。应急审查应有相关专业领域的专家委员参会。无相关专业领域委员的，应邀请相关领域顾问专家参会，提供咨询意见。科技伦理（审查）委员会应加强对应急审查的科技活动的跟踪审查和过程监督，及时向科技人员提供科技伦理指导意见和咨询建议。任何单位和个人不得以紧急情况为由，回避科技伦理审查或降低科技伦理审查标准。

㉔科技部负责统筹指导全国科技伦理监管工作，有关科技伦理审查监管的重要事项应听取国家科技伦理委员会的专业性、学术性咨询意见。地方、相关行业主管部门按照职责权限和隶属关系负责本地方、本系统科技伦理审查的监督管理工作，建立对纳入清单管理科技活动的专家复核机制，加强对本地

方、本系统发生的重大突发公共事件应急伦理审查的协调、指导和监督。

㉕科技部负责建设国家科技伦理管理信息登记平台，为地方、相关行业主管部门加强科技伦理监管提供相应支撑。对科技活动中违反科技伦理规范、违背科技伦理要求的行为，任何单位或个人有权依法向科技活动承担单位或地方、相关行业主管部门投诉举报。

㉖高等学校、科研机构、医疗卫生机构、企业等应履行科技伦理管理主体责任，健全本单位科技伦理监管机制和审查质量控制、监督评价机制，经常性开展单位工作人员科技伦理教育培训，加强对纳入清单管理的科技活动的动态跟踪和伦理风险防控。国家推动建立科技伦理（审查）委员会认证机制，鼓励相关单位开展科技伦理审查认证。

㉗单位应在设立科技伦理（审查）委员会后30日内，通过国家科技伦理管理信息登记平台进行登记。登记内容包括科技伦理（审查）委员会组成、章程、工作制度等，相关内容发生变化时应及时更新。单位应在纳入清单管理的科技活动获得伦理审查批准后30日内，通过国家科技伦理管理信息登记平台进行登记。登记内容包括科技活动实施方案、伦理审查与复核情况等，相关内容发生变化时应及时更新。单位应于每年3月31日前，向国家科技伦理管理信息登记平台提交上一年度科技伦理（审查）委员会工作报告、纳入清单管理的科技活动实施情况报告等。

㉘科技活动承担单位、科技人员违反本办法规定，有下列情形之一的，由有管辖权的机构依据法律、行政法规和相关规定给予处罚或者处理；造成财产损失或者其他损害的，依法承担民事责任；构成犯罪的，依法追究刑事责任。

以弄虚作假方式获得科技伦理审查批准文件，或者伪造、篡改科技伦理审查批准文件的；

未按照规定通过科技伦理审查和专家复核擅自开展纳入清单管理的科技活动的；

未按照规定获得科技伦理审查批准擅自开展科技活动的；

超出科技伦理审查批准范围开展科技活动的；

干扰、阻碍科技伦理审查工作的；

其他违反本办法规定的行为。

㉙科技伦理（审查）委员会、委员违反本办法规定，有下列情形之一的，由有管辖权的机构依据法律、行政法规和相关规定给予处罚或者处理；造成财产损失或者其他损害的，依法承担民事责任；构成犯罪的，依法追究刑事责任。

弄虚作假，为科技活动承担单位获得科技伦理审查批准提供便利的；

徇私舞弊、滥用职权或者玩忽职守的；

其他违反本办法规定的行为。

㉚地方、相关行业主管部门按照职责权限和隶属关系，加强对本地方、本系统科技伦理违规行为调查处理的指导和监督，组织开展对重大科技伦理案件的调查处理。

高等学校、科研机构、医疗卫生机构、企业等是科技伦理违规行为单位内部调查处理的第一责任主体，应及时主动调查科技伦理违规行为，依法依规追责问责。

单位或其负责人涉嫌科技伦理违规行为的，由其上级主管部门调查处理，没有上级主管部门的，由其所在地的省级科技行政管理部门负责组织调查处理。

需要开展伦理审查复核的科技活动清单如下。

对人类生命健康、价值理念、生态环境等具有重大影响的新物种合成研究；

将人体干细胞导入动物胚胎或胎儿并进一步在动物子宫中孕育成个体的相关研究；

改变人类生殖细胞、受精卵和着床前胚胎细胞核遗传物质或遗传规律的基础研究；

侵入式脑机接口用于神经、精神类疾病治疗的临床研究；

对人类主观行为、心理情绪和生命健康等具有较强影响的人机融合系统的研发；

具有舆论社会动员能力和社会意识引导能力的算法模型、应用程序及系统的研发；

面向存在安全、人身健康风险等场景的具有高度自主能力的自动化决策系统的研发。

本清单将根据工作需要动态调整。

三、地方实验动物法规规定

1. 地方实验动物法制化管理的兴起与发展

自 20 世纪 80 年代末以来，我国各省、自治区、直辖市根据本地区的实际情况，分别由本地区的人大常委会或科技管理部门，发布本地区的实验动物行政法规或管理办法，旨在有效贯彻落实《实验动物管理条例》，提升本地区实验动物法制化、规范化管理的工作质量，促进本地区乃至全国生命科学研究的原始创新和生物医药产业的高质量发展。

据统计，目前我国已有 7 个省市颁布实施了实验动物地方性法规，即《北京市实验动物管理条例》(1996 年)、《湖北省实验动物管理条例》(2005 年)、《云南省实验动物管理条例》(2007 年)、《黑龙江省实验动物管理条例》(2008 年)、《广东省实验动物管理条例》(2010 年)、《吉林省实验动物管理条例》(2016 年)、《湖南省实验动物管理条例》(2024 年)。其余各省、自治区、直辖市也都发布了本地区的实验动物管理规定，如《上海市实验动物管理办法》(1987 年)、《天津市实施实验动物管理条例办法》(1989 年)、《福建省实施实验动物管理条例办法》(1990 年)，等等。在此，本书简要介绍北京市的实验动物相关法规规定。

2. 北京市实验动物管理条例

1996 年 10 月 17 日，北京市第十届人大常委会第三十一次会议通过了《北京市实验动物管理条例》，这是我国最早的一部实验动物地方性法规，目前实施的是 2021 年 7 月 30 日北京市第十五届人大常委会第三十二次会议通过的《北京市实验动物管理条例》。本条例分八章、共 41 条，从从事实验动物工作的单位及人员、实验动物的生产、实验动物的使用、实验动物的安全管理、监督检查、法律责任等方面，对北京市与实验动物管理相关的活动进行了规范。其主要内容如下。

①本条例所称实验动物，是指经人工饲养、繁育，对其携带的微生物及寄生虫实行控制，遗传背景明确或者来源清楚的，应用于科学研究、教学、生产和检定以及其他科学实验的动物。根据对微生物和寄生虫的控制，实验动物分为普通级、无特定病原体级和无菌级。

②本条例适用于本市行政区域内实验动物及相关产品的生产、使用及其监督管理活动。市科学技术部门主管本市实验动物工作，负责制定实验动物发展规划，以科技项目经费支持实验动物科学研究。北京市实验动物管理办公室在市科学技术部门的领导下，负责实验动物工作的日常管理与监督。市人民政府有关部门应当按照各自的职责，做好实验动物有关管理工作。管理实验动物工作的部门，应当对在实验动物工作中做出突出贡献的单位和个人，给予表彰和奖励。

③本市实行实验动物的质量监督和许可证制度。实验动物的质量监控，执行国家标准；国家尚未制定标准的，执行行业标准；国家、行业均未制定标准的，执行地方标准。

④从事实验动物工作的单位和个人，应当取得市科学技术部门颁发的实验动物生产许可证、实验动物使用许可证，设施条件应符合相应等级实验动物标准要求。实验动物生产许可证、实验动物使用许可证不得转借、转让、出租。

⑤从事实验动物工作的单位，应当配备科技人员，有实验动物管理机构负责涉及实验动物项目的管理；成立实验动物福利伦理委员会，对涉及实验动物的项目进行独立、公正、科学的福利伦理审查；组织实验动物从业人员进行专业培训及相关专业的继续教育，对从事实验动物工作的专业技术人员评定、晋升专业技术职务；采取防护措施，保证从业人员的健康与安全。

⑥从事实验动物工作的人员，应当遵守实验动物管理的各项规定，维护动物福利，保障生物安全，防止环境污染。

⑦从事实验动物保种、繁育、供应、运输、经营以及实验动物相关产品生产、供应的单位和个人，应当按照实验动物生产许可证许可范围开展活动。

⑧从事实验动物及相关产品生产的单位和个人，不同等级、不同品种的实验动物，应当按照相应的标准，在不同的环境设施中分别管理；采用国内、国际公认的品种、品系和标准的繁育方法；根据遗传学、寄生虫学、微生物学、营养学、病理学诊断和生产环境设施方面的标准，定期进行质量检测；使用合格的饲料、笼具、垫料等用品；各项操作过程和检测数据应当有完整、准确的记录。

⑨从事实验动物及相关产品生产的单位和个人，供应实验动物及相关产品时，应当提供合格的实验动物及相关产品。合格证明应当标明实验动物或者相关产品的确切名称、等级、数量、质量检测情况、购买单位名称、使用单位名称、供应日期、许可证编号等内容，由供应单位负责人签字并加盖公章。

⑩实验动物的进口与出口管理，按照国家有关规定办理。

⑪利用实验动物从事科研、检定、检验等活动，以及以实验动物为原料或者载体进行相关产品生产或者经营的单位和个人，应当按照实验动物使用许可证许可范围开展活动，使用合格的实验动物。利用实验动物从事教学示教活动，应当使用合格的实验动物。

⑫动物实验环境设施应当符合相应等级实验动物标准要求，使用合格的饲料、笼具、垫料等用品。涉及病原微生物、放射性物质和有毒有害化学品等有特殊要求的动物实验室，除符合实验动物管理规定外，还应当符合国家关于病原微生物、放射性物质、有毒有害化学品的相关管理要求。

⑬进行动物实验应当根据实验目的，使用相应等级标准的实验动物。不同品种、不同等级和互有干扰的动物实验，不得在同一试验间进行。

⑭申报科研课题、鉴定科研成果、进行检定检验和以实验动物为原料或者载体生产相关产品，应当把使用合格的实验动物和使用相应等级的动物实验环境设施作为基本条件。使用不合格的实验动物或者在不合格的动物实验环境设施内取得的动物实验结果无效，生产的相关产品不得出售。

⑮从事动物实验的人员应当遵循替代、减少和优化的原则进行实验设计，使用正确的方法处理实验动物。

⑯实验动物的预防免疫和检疫，应当结合实验动物的特殊要求办理。要求特定抗体阴性的实验动物，作为生物制品原料、用于特定病原研究和生物制品质量评价的，应当单独饲养，不得免疫。无特定病原体级和无菌级实验动物，不得免疫。

⑰从事实验动物工作的单位和个人发现实验动物染疫或者疑似染疫时，应当立即报告所在地的区农业农村部门和市科学技术部门，采取有效措施，防止动物疫情扩散。发生重大动物疫情的，应当按照国家和本市规定立即启动重大动物疫情应急预案。

⑱运输实验动物应当使用符合国家和本市要求的专用车辆。运输实验动物使用的笼具应当符合所运实验动物的微生物和环境质量控制标准。不同品种、品系、性别和等级的实验动物，不得在同一笼具内混合装运。

⑲从事实验动物工作的单位和个人，应当建立实验动物安全管理制度，对实验动物进出生产、实验环境设施进行登记；采取有效措施防止实验动物逃逸，防止无关动物进入生产、实验环境设施；利用信息技术等手段确保实验动物可追溯。发现实验动物未经登记被带出生产、实验环境设施或者逃逸的，应当及时采取有效措施进行处置，并向市实验动物管理办公室报告。

⑳从事实验动物工作的单位和个人对实验动物尸体、组织和其他废物应当分类进行无害化处理。禁止将使用后的实验动物流入市场。

㉑从事基因修饰实验动物的研究和应用，应当符合国家有关基因修饰安全管理的要求，保证生物安全。

㉒市科学技术部门对本市从事实验动物工作的单位和个人进行监督检查，监督检查结果应当公示。市科学技术部门聘请专家成立实验动物专家委员会，为实验动物监督管理工作提供咨询和服务。市科

学技术部门聘请实验动物质量监督员，协助其对本市实验动物生产和使用活动进行监督检查。

㉓本市对从事实验动物工作的单位和个人建立信用管理制度。市科学技术部门应当公布实验动物许可单位和个人的信用信息。鼓励公民向市科学技术部门举报违法从事实验动物生产和使用的行为。

㉔法律责任：实验动物管理工作人员玩忽职守，滥用职权，徇私舞弊的，由其所在单位或者上级主管部门给予处分；构成犯罪的，依法追究刑事责任。对从事实验动物工作的单位和个人，根据违法情节轻重和造成的影响程度，分别由市科学技术部门处以警告、罚款、暂扣/吊销实验动物许可证，对责任人员由其所在单位或者上级主管部门给予处分。

《北京市实验动物管理条例》的制定与实施，对北京市实验动物法制化管理工作起到了巨大的推动和促进作用，具有重要的现实意义；对全国而言，则具有积极的引导和示范作用。

3. 北京市实验动物许可证管理办法(修订版)

为便于贯彻实施《北京市实验动物管理条例》，规范实验动物许可证管理工作，北京市科委发布了《北京市实验动物许可证管理办法》。目前执行的是 2020 年 7 月发布的《北京市实验动物许可证管理办法(修订版)》(京科发〔2020〕12 号)。本办法分五章、共二十九条，从申请与受理、审批与发放、管理与监督等方面，对北京市与实验动物许可证管理相关的活动进行了规范。其主要内容如下。

①北京市科学技术委员会(以下简称市科委)是本市实验动物行政许可的主管机关。北京市实验动物管理办公室(以下简称市动管办)在市科委领导下负责实验动物许可的日常管理与监督工作。本办法适用于本市行政区域内实验动物许可证的申请、审批、发放、监督与管理。本行政区内的军队系统实验动物工作单位，按照法定管理权限由军队主管部门审批发放实验动物许可证。

②实验动物许可证包括《实验动物生产许可证》和《实验动物使用许可证》。同一许可证分正本和副本，许可证正本和副本具有同等法律效力。

从事实验动物保种繁育、生产供应、运输，以及生产实验动物饲料、垫料、笼器具等直接影响实验动物质量的相关产品，或从事实验动物商业性经营的单位和个人应当取得《实验动物生产许可证》。

使用实验动物从事科研、教学、生产、检定、检验和其他科学实验的单位和个人应当取得《实验动物使用许可证》。

③申请《实验动物生产许可证》的单位和个人应当具备下列条件。

具有健全的实验动物管理组织机构；

具有健全的质量管理制度和标准操作规程；

具有维护动物福利、开展伦理审查、保障生物安全的能力；

合理配备专业技术人员，并组织专业技能和职业健康培训；

具有与生产实验动物和相关产品相适应的、符合法定标准和管理规定的生产环境设施，并具备相应的实验动物或相关产品质量检测能力，不具备检测能力的生产机构，应与具有检测能力的机构签订委托检测协议；

实验动物种子来源于国家实验动物资源库或者符合实验动物种源要求的单位，生产的实验动物质量符合法定标准，使用的实验动物饲料、垫料、笼器具等应当符合法定标准及要求；

从业人员应熟悉实验动物法规、标准和专业基础知识，经考核合格。

④申请《实验动物生产许可证》的单位和个人应当提交以下材料。

《实验动物生产许可证申请书》；

符合法定标准的实验动物环境设施检测报告；

实验动物设施平面图；

生物安全与实验动物应急管理制度；

动物福利与伦理审查制度；

实验动物及相关产品质量检测用设备清单和质量检测人员名单，不具备检测能力的，提交委托检测的协议。

⑤申请《实验动物使用许可证》的单位和个人应当具备下列条件：

具有健全的实验动物管理组织机构；

具有健全的质量管理制度和标准操作规程；

具有维护动物福利、开展伦理审查、保障生物安全的能力；

合理配备专业技术人员，并组织专业技能和职业健康培训；

具有符合法定标准的实验动物环境设施，开展涉及公共安全的感染、放射、化学染毒等动物实验，或直接使用野生动物的，应当符合国家和本市的有关规定；

使用的实验动物及相关产品应来自有实验动物生产许可证的单位；

从业人员应熟悉实验动物法规、标准和专业基础知识，经考核合格。

⑥申请《实验动物使用许可证》的单位和个人应当提交以下材料：

《实验动物使用许可证申请书》；

符合法定标准的实验动物环境设施检测报告；

实验动物设施平面图；

生物安全与实验动物应急管理制度；

动物福利与伦理审查制度。

⑦申请人可以自行提交实验动物许可证申请材料，也可以委托他人代理申请。申请时应使用全国通用实验动物许可证申请书格式文本。

⑧申请人提交实验动物许可申请材料，应先在北京市网上政务服务大厅注册，上传电子版材料，待审核通过后，再到市政务大厅受理窗口现场提交纸质材料。申请人应对提交材料的真实性负责。现场受理工作人员接到申请材料后当场审核材料是否齐全、是否符合法定形式，并即时向申请人出具行政许可受理或不予受理的决定书。出具不予受理决定书时，应一次性告知不予受理的理由和法律救济权利。

⑨市科委自受理之日起 14 个工作日内做出行政许可决定(受理材料后，组织专家对实验动物许可申请人进行现场评审的时限不包含在 14 个工作日内)。

⑩市科委受理申请材料后，向申请人出具行政许可专家现场评审通知书，并在 10 个工作日内组织专家对实验动物许可申请人的条件进行现场评审。市科委依据申请材料，结合专家现场评审意见，依法做出准予许可或不予许可的决定。

⑪市科委做出准予许可的决定后，5 个工作日内制证并送达。实验动物许可证应记载许可证编号、单位名称、法定代表人、设施地址、适用范围和有效期。市科委做出不予许可的决定时，应告知不予许可的理由和法律救济权利。

⑫实验动物许可证的有效期为 5 年，到期重新审查发证。取得实验动物许可证的单位和个人，应当在有效期届满前 30 个工作日向市科委提出申请。

⑬实验动物许可证实行年检制度。各许可单位根据年检工作要求，按许可范围不同，分别在网上填写年度工作报告，上传后由动管办负责审核。报告内容符合实验动物法规、标准要求的，通过年检；不符合法规、标准要求或拒绝年检的，不通过年检。年检结果予以公示。

⑭实验动物许可证颁发后，许可证登记事项发生变更的，被许可的单位和个人应当在变更后 30 个工作日内向市科委提出变更申请。停止从事实验动物工作的，应当在停止后 30 个工作日内交回实验动物许可证。遗失许可证的，应当及时向市科委报失并申请补领。

⑮已取得实验动物许可证的单位和个人，应做好工作记录、人员培训考核记录，落实职业健康、生物安全及动物福利规定，供应生产的实验动物种子来源清楚、运输符合规定，生产或使用的实验动物及饲

料、垫料、笼器具符合法定标准。实验动物尸体和废弃物应进行无害化处理。

⑯已取得《实验动物生产许可证》的单位和个人，应当按照许可范围生产实验动物及相关产品。供应实验动物及相关产品时，应当开具全国统一格式的实验动物(或相关产品)质量合格证明，并附3个月内的实验动物微生物学和寄生虫学质量检测报告或相关产品合格证。取得《实验动物生产许可证》的单位和个人不得转借、转让、出租许可证，不得超出许可范围生产实验动物及饲料、垫料、笼器具等，不得代售无《实验动物生产许可证》单位和个人生产的实验动物及相关产品。

⑰未取得《实验动物生产许可证》的单位和个人擅自从事实验动物及相关产品的生产、经营活动的，由市科委依法予以查处。涉及应由其他部门处理的违法行为的，市科委应将违法线索移送其他部门依法处理。伪造实验动物许可证或全国统一格式实验动物质量合格证明的，依法追究法律责任。

⑱已取得《实验动物使用许可证》的单位和个人，应当按照许可证适用范围开展工作，不得转借、转让、出租许可证，使用不合格实验动物和相关产品的，按照《北京市实验动物管理条例》相关规定由市科委予以处罚。

⑲未取得《实验动物使用许可证》的单位和个人，可以委托具有《实验动物使用许可证》的单位和个人进行动物实验，但双方应当签订书面协议。未取得《实验动物使用许可证》的单位和个人，擅自从事动物实验的，由市科委依法予以查处。涉及应由其他部门处理的违法行为的，市科委应将违法线索移送其他部门依法处理。

⑳市科委对本市行政区域内已取得实验动物许可证的单位和个人进行监督检查。市科委对取得实验动物许可证的单位和个人的信用信息，通过北京市科学技术委员会网站予以公告。

㉑已取得实验动物许可证的单位和个人，有下列情形之一的，由市科委依法注销实验动物行政许可：

被许可的单位依法终止的；

被许可的公民死亡或者丧失行为能力的；

实验动物许可被撤销、撤回或者实验动物许可证依法被吊销的；

因不可抗力导致实验动物行政许可事项无法继续实施的；

法律、法规规定的应当注销的其他情形。

㉒当事人对本市实验动物许可证的受理、审批、发放、监督与管理有异议的，可以依法向北京市人民政府提起行政复议或向通州区人民法院提起行政诉讼。

4. 北京市实验动物运输管理办法

为便于贯彻实施《北京市实验动物管理条例》，规范实验动物运输管理工作，保证实验动物质量，维护实验动物福利，保障生物安全，北京市科学技术委员会、中关村科技园区管理委员会会同北京市交通委员会、北京市公安局公安交通管理局，于2023年5月10日发布了《北京市实验动物运输管理办法》(京科发〔2023〕3号)。本办法共计11条，主要内容如下。

①本办法适用于本市辖区取得实验动物许可证的单位和个人(以下简称“被许可人”)车辆运输实验动物的管理。跨省运输实验动物，还应符合国家相关主管部门关于实验动物跨省运输的管理规定。

②被许可人应当使用符合国家和本市要求的专用车辆运输实验动物。实验动物专用运输车配置应当符合以下要求：

驾驶室与货厢用隔板做物理隔离，隔板上设置可开闭观察窗。

装载实验动物时，货厢内环境控制指标应符合以下要求：温度16～28 ℃范围内可调；换气次数3～10次/h范围内可调；车辆运行时，小型车辆货厢内部噪声应≤85 dB，卡车货厢内部噪声≤100 dB。

驾驶室配备实时监控货厢内温度、湿度、影像的屏幕，并安装环境异常监测报警装置。运输车应当配备远程终端，利用信息技术等手段确保车辆运行中的位置，货厢内部温度、湿度、影像等信息可追溯。

③从事货运经营的被许可人运输实验动物，应到辖区交通运输管理部门办理道路运输经营许可；实验动物生产被许可人运输实验动物，凭加盖被许可人印章的《实验动物生产许可证》(复印件)、实验动物质量合格证明及附具的质量检测报告(复印件)运输；实验动物使用被许可人转运实验中的实验动物，凭加盖被许可人印章的《实验动物使用许可证》(复印件)和实验动物转运单运输。严禁转运涉及病原微生物、放射性物质和有毒有害化学品等实验中的实验动物。

④被许可人应当加强实验动物运输管理，保证运输过程中实验动物质量，维护动物福利，保障生物安全。具体管理要求如下：

实验动物专用运输车作为特殊用途专用车辆，应专车专用，禁止运输与实验动物无关的其他货物。

确保实验动物专用运输车货厢内环境控制指标达标、车辆定位系统、监控系统、报警系统运行正常。

运输实验动物使用的笼具应当符合所运实验动物的微生物和环境质量控制标准。笼具最小空间应当符合(DB11/T 1457—2017)《实验动物运输规范》的要求。

应当采取措施保证货厢内码放的笼具通风良好、位置固定。

同车运输不同品种的实验动物，应考虑动物间习性差异，避免互相干扰；不同品种、品系、性别和等级的实验动物，不得在同一笼具内混合装运。

应当采取有效措施防止运输过程中实验动物应激、受伤和逃逸；非必要情况，应当避免实验动物与人员的直接接触。

应当按照实验动物福利的要求，运输时间超过 6 小时的，应给实验动物提供饲料、饮水等。

应当按照无害化处理要求妥善处置运输过程中死亡的实验动物，不得在途中擅自弃置。

运输实验动物前后，应当做好实验动物专用运输车的消毒工作，防止动物疫病传播。

应当制定实验动物运输应急预案，能够对运输过程中出现的异常气候、设备故障、交通事故、动物逃逸等意外或紧急情况进行及时有效地处置。

⑤被许可人应当有专人负责运输实验动物工作，组织从事实验动物运输的人员进行专项培训，落实本市有关实验动物运输的各项管理规定。

⑥市科学技术部门在日常监督检查中，应当组织执法人员对实验动物专用运输车货厢内环境控制指标、监控信息记录、车辆定位系统运行情况等进行抽查。

⑦运输实验动物时出现未使用专用运输车，运输笼具不符合要求，货厢内环境指标不达标，实验动物违规混装，未对实验动物尸体进行无害化处理，出现动物逃逸等情况，由市科学技术部门按照《北京市实验动物管理条例》等相关规定进行处罚。实验动物专用运输车辆出现交通违法行为，由市交通运输管理部门、公安机关交通管理部门依据各自职责，按照相关法律法规进行处罚。

5. 北京市实验动物废物无害化处理管理办法

为便于贯彻实施《北京市实验动物管理条例》，规范实验动物废物无害化处理管理工作，提升实验动物生物安全监管水平，北京市科学技术委员会、中关村科技园区管理委员会会同北京市生态环境局、北京市卫生健康委员会、北京市城市管理委员会、北京市农业农村局，于 2022 年 9 月 6 日，发布了《北京市实验动物废物无害化处理管理办法》(京科发〔2022〕11 号)。本办法共计 13 条，主要内容如下。

①本办法所称实验动物废物包括实验动物尸体、组织、废弃垫料(刨花、玉米芯、木屑、纸屑等材质的动物铺垫物)及其他废物(一次性隔离服、口罩、手套、注射器、玻璃器皿、废过滤器芯材等)。

②按照实验动物生产和使用许可单位工作性质分类处理实验动物废物。

具备医疗机构资质的实验动物生产和使用许可单位，工作中产生的实验动物尸体、组织、废弃垫料和其他废物，纳入医疗废物处理。

不具备医疗机构资质的实验动物使用许可单位，开展动物实验产生的实验动物尸体和组织应当纳入危险废物进行无害化处理。在动物无害化处置体系尚未完全建立前，开展动物实验产生的废弃垫料和其他废物，属于危险废物的，纳入危险废物进行无害化处理；不属于危险废物的，纳入生活垃圾分类中的其他垃圾进行焚烧处理。

不具备医疗机构资质的实验动物生产许可单位，工作中产生的未经任何实验的动物尸体和组织，纳入农业农村部门养殖环节动物无害化处理。工作中产生的废弃垫料和其他废物，属于危险废物的，纳入危险废物进行无害化处理；不属于危险废物的，纳入生活垃圾分类中的其他垃圾进行焚烧处理，其中不属于危险废物的废弃垫料，也可以作为有机肥生产原料使用。

③具备医疗机构资质的实验动物生产和使用许可单位，应当按照国家及本市医疗废物管理的相关规定，将产生的实验动物废物交由有资质的医疗废物处置单位处理，并保存好处理凭证。

④不具备医疗机构资质的实验动物使用许可单位，处理不属于危险废物的废弃垫料和其他废物时，应按照《北京市生活垃圾管理条例》相关要求执行，确保以上废物最终进入生活垃圾焚烧设施处理。单位应当将动物实验后的实验动物尸体、组织，属于危险废物的废弃垫料、其他废物交由有危险废物处置资质的单位处理，并保存好处理凭证。处理动物尸体和组织时，具体要求如下：作为危险废物产生单位，应按照国家及本市相关规定申领、填写、流转危险废物转移联单；具备符合要求的收集、暂存动物尸体和组织的设施设备如冷库、冰柜（建议总容量不低于 600 L）等；大型实验动物（如猪、牛、羊、犬、猴等）尸体，应提前由产生单位将其分解成小块，使其符合危险废物焚烧处置设施进料作业要求；包装袋应结实、不渗漏。

⑤不具备医疗机构资质的实验动物生产许可单位，处理不属于危险废物的废弃垫料和其他废物时，应按照《北京市生活垃圾管理条例》相关要求执行，确保以上废物最终进入生活垃圾焚烧设施处理。单位也可以将不属于危险废物的废弃垫料交由有机肥生产单位处理。单位应当将属于危险废物的废弃垫料和其他废物交由有危险废物处置资质的单位处理，并保存好处理凭证。

⑥处理未经任何实验的实验动物尸体和组织，实验动物生产单位应遵守以下规定：

在处理尸体前，需检查死亡原因。对于需要按规定上报疫病和疫情的动物尸体不得进入相关暂存和处理环节，须按规定及时上报区农业农村部门和市科学技术部门，并按有关规定及时做相应处理。

凭实验动物生产许可证到所在区农业农村部门登记，纳入所在区动物无害化处理暂存点管理。

应具备市农业农村部门要求的无害化收集暂存设施设备，如冷库、冰柜（建议总容量不低于 1 800 L）等。

保证未经任何实验的动物尸体、组织和经实验的动物尸体、组织严格分类管理、分别贮存、不得交叉。

指定专人作为联系人及质量负责人，并在市科技部门实验动物管理机构和区农业农村部门登记，负责在收运联单上签字确认。

须确保相关动物尸体和组织在交付收运和处理时，符合收运和处理单位的相关要求。

⑦不具备医疗机构资质的实验动物生产和使用许可单位，应对本单位产生的实验动物废弃垫料和其他废物按要求严格分类，做好实验动物废物无害化处理工作，保障生物安全，防止环境污染。

⑧动物生物安全实验室产生的所有实验动物废物，按照生物安全实验室管理要求执行。涉及放射性物质的动物实验室产生的所有实验动物废物，按照放射性废物管理要求执行。

⑨实验动物生产和使用许可单位应制定完善的实验动物废物收集、暂存、处理登记管理制度和动物防疫管理制度，确保实验动物废物无害化处理工作可追溯、可考核、可监督。

⑩同时拥有实验动物生产许可证和使用许可证的单位，应当将生产设施和使用设施中产生的实验动物废物分开，按要求分类处理。

⑪市科学技术部门将实验动物废物分类处理纳入“双随机、一公开”监管，对未按本办法要求将实验动物废物进行分类或未交无害化处理单位进行处理的，按照《北京市实验动物管理条例》等法规进行处罚。市生态环境、城市管理、农业农村、卫生健康部门依据各自职责，加强实验动物废物无害化处理的管理工作，保障实验动物废物及时处理。

第三节　实验动物许可认可管理

一、实验动物许可管理

(一)实验动物行政许可认证

1. 实验动物行政许可的法律依据和实施办法

2001年12月5日,科技部联合卫生部、教育部、农业部、国家质量监督检验检疫总局、国家中医药管理局、解放军总后卫生部等七部局,发布了《实验动物许可证管理办法(试行)》(国科发财字〔2001〕545号)。本办法第三条明确规定"实验动物许可证包括实验动物生产许可证和实验动物使用许可证。实验动物生产许可证适用于从事实验动物及相关产品保种、繁育、生产、供应、运输及有关商业性经营的组织和个人。实验动物使用许可证适用于使用实验动物及相关产品进行科学研究和实验的组织和个人。许可证由各省、自治区、直辖市科技厅(科委)印制、发放和管理。同一许可证分正本和副本,正本和副本具有同等法律效力"。本办法为我国的实验动物行政许可提供了法律依据。

以北京市为例。1985年9月17日,卫生部委托北京市卫生局牵头成立了北京医学实验动物管理委员会。在该委员会的努力下,北京市颁布并实施了《医学实验动物合格证暂行条例》和《北京医学实验动物检定暂行标准》,为北京地区符合本标准的各实验动物工作单位颁发了实验动物合格证,对推动和促进北京地区实验动物管理工作的统一化、规范化和标准化,发挥了重要作用。进入21世纪后,随着《北京市实验动物管理条例》的深入贯彻实施,该委员会的作用已不复存在。

2005年7月1日,依据《中华人民共和国行政许可法》《实验动物许可证管理办法(试行)》《北京市实验动物管理条例》,北京市科学技术委员会制定了《北京市实验动物许可证管理办法》,后又于2020年7月15日进行了修订。本办法规定了北京市行政区域内实验动物许可证的申请、审批、发放与管理,明确了实验动物管理部门的监管职责和实验动物工作单位及个人的义务、条件,为北京市的实验动物行政许可提供了具体的实施办法。

2. 实验动物行政许可的执行情况

以北京市为例。30多年来,作为国际科技创新中心的首都北京,在实验动物的行政许可工作方面始终走在全国的前列。20世纪90年代,北京医学实验动物管理委员会就为北京地区符合《北京医学实验动物检定暂行标准》的各实验动物工作单位颁发了实验动物合格证。图2-2为1996年的医学实验动物合格证样式。

此后,随着《北京市实验动物管理条例》的实施,北京地区实验动物的行政许可工作更加规范化、标准化、全面化。不仅有实验动物的生产和使用许可证,还有饲料、垫料、笼器具等相关产品的生产许可证。图2-3为1999年的实验动物许可证样式。

2024年1月12日,北京市实验动物管理办公室发布信息显示,2023年全市通过年检的实验动物许可证共有351个。其中:实验动物生产许可证有69个(包含各种实验动物、饲料、垫料、笼器具的生产许可);实验动物使用许可证有282个。

(二)实验动物质量合格认证

1. 实验动物及其相关产品的质量控制及合格证的开具

以北京市为例。依据《北京市实验动物管理条例》的相关规定,北京市实验动物管理办公室委托具有资质的实验动物质量检测机构按照国家标准或行业标准、地方标准,对北京地区的实验动物进行质量

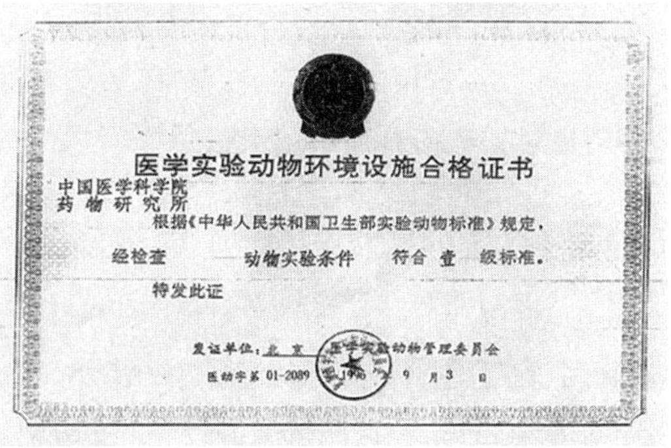
医学实验动物环境设施合格证书

中国医学科学院
药物研究所
根据《中华人民共和国卫生部实验动物标准》规定，
经检查　一动物实验条件　符合 壹 级标准。
特发此证

发证单位：北京 医学实验动物管理委员会
医动字第 01-2089　1996 年 9 月 3 日

图 2-2　1996 年医学实验动物合格证样式

北京市实验动物许可证

京动许字（1999）第 081 号
单位名称　中国医学科学院 药物研究所
法定代表人　王晓良
设施地点　北京市宣武区先农坛 1 号
许可范围　动物实验——普通级、清洁级（啮齿类）

北京市科学技术委员会
一九九九年一月一日

图 2-3　1999 年实验动物许可证样式

抽检(每半年 1 次)，将质量抽检结果向社会公开发布。图 2-4 为北京地区实验动物质量抽检结果的网上公示截图。

《北京市实验动物管理条例》第十八条规定“从事实验动物及相关产品生产的单位和个人，应当根据遗传学、寄生虫学、微生物学、营养学、病理学诊断和生产环境设施方面的标准，定期进行质量检测”。第十九条规定“从事实验动物及相关产品生产的单位和个人，供应实验动物及其相关产品时，应当提供质量合格证明。合格证明应当标明实验动物或者相关产品的确切名称、等级、数量、质量检测情况、购买单位名称、使用单位名称、供应日期、许可证编号等内容，由供应单位负责人签字并加盖公章”。图 2-5 为北京地区实验动物质量合格证的开具样式。

30 多年来，经过北京市行业主管部门的持续监管和各生产单位的不懈努力，北京地区实验动物及其相关产品的生产质量做到了不断改进，持续向好。

图 2-4　实验动物质量抽检结果网上公示

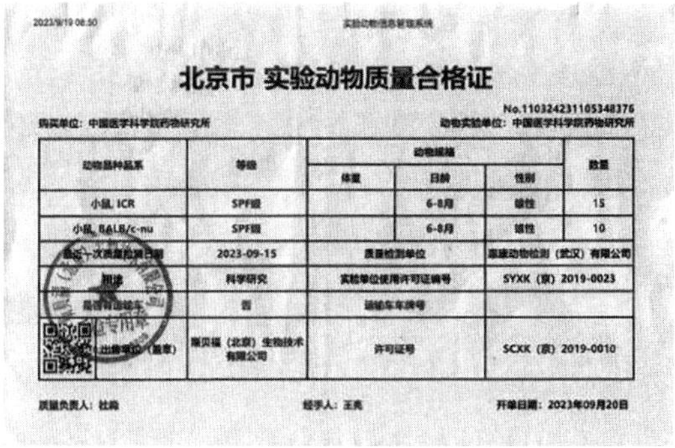
2023/9/19 08:50　实验动物信息管理系统

北京市 实验动物质量合格证

No.110324231105348376
购买单位：中国医学科学院药物研究所　动物实验单位：中国医学科学院药物研究所

动物品种品系	等级	动物规格			数量
		体重	日龄	性别	
小鼠, ICR	SPF级		6-8周	雄性	15
小鼠, BALB/c-nu	SPF级		6-8周	雄性	10
最近一次质量检测日期	2023-09-15	质量检测单位		[illegible]动物检测（武汉）有限公司	
用途	科学研究	实验单位使用许可证编号		SYXK（京）2019-0023	
是否有运输车	否	运输车车牌号			
出售单位（盖章）	[illegible]（北京）生物技术有限公司	许可证号		SCXK（京）2019-0010	

质量负责人：[illegible]　经手人：王[illegible]　开单日期：2023年09月20日

图 2-5　实验动物质量合格证样式

2. 实验动物及其相关产品质量合格证的使用情况

以北京市为例，《北京市实验动物管理条例》第二十一条规定“利用实验动物从事科研、检定、检验等活动，以及以实验动物为原料或者载体进行相关产品生产或者经营的单位和个人，应当按照实验动物使用许可证许可范围开展活动，使用合格的实验动物。利用实验动物从事教学示教活动，应当使用合格的实验动物”；第二十四条规定“申报科研课题、鉴定科研成果、进行检定检验和以实验动物为原料或者载体生产相关产品，应当把使用合格的实验动物和使用相应等级的动物实验环境设施作为基本条件。使用不合格的实验动物或者在不合格的动物实验环境设施内取得的动物实验结果无效，生产的相关产品不得出售”。

本条例的实施，使得广大科技工作者非常重视使用质量合格的实验动物及其相关产品，对实验动物及其相关产品质量合格证的规范化使用，起到了有力的推动和促进作用，有效提升了科学研究的工作质量和创新水平。

二、实验动物认可管理

（一）CNAS 认可

1. 实验室与实验室认可

实验室是指进行校准或检测的实体。如果某实验室是一个除了进行校准和检测工作以外，还进行其他活动的组织中的一部分，则"实验室仅指该组织为从事校准和检测工作的那一部分"。在实验室认可活动中，"实验室"一词指的是从事校准或检测的机构，该机构可以处于：在一个固定地点；在一个临时场所；在一个移动的设施中。按其工作性质又可分：为检测实验室和校准实验室。检测实验室是指从事检测工作的实验室。校准实验室是指从事校准工作的实验室。

实验室认可，是指由权威机构对检测/校准实验室及其人员有能力进行特定类型的检测/校准做出正式承认的程序。所谓的权威机构，是指具有法律或行政授权的职责和权力的政府或民间机构，也称认可机构。这种正式承认，意味着承认检测/校准实验室有管理能力和技术能力从事特定领域的工作。也就是说，实验室认可的实质是对实验室开展的特定检测/校准项目的承认。

如何加强实验动物质量和福利伦理审查的管理，尽快建立我国的实验动物机构认可制度，不仅影响我国实验动物相关产业、行业的发展，也关系着我国在实验动物及相关产品在国际交流与贸易中的发言权以及我国政府的国际形象。有鉴于此，中国合格评定国家认可委员会（China National Accreditation Service for Conformity Assessment，CNAS）提出了构建我国实验动物机构认可评价制度的想法。希望借鉴我国对实验室检验机构管理的经验和模式，为最终建立适合我国特点的法律规范、行政监管、认可约束、行业自律、社会监督"五位一体"的实验动物机构管理模式打下基础，也为实现实验动物机构的国际互认奠定技术和思想基础。

通过 CNAS、科技部、国家市场监管总局、国家标准委和国家认监委等部门一系列科研项目的支持，在分析比较美国 AAALAC 认可政策、认可准则等认可要求性文件，以及加拿大动物管理委员会（CCAC）、欧洲实验动物科学联合会（FELASA）等不同特色评价体系的基础上，研究开发了我国实验动物机构认可的规则、准则、认可评审申请书、认可评审报告以及认可证书等一系列文件，并开展了实验动物机构认可的关键技术研究、评审委员会的成立、评审员的专业技术培训、现场评审的实施等一系列工作。截至 2023 年年底，我国共有 29 家实验动物工作单位通过了 CNAS 认可。

2. 认可的依据、对象和原则

（1）实验室认可的依据　CNAS 开展实验室认可活动主要依据以下基本准则：（CNAS—CL01：2018）《检测和校准实验室能力认可准则》（内容等同采用 ISO/IEC 17025：2005）；（CNAS—CL02：2012）《医学实验室质量和能力认可准则》（内容等同采用 ISO 15189：2007）；（CNAS—CL03：2010）《能力验证提供者认可准则》（内容等同采用 ILAC G13：2000）；（CNAS—CL04：2017）《标准物质/标准样品生产者能力认可准则》（内容等同采用 ISO 34：2009 和 ISO/IEC 25：2005）；（CNAS—CL06：2018）《实验动物饲养和使用机构质量和能力认可准则》（内容等同采用 GB/T 27416—2014）。在以上基本认可准则的基础上，还针对某些技术领域的特定情况制定了一系列应用指南和应用说明。

（2）实验室认可的对象　凡是愿意获得国家认可的从事校准和/或检测工作的实验室，且：具有明确的法律地位，具备承担法律责任的能力；符合 CNAS 颁布的认可准则；遵守 CNAS 认可规范文件的有关规定，履行相关义务；符合有关法律法规的规定者；都可以申请认可。

（3）实施实验室认可的原则　实验室自愿申请认可，认可机构组织专家进行评审，满足要求的实验室将获得认可资质。对产品质量监督检验机构的各类永久、流动的测试实验室实行强制认可，只有取得认可合格证书的实验室，才能出具公正数据。根据产品质量检验工作的实际需要，对企业、事业、科研单位中有能力从事某些测试工作的实验室实行自愿认可，通过认可的实验室，可在上级检验中心的监督下从事某些产品检验任务。

3. 认可的流程

1)初次认可

(1)意向申请　申请人可以用任何方式向 CNAS 秘书处表示认可意向，如来访、电话、传真以及其他电子通信方式。CNAS 秘书处应向申请人提供最新版本的认可规则和其他有关文件。

(2)正式申请

①申请人应按 CNAS 秘书处的要求提供申请资料，并交纳申请费用。

②CNAS 秘书处审查申请人正式提交的申请资料，若申请人提交的资料齐全、填写清楚、正确，对 CNAS 的相关要求基本了解，质量管理体系正式运行超过 6 个月，且进行了完整的内审和管理评审，申请人的质量管理体系和技术活动运作处于稳定运行状态，聘用的工作人员符合有关法律法规的要求，则可予以正式受理，并在 3 个月内安排现场评审(申请人造成延误除外)；否则，应进一步了解情况，必要时，征得申请人同意后可进行初访(费用由申请人负担)，确定申请人是否具备在 3 个月内接受评审的条件。如申请人不能在 3 个月内接受评审，则应暂缓正式受理申请。

③在资料审查、走访过程中 CNAS 秘书处应将所发现的与认可条件不符合之处通知申请人，不做咨询。

④当申请人申请进行检测、校准或其他能力的认可时，必须提供参加了至少一项适宜的能力验证计划、比对计划或测量审核的证明。只有在申请人证明参加了能力验证活动且表现满意，CNAS 方予以受理。

(3)评审准备

①CNAS 秘书处以公正性和非歧视性的原则指定评审组，并征得申请人同意，如申请人基于公正性理由对评审组的任何成员表示拒绝时，秘书处经核实后应给予调整。

②评审组审查申请人提交的质量管理体系文件和相关资料，当发现文件不符合要求时，秘书处或评审组应以书面方式通知申请人采取纠正措施。秘书处根据评审组长的提议，认为需要时，可与申请人协商进行预评审。预评审只对资料审查中发现的需要澄清的问题进行核实或做进一步了解，不做咨询，但须向秘书处提交书面的预评审报告。在申请人采取有效纠正措施解决发现的主要问题后，评审组长方可进行现场评审。

③文件审查通过后，评审组长与申请人商定现场评审的具体时间安排和评审计划，报 CNAS 秘书处批准后实施。

④需要时，CNAS 可在评审组中委派观察员。

(4)现场评审

①评审组依据 CNAS 的认可准则、规则和要求及有关技术标准对申请人申请范围内的技术能力和质量管理活动进行现场评审。现场评审时，要评审申请机构申请范围覆盖的、开展一项或多项关键活动的所有其他场所。

②在对申请人的检测、校准、检查或其他能力进行现场评审时，应参考、利用申请人参与能力验证活动的情况及结果，必要时安排测量审核。CNAS 将把申请人在能力验证中的表现作为是否给予认可的重要依据。对参加了 CNAS 及其承认的能力验证和比对计划且结果满意的机构，在 CNAS 的各类评审中可适当地考虑简化相关项目的能力确认，但在国家有明确规定、专业上有特定要求、客户有投诉、发生了质量事故或人员、机构发生重大变化等情况下除外。

③评审组还要对申请人的授权签字人进行考核。CNAS 要求授权签字人必须具备：有必要的专业知识和相应的工作经历，熟悉授权签字范围内有关检测、校准和检测、校准方法及检测、校准程序，能对检测、校准结果做出正确的评价，了解检测结果的不确定度；熟悉认可规则和政策、认可条件，特别是获

准认可机构义务，以及带认可标志检测、校准报告或证书的使用规定；在对检测、校准结果的正确性负责的岗位上任职，并有相应的管理职权。

④评审组现场评审时，如发现被评审方在相关活动中存在违反国家有关法律法规或其他明显有损于CNAS声誉和权益的情况，应及时报告CNAS。如被评审方存在上述问题或未履行8.2条中规定的义务，情况严重时，CANS有权中止认可过程，并采取相应处理措施。

⑤现场评审结论分：符合、基本符合（需对不符合的纠正措施进行跟踪）、不符合三种，由评审组在现场评审结束时给出。

⑥评审组长应在现场评审末次会议上，将现场评审报告复印件提交给被评审方。

⑦被评审方在明确整改要求后应拟订纠正措施计划，并在3个月内完成，对监督、复评审的，在1个或2个月内完成，提交给评审组。评审组应对纠正措施的有效性进行验证。

⑧待纠正措施验证后，评审组长将整改验收意见连同现场评审资料报CNAS秘书处。

（5）认可评定

①CNAS秘书处负责将评审资料及所有其他相关信息（如能力验证、投诉、争议等）提交给评定委员会，评定委员会对申请人与认可要求的符合性进行评价并做出决定。评定结果可以是以下四种类型之一：同意认可；部分认可；不予认可；补充证据或信息，再行评定。

②经评定后，由秘书处办理相关手续。

③批准发证：CNAS向获准认可机构颁发有CNAS授权人签章的认可证书，以及认可决定通知书和认可标识章，阐明批准的认可范围和授权签字人，认可证书有效期为5年。CNAS秘书处负责将获得认可的机构及其被认可范围列入获准认可机构名录，予以公布。

2）扩大认可范围

（1）获准认可机构在认可有效期内可以向CNAS提出扩大认可范围的申请。

（2）CNAS根据情况在监督评审、复评审时对申请扩大的认可范围进行评审，也可根据获准认可机构需要单独安排扩大认可范围的评审。扩大认可范围的认可程序与初次认可相似，必须经过申请、评审、评定和批准。对于原认可范围中的相关能力的简单扩充，不涉及新的技术和方法，可以进行资料审查后直接批准。

（3）批准扩大认可范围的条件与初次认可相同，获准认可机构在申请扩大认可的范围内必须具备符合认可准则所规定的技术能力和质量管理要求。

（4）适宜时，CNAS可要求提出申请扩大认可范围的有关获准认可机构参加能力验证计划，以验证其申请扩大认可范围内的技术能力。

3）缩小认可范围

（1）缩小认可范围的条件在下列情况下，可以导致缩小认可范围

①获准认可机构自愿申请缩小其原认可范围；

②业务范围变动使获准认可机构失去原认可范围内的部分能力；

③监督评审、复评审或能力验证的结果表明获准认可机构在某些检测、校准项目的技术能力或质量管理不再满足认可要求，且在CNAS规定的时间内不能恢复。

（2）缩小认可范围的建议　缩小认可范围的建议也由CNAS秘书处提出，经评定委员会评定或秘书长经CNAS主任授权做出认可决定。秘书处办理相应手续。

4. 监督评审

监督评审的目的是证实获准认可机构在认可有效期内持续地符合认可要求，并保证在认可规则和认可准则修订后，及时将有关要求纳入质量体系。所有获准认可机构均须接受CNAS的监督评审。监督评审包括现场监督评审和其他监督活动类型，监督形式包括：就与认可有关的事宜询问获准认可机构；审查获准认可机构就认可覆盖的范围所做的声明；要求获准认可机构提供文件和记录（如审核报告、

用于验证获准认可机构服务有效性的内部质量控制结果、投诉记录、管理评审记录)；监视获准认可机构的表现(如参加能力验证的结果)。

1)定期监督评审

①获准认可机构应在认可批准后的12个月内，接受CNAS安排的第一次定期监督评审，以后每隔18个月、12个月应接受第二、第三次定期监督评审。每次定期监督评审的范围可以是认可领域的一部分，以及认可要求的部分内容。在认可有效期内的定期监督评审应覆盖获准认可机构被认可的全部领域和CNAS的全部认可要求。对多地点的已认可机构，每次监督覆盖所有地点。

②定期监督评审不需要获准认可机构申请，有关评审要求和现场评审程序与初次认可相同。监督中发现不符合时，被评审方在明确整改要求后应拟订纠正措施计划，提交给评审组，整改期限一般为两个月，对影响检测结果的不符合，要在一个月内完成。评审组长应对纠正措施的有效性进行验证。

③在实施定期监督评审时，应考虑前一次监督的结果、参加能力验证的情况，尤其是能力验证结果不满意时的纠正措施实施情况等。

④获准认可机构的扩项评审应尽可能与定期监督评审结合进行。

⑤获准认可的能力验证提供者，在获得认可后，每2年必须至少开展一项能力验证计划。

2)不定期监督评审：在获准认可机构发生如本指南5条所述变化、CNAS的认可要求变化或CNAS认为有必要时，或需对投诉进行调查，或有迹象表明获准认可机构可能不再继续满足认可要求时，CNAS秘书处可随时安排不定期监督评审或不定期访问。不定期监督评审的程序与定期监督评审相同。

5. 复评审

①获准认可机构应在认可有效期(5年)到期前6个月向CNAS提出复评审申请。CNAS在认可有效期到期前应根据获准认可机构的申请组织复评审，以决定是否延续认可至下一个有效期。

②复评审的其他要求和程序与初次认可一致，是针对全部认可范围和全部认可要求的评审。评审组长应对纠正措施的有效性进行验证。复评中发现不符合时，被评审方在明确整改要求后应拟订纠正措施计划，提交给评审组，整改期限一般为2个月，对影响检测结果的不符合，要在1个月内完成。评审组长应对纠正措施的有效性进行验证。

6. 认可的变更

1)获准认可机构的变更处理

(1)变更通知　获准认可机构在发生下述任何变化时，应在变更后1个月内以书面形式通知CNAS。

①获准认可机构的名称、地址、法律地位发生变化；

②获准认可机构的高级管理和技术人员、授权签字人发生变更；

③认可范围内的重要试验设备、环境、检测、校准工作范围及检测项目发生重大改变；

④其他可能影响其活动和体系运行的变更。

(2)变更的处理　CNAS在得到变更通知并核实情况后，视变更性质可以采取以下措施。

①进行监督评审或提前进行复评审；

②扩大、缩小、暂停或撤销认可；

③对新申请的授权签字人候选人进行考核；

④对变更情况进行登记备案。

2)认可规则、认可准则的变更

①当认可规则、认可准则发生变更时，CNAS通过CNAS网站、发电子邮件、发函等形式及时通知可能受到影响的获准认可机构和有关申请人，详细说明认可规则、认可准则以及有关要求所发生的变化。

②当认可条件和认可准则发生变化时，CNAS应制订并公布其向新要求转换的办法和期限，在此之前要听取各有关方面的意见，以便让获准认可机构有足够的时间适应新的要求。CNAS可以通过监督评审或复评审的方式对获准认可机构与新要求的符合性进行确认，在确认合格后方能继续认可。

③获准认可机构在完成转换后，应及时通知 CNAS。获准认可机构如在规定的期限不能完成转换，CNAS 可以撤销认可。

（二）AAALAC 认可

1. AAALAC 简介

国际实验动物评估认可协会（Association for Assessment and Accreditation of Laboratory Animal Care International，AAALAC International）是设立在美国的一个民营组织机构，旨在通过自愿的评估和认可计划，促进高品质的动物管理、使用和福利，以提高生命科学的研究和教育水平。一些国际知名的研究机构如美国国立卫生研究院（NIH）、美国红十字会等，都通过 AAALAC 认可来证明他们的实验动物管理和使用是科学规范的，生物化学公司等非独立的研究机构和独立的合同研究机构更是如此。

AAALAC 成立于 1965 年，当时仅是美国国内动物医学和研究机构为了加强实验动物管理而成立的一个私营认可机构，名称为美国实验动物认可协会（The American Association for Accreditation of Laboratory Animal Care），到 1996 年多数西方发达国家也参加了认可活动，AAALAC 随之改为国际组织，其成员机构有美国医学会、美国兽医协会等 60 多家教育研究机构。AAALAC 理事会下设立北美和欧洲两个认可委员会和认可办公室，负责全球的认可工作，接受认可申请、审查认可资料、选派认可专家、讨论决定是否通过认可。

截至 2022 年年底，我国共有 67 家实验动物工作单位通过了 AAALAC 认可。

2. 认可依据与程序

1)认可的依据

AAALAC 认可的依据是美国实验动物资源研究所（Institute of Laboratory Animal Resources，ILAR）颁布的《实验动物饲养管理和使用手册》（Guide for the Care and Use of Laboratory Animals）（以下称“手册”）。ILAR 是美国国家学术研究理事会（National Research Council，NRC）生命科学专业委员会的组成部分。

2)认可的程序

(1)提交申请　申请书的样式在 AAALAC 的网站可以下载，申请书包括三个部分：第一部分是申请机构的简要介绍，包括名称、地址、主要人员等；第二部分是申请书的核心内容，几乎与“手册”的章节一一对应，申请机构对其进行逐项描述和问题回答；第三部分是附录、图表和资料。申请书提交给认可委员会办公室后，会收到一封 AAALAC 的回函。在交纳认可费用以后，认可办公室会通知认可的时间和认可专家组等有关事宜。

(2)认可费用　AAALAC 认可的费用是按照动物设施的面积大小收取的，如果通过了认可，还需要缴纳维持认可的年费，费用不是固定不变的，每年都可能根据社会经济发展状况做一些调整。同时该费用是到达认可地点以后的认可费用，申请机构还需承担专家的旅行费用。

(3)现场评审　AAALAC 选派的评审专家组不少于 2 人，具体的现场评审安排都由专家组的一名负责人与申请机构商讨确定。一般在现场评审前可以就一些关注点进行必要的沟通与交流，以便更多地了解机构的情况，为现场评审的顺利进行做必要的准备。

现场评审通常需要 2 天以上不等，一般以会议形式开始，申请机构负责人介绍机构情况，专家介绍 AAALAC 情况及评审安排，其后可以安排大致浏览参观实验室。核心的检查内容是专家审阅有关文件资料记录和实地考察动物设施和仪器设备，检查过程中申请机构应有熟悉情况的负责人员陪同，及时回答专家的一些提问。全部检查结束后专家组进行讨论，申请单位人员应回避。最后结果通报会进行口头的简要通报，专家组会提出他们的意见和建议，并说明将向认可委员会提出的建议认可等级。现场评审结束以后，专家组将向认可委员会提交一份正式的评审报告，在此期间申请机构还可以提交一些补充或改正的报告资料，以求完善评审报告。

(4)认可的确定与类别　AAALAC 认可委员会是定期召开全体会议的，一般安排在每年的 1 月、

5月和9月分别召开认可委员会，讨论此前的各个现场评审专家组报告，评价该机构符合“手册”的情况以及存在问题的严重程度，委员会成员以投票的形式决定某项认可的类别。会议后4～8周，被认可机构会收到由委员会主席签发的认可文件。如果是通过了认可，数周以后会收到认可办公室制作的木质牌匾，可以用于悬挂证明通过了AAALAC认可。通过AAALAC认可的机构，需要每年向认可办公室提交一份年度报告，满3年后则需要再次认可。

AAALAC对首次申请认可机构的认可，有以下4种结论：完全认可（full accreditation）、条件认可（accreditation with condition）、授予临时地位（provisional status）、保留认可（withhold accreditation），只有前2种认为是认可通过。

对于已经获得认可机构的再次认可，有以下5种结论：连续完全认可（continued full accreditation）、条件认可（conditional accreditation）、推迟认可（deferred accreditation）、鉴定（probation）、撤销认可（revoke accreditation）。

3. 认可过程中的注意事项

1）观念的转变尤为重要

必须通过认真学习和理解“手册”内容，充分认识实验动物管理使用中应该贯彻始终的理念，就是要善待实验动物，确保实验动物饲养中舒适的福利保障。应该尽可能少用动物不浪费动物，避免和减轻实验动物可能的疼痛，必须处死的动物应实施安乐死。

2）动物管理和使用委员会是认可中的关键组织

按照认可的要求，机构内部必须成立动物管理和使用委员会（Institutional Animal Care and Use Committee，IACUC），必须至少有一名非实验动物从业人员的外部人士参加（如中学教师、护士等），IACUC要定期检查评估动物设施设备，并对实验动物的使用管理进行监督。

3）兽医是认可中的重要岗位

在美国实验动物机构必须具有博士学位和有执照的兽医，保证动物能够得到良好的医疗护理保障。目前，我国尚未实行执业兽医制度，可以和认可机构说明，但是机构内部必须设立兽医岗位并且发挥作用。

（1）实验动物设施环境条件　此类大型动物设施的良好状况一般机构都会给予足够的重视，但同时不能忽视其他几个方面。第一，实验设施的污水排放和废弃物处理应符合环境保护法规要求；第二，实验动物的饮用水和饲料，应有定期的检测，确保符合相关要求；第三，工作人员的安全保健措施到位，如紧急冲淋洗眼装置、防护镜、灭火器、防火毡、外伤急救包等。

（2）克服语言文字交流障碍至关重要　AAALAC认可的申请材料必须是英文，所以表达必须明确清楚，不要产生误解。实验室有关文字资料最好能是英文版本或中英文对照，便于认可专家审阅。现场评审程中，有能够流利地与专家交流的英语口语能力，而又熟悉实验动物和机构状况的人员陪同，是评审能够顺利进行的重要保障。

第四节　实验动物安全应急管理

一、实验动物安全管理

（一）安全管理规定要求

1. 安全生产法

为了加强安全生产工作，防止和减少生产安全事故，保障人民群众生命和财产安全，促进经济社会持续健康发展，全国人大常委会于2002年6月29日通过了《中华人民共和国安全生产法》。后经过多次修正，目前执行的是2021年版《中华人民共和国安全生产法》。《中华人民共和国安全生产法》共七章、119条，从生产经营单位的安全生产保障、从业人员的安全生产权利义务、安全生产的监督管理、生产安全事故的应急救援与调查处理、法律责任等方面，对全国的生产经营活动进行了规范，与实验动物安全管理相关的条款如下。

①生产经营单位必须遵守本法和其他有关安全生产的法律、法规，加强安全生产管理，建立健全全员安全生产责任制和安全生产规章制度，加大对安全生产资金、物资、技术、人员的投入保障力度，改善安全生产条件，加强安全生产标准化、信息化建设，构建安全风险分级管控和隐患排查治理双重预防机制，健全风险防范化解机制，提高安全生产水平，确保安全生产。

②生产经营单位应当具备本法和有关法律、行政法规和国家标准或者行业标准规定的安全生产条件；不具备安全生产条件的，不得从事生产经营活动。

③生产经营单位应当明确各岗位的责任人员、责任范围和考核标准等内容；建立相应的机制，加强对全员安全生产责任制落实情况的监督考核，保证全员安全生产责任制的落实。

④生产经营单位应当对从业人员进行安全生产教育和培训，保证从业人员具备必要的安全生产知识，熟悉有关的安全生产规章制度和安全操作规程，掌握本岗位的安全操作技能，了解事故应急处理措施，知悉自身在安全生产方面的权利和义务。未经安全生产教育和培训合格的从业人员，不得上岗作业。

⑤生产经营单位应当教育和督促从业人员严格执行本单位的安全生产规章制度和安全操作规程；并向从业人员如实告知作业场所和工作岗位存在的危险因素、防范措施以及事故应急措施。

⑥生产经营单位应当为从业人员提供符合国家标准或者行业标准的劳动防护用品，并监督、教育从业人员按照使用规则佩戴、使用；关注从业人员的身体、心理状况和行为习惯，加强对从业人员的心理疏导、精神慰藉，严格落实岗位安全生产责任，防范从业人员行为异常导致事故发生。

⑦从业人员应当接受安全生产教育和培训，掌握本职工作所需的安全生产知识，提高安全生产技能，增强事故预防和应急处理能力；在作业过程中，应当严格落实岗位安全责任，遵守本单位的安全生产规章制度和操作规程，服从管理，正确佩戴和使用劳动防护用品；发现事故隐患或者其他不安全因素，应当立即向现场安全生产管理人员或者本单位负责人报告。接到报告的人员应当及时予以处理。

⑧生产经营单位应当在有较大危险因素的生产经营场所和有关设施、设备上，设置明显的安全警示标志；对安全设备进行经常性维护、保养，并定期检测，保证正常运转。维护、保养、检测应当做好记录，并由有关人员签字。

⑨生产经营场所和员工宿舍应当设有符合紧急疏散要求、标志明显、保持畅通的出口、疏散通道。禁止占用、锁闭、封堵生产经营场所或者员工宿舍的出口、疏散通道。

⑩生产经营单位的安全生产管理人员应当根据本单位的生产经营特点，对安全生产状况进行经常性检查；对检查中发现的安全问题，应当立即处理；不能处理的，应当及时报告本单位有关负责人，有关负责人应当及时处理。检查及处理情况应当如实记录在案。

⑪生产经营单位的特种作业人员必须按照国家有关规定经专门的安全作业培训，取得相应资格，方可上岗作业。

生产经营单位生产、经营、运输、贮存、使用危险物品或者处置废弃危险物品，必须执行有关法律、法规和国家标准或者行业标准，建立专门的安全管理制度，采取可靠的安全措施，接受有关主管部门依法实施的监督管理。

⑫生产经营单位应当建立健全并落实生产安全事故隐患排查治理制度，采取技术、管理措施，及时发现并消除事故隐患。事故隐患排查治理情况应当如实记录，并通过职工大会或者职工代表大会、信息公示栏等方式向从业人员通报。其中，重大事故隐患排查治理情况应当及时向负有安全生产监督管理

职责的部门和职工大会或者职工代表大会报告。

2. 北京市实验动物安全管理工作指南

为加强实验动物安全管理工作，适应北京国际科技创新中心建设需要，维护首都生物安全和公共卫生安全，北京实验动物行业协会于2023年11月15日，发布了《北京市实验动物安全管理工作指南》(以下简称指南)。本指南共八章、42条，从安全管理的基本原则、从业人员职业健康、实验动物生产与使用、设施设备运行、实验动物运输、废物处理、突发事件处置等方面，对北京市实验动物安全管理工作提出了指导性意见。其主要内容如下。

①本指南所称实验动物从业人员，是指在工作中直接接触实验动物及其设施设备、相关产品、废物等的人员。

②实验动物安全管理应覆盖实验动物工作全要素，包括实验动物从业人员职业健康、生产与使用、设施设备运行、运输、废物处理及突发事件处置等。

③市科学技术部门依法管理本行政区域内的实验动物工作，北京市实验动物管理办公室在市科学技术部门的领导下具体负责实验动物安全的日常管理与监督工作。

④从事实验动物工作的单位和个人应承担实验动物安全管理主体责任，树立风险管控意识，建立健全实验动物安全管理制度和应急预案，加强安全教育和技术培训，保障实验动物工作安全。

建立职业健康安全管理体系，成立职业健康安全管理委员会或管理小组，建立职业健康安全风险评估程序，指定专人负责职业健康安全管理工作；

组织从业人员进行培训，建立培训档案；

加强动物麻醉药品和科研用危化品的管理；

为实验动物从业人员配备充足的职业防护用品、用具，并定期检查其安全性、有效性，监督指导从业人员使用；

配备应急处置医疗急救箱，定期检查药械是否齐全有效，针对可能存在的风险点，培训医疗应急处置技能；

每年组织实验动物从业人员进行体检，及时调整健康状况不适合从事实验动物工作的人员。

⑤利用野生动物开发实验动物新品种，应在符合野生动物管理要求的前提下，根据动物来源地的自然疫源流行情况进行全面评估，确定使用相应等级的生物安全设施，采用动物驯化和生物净化技术，开发实验动物新品种。利用基因修饰技术开发新的实验动物资源，应遵守科研伦理，保证生物安全，防止污染环境。

⑥从事实验动物生产的单位和个人，应按标准要求开展实验动物生产繁育管理和质量检测，做好疾病预防与控制，健全实验动物健康管理制度和标准操作规程，建立实验动物健康档案；对实验动物饲料、垫料、笼具、玩具等供应商进行评估，定期检测实验动物饮用水，确保符合实验动物相应标准；对新引入的实验动物种源应进行隔离、检疫，在确认满足标准要求之后方可移入生产区；做到不同等级、不同品种的实验动物分开饲养；供应实验动物时，应利用信息技术等手段确保实验动物可追溯。

⑦从事实验动物使用的单位和个人，不得开展未通过动物福利伦理审查或明显违背科学道德的动物实验活动；应保障不同品种、不同等级、互有干扰的动物实验不得在同一实验环境内进行；禁止在普通环境中饲养SPF级或无菌级实验动物；涉及病原微生物、放射性物质和有毒有害化学品等的动物实验，除符合实验动物管理规定外，还应当符合国家关于病原微生物、放射性物质和有毒有害化学品管理的规定；利用实验动物从事动物实验和教学时，应当使用合格的实验动物，并利用信息技术等手段确保实验动物可追溯。

⑧从事实验动物使用的单位和个人，应做好疾病预防与控制，健全实验动物健康管理制度和标准操作规程，建立实验动物健康档案。必要时应开展实验动物质量抽测；对实验动物饲料、垫料、笼具、玩具等供应商进行评估，定期检测实验动物饮用水，保证采购的产品和饮水符合实验动物相应标准；实验后

的动物及尸体应进行无害化处理，不得流入市场。

⑨从事实验动物工作的单位和个人应建立健全实验动物设施运行管理制度和标准操作规程，查找实验动物设施运行过程中各环节风险点，落实管控措施，实现实验动物设施运行的各项记录可追溯，做到：

严格执行 24 小时值班制度，监控实验动物设施运行状态；

关键位置应安装视频监控，确保设备正常运行，监控数据可追溯；

有足够的水、电、气等资源条件保障，能够维持实验动物设施的正常运行；

定期维护保养通风空调系统，能够保证实验动物设施内环境技术指标稳定达标；

设施内、外环境，人员、实验动物、物品进出实验动物设施应实施必要的消毒灭菌和作业记录。记录内容应清晰、准确、完整，留存备查，消毒效果应进行评估；

采取有效措施防止实验动物逃逸和无关动物进入实验动物设施；

定期检查高压灭菌器、气瓶等特种设备的安全性能，严格执行有关规定，规范操作程序；

加强消防安全工作，组织排查整治，确保消防设施正常运行；

定期检修渡槽、传递窗、动物饮水机、生物安全柜、负压解剖台、洗笼机、洗眼器等常用设备，确保设备正常运行；

设施主要出入口、监控室、解剖室等关键位置要安装视频监控，确保设备正常运行，监控数据可追溯。

⑩从事实验动物工作的单位和个人应建立健全实验动物运输管理制度和标准操作规程，对本单位从事实验动物运输的人员进行培训，查找实验动物运输中存在的风险点，落实管控措施。按照《北京市实验动物运输管理办法》规定，使用符合国家和本市要求的专用车辆和符合标准要求的运输笼具运输实验动物，落实管理主体责任。

⑪从事实验动物工作的单位和个人，应建立完善的实验动物废物处理管理制度和标准操作规程，对本单位从事实验动物废物处理的人员进行培训，查找实验动物废物处理中存在的风险点，落实管控措施。设置实验动物废物暂存设施设备，定期进行维护和消杀工作；按照《北京市实验动物废物无害化处理管理办法》要求，将实验动物废物分类交由有资质的处置单位进行无害化处理；有实验动物废物产生、暂存、处置的记录，保持记录内容清晰、准确、完整，留存备查。

⑫从事实验动物工作的单位和个人应依据现行《北京市突发事件总体应急预案》，根据突发事件的风险及分类分级管理要求，制定相应的应急预案，明确组织机构与职责、适用范围、监测预警、事件报告、处置措施、应急保障等内容。做好与北京市相关应急预案的衔接，并负责组织技术培训和处置演练。

发生实验动物逃逸的，应及时向市实验动物管理办公室报告；

发现实验动物染疫、疑似染疫或存在污染风险时，应立即向所在地农业农村主管部门或者动物疫病预防控制机构和市实验动物管理办公室报告，并启动相应的应急预案。涉及野生动物的，还应向所在地野生动物保护主管部门报告；

发现从业人员因接触实验动物而疑似感染人畜共患传染病时，还应报告当地卫生健康行政部门和市实验动物管理办公室，并启动相应的应急预案；

发生火灾、严重设施设备故障等可能影响安全生产的事故时，在确保人员安全的前提下，应向有关部门和市实验动物管理办公室报告，并启动相应的应急预案。

（二）安全管理主要措施

1. 实验动物设施安全管理的主要措施

实验动物设施安全管理的主要措施包括为实验动物设施提供充分的资源条件、保持实验动物设施配套设备的安全运行，概述如下。

1）为实验动物设施提供充分的资源条件

实验动物设施安全运行所需要的资源条件主要包括水源、电力、冷源、热源等。

(1)水源的保障　实验动物的饮用、笼器具的洗、刷和各种配套设备的运行都离不开水。(GB 14925—2023)《实验动物　环境及设施》对实验动物饮用水的规定为“普通环境设施的动物饮水应符合(GB 5749—2022)《生活饮用水卫生标准》中的规定;屏障环境设施、隔离设备的动物饮水应经灭菌处理达到无菌要求”。因此,实验动物设施的运行必须有充足的水源保障,屏障环境设施和隔离设备的动物饮水还应经灭菌处理并达到无菌要求。

(2)电力的保障　实验动物设施内环境指标的维持、各种配套设备的运行和日常工作的开展都离不开电力的保障。(GB 14925—2023)《实验动物　环境及设施》对实验动物设施电力的要求为“屏障环境及隔离环境应按不低于二级负荷供电。当正常电源不满足负荷要求时应设置备用电源”。因此,实验动物设施的运行必须有电力的充分保障。

(3)冷、热源的保障　冷、热源的种类较多,不同设施的利用形式各不相同,譬如有蒸汽保障者,可将蒸汽直接用于空调设备加湿和高压蒸汽灭菌,也可将蒸汽用于空调设备和生活的热水供应;有市政冷、热源保障者,自备空调设备加湿和高压灭菌的蒸汽即可;有天然气保障者,可用蒸汽锅炉和热水锅炉分别提供蒸汽和热水;冷、热源条件缺乏者,往往只能用电力解决冷、热源的保障了。实验动物设施内环境指标尤其是温度、湿度的维持,来自通风空调系统运行时的热、湿调节;垫料、笼具等物料的消毒灭菌离不开蒸汽等热源条件的保障。因此,实验动物设施的运行必须有冷、热源的充分保障。

2)保持实验动物设施配套设备的安全运行

即保持实验动物设施配套的通风空调系统、洗消灭菌系统、消防安保系统的安全运行。

(1)通风空调系统的安全运行　通风空调系统的安全运行除需要各种资源条件的保障外,还需要各功能段和自动监控的稳定而连续的运行,自然就需要通风空调系统的定期保养和维护。而通风空调系统的安全运行,是保障实验动物设施内环境指标尤其是温湿度持续达标、实验动物健康生存和动物实验结果稳定可靠的基本保障,显然是尤为重要的工作内容。各实验动物设施必须配备通风空调系统的运行管理和保养维护的专业技术力量,定期查找通风空调系统运行过程中各环节的风险点,定期保养和维护,以保障通风空调系统的安全运行。

(2)洗消灭菌系统的安全运行　高压蒸汽灭菌器、净水设备、净化传递设备、笼具清洗设备等洗消灭菌系统的安全运行除需要各种资源条件的保障外,还需要各种设备的性能稳定、指标达标,自然就需要进行定期保养、校核和维护。而洗消灭菌系统的安全运行,是保障实验动物设施内环境指标尤其是洁净度持续达标、实验动物健康生存和动物实验结果稳定可靠的基本保障,显然也是非常重要的工作内容。各实验动物设施必须配备洗消灭菌系统的运行管理和保养维护的专业技术力量(如特种设备操作人员),定期查找洗消灭菌系统运行过程中各环节的风险点,定期保养和维护,以保障洗消灭菌系统的安全运行。

(3)消防安保系统的安全运行　火灾自动报警器、消火栓、灭火器等消防安保系统的安全运行除需要各种资源条件的保障外,还需要各种设施设备的性能稳定、随时可用。而消防安保系统的安全运行,是保障实验动物设施、从业人员和实验动物安全的基本保障。为确保消防安保系统的性能稳定、随时可用和人人会用,自然就需要进行定期的校核、保养、维护、查找风险点和全员演练。

2. 实验动物设施外环境安全管理的主要措施

实验动物设施外环境安全管理的主要措施包括对噪声和“三废”的处理。

1)对实验动物设施产生噪声的处理

(1)噪声对人和动物的危害　一般认为,凡使人不悦、生厌、烦躁或不需要的声音均称为噪声。因此,噪声不单独取决于声音的物理性质,也与人的感觉状态有关。例如,在听音乐时,演员和乐器以外的声音均为噪声;当人睡觉时,再悦耳的音乐也变成了噪声。噪声对人和动物的危害是多方面的,不仅体现在干扰情绪和生活、造成生理紊乱、引起听源性痉挛甚至损伤听力,还可影响动物的生长繁殖和动物实验的结果。因此,噪声对人和动物的危害是非常严重的,必须进行有效控制。

(2)对实验动物设施产生噪声的处理　(GB 3096—2008)《声环境质量标准》规定声环境功能区分

为以下五类标准：0 类声环境功能区（指康复疗养区等特别需要安静的区域），昼间 50 dB(A)、夜间 40 dB(A)；1 类声环境功能区（指以居民住宅、医疗卫生、文化教育、科研设计、行政办公为主要功能，需要保持安静的区域），昼间 55 dB(A)、夜间 45 dB(A)；2 类声环境功能区（指以商业金融、集市贸易为主要功能，或者居住、商业、工业混杂，需要维护住宅安静的区域），昼间 60 dB(A)、夜间 50 dB(A)；3 类声环境功能区（指以工业生产、仓储物流为主要功能，需要防止工业噪声对周围环境产生严重影响的区域），昼间 65 dB(A)、夜间 55 dB(A)；4 类声环境功能区（指交通干线两侧一定距离内，需要防止交通噪声对周围环境产生严重影响的区域），昼间 70 dB(A)、夜间 55～60 dB(A)。实验动物设施外环境的噪声通常需要符合 2 类声环境标准[昼间 60 dB(A)、夜间 50 dB(A)]，以维护周边住宅的安静。由于实验动物设施配套的冷水机组、空调机组等室外设备运行时所产生的噪声可能超过 2 类声环境标准，就需要采取加装隔音板等有效的措施进行降噪处理，避免噪声给周边住宅的安静带来不利影响，也能保障实验动物设施的安全运行。

2）对实验动物设施产生“三废”的处理

在动物生产或动物实验工作中，每天都会产生大量的废气、动物粪尿、洗刷废水、废弃垫料、一次性口罩和手套、动物尸体及组织等废物。为了避免这些废物对工作区域及周围环境的污染，必须按照相关要求对其进行无害化处理。

（1）固体废物的处理　按照《北京市实验动物废物无害化处理管理办法》（京科发〔2022〕11 号）规定，对实验动物设施产生的固体废物进行分类处理，此处从略。

（2）废液的处理　实验动物设施排放的废液中含有动物的粪便、尿液、被毛、皮屑、垫料屑、饲料渣、废弃的消毒液等，应进行分类处理。

①来自动物的粪尿、笼器具洗刷用水等污水，应经污水初级处理设备或化粪池处理，达到（GB 8978—1996）《污水综合排放标准》的规定后排放。

②病原微生物感染动物实验所产生的污水，应按照（GB 50346—2004）《生物安全实验室建筑技术规范》进行处理后方可排出。

③放射性动物实验所产生的污水，应按照（GB 18871—2002）《电离辐射防护与辐射源安全基本标准》、（GBZ 133—2002）《医用放射性废物管理卫生防护标准》进行处理后方可排出。

（3）废气的处理　实验动物设施内饲养的实验动物，每时每刻都要向其周围环境排放大量的废气。这些废气不仅包括动物呼出的二氧化碳，也包括动物正常代谢所产生的氨、硫化氢、甲硫醇、三甲胺、硫化甲基、苯乙烯、乙醛、二硫化甲基等多种臭味气体。如果处理不当，这些排气就会给周围环境带来污染，轻者刺激人的嗅觉器官引起不悦，重者则可引发人的头痛、恶心、眼角膜和呼吸道炎症、抗病力降低，甚至导致肺水肿、肺充血，严重影响人的身心健康。

①常规实验动物设施的废气排放，应符合（GB 16297—1996）《大气污染物综合排放标准》和（GB 14554—1993）《恶臭污染物排放标准》的规定。当不能满足要求时，排风系统应设置液体吸收、活性炭吸附等消除污染的装置，以免气味影响周围环境的空气质量。

②病原微生物感染动物实验所产生的废气，应按照（GB 50346—2004）《生物安全实验室建筑技术规范》进行处理后方可排放。

③放射性动物实验所产生的废气，应按照（GB 18871—2002）《电离辐射防护与辐射源安全基本标准》、（GBZ 133—2002）《医用放射性废物管理卫生防护标准》进行处理后方可排放。

3. 实验动物生物安全管理的主要措施

对实验动物生物安全管理的主要措施主要包括对实验动物传染性疾病、人畜共患病和因基因修饰引起的生物污染防控。

1）对实验动物传染性疾病和人畜共患病的防控

为防止实验动物传染性疾病和人畜共患病的发生、流行，必须在实验动物设施硬件条件合格的基础上，严格执行一整套完善、规范、可行的规章制度和SOP。

①对实验动物从业人员进行疾病防控业务技能培训和演练，以熟悉实验动物传染性疾病和人畜共患病的发病特征、流行规律和防控技能。

②对外购的实验动物进行严格的来源把关和质量检验，严防传染源的传入。

③对进入设施的人员、物品、动物和空气进行严格的消毒和净化，以切断病源的传播途径。

④保持设施内环境的洁净化和动物饲养管理的规范化，以保护易感动物。

⑤对实验动物进行定期的微生物、寄生虫监测，以随时掌握动物的健康状况，排查可能影响实验动物质量稳定与生物安全的风险隐患。

⑥对从业人员进行定期体检和人畜共患病的监测，以随时掌握从业人员的健康状况，排查可能影响从业人员职业健康的风险隐患。

2)对基因修饰引起的生物污染防控

21世纪初，人类和小鼠基因组序列草图的公布标志着生命科学进入了一个新的纪元　后基因组时代。自此，人们开始把目光更多地投向了基因的功能与作用研究，人们可以利用基因修饰技术，将分子、细胞及动物整体水平相结合，从而能够跨时空地研究目的基因在整体动物中的表达和调控规律。于是，在与人类健康密切相关的生命科学研究和生物制药领域中，各种基因修饰动物模型备受青睐和推崇。

随着基因修饰技术的不断发展，它所带来的生物安全问题日益受到人们的关注。为确保生物安全，许多现行的法律、法规都对基因修饰技术的应用进行了明确的要求，如《中华人民共和国生物安全法》第三十四条规定“国家加强对生物技术研究、开发与应用活动的安全管理，禁止从事危及公众健康、损害生物资源、破坏生态系统和生物多样性等危害生物安全的生物技术研究、开发与应用活动”，第五十八条规定“采集、保藏、利用、运输出境我国珍贵、濒危、特有物种及其可用于再生或者繁殖传代的个体、器官、组织、细胞、基因等遗传资源，应当遵守有关法律法规”；《北京市实验动物管理条例》第三十一条规定“从事基因修饰实验动物的研究和应用，应当符合国家有关基因修饰安全管理的要求，保证生物安全”等。

因此，人们必须严格遵循相关的法律、法规，以使基因修饰技术得到健康和快速的发展。

二、实验动物应急管理

(一)突发实验动物事件应急预案

1. 国家突发重大动物疫情应急预案

为及时、有效地预防、控制和扑灭突发重大动物疫情，最大限度地减轻突发重大动物疫情对畜牧业及公众健康造成的危害，保持经济持续稳定健康发展，保障人民身体健康安全，依据《中华人民共和国动物防疫法》《中华人民共和国进出境动植物检疫法》《国家突发公共事件总体应急预案》，于2006年2月27日，中央政府门户网站发布了《国家突发重大动物疫情应急预案》(以下简称预案)。本预案的主要内容如下：

1)名词术语和缩写语的定义与说明

(1)重大动物疫情　是指陆生、水生动物突然发生重大疫病，且迅速传播，导致动物发病率或者死亡率高，给养殖业生产安全造成严重危害，或者可能对人民身体健康与生命安全造成危害的，具有重要经济社会影响和公共卫生意义。

(2)我国尚未发现的动物疫病　是指疯牛病、非洲猪瘟、非洲马瘟等在其他国家和地区已经发现，在我国尚未发生过的动物疫病。

(3)我国已消灭的动物疫病　是指牛瘟、牛肺疫等在我国曾发生过，但已扑灭净化的动物疫病。

(4)暴发　是指一定区域，短时间内发生波及范围广泛、出现大量患病动物或死亡病例，其发病率远远超过常年的发病水平。

(5)疫点　患病动物所在的地点划定为疫点,疫点一般是指患病禽类所在的禽场(户)或其他有关屠宰、经营单位。

(6)疫区　以疫点为中心的一定范围内的区域划定为疫区,疫区划分时注意考虑当地的饲养环境、天然屏障(如河流、山脉)和交通等因素。

(7)受威胁区　除疫区外一定范围内的区域划定为受威胁区。

(8)本预案有关数量的表述中　"以上"含本数,"以下"不含本数。

2)突发重大动物疫情分级

根据突发重大动物疫情的性质、危害程度、涉及范围,将突发重大动物疫情划分为特别重大(Ⅰ级)、重大(Ⅱ级)、较大(Ⅲ级)和一般(Ⅳ级)四级。

3)适用范围

本预案适用于突然发生,造成或者可能造成畜牧业生产严重损失和社会公众健康严重损害的重大动物疫情的应急处理工作。

4)工作原则

(1)统一领导,分级管理　各级人民政府统一领导和指挥突发重大动物疫情应急处理工作;疫情应急处理工作实行属地管理;地方各级人民政府负责扑灭本行政区域内的突发重大动物疫情,各有关部门按照预案规定,在各自的职责范围内做好疫情应急处理的有关工作。根据突发重大动物疫情的范围、性质和危害程度,对突发重大动物疫情实行分级管理。

(2)快速反应,高效运转　各级人民政府和兽医行政管理部门要依照有关法律、法规,建立和完善突发重大动物疫情应急体系、应急反应机制和应急处置制度,提高突发重大动物疫情应急处理能力;发生突发重大动物疫情时,各级人民政府要迅速做出反应,采取果断措施,及时控制和扑灭突发重大动物疫情。

(3)预防为主,群防群控　贯彻预防为主的方针,加强防疫知识的宣传,提高全社会防范突发重大动物疫情的意识;落实各项防范措施,做好人员、技术、物资和设备的应急储备工作,并根据需要定期开展技术培训和应急演练;开展疫情监测和预警预报,对各类可能引发突发重大动物疫情的情况要及时分析、预警,做到疫情早发现、快行动、严处理。突发重大动物疫情应急处理工作要依靠群众,全民防疫,动员一切资源,做到群防群控。

5)应急组织体系及职责

(1)应急指挥机构　农业部在国务院统一领导下,负责组织、协调全国突发重大动物疫情应急处理工作;县级以上地方人民政府兽医行政管理部门在本级人民政府统一领导下,负责组织、协调本行政区域内突发重大动物疫情应急处理工作。国务院和县级以上地方人民政府根据本级人民政府兽医行政管理部门的建议和实际工作需要,决定是否成立全国和地方应急指挥部。

(2)日常管理机构　农业部负责全国突发重大动物疫情应急处理的日常管理工作;省级人民政府兽医行政管理部门负责本行政区域内突发重大动物疫情应急的协调、管理工作;市(地)级、县级人民政府兽医行政管理部门负责本行政区域内突发重大动物疫情应急处置的日常管理工作。

(3)动物防疫监督机构　主要负责突发重大动物疫情报告,现场流行病学调查,开展现场临床诊断和实验室检测,加强疫病监测,对封锁、隔离、紧急免疫、扑杀、无害化处理、消毒等措施的实施进行指导、落实和监督。

(4)出入境检验检疫机构　负责加强对出入境动物及动物产品的检验检疫、疫情报告、消毒处理、流行病学调查和宣传教育等。

6)突发重大动物疫情的监测、预警与报告

(1)国家建立突发重大动物疫情的监测、预警与报告制度　任何单位和个人有权向各级人民政府及其有关部门报告突发重大动物疫情及其隐患，有权向上级政府部门举报不履行或者不按照规定履行突发重大动物疫情应急处理职责的部门、单位及个人。

(2)责任报告单位　县级以上地方人民政府所属动物防疫监督机构；各动物疫病国家参考实验室和相关科研院校；出入境检验检疫机构；兽医行政管理部门；县级以上地方人民政府；有关动物饲养、经营和动物产品生产、经营的单位，各类动物诊疗机构等相关单位。

(3)责任报告人　执行职务的各级动物防疫监督机构、出入境检验检疫机构的兽医人员；各类动物诊疗机构的兽医；饲养、经营动物和生产、经营动物产品的人员。

(4)报告时限和程序　发现可疑动物疫情时，必须立即向当地县(市)动物防疫监督机构报告。县(市)动物防疫监督机构接到报告后，应当立即赶赴现场诊断，必要时可请省级动物防疫监督机构派人协助进行诊断，认定为疑似重大动物疫情的，应当在2小时内将疫情逐级报至省级动物防疫监督机构，并同时报所在地人民政府兽医行政管理部门。省级动物防疫监督机构应当在接到报告后1小时内，向省级兽医行政管理部门和农业部报告。省级兽医行政管理部门应当在接到报告后的1小时内报省级人民政府。特别重大、重大动物疫情发生后，省级人民政府、农业部应当在4小时内向国务院报告。

认定为疑似重大动物疫情的应立即按要求采集病料样品送省级动物防疫监督机构实验室确诊，省级动物防疫监督机构不能确诊的，送国家参考实验室确诊。确诊结果应立即报农业部，并抄送省级兽医行政管理部门。

(5)报告内容　疫情发生的时间、地点、发病的动物种类和品种、动物来源、临床症状、发病数量、死亡数量、是否有人员感染、已采取的控制措施、疫情报告的单位和个人、联系方式等。

7)突发重大动物疫情的应急响应和终止

(1)应急响应的原则　发生突发重大动物疫情时，事发地的县级、市(地)级、省级人民政府及其有关部门按照分级响应的原则做出应急响应。同时，要遵循突发重大动物疫情发生发展的客观规律，结合实际情况和预防控制工作的需要，及时调整预警和响应级别。要根据不同动物疫病的性质和特点，注重分析疫情的发展趋势，对势态和影响不断扩大的疫情，应及时升级预警和响应级别；对范围局限、不会进一步扩散的疫情，应相应降低响应级别，及时撤销预警。

突发重大动物疫情应急处理要采取边调查、边处理、边核实的方式，有效控制疫情发展。

(2)特别重大突发动物疫情(Ⅰ级)的应急响应　确认特别重大突发动物疫情后，按程序启动本预案。

县级以上地方各级人民政府组织协调有关部门参与突发重大动物疫情的处理；根据突发重大动物疫情处理需要，调集本行政区域内各类人员、物资、交通工具和相关设施、设备参加应急处理工作；发布封锁令，对疫区实施封锁；在本行政区域内采取限制或者停止动物及动物产品交易、扑杀染疫或相关动物，临时征用房屋、场所、交通工具；封闭群动物疫病病原体污染的公共饮用水源等紧急措施；组织铁路、交通、民航、质检等部门依法在交通站点设置临时动物防疫监督检查站，对进出疫区、出入境的交通工具进行检查和消毒；按国家规定做好信息发布工作；组织乡镇、街道、社区以及居委会、村委会，开展群防群控；组织有关部门保障商品供应，平抑物价，严厉打击造谣传谣、制假售假等违法犯罪和扰乱社会治安的行为，维护社会稳定；必要时，可请求中央予以支持，保证应急处理工作顺利进行。

兽医行政管理部门组织动物防疫监督机构开展突发重大动物疫情的调查与处理；划定疫点、疫区、受威胁区；组织突发重大动物疫情专家委员会对突发重大动物疫情进行评估，提出启动突发重大动物疫情应急响应的级别；根据需要组织开展紧急免疫和预防用药；县级以上人民政府兽医行政管理部门负责对本行政区域内应急处理工作的督导和检查；对新发现的动物疫病，及时按照国家规定，开展有关技术标准和规范的培训工作；有针对性地开展动物防疫知识宣教，提高群众防控意识和自我防护能力；组织专家对突发重大动物疫情的处理情况进行综合评估。

县级以上动物防疫监督机构做好突发重大动物疫情的信息收集、报告与分析工作；组织疫病诊断和流行病学调查；按规定采集病料，送省级实验室或国家参考实验室确诊；承担突发重大动物疫情应急处理人员的技术培训。

境外发生重大动物疫情时，出入境检验检疫机构会同有关部门停止从疫区国家或地区输入相关动物及其产品；加强对来自疫区运输工具的检疫和防疫消毒；参与打击非法走私入境动物或动物产品等违法活动；境内发生重大动物疫情时，加强出口货物的查验，会同有关部门停止疫区和受威胁区的相关动物及其产品的出口；暂停使用位于疫区内的依法设立的出入境相关动物临时隔离检疫场；出入境检验检疫工作中发现重大动物疫情或者疑似重大动物疫情时，立即向当地兽医行政管理部门报告，并协助当地动物防疫监督机构做好疫情控制和扑灭工作。

(3)重大突发动物疫情(Ⅱ级)的应急响应　确认重大突发动物疫情后，按程序启动省级疫情应急响应机制。

省级人民政府根据省级人民政府兽医行政管理部门的建议，启动应急预案，统一领导和指挥本行政区域内突发重大动物疫情应急处理工作。组织有关部门和人员扑灭疫情；紧急调集各种应急处理物资、交通工具和相关设施设备；发布或督导发布封锁令，对疫区实施封锁；依法设置临时动物防疫监督检查站查堵疫源；限制或停止动物及动物产品交易、扑杀染疫或相关动物；封锁被动物疫源污染的公共饮用水源等；按国家规定做好信息发布工作；组织乡镇、街道、社区及居委会、村委会，开展群防群控；组织有关部门保障商品供应，平抑物价，维护社会稳定。必要时，可请求中央予以支持，保证应急处理工作顺利进行。

省级人民政府兽医行政管理部门向农业部报告疫情。必要时，提出省级人民政府启动应急预案的建议。同时，迅速组织有关单位开展疫情应急处置工作。组织开展突发重大动物疫情的调查与处理；划定疫点、疫区、受威胁区；组织对突发重大动物疫情应急处理的评估；负责对本行政区域内应急处理工作的督导和检查；开展有关技术培训工作；有针对性地开展动物防疫知识宣教，提高群众防控意识和自我防护能力。

疫情发生地人民政府及有关部门在省级人民政府或省级突发重大动物疫情应急指挥部的统一指挥下，按照要求认真履行职责，落实有关控制措施。具体组织实施突发重大动物疫情应急处理工作。

农业部加强对省级兽医行政管理部门应急处理突发重大动物疫情工作的督导，根据需要组织有关专家协助疫情应急处置；并及时向有关省份通报情况。必要时，建议国务院协调有关部门给予必要的技术和物资支持。

(4)较大突发动物疫情(Ⅲ级)的应急响应

市(地)级人民政府根据本级人民政府兽医行政管理部门的建议，启动应急预案，采取相应的综合应急措施。必要时，可向上级人民政府申请资金、物资和技术援助。

市(地)级人民政府兽医行政管理部门对较大突发动物疫情进行确认，并按照规定向当地人民政府、省级兽医行政管理部门和农业部报告调查处理情况。

省级兽医行政管理部门要加强对疫情发生地疫情应急处理工作的督导，及时组织专家对地方疫情应急处理工作提供技术指导和支持，并向本省有关地区发出通报，及时采取预防控制措施，防止疫情扩散蔓延。

(5)一般突发动物疫情(Ⅳ级)的应急响应

县级地方人民政府根据本级人民政府兽医行政管理部门的建议，启动应急预案，组织有关部门开展疫情应急处置工作。

县级人民政府兽医行政管理部门对一般突发重大动物疫情进行确认，并按照规定向本级人民政府和上一级兽医行政管理部门报告。

市(地)级人民政府兽医行政管理部门应组织专家对疫情应急处理进行技术指导。

省级人民政府兽医行政管理部门应根据需要提供技术支持。

(6)非突发重大动物疫情发生地区的应急响应　应根据发生疫情地区的疫情性质、特点、发生区域和发展趋势，分析本地区受波及的可能性和程度，重点做好以下工作：密切保持与疫情发生地的联系，及时获取相关信息；组织做好本区域应急处理所需的人员与物资准备；开展对养殖、运输、屠宰和市场环节的动物疫情监测和防控工作，防止疫病的发生、传入和扩散；开展动物防疫知识宣传，提高公众防护能力和意识；按规定做好公路、铁路、航空、水运交通的检疫监督工作。

(7)应急处理人员的安全防护　要确保参与疫情应急处理人员的安全。针对不同的重大动物疫病，特别是一些重大人畜共患病，应急处理人员还应采取特殊的防护措施。

(8)突发重大动物疫情应急响应终止的条件　疫区内所有的动物及其产品按规定处理后，经过该疫病的至少一个最长潜伏期无新的病例出现。

特别重大突发动物疫情由农业部对疫情控制情况进行评估，提出终止应急措施的建议，按程序报批宣布；重大突发动物疫情由省级人民政府兽医行政管理部门对疫情控制情况进行评估，提出终止应急措施的建议，按程序报批宣布，并向农业部报告；较大突发动物疫情由市(地)级人民政府兽医行政管理部门对疫情控制情况进行评估，提出终止应急措施的建议，按程序报批宣布，并向省级人民政府兽医行政管理部门报告；一般突发动物疫情，由县级人民政府兽医行政管理部门对疫情控制情况进行评估，提出终止应急措施的建议，按程序报批宣布，并向上一级和省级人民政府兽医行政管理部门报告。

上级人民政府兽医行政管理部门及时组织专家对突发重大动物疫情应急措施终止的评估提供技术指导和支持。

2. 地方突发实验动物事件应急预案

以北京市为例。为有效预防、及时应对和控制突发实验动物事件及其可能造成的危害，建立预防为主、防控结合的突发实验动物事件长效应急管理机制，北京市科学技术委员会、中关村科技园区管理委员会，于2024年5月7日，发布了《北京市科学技术委员会、中关村科技园区管理委员会突发实验动物事件应急预案》(京科发〔2024〕4号)。本预案的主要内容如下。

1)编制依据

依据《中华人民共和国突发事件应对法》《中华人民共和国动物防疫法》《中华人民共和国生物安全法》《北京市实验动物管理条例》《北京市突发事件总体应急预案》《北京市突发重大动物疫情应急预案》等文件，制定本预案。本预案主要用于指导预防和应对发生在北京市行政区域内的突发实验动物事件。

2)突发实验动物事件的界定

突发实验动物事件是指在实验动物生产、运输和使用过程中已经发生或潜在发生的重大动物疫情或其他生物安全事件。

3)工作原则

以人为本，预防为主，快速反应，科学防治。

4)组织机构与职责

(1)实验动物应急协调小组及其职责　成立市科委、中关村管委会实验动物应急协调小组(以下简称“协调小组”)，协调小组办公室设在北京市实验动物管理办公室，负责处理突发实验动物事件的具体工作。主要职责：强化应急值守，收集、分析、上报事件信息；督促从事实验动物工作的单位做好先期处置和应急响应；组织专家提供技术指导；承担交办的其他实验动物应急相关工作。

(2)从事实验动物工作的单位及其职责　从事实验动物工作的单位是应对突发实验动物事件的责任主体，主要职责：制定本单位的应急预案和应急处置操作规程，明确责任人和信息报告人，负责本单位的应急培训和演练；定期对本单位实验动物进行质量监测，排查可能影响实验动物质量稳定与生物安全的风险隐患；本单位出现突发实验动物事件时，应立即开展先期处置，并向相关管理部门和协调小组报告。

5)事件报告与处置

(1)事件报告　从事实验动物工作的单位是责任报告单位；其法定代表人是责任报告人。

①报告形式:电话、书面等有效形式进行报告。

②报告时限和程序:从事实验动物工作的单位发现疑似突发重大动物疫情后,应当立即报告所在地农业农村主管部门或者动物疫病预防控制机构,并报告市科学技术部门;涉及野生动物的,还应报告所在地野生动物保护主管部门;涉及从业人员因接触实验动物而疑似感染人畜共患传染病的,还应报告所在地卫生健康主管部门。

从事实验动物工作的单位发现疑似其他生物安全事件的,按照生物安全法律法规的规定报告相关管理部门,并报告市科学技术部门。

市科学技术部门在接到报告后,组织专家进行分析判断,认定为疑似突发重大动物疫情的,在1小时内向市重大动植物疫情应急指挥部办公室报告。

③报告内容:事件发生的时间、地点;事件类别、性质、涉及单位的数量;疑似染疫实验动物种类和数量、实验动物来源及出售情况、同群动物数量、死亡数量、临床症状、诊断情况、人员感染情况;已采取的控制措施;报告的单位、负责人、报告人及联系方式。

(2)先期处置　事发单位应根据事件性质及时采取有效措施,控制事态发展。

(3)处置措施　对疑似重大动物疫情,依照《中华人民共和国动物防疫法》《北京市突发重大动物疫情应急预案》等相关规定执行。对其他突发实验动物事件,由协调小组组织相关专家,对事件性质及影响进行评估,提出应急处置的技术措施建议,指导事发单位进行科学处置。

3. 实验动物工作单位突发实验动物事件应急预案

各实验动物工作单位可根据《国家突发重大动物疫情应急预案》《北京市突发实验动物事件应急预案》的基本要求,参照《北京市实验动物安全管理工作指南》的附件1(XX单位突发实验动物事件应急预案参考模板),编写本单位的突发实验动物事件应急预案。此处从略。

(二)突发实验动物事件应急处置

1. 突发实验动物灾难性事件应急处置措施

突发实验动物灾难性事件主要指实验动物设施运行过程中突发的资源条件中断、地震、火灾等灾难性事件。火灾、地震等灾害性事件往往具有发生突然、损失惨重的特点。为减少灾害性突发事件所造成的损失,平时提高防灾和减灾意识,通过宣传教育和演练,让从业人员熟悉人员逃生、消防设备使用等应急方案。一旦发生灾害性突发事件,从业人员要能够及时实施应急方案,从而有效避免灾害性突发事件所引发的人员、动物伤亡和设施、财产损失。

1)实验动物设施运行过程中突发资源条件中断的应急处置措施

实验动物设施安全运行离不开电力等各种资源条件的充分保障,平时必须对各种备用/应急资源进行检修、维护和定期的试运行,确保随时可用。

(1)一旦突发停电,应及时启动应急预案,实施先期处置措施　首先应尽可能弄清停电地点、时长、影响范围等基本情况,及时启动应急照明灯具,保障设施内的工作人员安全;然后,根据供电部门停电或线路故障等基本情况,决定是否启动应急电源(若停电时间不超过60分钟,则可不启动应急电源,但要停止人员进出设施和在设施内的流动,保持设施处于密闭和洁净状态;若停电时间超过60分钟,则应启动应急电源)。停电往往造成冷源、热源的供应困难,在应急电源负荷较小时可适当降低电力消耗,以保障动物生存所必需的设施最小通风量和最低热湿调节量。

(2)一旦突发冷/热源故障,则应及时启动备用冷/热源,实施先期处置措施　若无备用冷/热源,则应适当降低通风量(相应降低热湿调节量),以保障动物生存所必需的适当换气,并维持设施处于洁净状态。

2)实验动物设施运行过程中突发地震、火灾的应急处置措施

(1)平时的消防安全教育、逃生演练和消防设施维护

①应对实验动物从业人员进行消防安全教育和演练,使其具有安全防范意识,掌握逃生和救灾的方法,遇到地震、火灾时能够及时逃生并采用正确的方法救人。

②应对紧急疏散通道、标示、应急照明灯、火灾自动报警器、消火栓、灭火器等消防设施定期进行校验和维护。发现故障时要及时排除，不得自行改动或拆卸。确保消防设施配置完备，功能正常，随时可用。

(2)突发地震时的逃生与救灾

①逃生：地震发生时，设施内的工作人员必须保持镇静并互相照顾。发现轻微震动时，应按照人员紧急撤离路线，迅速离开设施，到达安全地方；发现剧烈震动时，应立即避开玻璃门窗、不稳或摆放重物的台架，躲入柱子旁、内墙角等结实处就地蹲下，用手或其他东西护头，待震动减轻时，及时离开设施。一旦被困而不能自行逃生时，则应通过呼喊、敲击物体等方法，发出求救信号，等待救援，注意保存体力。

②救灾：及时寻找、拨打 110 救助电话，组织现场人员开展救灾。

(3)突发火灾时的逃生与救灾

①发现火情：通过火灾报警系统或其他途径发现火情时，设备管理员或值班员(非工作时间)应立即弄清火灾地点、影响范围等基本情况，立刻拨打单位应急值班电话，实施先期处置措施。必要时，应及时通知设施内的工作人员撤离并拨打火灾报警电话 119。

②人员撤离：接到撤离通知后，设施内的工作人员应按照人员紧急撤离路线，迅速离开设施，到达安全地方。烟火较重时，应用打湿的工作服捂住口、鼻，匍匐前行撤离。

③扑灭火灾：消防队员到达之前，所有在场的工作人员应及时使用灭火器或消火栓灭火；消防队员到达之后，所有在场的工作人员应及时协助消防队员灭火，直至彻底扑灭火灾。

2. 突发实验动物传染性疾病事件处置措施

我国现行的《动物防疫法》第三十二条将重大动物疫情界定为：指一、二、三类动物疫病突然发生，迅速传播，给养殖业生产安全造成严重威胁、危害，以及可能对公众身体健康与生命安全造成危害的情形。

由于实验动物是在人工环境条件下饲育的动物，其与野生动物、经济动物、观赏动物等其他动物的疾病谱差别较大，例如作为小鼠烈性传染病的鼠痘病毒和作为人畜共患病的汉坦病毒均不在与《动物防疫法》配套的《一、二、三类动物疫病病种名录》中。因此，实验动物突发的重大动物疫情主要应当指实验动物的烈性传染病和人畜共患病，即普通级动物应当排除的微生物、寄生虫等传染性疾病[参见(GB 14922—2022)《实验动物　微生物、寄生虫学等级及监测》]。

由于传染性疾病可导致动物质量下降、影响实验结果、死亡，甚或引起人畜共患病。因此，平时必须做好实验动物的质量控制、人员和物品的消毒控制、空气和内环境的净化控制等日常性工作。而设施内一旦发生疑似传染性疾病，应立即启动应急预案，将患病动物所在的区域隔离，并进行及时的诊断工作。

1)确诊动物发生非烈性传染病者

①必须按照实验动物管理的有关规定，及时上报当地实验动物管理部门。

②在捕杀发病动物的同时，对整个设施进行带动物消毒处理。

③对有关人员进行健康监护并实施必要的预防或治疗措施。

④对于必须保留的稀有动物或犬、猴等有治疗价值的大动物，要先请示当地实验动物管理部门，然后再采取净化或治疗措施。

⑤对无临床症状的动物进行实验室检测。经过该疫病的至少一个最长潜伏期检测无新的病例出现时，方可继续开展实验动物生产或动物实验工作。

2)确诊动物发生烈性传染病或人畜共患病者

①必须按照实验动物管理的有关规定，第一时间上报当地实验动物管理部门和农业农村、卫生健康等其他有关部门。

②按照《动物防疫法》《重大动物疫情应急条例》和当地突发实验动物事件应急预案的要求，及时召集有关人员开会，实施隔离、封锁、扑杀、销毁、无害化处理、消毒等先期处置措施：

划定疫点、疫区、受威胁区；

封锁疫区，严格限制人员、物品和动物的流动；

及时扑杀疫点内甚至疫区内的所有动物，对病死、处死动物和相关废物实施无害化处理，对整个动物饲养设施及相关物品进行彻底消毒处理；

③通知受威胁区做好疾病防控工作。

④对发病动物及相关物品、环境进行采样、送检，确诊病因；

⑤对有关工作人员进行健康监护并实施必要的预防或治疗；

⑥对疫区内所有的动物及其相关物品、环境按规定进行定期采样、送检，经过该疫病的至少一个最长潜伏期采样结果阴性、无新的病例出现、有关工作人员体检确认健康时，实验动物工作单位应向当地实验动物管理部门和农业农村、卫生健康等其他有关部门提出终止应急措施的建议，当地实验动物管理部门和农业农村、卫生健康等其他有关部门组织专家对突发动物烈性传染病或人畜共患病进行的应急措施终止评估合格后，应急响应方可终止，实验动物工作单位方可恢复实验动物生产或动物实验工作。

3. 突发实验动物事件报告处置情况记录

各实验动物工作单位可根据本单位突发实验动物事件的基本情况，参照《北京市实验动物安全管理工作指南》的附件2(XX单位突发实验动物事件报告处置情况记录表)，制定本单位突发实验动物事件报告处置情况记录表。

第三章

实验动物标准及质量管理

第一节　实验动物质量控制及相关标准

实验动物质量控制是实验动物学的核心问题，它直接影响生命科学实验结果的准确性、可靠性和科学性；影响对人类疾病发生、发展和发病机制的研究和结果判定；影响对药品、生物制品有效性、安全性和稳定性的评价；影响军工实验、航天实验的可靠性，还直接关系到生物安全防控。

一、实验动物质量控制概论

实验动物质量控制包括遗传学质量控制、微生物学质量控制、寄生虫学质量控制、病理学质量控制、营养学质量控制和环境生态学质量控制等方面。

通过对实验动物遗传、微生物、寄生虫、病理、营养、环境进行全面质量监测，可有效保障实验动物质量。

（一）遗传学监测

实验动物遗传特性是实验动物最本质和内在的属性。实验动物属于遗传限定动物（genetically defined animal），其对外界刺激的反应特点在本质上由基因决定。不同遗传背景的实验动物对同一实验处理的反应可能不同。为了保证实验研究结果的相对均一性和可比性，必须对动物基因的杂合性进行限定，并定期对其遗传质量进行监测。

（二）微生物学、寄生虫学和病理学监测

微生物和寄生虫感染会改变实验动物的健康状况，进而影响实验结果，还可能通过直接或间接途径对人类造成危害。人畜共患病病原是实验动物微生物、寄生虫学研究和控制的重点，也是保障实验动物种质资源建设的必要措施和技术保障。

在实验动物疾病诊断中，病理学检查有助于确定疾病疑似方向，结合发病情况与临床实际表现确定诊断结果。其根本任务在于探究实验动物疾病的发生机理和本质，为预防和治疗疾病提供理论依据，确保实验结果的可靠性、科学性。

（三）饲料营养学监测

动物营养学是研究营养物质摄入与动物生命活动之间关系的科学。通过研究，揭示养分的摄入与动物健康和高效生产的定性定量规律。均衡营养是满足实验动物生长发育、生存繁殖、延续种群繁衍和维持正常生理功能的基本需求。

对饲料营养素进行监测、把握动物营养谱和营养需求量，并对营养需求条件进行控制是保障实验动物质量的重要措施。

（四）环境生态学监测

环境生态学监测包括对物理因素、化学因素、居住因素、营养因素和种内关系等方面进行监测。实验动物在人工限制条件下非自主选择生活环境，若环境条件不能满足不同种动物对环境的要求，可能会影响动物生产，导致实验失败，甚至造成动物死亡。

二、实验动物国家标准

我国实行统一的标准化管理体制，这是我国实验动物管理的特色和优势。1994 年国家技术质量监督局颁布了我国第一版(GB/T 14925—1994)《实验动物—环境及设施》。该版标准包括啮齿类和兔类实验动物的微生物学和寄生虫学监测等级、环境与设施、全价营养饲料、哺乳类实验动物的遗传质量控制等4项质量标准和第43项方法标准共47项。1999年,颁布了(GB/T 17998—1999)《SPF鸡 微生物学监测总则》。2001年根据我国实验动物的发展要求发布了修订版,并相应增加了实验用犬、猴微生物学和寄生虫学监测等级标准,增加到12项质量标准和71项方法标准共83项。2006—2008年,中国实验动物学会组织专家对(GB 14925—2001)《实验动物 环境及设施》进行了修订和补充,2008年和2010年又分别颁布和修订了部分国家标准。2022年,国家标准化委员会发布了(GB 14922—2022)《实验动物 微生物、寄生虫学等级及监测》,该标准合并了(GB 14922.1—2001)《实验动物 寄生虫学等级及监测》和(GB 14922.2—2011)《实验动物 微生物学等级及监测》。在新标准中,删除了清洁级动物的术语和定义以及清洁级动物分类,此外,对部分检测项目进行了调整。2022年,国家标准化管理委员会还发布了(GB 14923—2022)《实验动物 遗传质量控制》,该标准代替了(GB 14923—2010)《实验动物 哺乳类实验动物的遗传质量控制》,新标准更改了术语"远交群"和"封闭群"的定义,增加了应用CRISPR/Cas9等技术制备基因修饰动物的命名,并增加了微卫星和SNP座位检测法。

目前,我国常用实验动物的国家标准体系框架已初步建立,这对推动我国实验动物科技进步、提升行业管理水平起到了越来越重要的作用。现有标准主要集中在对实验动物的微生物、寄生虫、营养、遗传和环境质量进行控制。在对实验动物质量控制中,十分重视对病理学标准(被学界称为实验动物质量判断的"金标准"),对实验动物直接接触的饮水、垫料、笼器具、动物玩器具、动态的环境质量进行控制等,但对大型实验动物和发展十分迅速的水生实验动物等诸多方面都缺少统一的国家标准。部分现行标准的质量控制指标还缺少科学的实验数据支持,实验动物标准的上述缺陷亟待完善。我国现行的有关实验动物的国家标准见表3-1。

表3-1 我国现行的有关实验动物的国家标准

序号	标准编号	标准名称
1	GB 14925—2023	实验动物 环境及设施
2	GB/T 43051—2023	实验动物 动物实验生物安全通用要求
3	GB/T 42011—2022	实验动物 福利通则
4	GB 14922—2022	实验动物 微生物、寄生虫学等级及监测
5	GB 14923—2022	实验动物 遗传质量控制
6	GB/T 39759—2021	实验动物 术语
7	GB/T 39760—2021	实验动物 安乐死指南
8	GB/T 39649—2020	实验动物 实验鱼质量控制
9	GB/T 39647—2020	实验动物 生殖和发育健康质量控制
10	GB/T 39646—2020	实验动物 健康监测总则
11	GB/T 39650—2020	实验动物 小鼠、大鼠品系命名规则
12	GB/Z 39502—2020	实验动物 新型冠状病毒肺炎(COVID-19)动物模型制备指南
13	GB/T 38740—2020	实验动物 猴马尔堡病毒检测方法
14	GB/T 35892—2018	实验动物 福利伦理审查指南
15	GB/T 35823—2018	实验动物 动物实验通用要求
16	GB/Z 34792—2017	实验动物 引种技术规程
17	GB/T 34791—2017	实验动物 质量控制要求
18	GB/T 34240—2017	实验动物 饲料生产

续表 3-1

序号	标准编号	标准名称
19	GB/T 27416—2014	实验动物机构　质量和能力的通用要求
20	GB 14924.3—2010	实验动物　配合饲料营养成分
21	GB 14925—2010	实验动物　环境及设施
22	GB/T 14927.2—2008	实验动物　近交系小鼠、大鼠免疫标记检测法
23	GB/T 14927.1—2008	实验动物　近交系小鼠、大鼠生化标记检测法
24	GB/T 14926.56—2008	实验动物　狂犬病病毒检测方法
25	GB/T 14926.21—2008	实验动物　兔出血症病毒检测方法
26	GB/T 14926.57—2008	实验动物　犬细小病毒检测方法
27	GB/T 18448.2—2008	实验动物　弓形虫检测方法
28	GB/T 14924.10—2008	实验动物　配合饲料　氨基酸的测定
29	GB/T 14926.10—2008	实验动物　泰泽病原体检测方法
30	GB/T 14926.46—2008	实验动物　钩端螺旋体检测方法
31	GB/T 14926.47—2008	实验动物　志贺菌检测方法
32	GB/T 14926.58—2008	实验动物　传染性犬肝炎病毒检测方法
33	GB/T 14926.15—2001	实验动物　肺炎链球菌检测方法
34	GB/T 14926.16—2001	实验动物　乙型溶血性链球菌检测方法
35	GB/T 14926.17—2001	实验动物　绿脓杆菌检测方法
36	GB/T 14926.41—2001	实验动物　无菌动物生活环境及粪便标本的检测方法
37	GB/T 18448.1—2001	实验动物　体外寄生虫检测方法
38	GB/T 18448.3—2001	实验动物　兔脑原虫检测方法
39	GB/T 18448.5—2001	实验动物　艾美耳球虫检测方法
40	GB/T 18448.6—2001	实验动物　蠕虫检测方法
41	GB/T 14926.43—2001	实验动物　细菌学检测染色法、培养基和试剂
42	GB/T 14926.62—2001	实验动物　猴免疫缺陷病毒检测方法
43	GB/T 14926.63—2001	实验动物　猴 T 淋巴细胞趋向性病毒 Ⅰ 型检测方法
44	GB/T 14924.2—2001	实验动物　配合饲料卫生标准
45	GB/T 14926.53—2001	实验动物　血凝试验
46	GB/T 14926.54—2001	实验动物　血凝抑制试验
47	GB/T 14926.55—2001	实验动物　免疫酶组织化学法
48	GB/T 14924.1—2001	实验动物　配合饲料通用质量标准
49	GB/T 14926.14—2001	实验动物　金黄色葡萄球菌检测方法
50	GB/T 14926.9—2001	实验动物　鼠棒状杆菌检测方法
51	GB/T 14926.11—2001	实验动物　大肠埃希菌 0115a,c:K(B)检测方法
52	GB/T 14926.12—2001	实验动物　嗜肺巴斯德杆菌检测方法
53	GB/T 14926.13—2001	实验动物　肺炎克雷伯杆菌检测方法
54	GB/T 14926.3—2001	实验动物　耶尔森菌检测方法
55	GB/T 14926.32—2001	实验动物　大鼠冠状病毒/延泪腺炎病毒检测方法
56	GB/T 14926.4—2001	实验动物　皮肤病原真菌检测方法

续表 3-1

序号	标准编号	标准名称
57	GB/T 14926.5—2001	实验动物　多杀巴斯德杆菌检测方法
58	GB/T 14926.6—2001	实验动物　支气管鲍特杆菌检测方法
59	GB/T 14926.8—2001	实验动物　支原体检测方法
60	GB/T 14926.18—2001	实验动物　淋巴细胞脉络丛脑膜炎病毒检测方法
61	GB/T 18448.10—2001	实验动物　肠道鞭毛虫和纤毛虫检测方法
62	GB/T 14926.1—2001	实验动物　沙门菌检测方法
63	GB/T 14926.23—2001	实验动物　仙台病毒检测方法
64	GB/T 14926.24—2001	实验动物　小鼠肺炎病毒检测方法
65	GB/T 14926.25—2001	实验动物　呼肠孤病毒Ⅲ型检测方法
66	GB/T 14926.26　2001	实验动物　小鼠脑脊髓炎病毒检测方法
67	GB/T 14926.27—2001	实验动物　小鼠腺病毒检测方法
68	GB/T 14926.20—2001	实验动物　鼠痘病毒检测方法
69	GB/T 14924.11—2001	实验动物　配合饲料　维生素的测定
70	GB/T 14924.12—2001	实验动物　配合饲料　矿物质和微量元素的测定
71	GB/T 14926.30—2001	实验动物　兔轮状病毒检测方法
72	GB/T 14926.28—2001	实验动物　小鼠细小病毒检测方法
73	GB/T 14926.29—2001	实验动物　多瘤病毒检测方法
74	GB/T 14926.31—2001	实验动物　大鼠细小病毒(KRV 和 H-1 株)检测方法
75	GB/T 14924.9—2001	实验动物　配合饲料　常规营养成分的测定
76	GB/T 14926.19—2001	实验动物　汉坦病毒检测方法
77	GB/T 14926.22—2001	实验动物　小鼠肝炎病毒检测方法
78	GB/T 14926.50—2001	实验动物　酶联免疫吸附试验
79	GB/T 14926.48—2001	实验动物　结核分枝杆菌检测方法
80	GB/T 14926.49—2001	实验动物　空肠弯曲杆菌检测方法
81	GB/T 14926.44—2001	实验动物　念珠状链杆菌检测方法
82	GB/T 14926.45—2001	实验动物　布鲁杆菌检测方法
83	GB/T 14926.64—2001	实验动物　猴痘病毒检测方法
84	GB/T 18448.7—2001	实验动物　疟原虫检测方法
85	GB/T 18448.8—2001	实验动物　犬恶丝虫检测方法
86	GB/T 18448.9—2001	实验动物　肠道溶组织内阿米巴检测方法
87	GB/T 14926.51—2001	实验动物　免疫酶试验
88	GB/T 14926.52—2001	实验动物　免疫荧光试验
89	GB/T 14926.59—2001	实验动物　犬瘟热病毒检测方法
90	GB/T 14926.60—2001	实验动物　猕猴疱疹病毒Ⅰ型(B 病毒)检测方法
91	GB/T 14926.61—2001	实验动物　猴逆转 D 型病毒检测方法
92	GB/T 14926.42—2001	实验动物　细菌学检测　标本采集
93	GB/T 18448.4—2001	实验动物　卡氏肺孢子虫检测方法
94	GB/T 17999.7—2008	SPF 鸡　微生物学监测　第 7 部分:SPF 鸡　胚敏感试验

续表 3-1

序号	标准编号	标准名称
95	GB/T 17999.6—2008	SPF 鸡　微生物学监测　第 6 部分:SPF 鸡　酶联免疫吸附试验
96	GB/T 17999.3—2008	SPF 鸡　微生物学监测　第 3 部分:SPF 鸡　血清中和试验
97	GB/T 17999.1—2008	SPF 鸡　微生物学监测　第 1 部分:SPF 鸡　微生物学监测总则
98	GB/T 17999.5—2008	SPF 鸡　微生物学监测　第 5 部分:SPF 鸡　琼脂扩散试验
99	GB/T 17999.8—2008	SPF 鸡　微生物学监测　第 8 部分:SPF 鸡　鸡白痢沙门氏菌检验
100	GB/T 17999.10—2008	SPF 鸡　微生物学监测　第 10 部分:SPF 鸡　间接免疫荧光试验
101	GB/T 17999.2—2008	SPF 鸡　微生物学监测　第 2 部分:SPF 鸡　红细胞聚集抑制试验
102	GB/T 17999.4—2008	SPF 鸡　微生物学监测　第 4 部分:SPF 鸡　血清平板凝集试验
103	GB/T 17999.9—2008	SPF 鸡　微生物学监测　第 9 部分:SPF 鸡　试管凝集试验

注:该表中的标准发布时间截至 2024 年 3 月 29 日。

为了更好地掌握和正确地使用实验动物标准,应对我国实验动物相关标准化体系进行必要的了解,并严格遵守相关规定。

①在国家标准条款中,如包含引用其他标准的,凡标明被引用版本日期的,该指定版本的相关条款同样有效。当标准被修订时,仅未标明日期的引用版本条款继续有效,但应探讨使用该标准的最新版本。在使用标准时,应先查阅该标准是否已被修订或作废,引用的标准是否已被修订或作废。

②了解各类相关标准的代码,有助于正确使用标准。A.“GB”为强制性国家标准,“GB/T”为推荐性国家标准,“GB/Z”为国家标准化指导性技术文件。B. 行业标准代号为该行业名称缩写的汉语拼音开头两个大写字母。例如,“HG”化工、“HJ”环保、“JG”建工、“LY”林业、“NY”农业、“SC”水产、“TB”铁路、“WM”外贸、“WS”卫生和“YY”医药等。C. 地方标准代号为“DB”,后面加省级代码前两位数。例如,北京市推荐性标准为“DB11/T”,江苏省强制性标准为“DB32”。D. 企业标准代码为“Q”,该字母后面加该企业标准代码数字。

③同一标准具有同一特定的号码,后面加注该标准的发布年份,而不是开始实施的年份。在新版标准发布时,同一号码的旧版标准开始被替代。新标准实施时,旧版标准则同时作废。在使用标准时,率先查阅该标准的最新版本,注意该版本标准是否开始实施,是否为现行标准。

④各级标准的效力不同。优先执行国家标准;国家尚未制定标准的,执行国家行业标准;国家和行业均未制定标准的,执行地方标准;地方标准也未制定的,执行企业标准。标准效力顺序为国家—国家行业—地方—企业,法律效力依次降低,但质量控制和技术要求通常依次提高。由于国家标准需考虑在全国实施的可行性,其技术指标要求通常低于行业、地方和企业的指标要求。企业标准的要求不能低于地方标准,地方标准的要求不能低于全国行业标准,行业标准要求不能低于国家标准。

⑤标准的制定。国家标准由国务院标准化行政主管部门组织制定,并报国务院标准化行政主管部门备案;行业标准由国务院有关行政主管部门组织制定并报国务院标准化行政主管部门备案;地方标准由省级人民政府标准化行政主管部门制定,并报国务院标准化行政主管部门和国务院有关行政主管部门备案;企业标准作为组织生产的依据由企业组织制定,并按省级人民政府的规定备案。

三、实验动物行业标准、地方标准和团体标准

除国家标准外,国家卫生健康委员会、农业农村部、住房和城乡建设部、国家标准化管理委员会、中国实验动物学会等部门和北京、上海、广东、江苏、云南、湖南、黑龙江等省区市根据本行业、本地区的需要制定了一系列行业标准、地方标准和团体标准,我国的实验动物标准体系和检测技术体系日趋完善。

(一)行业标准

我国现行的实验动物相关行业标准共 10 项,涉及领域包含了出入境检验检疫 3 项、林业 1 项和认证认可 6 项。我国现行有关实验动物的行业标准见表 3-2。

表 3-2 我国现行实验动物的有关行业标准

序号	标准编号	标准名称
1	RB/T 061—2021	实验动物安乐死技术规范
2	RB/T 062—2021	实验动物运输管理规范
3	RB/T 018—2019	实验动物福利和人员职业健康安全检查指南
4	RB/T 010—2019	实验动物屏障和隔离装置评价通用要求
5	RB/T 019—2019	实验动物设施性能及环境参数验证程序指南
6	RB/T 172—2018	实验动物机构标识系统要求
7	SN/T 3986—2014	实验动物饲养、运输、使用过程中的动物福利规范
8	SN/T 3992—2014	进境非人灵长类实验动物指定隔离场建设规范
9	SN/T 2366—2009	进出境实验动物现场检疫监管规程
10	LY/T 1784—2008	猕猴属实验动物人工饲养繁育技术及管理标准

注:该表中的行业标准的发布时间截至 2024 年 3 月 29 日。

(二)地方标准

我国现行的实验动物相关地方标准共 77 项,其中北京市 9 项、云南省 4 项、山西省 11 项、广东省 5 项、广西壮族自治区 1 项、江苏省 14 项、江西省 3 项、河北省 2 项、浙江省 7 项、海南省 3 项、甘肃省 1 项、黑龙江省 14 项和亳州市 3 项。

地方标准更多聚焦于有地方特色的实验动物新资源,如树鼩、小型猪、长爪沙鼠等相关质量标准,也涉及猪、牛、羊等农用动物实验动物化后的质量控制。其中北京市对原有针对不同动物品种的地方标准进行整合,形成了微生物检测、寄生虫检测和繁育与遗传监测等新的标准,还分别对配合饲料养分与卫生要求、环境条件、病理学诊断、实验动物福利伦理审查技术进行规范。

(三)团体标准

我国实验动物团体标准主要由中国实验动物学会发布,包括实验动物基础通用系列标准及实施指南、实验动物管理系列标准及实施指南、实验动物质量控制系列标准及实施指南、实验动物检测方法系列标准及实施指南、实验动物产品系列标准及实施指南和动物实验系列标准及实施指南等 6 类标准。

目前,我国实验动物技术标准体系处于建设和完善阶段,没有标准评价工作机制,评估工作尚未开展,标准存在的各种问题及解决思路有待深入研究。一是建立标准实施后的评估工作,将标准的跟踪研究落实到具有一定资质和研究基础的实验动物单位,开展实施过程中的绩效评估,查找存在的问题,提出解决思路和技术方案,为下一版标准的补充和修订奠定基础。二是在跟踪国际先进标准发展动向和全面分析的基础上,开展先期研究,做好技术储备,推进实验动物行业标准(或团体标准)研究制定工作,使其迈向国家层面,乃至国际舞台。

四、与实验动物相关的国外标准和组织

国际知名的实验动物相关组织主要有国际实验动物科学理事会(the International Council for Laboratory Animal Science,ICLAS)、欧洲实验动物科学联合会(Federation of European Laboratory

Animal Science Associations，FELASA）和美国实验动物科学协会（American Association for Laboratory Animal Science，AALAS）。

ICLAS是一个比利时的国际科学组织，致力于在研究和教育中促进伦理原则、科学责任和动物福利，推进全球实验动物科学界的合作，倡导在发展中国家和地区推动实验动物科学的发展，以期成为实验动物科学知识和最佳实践的全球资源。

AALAS是一个由世界各地学术界、政府和私营企业的专业人士组成的会员协会，致力于实验动物的人道关怀和治疗以及有益于人类和动物的科学成果的高质量研究。AALAS为实验动物护理专业人员和研究人员提供教育材料，管理实验动物技术人员和管理人员的认证计划，出版学术期刊，支持实验动物科学研究，并作为交流实验动物护理、使用方面信息和专业知识的首要论坛。

FELASA代表了在欧洲及其他地区促进实验动物科学各个方面的共同利益。FELASA将实验动物科学的3R原则，即"replacement（替代）、reduction（减少）和refinement（优化）"置于中心位置，提倡在生命科学领域对动物进行负责任的科学行为，特别强调确保动物福利。FELASA成立多个工作组，对当前实验动物领域的相关议题分别进行研究，并根据研究成果发布相关的指南、建议和政策文件。

FELASA认为实验动物的微生物质量会严重影响动物福利和有效性以及研究数据的再现性。因此，育种和动物实验设施应建立实验室动物健康监测（health monitoring，HM）计划，作为质量保证体系的一个组成部分。1994年，FELASA发布了《小鼠、大鼠、地鼠、豚鼠和家兔繁殖群体健康监测建议》。1995年，FELASA对该建议进行了修订。在以上两个版本的基础上，2002年，FELASA发布了《啮齿类和兔类繁殖及实验群体健康监测建议》，旨在规范HM程序。2014年，FELASA对以前的建议进行了修订，新的建议是关于所有小鼠、大鼠、地鼠、豚鼠和兔的饲养者以及诊断实验室的。该建议涵盖了基本的健康监测内容，包括试剂的选择、测试动物和组织的选择、采样频率、常用的测试方法、结果解释和健康监测报告等方面。与之前的建议相比，该建议更多地强调了对健康监测原理、机会性感染因子、哨兵动物的使用以及健康监测结果的解释和报告，同时，更新了需检测的项目、监测频率和参考文献。

非人灵长类动物和人类之间的基因和生物学相似性确保了非人灵长类动物在生物医学研究中的持续使用是其他物种无法取代的。1999年，FELASA发布了《非人灵长类健康监测建议》，并于2010年进行首次更新。除此之外，FELASA于1998年发布了《猫、犬和猪的健康监测建议》，2000年发布了《牮牛、绵羊和山羊健康监测建议》，2015年发布了《反刍动物和猪健康监测建议》，并于2022年与AALAS联合发布了《实验设施中鱼类疾病及健康状态监控与报告指南》。

第二节　实验动物遗传学控制

实验动物在科学研究中扮演着非常重要的角色，其遗传质量对于实验结果的可靠性至关重要。遗传质量控制包括对动物繁育的控制和遗传质量监测。遗传质量监测是一种对实验动物进行基因评估和检测的过程。监测基因组的稳定性和纯度可以确保实验动物的遗传背景纯净，避免基因突变或者杂交等因素对实验结果造成的影响。在进行科学实验时，研究人员通常会选择特定的动物品种和动物品系进行研究，如小鼠、大鼠、猪等。通过控制实验动物的遗传质量可以帮助研究人员确认这些动物是否具有所需的遗传特性，如某种基因突变、某种疾病遗传模式等。只有确保实验动物的遗传质量符合研究需求，才能保证实验结果的准确性、可靠性、可重现性和可比性。

一、遗传学基本原理

遗传学是生物学的一个重要分支，用于研究基因和遗传变异在生物体内的传递和表达规律。遗传学的基本原理是基因的传递，基因是生物遗传信息的单位，通过遗传物质DNA的复制和传递，在后代中起着决定性作用。基因决定了生物的遗传特征和性状，影响着生物的生长、发育和繁殖过程。遗传学的基本原理包括孟德尔定律和遗传多样性原理。孟德尔定律描述了基因的分离和组合规律，为后世的遗传学研究奠定了基础。遗传多样性原理表明了基因在群体中的变异和选择过程，决定了物种的遗传适应性和进化过程。

（一）染色体

处于分裂期的细胞核内，在光学显微镜下观察到的丝状体，称为染色体(chromosome)。染色体的数目和形态因物种而异。染色体上排列着基因(gene)，DNA与组蛋白和非组蛋白相结合所构成的染色体是细胞核的主要成分。在不同种类的生物体的细胞核中，DNA的含量差别很大；在同种生物体、不同组织的体细胞的细胞核中，DNA的含量相同；在性细胞核中，DNA的含量只相当于体细胞核中DNA含量的一半。动物的每一个体细胞均有两组同样的染色体叫作二倍体，用$2n$表示，例如，小鼠的体细胞为$2n=40$，性细胞为$n=20$。其中1对染色体与性别有关，称为性染色体(sex-chromosome)，其他染色体称为常染色体(autosome)。性染色体是决定性别的染色体。在哺乳动物中，雌性染色体是由形状一样、大小相同的一对同源染色体组成，即XX；与此相反，雄性的性染色体是由一条X染色体和一条比它小得多的Y染色体组成，即XY。在鸟类和鳞翅目昆虫中，雄性的性染色体是由形状一样、大小相同的一对Z染色体(ZZ)组成，而雌性的性染色体则由Z染色体与另一形状和大小不同的W染色体(ZW)组成。

（二）基因型和表型

遗传是生物进化过程中传递基因的过程。通过遗传，生物可以在不同代次上得到遗传信息。基因型表示一个生物体内具体的基因组成，是以基因为单位的遗传信息载体。基因型决定了生物的遗传特征和遗传规律，不同的基因型会导致不同的表型。表型是生物体现在外部的形态、结构、功能等可观察的特征，是受环境影响的基因型的外显表现。表型受基因型和环境因素的共同影响，其中基因型是决定表型的内在因素。表型在生物体的生长发育和遗传演化过程中起着重要作用，通过表型的观察可以推断生物的遗传信息和进化过程。遗传、基因型和表型三者之间存在着密切的关系，遗传是基因型的传递途径，基因型决定了表型的形态和特征。生物体的遗传信息通过基因型来影响表型的表现，而环境因素也会通过作用于基因型来影响表型的呈现。因此，遗传、基因型和表型之间的相互作用共同形成了生物的进化和适应性。

实验动物表型是指实验动物在实验条件下展现出的特定特征或性状。这些特征包括动物的外貌、行为、生理功能等方面。通过观察实验动物的表型，研究人员可以了解其在实验条件下的生理和行为反应，为科学实验提供重要参考。实验动物表型研究在医学、生物学、农业和环境领域都有着重要的应用价值。例如，在药物研发领域，研究人员可以通过观察实验动物的表型来评估新药的效果和毒性，为临床治疗提供参考；在基因组学研究中，研究人员可以通过研究实验动物的表型来揭示基因与表型之间的关系，从而揭示疾病的发病机制。

（三）遗传基本定律

1. 孟德尔定律及其扩展

孟德尔用豌豆的花色(白花与紫花)、种子的形状(饱满、圆形与皱缩)等相对性状为指标，进行杂交实验，得出孟德尔定律。实验动物的遗传规律仍然遵循这个定律，现以小鼠为例加以说明。

(1)一对相对性状和分离定律　将每代只生产有色品系的小鼠与白化(albino，白色皮毛红眼珠)小鼠交配，产生的杂交一代(first filial generation，F1)小鼠均为有色。F1 所显示的有色性状称为显性性状(dominance)，F1 所缺的白化体性状则称为隐性性状(recessive)。这就是孟德尔显隐性定律(low of dominance)。在由 F1 相互交配产生的杂交二代(F2)中，有色性状与白化性状各占一定比例(3∶1)，这称为分离定律(low of segregation)。该种现象可用支配皮毛有无色素的基因位点(allele)来解释。如将支配有色的基因写成 C，而决定白化体的基因写成 c，则显隐性定律与分离定律的关系如图 3-1 所示。此外，在图 3-1 的基因型中，配对的基因相同者(C/C 或 c/c)称为纯合子(homo-zygote)，不同者(C/c)称为杂合子(heterozygote)。图 3-1 中的 P 表示亲代(parent generation)。

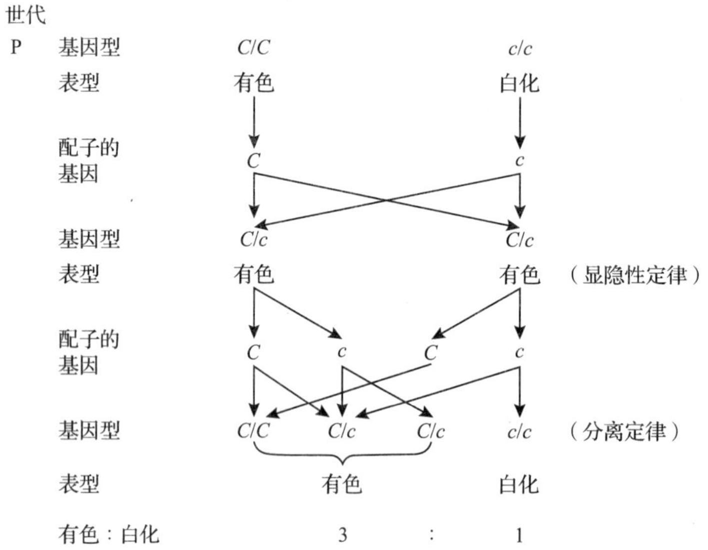

图 3-1　有色基因(C)及白化基因(c)为例的显隐性定律与分离定律

(2)两对以上的相对性状和自由组合定律　如上所述，一对呈显性、隐性关系的基因控制的性状按分离定律遗传。而两对或更多对性状又是怎样遗传的呢？对于两对相对性状而言，例如，当有色、有毛小鼠与白化、无毛小鼠交配时(图 3-2)，F1 均为有色、有毛的小鼠。F1 相互交配所得的 F2，则是有色有毛、有色无毛、白化有毛与白化无毛的小鼠各占一定的比例(9∶3∶3∶1)。此时，如果只看有色与白化

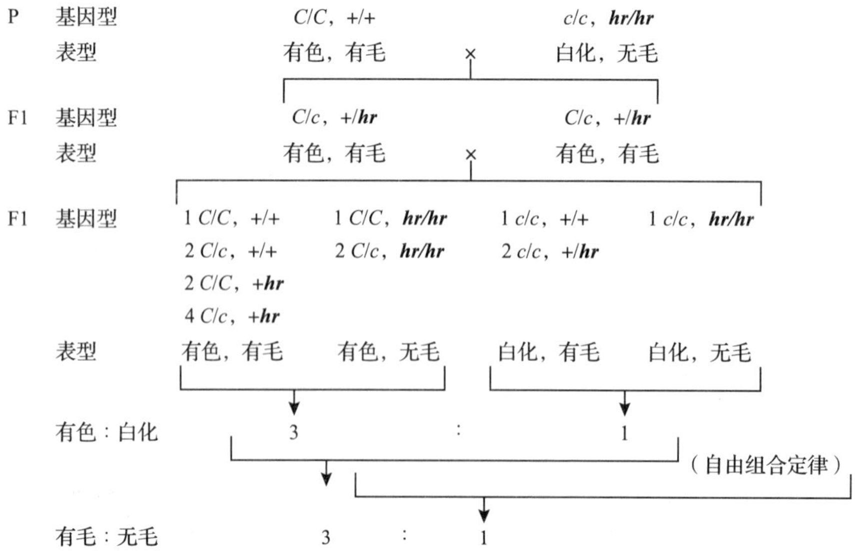

图 3-2　两对等位基因遗传方式与自由组合定律

或有毛与无毛，则它们都是按 3∶1 分离的，即有色与白化性状对有毛、无毛性状并无影响，有毛、无毛性状对有色与白化性状也没有影响。这些等位基因互相独立，各自起着自己的遗传作用，称为自由组合定律。对于有完全显隐关系的等位基因而言，当存在互相独立遗传的 n 对等位基因时，其交配所生 F2 的理论分离比为(3+1)^n 的展开式。

(3)不完全显性与共显性　等位基因之间的显隐性关系不明显，杂合体(Aa)的表型介于纯合显性与纯合隐性的表型之间，而不是与纯合显性者相同，这种遗传方式称为不完全显性(incomplete dominance)、半显性(semi-dominance)、非显性(non-dominance)。小鼠的 W 基因(显性白斑，dominant spotting)即相当于此。杂合体($W/+$)皮毛上出现白斑，纯合体(W/W)皮毛是白色。当杂合体具有双亲双方的性状时叫作共显性(codominance)。需要强调的是，在遗传检测中，电泳图上看到的异构蛋白或同工酶的某些免疫学性状在遗传上很少有显隐性关系，一般多为共显性的特征。

(4)伴性遗传　性染色体上的基因的遗传方式与常染色体的有所不同。以贫毛基因(spase-fur，Spf)为例，当纯合的贫毛雌鼠与正常雄鼠交配时，其 F1 代雌鼠正常而雄鼠贫毛。这是因为贫毛基因位于 X 染色体，F1 代雌鼠从双亲中各得一条 X 染色体，所以遗传的基因为 $+/Spf$，其表型正常。然而，雄鼠的染色体组合是 XY，即雄鼠只继承亲代的 1 个 X 染色体，Y 染色体上没有 X 染色体上的 Spf 基因，故基因型为 Spf/Y(半合子，half-zygote)，表型则为贫毛，这种现象称为伴性遗传(sex linked inheritance)。

2. 哈代-温伯格定律

在生物的进化历史中，单个生物个体的存在与否是无意义的，生物只有以群体的方式生存，这个物种才能存在与发展。所谓群体实际上是指生物的一个种、一个亚种、一个变种、一个品系或其他类群的所有成员之和。个体之间的遗传差异来源于等位基因的不同，群体由一群可以相互交配繁殖的个体构成，群体之间的遗传差异则取决于其基因频率的不同。英国数学家 Hardy 和德国医生 Weinberg 于 1908 年发表了有关基因与基因频率的主要遗传定律，称为哈代-温伯格定律，又叫作基因平衡定律。

①在随机交配的一个大群体中，若没有其他因素影响，基因频率一代代传下去就会始终保持不变。

②在一个大群体中，无论其基因型频率如何，只要经过一代代随机交配，常染色体基因型频率就会达到平衡状态。没有其他因素的影响，以后一代代随机交配，这种平衡状态始终保持不变。

③在平衡状态下，基因型频率与基因频率的关系是 $P=p^2$，$Q=2pq$，$R=q^2$。不难看出，这些关系式来自这个等式：$(p+q)^2=p^2+2pq+q^2$。

这是一对等位基因的情况，其他复等位基因也可类推。多对基因组成的基因型不是一代代随机交配就能达到平衡的，涉及基因位点越多，达到平衡需要的代数也越多。伴性基因也需要若干代才能逐渐达到平衡。该定律是群体遗传学的“守恒定律”。通过分析群体每一世代的基因频率和基因型频率的遗传规律，可以了解群体遗传结构，促使群体遗传异质性保持相对稳定。

(四)遗传变异与基因突变

遗传变异是指在生物组织中存在的由基因的不同形式或变异引起的遗传差异。基因是生物体内负责传递遗传信息的基本单位，每个基因都有不同的形态，这种不同形态的基因称为遗传变异。遗传变异可以引起生物体的形态、生理功能、行为等方面的差异，导致个体之间的遗传变异。遗传变异的产生主要是由基因座的变异引起的。基因座是指基因在染色体上的具体位置，每个基因座有不同的基因形式，即多态性。这种基因座的变异可以由基因突变或基因重组引起。基因座的变异可以影响生物体的遗传表现，表现出不同的形态或特征。遗传变异是生物进化的重要基础之一。在自然选择的过程中，适应环境的个体由于其遗传变异而具有更好的适应能力，从而能获得更大的生存优势，从而有利于其后代的繁衍。因此，遗传变异在生物进化中起到了重要的作用，推动了生物多样性的产生和发展。

基因突变是指在一个生物体的基因组中发生的变异，导致基因序列发生变化。基因突变可以是点突变，即基因序列中的一个碱基被替代、插入或删除，也可以是重复、扩增、缩减、倒置等形式的结构突变。这种变异可能由外部因素引起，如辐射、化学物质或病毒感染；也可能由基因本身的复制错误造成。

基因突变在生物体的遗传传递中扮演着重要的角色。它们是种群变异和进化的主要驱动力之一，能够产生形态、生理和行为上的变化。有时基因突变可能会导致有害基因变体的产生，引起某些遗传疾病或异常，如癌症、遗传性疾病等。然而，基因突变也可以是有益的，为一个群体在环境适应上提供新的可能性。

在现代生物学和医学研究中，对基因突变的理解至关重要。科学家们通过研究基因突变可以揭示遗传疾病的发病机制、推进药物研究和治疗、进行基因编辑技术等。对基因突变的定义和研究将进一步促进人们对生命科学的认识，拓宽科学的视野，为人类健康和进化做出重要贡献。

实验动物遗传学是遗传学的基本规律在实验动物科学中的运用和发展。动物近交系的培育、遗传质量的检测、实验动物的标准化、特殊基因的保持、遗传工程小鼠的研制、功能基因的研究等都是建立在遗传学基础之上的。

二、实验动物遗传学的分类及繁育方法

实验动物遗传学(laboratory animal genetics)是主要研究实验动物的遗传改良和遗传控制，培育新的动物品系和各种动物模型，以及野生动物和家畜的实验动物化的学科。根据遗传特点的不同，实验动物分为近交系、封闭群和杂交群。

(一)近交系

1. 定义

在一个动物群体的任何个体基因组中，98.6%以上的座位为纯合的品系，称为近交系。经典近交系至少经连续20代的全同胞兄妹交配培育而成。品系内所有个体均可追溯到第20代或以后代数的一对共同祖先。经连续20代以上亲缘交配与全同胞兄妹交配，效果等同。近交系的近交系数大于98.6%。

2. 命名

近交系(inbred strain)一般以大写英文字母命名，也可以用大写英文字母加阿拉伯数字命名，符号应尽量简短。如A系、TA1系等。

3. 近交代数

近交系的近交代数用大写英文字母F表示。例如，当一个近交系的近交代数为87代时，写成(F87)。如果对以前的代数不清楚，仅知道近期的近交代数为25，可以表示为(F?+25)。

4. 亚系

近交系内的各个分支称为亚系。各分支动物之间会因遗传分化而产生差异。亚系的命名方法是在原品系的名称后加一道斜线，斜线后标明亚系符号。亚系符号可以是以下几种。

①培育或产生亚系的单位或个人的英文名称缩写，第一个字母用大写，以后的字母用小写。使用缩写英文名称时应注意不要和已公布过的名称重复。

②当保持者保持的某个近交系具有两个以上亚系时，可在数字后再加保持者的英文名称缩写来表示亚系。

③一个亚系在其他机构保种，形成新的群体，在原亚系后加注机构缩写。

④一些建立及命名较早且广为人知的近交系，亚系名称可用小写英文字母表示。

5. 繁殖

(1)原则　选择近交系动物繁殖方法的原则是保持近交系动物的同基因性及其基因纯合性。

(2)引种　繁殖用原种的近交系动物必须遗传背景明确、来源清楚、有较完整的资料(包括品系名称、近交代数、遗传基因特点及主要生物学特征等)。引种动物应来自近交系的基础群或血缘扩大群。

(3)繁殖分类　分为基础群、血缘扩大群和生产群。当近交系动物生产供应数量不是很大时，一般不设血缘扩大群，仅设基础群和生产群。

①基础群：设立基础群的目的，一是保持近交系自身的传代繁衍；二是为扩大繁殖提供种用动物。基础群严格以全同胞兄妹交配方式进行繁殖。基础群应设动物个体记录卡（包括品系名称、近交代数、动物编号、出生日期、双亲编号、离乳日期、交配日期、生育记录等）和繁殖谱系。基础群动物在 5～7 代都应能追溯到一对共同祖先。

②血缘扩大群：血缘扩大群的种源来自基础群，以全同胞兄妹交配方式进行繁殖，应设繁殖记录卡，动物繁殖 3 代后必须从基础群重新引入新的种源。

③生产群：设立生产群的目的是生产供应实验用近交系动物。生产群种源来自基础群或血缘扩大群。生产群动物一般以随机交配方式进行繁殖，应设繁殖记录卡，随机交配繁殖代数不应超过 4 代。

6. 近交系动物的特性及其应用

（1）近交系动物的主要特性

①基因位点的纯合性：近交系动物经 20 代以上近交培育后，其任何一个基因位点上的纯合概率高达 98.6%以上，品系内个体能繁殖完全一致的纯合子后代。

②遗传组成的同源性：一个近交系内，所有动物都可追溯到其原始的一对共同的祖先。这种同源性在经过近交培育后只来源于共同祖先的一个拷贝，所以近交品系中的任意两个个体之间的基因型都是相同的。

③表型的一致性：由于遗传上的同源性，近交品系内个体在表型上极为相同，尤其是那些高度由遗传决定的生物学特征。近交系表型上的一致性使得使用较少量的动物即可达到统计学的精确程度。

④长期的遗传稳定性：虽然近交系动物在遗传上并不是绝对稳定不变的，但是人为选择不会改变其基因型。个体遗传变异仅发生在少量残留杂合基因作用、基因突变和遗传污染 3 种情况下。

⑤遗传特征的可分辨性：近交系一旦培育成功，动物群体内几乎就不再存在遗传多态性，即每个位点只有一种基因类型，而不会存在其他的等位基因。采用遗传监测方法，对动物品系随时随地进行辨认，可以轻而易举地分辨混在一起的两个外貌近似的品系。

⑥对外界因素的敏感性：近交系由于高度近交而降低其在某些生理过程中的稳定性，其对外界因素的变化更为敏感。近交系的这个特征使其更容易成为模型动物。但这个特征的缺点是在饲养和实验过程中由于很难确保外界因素对每只动物都完全相同，实验处理的反应会不同。

⑦遗传组成的独特性：自然界动物的基因以纯合或杂合状态等多种形式存在，而近交系动物的基因由于纯化而仅有其祖先基因的一部分，所以每个近交品系在遗传上都是独特的，具有表型特征。

⑧分布的广泛性：由于大部分近交系动物都分布在世界各地，各国研究者可以饲养和使用在遗传上几乎完全相同的标准近交系动物，这从理论上保证了不同地区、不同国家的科学家有可能去重复或验证已取得的数据。

⑨资料的可查性：由于近交系动物在培育和保种的过程中都被详细记录，加之这些动物分布广泛、经常使用，已有相当数量的文献记载着各个品系的生物学特征，这些基本数据为设计新的实验和解释实验结果提供了便利条件。

⑩生活力：由于近交衰退，近交系一般具有较低的生育力和生活力。这个特征也使动物不能接受剧烈的实验处理，如大剂量的毒性实验等。同时，这个特征使近交系繁殖力低、产仔数少，对环境变化的适应性弱，很容易断种，需要严格的饲养管理，生产和实验的成本相对较高。

（2）近交系动物的应用

①近交系动物个体之间极为一致，对实验反应一致，可以消除杂合遗传背景对实验结果产生的影响，减少实验动物的使用数量。

②在某些涉及组织细胞或肿瘤移植的实验中，要求个体之间组织相容性一致，因此，近交系动物成为必不可少的动物模型。

③由于近交，隐性基因纯合性状得以暴露，可以获得大量先天性畸形及先天性疾病的动物模型，如

糖尿病、高血压等。

④某些近交系具有一定的自发或诱发肿瘤发病率，并可以使许多肿瘤细胞株在活体动物上传代。

⑤如果多个近交系同时使用，研究者就可分析不同遗传组成对某项实验的影响，或者观察实验结果是否具有普遍意义。

（二）封闭群

1. 定义

不引进外部动物、在群体内随机选择种动物进行繁殖，以维持有限杂合度的实验动物种群。

2. 命名

封闭群以 2～4 个大写英文字母命名，种群名称前标明保持者的英文名称缩写，第一个字母须大写，后面的字母小写，一般不超过 4 个字母。保持者与种群名称之间用冒号分开。示例 1：N：NIH，标识由缩写为 N 的机构保持的NIH 远交群小鼠。当某些命名较早且广为人知的封闭群动物，其名称与上述规则不一致时，仍可沿用其原来的名称。示例 2：Wistar 大鼠、ddy 小鼠等。把保持者的缩写名称放在种群名称的前面，而两者之间用冒号分开，是封闭群与近交系命名的最显著的区别。除此之外，近交系命名中的规则及符号也适用于封闭群的命名。封闭群的命名组成包含了品系来源以及突变描述，再加上[cc]来表示封闭群。示例 3：C57BL/6Tac-Bmp4tm1blh[cc]表示了 C57BL/6Tac 近交系来源且携带 Bmp4tm1blh 突变的封闭群。

3. 繁殖

（1）原则　尽量保持封闭群的动物的基因异质性及多态性，避免近交系数随繁殖代数增加而过快上升。

（2）引种　作为繁殖用原种的封闭群应遗传背景明确、来源清楚、有较完整的资料（包括种群名称、来源、遗传基因特点及主要生物学特性等）。为保持封闭群的遗传异质性及基因多态性，引种动物数量应足够多，小型啮齿类封闭群引种数目大于或等于 25 对。

（3）繁殖　为保持封闭群的遗传基因的稳定，种群应足够大，并避免近亲交配。根据封闭群的大小，选用循环交配法等进行繁殖。

4. 封闭群的特性及其应用

目前，国内外在生物医药等领域使用的大多数实验动物是封闭群动物，封闭群动物使用量远远超过近交系。封闭群动物具有以下特点。

①封闭群动物的遗传组成具有较高的杂合性。封闭群动物个体间的重复性和一致性不如近交系、杂交群动物。封闭群具有类似于人类群体的遗传异质性，因此，在人类遗传学研究、药物筛选、安全性评价实验、生物制品和化学药品的检定等方面起着不可替代的作用。

②封闭群动物具有较强的繁殖力和生产力。封闭群动物采用随机交配避免了近交，进而避免了近交衰退，表现为每胎产仔多、胎间隔短、成活率高、生长快、成熟早、对疾病抵抗力强和寿命长。封闭群动物容易生产，成本低，可大量生产，供应充足。因而广泛应用于预试验、用量较大的疫苗生产、教学和一般性实验。

③封闭群中突变种所携带的突变基因通常导致动物在某些方面异常，从而可成为生理学、胚胎学和医学生物学研究的模型。常用的封闭群有昆明（KM）小鼠、NIH 小鼠、LACA 小鼠、ICR 小鼠（CD-1）、Wistar 大鼠、SD 大鼠、Hartley 豚鼠、大耳白兔、青紫蓝兔等，尤其是 KM 小鼠，在我国应用较广。

（三）杂交群

1. 定义

杂交群是指由两个不同近交系杂交产生的后代群体。子一代简称 F1。

2. 命名

杂交群的命名规则：以雌性亲代名称在前，雄性亲代名称居后，两者之间以大写英文字母“X”相连表示杂交。将以上部分用括号括起，再在其后标明杂交的代数（如 F1、F2 等）。对品系或种群的名称常使用通用的缩写名称。示例：（C57BL/6 X DBA/2）F1＝B6D2F1；B6D2F2 是指 B6D2F1 同胞交配产生的 F2；B6（D2AKRF1）是指 B6 为雌性亲代，与（DBA/2 X AKR/J）的 F1 雄性亲代回交所得。

3. 繁殖方法

将适龄的雌性亲代品系动物与另一个品系雄性亲代动物杂交，即可得到 F1 动物。雌雄亲本交配顺序不同，得到的 F1 代动物也不一样。F1 代动物自繁成为 F2 代动物。除特殊需要外，F1 代动物一般不进行繁殖。

4. 杂交一代动物特性及其应用特性如下。

（1）杂交一代动物特性

①遗传和表型上的均质性：虽然它的基因不是纯合子，但是遗传性稳定，表型也一致。就某些生物学特征而言，杂交一代比近交系动物具有更高的一致性，不容易受环境因素变化的影响。

②具有杂交优势：杂种一代具有较强的生命力，适应性和抗病力强，繁殖旺盛、寿命长、容易饲养等优点，在很大程度上可以克服因近交系繁殖所引起的各种近交衰退现象。

③具有同基因性：虽然杂交 F1 代具有杂合的遗传组成，其基因型是整齐一致的，具有亲代双亲的特点，可接受不同个体及两个亲本品系的细胞、组织、器官和肿瘤的移植。

④应用广泛性：已广泛用于各类实验研究，实验结果便于在国际进行重复和交流。

（2）应用特性

由于 F1 代动物具有与近交系动物基本相同的遗传均质性，又克服了由近交系动物因近交繁殖引起的近交衰退，所以受到科学工作者的欢迎，在医学生物学研究中得到广泛应用。

①干细胞的研究：F1 代动物是研究外周血中干细胞的重要实验材料。

②移植免疫的研究：F1 代动物是进行移植物抗宿主反应（graft versus host reaction，GVHR）良好的实验材料。

③细胞动力学研究：如选用 BCF1（CBAXC57BL/6）小鼠作小肠隐窝细胞繁殖周期实验。

④单克隆抗体研究：目前大多数采用 BALB/c 和 CBA 杂交 F1 代小鼠作单克隆抗体研究，比单独用 BALB/c 小鼠要好，其 F1 代小鼠的脾脏比同日龄的 BALB/c 小鼠的脾脏要大。

⑤作为某些疾病研究的模型，例如，NZBXNZWF1 是自身免疫缺陷的模型，C3HXIF1 是肥胖病和糖尿病的模型。

三、实验动物遗传质量控制

实验动物质量控制（laboratory animal quality control）是满足实验动物质量国家标准要求而进行的管理活动。实验动物健康监测（laboratory animal healthy monitoring）是检测实验动物是否符合国家标准要求的质量控制措施，包括实验动物进入设施前的检疫和在设施内相关指标变化的监测控制。

实验动物的遗传质量控制主要包括两个方面的内容：一是科学地进行引种、繁育和生产，即对生产过程进行控制；二是建立定期的遗传监测制度，对产品的遗传质量进行检测。遗传质量控制主要包括近交系和封闭群动物的控制。

（一）实验动物遗传质量监测的必要性和重要性

实验动物遗传质量监测可以避免遗传疾病或遗传变异产生的影响。一些实验动物可能患有遗传性疾病或基因突变，这可能会对实验结果造成不确定性和误导，甚至影响整个实验项目的可信度。通过对实验动物进行遗传质量检测，可以减少这些因素的干扰，确保实验结果的准确性和可信度。借助对实验动物进行遗传质量监测，可以及时发现问题并做出调整，提高实验的成功率和效果。

(二)遗传监测的主要方法

从理论上讲,凡是由遗传决定的动物性状都可能成为遗传监测的指标。基于性状的稳定性以及监测方法的准确和方便,研究者逐渐建立了一些遗传监测的常规方法。因为每种方法只涉及基因组内有限的一部分位点,所以需要几种方法同时使用才能全面了解品系的遗传组成。常用的方法有以下几种。

①统计学方法(监测生长发育、繁殖性状参数等):体重、体长、窝产仔数和离乳数等。

②免疫学方法(监测免疫标志):皮肤移植法、微量细胞毒检测方法、混合淋巴细胞培养法、肿瘤移植法和血清反应法等;

③生物化学方法(监测生化标记):通过电泳检测各种同工酶,如酯酶、过氧化氢酶等生化标记。

④形态学方法(监测外形特征):毛色基因测试法、下颌骨测定法等。

⑤细胞遗传学方法(监测染色体带型):C带、G带。

⑥分子生物学方法(监测DNA):RFLP(restriction fragment length polymorphism,限制性内切酶片段长度多态性)、STR(short tandem repeat,短串联重复序列,也叫作微卫星DNA)、RAPD(random amplified polymorphic DNA,随机扩增多态性DNA)、SNP(single nucleotide polymorphism,单核苷酸多态性)和DNA指纹等。

目前,常用的检测方法包括生化标记、皮肤移植、微量细胞毒检测方法、短串联重复序列(STR)标记和单核苷酸多态性(SNP)标记。这些方法直接或间接地检测动物体内某些基因的变化,但仅能反映这些基因中很少一部分的变化,不能反映遗传组成的全貌。由于这些方法所检测的内容不同,它们可以相互补充,以获得更全面的信息。从1994年开始,我国发布了第一个关于实验动物遗传质量检测的国家标准。该标准(GB 14923—1994)《实验动物　哺乳类动物的遗传质量控制》对国家实验动物的遗传分类和命名以及繁殖方法进行了规定。此外,该标准还规定了近交系、封闭群和杂交群动物的遗传质量。(GB 14923—2022)《实验动物　遗传质量控制》增加了实验小鼠、实验大鼠、小型猪和长爪沙鼠的短串联重复序列和SNP标记信息。根据GB/T 14927系列标准,遗传检测采用生化标记检测法和免疫标记检测法,这是国际上常用的方法。该系列标准在2001年和2008年进行了修订,对个别位点进行了调整,并在2008年增加了小鼠的肽酶、大鼠的血红蛋白和碱性磷酸酶,而在免疫标记检测法中则增加了微量细胞毒检测方法,以进一步提高遗传检测技术的科学性和完善性。具体的操作方法可参考(GB 14923—2022)《实验动物　遗传质量控制》、(GB/T 14927.1—2008)《实验动物　近交系小鼠、大鼠生化标记检测法》以及(GB/T 14927.2—2008)《实验动物　近交系小鼠、大鼠免疫标记检测法》。

(三)遗传质量检测要求

实验动物质量检测(quality monitoring of laboratory animal)是检查和验证实验动物质量及其保障条件是否符合有关标准规定的活动,包括实验动物遗传、微生物、寄生虫、病理、饲料和环境检测等。

1. 近交系动物的遗传质量

近交系动物必须符合以下要求。

①具有明确的品系背景资料,包括品系名称、近交代数、遗传组成、主要生物学特性等,并能充分表明新培育或引种的近交系动物符合近交系定义的规定。

②用于近交系保种及生产的繁殖系谱及记录卡应清楚完整,繁殖方法科学合理。

③经遗传检测(生化标记检测法、皮肤移植法、免疫标记检测法和DNA标记检测法等)质量合格。

2. 封闭群动物的遗传质量

由于封闭群动物的遗传组成不如近交系稳定,目前尚没有统一的质量标准,其基本要求如下。

①作为繁殖用原种的封闭群动物必须遗传背景明确、来源清楚、有较完整的资料(包括种群名称、来源、遗传基因特点及主要生物学特性等)。保种及生产的繁殖系谱及记录卡清楚完整。

②保持封闭群条件,以非近亲交配方式进行繁殖,保持动物的基因异质性及多态性,避免近交系数随繁殖代数增加而过快上升,每代近交系数上升不超过1%。

③具有一定的种群规模，能够保持封闭群的主要生物学特性。经遗传检测（生化标记基因检测法、DNA多态性检测法等）基因频率稳定，下颌骨测量法判定为相同群体。

3. 亚系的遗传质量

实验动物亚系是指在实验动物种群中根据一定的特征或遗传背景划分的不同亚群体。C57BL/6是应用最早和使用最广泛的近交系实验小鼠。1930年该品系小鼠作为实验小鼠进入人们的视野，1950年分化为两个主要群体：C57BL/6J和C57BL/6N。截至目前，全世界已建立20多个亚系。2009年、2015年和2021年分别有文献报道过C57BL/6亚系之间的遗传差异，同时有数十篇论文报道了这些亚系在行为学、神经学、心血管和代谢特征方面的表型差异。因为表型差异可能会影响实验结果，所以需要根据研究目的选择遗传背景明确的亚系，同时需要提高生命科学研究中对实验动物亚系的认知。同一个近交系品系的亚系之间明显的表型差异经常被忽视。为了确保实验的可重复性，应重视亚系之间存在的表型差异。亚系之间的表型差异通常由遗传变异和微生物变异共同引起。DNA多态性标记（STR标记和SNP标记）可以区分C57BL/6各亚系，可用于亚系比较。

（四）遗传监测制度的实施及其意义

遗传监测是定期对动物品系进行遗传检测的一种质量管理制度，其依据是遗传质量标准，检测方法为生化标记检测法、免疫标记检测法和DNA标记检测法。近交系动物每年至少检测一次，封闭群动物也应定期进行检测，具体实施要求见（GB 14923—2022）《实验动物　遗传质量控制》。作为实验动物质量控制的根本制度，遗传监测制度必须严格执行。只有实施定期检测，才能确保动物遗传质量符合要求，动物实验结果科学、可靠。动物遗传特性的改变可导致实验动物质量的变化和实验数据的不可靠，进而影响科学研究结果的可信度。

通过遗传质量监测，科研人员可以及时发现实验动物遗传质量的问题，采取相应的措施来改善其遗传质量。此外，遗传质量监测还可以帮助科研机构建立健全和完善的实验动物管理体系，加强动物福利保护和实验伦理规范，提高科研的合规性和可信度。在当今科技发展迅猛的背景下，遗传质量监测对于实验动物研究的发展至关重要。规范的遗传质量监测体系可以确保实验动物的遗传质量得到充分保障，为科学研究的推进提供可靠的实验数据。

第三节　实验动物微生物学、寄生虫学质量控制

一、实验动物微生物学质量控制分类

根据（GB 14922—2022）《实验动物　微生物、寄生虫学等级及监测》，我国实验动物按微生物学质量控制可分为三个等级：①普通级动物（conventional animal，CV）；②无特定病原体级动物（specific pathogen free animal，SPF）；③无菌级动物（germ free animal，GF）。在现行标准中，大鼠和小鼠无普通级，犬和猴没有无菌级。

二、实验动物的微生物学质量监测

如何控制微生物的感染是实验动物标准化的主要内容之一。一般而言，在实验动物中，其微生物学的控制等级越高，不确定因素和干扰因素就越少，其实验结果就越准确、可靠。

(一)监测意义

1. 保证动物质量、工作人员的身体健康及实验的顺利进行

由于活动空间相对狭小,动物繁殖快、数量多、互相影响大,当受到外界或动物间各种病原体感染时,被人工集中饲养的实验动物极易导致传染病的发生与流行。实验动物疾病的发生与流行除会对动物造成不同程度的伤害或死亡外,还会干扰实验,甚至中断实验。动物本身携带的人畜共患病原还会通过直接或间接传播的方式传染给饲养人员和实验人员,从而造成人员伤害。对于采用动物组织或细胞作为原材料生产的人用动物源性生物制品来说,动物本身携带微生物而造成对制品的污染也会对人类健康产生危害。

2. 确保实验数据的准确性和可重复性

定期对实验动物和动物饲养环境、设施、饲料、垫料和饮水等进行监测,为确保实验动物符合控制等级要求提供了基础保障。对各级实验动物种群进行微生物学监测,可以确定各级实验动物是否符合原定级别,有利于排除不确定因素,保证实验动物和动物实验的质量可控,从而确保实验数据的准确性和可重复性。同时,对实验动物不应有的病原体的入侵,可以及早采取预防或清除措施,以免疫情扩大,导致由动物死亡、实验中断而造成更大的损失。

(二)监测方法

实验动物的微生物检测常规操作方法详见(GB/T 14926.1—2001)《实验动物　沙门菌检测方法》至(GB/T 14926.64—2001)《实验动物　猴痘病毒检测方法》,检测方法归纳起来有病原学检测和血清学检测。细菌、真菌以病原学检测为主,血清学检测为辅;有些病原体也逐渐使用血清学方法检测,如支原体、泰泽氏病原体等。病毒的常规定期检测以血清学检测为主,而疾病诊断则以病原学检测为主。随着生物医学检测技术的发展,目前除血清学和病原学检测技术外,分子生物学检测技术越来越多地被用于实验室及临床检测。如普通 PCR 方法(聚合酶链反应)、实时荧光定量 PCR 方法、核酸杂交技术、基因芯片技术、环介导等温扩增技术、DNA 重组技术(DNA recombination)、16S 测序和宏基因组测序等。

1. 监测项目的选定

经过我国实验动物领域专家多年来对各地实验动物病原微生物感染情况的调查,并结合其他国家的规定和经验,制定了我国啮齿类、兔、犬、猴和鸡的微生物学等级标准,各地方和各单位可根据本地实验动物病原的流行情况选择全部或增减项目来实施监测。

2. 采样数量

采样的动物数量可根据国家标准来确定,健康的动物群体取样数量根据生产繁殖单元大小来决定(表 3-3)。

表 3-3　实验动物不同生产繁殖单元或繁殖群体取样数量

群体大小	取样数量
＜100	不少于 5 只
100～500	不少于 10 只
＞500	不少于 20 只
每个隔离器检测 2 只	

3. 检测频率

(GB 14922—2022)《实验动物　微生物、寄生虫学等级及监测》规定了不同等级的实验动物检测频率。普通级动物、无特定病原体动物每 3 个月至少检测 1 次;无菌动物每年检测 1 次,每 2～4 周检测 1 次动物的生活环境标本和粪便标本。

一般来说,一旦病原体入侵动物群体引起感染,初期病原分离较容易,随后抗体的检出率上升,

2～3个月后可因某些个体抗体水平的降低以及新出生的非感染个体的增加等，抗体检出率下降。因抗原和抗体在体内存在的差异性，如果要提高检测结果的准确性，最好同时采用抗原和抗体检测方法进行检测，以避免由窗口期存在而导致漏检的可能性。

4. 采样方法

可用随机抽样法或哨兵动物法。随机抽样法采样时，宜在动物群中不同方位随机采取育成动物，选择至少4个不同的位置采集样品。哨兵动物法将经过检测符合质量要求的同种系实验动物即哨兵动物放入群内，不时调换位置，饲养一定时间后解剖检查抗体或病原。采样样品从采样点到检测实验室运输途中应保证动物的安全和避免污染。一般来说，无论病原学或血清学检测，检测结果阳性都表示该群动物有该病原体感染的存在。作为疾病病原体的确定，还需要进一步分析。如果检测结果为阴性，一般来说可作为无该病原体存在的依据。但检测结果也受多种因素影响。如取材数量、感染率的高低、取材频率、取材对象（动物年龄、疾病的早晚期等）、方法学的选择（病原学或血清学检测）、方法学的敏感性、病原和抗体在体内存在的差异性等因素，均与检测结果密切相关。

5. 病毒检测方法

（1）血清学检测　适用于各级各类实验动物的经常性检测和疫情普查。常用的方法有酶联免疫吸附试验（enzyme linked immunosorbent assay，ELISA）、免疫荧光试验（immunofluorescence assay，IFA）、免疫酶染色试验（immunoenzymatic assay，IEA）、血凝试验（hemagglutination assay，HA）、血凝抑制试验（hemagglutination inhibition assay，HIA）、病毒中和试验、补体结合试验、琼脂扩散试验、乳胶凝集试验和快速斑点免疫结合试验等。

（2）病原学检测　适用于动物群中有疾病流行，需要检出病毒或确认病毒存在的情况。检测方法有病毒分离与鉴定，病毒颗粒、抗原或核酸的检出，潜在病毒的激活，抗体产生试验等。例如，采用免疫组化的方法在光镜下检查病变组织中的特异性抗原；采用HA或HIA方法检查患病动物排泄物或组织悬液中的血凝素抗原；采用电镜或免疫电镜技术检查组织或排泄物中的病毒颗粒；采用聚丙烯酰胺凝胶电泳（polyacrylamide gel electrophoresis，PAGE）检查病毒的蛋白质；采用核酸分子杂交技术或聚合酶链反应（polymerase chain reaction，PCR）、DNA测序、基因芯片等技术检测组织或排泄物中的病毒核酸。

6. 细菌检测方法

最常用的方法是病原菌的分离培养与生化鉴定或进行动物接种。部分病原菌，如布鲁氏杆菌、支原体等，可采取血清学方法。由于泰泽氏病原体不能在人工培养基上生长，传统上采用动物诱导实验进行组织压片、镜检的方法进行检查或采用酶联免疫吸附试验进行检测，并结合病理检查结果最后做出诊断。随着生物医学检验检测技术的不断发展，分子生物学技术已在病原菌检测领域得到广泛应用，如PCR和荧光定量PCR及16S rDNA测序等技术均可获得准确的鉴定结果。此外，飞行时间质谱也可实现对分离菌株的快速鉴定。

7. 真菌检测方法

目前主要采用沙氏培养基分离培养。皮肤真菌通常在25 ℃培养，深部真菌通常在25～27 ℃培养。不同的真菌具有一定的菌落特点，结合镜下染色检查可进行种属鉴定，有时还需依据生物化学反应结果，借助免疫学方法和分子生物学方法进行最后诊断。

三、实验动物常见病原微生物感染

（一）鼠痘

鼠痘（mouse pox）是由鼠痘病毒（mouse pox virus，MPV）感染实验小鼠引起的一种烈性传染病，又称脱脚病（ectromelia），鼠痘病毒又称脱脚病病毒（ectromelia virus，EctV）。本病多呈暴发性流行，致死率较高，危害极大。其临床表现为全身或局部皮肤痘疹，四肢、尾和头部肿胀、溃烂、坏死，甚至脚趾脱落，故其又称为传染性脱脚病。

1. 病原

鼠痘病毒在分类上属痘病毒科脊椎动物痘病毒亚科正痘病毒属，核酸型为双股 DNA。病毒粒子呈砖形或卵圆形、核心呈哑铃状，直径为 230 nm×170 nm，外面为由磷脂、胆固醇和蛋白质组成的囊膜，是动物病毒中最大且最复杂的 DNA 病毒。病毒的复制主要在细胞质内的上皮细胞中进行，并在胞浆内形成病毒包涵体。鼠痘病毒可在多种传代细胞上生长，如 Vero、Hela、仓鼠肾细胞等。鼠痘病毒对干燥、低温抵抗力较强，在潮湿环境下 60 ℃ 10 min 即可灭活。氧化剂、次氯酸盐和氯化锰能灭活病毒。0.2%甲醛可破坏病毒的传染性。

2. 流行病学

本病的传染源主要是病鼠和隐性带毒鼠，它们经皮肤病灶和粪尿向外排毒，从而污染周围环境。病毒可经皮肤伤口侵入机体，也可经呼吸道和消化道感染。被感染的动物于 10 d 左右，皮肤损伤部位会出现特征性病变。康复小鼠可通过粪便长期排毒成为主要传染源。饲养人员和节肢动物均可成为本病的传播媒介，多途径经人工接种后均可获得感染。本病一年四季均可发生，饲养管理不当及消毒、隔离、检疫制度不严等都会促使本病发生。近年来，肿瘤的接种移植可将鼠痘病毒直接接种给实验小鼠。

3. 临床症状

（1）急性致死型　多见于初次发生本病的鼠群，病鼠被毛粗乱无光、昏睡、食欲废绝，常于 4～12 h 死亡。

（2）亚急性型和慢性经过型　可见典型的缺脚畸形症状。病鼠口鼻及面部肿胀、破溃，眼睛流泪，四肢及尾部肿胀、出疹，并有浆液性渗出物，尾、脚坏死和坏疽，1～2 d 坏疽脱落、结痂。该型可在长时间内不断出现死亡。

（3）无症状耐过型　动物外观健康无病变，但在小鼠体内有病毒增殖，成为带毒动物，有成为新的感染源的危险。

4. 病理变化

（1）急性型　肝出血、坏死严重。肉眼可见肝脏肿大，且因急性炎症和脂肪变性，肝脏略呈黄色。脾脏可见轮廓清楚的坏死灶，红髓和白髓的坏死灶和瘢痕化使脾脏呈白色和红褐色的“斑驳相嵌”样外观，可见十二指肠肿胀，整个肠管充血和出血、坏死。坏死灶周围的肝细胞、十二指肠上皮细胞内可见有包涵体。

（2）亚急性型和慢性型　可见脾脏肿大和淋巴结肿大。皮肤病变可见炎性水肿、上皮组织坏死、溃疡等。镜检，上皮细胞内可见包涵体。细胞浆内包涵体分 A 型和 B 型，A 型包涵体内嗜酸性有光晕，主要见于皮肤表皮及黏膜上皮内，B 型包涵体为嗜碱性，存在于许多感染细胞内。

5. 诊断

鼠痘可通过临床症状、病理学变化、血清学检验、病毒分离或在组织中检查病毒抗原或病毒核酸等方法进行诊断。

组织病理学诊断可确认特征性坏死病变，发现嗜酸性包涵体及电镜下见到痘病毒即可做出诊断。血清学试验可用来检测鼠痘感染情况。血凝抑制试验（HIA）曾是标准的诊断方法，现在已使用灵敏度高和特异性强、检测结果客观、准确可靠的酶联免疫吸附试验（ELISA）进行常规快速监测。间接免疫荧光试验（IFA）也常使用。当怀疑隐性感染时，可将敏感品系（BALB/c、DBA、C3H 和 A/J 等品系）的无鼠痘小鼠作为哨兵动物放入鼠群进行监测。

6. 预防与控制

目前对鼠痘没有治疗办法。一旦鼠群被污染，就容易发生持续性感染、隐性感染，很难清除，鼠群应全部淘汰，污染的饲养室、器具及与感染鼠接触过的实验用具等均需用甲醛、次氯酸钠等灭菌消毒或高压灭菌消毒。在设施完全消毒后，引入新的无病种群，完善饲养管理，严格执行检疫制度，定期进行血清学检查。使用敏感哨兵动物是监测鼠痘病毒感染实验动物群的一个基本措施。

(二)小鼠肝炎病毒感染

这是由小鼠肝炎病毒(mouse hepatitis virus，MHV)引起的实验小鼠传染性较高的疾病，其临床表现为肝炎、脑炎和肠炎。颅内接种或鼻内接种多可引起脱髓鞘脑脊髓炎。在通常情况下，其呈亚临床或慢性感染过程。受某些应激因素影响，机体抵抗力下降即可引起急性发病和死亡。

1. 病原

小鼠肝炎病毒属冠状病毒科、冠状病毒属，核酸型为单股 RNA。病毒粒子呈球形或多形态，直径为 60～160 nm，具有典型的长约为 20 nm，顶端宽为 7 nm 的棒状突起或被膜粒。多数病毒株可以在来源于小鼠的 DBT 细胞及 NCTC1469 细胞内增殖，并表现出细胞致病性。小鼠肝炎病毒通常在 56 ℃经 5～10 min 可被灭活，在－70 ℃可很好地保存。病毒对乙醚、氯仿和 β-丙内酯敏感，对脱氧胆酸盐具有中等程度的抵抗力。

2. 流行病学

MHV 自然感染只发生于小鼠，通常呈隐性或亚临床感染，但具高度传染性。MHV 呈世界性分布，无明显的季节性，在中国的小鼠群中广泛流行。根据饲养环境的不同，鼠群的感染率可达 20%～100%。MHV 的自然传播是经口和呼吸道途径，感染的小鼠经粪便、鼻咽渗出液，甚至尿液向环境中排出病毒，直接接触感染小鼠或污染的粪便和垫料等传染源而导致感染，这是主要的传播途径。随着小鼠年龄的增长，其对 MHV 致死性感染的抵抗力也会增强。不同品系的小鼠对 MHV 的易感性不同，BALB/c 及 ICR 小鼠易感性高于其他品系小鼠，如 DBA、C57BL/6 等品系。不同品系小鼠在产生 MHV 中和抗体上没有差别，但补体结合(CF)抗体的产生，C57BL/6 小鼠高于 DBA、BALB/c 等品系。

3. 临床症状

临床上通常分急性型和神经型。急性型小鼠表现为精神沉郁、食欲废绝、被毛粗乱、营养不良、腹泻、脱水和消瘦等症状。老龄动物多发生腹水和消瘦。3～4 周龄小鼠发病，死亡率可达 98%～100%，8～9 周龄小鼠发病，死亡率可达 50%；神经型的发病鼠出现后肢松弛性麻痹、结膜炎、全身抽搐、转圈运动等症状，2～4 d 死亡。

4. 病理变化

剖检以肝脏病变为主，肝脏表面散在出血点和灰黄色坏死点，也可伴有黄疸，带血的腹腔渗出液和肠道的出血；组织病理学观察，肝脏坏死灶可以是局灶性的或融合性的，坏死灶中心肝细胞因坏死而消失，只留下崩溃的网状组织和充满脂肪的吞噬细胞，也可能有炎性细胞的浸润，坏死灶周围的肝细胞呈固缩状态。肠的病变可发生于整个肠道的任何部位，可见合胞体的形成以及肠管的坏死和炎症。脾脏白髓淋巴组织增生，有些淋巴小结中的淋巴细胞发生坏死，红髓的边缘区发生灶性坏死。胸腺皮质淋巴细胞坏死，髓质无明显改变，肠系膜淋巴结发生广泛坏死，髓质的血管腔中可见中性白细胞和大量淋巴细胞。嗜神经毒株感染可产生中枢神经系统的病变，主要为脱髓鞘性脑脊髓炎。

5. 诊断

根据临床症状和病理变化可做出初步诊断。确诊需进行病毒分离鉴定、电镜检查、血清学和分子生物学诊断等，血清学诊断以 ELISA 和 IFA 方法为常用方法。

6. 预防与控制

在未感染鼠群的情况下，应加强饲养管理和环境消毒，严禁病毒侵入。所有引进的动物必须来自无 MHV 的鼠群，健康状况不明的动物在引进前应进行血清学或病毒核酸检查。鼠群一旦感染，必须淘汰整个鼠群。

(三)仙台病毒感染

仙台病毒(sendai virus，SV)感染是最难控制的病毒感染之一，感染可呈现急性感染和隐性感染，急性型多见于断乳小鼠，主要表现出呼吸道症状；在多数情况下，呈隐性感染，可严重干扰实验研究。

1．病原

仙台病毒属副黏病毒科副黏病毒属，为单股负链RNA病毒。其直径为100～200 nm，具有相对坚固的核衣壳，外面包裹着含脂囊膜，囊膜上布满长为8～15 nm、宽为2～4 nm的纤突。病毒的血凝、神经氨酸酶、溶血、细胞融合等活性与囊膜蛋白有关。仙台病毒只有1个血清型。仙台病毒对乙醚和热敏感，pH 3.0条件下极易灭活。该病毒在鸡胚中繁殖较快，以羊膜腔途径接种最为敏感，尿囊腔传代接种生长良好。仙台病毒可在各种细胞上增殖，病毒增殖过程中伴有红细胞吸附现象、红细胞聚集现象和细胞病变。

2．流行病学

在自然条件下，仙台病毒可感染小鼠、大鼠、仓鼠、豚鼠和沙鼠。在未感染过仙台病毒的易感鼠群中，新生乳鼠和未成年小鼠最为易感。不同品系小鼠对仙台病毒的易感性不同，较易感的品系有NIH、SSB、129/ReJ、129/J、Swiss裸鼠、DBA/2、C3H/Bi等；抵抗力较强的品系有SJL/J、RF/J、C57BL/6、Swiss、AKR/J、BALB/CJ等。直接接触感染和空气传播是仙台病毒的主要传播方式和扩散途径。本病一年四季均可发生，以春季多发，气温骤变、忽冷忽热等环境因素可加重发病和流行。

3．临床症状

(1)急性型　常可表现临床症状，在较短时间内自愈或转变为地方性流行。病鼠常表现为被毛粗乱、弓背、呼吸困难、眼角有分泌物、发育不良、消瘦等症状，妊娠母鼠妊娠期延长，新生乳鼠死亡率增高。

(2)慢性型　常呈地方性流行，病毒在鼠群中长期存在。

4．病理变化

(1)大体解剖观察　主要可见呼吸道和局部淋巴结病变。病鼠肺常呈杨梅色，切开时有泡沫状血性液体流出。病变多见于尖叶、膈叶和心叶。

(2)组织病理学观察　病理过程主要分为三个阶段：急性阶段特征是对病毒的炎症反应和靶细胞溶解；修复阶段特征是细支气管和肺泡内有高度嗜碱性的、较矮的立方样细胞增生，这些细胞表现为高度分裂相，迅速修补损伤了的细支气管和肺泡；恢复阶段特征是肺实质瘢痕化，这些瘢痕将终生存在。

5．诊断

根据临床症状和病理变化可做出初步诊断，确诊需要进行鸡胚尿囊腔培养病毒分离鉴定、血清学或分子生物学诊断。血清学诊断以ELISA和IFA实验敏感性和特异性好。

6．预防与控制

未感染鼠群应加强饲养管理和环境消毒，严禁病毒侵入，所有引进的动物必须来自无仙台病毒的鼠群。定期进行血清学检测，及时发现感染鼠。对于已有仙台病毒感染的鼠群，可采取以下两种措施：一是消灭感染鼠群，用剖腹产技术重新繁殖鼠群或从一个无病鼠群中重新引进；二是从感染群中移去所有新生乳鼠、断乳小鼠和妊娠鼠，仅保留成年小鼠，在静止条件下保存这种非繁殖群直至感染消除(30～60 d)，然后恢复繁殖和其他正常活动。

(四)小鼠诺如病毒感染

小鼠诺如病毒感染是一种与人类诺如病毒密切相关的传染性疾病，是指由小鼠诺如病毒(murine norovirus，MNV)引起的一种易导致免疫缺陷小鼠脑炎、脑膜炎、肝炎、肠炎和肺炎的疾病。MNV是感染实验动物的重要病原体，几乎所有的实验小鼠都对该病毒易感，而且流行广泛，严重威胁实验小鼠种群的健康。

1．病原

诺如病毒(Norovirus，NoV)属杯状病毒科(Calicivirus)诺如病毒属，无囊膜，呈二十面体对称，核酸为单链正股RNA，是导致急性胃肠炎暴发的重要病原体之一。MNV是目前第一个报道能够在细胞内复制的诺如病毒，可在初级骨髓来源细胞培养的小鼠巨噬细胞和树突细胞体外感染和复制。诺如病毒是单股正链 RNA 病毒，基因全长为 7.3～7.8 kbp，MNV 基因组包含有 3 个开放阅读框架（open reading frames，ORFs）分别为 ORF1、ORF2 和 ORF3。

2. 流行病学

MNV 在世界范围内广泛流行。Mumphrey 等用血清学的方法检测美国和加拿大实验小鼠诺如病毒感染率约为 22.1%，是细小病毒感染率（2.5%）的 9 倍。2011 年，有学者对欧洲实验小鼠 MNV 感染情况进行检测，发现 MNV 感染率高达 58%～64%。对韩国实验小鼠 MNV 流行病的调查结果显示，在由经销商供应的小鼠中，血清阳性率为 6.6%，实验室饲养小鼠血清阳性率为 9.6%，转基因小鼠 MNV 血清阳性率最高达到 27.0%。2012 年，在日本报道野生啮齿类动物中，MNV 感染率为 14.9%；在感染动物中，85.4%为姬鼠，其余为黑鼠。在我国，袁文等于 2010 年首次报道广东省实验小鼠携带有 MNV，在用 RT-PCR 的方法检测 206 份小鼠中，MNV 阳性率 37.38%；刘芳妮等 2023 年对北京市 BALB/c、C57BL/6、ICR、KM、BALB/c-nude 5 个品系实验小鼠 MNV 流行情况调查结果显示，核酸阳性率为 10%～40%。诺如病毒已经成为目前实验小鼠感染率较高的一种病毒。

3. 临床症状

免疫功能健全的小鼠感染 MNV 无明显临床症状，但病毒可在动物体内长期存在并通过粪便向外排毒。不同的免疫缺陷动物感染诺如病毒后的症状有一定的差异。先天性免疫系统应答因子缺陷的小鼠，如信号转导子和转录激活因子缺陷（$STAT1^{-/-}$）小鼠 Ⅰ 型和 Ⅱ 型干扰素受体同时缺陷（$IFN_{\alpha}\beta R^{-/-}/IFN_{\gamma}R^{-/-}$）小鼠发生致死性感染，表现为体重减轻、竖毛和弓背等临床症状。免疫活性小鼠和大多数免疫缺陷小鼠感染后不表现临床症状和病理变化。在进行小鼠实验的过程中，携带有 MNV 小鼠可能会对实验结果产生影响。已有报道 MNV 对巨噬细胞和树突状细胞具有感染亲嗜性，并能够感染 B 细胞，感染免疫细胞的特性表明 MNV 可能会对免疫相关的实验造成影响。小鼠可通过发挥固有免疫及适应性免疫功能抗 MNV 感染，李晓波（2019）研究表明，MNV 感染会影响小鼠的免疫应答，导致 T［淋巴］细胞、B［淋巴］细胞含量及细胞因子含量发生显著改变。

4. 病理变化

MNV 能够引起缺乏重组激活基因Ⅱ（RAG2）和 STAT-1 小鼠死亡，组织病变主要包括脑炎、脑膜炎、脑脉管炎、肝炎和肺炎等。通过脑内接种可将这种病原体连续传代，从而表明诺如病毒在免疫缺乏的个体中有非常广泛的亲嗜性和致病性。接种病毒 5 周的试验鼠体内能在脾脏、肠系膜淋巴结和空肠中检测到 MNV-Ⅰ型的 RNA。最近发现，不同基因品系的免疫缺陷的小鼠感染 MNV-Ⅰ型后会出现全身性感染以及不同组织（肺、肝、腹膜和胸膜腔）的炎性症状。李晓波等（2020）对 KM、BALB/c、NIH、C57BL/6 及 BALB/c-nu 5 个常用品系小鼠进行人工感染 MNV，分别进行病理诊断及病毒核酸含量检测，结果显示，病理变化主要发生在肝、脾及肺，盲肠、结肠及小肠未发现病理变化。人工感染 5 个品系小鼠盲肠、结肠 MNV 核酸阳性率均为 100%，小肠、脾、肝、肺及血的核酸阳性率分别为 71.2%、39.2%、17.6%、3.2%和 1.6%。这证明小鼠诺如病毒感染会引起组织病变，建议进行与病理有关的动物实验选择 MNV 阴性小鼠。

5. 诊断

目前，MNV 的诊断方法主要为分子生物学和血清学方法。RT-PCR 已广泛应用于诺如病毒的检测，成为诺如病毒诊断的金标准，敏感性及特异性均较好。由于荧光定量 PCR 方法操作简便、快速，敏感性和特异性均高于常规 PCR 方法，其被常用于 MNV 日常监测、临床诊断和流行病学调查。

6. 预防与控制

设施消毒是预防 MNV 在实验动物饲养和研究设施中传播的重要环节。研究发现，小鼠诺如病毒在常温下，尤其是在潮湿的粪便中十分稳定，但利用巴氏消毒法（63～72 ℃）在几秒钟内病毒即可被灭活。电离（紫外线）和非电离（伽玛射线）照射同样可灭活病毒。与物理灭活方法相比，化学处理对 MNV 的效果较差。MNV 在 pH 为 2～10 范围内具有较强的稳定性，且氯仿、70%乙醇、氟化物和 Vertrel 清洗剂对病毒在很大程度上是无效的，次氯酸盐浓度需达到 300 mg/L 才能灭活病毒。在饲养管理方面，屏障内的工作人员应严格执行屏障生产设施标准操作规范，外购动物进入动物设施前要了解动物的健康情况，严禁有流行病史的动物进入，还应该避免野生小鼠、蚊蝇和昆虫进入动物房。

（五）兔出血症

兔出血症（rabbit hemorrhagic disease，RHDV）是指由兔出血症病毒（RHDV）引起的兔的一种烈性传染病，又称“兔瘟”。其主要特征是病兔突然发生死亡，临死前常表现出兴奋、挣扎、抽搐和惨叫等症状。

1. 病原

兔出血症病毒为单股 RNA 病毒，呈球形、无囊膜，呈二十面体立体对称结构，直径为 34～36 nm，每个壳粒由 5～6 个亚单位构成。RHDV 有血凝素抗原，能凝集大鼠、人、绵羊、鸡、鹅的 O 型红细胞。RHDV 不能在兔的各种细胞、鸡胚、鸭胚和鹅胚成纤维单层细胞以及实验室常用原代、继代和传代细胞培养物中生长繁殖，但可在乳鼠体内繁殖，引起规律性发病死亡。病毒对氯仿和乙醚不敏感，耐酸，对紫外线和干燥等不良环境的抵抗力较强。1%氢氧化钠 4 h、1%～2%甲醛、1%漂白粉 3 h、2%农乐 1 h 才能被灭活，而生石灰和草木灰对该病毒几乎无效。

2. 流行病学

本病只发生于兔，传染源主要是病兔和带毒兔。传播途径包括直接接触感染以及通过排泄物、分泌物等污染的饲料、饮水、用具、注射针头、剪毛剪及人员来往等间接传播。在自然条件下，空气传播是主要传播方式；人工感染时，经口服、皮下、腹腔、滴鼻等途径接种均可引起发病。本病发病急，传染快，死亡率高，常呈暴发性流行。一年四季均可发生，北方以冬春季多发，可能与气候寒冷、饲料单一、兔抵抗力下降有关。

3. 临床症状

(1)急性型　感染兔迅速死亡，死前无任何症状，仅有短暂的兴奋，然后倒下挣扎、鸣叫，有时鼻腔流出血样液体。

(2)亚急性型　病兔食欲骤减，精神很差，皮毛无光，体温高达 41 ℃以上，喜饮水，迅速消瘦，死前抽搐，不能站立，呼吸困难，有时发出尖叫，鼻流出血性分泌物。

(3)慢性型　多见于 3 月龄幼兔，病兔精神欠佳，食欲减少或废食，喜饮水，被毛无光，消瘦，体温 41 ℃左右，病程较长，最终可能会因衰弱而死亡或耐过兔可成为带毒者，继续排毒。

4. 病理变化

剖检可见各脏器广泛性充血和出血为本病的特征性病理变化。气管、喉头弥漫性充血、出血，气管内充盈大量血染泡沫。肺水肿，肺叶上有大量出血斑点。心包积液，心包膜点状出血。肝肿大，呈土黄色或淡黄色，质脆，肝小叶间质增宽或界限模糊，有的肝表面有灰白色或淡黄色散在点状坏死灶。肾淤血，呈暗紫色，少数肿大，皮质可见出血斑点。脾肿大，边缘变钝，切面外翻。十二指肠、回肠充血，有时可见点状出血。内分泌腺、性腺、输卵管和脑膜也可见充血和出血。组织病理学变化以全身微循环障碍为主，表现为肺、肾、心、延髓等重要器官的微血管广泛淤血，红细胞黏滞，透明血栓形成，点状出血和间质水肿，实质器官的细胞广泛变性和坏死，脾脏充血、出血，淋巴组织萎缩和淋巴细胞排空等病毒性败血症特征。

5. 诊断

根据流行特点，临床症状和病理变化可做出初步诊断。确诊需进行病毒分离鉴定和动物实验并辅以电镜检查，也可通过血清学和分子生物学检测进行确诊。急性发病死亡或濒死动物，可用内脏如肝悬液与大鼠、人 O 型红细胞检查血凝素，通常如有血凝素，用已知阳性血清作血凝抑制试验可诊断。存活兔也可检查其抗体，HI 抗体高于 1∶10 可判阳性，抗体具有保护性。

6. 预防与控制

普通级健康兔可接种疫苗进行保护。本病为暴发性流行，来势凶猛，一般无治疗作用。本病毒抵抗力强，一旦发生本病，必须彻底处理，严格消毒，严防扩散。发现病兔及时淘汰，定期进行免疫监测，引进种兔要检疫，加强饲养管理，搞好卫生和消毒工作。

(六)新城疫

新城疫(newcastle disease，ND)是指由新城疫病毒引起的一种急性、热性、败血性和高度接触性传染病。以高热、呼吸困难、下痢、神经紊乱、黏膜和浆膜出血为特征，具有很高的发病率和病死率，是危害养禽业的一种主要传染病。OIE将其列为A类疫病。我国也将其列为一类疫病。

1. 病原

新城疫病毒(newcastle disease virus，NDV)属于副黏病毒科副黏病毒亚科腮腺炎病毒属，是一种有囊膜的非片段线性单股负链RNA病毒。病毒粒子为蝌蚪样或大小不规则的圆形，直径为120～300 nm。病毒由螺旋形对称盘绕的核衣壳和囊膜组成，囊膜表面有放射状排列的纤突，纤突中含有刺激宿主产生血凝抑制和病毒中和抗体的抗原成分。新城疫病毒可编码6种结构蛋白(分别为NP、P、M、F、HN和L6)，其中NP蛋白可参与病毒基因组的复制，结构蛋白M、F以及HN可参与囊膜的合成，FN蛋白和N蛋白主要附着于病毒的囊膜外，M蛋白主要在囊膜内，HN蛋白和F蛋白与病毒的致病性有密切关系。

2. 流行病学

ND一年四季均可发生，可在全球大范围内流行，且具有传播速度快、发病率和病死率高的特点。NDV可感染50个鸟目中27个目240种以上的禽类，但主要是发生在鸡和火鸡。珍珠鸡、雉鸡及野鸡也有易感性。鸽、鹌鹑、鹦鹉、麻雀、乌鸦、喜鹊、孔雀、天鹅以及人也可感染。水禽对本病有抵抗力，但幼雏的发病率和死亡率明显高于成年鸡。纯种鸡比杂交鸡更易感，死亡率也更高。某些土种鸡和观赏鸟(如虎皮鹦鹉等)对本病有相当抵抗力，常呈隐性或慢性感染，成为重要的病毒携带者和散播者。

本病主要传染源是病鸡和带毒鸡的粪便及口腔黏液，被病毒污染的饲料、饮水和尘土经消化道、呼吸道或结膜传染易感鸡是主要的传播方式。空气和饮水传播，人、器械、车辆、饲料、垫料(稻壳等)、种蛋、幼雏、昆虫、鼠类的机械携带以及带毒的鸽、麻雀的传播对本病都具有重要的流行病学意义。

3. 临床症状

本病的潜伏期为2～15 d，一般为5～6 d。发病的早晚及症状表现依病毒的毒力、宿主年龄、免疫状态、感染途径及剂量、并发感染、环境及应激情况而异。病鸡以呼吸道和消化道症状为主，包括呼吸困难、咳嗽和气喘，有时可见头颈伸直、张口呼吸，食欲减少或废绝，出现水样稀粪，药物治疗效果不明显，病鸡逐渐因脱水而消瘦，呈慢性散发性死亡。剖检病变不典型，其中最具诊断意义的是十二指肠黏膜、卵黄病柄前后的淋巴结、盲肠扁桃体、回直肠黏膜等部位的出血灶及脑出血点。

4. 病理变化

剖检可见全身黏膜和浆膜出血，消化道病变以腺胃、小肠和盲肠最具特征。腺胃乳头肿胀、出血或溃疡，尤以在与食管或肌胃交界处最明显。十二指肠黏膜及小肠黏膜出血或溃疡，有时可见到“岛屿状或枣核状溃疡灶”，表面有黄色或灰绿色纤维素膜覆盖。盲肠扁桃体肥大、出血和坏死。呼吸道以卡他性炎症和气管充血、出血为主。鼻道、喉、气管中有浆液性或卡他性渗出物。弱毒株感染、慢性或非典型性病例可见气囊炎、囊壁增厚，有卡他性或干酪样渗出。产蛋鸡常有卵黄泄漏到腹腔形成卵黄性腹膜炎，卵巢滤泡松软变性，其他生殖器官出血或褪色。

5. 诊断

可根据典型临床症状和病理变化做出初步诊断，确诊需要通过病毒分离鉴定、分子生物学或血清学方法来做进一步诊断。迄今为止，血凝抑制试验(HIA)仍不失为一种快速准确的传统实验室手段。

6. 预防与控制

针对鸡新城疫病毒，目前并无特效药物，只能采取预防措施加以控制。提高禽舍的饲养水平和安静卫生的环境，最大限度地降低外界应激，及时监控禽类健康状况，添加抗应激药物和增强机体免疫力的药物，加强营养饲喂，提高禽类总体健康水平等，均是良好的预防手段。同时应完善严格的防疫消毒制度，采取全进全出和封闭饲养，科学规范的饲养；此外，应考虑母源抗体水平，适当科学地选择良好的疫苗，摸索最佳接种剂量和接种途径；坚持定期免疫检测，随时进行免疫计划的调整，保障抗体的有效性。

（七）禽白血病

禽白血病（(avian leukosis，AL）又称鸡淋巴性白血病，是由一种具有高度传染性的逆转录病毒——禽白血病病毒感染引起的禽类多种肿瘤性疾病的统称，主要包括淋巴细胞性白血病，其次是成红细胞性白血病、成髓细胞性白血病。此外，还可引起骨髓细胞瘤、结缔组织瘤、上皮肿瘤、内皮肿瘤等。大多数肿瘤会侵害造血系统，少数侵害其他组织。该病主要表现为免疫抑制、生长迟缓、多器官组织肿瘤等特征，是危害养鸡业的重要疫病之一。

1. 病原

禽白血病病毒(avian leukosis virus，ALV)属于反转录病毒科反转录病毒属。病毒粒子直径为 80～100 nm，有囊膜，整体类似球形，其中直径 45 nm 的病毒核心位于中心，直径约为 8 nm 的囊膜表面有放射状的突起。ALV 为单股正链 RNA 病毒，全长为 7.2～7.8 kb，通常以二聚体的形式存在，是典型的慢转化型反转录序列(5′-R-U5-gag-pol-env-U3-R-3′)，其中包含的结构基因分别编码群特异(gs)抗原、依赖 RNA 的 DNA 聚合酶和囊膜糖蛋白。不同亚群的 *gag* 基因组高度一致，可编码 6 种蛋白(p19、p10、p27、p2、p15、p12)，其中 p27 为衣壳蛋白，是不同亚群 ALV 中的一段保持高度一致的序列，可以此作为抗原检测鸡群是否感染 ALV。

根据包膜蛋白的抗原性将 ALV 共分为 A～J 10 个亚群，较为常见的外源性亚群是 A 亚群、B 亚群和 J 亚群。通常所说的禽白血病的防治主要针对的是 A 亚群、B 亚群、J 亚群。E 亚群主要为内源性的低致病力或不致病的一类病毒，大多不具有致病性，但其广泛存在。ALV 是鸡肿瘤性疾病最主要的病原体，也是目前已知的唯一拥有外源性和内源性重复活性的逆转录病毒。

2. 流行病学

AL 一年四季均可发生，但潜伏期较长。ALV 在自然条件下主要感染鸡，随着鸡群日龄的增长其发病率越来越高，也可以感染野鸡、鸭、鹌鹑、鸽、鹧鸪、火鸡等。在自然条件下，主要传染源是发病鸡或带毒鸡，有的母鸡虽然自身没有临床症状但因其自身带毒，产下的种蛋和孵化出的后代雏鸡就会带毒，在出雏时由于紧密接触，可以快速传染整个雏鸡群体。不同品系的鸡对病毒的抵抗力不同，白羽肉鸡的种鸡群发病率最高，罗斯 308、京白、新布罗鸡则不易感)。发病鸡、带毒鸡和受感染的种蛋都是本病的传染源。病毒主要存在于病鸡的粪便、血液、胚胎、泄殖腔以及羽毛囊中。

ALV 存在 3 种传播方式：①水平传播。雏鸡在孵化箱中刚出生的几个小时，由于空间狭窄，气流不畅通，此时的胎粪是水平传播最主要的途径。②垂直传播或先天性传播。通过蛋清或产道从母鸡传给后代，此为最主要的传播途径。③遗传传播。从父母代的基因传给后代。在大多数情况下，由水平传播所导致的 ALV 感染并不会引起肿瘤等临床症状，但是这些潜伏感染的鸡再产生后代则会发病。雏鸡的发病率和死亡率会很高，1 周内死亡淘汰率可高达 10%以上，随着日龄增加至 4 周龄，死亡率才慢慢下降。

3. 临床症状

各亚群之间的感染病例在临床症状和病理变化上都存在差异。ALV-A、ALV-B 感染一般会导致典型的淋巴细胞白血病，形成的肿瘤非常大；ALV-J 可以感染蛋鸡，且发病率和致病力都比较高，感染主要导致髓系白血病和血管肿瘤；ALV-C 和 ALV-D 在临床病例中较为罕见；ALV-K 是在亚洲本土鸡群中发现的 1 种新型 ALV 亚型。在早期，垂直传播的 ALV 致病力非常强，通常情况下可以引起肿瘤，较多发生在性成熟的鸡群中。ALV-E 对鸡的肌肉生长速率、产卵数都有影响。外源性 ALV 通常是在数周或数月内诱导淋巴样或髓样肿瘤形成，多发生在脏器中，呈不规则形状。

在临床上，淋巴细胞性白血病是最常见的一种病型。在 14 周龄以下的鸡极为少见，至 14 周龄以后开始发病，在性成熟期的发病率最高。病鸡精神委顿，全身衰弱，进行性消瘦和贫血，鸡冠、肉髯苍白，皱缩，偶见发绀。病鸡食欲减少或废绝，腹泻，产蛋停止。腹部常明显膨大，用手按压可摸到肿大的肝脏，最后病鸡因衰竭而死亡。

成红细胞性白血病通常发生于6周龄以上的高产鸡。临床上分为两种病型：增生型和贫血型。增生型较为常见，主要特征是血液中存在大量的成红细胞；贫血型在血液中仅有少量未成熟B细胞。

成髓细胞性白血病的临床表现为嗜睡、贫血、消瘦和毛囊出血，病程比成红细胞性白血病的病程长。

4. 病理变化

淋巴细胞性白血病剖检可见肿瘤主要发生于肝、脾、肾、法氏囊，也可侵害心肌、性腺、骨髓、肠系膜和肺。肿瘤呈结节状或弥漫性，灰白色到淡黄白色，大小不一，切面均匀一致，很少有坏死灶。组织学检查可见所有肿瘤组织都是灶性和多中心性的，由成淋巴细胞（淋巴母细胞）组成，全部处于原始发育阶段。

剖检时，可见两种病型，都表现为全身性贫血，皮下、肌肉和内脏有点状出血。增生型的特征性肉眼病变是肝、脾、肾呈弥漫性肿大，呈樱桃红色到暗红色，有的剖面可见灰白色肿瘤结节。贫血型病鸡的内脏常萎缩，尤以脾为甚，骨髓色淡呈胶冻样。检查外周血液，红细胞显著减少，血红蛋白量下降。增生型病鸡出现大量的成红细胞，占全部红细胞的90%～95%。

成髓细胞性白血病剖检时，可见骨髓坚实，呈红灰色至灰色。在肝脏偶然也见于其他内脏发生灰色弥散性肿瘤结节。组织学检查可见大量成髓细胞于血管内外积聚。在外周血液中，常出现大量的成髓细胞的总数可占全部血组织的75%。

5. 诊断

AL实际诊断中常根据血液学检查和病理学特征结合病原和抗体的检查来确诊。成红细胞性白血病在外周血液、肝及骨髓涂片，可见大量的成红细胞，肝和骨髓呈樱桃红色。成髓细胞性白血病在血管内外均有成髓细胞积聚，肝呈淡红色，骨髓呈白色。淋巴细胞性白血病应注意与马立克病鉴别。ALV分离鉴定是国际公认的金标准，被认为是最可靠的方法。采用PCR和荧光PCR等分子生物学方法从感染家禽的肛拭子、羽髓、血液、精液及组织器官中检测ALV也是目前进行ALV诊断的重要方法。

6. 预防与控制

AL目前尚无有效的治疗方法，也无有效的疫苗可供预防，故AL的防控主要以检疫净化种群的方式为主。要从根本上防控AL，应从祖代及原种代着手净化种群。而目前我国种禽群AL带毒情况不一，且调运过程中检疫存在一定困难，这就造成了子代来源及带毒情况的复杂性。要重点加强祖代及原种代种群的净化，建立无ALV感染的种鸡群，从根本上防控该病的发生。

（八）牛棒状杆菌感染

牛棒状杆菌感染（*Corynebacterium* bovis infection）是由牛棒状杆菌（*Corynebacterium*，Cb）引起的一种急性、高度接触性传染病，感染动物主要以裸鼠的过度角化性皮炎和棘皮症为特征，又称过度角化症（hyperkeratosis）。感染动物典型的临床症状为全身出现鳞片样白色皮屑，黏附皮肤表面，俗称“鳞皮病”。

1. 病原

牛棒状杆菌（*Corynebacterium bovis*，Cb）为棒状杆菌属（*Corynebacterium* spp.），革兰[氏]染色阳性杆菌。菌体短小，呈棒槌状或微弯曲、排列不规则、可散在或呈“V”形或呈栅栏状排列，无荚膜、无鞭毛，不产生芽胞，多为条件致病菌。

2. 流行病学

牛棒状杆菌在世界范围内广泛分布，可感染多种动物，通常导致裸鼠表皮角化过度，俗称“鳞皮病”，也是引起奶牛乳腺炎的常见病原之一。常见该菌流行于研究或检测设施中，主要传染源为感染该菌的小鼠和其他动物体外接种用的细胞。该菌在动物间通过直接接触传播，如空气传播、人员接触或通过污染物如饲养员手套、实验器具、垫料、饲料等。牛棒状杆菌也可通过异种移植物传播，如移植肿瘤系。免疫正常的大鼠和小鼠感染后发病率和死亡率均低，致死率一般不足1%，但裸鼠发病率超过50%，病死率与设施类型、日常 操作流程及感染途径密切相关。

感染牛棒状杆菌的小鼠无明显的品种、品系、性别和年龄差异，但是不同品系感染该菌后的发病情况和病原携带时间有较大差异。免疫正常的大鼠和小鼠通常为无症状携带者，短暂携带病原体；而裸鼠非常易感，感染后潜伏期通常为7～10 d，且几乎终身携带病原。初次感染的裸鼠会迅速出现"鳞屑"典型症状，黏附皮肤表面，并长期携带病原体；免疫缺陷的有毛小鼠偶尔出现脱毛现象，呈短暂性携带状态。

3. 临床症状

牛棒状杆菌主要侵染免疫缺陷小鼠的皮肤组织，也可寄居于感染小鼠的口腔和消化道。感染裸鼠全身会出现鳞片样白色皮屑，黏附皮肤表面，感染后7～10 d出现"鳞屑"症状，14～20 d后该症状会消失，但感染至少要持续30 d左右。典型影响包括体质量减轻、摄水量增加、异种移植物生长缓慢、对化疗的敏感性增加，成年裸鼠死亡率升高等。如果动物感染后存活，角化增生会消失，但棘皮病会持续，动物仍处于感染状态并散播病原体。被感染的动物群体可呈持续性感染的状态，与从未接触病原体的动物相比，症状轻很多。若动物来自被感染的动物种群，则不易表现临床症状。

4. 病理变化

组织病理学观察可见被感染皮肤表皮增生，过度角质化，棘皮层增厚及轻度皮炎。在皮肤表面角质和毛囊内可见革兰氏阳性菌聚集，伴有巨噬细胞、中性粒细胞浸润。革兰[氏]染色可在超角化层中观察到牛棒状杆菌。

图3-3 牛棒状杆菌5%血琼脂培养基（37 ℃，48 h，70 mm平皿）

（资料来源：中国食品药品检定研究院实验动物质量检测室）

5. 诊断

根据流行特点，临床症状和病理变化可做出初步诊断。牛棒状杆菌在营养琼脂和血琼脂上均可生长，可形成灰白色的特征性菌落（图3-3），利用生化反应与其他棒状杆菌属鉴别；也可通过血清学方法和分子生物学方法行特异性检测。

6. 预防与控制

首先，控制传染源。引进动物时，应引进牛棒状杆菌检测合格的动物。其次，加强饲养管理和房间、笼盒等的消毒。由于牛棒状杆菌感染的临床症状较易发现，每天观察并记录动物的健康状况对于及时发现"鳞屑"症状具有重要意义。一旦发现，应及时报告和处置疑似感染动物，消除隐患。

（九）鸡白痢

鸡白痢（pollorum disease，PD）为鸡白痢沙门菌病的简称，是指由鸡白痢沙门菌引起的一种急性、系统性传染性疾病。在养鸡场内很常见，主要特征是病鸡拉便，俗称"白痢"。防控措施不当会导致败血病，引起机体因衰竭而死亡，从而造成一定的损失。各种日龄鸡均可感染，阻碍鸡的生长发育，降低饲料利用率、产蛋率与孵化率。经卵传染是本病最常见的传播方式，在孵化和出壳期间可出现死胚、死雏和弱雏。鸡白痢是种禽场需要净化的疾病之一。鸡白痢在世界各地均有发生，是危害养鸡业最严重的疾病之一，在我国被列为二类动物疫病。

1. 病原

鸡白痢沙门菌（*Salmonella pullorum*）属肠杆菌科的革兰氏阴性杆菌，具有高度适应专一宿主的特点。在禽类中，鸡最易感，火鸡次之。它和鸡伤寒沙门菌是沙门菌属中仅有的不能运动、无鞭毛的细菌。本菌为两端稍钝圆的细长杆菌（0.3～0.5）μm×（1～2.5）μm，对普通碱性苯胺染料易于着色。菌体无鞭毛，多呈单个存在，很少见到呈两个菌体以上的链状排列。在抹片中偶然可以看到长丝状的大菌体。

本菌不运动、不液化明胶、不产生芽胞、不产生色素，为需氧或兼性厌氧。

鸡白痢沙门菌不仅可以寄居在畜禽的肠道内，还广泛存在于自然环境中，血清型众多，多达 2 500 种。最适宜的生长温度为 36～38 ℃，pH 为 6.8～7.8。鸡白痢沙门菌对外界环境的抵抗力不强，尤其不耐热，在 65 ℃ 环境中经 15～20 min、在沸水中经 5 min 就可以将其杀死，但是比较耐寒，在冰冻环境中可以存活。该菌对消毒药物比较敏感，高锰酸钾溶液、甲醛溶液等消毒药都可以在数分钟内将其杀死。

2. 流行病学

鸡白痢的发生没有季节性，常年均会发生。该病一旦发生，很难净化，常常反复发病。鸡和火鸡是禽白痢沙门菌的自然宿主，感染通常是终身的。雏鸭、雏鹅及其他野禽，如珍珠鸡、雉、鹌鹑、麻雀和欧洲照觉鸟、龟鸠、金碛鹙、金丝雀、鹰头鹦鹉等也可自然感染，但无长期感染的表现，也未见其能传至后代。不同品种、日龄和性别的鸡和火鸡都可以感染发病，其中 1～14 日龄的雏鸡易感性最强，14～21 日龄的雏鸡发病率和死亡率最高。成年鸡多为隐性感染，症状不明显，但是体内和所产蛋均带菌。病鸡和带菌鸡为主要传染源，尤其成年带菌种鸡是最危险的传染源。

鸡白痢沙门菌不仅可以经水平传播，还可以通过种蛋进行垂直传播。感染的种蛋是传播感染的主要途径。在由感染母鸡产下的蛋中，1/3 的蛋带有禽白痢沙门菌。病鸡和带菌鸡的卵黄囊、睾丸、肝脏、肺脏等器官中含有大量病菌，尤其成年带菌蛋鸡的卵巢、输卵管等生殖器官为主要的感染部位，导致蛋壳表面和蛋内含有鸡白痢沙门菌。据统计，隐性感染种鸡所产蛋的带菌率高达 30%以上，带菌蛋在孵化过程中死亡或孵化的雏鸡带菌，同时孵化器和育雏室在孵化过程中也会被病菌污染。带菌和带病雏鸡的粪便、飞绒中含有大量的病菌，健康雏鸡通过直接或间接接触感染发病。健康鸡啄食病鸡或带菌蛋也会因感染而发病。被病菌污染的饲料、饮水、工具等是重要的传播媒介。

3. 临床症状

鸡白痢的临床表现出广泛和复杂的病症。常见的有败血型、白痢型、慢性型和隐性型 4 种，其中败血型和白痢型主要出现在 1 月龄以下的幼鸡中，症状比较严重，死亡率较高；而慢性型和隐性型则更多见于成年鸡。胚胎期感染鸡白痢沙门菌，在孵化过程中会出现死胚。即使雏鸡成活也会精神沮丧、低头、羽毛不整、食欲下降或停止进食，排出灰白色稀便，肛门周围羽毛被粪便污染，出现排便困难等。即使一些雏鸡未出现下痢症状也会突然死亡，有的可能出现喘气、呼吸困难或关节肿胀、行动不便等症状。12～15 日龄的雏鸡感染后常常会大批死亡。即使患病雏鸡病愈，也会长期带菌或成为慢性或隐性病例；成年鸡多为慢性或隐性感染，没有明显的临床症状，但是会影响蛋鸡产蛋率，种蛋受精率和孵化率也显著降低。成年公鸡则表现为睾丸肿胀或萎缩，精液品质降低。

4. 病理变化

剖检病死雏鸡可见口腔中存在大量黏液，气管发生充血，并伴有肺水肿；腹腔脂肪以及全身黏膜、浆膜都有出血现象；心冠脂肪、心包膜存在出血点；肝脏、胆囊等脏器出现肿大、出血，肺脏早期会出现出血，后期会出现灰白色或灰黄色的结节；脾脏发生肿大、出血，并出现灰白色的坏死灶；肾脏和输尿管中沉积有白色尿酸盐；肠道也发生出血，其中以十二指肠最为严重；部分病鸡出现卵黄吸收不良、卵黄囊萎缩等现象。成年病死鸡肝脏肿大，有的破裂，有白色的坏死点，脾脏肿大。肝脏破裂鸡出现腹腔积血，卵巢萎缩、变形，有时发生腹膜炎和心包炎。公鸡很少出现病变，有的会出现睾丸肿大、萎缩、输精管增粗等病理变化。

5. 诊断

鸡群感染鸡白痢后有明显的症状，可以根据症状进行初步诊断。确诊还需要进行病菌形态学检查、分离培养、血清学检测和分子生物学试验等。

(1)病菌形态学检查　无菌采取病鸡的肝、脾、肾等病料做成涂片，自然干燥，然后用革兰[氏]染色法进行镜检，可以观察到两端呈椭圆形的小杆菌，不运动，没有芽孢和荚膜，由此可以判断为沙门菌。

（2）细菌分离培养　将无菌采集的病料划线接种在SS琼脂平板上，置于37 ℃环境下培养24 h，可以观察到无色透明、边缘整齐、光滑、扁平的菌落，一些菌落中心变黑。取培养菌落经染色镜检可以观察到短小的杆菌。将病料接种于双糖铁培养基斜面，在37 ℃环境下培养18～24 h，培养基底层会变为棕黑色，上层乳糖不分解且不会变色。结合细菌分离培养结果、流行病学和临诊检查，可初步判定是否为沙门菌。

（3）血清学检测　血清学检测是诊断鸡白痢的常用方法。常用的血清学检测方法有全血玻片凝集试验、琼脂扩散试验、酶联免疫吸附试验等。

（4）分子生物学试验　利用分子生物学技术检测鸡白痢是近年发展的检测方法，如PCR和荧光定量PCR及16S rDNA测序等技术均可获得准确鉴定结果。此外，飞行时间质谱也可实现对分离菌株的快速鉴定。

6. 预防与控制

截至目前，还没有有效的禽流感沙门菌病疫苗。鸡白痢防控主要依赖提高饲养管理水平、强化鸡场与种蛋消毒及鸡群净化。种鸡群定期使用沙门菌治疗药物预防，并通过全血平板凝集试验进行全群检疫净化，淘汰阳性种鸡，选择健康种鸡与种蛋，构建自繁自养无白痢健康种鸡群。需严格消毒种鸡场地、栏舍、产蛋箱、种蛋及用具，入场人员及车辆必须经过喷淋消毒。孵化室、孵化器、用具与周围环境彻底冲洗、清扫及消毒。育雏室饮水器与饲槽应及时清洗消毒，保持清洁卫生，通风换气，根据日龄调整室温，日常保温，避免应激，及时清出粪污，定期消毒，观察鸡群动态，发现病鸡立即淘汰。

（十）禽霍乱

禽霍乱又名禽巴氏杆菌病，是指由多杀性巴氏杆菌引起的败血性传染病，又称禽出血性败血症。禽霍乱是一种接触性传染病，缺乏有效防治方法，易造成重大经济损失，危害多种家禽与野禽。其特征为急性败血过程，发病率和死亡率都很高。低毒感染或急性发病后，家禽与野禽可出现慢性的、局部性疾病。

1. 病原

禽霍乱病原为多杀性巴氏杆菌（*Pasteurella multocida*），该菌是一种革兰氏阴性小球杆菌，两端钝圆、中央微凸，长为1～1.5 μm，宽为0.3～0.6 μm，无芽胞与鞭毛，无法自行运动，菌体单个散在、成对排列，有时呈链状或丝状排列。本菌为需氧兼性厌氧菌，对营养要求严格，普通培养基上生长贫瘠，在含有血液、血清或微量血红素的培养基中生长良好。病料组织或体液涂片用瑞氏染色、吉姆萨染色或亚甲蓝染色镜检，可见菌体多呈卵圆形，两端着色深、中央部分着色较浅，形似并列的两个球菌，故又称两极杆菌。培养物涂片中两极着色不那么明显。用印度墨汁等染料染色时，可看到清晰荚膜。新分离细菌荚膜宽厚，经过人工培养后变异的弱毒菌荚膜狭窄且不完全。

不同分离菌株之间的毒力明显不同，有荚膜分离株通常毒力高，无荚膜分离株毒力较低。该菌抗原组成差异大，导致疫苗或菌苗研发困难，凝胶扩散沉淀试验可用于区分16个多杀性巴氏杆菌血清型。多杀性巴氏杆菌抵抗力不强，如在干燥空气中可存活2～3 d，在60 ℃的温度下可存活20 min；在血液中能够存活6～10 d，禽舍内能够生存大约1个月。该菌能够自溶，在生理盐水或者无菌蒸馏水中可快速死亡。3%石炭酸处理1 min即可使该菌失活，2%福尔马林、来苏尔或者0.5%～1%氢氧化钠、漂白粉处理几分钟也会使其失活。

2. 流行病学

本病对各种家禽，如鸡、鸭、鹅、火鸡等都有易感性，但鹅易感性较差，各种野禽也易感。其主要通过呼吸道及皮肤创伤传播。病鸡的尸体、粪便、分泌物和被污染的运动场所、土壤、饲料、饮水、用具等是主要传染源。在禽霍乱康复的家禽群体中，多杀性巴氏杆菌的携带者的鼻腔存在多杀性巴氏杆菌，并通过唾液污染饲料、水和环境，导致疾病传播。有时本病的发生是由外地传入，有时自然发生。外购病禽或处在潜伏期的家禽都可带入本病。

禽霍乱的病原体在自然界分布很广，是一种条件性病原菌。在健康禽体的呼吸道中就有该菌，但不发病。当饲养管理不当，天气突然变化，营养不良，机体抵抗力减弱和细菌毒力增强时即可发病。特别是当有新鸡转入带菌的鸡群或者将带菌鸡调入其他鸡群时，更容易引起发病流行。发病季节性不明显，但以夏末秋初为最多，在潮湿地区也容易发生。维生素缺乏症、蛋白质及矿物质饲料缺乏，感冒等皆可成为本病的诱因。一些哺乳动物也是多杀性巴氏杆菌的携带者，它们可以向家禽传播该菌，猪、猫已被证实可携带多杀性巴氏杆菌，其分离株对家禽有致病性。昆虫也可能成为传染的媒介。

3. 临床症状

自然感染的潜伏期一般为 2～9 d，有时在引进病鸡后 48 h 内也会突然暴发病例。人工感染通常在 24～48 h 发病。由于家禽的机体抵抗力和病菌的致病力强弱不同，所表现的病状也有差异。一般分为最急性型、急性型和慢性型。

(1)最急性型　常见于流行初期，以产蛋高的鸡最常见。病鸡无前驱症状，突然死在鸡窝内或栖架下。肥胖的鸡多发。

(2)急性型　最为常见，病鸡主要表现为精神沉郁，羽毛松乱，缩颈闭眼，弓背，头藏于翅下，不愿走动，离群呆立。体温升高到 43～44 ℃，减食或不食，渴欲增加。呼吸困难，口、鼻分泌物增加。病鸡常有腹泻，排出白色水样或绿色黏液，伴恶臭粪便。鸡冠和肉髯变青紫色，有的病鸡肉髯肿胀，有热痛感。产蛋量明显下降，种蛋的受精率和孵化率明显降低。最后发生衰竭，因昏迷而死亡，病程较短，一般几小时或数日死亡。急性型经过存活下来的病鸡转为慢性感染或康复。

(3)慢性型　由急性不死转变而来，多见于流行后期。以慢性肺炎、慢性呼吸道炎和慢性胃肠炎较多见。病鸡鼻孔有黏性分泌物流出，鼻窦肿大，喉头积有分泌物而影响呼吸。经常腹泻。病鸡消瘦、精神委顿、冠苍白。有些病鸡一侧或两侧肉髯显著肿大，随后可能有脓性干酪样物质或干结、坏死、脱落。有的病鸡有关节炎，常局限于脚或翼关节和腱鞘处，表现为关节肿大、疼痛、脚趾麻痹，因而发生跛行。病程可拖至 1 个月以上，但生长发育和产蛋长期不能恢复。

4. 病理变化

病理变化因病程的不同而有所差异。

(1)最急性型　死亡病鸡无特殊病变，有时只能看见心外膜有少许出血点。

(2)急性型　主要病理变化是出血和坏死，呈现全身性充血和出血现象，其中十二指肠尤为明显。心冠脂肪、心外膜、腺胃、肌胃、腺胃和肌胃的交界处，可见出血点和出血斑。十二指肠、盲肠、直肠黏膜肿胀，呈弥漫性充血和出血状态，并覆盖一层较厚的黄色纤维样的物质，以十二指肠最为严重，伴有浆膜下出血。此外，心包液、腹腔液体增多。肝脏肿胀、充血，颜色呈深紫色或黄红色，有大量散在的针尖或小米大的黄色坏死点。肝脏实质变硬，似熟肝样。肺出现淤血、水肿或出血症状。脾脏偶见肿胀和灰白色坏死点。

(3)慢性型　因侵害的器官不同而有差异。当呼吸道症状为主时，可见鼻腔、气管呈卡他性炎，肺脏硬变。有的表现肉髯水肿，而后为坏死。有的足与翅部关节肿大、变形，有炎性渗出或干酪样坏死。还有的病例卵巢出血，卵黄囊破裂，腹腔病脏器表现上附着干酪样的卵黄物质。心包内积水充有黄橙色透明的渗出物，遇空气易凝结呈胶状；心内外膜出血，心冠状脂肪出血，偶见水肿及坏死。肺脏呈现肺炎、气肿和充血、出血。肝肿大，脂肪变性，点状出血及小点坏死。脾脏肿大、充血，有的有小点坏死。腹腔积水。腺胃黏膜出血、充血，肌胃黏膜充血，偶见有溃疡。小肠卡他性出血性肠炎，以小肠前段最为严重。舌根部黏膜表层有溃疡。盲肠黏膜有小溃疡。卵黄膜充血，卵黄破裂，患腹膜炎。

5. 诊断

根据病鸡流行病学、剖检特征、临床症状可以初步诊断，确诊须由实验室诊断。

(1)病原形态学观察　取病鸡血涂片，肝脾涂片，分别进行瑞氏染色或者碱性亚甲蓝染色，使用显微镜观察，可见两极着色的小杆菌，呈杆状、卵圆形或者圆形，往往单个散在，有时成对排列。

(2)病原分离培养　在无菌条件下,采取病死鹅的肝脏、脾脏组织以及胆汁,分别接种在血清琼脂平板上,置于 37 ℃下进行培养,经过 24 h,可见平板上长出隆起、淡灰白色的圆形菌落,边缘整齐,直径为 1～3 mm,半透明、湿润光滑、不溶血、呈露滴状翻。肉汤均匀浑浊。

(3)生化试验　取分离菌纯培养物进行生化试验,菌株可以对蔗糖、乳糖、葡萄糖、甘露醇进行分解,不产气,产酸;不产靛基质。用硝酸盐进行还原,结果呈阳性。

(4)已经研发几种血清学检测方法　当前酶联免疫吸附试验(ELISA)已经商品化并获得广泛应用。血清学主要用于评估免疫效力,而不是用于诊断疾病。

6. 预防与控制

多杀性巴氏杆菌不经卵传播。获得无病的禽鸟应隔离饲养在无病的禽舍,远离所有可能携带病原的禽类和哺乳动物。不向禽群中加入新禽类,因为它们可能是病原携带者。避免应激,尽可能地实行高标准的卫生措施。在所有病禽或死禽被同类吃掉前,要及时销毁。患有霍乱的禽鸟携带有多杀性巴氏杆菌,在传播病原方面很重要。通过掩埋或焚烧的方法处理尸体,防止被食腐动物食用(包括猫和犬)。在养殖场减少啮齿动物、食腐动物、食肉动物,并限制它们与禽类群接触。

虽然疫苗并非总是有效,但在许多情况下,特别是可以重复免疫至少一次时,其在禽类免疫中起着良好的作用。发病后,应考虑捕杀,因为许多幸存的禽鸟会成为带菌者并能传播多杀性巴氏杆菌。捕杀后,禽舍和设备应当彻底清洗和消毒,如果可能应空栏数周。

四、实验动物重要的人畜共患病

(一)流行性出血热

流行性出血热(epidemic hemorrhagic fever,EHF)是指由流行性出血热病毒(epidemic hemorrhagic fever virus,EHFV)引起的以发热、出血和肾脏损害为主要临床表现的烈性传染病。该病常见于人类,属于自然疫源性疾病,宿主以啮齿类动物为主。大鼠多为隐性感染,感染鼠可以长期向外排毒,从而危及人类健康。EHF 最早发现于人类,在 20 世纪 30 年代就有报道。1981 年,WHO 统一命名为肾综合征出血热(hemorrhagic fever with renal syndrome,HFRS)。我国于 20 世纪后期多次出现人类感染流行性出血热病毒的情况,特别是实验人员感染较多,在多个省区市均有发生。

1. 病原

HFRS 病毒属布尼亚病毒科汉坦病毒属。病毒粒子呈多形性,圆形、椭圆形或不规则状,直径为 80～120 nm,具有由双层脂蛋白形成的囊膜,表面有纤突,病毒粒子内可见螺旋状微管样结构。其病毒核酸为单股负链 RNA。该病毒可在 A_{549}、Vero E_6、LLC-MK_2、BHK-13 和 2BS 等传代细胞,以及人血管内皮细胞、鼠巨噬细胞和人外周血单核细胞等原代细胞中增殖。

HFRS 病毒对脱氧胆酸盐和脂溶剂敏感,紫外线照射可迅速灭活病毒。在 4～20 ℃条件下,病毒较稳定;56 ℃ 30 min 可使 90%的病毒失活,60 ℃ 1 h 可完全灭活病毒。该病毒不耐酸,在 pH 为 2～3 的条件下 1 h 可使其失去感染性,2.6×10^4 Gy γ 射线可完全灭活病毒。

2. 流行病学

HFRS 病毒的自然宿主主要是小型啮齿类动物。根据抗原性不同,其可分成 6 个型(姬鼠型、家鼠型、棕背型、田鼠型、Mazzi 型、Leaky 型)。我国主要流行姬鼠型和家鼠型。感染大鼠是实验动物类的主要传染源。宿主动物排泄物可通过污染尘埃、食物及破损皮肤引起人类感染。污染尘埃飞扬形成气溶胶,经吸入感染被认为是主要传播途径。实验动物肾综合征出血热主要以该方式传播。此外,胎盘垂直传播也可能是其传播途径之一。该病在人类的发生具有地区性、季节性、普遍易感性等特点。

3. 临床症状

大鼠感染 HFRS 病毒一般无明显的临床症状,也不发生死亡。但乳大鼠对家鼠型毒株和野鼠型毒株均易感，且带毒时间长。乳小鼠和长爪沙鼠也有一定的易感性。人类感染后，临床过程轻重不一，且较复杂。典型病例短时间发热后，会相继发生休克、出血和急性肾功能衰竭等症状。野鼠型感染病例多为典型重症，家鼠型感染病例轻症者较多。

4. 病理变化

大鼠感染多无明显病理变化。黑线姬鼠和褐家鼠感染可见轻度的肺炎症状。乳小鼠、乳长爪沙鼠等动物模型，可见病变组织（肾、肝、脑、肺）广泛性出血、渗出、变性和坏死。肾小管上皮细胞变性、坏死，间质细胞增生。肝脏可见灰白色病灶。镜检可见窦状隙有炎性细胞浸润，巨核细胞增多。大脑皮层、海马和脑干神经细胞呈不同程度的变性或坏死。轻者，神经细胞核固缩，胞浆嗜酸性增强呈深红染或呈空泡样变性；重者，神经细胞核肿胀、染色质消失呈空泡样，胞浆空泡化，可见胞浆有嗜酸性包涵体。免疫组织化学染色，病变细胞呈阳性反应。

5. 诊断

由于大鼠感染肾综合征出血热病毒几乎没有明显的临床症状，定期的血清学检测极为重要。间接免疫荧光试验是肾综合征出血热病毒的经典检测方法，可检出病毒特异性抗体。其他血清学方法还包括免疫酶染色法、酶联免疫吸附试验、血凝抑制试验和空斑减少试验等。病原检测是肾综合征出血热病毒常用的诊断方法，对疑似感染鼠进行肺冰冻切片的免疫荧光检测方法是经典的病原检测方法。近年来，普通 PCR 技术和荧光定量 PCR 技术常用于大鼠肾综合征出血热病毒的检测。

6. 预防与控制

防止野鼠进入设施。实验大、小鼠定期进行血清学检测，发现感染及时处理；加强实验室管理，防止饲料、垫料等被野鼠污染。肾综合征出血热是一种重要的人畜共患病，饲养人员和实验人员应加强防护措施，定期体检，以保护工作人员健康。

（二）淋巴细胞性脉络丛脑膜炎

淋巴细胞性脉络丛脑膜炎（lymphocytic choriomeningitis，LCM）是指由淋巴细胞性脉络丛脑膜炎病毒（lymphocytic choriomeningitis virus，LCMV）引起的人和多种动物共患的病毒性疾病。小鼠感染后表现为大脑型、内脏型和迟发型 3 种病型，人感染后主要表现为流感样症状和脑膜炎。LCMV 最初是从接种死于脑炎病人病料的小鼠脑组织中分离出来的，研究发现，小鼠也可感染 LCMV，并确定小鼠是 LCMV 的自然宿主。在自然条件下，LCMV 仅感染啮齿类动物中的小鼠科和仓鼠科的动物。

1. 病原

LCMV 属砂粒病毒科砂粒病毒属。该病毒呈球形或多形性，直径为 50～300 nm，其表面覆盖长 100 nm 的棒状纤突，通过出芽方式成熟，病毒颗粒内部含有一至数个颗粒样核糖体。该病毒可在鸡胚绒毛膜以及小鼠、地鼠、猴、牛等多种动物和人的细胞中生长。LCMV 对乙醚和去污剂敏感，极不耐热，56 ℃ 20 min 即可灭活，在－70 ℃或冻干条件下可长期保存。

2. 流行病学

LCM 是人和多种动物共患的疾病，小鼠、大鼠、豚鼠、仓鼠、沙鼠、猴、鸡、马和兔等均易感。不过，只有持续感染的小鼠和急性感染的金黄仓鼠才能传播病毒。在带毒小鼠的所有器官（包括肾脏和唾液腺）中，终生含高滴度病毒，可经唾液、鼻分泌物和尿液向外排毒。含病毒的鼻分泌物可能通过呼吸道传播，进而在鼠群内传播，许多小鼠会成为无症状带毒者，并通过子宫、乳汁将病毒传给子代，使其后代也可成为终生带毒者。因此，若无意引入一只 LCM 隐性感染小鼠，一个鼠群很快会被全部感染而成为持续感染的带毒群。

3. 临床症状

小鼠感染 LCMV 依年龄、感染途径及其他因素的不同可表现为 3 种类型。

（1）脑型　成年小鼠经脑内接种 LCMV 可产生一种具有显著特征的疾病，接种后 5～6 d，少数小鼠突然死亡；多数小鼠表现呆滞、嗜睡、不愿走动、被毛粗乱、眼睛半闭、弓背、消瘦，并常见结膜炎和面部肿胀。特征性表现为倒提尾巴时,小鼠头部震颤,肢体阵发性痉挛性惊厥,最终后肢强直性伸展。病鼠多在症状出现后的1～3 d死亡或恢复。

(2)内脏型　见于由各种途径接种引起的小鼠感染,颅内接种除外。在一般情况下,仅出现接种后体重暂时下降,无其他症状。根据使用病毒及小鼠种系的不同,有的腹腔内接种后6～7 d,感染小鼠表现为被毛粗乱、结膜炎等症状,甚至死亡。

(3)迟发型　见于子宫感染或出生后2 d感染LCMV的带毒小鼠和先天性带毒小鼠。病毒在小鼠体内增殖,呈病毒血症,但不发病,小鼠发育正常。根据使用毒株及小鼠种系的不同,所出现的症状也不同,9～12月龄的小鼠可出现立毛、弓背、体重减轻、蛋白尿、腹水等,甚至死亡。

豚鼠感染后多为温和的流感样症状,有时可见以后肢麻痹为特征的脑膜炎症状。妊娠地鼠感染后可影响胎儿,但出生后往往不发病,病毒致病力随动物日龄的增长而下降。人感染后多表现为流感样症状,潜伏期为1～2周,继而出现发热、不适、肌肉疼痛、眼眶痛、恶心、厌食等症状。约10%的病例可并发腮腺炎和睾丸炎。除流感样症状外,还可引起人的无菌性脑膜炎,表现为发热、厌食、头痛、不适、易怒和颈部强直等症状。

4. 病理变化

(1)脑型　主要表现为脑膜、脉络丛的淋巴细胞浸润。

(2)内脏型　可见肝细胞的糖原消失、脂肪变性、嗜酸性坏死的肝炎,病灶中有淋巴细胞浸润;淋巴结中巨噬细胞坏死、淋巴细胞溶解或增生。

(3)迟发型　主要组织学改变为肾小球肾炎,病变部位有病毒特异性抗原抗体复合物沉着。

5. 诊断

(1)病毒分离与鉴定　可将病鼠的脑、肝等脏器制成匀浆或血液接种于易感成年小鼠脑内,小鼠通常在接种后4～5 d发病,表现为震颤、痉挛,随即死亡。取病死小鼠的肝组织制成冰冻切片,采用免疫荧光技术检查肝细胞中的LCMV抗原。

(2)血清学试验　多用补体结合试验、间接免疫荧光试验、酶联免疫吸附试验等,后者效果更佳。

(3)分子生物学检测　普通PCR、荧光定量PCR及数字PCR技术等。

6. 预防与控制

野鼠经常携带LCMV,防止野鼠进入动物房是保护群体免受LCMV感染的重要措施。发现小鼠已被感染,应将小鼠全部淘汰,房舍彻底消毒后,重新引种,建立新种群。若为非常珍贵的品系,可筛选无病毒血症及抗体阴性的种鼠。LCMV可经胎盘垂直传播。剖宫产的净化鼠群需要选择不带LCMV的母鼠方能有效预防。

(三)狂犬病

狂犬病(rabies)又名恐水症(hydrophobia),俗称疯犬病,是指由狂犬病病毒(rabies virus,RV)引起的人和所有温血动物共患的一种急性直接接触性传染病。临床表现为极度兴奋、狂躁、流涎和意识丧失,终因局部或全身麻痹而死亡。典型的病理变化为非化脓性脑膜炎,在神经细胞胞浆内可见包涵体。

1. 病原

RV属弹状病毒科狂犬病毒属。病毒呈短杆状、长杆状或弹丸状,一端钝圆而一端扁平,宽为75～80 nm,长为180～200 nm。存在于自然状况下的狂犬病病毒称"街毒",在实验室中,通过连续的动物继代培养且有固定特性的狂犬病病毒则称为"固定毒"。该病毒可在小鼠、大鼠、兔等脑组织、鸡胚及地鼠肾、猪肾及人的二倍体细胞上培养。

RV可被日光、紫外线、超声波、1%～2%肥皂水、70%乙醇、0.01%碘液、丙酮、乙醚等灭活,对酸、碱、石炭酸、新洁尔灭、甲醛、升汞等消毒液敏感。

2. 流行病学

人及所有的温血动物,包括鸟类均易感。各种动物发病率分别为犬12%、牛18.4%、鹿5.5%、马

4.2%、猪3%。患病犬和带毒犬为主要传染源，病毒在潜伏期的唾液中就能排毒。在我国流行区，外观健康犬血清阳性率为8.8%～25%，曾报道人被健康犬咬伤后，人发病死亡，犬仍存活，主要是咬伤后经损伤的皮肤或黏膜途径传播。人误食患病动物的肉经消化道感染；在人、犬、牛及实验动物中也有经胎盘垂直传播的报道。本病发生呈明显的连锁性，以春季发生较多。伤口的部位越靠近头部和前肢或伤口越深，发病率越高。发病年龄与性别之间无差异。

3. 临床症状

本病潜伏期长短不一，一般潜伏期为14～56 d，最短的潜伏期为8 d，最长数月至数年。本病在犬、猫、人的潜伏期一般为20～60 d，潜伏期的长短与咬伤的部位、深度、病毒的数量与毒力等均有关系。病型分为狂暴型和麻痹型。

以犬为例，其主要症状为：狂暴型分3期，即前驱期、兴奋期和麻痹期。前驱期为1～2 d，病犬精神抑郁，喜藏暗处，举动反常，瞳孔散大，反射功能亢进，喜吃异物，吞咽障碍，唾液增多，后躯软弱；兴奋期为2～4 d，病犬狂暴不安，攻击性强，反射紊乱，喉肌麻痹。狂暴与抑郁交替出现；麻痹期为1～2 d，病犬消瘦，张口垂舌，后躯麻痹，行走摇晃，终因全身衰竭和呼吸麻痹而死亡。麻痹型犬始见于头部肌肉，吞咽困难，随后四肢麻痹，最终因全身麻痹而死亡。人可被外观正常的犬猫咬伤，抓伤后而发病，还可通过气溶胶传染，咬伤后不加处理时，发病率达95%；人感染最初头痛不适，发病后咽喉麻痹，见水全身痉挛，恐水，咽下困难，对凉气敏感，病程为2～5 d，死亡率为100%。

4. 病理变化

剖检无特征性变化。其表现为因狂暴而折损牙齿，四肢有外伤。胃内可见毛、石块等异物，胃黏膜充血、出血和糜烂。组织病理学表现为非化脓性脑膜炎和神经炎。特征性变化是大脑海马、小脑和延髓等部位神经细胞的胞浆内出现嗜酸性包涵体(圆形或椭圆形3～20 μm，细胞内单个或多个；内有嗜碱性颗粒)或称为内氏小体，一般出现率为75%，犬的出现率为90%～95%，但人的出现率在60%以下。神经细胞变性、坏死，血管周围有明显的“管套”现象和神经胶质细胞增生。

5. 诊断

典型病例根据临床症状，结合咬伤病史，可做出初步诊断。确诊需进行病原学检查或病毒核酸检查，对怀疑为狂犬病的动物，取其脑组织、唾液腺或皮肤等标本，做病毒分离、组织病理学包涵体检查和免疫荧光试验等。

6. 预防与控制

普通级犬定期接种疫苗是预防和控制狂犬病的有效方法。外购犬注射狂犬疫苗后，需要隔离观察21 d才可使用。

(四)猴B病毒感染

猴B病毒感染(simian B virus infection)是指由猴B病毒(sinian B virus，BV)引起的人和猴共患的一种传染病。恒河猴是B病毒的自然宿主，其感染率可达10%～60%。猴感染B病毒多呈良性经过，仅在口腔黏膜出现疱疹和溃疡，之后病毒可长期潜伏在呼吸道或泌尿生殖器官附近的神经节，也可长期潜伏在组织器官内，产生B病毒抗体。人感染则发生脑炎或脑脊髓炎死亡。

1. 病原

猴B病毒又称为猴疱疹病毒1型(ceropithecine herpesvirus 1)，属于疱疹病毒科疱疹病毒亚科单纯疱疹病毒属。在35种非人灵长类疱疹病毒中，只有B病毒对人有致病性。核酸型为双股线状DNA。病毒粒子呈球形，直径为180～200 nm，主要由髓芯、衣壳和囊膜组成。髓芯由DNA和蛋白质缠绕而成；衣壳为正十二面体，内含162个壳微粒，主要成分为多肽；囊膜由脂质和糖蛋白组成，在病毒粒子周围形成具有环状突起的吸附器，有助于侵入易感细胞。B病毒只有1个血清型，抗原性稳定，不易发生变异，与人单纯疱疹病毒(HSV-1、HSV-2)和非洲绿猴疱疹病毒(SA_8)具有密切的抗原关系。该病毒可在原代猴、兔、猪、犬和猫的肾细胞，鸡胚绒毛尿囊膜细胞以及Vero细胞、Hela细胞、KB细胞和Hep-2

细胞上良好增殖，其中以兔肾细胞最为易感。

B病毒对乙醚、脱氧胆酸盐、氯仿等脂溶剂敏感。某些酶类，如胰蛋白酶、碱性磷酸酶、磷脂酶C和链霉蛋白酶等，均可使病毒囊膜变性，从而阻止病毒吸附与侵入易感细胞。B病毒对热敏感，50 ℃ 30 min可将其杀死，长期保存需置于－70 ℃冰箱中，X射线和紫外线对其有杀灭作用。

2. 流行病学

B病毒的自然宿主为恒河猴，其他猴类也有自然发病的报道。除猴外，兔、豚鼠和小鼠也可感染。野生猴B病毒抗体阳性率远高于自繁猴。该病毒主要经性交、咬伤或带毒唾液经损伤的皮肤或黏膜直接传播，也可以通过污染物间接传播。B病毒可由感染处经外周神经传到中枢神经系统，形成潜伏感染。病毒还可长期潜伏于上呼吸道或泌尿生殖器官附近神经节及组织器官，可经唾液、尿液、精液间歇性排毒。从饲养猕猴群体的血清抗体检测结果显示，仔猴、幼年猴中的抗体阳性率很低。随着年龄增长，B病毒的感染率会增加。在≥2.5岁的成年驯养猴中，血清抗体阳性率几乎为100%；而在＜2.5岁的猴群中，血清抗体阳性率约为20%。因此，随着年龄的增长，B病毒抗体阳性率呈上升趋势。

3. 临床症状

猴在感染B病毒后可出现体温升高，几乎不造成死亡。其特征性症状是在舌表面和口腔黏膜与皮肤交界的口唇出现小疱疹，随后疱疹破裂，形成溃疡，表面有纤维素性渗出，而后形成痂皮，常于7～14 d后自愈，不留瘢痕。此外，皮肤也常出现水疱和溃疡。猴感染初期的症状不明显，会出现口腔黏膜病变，也不易被发现。在感染初期，体内不产生抗体。随着时间的推移，抗体效价逐渐上升，能维持若干年。

人类感染猴B病毒是由接触暴露的猴组织和体液引起的。猴的口腔、眼、生殖道分泌物、脑脊液及脑组织、来源于猴肾的细胞培养组织都是潜在的感染源。被猴咬伤、抓伤或笼子剐伤而直接接触了猴的组织或体液，猴唾液直接污染了先前已存在的伤口，装有猴肾细胞的培养瓶破裂所致的切割伤，给猴子用过的针刺伤等都可能引起感染。人感染该病毒后症状非常严重，主要呈上行性脊髓炎或脑脊髓炎，病初咬伤处疼痛、红肿、出疹，有渗出物，随后出现脑炎等全身症状，多数死亡，少数幸存者留下严重后遗症。

4. 病理变化

口唇出现小疱疹，疱疹破裂后形成溃疡，而后形成痂皮，唇缘的痂皮呈褐色，干燥而致密，口腔内侧痂皮呈灰黄色，与周围组织界限分明。口腔的上皮细胞核内可见强嗜酸性核内包涵体。口腔病变有时伴有消化道出血、溃疡，肝实变、灶性炎症和坏死。如果没有包涵体的存在，这些就并非B病毒感染的特异病变。

5. 诊断

血清抗体的检测方法是主要的诊断方法，多用酶联免疫吸附试验、免疫荧光检测方法。由于猴B病毒对人的危害性较大，病原分离的诊断方法一般不提倡。近年来，发展的病毒核酸检测方法应用于猴B病毒感染的病原检测，可以检测到低于10个拷贝的病毒DNA，且其特异性较高。

6. 预防与控制

恒河猴是B病毒的自然宿主，有很高的感染率。防止猴群互相咬伤和发生外伤，定期检疫，淘汰阳性猴，逐步建立无B病毒感染猴群。捕获的野生猴应被视为B病毒可疑感染者，严格进行隔离检疫，确认为B病毒阴性者方可用于实验研究。与猴接触的管理人员或实验人员要重视自身防护，一旦抓伤要立即用肥皂水洗净伤口，再用碘伏消毒，并隔离观察3周，出现临床症状，及时对症治疗。

(五)猕猴的逆转录病毒病

猕猴的逆转录病毒病主要由猴免疫缺陷病毒(SIV)、猴D型逆转录病毒(SRV)、猴T淋巴细胞白血病毒(STLV-1)以及猴泡沫病毒(SFV)感染引起。我国将猴免疫缺陷病毒(SIV)、猴D型逆转录病毒

(SRV)、猴 T 淋巴细胞白血病毒(STLV-1)这三种病毒列为 SPF 级动物检测项目。

1. 病原

猴 SIV 病毒属于逆转录病毒科慢病毒亚科。该病毒与人的 HIV 病毒的遗传同源性较高。在 AIDS 疾病的病原调查中,推测 HIV 病毒可能是从猿类免疫缺陷病毒 SIV 进化而来的。

猴 SRV 病毒属于逆转录病毒科肿瘤病毒亚科 D 型肿瘤病毒属,具有多种血清型:SRV/D1、SRV/D2、SRV/D3、SRV/D4。

STLV-1 病毒属于逆转录病毒科肿瘤病毒亚科 C 型肿瘤病毒属。该病毒与人的 HTLV-1 在生物学和基因学上具有很多相似的特性,它们有 90%～95%的核酸序列同系,在传染的地理分布和地方性流行病的概况上,两种病毒也有相关性,所以两者的关联性值得探讨和研究。

SFV 病毒属于逆转录病毒科泡沫病毒亚科泡沫病毒属。SFV 是有囊膜的单股正链 RNA 病毒,在感染细胞培养中形成巨大、多核、大量空泡,类似"泡沫"而被命名。泡沫病毒有 11 个血清型,其中 1～3 号血清型、9 号血清型、10 号血清型可从旧大陆猴和新大陆猴中获得,4 号血清型、6 号血清型可从新大陆猴中获得,11 号血清型可从猩猩中获得。

2. 流行病学

亚洲的猕猴很少自然感染 SIV,但是将不同物种上分离的 SIV 病毒接种到猕猴身上,能使其表现出 AIDS 的疾病特征。虽然目前还没有数据证实 SIV 病毒能感染人,但已报道在从事 SIV 感染恒河猴的模型研究的工作人员中,3 名工作人员意外接触病毒,3 人均有暂时性的病毒感染,从实验人员体内成功地检测到病毒和相应抗体,但不引发病症。

亚洲的猕猴属是猴 SRV 病毒的主要宿主,可形成地方性感染。猴一般通过血、尿、唾液、奶、眼泪等方式排出病毒,感染其他动物。感染的母猴可以通过胎盘垂直传染给胎儿和婴儿,所以婴儿期猴和少年猴很容易感染致病,死亡率较高。由于病毒在猴体内适应生存、演化,由强病毒性转化为弱病毒性,目前很多猕猴在感染后经过七八年的演变,产生高抗体,病毒被抑制消失,不表现临床症状。因此,血清检测显示,亚洲猴感染 SRV 的感染率比其他逆转录病毒要高。

STLV-1 可感染多种旧大陆灵长类,引起的病症是 T 细胞白血病或 T 淋巴瘤,与人的 T 细胞白血病的症状相似。野生和繁殖的灵长类动物 STLV-1 的感染率和致死率偏低。猴感染 STLV-1 的年龄较大。自然感染的途径是通过交配和母子垂直传播。目前还没有关于人类感染的报道。

SFV 病毒具有较高的流行传染性,传染率高于 80%。通过唾液传播给其他动物和人。大部分血清转阳动物是 2 岁以下的性未成熟猴,动物的感染可能没有性传播途径,咬伤或者被舔推测是被感染的主要途径。对人的感染已有报道,感染人群主要是与非人灵长类密切接触的人群,包括兽医、动物饲养员、屠宰人员以及动物园管理人员。

3. 临床症状和病理变化

将不同物种上分离的 SIV 病毒接种到猕猴身上,能表现出 AIDS 的疾病特征,$CD4^+$ T 淋巴细胞、$CD3^+$ T 淋巴细胞下降,动物血液持续带毒,最后发展到死亡。

SRV 病毒的疾病症状主要表现为亚临床快速致死、免疫抑制,机会感染以及肿瘤形成,类似 AIDS 疾病。SRV 病毒能感染多种细胞,包括 T [淋巴]细胞和 B [淋巴]细胞、巨噬细胞、树突状细胞、上皮细胞等。

SFV 病毒能感染淋巴组织和非淋巴组织,在口腔黏膜细胞、上皮细胞内大量繁殖。SFV 在体内的复制是很特别的,它在口腔上皮细胞中复制后,杀死细胞,通过唾液流出。口腔细胞自然地腐烂、增生,不断提供病毒复制的内环境。这种细胞病变对机体不产生影响,不引起组织器官的病理变化。

4. 诊断

血清抗体检测方法是猴逆转录病毒感染的常用诊断方法,主要包括酶联免疫吸附试验、免疫荧光、免疫印迹等检测方法。目前,PCR 方法和荧光定量 PCR 检测方法也常被用于逆转录病毒的病原诊断中。

5. 预防与控制

目前无有效的治疗手段，应做好猴群的检疫隔离工作。

（六）沙门菌病

沙门菌病（*salmonellosis*）又名副伤寒，是指由各种动物感染沙门菌属细菌引起的疾病的总称。许多种类实验动物均可感染沙门菌，在实验动物中最常见的是鼠伤寒和肠炎沙门菌。沙门菌病是人畜共患病之一。本病遍布世界各地，给实验动物的繁殖和幼龄实验动物的健康带来了严重危害。

1. 病原

沙门菌属革兰氏阴性杆菌，具鞭毛，不形成芽孢，是一种短杆菌，长为 2～4 μm，宽为 0.5 μm，在一般培养基上均能生长。本属细菌对干燥、腐败、日光等因素具有一定的抵抗力，在外界条件下可以生存数周或数月，但对化学消毒剂的抵抗力不强，一般常用消毒剂和消毒方法均能杀死病原体。

2. 流行病学

对实验动物威胁较大的是鼠伤寒和肠炎沙门菌。实验动物可交叉感染或同时感染两种沙门菌。在实验动物中，豚鼠对沙门菌高度敏感，感染后可发生严重的临床症状；小鼠和大鼠也很敏感，常呈亚临床感染并长期带菌；兔、地鼠和沙鼠不常被感染。各种年龄的实验动物均可感染，但幼年实验动物和老年实验动物更易感。患病实验动物和带菌者是本病的主要传染源，病菌可从粪便、尿、乳汁以及流产的胎儿等排出，从而污染水源和饲料等，经消化道感染健康动物。本病一年四季均可发生，以梅雨潮湿季节发病较多。

3. 临床症状

急性型多呈暴发性流行，发病急，死亡快，多无前驱症状，在 4～5 d 大批死亡。亚急性型的患病动物表现为行动呆滞、蜷缩一隅，被毛蓬松、食欲不振，结膜炎、眼睑黏合，腹泻、颤抖、摇晃等症状。病程延续 7～10 d 后死亡。慢性型的患病动物除见上述类似症状外，可出现消瘦，拖延较长时间后逐渐康复或死亡。哺乳期小鼠发病率可高达 70%左右，常以下痢为主要症状。耐过动物和隐性感染者可长期排菌。

4. 病理变化

以败血症和肠炎为主，小肠臌气，肠黏膜呈点状出血，肠内容物为黏液样带有泡沫，回肠、盲肠壁增厚，肠黏膜充血，肠系膜淋巴结肿大、坏死，并有溃疡形成。有的出现腹膜炎和腹水。慢性病例主要病变为肝、脾表面散在白色坏死结节。组织学检查可见肝、脾的坏死结节被中性白细胞、淋巴细胞和成纤维细胞等包围。

5. 诊断

根据流行病学、症状和病理变化，只能做出初步诊断，确诊需采集患病动物的血液、粪便及内脏器官组织等，做沙门菌的分离和鉴定（图 3-4、图 3-5）。近年来，单克隆抗体技术已被用于本病的快速诊断。

6. 预防与控制

预防本病应加强饲养管理，消除发病诱因，保持饲料和饮水的清洁、卫生。许多种动物都可能是潜在的传染源，应防止野鼠进入动物房。

（七）钩端螺旋体病

钩端螺旋体病（*leptospirosis*）是一种人畜共患传染病。其病原体是多种钩端螺旋体，而最常见的是波摩那型钩端螺旋体。

1. 病原

钩端螺旋体个体非常纤细，长为 6～20 μm，宽为 0.1～0.2 μm，具有细密而规则的螺旋，不仅一端或两端可弯曲，呈钩状，且当绕长轴旋转或摆动时，菌端可弯曲绕成“8”字、“T”字或网球拍状，整个菌体可呈C、S等字样，该种弯曲又可随时消失。钩端螺旋很纤细，中央有一根轴丝，螺旋从一端盘绕至另一端，整齐而细密。在暗视野检查时，常似细小的珠链状。革兰[氏]染色不易使其着色，常用吉姆萨染色和镀银法染色，其中以镀银法染色效果为佳。钩端螺旋体在一般的水田、池塘、沼泽里及淤泥中可以生存数月或更长，这对本病的传播有重要意义。一般常用消毒剂在常用质量浓度下均易将其杀死。

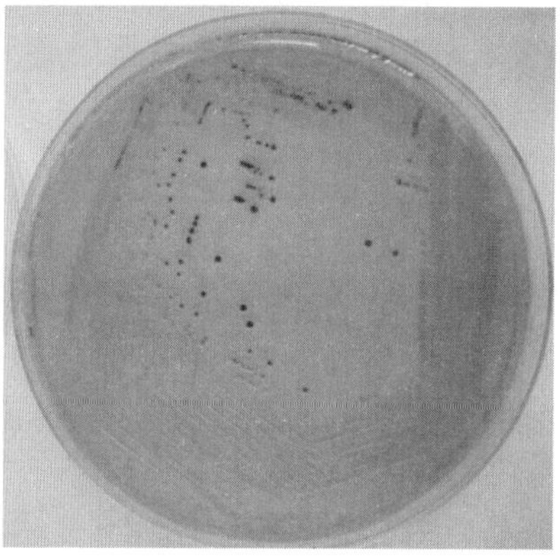

图3-4 CMCC 50115鼠伤寒沙门菌_DHL培养基（37 ℃，24 h，90 mm平皿）

（资料来源：中国食品药品检定研究院实验动物质量检测室）

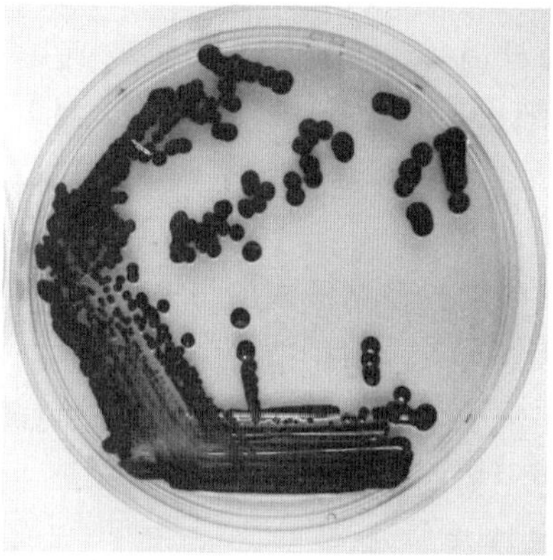

图3-5 CMCC 50115鼠伤寒沙门菌_SS培养基（37 ℃，24 h，70 mm平皿）

（资料来源：中国食品药品检定研究院实验动物质量检测室）

2. 流行病学

各种家畜、野生哺乳动物以及人等均可感染，尤其是鼠类最易感。病畜和带菌动物是传染源，特别是带菌鼠和感染猪在本病的传播中起着重要的作用。病原体从尿液排出后，会污染周围的水源、土壤，经过损伤的皮肤、黏膜及消化道传播而感染。本病多发于夏秋季节，以气候温暖、潮湿多雨、鼠类繁多的地区发病较多。

3. 临床症状

由钩端螺旋体所致疾病的临床症状主要为发热、贫血、黄疸、出血、血红蛋白尿以及黏膜和皮肤坏死。许多动物均可感染本菌，且多发生于幼龄动物，大多呈一过性临床反应。不同血清型的钩端螺旋体对各种动物的致病性有差异，动物机体对各种血清型的钩端螺旋体的特异性和非特异性抵抗力又有所不同，因此，各种动物感染钩端螺旋体后的临床表现是多种多样的。总体来说，本病的传染率高，但发病率低，多为轻症，重症较少。

4. 病理变化

急性病例的眼观病变主要是黄疸、出血、血红蛋白尿以及肝和肾不同程度的损害。慢性或轻型病例则以肾的变化较为突出。

5. 诊断

（1）病原诊断　在发热期采集动物血液，无热期采集尿液或脑脊髓液，动物死后采集肾和肝组织，送实验室进行暗视野活体检查和染色检查，可见到菌体纤细呈螺旋状，两端弯曲成钩状的病原体，但检出率仅为60%。

（2）血清学诊断　炭粒凝集试验、乳胶凝集试验、酶联免疫吸附试验和微囊凝集试验。

6. 预防与控制

首先，杜绝传染源。要消灭实验动物场周围的鼠类，减少接触鼠类和污染水的机会。其次，对于污染的场地和水源，可用漂白粉或2%氢氧化钠溶液进行消毒。最后，在本病常发地区，应注射钩端螺旋体多价菌苗进行免疫。

(八)结核病

结核病是由分枝杆菌(*Mycobacterum* sp.)引起的人畜共患的一种烈性传染病。在试验动物中,猴、犬、豚鼠、兔和猫等均可感染,以猴发病率为最高。

1. 病原

猴感染的分枝杆菌主要有结核分枝杆菌(*M. tuberculosis*)、牛型结核分枝杆菌(*M. bovis*)以及非结核性分枝杆菌(*atypical mycobacteria*),最常见的是结核分枝杆菌 。结核分枝杆菌属是革兰氏阴性杆菌,菌体细长带有弯曲,两端钝圆,长为 1～4 μm,宽为 0.3～0.6 μm,单个或并行相聚排列,有时呈分枝状,无鞭毛、无芽孢,菌体内有明显的颗粒。

2. 流行病学

患结核病的人及结核病的患畜为本病的传染源,尤其是开放性结核患者能通过多种途径向外界散播病原。猕猴可以经消化道及呼吸道感染。一般认为猕猴结核病的传染源是人和家养动物的带菌者。野生猴群很少发生结核病。结核病患猴可通过痰液、粪、尿等排出大量结核杆菌,被这种排泄物污染的尘埃就成为主要的传播媒介。

3. 临床症状

猕猴一旦感染结核病,很快发展成快速进行性疾病,很少像人一样出现慢性抑制性症状。新大陆猴比旧大陆猴对结核病更有抵抗力。笼养猴一般看不到临床症状,严重患病猴可见咳嗽、消瘦,呼吸困难,听诊有啰音,体温升高不明显,X 射线透视可见明显的结核阴影,淋巴结肿大、脾肿大和肝肿大。有的皮肤会产生结核性结节,有渗出物流出。

4. 病理变化

结核分枝杆菌 和牛型结核分枝杆菌 在感染猴的肺、淋巴结、脾、肝等器官都能形成弥散性的黄白色干酪样病灶。典型的结核病病理特征表现为最内层出现干酪样坏死区,周围出现含有 Langhans 类的巨细胞和上皮样巨噬细胞带,随后是淋巴细胞带,含有大量淋巴细胞、浆细胞和巨噬细胞。有的病变部位可见钙化灶。病理切片抗酸染色,在干酪区可见红色抗酸杆菌,长杆状,呈串珠状排列。非典型分枝杆菌感染很难看到典型的结核病病理特征。

5. 诊断

诊断主要通过结核菌素试验,X 射线透视,红细胞沉降率测定和细菌学检验、病理诊断等;也可通过血清学及分子生物学方法进行特异性检测。

6. 预防与控制

对结核菌素检测阳性的实验动物立即捕杀淘汰或对实验动物接种卡介苗,一般无治疗价值。

(九)志贺菌病

志贺菌病是指由志贺菌(*Shigella* spp.)引起人和实验动物肠道感染的一种细菌性疾病。人和猴以细菌性痢疾为主要症状。

1. 病原

本属细菌有 A、B、C、D 4 个群 45 个血清型,对人和实验动物均有致病性。实验猴常见的病原是福氏志贺菌(*S. flerneri*)和宋氏志贺菌(*S. sonnei*),其他血清型较少见。

2. 流行病学

志贺菌在自然界分布较窄,主要是在人类和非人灵长类动物之间传播。猕猴在天然情况下可能会因接触被人类污染的物品而感染志贺菌,尤其在被捕获之后,带菌率不断增加。其传播途径是病原菌经口腔进入胃肠道。在人与猴、猴与猴以及猴与人间相互传染过程中,苍蝇和蟑螂是重要的传染媒介。

新引入的猴群菌痢的发病率和死亡率比基本猴群高得多。在过分拥挤和不卫生的情况下,发病率可高达 100%,死亡率可高达 60%以上。据研究,3 岁以下的猴最易感,发病率没有季节性差异。

3. 临床症状

猴感染志贺菌的临床表现最为典型，主要表现 3 种疾病症状。

(1)急性典型菌痢　发病急、高热、呕吐、拒食、排脓、血便。1～2 d 后，体温和血压下降，出现明显的脱水和循环衰竭，2～3 d 死亡。

(2)急性非典型菌痢　先发生水性腹泻，排泄物的黏液量逐渐增加，3～5 d 后，排脓血便。该型及时治疗，可治愈。

(3)慢性菌痢急性发作　过去有菌痢史，发作时呈现急性典型菌痢症状。病程较短，治疗后症状消失，有的会自愈。

(4)慢性迟缓型　有菌痢史，经常发病，排稀糊状或水样粪便。症状消失后又排羊粪样硬质粪便。消瘦、皮毛粗乱，预后不良。

4. 病理变化

与人菌痢的病变相似，主要表现为盲肠和结肠出血性结肠炎或化脓性出血性结肠炎或呈现急性卡他性肠炎的变化，有时可见到溃疡和出血。人的主要病理变化在结肠下段和直肠。

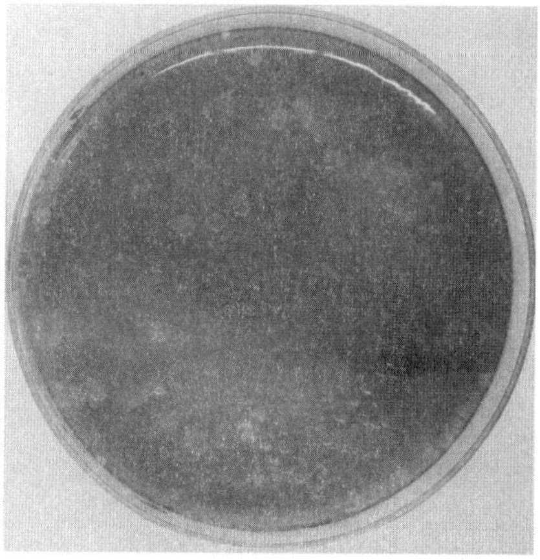

图 3-6　CMCC 51082 宋氏志贺菌_XLD 培养基(37 ℃,24 h,70 mm 平皿)

(资料来源：中国食品药品检定研究院实验动物质量检测室)

5. 诊断

根据临床症状和实验室检查结果确立诊断、实验室检查细菌培养(图 3-6)和粪便显微镜检查，荧光抗体法及 PCR 法进行细菌检查可快速诊断。

6. 预防与控制

口服痢疾菌苗或以药物进行大群体预防。治疗应及时，痢特灵口服，50 mg/次，2 次/d，7 d 为一个疗程。

(十)布鲁菌病

布鲁菌病(*brucellosis*)是指由布鲁氏杆菌引起的牛、羊、猪、鹿、犬等哺乳动物和人类共的传染病。其感染后主要侵袭宿主的生殖系统。雄性动物感染后主要的临床症状表现为睾丸炎、睾丸肿大、附睾炎等，而雌性动物感染后的主要表现为不孕、早产流产、胎盘胎衣滞留、新生幼仔死亡等；人感染布鲁菌病后则会出现波浪热、多汗、关节炎、脑膜炎、心膜炎以及肝脏肿大、脾脏肿大等症状，为畜牧业的发展和人类的健康带来了巨大的威胁。

1. 病原

布鲁氏菌是一种革兰氏阴性菌，其显微观察呈球杆状，无芽孢，无运动能力，是一种与细胞内寄生的兼性厌氧菌。在分类上属于布鲁氏菌科(*Brucellaceae*)布鲁氏菌属(*Brucella*)。布鲁氏菌根据宿主特异性、生化特性等特征可以划分为 10 种，常见的 6 个种分别为羊种布鲁氏菌(*B. melitensis*)、牛种布鲁氏菌(*B. abortus*)、猪种布鲁氏菌(*B. suis*)、犬种布鲁氏菌(*B. canis*)、绵阳附睾种布鲁氏菌(*B. ovis*)及沙漠森林鼠种布鲁氏菌(*B. neotomae*)。随着科学技术的不断发展，4 种新的布鲁氏菌又被分离出来，包括从海洋生物中分离出的鲸种布鲁氏菌(*B. ceti*)和鳍脚目布鲁氏菌(*B. pinnipedialis*)，从狐狸中分离出的田鼠型布鲁氏菌(*B. microti*)以及从人类乳房假体中分离出的湖浪型布鲁氏菌(*B. inopinata*)。各种布鲁氏菌对相应的动物具有最强的致病性，而对其他种类动物的致病性较弱或缺乏。其中羊种布鲁氏菌对绵羊、山羊、牛、鹿和人的致病性较强。牛种布鲁氏菌对牛、水牛、牦牛、马及人的致病性较强，猪种布鲁氏菌对猪、野兔及人的致病性较强。

2. 流行病学

病畜和带菌动物，特别是流产母畜是最危险的传染源。病畜从乳汁、粪便和尿液中排出病原菌，污染草场、畜舍、饮水、饲料及排水沟等而使病原菌扩散。当患病母畜流产时，大量病菌随着流产胎儿、胎衣和子宫分泌物一起排出并成为最危险的传染源。至今还未有确实可靠的证据能证实布鲁菌病可以人传人，但也不能完全排除其在人与人之间传染的可能性。布鲁菌病具有自然疫源性，发生过布鲁菌病的地区可能因为病原体在自然界中长期存在而难以根除疫源。

布鲁氏菌主要经消化道传播，也可经伤口、皮肤和呼吸道、眼结膜和生殖器黏膜传播。因配种致使生殖系统黏膜感染较为常见。人可因为食用被病菌污染的食品、水或食生乳以及未熟的肉、内脏而感染：当感染的妊娠母畜分娩或流产时，人们用手帮助产仔或处理各种流产物时感染概率非常大，病菌可以经擦伤的皮肤等途径进人体内而被感染；实验室工作人员可因接触带菌病料或污染物经皮肤伤口或眼结膜而被感染，也可经气溶胶而发生呼吸道感染。一些昆虫，如苍蝇、蟑螂等，可携带布鲁氏菌，叮咬易感动物或污染饲料、饮水、食品也可传播该病，但概率很小。

布鲁氏菌自然宿主目前已知有 60 多种家畜、家禽、野生动物是布鲁氏菌的宿主。长期携带布鲁氏菌的易感动物有绵羊、山羊、牛、鹿、羚羊、狷羊、骆驼、犬、啮齿动物、猪、兔、马属动物、类人猿及人等。受生产方式、传染条件等因素影响，羊、牛、猪一直是布鲁菌病的主要宿主。在实验动物中，豚鼠对布鲁氏菌最易感，是研究布鲁菌病的最佳实验动物模型。此外，小鼠、兔等也可感染该菌。如实验室工作人员防护不当，也较易感染该菌。

布鲁菌病具有自然疫源性，可在野生动物中独立传播，人和家畜只有在一定条件下才能被传染。虽然该病一年四季均可发病，但有明显的季节性。目前，除少数发达国家和地区（日本、奥地利、瑞典、芬兰、罗森堡、塞浦路斯、海峡群岛、挪威、丹麦、英格兰、苏格兰、威尔士、荷兰、瑞士、捷克斯洛伐克、罗马尼亚、保加利亚）宣布已经根除布鲁菌病外，在其他 160 多个国家和地区，布鲁菌病还是有不同程度的流行。近年来，布鲁菌病在我国主要集中在内蒙古、新疆、山东、河南、黑龙江、陕西、湖北等省区。在目前我国主要流行的布鲁氏菌中，猪种布鲁氏菌以生物 3 型为主，牛种布鲁氏菌和羊种布鲁氏菌均以生物 1 型、生物 2 型和生物 3 型为主。

3. 临床症状

动物感染布鲁氏菌后的潜伏期长短不一，短的可以在半个月内发病，长的可达半年、一年甚至几年，还有可能终生潜伏在体内而不发病。患病动物最明显的临床症状是流产，流产多发生在妊娠中后期。流产前，病畜精神不振、食欲下降、体温升高且喜欢饮水，阴户、乳房肿大，阴道流出灰白色或灰色黏性分泌物。流产时产出死胎或弱胎。流产后，多数动物伴发胎衣滞留，阴门流出红褐色恶臭液体，引发子宫炎，有的经久不愈，屡配不孕。患病公畜会发生睾丸炎，呈现一侧性或双侧睾丸肿胀、硬固，有热痛，病程长，后期睾丸萎缩，失去配种能力。有些布鲁菌病患畜还可发生关节炎及水肿，有时表现为跛行，部分可见眼结膜炎、腱鞘炎、滑液囊炎。

人感染布鲁氏菌的潜伏期长短与侵入机体布鲁氏菌菌型、菌量、毒力及机体抵抗力等因素有关，一般为 2 周，最短仅 3 d，最长可达 1 年。典型病例热型呈波浪状，热程为 2～3 周，间歇数日至 2 周后发热再起，反复，多伴寒战畏寒。多汗为该病的突出症状之一，夜间或凌晨退热时大汗淋漓。汗味酸臭。盛汗后多数感觉软弱无力，甚至可因大汗而虚脱。关节痛与发热并行，主要累及大关节，如髋、肩、膝等，单个或多个，多呈游走性。对于泌尿生殖系统受影响的患者而言，男性多表现为单侧睾丸炎，女性可有卵巢炎、子宫内膜炎及乳房肿痛。神经系统症状表现为神经炎、神经根炎、脑脊髓膜炎等。慢性期相对稳定型患者的症状、体征较固定，功能障碍仅因气候变化、劳累过度才加重，但久病后易出现体力衰竭、营养不良、贫血等情况。

4. 病理变化

该病病理变化广泛，受损组织不仅为肝、脾、骨髓、淋巴结，还累及骨、关节、血管、神经、内分泌及生殖系统；不仅损伤间质细胞，还损伤器官的实质细胞。大体解剖观察发现，布鲁氏菌最适宜在胎盘、胎衣组织中生长繁殖，其次是乳腺组织、淋巴结、骨髓、关节、腱鞘、滑液囊以及睾丸、附睾、精囊等。特征性病变是胎膜水肿、严重充血或有出血点，子宫黏膜出现卡他性或化脓性炎症及脓肿病变，输卵管炎、卵巢炎或乳腺炎。公畜精囊常有出血和坏死病灶，睾丸和附睾肿大，出现脓肿和坏死病灶。

组织病理学观察病灶的主要病理变化包括：①渗出变性坏死改变，主要见于肝、脾、淋巴结、心、肾等处，浆液性炎性渗出，夹杂少许细胞坏死。②增生性改变，淋巴、单核-吞噬细胞增生，疾病早期尤为明显；常呈弥漫性，稍后常伴纤维细胞增殖。③肉芽肿形成，病灶里可见由上皮样细胞、巨噬细胞及淋巴细胞、浆细胞组成的肉芽肿。肉芽肿进一步发生纤维化，最后造成组织器官硬化。3 种病理改变可循急性期向慢性期依次交替发生和发展。如肝脏在急性期内可见浆液性炎症，同时伴实质细胞变性、坏死；随后转变为增殖性炎症，在肝小叶内形成类上皮样肉芽肿，进而纤维组织增生，出现混合型或萎缩型肝硬化。

5. 诊断

(1)临床诊断

①动物的临床诊断：主要根据母畜流产、胎盘滞留、公畜睾丸炎、关节炎和腱鞘炎等症状推定，但这些症状不具有确诊意义。

②人的临床诊断：主要根据波状热或长期低热、多汗、乏力、关节痛、睾丸炎及附睾炎等症状推定，结合发病前病人与家畜或畜产品、布鲁氏菌培养物接触史等流行病学资料可初步诊断，确诊需依靠实验室。

(2)快速诊断

布鲁菌病作为一种传染性很强的人畜共患病，除临床诊断外，快速准确的诊断对于布鲁菌病的防控至关重要。目前，布鲁菌病的诊断方法可以分为病原学诊断、血清学检测及分子生物学诊断。

①病原学诊断：作为布鲁菌病诊断的重要方法之一，其主要方法是采集疑似布鲁氏菌感染动物的血液、组织或其他样本，采用病原分离培养、显微观察，再结合血清学或分子生物学技术等手段对布鲁菌病进行确诊。

②血清学检测：通过血清学诊断试验可做出群体或个体是否感染的判断。其方法包括平板凝集试验、补体结合试验、全乳环状试验、酶联免疫吸附试验、荧光偏振试验和变态反应试验等。平板凝集试验通常被用作筛选试验；试管凝集试验由于其特异性和敏感性都比较差，在一些国家已经不采用了；补体结合试验可用于个体确诊试验；全乳环状试验主要用于乳畜的监测；变态反应试验适用于血清学试验不适宜使用的情况；酶联免疫吸附试验要经过评价后才能确定其对群体或个体的应用价值；荧光偏振试验用于检测血清中的抗体，可在实验室或田间操作；荧光抗体试验、间接血凝试验等可作为补充试验使用。

③分子生物学诊断：随着科学技术的飞速发展，人们开始利用分子生物学技术对布鲁菌病进行诊断，其中主要包括常规 PCR 技术和荧光定量 PCR 技术。常规 PCR 技术在布鲁菌病的诊断方面与病原分离、显微观察等方法相比具有灵敏度高、特异性强、易于上手、操作简单等优点，可作为人布鲁菌病的常规检测方法，同时，常规 PCR 技术还可以对部分不同种属的布鲁氏菌进行诊断，常见的有 AMOS PCR、Ladder PCR 等。荧光定量 PCR 技术与常规 PCR 技术相比更加方便快捷，其灵敏度是常规 PCR 技术的 100 倍，常用于临床样本的快速检测。此外，分子生物学检测 16S rRNA 全菌杂交技术在布鲁氏菌的检测和鉴定中非常有价值。

6. 预防与控制

布鲁菌病是世界上最常见的人畜共患病之一，在许多国家和地区引发了严重的公共卫生问题，严重阻碍了家畜生产和家畜产品流通，造成了巨大的经济损失。此外，动物布鲁菌病的高流行水平对人类健康也构成了巨大的威胁。人们可以通过接触被感染的动物和乳制品而感染。因此，动物布鲁菌病的防治是许多国家和地区的重要任务。布鲁菌病的防控主要应该从控制传染源、切断传播途径、保护易感动物 3 个方面制订计划。

(1)控制传染源　在我国，人畜布鲁菌病的主要感染源是受感染的羊、牛和猪。我国是一个畜牧业大国，大约有 3 亿只羊、1 亿头牛和数亿头猪。因此，牛、羊、猪感染布鲁氏菌是我国人畜布鲁菌病的主要传染源。布鲁菌病在我国的传播因素是多种多样的，主要包括死胎、胎盘等动物流产产物，牛奶及乳制品，动物的肉制品和内脏以及动物尸体切割和加工工业等。此外，在一定条件下，灰尘、垫料、土壤和水等媒介也可成为传播因素。因此，对这些传染源进行及时隔离、焚烧，并开展环境消毒可有效消灭传染源。

(2)切断传播途径　布鲁氏菌可通过多种途径侵入人和动物机体，但引起感染所需的细菌数量取决于入侵途径。实验研究表明，经皮肤破损感染羊的布鲁氏菌最低感染量为 5×10^8 CFU，经结膜和阴道感染羊的布鲁氏菌最低感染量为 1×10^9 CFU，经消化道感染羊最低感染量为 2.5×10^{10} CFU；牛经结膜感染布鲁氏菌最低感染量为 2.5×10^7 CFU，经消化道感染布鲁氏菌最低感染量为 9×10^8 CFU。因此，在日常生产生活中，人们需要注意以上传播途径，加强卫生监督，做好人和动物防护，及时杜绝有感染风险的行为。

(3)保护易感动物　布鲁氏菌的易感动物主要包括羊、猪、牛、犬、绵羊等常见动物。我国对易感动物的保护主要通过疫苗免疫，常用的动物疫苗主要包括 S2、A19、M5。

除此之外，加强布鲁菌病防控知识的科普、加大对布鲁菌病检测技术研究的开发力度、建立完善全国范围的布鲁菌病监测体系、建设更多布鲁菌病专业实验室等方法都是布鲁菌病防控的重要手段。

(十一)禽流感

禽流感(avian influenza，AI)是指由禽流感病毒的某些亚型毒株所引起的一种传染性强、传播速度快的呼吸道感染疾病。本病可引起鸡、火鸡以及其他鸟类，特别是迁徙水禽的感染，主要侵害各种鸟类的呼吸系统、消化系统及神经系统等，产生从无症状或温和症状到高度致死性的感染。本病不仅对家禽产品的安全和养禽业的健康发展造成严重影响，还对人类健康构成威胁，被世界动物卫生组织归类为 A 类传染病，在我国被列为一类动物传染病。

1. 病原

禽流感病毒(avian influenza virus，AIV)属于正黏病毒科 A 型流感病毒属，是一种有囊膜的单股负链 RNA 病毒，病毒粒子直径为 80～120 nm。基因组由 8 个基因片段构成，分别编码不同蛋白，其中包括结构蛋白 HA、NA、NP、PA、PB1、PB2、M1、M2 和非结构蛋白 NS1、NS2。每个基因片段与三聚体 RNA 依赖性 RNA 聚合酶(PB1、PB2、PA)和寡聚的核蛋白(NP)结合形成病毒核糖核蛋白(vRNP)复合物，代表了流感病毒的最小复制机制。

2. 流行病学

根据禽流感病毒对易感禽的致病性将其分为高致病性(HPAI)、低致病性(LPAI)和无致病性 3 种，其中 HPAI 被世界动物卫生组织列为法定必须上报的传染病。早在 1878 年，Perroncito 就报道了禽流感在意大利的流行，近几年来多次发生的禽流感病毒直接感染人并导致死亡的事件，使该病具有重要的公共卫生学意义。

自 20 世纪以来，全球范围内暴发过 6 次大流感，分别是“西班牙流感”(1918—1919 年)，由 H1N1 亚型病毒引起，这是人类历史上最大的传染病，几乎同时传遍欧洲、亚洲、北美洲；“亚洲流感”(1957—1958 年)，由 H2N2 亚型流感引起，首发于我国贵州省，8 个月席卷全球；“香港流感”(1968—1969 年)，由 A 型 H3N2 流感引起，导致全球 100 多万人感染；美国“猪流感”(1976—1977 年)是由猪 H1N1 亚型流感引起的，导致 200 余人感染；“俄罗斯流感”(1977—1978 年)是由 1950 年 H1N1 亚型流感的变异株引起的，此次青少年发病较高；“2009 甲型流感”(2009—2010 年)是由新型 A 型 H1N1 流感病毒引起的，导致近 2 万人感染。

高致病性禽流感病毒的致病力较强，几乎能够感染所有禽类，其中家禽和火鸡更加敏感。在家禽生产中，不同品种、周龄和性别的家禽都能感染高致病性禽流感。禽类在发病后都能成为传染源。禽流感通过直接接触感染禽类或间接接触被禽流感病毒污染的物体传播。人类可因接触感染禽类、禽类排泄物、污染的场所和禽类产品而感染病毒。患病禽类感染后释放的禽流感病毒能污染环境、食物、饮用水等，进而引发大规模的禽流感流行，威胁禽类和人类的健康安全。

禽流感的流行季节主要在冬春季，因为这时候鸟类迁徙活动频繁，容易造成病毒传播。候鸟迁徙、禽类市场流通以及家禽养殖业的国际贸易都可能成为禽流感病毒传播的途径。因此，预防控制禽流感的传播对于保护人畜健康和维护公共卫生至关重要。禽流感病毒具有高度遗传变异性，通过基因重组和突变产生新的亚型。这种变异能力导致禽流感病毒具有潜在的疫情暴发和流行风险。

3. 临床症状

禽流感可分为不同类型，包括高致病性禽流感、低致病性禽流感和无致病性禽流感。

(1)高致病性禽流感　高致病性禽流感(highly pathogenic avian influenza，HPAI)是指由禽流感病毒(AIV)H5，H7 亚型引起的高度接触性传染病，发病率和死亡率均较高。高致病性禽流感主要感染火鸡，其次是鸡。一旦发病，患病禽类表现为头部浮肿、脚暗部瞬间出血、呼吸困难等严重症状，同时伴有发热、食欲下降等症状，死亡率可高达 100%。高致病性禽流感会导致禽类养殖业遭受严重经济损失，严重影响养禽业的发展和经济效益。

(2)低致病性禽流感　低致病性禽流感会导致禽类出现较轻微的感冒症状，如咳嗽、打喷嚏以及消化系统症状，如腹泻、食欲减退等。禽类在患上低致病性禽流感后，其饲料利用率会下降、食欲减退、生殖系统发育异常、生长速度减缓、生产效率降低，但相对于高致病性禽流感，其死亡率较低。

(3)无致病性禽流感　无致病性禽流感对禽类通常不会引起明显的呼吸道症状。禽长期携带这种病毒并排放至周围环境中，这有助于禽类产生对抗禽流感病毒的抗体，从而增强它们对禽流感病毒的免疫力。

4. 病理变化

禽流感的病理变化受鸡的品种和感染病毒毒力影响通常会出现喉头、气管充血、出血；心包积水、心包膜点状或横纹肌坏死。消化道的改变表现为胃黏膜下出血，十二指肠、盲肠、扁桃体等环状出血，泄殖腔出血，肝脾肾出血。呼吸道有大量炎性分泌物或黄白色囊肿样物质。胰腺"玻璃样变"；胸腺出血、萎缩。母鸡卵泡充血、出血，严重时卵泡破裂，卵黄散在腹腔内，形成卵黄性腹膜炎。腹腔腹膜炎伴浆液性黏液，输卵管水肿及充血等病理变化。

5. 诊断

禽流感的临床诊断主要依赖实验室检测方法，包括病毒分离、病毒抗原检测和病毒核酸检测等。这些方法可以准确地确定禽流感病毒的存在和类型，为采取相应的防控措施提供科学依据。

(1)病毒分离　通过从患病禽类的呼吸道、粪便等样本中分离出禽流感病毒，并借助血凝试验或酶联免疫吸附试验进行确诊，这两种方法均可检测出血清中的禽流感病毒抗体。由于禽类接种疫苗后也会产生类似抗体，所以无法明确禽类血清中的抗体是通过疫苗接种还是病毒感染产生的。

(2)病毒抗原检测　使用免疫荧光试验或免疫组化方法对禽流感病毒的核心蛋白质(core protein)或表面蛋白进行抗原检测。借助这些方法可以确认禽类的感染情况，进而指导控制和预防措施的实施。

(3)病毒核酸检测　通过采用常规 PCR 或荧光定量 PCR 等技术检测禽流感病毒的基因组核酸来进行诊断。

6. 预防与控制

(1)隔离和检疫　禽流感具有极强的传染性和高发病率，尤其高致病性禽流感还存在高死亡率的特点。因此，一旦发现禽类感染禽流感，应立即向动物卫生监督部门上报，并按照相关动物疫病控制规定对养禽场内的受感染禽类进行管控、隔离，并进行禽流感的诊断。对患病禽类需要进行淘汰扑杀，并对周围环境进行彻底消毒处理，以防止疫情进一步扩散，避免禽流感的大规模传播。

(2)疫苗接种　疫苗接种是预防禽流感的重要措施，必须对所有家禽进行禽流感灭活疫苗的皮下或肌内接种。同时，要及时了解当地禽流感病毒亚型的变化情况，兽医专业领域的科研人员需要及时研发针对不同亚型病毒的新疫苗，以提高家禽群体的免疫力。

(3)卫生安全管理　养禽场应当定期合理安排场内的消毒工作。借助消毒可有效降低笼舍和工作间中病原微生物的数量,进而减少人类和家禽被病毒感染的风险。同时,需要减少家禽与野禽的接触,防止野禽传播病毒给家禽。

五、实验动物防疫

(一)实验动物的防疫原则

实验动物的防疫原则要严格遵守国家颁布实施的实验动物饲养管理条例、法规。工作中注意以下几点。

1. 隔离饲养

不同种动物要分开饲养,严禁混养。防止交叉感染。

2. 引进动物要严格检疫

依据国家检测标准进行,严格检疫。从具有质量合格证的单位引进动物。

3. 坚持卫生消毒制度

杜绝各种微生物的侵入和繁殖。定期对动物房舍和饲养用具进行消毒。

4. 人员健康检查

饲养管理人员要定期进行健康检查。人畜共患病患者应调离与动物接触的工作岗位。

5. 动物质量检查

保种单位要对保种的动物定期进行质量检查,发现问题及时更新种群。

6. 动物免疫制度

对国家标准要求必须实施预防接种的实验动物要定期进行免疫接种。

7. 隔离和无害化处理

严格防止野生动物进入实验动物室,对死亡动物进行无害化处理。

(二)实验动物传染病流行的基本环节

实验动物饲养在人为控制的饲养环境设施中,较易防治实验动物的传染病。但某些开放系统还应加强动物的卫生防疫,避免发生人畜共患病和动物传染病,保证饲养、实验人员和动物的安全。实验动物传染病流行有3个基本环节。

1. 传染源

传染源主要是患病动物(潜伏期、发病期和恢复期动物)和携带病原体动物。实验动物的分泌物及排泄物所污染的设施、垫料、饲料、饮水、空气、用具等都是病原体传播的媒介。

2. 传播途径

(1)直接传染　健康动物与患病动物(包括携带病原体动物)直接接触而感染,如狂犬病病毒、猴B病毒、艾滋病病毒等。

①水平传播　实验动物群体的互相传播。传播途径包括消化道、呼吸道或皮肤及黏膜创伤等。如沙门菌常经消化道感染、仙台病毒常经呼吸道、布鲁氏杆菌病常由配种直接感染等。

②垂直传播　由母体通过胎盘将病原体传给胎儿。如支原体、细小病毒等。

(2)间接传播　通过媒介传播。

①非生物性传播。A. 经空气飞沫、尘埃传播。B. 经饲料、垫料传播。C. 经饮水和饮水用具传播。D. 经笼器具传播。

②生物性传播。A. 节肢动物。如苍蝇、蚊子、蟑螂、蚤、虱、蜱、螨等。B. 野生动物。野生啮齿类动物常携带各种病原体,例如,携带流行性出血热病毒的野鼠的尿污染实验动物的垫料、饲料等。C. 实验动物。从外部新购入的实验动物,未经严格检疫和隔离。D. 饲养、实验人员不注意卫生防疫传染病原

体；有些人畜共患病也可经人传播给实验动物。如结核、布鲁菌病等。

3. 易感动物

易感动物是指对病原体敏感的动物。某些品种品系对特定病原体易于感染；实验动物饲养在人为的环境中对微生物抵抗力都较差，因此实验动物都是易感动物，尤其是免疫缺陷动物、清洁级以上等级的实验动物。

(三)动物传染病防治的具体措施

①根据不同等级的实验动物分别制定科学的饲养管理和卫生防疫制度，并严格执行。

②根据不同等级的实验动物建立合理的环境设施，严格区分实验动物繁育区与动物实验区，且各种动物要分开饲养，以防交叉感染。

③坚持平时的各项卫生消毒灭菌制度，对实验动物的房舍、用具等定期进行消毒或灭菌，杜绝各种微生物的侵入。

④自繁自养自用，引进的动物只有确认健康后才能与原设施内动物合群或投入使用；不得从疫区引进动物。

⑤外环境定期进行杀鼠、灭蝇的工作，防止野生动物和昆虫进入动物饲养室或动物实验室。

⑥工作人员定期进行健康检查，患有人畜共患传染性疾病的人员不能从事相关的实验动物工作。

⑦发现疫情及时上报，迅速隔离患病动物，对危害性大的疫病采取封锁、扑杀等综合性措施，将患病动物进行焚烧，污染的环境及用具应进行彻底严密的消毒或灭菌。

⑧开展经常性的卫生检疫，发现疫情，及时采取相应的防治措施。

(四)实验动物的卫生防疫与隔离措施

在医学和兽医学研究领域，疫苗接种或药物治疗是预防传染病的有效手段，但实验动物(除大型或稀有实验动物外)不应采取疫苗接种或药物治疗。第一，应用疫苗或治疗制剂可能会干扰实验结果，导致实验无效。如使用抗生素或磺胺类药物可使动物的肝、胆、肾等脏器、组织产生毒性损伤，影响实验结果。第二，经过治疗或免疫的动物虽然外表健康，但仍有可能携带病原菌或病毒，成为潜在的传染源。如即使对沙门菌采取药物治疗，也不能使其从动物群中彻底根除。又如，小鼠肝炎病毒虽用疫苗免疫可以产生免疫力，但有些小鼠仍可带毒，使其在小鼠群中长期存在。第三，小型实验动物应对其采取治疗措施，尤其是需用特殊药物的个体治疗，经济上不合算。因此，在实验动物饲养和动物试验过程中，必须采取严格的饲养管理和卫生防疫制度，以达到预防疾病的目的。

1. 平时的预防措施

①饲养人员应严格按照不同等级实验动物的饲养管理和卫生防疫制度和操作规程，认真做好各项记录，发现情况，及时报告。

②实验动物设施周围应无传染源，不得饲养非实验用家畜家禽，防止昆虫及野生动物侵入。

③坚持平时卫生消毒制度，降低环境设施中的病原体含量。

④不从疫区引进实验动物。

⑤各类动物应分室饲养，以防交叉感染。饲养室严禁非饲养人员出入和各类人员互串，购买或领用动物者不得进入饲养室内。

⑥饲料和垫料库房应保持干燥、通风、无虫、无鼠，饲料应达到相应的国家标准。

⑦饲养人员和兽医技术人员应每年进行健康检查，患有人畜共患传染性疾病的人员不应从事相关的实验动物工作。

2. 发生疫病时的扑灭措施

①及时发现、诊断和向上级管理和防疫部门上报疫情，并通知邻近单位做好预防工作。

②迅速隔离患病动物，并对污染的环境和器具进行紧急消毒。实验动物应停止实验观察或淘汰。

③若发生危害性大的疫病，如鼠痘、流行性出血热等应采取封锁等综合性措施。动物痊愈或消毒处

理后 1 个月方可解除封锁。

④病死和淘汰动物应采取焚烧等措施合理处理。

3. 消毒措施

根据消毒的目的，消毒措施可分以下 3 种情况。

(1)预防性消毒：平时要定期对实验动物房、笼架具、饮水等进行消毒，以达到预防的目的。

(2)随时消毒：在发生传染病时，为了及时消灭刚从患病动物体内排出的病原体而采取的消毒措施。消毒的对象包括患病动物所在的房舍、隔离场所以及被患病动物分泌物、排泄物污染和可能污染的一切场所、笼具等。通常在解除封锁前，进行定期的多次消毒，患病动物隔离畜舍应每天和随时进行消毒。

(3)终末消毒：在患病动物解除隔离、痊愈或死亡后，或者在疫区解除封锁之前，为了消灭疫区内可能残留的病原体所进行的全面彻底的大消毒。

4. 消毒的方法

常用的消毒方法有以下几种。

(1)物理消毒法

①高压蒸汽：常用于饲料、垫料和笼器具消毒。

②高热煮沸：常用于器械、笼具、水瓶等消毒。

③干烤消毒：用烤箱干烤，180 ℃，30 min 可达消毒目的。

④照射：空气可用紫外线灯光照射消毒；饲料、垫料用 ^{60}Co 射线照射消毒。

⑤过滤消毒：主要用于空气净化和消毒。

(2)化学消毒法　使用化学药物喷洒、浸泡、熏蒸等，以达到消毒灭菌的目的。常用化学消毒方法包括液体消毒和蒸汽消毒。

①液体消毒剂：石炭酸、过氧乙酸、来苏尔、次氯酸等。

②熏蒸消毒：福尔马林、高锰酸钾和三聚甲醛等。

5. 隔离措施

隔离患病个体和可疑感染动物是为了控制传染源，防止健康动物继续被传染，以便将疫情控制在最小范围内，并就地予以扑灭。隔离时，应选择不易散播病原体、消毒处理方便的条件和地方进行。隔离场所禁止无关人员和动物出入和接近。工作人员出入应遵守消毒制度。隔离区内的用具、饲料、粪便等未经彻底灭菌消毒处理，不得运出。发生烈性人畜共患病(如流行性出血热等)的动物群应全群扑杀、焚烧，严格灭菌消毒，防止疫情进一步扩散。

第四节　实验动物寄生虫学控制

根据(GB 14922—2022)《实验动物　微生物、寄生虫学等级及监测》，我国实验动物寄生虫学控制分类分为普通级动物[conventional(CV)animal]、无特定病原体级动物[specific pathogen free(SPF) animal]和无菌级动物[germ free(GF)animal]。不同动物种类的寄生虫控制等级有所不同，其中小鼠、大鼠的寄生虫控制等级分为 SPF 和 GF，豚鼠、地鼠、兔的寄生虫控制等级分为 CV、SPF 和 GF，犬、猴的寄生虫控制等级分为 CV 和 SPF。

除国家标准中规定的 8 种常用实验动物外，一些地方标准对其他实验动物的寄生虫控制等级进行了分类。如北京市地方标准(DB11/T 1806—2020)《实验动物　寄生虫检测》将实验猪/小型猪、实验牛、实验羊、实验狨猴、实验长爪沙鼠、实验雪貂、实验猫、实验鸡、实验鸭、实验鹅、实验鸽和实验鱼等实验动物的寄生虫控制分类，均按照 CV、SPF 和 GF 的等级进行划分。

一、实验动物寄生虫学监测

（一）概述

实验动物寄生虫学监测是实验动物质量控制与标准化的核心组成部分，是保障实验动物健康、确保实验结果准确性的关键环节。实验动物寄生虫监测的原则：首先，要排除常见的人畜共患寄生虫，以确保实验动物饲养管理和动物实验人员的健康和安全；其次，要排除对动物危害大和对科学研究干扰大的寄生虫，以确保实验动物生产和动物实验的正常进行；最后，还要排除对科学实验存在潜在干扰的寄生虫，以确保动物实验结果的可靠性和科学性。通过监测可以及时发现和处理实验动物寄生虫感染，进而为科学研究提供健康可靠的实验动物。对确保实验结果的准确性，推动科研工作的顺利进行具有重要意义。

监测活动宜由具有资质的实验动物质量检测机构，严格按照国家有关部门颁布的相关标准，采用经过认可和充分验证的检测方法，定期开展。实验动物生产和使用单位也可自行监测，但自检实验室应建立有效的质量保证体系。

（二）监测程序

实验动物寄生虫监测程序由选取动物、动物编号、外观检查、麻醉、取样（体外和体内）、检测、报告等几部分组成，在多数情况下与微生物监测同时进行。常规监测的频率、动物的选取和送检要求与微生物学监测一致。检测项目分为必须检测项目和必要时检测项目。前者为在进行实验动物质量评价、等级确定时必须检测的项目，后者为在相关行政部门要求时、本病流行时、进出口时或特殊实验要求时需要检测的项目。7 种常用实验动物寄生虫监测项目参见（GB 14922—2022）《实验动物　微生物、寄生虫学等级及监测》。被检测的动物或样品应在送检当日取样。当发现动物异常，疑似为寄生虫感染时，应尽快对异常动物及所在种群进行检测，查明原因。

（三）检测方法

实验动物寄生虫学监测一般采用病原学和血清学方法，具体方法参照相关实验动物寄生虫学的检测方法（GB/T 18448.1—2001）《实验动物　体外寄生虫检测方法》至（GB/T 18448.10—2001）《实验动物　肠道鞭毛虫和纤毛虫检测方法》操作。

1. 体外寄生虫检测方法

其包括肉眼观察法、透明胶带粘取法、拔毛取样法、皮屑刮取法、黑背景检查法、解剖镜下通体检查法等，主要适用于检查蚤、虱、螨等节肢动物。

2. 体内寄生虫检测方法

其主要检查蠕虫和原虫，病原学检测方法包括直接涂片法（粪便、血液、脏器、肠内容物）、饱和盐水漂浮法或沉淀法、透明胶纸肛门周围粘取法、组织或器官剖面压印法、病变组织切片或压片法、尿液的离心法（如检测鼠膀胱线虫）、PCR（如检测弓形虫）等。血清学方法包括酶联免疫吸附试验、间接免疫荧光试验（indirect immunofluorescence assay，IIFA）或间接血凝试验（indirect hemagglutination assay，IHA）等，主要用于血液寄生虫的检测。

（四）结果判定和处理

实验动物的寄生虫监测是一个长期连续的过程。检测结果可能会受多种因素影响，如取材数量、取材对象、方法选择（病原学或血清学方法）等。在等级监测时，如发现某项指标未达到相应等级标准，即判定其不符合该等级要求。若实验动物被检测出感染寄生虫，应立即采取紧急措施，如药物治疗、隔离和消毒等，以遏制寄生虫的传播和扩散，并对实验动物的寄生虫感染情况进行详细记录和分析，以便为提升实验动物质量及后续研究提供有力的数据支撑。

二、实验动物常见寄生虫感染

(一)螨

实验动物体外寄生虫主要有螨(mite)、蚤(flea)、虱(louse)和蜱(tick),其中螨病最为常见。螨在分类上属于节肢动物门(Arthropoda)蛛形纲(Arachnida),与人和动物的健康关系非常密切,主要寄生在哺乳动物和鸟类的皮肤,以血液、淋巴、皮肤碎片或皮脂腺分泌物为食。疥螨(*Sarcoptes* spp.)、痒螨(*Psoroptes* spp.)、蠕形螨(*Demodex* spp.)常见于实验动物感染,危害动物健康。

1. 病原特性

螨身体分为颚体和躯体两部分,颚体由口器和颚基组成,躯体分为足体和末体。幼虫有 3 对足,成虫有 4 对足。螨虫躯体和足多毛,与吸盘和爪可作为鉴定依据。

疥螨属疥螨科(Sarcoptidae),虫体为圆形,呈白色泛黄,体表多皱纹,雌螨大小为(0.3～0.5)mm×(0.25～0.4)mm;雄螨为(0.2～0.3)mm×(0.15～0.2)mm。

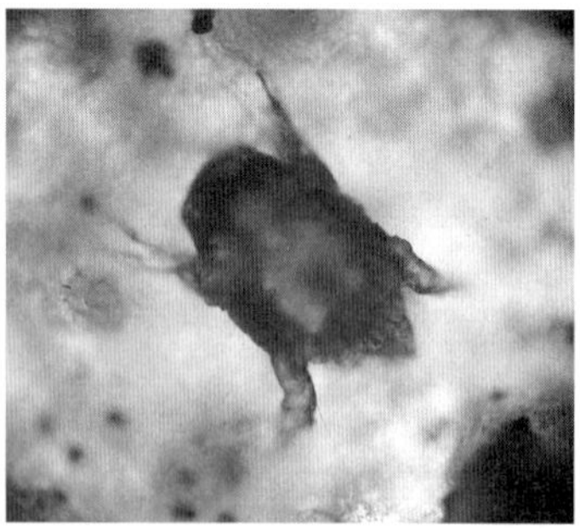

图 3-7 痒螨

痒螨属痒螨科(Psoroptidae),呈圆形,体长为 0.5～0.9 mm。雄性有尾突,腹面后端两侧有两个吸盘。雌性在腹部靠前有产卵孔,后端有纵裂的阴道,阴道背侧有肛孔(图 3-7)。

蠕形螨属蠕形螨科(Demodicidae),为永久性寄生螨,寄生于皮脂腺和毛囊。虫体为蠕虫样,有明显的环状横纹,半透明乳白色,体长为 0.1～0.4 mm,宽为 45～65 μm。雄性个体的生殖器官由足体背面突出,雌性个体的阴门为位于腹部的狭长裂缝。

2. 流行病学

螨呈世界性分布,已感染动物是主要传染源,健康动物主要经接触患病动物或其污染物而感染。多种实验动物均可感染,常见于普通级动物。多数螨虫具有较强的宿主特异性,不同宿主具有各自的易感虫种。

3. 生活史

疥螨为不完全变态节肢动物,其全部发育过程均在宿主体表。整个过程包括虫卵、幼虫、若虫和成虫 4 个阶段,全部在其啃咬的皮肤隧道中完成,以角质层组织和淋巴液为食。疥螨若虫分为大、小两种,小型若虫发育为雄螨,大型若虫发育为雌螨。雄螨交配后死亡,雌螨的寿命为 4～5 周,在产卵后死亡,虫卵的全部发育过程平均为 15 d。

痒螨有刺吸式口器,通过宿主的皮肤以吸取渗出液为食。雌性个体在宿主皮肤上产卵,经过 3 d 孵育,发育成幼螨,采食进入静止期,经过蜕皮成为第一若螨;再次采食 24 h,经过静止期发育为第二若螨或雄性个体,第二若螨经过再次蜕皮发育为雌性个体。痒螨的发育周期为 10～12 d。

蠕形螨主要寄生在动物的毛囊和皮脂腺,全部发育过程都在宿主体内进行。雌性个体在毛囊内产卵,孵化为幼虫,幼虫为 3 足形式,再经过蜕化形成 4 足的若虫,最后蜕变为成虫。

4. 临床症状和病理变化

疥螨感染会导致患处剧痒并伴有脱毛症,皮肤增厚,形成痂皮。兔疥螨(*Sarcoptes scabiei* var. *cuniculi*)主要感染部位为嘴角、鼻孔及脚部。因严重瘙痒,感染动物主要表现为不停啃咬患处,脱毛严重,表皮红且有疹状突起,皮下组织不增厚,无白磷皮屑,有黄色结痂。

痒螨在普通级兔中很常见,兔痒螨(*P. cuniculi*)主要感染耳部,引起外耳道炎症,耳部变重、下垂,出现不断摇头现象。感染初期,其可导致耳部皮肤出现浅红色或淡黄色的小水泡,当水泡破裂、渗出物干燥后,形成黄色痂皮,堵塞耳道。严重感染动物的病变可能蔓延至脑部,导致癫痫,严重时继发细菌感染导致兔死亡。其病理变化为慢性增生性皮炎,存在表皮增生和角化不全的情况,真皮和表皮有淋巴细胞、嗜酸性粒细胞和嗜异性粒细胞浸润。变性的嗜酸性粒细胞、嗜异性粒细胞、脱落的上皮、碎片和螨虫等会以不同厚度堆积覆盖在感染的皮肤表面。兔针对痒螨产生的特异性免疫反应在发病机制中可能发挥着重要作用。

蠕形螨常先感染动物耳面部，随后可蔓延至全身。感染初期，毛囊周围会出现红润突起，伴有轻微脱毛；严重感染时，大片脱毛和皮脂溢出，银白色且具有黏性的表皮脱落，并散发臭味。若继发细菌感染，会产生脓肿、结痂，动物可因贫血和脓毒血症而死亡。在感染过程中，动物几乎无痒感。

5. 诊断

当患病动物有明显疮痂时，可直接将疮痂捣碎，置于黑纸上肉眼观察虫体或用10%氢氧化钠处理疮痂，在显微镜下观察。当感染部位病变不明显时，用蘸有50%甘油的手术刀片刮取皮屑，直至轻微出血，将刮下的皮屑置于载玻片上，滴加甘油水溶液后镜检虫体。

6. 防治

对饲养设施应定期消毒，及时隔离患病动物。治疗时，可皮下注射伊维菌素，并体外喷洒溴氰菊酯(0.05%)。病变部位消毒可使用碘甘油、10%的除虫精乳剂等。用14%碘酊或25%苯甲酸苄酯乳剂涂抹患处，可以有效缓解症状。

(二)弓形虫

刚地弓形虫(*Toxoplasma gondii*)属肉孢子虫科(Sarocystidae)弓形虫属(*Toxoplasma*)，是该属唯一虫种。弓形虫具有丰富的遗传多态性，不同的基因型与弓形虫的致病性密切相关。其可寄生于人和多种动物细胞内，引起人畜共患弓形虫病。弓形虫的终末宿主是猫。人和大多数动物通常呈隐性感染，猪、犬、猫等可呈显性感染，隔离饲养的实验动物少见感染。

1. 病原特性

弓形虫在整个生活史中可出现5个形态阶段：速殖子、包囊、裂殖体、配子体和卵囊。速殖子(图3-8)也称为滋养体。虫体呈新月形或香蕉形，一端较尖，一端钝圆；一边较平，一边较弯曲。其长为4～7 μm，最宽处为2～4 μm。运动方式多变，可滑动、翻筋斗或沿螺旋路线转动。用吉姆萨染色或瑞氏染色后核，核呈红色，位于虫体中央稍偏后，细胞质呈蓝色，有少量颗粒。在组织切片中，虫体呈椭圆形或圆形。速殖子见于疾病的急性期，常散布于血液、脑脊液和病理渗出液中，呈单个或两个相对排列。

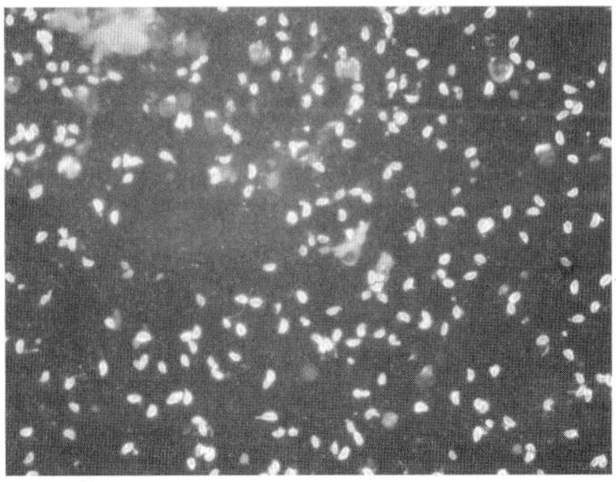

图3-8　刚地弓形虫速殖子(IFA)

组织包囊呈圆形或椭圆形，具有一层由虫体分泌而成的富有弹性的坚韧囊壁。囊内虫体反复增殖，包囊体积逐渐增大，小的直径仅为5 μm，内含数个虫体；大的直径可达100 μm，内含数百个虫体。囊内虫体称为缓殖子。包囊虫出现在慢性病例和无症状病例中，主要寄生于脑、骨骼肌和视网膜以及心、肺、肝、肾等处。

裂殖体在猫的肠绒毛上皮细胞内进行无性繁殖，一个裂殖体可以发育成许多裂殖子。包囊感染的猫肠组织制成印片和切片，经吉姆萨染色后，可见到形态各异的虫体，显示其发育过程。成熟裂殖体内含 4～29 个或 30～40 个裂殖子，以 10～15 个居多。

配子体是在猫的肠细胞内进行有性繁殖时的虫体，有雌雄之分。雄配子体呈卵圆形或椭圆形，直径约为 10 μm，色淡、核疏松，后期分裂形成许多小配子，雄配子近似新月形，两端尖，长约为 3 μm，光镜下不容易见到鞭毛。雌配子体呈圆形，成熟后称为雌配子，在生长过程中形态变化不大，仅体积增大，可达 15～20 μm，核致密，较小，含有着色明显的颗粒。

卵囊出现于猫的肠道内，刚从猫粪排出的是未孢子化卵囊，呈圆形或椭圆形，大小约为 10 μm×12 μm，稍带绿色，具两层光滑透明囊壁。孢子化卵囊内含有两个卵圆形孢子囊，每个孢子囊内含有 4 个长形弯曲的子孢子，大小为 8 μm×2 μm，有残体。

2. 流行病学

刚地弓形虫呈世界性分布，传染源主要是患病动物和带虫动物，主要经口、胎盘、皮肤、黏膜感染，秋冬季和早春易发。人、实验动物及其他畜禽对弓形虫都有易感性。对猪和羊的危害最大，可引起暴发流行和大批死亡，在常用实验动物中，以小鼠、地鼠最敏感，豚鼠、兔也能人工感染。

3. 生活史

弓形虫的整个发育过程需要两个宿主，即中间宿主和终末宿主。猫和其他猫科动物既是终末宿主，又是中间宿主。虫体在终末宿主体内的肠上皮细胞内循环，包括无性生殖及有性生殖两个阶段。中间宿主范围广泛，包括几乎所有温血动物、几种变温动物和一些节肢动物。在中间宿主体内，弓形虫主要在肠道外组织（脑、肌肉、肝脏等）内进行无性生殖循环。

4. 临床症状和病理变化

不同动物受侵害的部位不同，会表现出不同的症状。大鼠、小鼠感染后无临床症状，但组织切片上可见灶性脑炎，幼龄鼠可出现角弓反射，排便、排尿紊乱。豚鼠感染后主要表现为肝、脾肿大，局灶性坏死。猫急性感染后症状是昏睡、厌食、发热、呼吸困难、黄疸和淋巴结病。慢性病例会昏迷、贫血、流产、呼吸困难、下痢和神经紊乱。弓形虫在猫的肠上皮细胞内会形成传染性卵囊，所以猫是贮存和传播弓形虫病的主要宿主。犬感染弓形虫的症状类似犬瘟热，主要症状有下痢、发热、消瘦、厌食等；神经症状包括运动失调、迟缓和痉挛性截瘫，颤抖和惊厥性发作等。有时感染犬并不出现临床症状，一般幼犬和青年犬发病时常见有症状，老年犬则少见。猴的弓形虫病也少见临床症状，主要是脑内出血、小脑梗死、细胞变性和胶质细胞增生。急性病例的脏器病变以坏死、出血和水肿为主要特征。慢性病例脏器会出现炎症反应。

5. 诊断

弓形虫感染无特异性临床症状，需采用病原学和血清学方法检测。病原学方法可直接对病料染色后进行镜检，镜下检测到速殖子、包囊或缓殖子就可以确诊；也可采用 PCR 方法检测组织样品中的弓形虫 DNA，具有更高的特异性和敏感性。血清学方法常采用酶联免疫吸附试验、间接免疫荧光试验、间接血凝试验等检测动物血清样本中的弓形虫抗体或抗原。

6. 防治

控制和防范实验动物设施外的野猫、野鼠，避免饲料、饮水被猫粪污染。定期对实验动物种群开展健康监测，对疑似感染动物立即隔离，确诊后及时淘汰或治疗。相关人员应注意个人防护。除螺旋霉素、林可霉素等对弓形虫有一定疗效外，其他多数抗生素效果不佳。急性感染动物可采用磺胺类药物和抗菌增效剂联用治疗，如磺胺甲氧嘧啶和甲氧苄氨嘧啶等。

（三）鼠贾第鞭毛虫

鼠贾第鞭毛虫（*Giardia muris*）属后滴虫纲（Metamonadea）双滴虫目（Diplomonadida）六鞭毛科（Hexamitidea）贾第虫属（*Giardia*），在啮齿类实验动物中较为常见，可以引起以腹泻为主要症状的贾第虫病（giardiasis）。

1. 病原特性

鼠贾第鞭毛虫发育过程分为滋养体和包囊两种形态。滋养体呈梨形，大小为(7～13)μm×(5～10)μm，左右对称，前端宽圆，后端尖细，背隆起，腹侧有一内凹吸盘。共有8根不同位置的鞭毛，中央有2根纤细的轴柱和1对卵圆形泡状细胞核。包囊为卵圆形，大小为(10～14)μm×(7～10)μm，不具运动性，有折光性。经苏木精染色，可观察到囊壁不着色，核内核仁清晰，丝状物呈黑色，有弯形的副基体。

2. 流行病学

鼠贾第鞭毛虫呈世界性分布，啮齿动物是主要宿主。患病或带虫动物为主要传染源，健康动物主要通过吞食被包囊污染的饲料和饮水而感染。滋养体也具有感染性，但对外界抵抗力较弱。

3. 生活史

鼠贾第鞭毛虫生活史为直接型。包囊被宿主摄入后，在胃的酸性环境中释放出滋养体。滋养体是虫体的致病阶段，其通过腹侧吸盘附着于肠上皮细胞，吸收肠道营养，并通过纵向二分裂方式在肠道内迅速繁殖。在包囊泡内也可以先进行二分裂，当被适合的宿主吞噬后，释放出子代滋养体。滋养体在肠道移行过程中又再次形成具有抵抗力的包囊。正常粪便中一般只能找到包囊，腹泻时的粪便中可以发现滋养体。

4. 临床症状和病理变化

感染鼠贾第鞭毛虫后，免疫系统正常的小鼠一般不表现临床症状或呈现亚临床状态。免疫缺陷动物或乳鼠会出现体重下降、进食减少或发育迟缓。小肠常膨胀并有黄白色水样内容物。慢性感染时表现为慢性肠炎，可见上皮内淋巴细胞增多，绒毛细胞更新率增加和绒毛高度降低。滋养体数量最多时，肠道双糖酶明显缺乏。严重感染可能导致肠道血管受损以及滋养体的全身扩散。

5. 诊断

通过检测粪便中的滋养体和包囊进行诊断。取新鲜粪便做生理盐水涂片或采用苏木精染色后镜检，通过滋养体的形态及翻滚运动来识别，也可通过血清学或PCR方法检测。

6. 防治

加强饲养管理，注意设施卫生和环境消毒。对新进动物进行严格的隔离和检测。发生感染时，宜采用剖腹产和胚胎移植的方式进行净化，清除污染。治疗可通过在饮水中添加0.1%二甲硝唑饲喂14 d。

(四)结肠小袋纤毛虫

结肠小袋纤毛虫(*Balantioides coli*)属叶口纲(Litostomatea)毛口目(Trichostomatina)小袋虫科(Balantidiidae)小袋虫属(*Balantioides*)，寄生于盲肠和结肠，引起腹泻，是已知猪和人体最大的人畜共患寄生原虫。

1. 病原特性

结肠小袋纤毛虫在发育过程中有滋养体和包囊两种形态。滋养体近似椭圆形，大小为(30～180)μm×(25～120)μm，全身被有纤毛，活滋养体可借助纤毛而不停转动。虫体极易变形，虫体前端略尖，腹面有一个凹陷的胞口，下接漏斗状胞咽。后端钝圆，有一个不明显的胞肛。体内有一大一小两个核，虫体中后部各有一个伸缩泡。包囊呈圆形或椭圆形，直径为40～60 μm，为淡黄或淡绿色，囊壁厚而透明，染色后可见胞核。

2. 流行病学

结肠小袋纤毛虫呈世界性分布，在热带及亚热带地区分布广泛。患病或带虫动物是主要传染源，健康动物主要通过吞食被包囊污染的饲料或饮水而感染。滋养体在室温厌氧条件下可存活10 d；包囊抵抗力较强，室温下最长可存活2个月。大鼠、犬、猴、猪和人是主要宿主，以猪的感染率为最高。

3. 生活史

结肠小袋纤毛虫经口进入宿主体内，在胃肠道脱囊逸出滋养体。滋养体在结肠内以横向二分裂法繁殖。部分滋养体在不利环境下可形成包囊，包囊或滋养体随宿主粪便排出。

4. 临床症状和病理变化

滋养体侵袭结肠黏膜，引起溃疡或结肠黏膜脱落。重度感染的动物可致消化功能紊乱，出现急性痢疾等临床症状。多数感染者无任何临床症状，但粪便中有虫体排出。

5. 诊断

粪便直接涂片或用苏木精染色镜检，可观察到滋养体或包囊可确诊。采用 PCR 方法扩增 18S rRNA、ITS1-5.8S rRNA-ITS2 序列进行分子检测。

6. 防治

定期对动物进行健康监测，加强饲养管理，注意环境卫生，及时清理动物粪便并进行无害化处理。可口服奥硝唑等硝基咪唑类药物，也可使用四环素和双碘喹啉等药物治疗。

(五)艾美耳球虫

艾美耳球虫(*Eimaria* spp.)属类锥体纲(Conoidasida)真球虫目(Eucoccidiorida)艾美耳科(Eimeriidae)艾美耳属(*Eimeria*)。球虫病是兔最常见的疾病之一。已知有 11 种艾美耳球虫可以感染兔，严重影响了动物实验结果。

1. 病原特性

艾美耳球虫的卵囊含有 4 个孢子囊，每个孢子囊内含有 2 个子孢子。卵囊为细长的卵形或椭圆形，淡黄色，根据感染部位的不同，艾美耳球虫可以分为肝球虫和肠道球虫两类。肝球虫主要是指斯氏艾美耳球虫(*E. stiedai*)，大小为(28～42)μm×(16～25)μm，孢子囊大小为(8～10)μm×(17～18)μm。肠道球虫大小为(10.5～13)μm×(10,5～11)μm(小型艾美耳球虫)和(26.6～41.3)μm×(17.3～29.3)μm(大型艾美耳球虫)。

2. 流行病学

兔球虫病多发生于温暖多雨的潮湿季节，呈地方性流行。各品种、性别和年龄的兔都易感，幼龄兔为最易感群体，主要危害 4～12 周龄的幼兔。成年兔一般不发病，但其为球虫病原体的携带者和传播者。带虫兔和病兔是球虫病的主要传染源。

3. 生活史

球虫生活史为直接型，兔吞食孢子化卵囊而感染，在体内经过 3 个阶段发育：裂殖生殖、配子生殖和孢子生殖。卵囊在肠道内脱去囊膜，子孢子钻入肠黏膜进入血液循环，斯氏艾美耳球虫通过门静脉或淋巴管进入肝，到达肝后，进入淋巴管上皮细胞，通过数代裂殖生殖，在感染后的 3～6 d 内发育成裂殖体。感染后的 11 d 就可出现明显的配子，配子形成合子后，再发育为卵囊，并脱离胆管上皮和肝，通过胆汁进入肠道，排出体外形成孢子。其他肠道艾美耳球虫均在肠上皮细胞内发育。

4. 临床症状和病理变化

根据球虫寄生部位的不同，其可分为肝型、肠型和混合型。轻度感染一般不表现出临床症状。肝型主要表现为厌食、嗜睡、黄疸、腹泻及腹部肿胀。8～12 周的幼年兔感染后可能会死亡。病理解剖可见肝肿大、褪色，出现大小不一、呈淡黄色或白色的结节状损伤病灶。胆管上皮组织淋巴细胞、浆细胞、中性粒细胞和巨噬细胞的炎性浸润，严重时有纤维化病变。肠型主要表现为腹泻和出血。粪便呈水样或黏液样，伴有恶臭。病理解剖可以观察到肠壁出血、上皮脱落和溃疡。组织切片镜检可以观察到肠绒毛萎缩、肠上皮细胞肿大或坏死、白细胞渗出等。

5. 诊断

实验室检查以从粪便中检测球虫卵囊为主，也可以取病变肝组织进行直接涂片镜检。急性感染时，在粪便中不易检出卵囊，应结合病理剖检结果综合判定。PCR 等分子生物学方法可用于艾美耳球虫的检测，18S rRNA 基因序列能够区分种属差异。

6. 防治

如在实验兔群中发现球虫感染，应予淘汰，并采取净化措施重新建立种群。对新引进的兔应严格执行隔离检疫；加强饲养管理，保持兔舍清洁、干燥；注意笼器具的消毒，保证饲料和饮水卫生。治疗以磺胺类药物为主，如在饲料中按每千克体重 75 mg 或饮水中添加 0.02%磺胺二甲氧嘧啶。

（六）溶组织内阿米巴

溶组织内阿米巴（*Entamoeba histolytica*）属古变形虫纲（Archamoeba）变形虫目（Amoebida）内阿米巴科（Endamoebidae）内阿米巴属（*Entamoeba*）。其主要寄生在大肠，能够引起肠黏膜的糜烂和溃疡，为人畜共患寄生虫。

1. 病原特性

溶组织内阿米巴有滋养体和包囊两种形态。滋养体分为大滋养体和小滋养体。大滋养体为致病性滋养体，大小为 10～60 μm，主要存在于肠道和粪便中，可形成短而钝的伪足，形态多变具有强的运动性。经过苏木精染色后，可清晰观察到泡状细胞核。核膜内缘有一圈染色质粒，中央有一颗细小的核仁。

小滋养体又称肠腔滋养体，主要存在于无临床症状宿主的正常粪便中，大小为 7～20 μm，运动性差；在大滋养体的食物泡中常含有红细胞，而小滋养体内没有，只含有细菌。

包囊呈圆形或椭圆形，直径为 5～20 μm。经过碘液染色后为黄色，外包一层透明囊壁，内含 1～4 个核，各有一颗位于核中央的核仁。未成熟的包囊含有 1～2 个核，常见含有糖原泡和杆状的染色体；成熟的包囊含有 4 个核，糖原泡和拟染色体不易见。通过苏木精染色，可见核的构造与滋养体阶段相同，拟染色体为黑色，呈两端钝圆的杆状。包囊对低温有很强的抵抗力，在室温下可在粪便中成活 2 周，在水中可存活 30 d，在冷冻情况下可存活 5 周。包囊对热比较敏感，在 40 ℃以上就会死亡，在干燥情况下也不易存活。

2. 流行病学

溶组织内阿米巴呈世界性分布，在热带地区更为流行，带有包囊的动物和粪便是主要的传染源，可通过水、食物、昆虫、媒介及接触等途径传播。犬、猫、猪、羊和非人灵长类等实验动物易感，小鼠、大鼠、豚鼠可作为贮存宿主。

3. 生活史

粪便中的四核包囊感染期虫体经口粪途径感染宿主，包囊在宿主小肠内受消化液的作用，囊壁破裂，虫体释放，分裂为 4 个小的滋养体，移行至回盲部，以宿主已消化的食物及细菌为食，以二分裂方式不断繁殖。滋养体可在大肠黏膜的隐窝中存活和繁殖，消耗淀粉和黏膜分泌物，干扰肠道的代谢过程，破坏肠壁组织。虫体进入黏膜，可进一步侵入血管，随血流转移至其他部位。在肠腔内繁殖的滋养体，一部分随宿主肠内容物向下移动，随着下移过程中肠道内环境的改变，滋养体停止活动，排出未消化的食物，虫体团缩，分泌一层较厚的外壁，形成包囊。

4. 临床症状和病理变化

溶组织内阿米巴对宿主能否造成损伤取决于虫株的毒力、宿主的年龄和免疫状况以及是否存在其他肠道疾病等多种因素。其感染时的临床症状分为隐性带虫、急性型和慢性型。隐性带虫的情况较多，一般不表现出临床症状，偶尔会出现腹泻，引起肠道溃疡和肝脓肿。急性型潜伏期为 3～4 d，宿主肠道完整性被破坏，常位于盲肠和结肠，可见溃疡及黏膜坏死等不同程度的损伤，严重感染时可波及整个肠道，并发其他肠道细菌感染时可导致肠壁破溃，造成腹膜炎。慢性型由急性型持续反复发作形成，患病动物消化机能紊乱，腹痛、腹胀、腹泻与便秘交替出现。长期的肠功能紊乱会导致患畜消瘦、贫血、营养不良或神经衰弱。溶组内阿米巴从肠壁进入血液后，随血液循环最易引起肝脓肿，表现为肝区疼痛、腹胀和消化不良。其他常见发病部位还有肺、脑、胃、泌尿生殖系统和皮肤等；肾、脾、生殖腺和心包膜等为不常见发病部位。

5. 诊断

病原学检测主要通过对新鲜粪便进行碘液染色后镜检，观察有无滋养体和包囊；也可通过对直肠病变部位的病理学检查。由于形态上与其他非致病阿米巴容易造成混淆，血清学方法和 PCR 技术已应用于检测。

6. 防治

消灭传染源和切断传播途径是主要预防控制手段。加强饲养管理，注意设施环境卫生，防止粪便污染饮水。50 ℃以上可杀死包囊。对动物定期检查，新进动物应至少隔离两个月。如发现感染，对动物可使用甲硝唑治疗。

(七)疟原虫

疟原虫(*Plasmodium*)属顶复门(*Apicomplexa*)无类锥体纲(Aconoidasida)血孢子虫目(Haemosporida)疟原虫科(Plasmodiidae)疟原虫属(*Plasmodium*)，由其引起的疾病称为疟疾(malaria)，是 SPF 级动物必须检测项目。

1. 病原特性

疟原虫在宿主体内的发育分为无性繁殖和有性繁殖两个阶段。

(1)无性生殖阶段　分为滋养体、裂殖体和配子体三个主要发育期，直径为 1～1.5 μm。滋养体早期核小，胞质少，中间有空泡，形成戒指状环状体；该虫体长大，成为晚期滋养体，出现疟色素，受感染的红细胞胀大，内部出现淡红色薛氏点(Schüffner's dot)。晚期滋养体发育成熟，核开始分裂后称为裂殖体，核反复分裂形成数量不等的裂殖子，进入血流后，侵入红细胞。部分裂殖子在红细胞中发育，核增大且不再分裂，最后发育成圆形、卵圆形或新月形的配子体。配子体有雌雄之分，雌配子体较大，吉姆萨染色呈浅蓝色，核呈深红色且致密，多位于虫体一侧；雄配子体较小，吉姆萨染色呈紫红色，核呈淡红色，较大，多位于虫体中央。

(2)有性生殖阶段　在蚊胃中进行。该阶段存在雌配子、雄配子、合子、动合子几种形态。雌配子、雄配子结合形成合子，合子延长成为一端较尖、一端钝圆的动合子；动合子形成圆形卵囊，卵囊成熟后含有大量子孢子。

2. 流行病学

疟原虫呈世界性分布，在热带地区较为多发。带虫动物是主要传染源，蚊是主要传播媒介，哺乳动物疟疾由按蚊传播，禽类疟疾由食蚊传播。人类、非人类灵长类动物、啮齿动物、鸟类和爬行动物(主要是蜥蜴)等均易感。大约 20 种疟原虫来自非人类灵长类动物，其中，能够传播给人类的常见疟原虫主要有 5 种，分别是间日疟原虫(*P. vivax*)、恶性疟原虫(*P. falciparum*)、卵形疟原虫(*P. ovale*)、三日疟原虫(*P. malariae*)和诺氏疟原虫(*P. knowlesi*)。

3. 生活史

疟原虫的生活史为间接型。各种疟原虫的生活史基本相同，实验动物为中间宿主，蚊为终末宿主。

(1)无性生殖阶段　蚊通过叮咬将唾液腺中的子孢子注入宿主体内，子孢子随血流进入肝脏，开启红细胞前期外循环，即在肝细胞内发育为裂殖体，经分裂形成裂殖子。少数疟原虫(如间日疟原虫)在肝脏中可形成休眠状态的休眠子(hypnozoites)。肝细胞破裂时释放的裂殖子侵入循环血液中的红细胞或网织细胞，随后进入红细胞内期，裂殖子在红细胞内发育成为环状体(小滋养体)，随着被寄生红细胞膨大，形成含有薛氏点的大滋养体。滋养体继续发育为裂殖体，释放出的裂殖子再次侵入红细胞，重复感染过程。根据疟原虫的种类，每周期红细胞破裂释放裂殖子的时间约为 24 h、48 h 或 72 h，因此某些疟原虫感染可以导致典型的周期性发热。经过多次裂殖生殖后，一些裂殖子发育成配子体(雌配体、雄配子)。

(2)有性生殖阶段　当蚊叮咬带虫宿主时，血液中的各时期疟原虫进入蚊胃。疟原虫雌雄配子体被消化，进一步发育后形成雌雄配子，两者结合形成合子(zygote)，合子继续发育为动合子(ookinete)，动合子迁移穿过胃壁，在弹性纤维膜下形成卵囊(oocyst)，卵囊逐渐发育增大，成熟后的子孢子从卵囊微孔逸出，随血液汇集到蚊子的唾液腺。此时蚊子再次叮咬宿主，子孢子随唾液进入体内，开启新的感染循环。

4. 临床症状和病理变化

疟原虫感染会引起动物周期性发烧和贫血，还可见昏睡、厌食、寒战等症状。肉眼可见肝脾肿大，伴有骨髓淋巴细胞和巨噬细胞增生。肺、肝、脾因巨噬细胞中的疟色素沉积呈灰色。疟疾在自然宿主中的症状相对较轻，但在压力或实验操作期间可能会引发更严重的疾病。

5. 诊断

依据临床症状和病理变化做出初步诊断，确诊需要采用病原学和血清学检测。病原学检测是通过采取外周血，制作血涂片，经吉姆萨染色镜检。薄血涂片中疟原虫形态完整、典型，虫体容易辨别，但虫体密度低容易漏检。厚血涂片的检出率更高。由于红细胞溶解，虫体的形态可能改变，导致鉴别困难。因此，建议同时制作薄、厚两种血涂片进行检查，以提高检出率。由于 PCR 方法具有更好的特异性和敏感性，其可应用于疟原虫核酸的检测。血清学方法可采用间接血凝试验、间接免疫荧光试验、酶联免疫吸附试验等检测动物抗体，对感染情况做出诊断。

6. 防治

疟疾的防控以预防为主，重点在于消灭传染源和切断传播途径。治疗时，针对疟原虫在动物体内的不同阶段采用不同的药物。在作用于红细胞外期和配子体阶段，使用伯氨喹啉；在作用于细胞外裂体生殖期，使用伯氨喹；在作用于红细胞内裂殖生殖期，使用氯喹。

(八)隐匿管状线虫

隐匿管状线虫(*Syphacia obvelata*)属血矛纲(Chromadoria)尖尾目(Oxyurida)尖尾线虫总科(Oxyuroidea)尖尾科(Oxyuridae)蛲虫属(住肠属，*Enterobius*)，主要寄生于啮齿动物的盲肠和结肠，是实验小鼠中最常见的寄生虫之一。

1. 病原特性

隐匿管状线虫雌虫体长为 3.4～5.8 mm，宽为 240～400 μm；雄虫体长较短，为 1.1～1.5 mm，宽为 120～140 μm。口的周围有三个简单唇片，无口囊。虫体前端有小的颈瓣，尾部向腹侧弯曲，具有交合刺和副刺，其腹面有三个乳头状突起。尾部虫卵似香蕉形，一侧弧形，另一侧较平，两端尖，大小为(111～153)μm×(33～55)μm。

2. 流行病学

隐匿管状线虫呈世界性分布，患病或带虫动物是主要传染源，健康动物主要通过吞食含有虫卵的饲料和饮水而感染。虫卵可通过空气传播，进而增加了动物感染的风险。大鼠、地鼠、沙鼠、田鼠等啮齿动物均易感，人和其他灵长类动物也可感染。

3. 生活史

隐匿管状线虫的生活史不需要中间宿主，雌虫将卵产于宿主动物的肛周皮毛，经过数小时后具有感染性。易感动物摄入虫卵后，潜伏期为 11～15 d。虫卵在宿主小肠发育为幼虫，并在 24 h 内移行至盲肠 10～11 d，在此发育成熟并交配，随后雌虫迁移至大肠产卵。研究表明，虫卵在室温下可存活 42 h，在 1～4 ℃下可存活 14 d，在干燥环境下仍具感染性。幼鼠容易被感染并复发，成年鼠具有抵抗力。

4. 临床症状和病理变化

隐匿管状线虫感染一般为亚临床症状，严重感染可出现直肠脱出、肠套叠、便秘、体重下降和被毛杂乱等症状，但不能排除这是由其他病原感染所致的。轻度感染一般不会引起肠道病变，严重感染可导致卡他性肠炎、肝肉芽肿和肛周刺激，可能影响宿主的生理特性，从而干扰研究结果。

5. 诊断

在粪便或肛周检测到虫卵或剖检肠道发现成虫可做出诊断。通过剖检动物，在肠道内寻找成虫的方法检出率最高，可达 80%；采用透明胶带粘取肛周皮毛，显微镜下观察虫卵，检出率为 60%～70%。采用粪便涂片法的检出率最低，仅为 3%左右。被检动物以 4～5 周龄为佳，以提高检出率。因隐匿管状线虫常与四翼无刺线虫混合感染，可通过成虫形态、身体结构及虫卵的大小和形态进行区分。

6. 防治

对已感染的实验动物的最佳处理方式是淘汰，并采取净化措施或重新引入新的种源。在饲料或饮用水中添加芬苯达唑、伊维菌素、柠檬酸哌嗪、噻苯达唑或甲苯达唑等驱虫药，可有效预防和治疗。严格消毒设施环境、饲料和垫料，避免虫卵经空气传播。

(九)四翼无刺线虫

四翼无刺线虫(*Aspiculuris tetraptera*)属尖尾科(Qxyuridae)无刺属(*Aspiculuris*)主要寄生于小鼠的小肠和盲肠，常与隐匿管状线虫混合感染。

1. 病原特性

四翼无刺线虫成虫为白色，呈圆柱状，角皮有细横纹；食道球呈椭圆形，唇较小，颈瓣较宽。雌虫体长为 3～4 mm，宽约为 250 mm，阴门位于虫体前 1/3 处，尾部平缓呈圆锥状；雄虫体长为 2～4 mm，宽约为 160 mm，体表无乳突，尾部向腹面弯曲，具宽尾翼，无交合刺和引器。虫卵呈椭圆形或纺锤状，左右对称，大小为(70～98)μm×(29～50)μm，卵排出时处于桑椹胚期。

2. 流行病学

四翼无刺线虫呈世界性分布。患病或带虫动物是主要传染源，虫卵随宿主粪便排出，存在于粪便黏液中，5～8 d 后具有感染性。健康动物食入虫卵后感染。小鼠为终末宿主，大鼠等啮齿动物也可感染。

3. 生活史

隐匿管状线虫的生活史生命周期短而直接，但比隐匿管状线虫长。感染后的潜伏期为 21～25 d，虫卵在盲肠内孵育成幼虫，随后迁移至近端结肠；成虫在此交配后，雌虫移行至远端结肠产卵，产卵后进入粪便。每只雌虫每天大约排出 17 个卵，然后返回结肠近端。雌虫寿命为 45～50 d，可持续产卵 21～24 d。

4. 临床症状和病理变化

虽然四翼无刺线虫感染一般不表现出任何临床症状，但可以通过影响宿主的免疫功能来干扰实验。严重感染时可表现出与隐匿管状线虫相似的症状。

5. 诊断

采用粪便漂浮法检测虫卵或剖检盲肠和结肠检出成虫，可做出诊断。与隐匿管状线虫不同，四翼无刺线虫的虫卵随粪便一起排出，使用透明胶带在肛周不易检出虫卵。采用 PCR 技术，以 16S rDNA 为目的基因，可以实现同时检测粪便中的四翼无刺线虫和隐匿管状线虫。

6. 防治

对已感染的实验动物的最佳处理方式是淘汰，并采取净化措施或重新引入新的种源。同时，加强饲养管理，确保垫料和环境的清洁。在治疗方面，可参照对隐匿管状线虫的治疗方法，在饲料中添加芬苯达唑或按每千克体重 2 mg 注射伊维菌素驱虫。

(十)微小膜壳绦虫

微小膜壳绦虫[*Rodentolepis*(*Hymenolepis*)*nana*]又称短膜壳绦虫，属绦虫纲(Cestoda)圆叶目(Cyclophyllidea)膜壳科(Hymenolepididae)啮壳属(*Rodentolepis*)，主要寄生于啮齿动物小肠，尤其在小鼠和仓鼠中较为常见，呈全球性分布。

1. 病原特性

微小膜壳绦虫成虫为小型绦虫，虫体细长，一般体长为 25～40 mm，宽为 0.5～1 mm，头节呈球形，具有 4 个吸盘和一个可自由伸缩的顶突，顶突上有 20～30 个小钩，排成一圈。劲节细长，链体由 100～200 个节片组成，成熟的节片呈梯形，孕节最大，各节片生殖孔都位于虫体同侧。虫卵为椭圆形，无色透明，大小为(44～62)μm×(33～55)μm。壳膜较薄，内有透明胚膜，两端略凸起，发出 4～8 根丝状物，在卵膜和胚膜间弯曲延伸，胚膜内含有 1 个六钩蚴。

2. 流行病学

微小膜壳绦虫呈世界性分布，患病或带虫动物是主要传染源。虫卵可直接感染宿主，携带有似囊尾蚴的昆虫可作为传播媒介，由宿主吞食后感染。啮齿动物和灵长类动物为终末宿主。

3. 生活史

微小膜壳绦虫的发育分为直接和间接两种方式，也是唯一可以不需要中间宿主即可完成生活史的绦虫。在直接生活史过程中，脱落的孕节或虫卵通过粪便传播给易感宿主，然后在宿主小肠内经消化液的作用孵育出六钩蚴，侵入小肠绒毛，经过 4～5 d 发育为囊尾蚴。囊尾蚴重新回到肠道并附着在肠壁上，经 10～11 d 发育为成虫。在间接生活史过程中，微小膜壳绦虫卵在面粉甲虫、拟谷盗和多种跳蚤体内发育为六钩蚴，其穿破中间宿主体腔，发育为似囊尾蚴，终末宿主摄食后而感染。另外，自身感染，即虫卵在同一终末宿主体内孵育和生长，不离开原始宿主的情况下发育为成虫。

4. 临床症状和病理变化

微小膜壳绦虫在轻度感染时一般不表现出临床症状，严重时可导致小鼠生长迟缓、体重减轻和肠梗阻。在较轻的病例中可能观察不到临床症状。病理变化取决于感染虫体的数量。重度感染会引起严重的卡他性肠炎。慢性感染可引起肠系膜淋巴结脓肿和局灶性肉芽肿性淋巴结炎。实验发现，在感染初期，血清白蛋白水平下降，伴随 γ-球蛋白升高，机体已出现免疫应答。不同小鼠品系对微小膜壳绦虫的免疫应答速度存在差别，如 C57BL/6 小鼠快于 C3H 小鼠。当体内虫体减少时，血清白蛋白恢复到正常水平。其他生理变化包括血清葡萄糖和总蛋白质浓度降低，血清脂质浓度升高，肠道组织蛋白质和脂质浓度降低，组胺或组胺类化合物浓度上升，嗜酸性粒质细胞增多。

5. 诊断

在粪便中发现含有六钩蚴的虫卵或通过剖检在动物肠道内发现成虫可做出诊断。剖检时，将切开的小肠放至温水或生理盐水中，等待成虫爬出，以便观察。微小膜壳绦虫与缩小膜壳绦虫非常相似，两者的区别在于：前者虫卵更小，且有极丝，成虫具有顶突钩结构。

6. 防治

加强饲养管理，定期消毒实验动物设施和辅助设备，及时清理粪便和污染垫料，严格阻止野鼠和昆虫进入动物设施。已感染的实验动物最好予以淘汰或采取净化措施，重新引种。治疗本病时，可采用氯硝柳胺、阿苯达唑、吡喹酮等口服灌胃给药，具体剂量为：小鼠每千克体重 35 mg，大鼠每千克体重 10 mg。单次给药 10～14 d 后，再次给药。治疗大鼠感染时，也可在饲料中以每千克体重 50 mg 的剂量连续 4 d 添加硝硫氰酯。微小膜壳绦虫可感染人，因此在啮齿动物操作时应采取必要的预防措施，防止感染。

第五节 实验动物病理学检测与诊断

一、实验动物病理学概述

动物病理学是兽医科学中的一门具有“桥梁”作用的专业基础理论课程。其任务是以辨证唯物主义哲学思想为指导，通过研究动物疾病的原因、发病机理以及患病机体内所呈现的代谢、机能和形态结构的变化，阐明疾病发生、发展及转归的基本规律，为疾病的诊断和防治提供科学的理论依据。它既可以作为基础理论学科，为临床兽医学奠定坚实的基础；又可以作为应用学科，直接参与疾病的诊断和防治。

传统病理学包括病理解剖学（pathology anatomy）和病理生理学（pathology physiology）两个分支：前者研究患病动物机体的器官、组织和细胞形态学的改变；后者研究患病机体代谢和功能的变化及其机制。一个患病动物机体的任何组织器官形态结构的损伤必定会带来其代谢和功能的变化，而组织器官代谢和功能的变化也会导致其形态结构的改变。因此，病理生理学和病理解剖学是研究同一对象的不同方面，两者密不可分。

病理学检查是判断动物健康与否的“金标准”。利用病理学检查等方法，组织器官的病理学变化能最直接、最明确地反映动物的健康状态。这种通过直接观察病变的宏观和微观特征做出的诊断比临床上的分析性诊断及利用各种影像做出的诊断更具有客观性和准确性。动物病理学被广泛应用于动物临床医学、法医学、新药研发和各种生物科学研究领域，还可为各种疾病的发展预后和临床治疗提供指导。

我国生物医药行业正在飞速发展，实验动物作为生命科学发展的重要基石和必备工具发挥着举足轻重的作用。实验动物的质量不仅代表着国家医药发展的水平，还影响着人类医学的发展方向。通过病理学检查监测实验动物健康状况，是评价实验动物质量、保障实验动物健康必不可少的重要环节。当实验动物受到微生物、寄生虫等病原的感染时，病理学检测可以提供最权威、最可靠的“证据”；当实验动物因应激、营养失衡、饲养不当等进入健康与疾病的中间态（即“亚健康”状态）时，病理学能够对无明显症状的实验动物质量进行更准确的评估，从而避免实验动物“亚健康”状态对动物实验结果的准确性产生影响。因此，实验动物病理学在实验动物质量监测中的应用与发展具有重要意义。

为更好地为我国生命科学技术的发展服务，应逐步完善实验动物质量控制检测技术标准，与国际接轨，凸显动物病理学在监测体系中的作用与地位，全面推进实验动物监管体系创新，提升实验动物科技工作对生命科学领域研究与创新的支撑能力和服务水平。

二、实验动物病理学检测及诊断方法

（一）实验动物病理学检测

动物病理学在动物质量控制和评价中发挥着关键作用。自 2009 年起，北京地区将病理学检测纳入实验动物质量监测体系。监测一年两次检查，以大鼠、小鼠、豚鼠、金黄地鼠等啮齿动物为抽检对象，对动物的心脏、肝脏、脾脏、肾脏、大肠和小肠进行大体检查后采样，使用石蜡切片、HE 染色、冰冻切片、油红 O 染色、PAS 染色、免疫组化等方法，对组织结构和细胞病变特征进行病理学描述，并结合微生物、寄生虫等检测结果以及动物饲养管理制度等进行综合诊断，出具病理检测报告，对啮齿类实验动物的整体健康状况进行分析与评价，根据检测结果梳理病变发生的可能原因并提出建议。作为病理学在实验动物质量控制中的应用，实验动物病理学检测为北京市实验动物病理学诊断规范的制定积累了宝贵经验，使规范更贴合生产实际，有利于规范的推行和普及，为其不断完善奠定基础。

2020 年，在北京实验动物行业协会、北京市实验动物管理办公室的带领下，多位病理学专家共同努力，率先在全国开展实验动物病理学诊断技术规范的研究工作。目前，北京市颁布了（DB11/T 1805—2020）《实验动物　病理学诊断规范》，该规范合并了猪、牛、羊、小型猪、长爪沙鼠、狨猴、鱼等实验动物的病理学诊断规范，并增加了实验雪貂、猫、鸡、鸭、鹅、鸽的病理学诊断相关内容。此外，其他地区也有相关实验动物病理学诊断规范，如云南省于 2016 年颁布的（DB53/T 802.4—2016）《实验小型猪　第 4 部分：病理诊断规范》；中国实验动物学会团体于 2017 年颁布的（T/CALAS 13—2017）《实验动物　树鼩病理学诊断规范》，2018 年的（T/CALAS 60—2018）《实验动物　长爪沙鼠病理学诊断指南》。北京市的实验动物的病理学监测主要包括实验动物病理学检查和诊断的检查规则、检查程序、动物临床病理学诊断、动物解剖病理学诊断、病理学诊断报告。适用于实验小型猪、实验猪、实验牛、实验羊、实验狨猴、实验长爪沙鼠、实验雪貂、实验猫、实验鸡、实验鸭、实验鹅、实验鸽、实验鱼（斑马鱼和剑尾鱼）的病理学检查和诊断。

1. 诊断方法

（1）实验动物临床病理学诊断　用生物化学、微生物学、血液学、细胞学及分子生物学等方法，分析动物的体液和组织样本等，以判断实验动物的整体健康状况。

（2）实验动物解剖病理学诊断　通过肉眼、显微镜、免疫学等方法对动物的机体、器官和组织进行形态学检查，判断实验动物健康状况。

2. 检查频率

每 3 个月至少检查一次。

3. 抽样要求

根据不同动物群体大小，选择适宜年龄、适宜数量的实验动物用于检测，并随机抽样。对于陆生动物来说，当群体数量小于 100 只/（头・羽）时，抽取数量大于等于 5 只/（头・羽）实验动物；当群体数量为 100～500 只/（头・羽）时，抽取数量大于等于 10 只/（头・羽）实验动物；当群里数量大于 500 只/（头・羽）时，则抽取数量大于等于 15 只/（头・羽）的实验动物进行检测。对于水生动物来说，当同一水环境中的群体数量小于 100 尾时，抽取 5 尾实验动物；当群体数量大于 100 尾时，按照 5%的比例进行抽样，最多抽取数量为 30 尾进行检测。

4. 检查程序

检查程序（图 3-9）根据实验动物不同而有所差异。

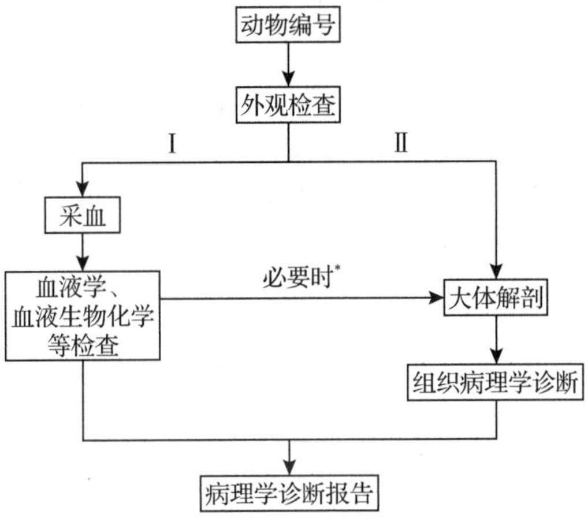

* 结合临床病理学和微生物学、寄生虫学等检查结果及实验目的，如发现异常，则进行大体解剖和组织病理学诊断。

图 3-9　检查程序

（1）程序Ⅰ　适用于小型猪、猪、牛、羊、狨猴、雪貂和猫。先对实验动物进行外观检查，随后麻醉并采血，根据血液学、血液生物化学或微生物学、寄生虫学等检查结果判断是否需要进行大体解剖和组织病理学分析；若不需要，则直接出具病理学诊断报告。

（2）程序Ⅱ　适用于长爪沙鼠、鸡、鸭、鹅、鸽、斑马鱼和剑尾鱼。先对实验动物进行外观检查，随后直接对其进行大体解剖及组织病理学诊断，最后出具病理学诊断报告。

5. 实验动物临床病理学诊断

实验动物临床病理学诊断包括大体检查、血液学及血液生物化学检查。进行血液学检查时，需满足采血前禁食 8～20 h，采血量满足检查要求即可。用于血液学检查的样品采用相应规格的抗凝管采集，在室温条件下贮存不超过 4 h，在 4 ℃条件下不超过 12 h；用于血液生物化学检查的样品室温静置 30～60 min，之后 3 000 r/min 离心 5 min，取血清用于检测；若静置后不能及时处理，则应确保冷链运输直至离心。用于血液生物化学检查的血清样品应密封、避光贮存。在室温条件下，贮存时间不超过 12 h；在 4 ℃条件下，贮存时间不超过 24 h。

6. 实验动物解剖病理学诊断

（1）处死　需综合考虑实验动物福利。根据不同的实验动物品种，采用不同的安乐死方法。小型猪、猪、牛、羊一般采用电击致死。操作时，应确保足够大的电流通过大脑，诱导动物意识丧失并引发癫痫性肌肉痉挛。长爪沙鼠一般使用二氧化碳致死。狨猴、雪貂、猫、鸡、鸭、鹅、鸽一般通过静脉注射巴比妥类药物或巴比妥酸衍生物等麻醉剂进行处死，致死剂量一般为麻醉剂量的 3 倍。斑马鱼、剑尾鱼的处死方法为在 2～4 ℃水中快速冷却，成年鱼浸泡约 10 min，直至鳃动停止。

(2)解剖程序　通常解剖程序包括体表检查、皮下检查、剖开腹腔并检查腹腔脏器、剖开胸腔并检查胸腔脏器、口腔及颈部器官的检查、颅腔的检查、肌肉及关节的检查、骨和骨髓等环节。

(3)检查内容　主要包括被皮系统、呼吸系统、循环系统、消化系统、泌尿系统、生殖系统、免疫系统、神经内分泌系统及骨骼与肌肉系统等。

7. 实验动物组织病理学诊断

实验动物组织病理学诊断是指针对心、肝、脾、肺、肾、胃、肠、睾丸/附睾/卵巢及子宫(鱼的精巢/卵巢)等主要器官；大体解剖检查发现异常的组织器官以及根据实验目的需要检查的组织器官，开展的兽医组织病理学检查。其主要步骤包括组织取材、病理组织制片、阅片及诊断。

8. 病理学诊断报告

病理学诊断报告书应使用规范的病理学术语及诊断标准，做到表述准确、条理清晰，具有时效性、真实性、科学性。诊断报告的内容应包括以下内容。

①实验动物完整的背景信息，如动物来源、品种、品系、性别、年龄和体重等。

②实验动物临床病理学诊断相关内容，如检查所用仪器、血液学及血液生物化学检测指标、检测结果及正常参考范围、兽医临床病理学诊断结果等。必要时，需要有相应图片。

③实验动物解剖病理学诊断相关内容，如外观检查描述，大体解剖病理变化描述，组织切片病理变化描述，实验动物解剖病理学诊断结果等。必要时，需要有相应图片。

④出具病理诊断结论，若出现病变，则需对可能原因进行分析讨论。必要时，附参考文献。

⑤病理学诊断报告需要由兽医病理师或兽医病理学专业技术人员出具并签字。

(二)实验动物病理学诊断方法

1. 临床病理学

临床病理相关的筛查包括全血细胞计数(complete blood count，CBC)、血液生化检查及尿液检查等。尽管筛查不是以确诊具体疾病诊断为目的，但可以通过全身状态的掌握，初步识别出现异常的脏器。

(1)实验动物体格检查　实验动物进行体格检查主要包括整体状态观察，被毛(或羽毛)、皮肤(包括鼻镜、鼻盘、肉冠等)及皮下组织的检查，眼结膜的检查，表浅淋巴结及淋巴管的检查以及测定体温、脉搏、呼吸次数等检查项目。

①整体状态观察：应着重判定体格与发育、营养程度、精神状态、姿势与体态、运动与行为的变化和异常表现。

A. 体格与发育状况一般可根据骨骼与肌肉的发育程度来确定。为精准判定，可应用测量器械测定其体高、体长、体重、胸围及管围的数值。一般依据视诊观察的结果，可区分体格的大、中、小或发育良好与发育不良。体格的大小要可作为判定发育程度的参考。

B. 营养程度通常根据肌肉的丰满度，特别是皮下脂肪的蓄积量来判定，被毛的状态和光泽可作为参考。

C. 实验动物的精神状态是中枢神经机能的标志。可根据其对外界刺激的反应能力及其行为表现而判定之。正常时中枢神经系统的兴奋与抑制两个过程保持动态的平衡。实验动物表现为静止间较安静，行动间较灵活，经常注意外界，对各种刺激较为敏感。当中枢神经机能发生障碍时，兴奋与抑制过程的平衡被破坏，临床上表现为过度兴奋或抑制。

D. 姿势与体态系指动物在相对静止间或运动过程中的空间位置及其姿态表现。健康状态时，动物的姿势自然、动作灵活而协调。病理状态下所表现的反常姿态常由中枢神经系统疾病及其调节机能失常，骨骼、肌肉或内脏器官的病痛及外周神经的麻痹等原因而引起。

E. 运动与行为的变化和异常可表现为共济失调、盲目运动、躁动不安、跛行等。

②表被状态的检查：检查表被状态主要应注意其被毛、皮肤、皮下组织的变化。对不同种属动物更应检查其特定内容：鸡的羽毛、冠、髯及耳垂；猪的鼻盘；牛的鼻镜。检查时，宜注意其全身各部皮肤的病变，除头部、颈侧、胸腹侧外，还应仔细检视其会阴、乳房甚至于蹄、趾间等部位。

A. 健康动物的被毛整洁、有光泽，禽类的羽毛平顺而光滑。被毛蓬乱而无光泽，或羽毛逆立、无光，换毛（或换羽）迟缓，常为营养不良的标志，可见于慢性消耗性疾病及长期的消化紊乱；营养物质不足、过劳及某些代谢紊乱性疾病时也可见之。

B. 皮肤优先观察其颜色，白色皮肤部分，颜色的变化容易辨识；有色素的皮肤，则应参照可视黏膜的颜色变化。此外，鸡应注意鸡冠的颜色；而猪则应检视鼻盘颜色变化。皮肤温度的检查可用手或手背触诊动物躯干、股内等部位而判定。为确定躯体末梢部位皮温分布的均匀性，可触诊鼻端、角根、耳根及四肢的末梢部位。皮肤湿度受汗分泌状态的影响，除因外界温度过高或于使役、运动之后，偶于凉恐、紧张之际，有生理性汗分泌增加外，多汗常为病态。检查皮肤的弹性通常可在颈侧、肩前等部位，用手将皮肤捏成皱褶并轻轻拉起，然后放开后根据其皱褶恢复的速度而判定。皮肤的检查还包括检查皮肤疹疱、皮肤的创伤与溃疡、皮肤及体表的战栗与震颤等。

C. 皮下组织的肿胀可由多种原因而引起。不同原因引起的肿物又有不同的特点，包括大面积的弥散性肿胀、皮下浮肿、皮下气肿、脓肿、血肿和淋巴外渗等。

③可视黏膜的检查：凡是肉眼能看到或借助简单器械可观察到的黏膜，均称为可视黏膜，如眼结膜、鼻腔、口腔、阴道等部位的黏膜。

健康动物的可视黏膜湿润有光泽，呈微红色。因动物种类不同稍有差别，如马、骡为淡红色，猪为粉红色。检查可视黏膜时，除应注意其温度、湿度、有无出血、完整性外，更要仔细观察颜色变化，尤其是眼结膜的颜色变化。眼结膜的颜色变化不仅可反映其局部的病变，还可推断全身的循环状态及血液某些成分的改变，在诊断和预后的判定上均有一定的意义。

④表浅淋巴结及淋巴管的检查：表浅淋巴结及淋巴管的检查在确定感染或诊断某些传染病上有很重大的意义。

在临床检查中，应予注意的淋巴结主要有下颌淋巴结、耳下及咽喉周围的淋巴结、颈部淋巴结、肩前及腘淋巴结、腹股沟淋巴结和乳房旁淋巴结等。淋巴结的检查方法可用视诊，触诊是常用的方法，必要时，可配合应用穿刺检查法。进行表浅淋巴结的视诊、触诊检查时，主要注意其位置、大小、形状、硬度及表面状态、敏感性及其可动性（与周围组织的关系）。淋巴结的病理变化主要可表现为急性肿胀或慢性肿胀，有时可呈现化脓。正常时，动物体浅表淋巴管不能目视；当某些病变时，才可见淋巴管的肿胀、变粗，甚至呈绳索状。

⑤体温、脉搏及呼吸数的测定：体温、脉搏、呼吸数是动物生命活动的重要生理指标。在正常情况下，除受外界气候及运动、使役等环境条件的暂时性影响外，一般变动在一个较为恒定的范围内。然而，在病理过程中，受病原体影响，这些指标会发生不同程度和形式的变化。因此，临床上测定这些指标在诊断疾病和分析病程的变化上有重要的实际意义。

所有恒温动物均具有较为发达的体温调节中枢及产热散热装置，所以能在不同温度的条件下保持恒定的体温，其指标变动均在较为稳定的范围内。健康动物的体温受某些生理因素影响，如年龄、性别、品种、营养及生产性能等，可引发一定程度的生理变动。动物的兴奋、运动与使役以及采食、咀嚼活动之后等可使其体温暂时升高。同时，外界气候条件和地区性的影响可表现为季节性的变化或地区性的差异。排除生理影响后，体温的增减变化即为病态。

检脉时，宜注意其频率、节律及性质的变化。脉搏的频率，即每分钟内的脉搏次数。每次心室收缩会向主动脉输送一定数量的血液，引发动脉的搏动，通过触诊感知浅在动脉搏动，即脉搏。诊查脉搏可获得关于心脏活动机能与血液循环状态的信息，这在疾病诊断及预后判定上具有很重要的实际意义。

动物的呼吸活动由吸入及呼出两个阶段组成一次呼吸，呼吸频率一般以次/min 表示。计数方法多样，一般可观察动物胸、腹壁的起伏动作或鼻翼开张（不甚准确）；寒冷季节可按其呼出的气流计数；对鸡可注意观察肛门部羽毛缩动计算，一般应计测 2 min 的次数，然后取平均数。呼吸次数受年龄、外界温度、地区、使役等因素影响，排除这些生理性因素后，呼吸数增加或减少属于病理性改变。

（2）CBC：白细胞系的评价　血液检查时，率先评价白细胞群，因白细胞的变化能反映动物是否存在炎症以及全身状态。当动物骨髓异常时，白细胞系会最先出现多种变化，且贫血等红细胞系变化也与白细胞系变化相关。白细胞系由中性粒细胞、嗜酸性细胞和嗜碱性细胞以及单核细胞、淋巴细胞等组成，其数量的增减或形态变化可作为判定各种病理学变化的指标。通过对白细胞群的评价，可以推测动物机体是否有炎症、是否存在坏死以及是否处于精神紧张状态等。

①白细胞增多症：白细胞增多症包括粒细胞增多症、淋巴细胞增多症以及单核细胞增多症。中性粒细胞增多分为生理性增多和病理性增多两种：生理性增多并非源于骨髓增殖，而是由肾上腺素和皮质类固醇引起；病理性增多包括反应性（炎症等）增多和肿瘤性增多。嗜酸性粒细胞增多症提示组织嗜酸性炎症或提示动物机体存在嗜酸性粒细胞增多的要因，如淋巴瘤、肥大细胞瘤或嗜酸性细胞性肉芽肿等。单核细胞增多症多见于慢性炎症，也见于急性病，包括免疫性溶血性贫血、坏死和感染；还可见于皮质类固醇诱发性增多。淋巴细胞由于其免疫机能，发生感染、抗原刺激等任何免疫刺激时，淋巴细胞出现轻度或中度增生。

②核左移：核左移分为再生性核左移和变性性核左移。再生性左移是指由中性粒细胞增加引起的白细胞增多症，伴发幼稚中性粒细胞系细胞出现。变性性核左移是指白细胞减少症、白细胞轻微增多时的核左移，多数表现为幼稚细胞数多于成熟细胞数。其主要特征为骨髓反应不足，常见中毒性变化，也见于败血症或重度细菌感染。

③类白血病反应：当白细胞异常增多且出现白血病提示性幼稚细胞时，会发现严重再生性核左移，有幼粒细胞、早幼粒细胞和原粒细胞等，疑似为粒细胞性白血病。其通常多见于中性粒细胞性类白血病。

④白细胞减少症：白细胞减少症一般为中性粒细胞减少症和泛白细胞减少症。若伴有贫血或血小板减少，则强烈提示存在骨髓疾患。其病因大致可分为消耗过度、骨髓生成低下和白细胞分布异常等情况。

⑤出现异常白细胞：骨髓造血环境恶化、白血病早期、FeLV 感染等状况下，会出现多件巨大中性粒细胞、细胞核发生变化、分叶过度、杜勒小体等中毒性变化，且常伴发变性性核左移。

（3）CBC：红细胞系的评价

①红细胞增多症：红细胞增多症分为相对红细胞增多症和绝对红细胞增多症。相对红细胞增多症一般由脱水引起，同时血清总蛋白（serum total protein，TP）浓度上升。绝对红细胞增多症分为原发性和继发性。原发性红细胞增多症属于慢性骨髓增殖性疾病的原始红细胞系肿瘤性增殖，分化成熟过程没有形态学特异性。继发性红细胞增多症由促红细胞生成素浓度增加引起的红细胞生成亢进，包括心肺系统疾病、慢性缺氧等因素有关。

②贫血：贫血是指经血液检查的红细胞计数（red blood cell count，RBC）、血红蛋白（hemoglobin，Hb）浓度和血细胞比容（hematocrit，HCT）的任一或全部低于正常。贫血大致可分为以红细胞的破坏或丧失为病因而在骨髓中不存在病因的再生障碍性贫血和以骨髓造血机能低下为病因的非再生障碍性贫血。再生障碍性贫血主要是指在末梢中各种原因导致的红细胞破坏的亢进、寿命的缩短或失血。非再生障碍性贫血一般由骨髓原始红细胞系的发育不良或不发育引起，如猫白血病、铁利用低下、甲状腺机能减退症等。

（4）血液生化检查　血液生化检查通常作为筛查的一个环节，通过这项检查可以分析蛋白质、肝脏、肾脏、胰腺内分泌/糖代谢、肠/胰腺外分泌、肾上腺、甲状腺和甲状旁腺等。

(5)血浆蛋白质检查 血浆蛋白质是血浆中的运载蛋白、急性时相反应蛋白、胎儿蛋白、抗体、补体、酶、激素、凝血因子、糖蛋白和脂蛋白的总称。血浆蛋白质的筛查主要是在 CBC 检查中通过测定血清总蛋白(TP)量的折射计进行简易测定。

(6)骨髓检查 在外周血可见,白细胞成分中,除淋巴细胞外,其他细胞均在骨髓分化成熟。红细胞、血小板同样在骨髓分化成熟。所有血细胞均由造血干细胞而来,骨髓是血细胞生成场所。当外周血出现血液异常且通过外周血检查无法明确病因时,应进行骨髓检查。

(7)血液凝固系统检查 止血是指由从损伤血管到出血停滞的一系列生物学反应构成的复杂机制,最终产物是稳定的纤维素栓(血栓),而治愈过程则由纤维素溶解酶(纤溶)溶解血栓来实现。

①血小板减少症:血小板减少症分为后天性或遗传性,其特征是血小板数量或者功能性异常。后天性血小板减少症的病因是骨髓产生减少或者末梢破坏/消耗亢进。破坏/消耗亢进的原因包括由形成血栓而造成的消耗以及由免疫学机制引起的破坏:前者以弥散性血管内凝血(disseminated intravascular coagulation,DIC)为代表;后者被称为特发性血小板减少性紫癜(idiopathic thrombocytopenic purpura,ITP)。

②遗传性凝血障碍:遗传性凝血障碍主要包括血管性假血友病(Von Willebrand's disease,VWD)、c 因子缺乏症(血友病 A)、第Ⅷ因子缺乏症(血友病 B)及第Ⅶ因子缺乏症。

③后天性凝血障碍:后天性凝血障碍主要包括维生素 K 缺乏症、慢性肝病、灭鼠剂中毒及弥散性血管内凝血。

(8)尿检查 尿检查率先观察其颜色、清浊度和气味,用屈光仪测定尿的比重。化学性状检查可使用检测试纸。通常,尿检查包含 pH、蛋白质、葡萄糖、酮、潜血和胆红素等值的检测。

2. 解剖病理学

(1)病/尸体剖检 利用肉眼或借助于放大镜、尺、称等工具,观察被检标本和病变的大小、形状、质量、色泽、质地、界限、表面和切面状态等。剖检观察是最基本的病理诊断方法之一,是病理诊断程序的第一步。尸体剖检观察肉眼可见病变的整体形态和许多重要性状,具有微观观察无法取代的优势。

(2)大体标本的取材与固定

①取材:从病变器官采取所需要的部分或将整个器官取出。取材时,必须仔细,防止挤压。标本应带有明显的病变或变化,并可进行适当的修理,使其便于观察和装瓶。标本切面要平整。大动物脏器一般比较大,可切取一部分选留标本;体积较小的器官常将其整个留用。为便于辨认组织器官种类,最好保留其主要结构。

②固定:目的是防止器官组织腐败变质,使其体积、形态和结构不变,颜色也能长期保存。固定标本的容器应比较宽大,固定液应充足,体积至少为标本的 5 倍。标本的固定时间因其厚度、组织结构不同而异。胃肠壁需固定 1～3 d,子宫应固定 3～5 d,1～2 cm 厚的实质器官需固定 5～8 d。固定时间不宜过长(一般 3～5d,最长不要超过 1 周),否则回色不良。最常用的固定液是 10%中性福尔马林。

③加工处理:固定后的标本需经加工处理才能装瓶保存。普通标本制作的加工处理比较简单,主要是对标本进行修理,必要时固定在标本支架上。

④装瓶与保存:标本应放入大小合适的清洁标本瓶(或罐)。标本装瓶后,注入保存液。

(3)石蜡切片制作技术

①固定:将剖检或活检所取的组织标本及时放入固定液,使组织和细胞的结构固定,防止自溶和腐败。固定液对组织有硬化作用,经固定的组织易于制作切片。最常用的固定液为甲醛。组织固定时,固定液要足够,一般为组织块体积的 5～10 倍。固定时间根据组织的种类、性质、大小、固定液的种类和渗透力及气温而定,通常为 2～3 d。

②取材:组织标本经固定后进行取材。取材的基本原则是尽量切取新鲜组织;使用锐利刀片一次切取,切勿挤压;要保证取材全面并有代表性;所取组织块应包括脏器主要结构;管囊性器官必须使壁的各层组织相连。当所取组织块较多时,一定要做好标号和记录,必要时绘图说明。组织块大小要合适,一

般为 1.5 cm×1.0 cm×0.3 cm。

③流洗：流洗即水洗，将固定后的组织块放入流动的自来水中清洗。较长期固定的组织都需要该流程，而固定的新鲜组织或经卡诺氏液固定的组织不必清洗，可直接脱水。流洗的目的是洗去渗透到组织中的固定液，因为固定久会影响组织脱水，甚至在组织中产生沉淀物，干扰切片观察。陈旧性或固定时间过长的标本更应进行流水冲洗。

④脱水：脱水是将固定和流洗后组织中的水分去除。因水和石蜡不相溶，含水组织不能直接浸蜡制作切片。脱水剂不仅能与水混合相溶，而且能和以后的透明剂(如二甲苯或苯)相溶，乙醇是最常用的脱水剂。脱水时间取决于组织种类、组织块大小和厚度，以组织中水分脱除干净为准，只有水分完全脱除，组织才能在二甲苯中透明，石蜡才能浸透到组织和脂肪细胞中。结构致密、体积较大的组织块，脱水时间可延长 30～60 min；水分和脂肪含量高的组织，脱水时间也应增加；胃肠黏膜等薄片、小块组织的脱水时间可适当缩短；肌肉等坚硬组织的脱水时间不要超过 4 h。

⑤透明：组织经乙醇脱水后，不能直接进行浸蜡，因为乙醇不能溶解石蜡。因此，在脱水和浸蜡这两个步骤之间，需要一种既能与乙醇混合又能溶解石蜡的媒剂，从而让石蜡浸入组织。媒介剂可使组织变得透明，故也被称为透明剂。常用的透明剂有二甲苯或二甲苯替代剂。

⑥浸蜡：浸蜡是指将石蜡浸入透明的组织块，以便随后凝固成具有一定硬度的蜡块，利于切片。由于石蜡为固体，欲使其进入组织，必先熔化并保持熔解状态。因此，浸蜡应在一定的恒温环境下(蜡浴箱或恒温箱)进行，温度保持在 60～62 ℃。浸蜡时间可根据组织块的大小和蜡浴箱的温度适当增减。当组织块为 1.5 cm×1.0 cm×0.3 cm 时，以 3～4 h 为宜。若浸蜡时间过长或温度过高，则会使组织硬脆，切片时易破碎；若时间过短或温度偏低，则会导致浸蜡不足，切片时易起皱，难以制成理想的切片。

⑦包埋：组织经浸蜡后，再用熔化的石蜡铸成包块的过程即为包埋。只有将组织铸成包块，才能切片。包埋所用的石蜡应为硬蜡，其熔点应与最后浸蜡时的石蜡熔点相同，以熔点 56～58 ℃的硬蜡为宜。在包埋过程中，必要时要烧热镊子，以熔化包埋框内正在凝固的石蜡，顺利夹取组织块。

⑧切片：组织包埋后，用切片机将修整好的包块切成所需要的薄片的过程称为切片。切片的成功与否与包块质量、切片机性能、切片刀锋利程度及切片操作技术等均有关。

⑨附贴：附贴是指将切片粘贴在载玻片上的过程。一般使用 40～45 ℃的温开水进行展片，随后捏住载玻片一段，另一端浸入水中，将载玻片垂直向上捞起切片，使其附着于载玻片上。

⑩烤片：切片附贴后必须烤干，使其牢固地附着在载玻片上，之后才能进行染色，否则在染色过程中切片极易脱落，通常采用 60 ℃，4 h 烘烤或 37 ℃过夜的方式。

⑪染色与封固：通过不同染色方式对石蜡切片进行染色，随后使用封固剂进行封固。

(4)HE 染色方法　是指使用苏木精和伊红对石蜡切片进行染色，简称 HE 染色。具体步骤如表 3-4 所列。

表 3-4　HE 染色程序

程序	步骤	时间
脱蜡	二甲苯Ⅰ	5～10 min
	二甲苯Ⅱ	5～10 min
	无水乙醇：二甲苯(1：1)	3～5 min
	100%乙醇	3～5 min
	95%乙醇	3～5 min
	85%乙醇	3～5 min
	75%乙醇	3～5 min

续表 3-4

程序	步骤	时间
脱蜡	50%乙醇	3～5 min
	蒸馏水	2 min
染色	苏木精染液	5～10 min
	1%盐酸乙醇	1 s
	流水冲洗	10 min
	50%乙醇	3 min
	75%乙醇	3 min
	85%乙醇	3 min
	伊红染液	2～5 min
脱水、透明、封固	95%乙醇Ⅰ	1～2 min
	95%乙醇Ⅱ	1～2 min
	100%乙醇	2～4 min
	无水乙醇：二甲苯(1：1)	2～4 min
	二甲苯Ⅰ	2～4 min
	二甲苯Ⅱ	2～4 min
	中性树胶	—

(5)免疫组化染色方法　免疫组织化学染色(immunocytochemistry staining，ICC)，简称免疫组化，是指利用抗原与抗体特异性结合的原理，即先用未标记的Ⅰ抗与组织内的相应抗原结合，再用标记Ⅱ抗与Ⅰ抗结合，通过荧光显微镜观察或经酶促反应后用显色剂显色，利用光镜观察有色的阳性反应产物来确定组织细胞内抗原，对其进行定位、定性及定量研究。这是实验病理研究领域中一项不可缺少的研究手段。虽然因标记物的不同而派生许多不同种类的免疫组织化学技术方法，但其基本技术流程大体是相同的，都是以免疫学的抗原-抗体反应为基础。免疫组化染色法大体可分为免疫酶标法、免疫荧光法、免疫胶体金法、亲和组织化学法等。

在免疫组化实验中，所用的抗体分为单克隆抗体、多克隆抗体和基因工程抗体。单克隆抗体(monoclonal anti-body，McAb)是同一个B[淋巴]细胞被克隆后分泌的抗体，应用[淋巴细胞]杂交瘤技术免疫动物制备。多克隆抗体(polyclonal antibody，PcAb)是指将纯化后的抗原直接免疫动物后，从动物血中获得的免疫血清，是由多个B[淋巴]细胞克隆产生的抗体混合物。基因工程抗体(genetically engineered antibody)是采用DNA重组技术及蛋白质工程技术，在基因及蛋白质水平上直接切割、拼接或修饰组装的抗体，具有特异性更强、稳定性更好的特点。

(6)常用的特殊染色方法

①苦味酸-酸性品红染色(Van Gieson染色)：一种对胶原纤维进行染色的方法。经该染色，胶原纤维呈红色；肌肉、神经纤维、胞质、红细胞呈黄色；细胞核呈蓝褐色；胆红素呈鲜绿色。

②Masson三色法：一种对胶原纤维进行染色的方法。经该染色，胶原纤维呈绿色或蓝色；弹性纤维呈棕色；细胞质、肌纤维、红细胞呈红色；细胞核呈蓝黑色。

③PAS染色(Periodic acid Schiff染色)：一种针对糖原进行染色的方法。经该染色，糖原、黏液、真菌呈紫红色；细胞核呈蓝色或暗褐色；红细胞、脑垂体嗜酸性细胞呈橘黄色，其嗜碱性细胞呈红色。

④普鲁士蓝染色：一种可对含铁血黄素进行染色的方法。经该染色，含铁血黄素呈蓝色；胞核呈红色。应注意的是，在染色过程中，器皿必须保持清洁，水不能含铁，试剂应为分析纯。

⑤银浸染色法（Von Kossa 法）：一种对钙盐进行染色的方法。经该染色，钙盐（磷酸盐、碳酸盐）呈棕黑色；细胞核呈红色。

⑥瑞氏染色（Wright 染色）：一种血涂片染色的方法。经该染色，红细胞呈粉红色；白细胞核呈深浅不一的蓝紫色；中性颗粒呈浅紫红色；嗜酸性颗粒呈鲜红色；嗜碱性颗粒呈暗紫红色；淋巴细胞质呈浅蓝色；单核细胞质为浅灰蓝色。

⑦刚果红染色（Congo red 染色）：一种对淀粉样蛋白染色的方法。经该染色，淀粉样蛋白呈红色；其他组织为浅红色；细胞核呈蓝色。需要注意的是，使用 80％乙醇分化时要控制好时间，分化过度会出现假阴性，分化不足会出现假阳性。

（7）电镜观察　应用透射和扫描电子显微镜，能够观察细胞内部和表面的超微结构变化，从亚细胞，甚至大分子水平深入了解组织细胞的形态和机能变化，使某些疾病的诊断和鉴别诊断能更为精准，也有助于更深入地认识疾病本质。

①透射电子显微镜：以电子枪发射的电子束作为光源，利用轴对称的电磁线圈作为透镜来成像。透射电镜技术在生物医学领域应用广泛，主要用于超微病理诊断和超微结构研究。通过对病变区域细胞进行电镜观察，可为疾病诊断提供有力依据。透射电镜是研究细胞生物学、组织学、病理学、解剖学等的重要工具，也可用于探究疾病、药物、环境、精神状态等对亚细胞结构的影响。在常规超薄切片、免疫标记、干细胞、纳米材料研究以及生物大分子和结构生物学研究中，其均有着广泛的应用要求并发挥了重要作用。

②扫描电子显微镜：扫描电子显微镜（简称扫描电镜）的成像方式与透射电镜不同，它是指用类似电视的成像方式。扫描电镜可直接观察器官组织、细胞表面的超微的立体结构，为医学生物学的亚显微的深入探讨提供了良好条件。在临床病理诊断方面，扫描电镜同样具有应用价值，尤其在血液病的诊断中，根据外周血或骨髓中所见到的多毛细胞[其胞浆周边不规则，有细长（>5 μm）纤绒毛伸出]，可明确诊断毛细胞白血病。此外，扫描电镜在医学生物学研究方面也有广泛应用，如中医药的研究、制药生产工艺等方面。

第六节　实验动物设施与环境控制

一、实验动物设施环境分类与管理要求

实验动物设施（laboratory animal facility）是指用于实验动物培育、生产、饲养、实验及应用的建筑物和设备的总称。（GB 14925—2023）《实验动物　环境及设施》按照功能和使用目的的不同将设施分为实验动物生产设施（breeding facility for laboratory animal）和实验动物实验设施（experiment facility for laboratory animal）。根据环境因子控制程度的不同，实验动物环境又分为普通环境、屏障环境和隔离环境（表 3-5）。

表 3-5　实验动物环境的分类

环境分类		使用功能	适用动物等级
普通环境	—	实验动物生产、实验、检疫	普通级动物
屏障环境	正压	实验动物生产、实验、检疫	SPF 级动物
	负压	实验动物实验、检疫	普通级动物、SPF 级动物
隔离环境	正压	实验动物生产、实验、检疫	SPF 级动物、无菌级动物
	负压	实验动物实验、检疫	普通级动物、SPF 级动物、无菌级动物

实验动物环境及设施应符合实验动物生物学特性并满足实验动物健康、福利、质量控制和生物安全等方面的要求。

(一)普通环境

普通环境(conventional environment)是通过人工控制，满足普通级实验动物生产或使用要求的各种因素总和。该环境设有能够控制人员和物品、动物出入的设施，符合实施动物居住的基本要求，可用于实验动物生产或开展动物实验。其基本建筑物和设备并非完全密闭，内部气流组织可不采用单向流动控制，无特定空气净化装置，因此不能完全控制传染因子。实验动物使用的饲料、饮水应符合卫生要求，垫料须经消毒处理，饲养环境内要有防鼠、防昆虫等设施。普通环境对微生物的控制能力低，环境指标变动范围较大，适用于饲育教学等用途的普通级实验动物。

(二)屏障环境

屏障环境(barrier environment)是指满足无特定病原体级实验动物生产或使用要求的各种因素总和。实验动物的生存环境与外界相对隔离，进入屏障环境系统的空气应经过初效、中效、高效三级过滤，空气洁净度应达到 7 级(万级)。屏障内气流组织采取单向流动控制，利用空调送回风系统在各区域间(如清洁走廊、动物房、污物走廊及室外)形成压差梯度，防止空气逆向导致污染。进入屏障系统内的人员、物品和实验动物等有严格的微生物控制措施，并实施单向流动原则，工作人员进入屏障环境须更换灭菌工作服及消毒后的防护用品；实验动物所需物品(如饲料、水、垫料及实验用品等)均须进行灭菌(消毒)处理；实验动物进入屏障前须进行隔离检疫，待确认微生物质量后方可进入，传出屏障设施的实验动物原则上不再返回。

(三)隔离环境

隔离环境(isolation environment)是指满足无菌级实验动物生产或使用要求的各种因素总和。隔离设施采用隔离装置(无菌隔离器)来实现与外界环境的隔离，保持无菌或隔离外源污染的状态。操作人员不直接接触动物，通过安装在隔离器上的手套进行隔离环境内的操作。隔离环境内的空气经过初效、中效、高效三级过滤，空气洁净度应达到 5 级或 7 级(正压 5 级/负压 7 级)。饲养实验动物所需饲料、垫料、饮水、笼具以及实验用品等须先经过灭菌处理后，通过特殊的传递方式进入隔离器内使用。隔离环境主要用于饲养无菌动物或悉生动物，也经常用于无特定病原体级(SPF)动物或免疫缺陷动物等特殊品系(种)的保种、生产实验及研究等，同时，隔离装置可用于实验动物的隔离检疫。

(四)洁净区和空气洁净度

1. 洁净区

洁净区是指实验动物设施内空气中的悬浮粒子(包括生物粒子)浓度受控的空间。

2. 空气清洁度

(1)洁净度 5 级(cleanliness class 5)　空气中大于或等于 0.5 μm 的尘粒数为 352～3 520 pc/m^3(含 3 520 pc/m^3)，大于或等于 1 μm 的尘粒数为 83～832 pc/m^3(含 832 pc/m^3)的情况。

(2)洁净度7级(cleanliness class 7)　空气中大于或等于0.5 μm的尘粒数为35 200～352 000 pc/m^3(含352 000 pc/m^3),大于或等于5 μm的尘粒数为293～2 930 pc/m^3(含2 930 pc/m^3)的情况。

(3)洁净度8级(cleanliness class 8)　空气中大于或等于0.5 μm的尘粒数为352 000～3 520 000 pc/m^3(含3 520 000 pc/m^3),大于或等于5 μm的尘粒数为2 930～29 300 pc/m^3(含29 300 pc/m^3)的情况。

(五)环境指标

1. 实验动物普通环境

实验动物普通环境指标如表3-6所列。

表3-6　实验动物普通环境指标

项目		指标		
		豚鼠、地鼠	猫、犬、猪、猴	兔
温度/℃		18～29	16～28	16～26
日温差/℃		≤4		
相对湿度/%		30～70		
换气次数/(次/h)		≥8		
动物笼具周边处气流速度/(m/s)		≤0.2		
氨浓度指标/(mg/m^3)		≤14		
噪声/dB(A)		≤60		
照度/lx	工作照度	≥150		
	动物照度	15～20	100～200	
昼夜明暗交替时间/h		昼(12～14)/夜(12～10)		

注:氨浓度指标为有实验动物时的指标;根据动物生物学特性,建议适当增加室外活动场地。

2. 实验动物屏障环境

(1)实验动物生产或动物实验区屏障环境指标如表3-7所列。

表3-7　实验动物屏障环境指标

项目	指标			
	小鼠、大鼠、豚鼠、地鼠	猫、犬、猪、猴	兔	鸡
温度/℃	20～26		16～26	16～28
日温差/℃	≤4			
相对湿度/%	30～70			
换气次数/(次/h)	≥15			
动物笼具周边处气流速度/(m/s)	≤0.2			
与相通区域的静压差/Pa	≥10			
空气洁净度/级	7			
沉降菌最大平均浓度/[CFU/(0.5 h·φ90 mm平皿)]	≤3			
氨浓度指标/(mg/m^3)	≤14			

续表 3-7

项目		指标			
		小鼠、大鼠、豚鼠、地鼠	猫、犬、猪、猴	兔	鸡
噪声/dB(A)		≤60			
照度/lx	工作照度	≥150			
	动物照度	15～20	100～200		5～10
昼夜明暗交替时间/h		昼(12～14)/夜(12～10)			

注：氨浓度指标为有实验动物时的指标；空气洁净度、沉降菌最大平均浓度为静态时的指标；动物是指成年动物，幼年动物和无毛动物建议根据需要提供环境温度；SPF 级猴包括在普通环境中经筛选获得的。

(2)屏障环境设施的洁净辅助区环境指标　正压屏障环境的单走廊设施应保证动物生产区、动物实验区压力最高。正压屏障环境的双走廊或多走廊设施应保证洁净走廊的压力高于动物生产区、动物实验区；动物生产区和动物实验区的压力高于污染走廊，如表 3-8 所列。

表 3-8　屏障环境设施的洁净辅助区环境指标

房间名称	洁净度级别[a]	最小换气次数/(次/h)	与室外方向上相通区域的最小压差/Pa	温度/℃	相对湿度/%	噪声/dB(A)	最低照度/lx
洁物贮存室	7	15	5	18～28	≤70	≤60	150
灭菌后室/区	7	15	5	18～28	≤70	≤60	150
洁净走廊	7	15	5	18～28	≤70	≤60	150
污物走廊	8	10	5	18～28	—	≤60	150
缓冲间	8	10	5	18～28	—	≤60	150
二更	7	15	5	18～28	≤70	≤60	150
清洗消毒室	—	4	—	18～28	—	≤60	150
一更	—	—	—	18～28	—	≤60	100

注：洁净区与非洁净区之间的最小压差为 10 Pa；"—"表示不作要求；辅助区包括洁净走廊、缓冲间、二更、清洗消毒室等；[a] 为设施处于静态时的检测标准(指无动物时)。

3. 实验动物隔离环境

实验动物隔离环境指标如表 3-9 所列。

表 3-9　实验动物隔离环境指标

项目	指标			
	小鼠、大鼠、豚鼠、地鼠	猫、犬、猪、猴	兔	鸡
温度/℃	20～26		16～26	16～26
日温差/℃	≤4			
相对湿度/%	30～70			
换气次数/(次/h)	≥20			
动物笼具周边处气流速度/(m/s)	≤0.2			
隔离设备内外的静压差/Pa	≥50			

续表 3-9

项目		指标			
		小鼠、大鼠、豚鼠、地鼠	猫、犬、猪、猴	兔	鸡
空气洁净度/级		5(正压)/7(负压)			
沉降菌最大平均浓度/[CFU/(0.5 h·φ90 mm 平皿)]		无检出[a]			
氨浓度指标/(mg/m^3)		≤14			
噪声/dB(A)		≤60			
照度/lx	工作照度	≥150			
	动物照度	15～20	100～200		5～10
昼夜明暗交替时间/h		昼(12～14)/夜(12～10)			

注:氨浓度指标为有实验动物时的指标;[a] 为设施处于静态时的检测标准(指无动物时)。

二、实验动物设施区域设置要求

实验动物设施建设需符合相应建筑技术规范,各组成部分应布局合理,不仅要满足实验动物饲养和使用的功能需求,还要考虑空间的有效利用与能耗的经济性。其基本原则包括各品种动物饲养区相对独立,互不干扰,以防控疫病的传播与外源污染;便于设施管理与使用人员操作;设施内的气流、人、物品、动物均有特定流向,一般为单向流动;实现空间利用合理与经济节能。

(一)设施建筑要求

1. 选址

实验动物设施应避开自然疫源地,选择自然环境和空气质量良好的区域,远离可能产生交叉污染的动物饲养场所。同时,要远离铁路、机场、码头、交通要道、工厂、仓储、堆场等区域,避免由工业粉尘、有害气体、振动或噪声等产生的干扰。要有稳定、便利且充足的水、电、交通运输等基础条件。

2. 建筑要求

实验动物设施一般独立设置,外环境周围无积水、杂草、垃圾堆放等污染源,需保持清洁,定期消毒,并采取杀虫、灭鼠等措施。外来人员、车辆进入生产设施前应在大门口进行消毒。设施建设应坚固、耐用、经济,布局合理,各功能区域划分明确并相对隔离,以满足不同品种(系)饲养管理需求。要有可靠的防止野生动物入侵措施,满足环境控制和微生物控制要求。建筑设计不仅要有利于维护实验动物质量、保障动物福利,还应考虑从业人员的健康和安全。同时,设施还应具有适当的防灾减灾措施(如火灾、突发停电等),防火和安全通道设置应符合国家消防规定和要求。

所有用于建筑围护结构的材料应符合国家有关部门对该类产品生产、销售和使用的规定。材料应兼具耐用、防火、防潮、耐腐蚀、无毒、无反光、无气味、无放射性、不变色、不产生粉尘等特性,可直接接触人员和动物。内墙表面应光滑平整,表面涂层应无毒无害。房间内墙面、地面、天花板连接处密封可靠,阴角、阳角均为圆弧角,便于清洗消毒。选材应注意防滑、耐磨、耐酸碱消毒液腐蚀,颜色应适合于饲养动物的习性。天花板不宜采用吊顶式,应为硬顶结构。

设施的门、窗应有良好的密闭性,洁净区域内不设置可开启的窗。门的宽度不小于 1 m,开启方向一般朝向高压一侧,饲养间的门上应设置观察窗。设施内各种管线一般宜暗装,管线连接处应密封。屏障设施的洁净区内一般不设置上下水,进入屏障洁净区的用水一般为动物饮用水,应达到无菌要求,管道穿越洁净区墙壁处应采取可靠密封措施。大型实验动物设施的排水应单独设置化粪池,与其他生活排水分开，采用耐腐蚀材料，若洁净区内需设置地漏，应采用密闭型。

3. *工艺布局*

实验动物设施一般为独立建筑，各区域划分明确，通常分为设施前区、动物饲养区和辅助区（辅助区划分特指实验动物整体建筑的辅助区域，而非洁净辅助区域）等。

（1）设施前区　包括办公室、会议室、休息室、资料室、中控室、维修室、饲料库、垫料库房、洗手间等。前区在建筑结构上与动物饲养区相对隔离，有单独的进出通道，独立设置上下水，避免与动物饲养区产生交叉污染。

（2）动物饲养区　涵盖隔离检疫室、消毒前室、缓冲间、更衣室、淋浴（风淋）室、消毒后室、清洁储物间、动物饲养间、清洁走廊、污染走廊等。动物实验设施还设有动物实验操作室、解剖室等功能性区域。

（3）设施辅助区　包含洗刷消毒间、机组设备间、废弃物（含动物尸体）处理与贮存等区域。

饲养实验动物的房舍设计面积应根据饲养动物的品种、规模以及笼架具的安放情况合理设计，不宜过大。如大、小鼠的保种、育种、动物实验用途的饲养间，面积一般控制为 18～60 m^2 较为适宜；规模化生产繁殖的设施，饲养间可设计为大开间，一般为 100～400 m^2。与面积大的饲养间相比，小面积房间更有利于环境因子的控制和动物种群的调整，能够更好地控制实验动物微生物质量；大面积饲养间可以提高工作效率，降低成本。

4. *走廊布局*

实验动物屏障设施常见的走廊布局分为单走廊式、双走廊式和三走廊式。根据建筑整体结构和设计以及对实验动物质量控制要求，选择合理的布局方式。走廊设置宽度不小于 1.5 m，以 1.8～2.4 m 为宜。

（1）单走廊模式　一般见于小型屏障设施，洁净区域内仅有一条走廊，清洁走廊和污染走廊共用该通道，难以避免产生交叉。在该模式下，走廊压力设置低于饲养间，在日常运行管理中需重视清洁与消毒管理。

（2）双走廊模式　屏障设施内清洁走廊、污染走廊单独设置。人员、物品从清洁走廊进入饲养间，从污染走廊退出。在压差控制方面，清洁走廊压力最高，其次是饲养间，污染走廊压力最低，形成压力梯度。通过控制气流、人员和物品的单向流动，可有效防止交叉污染（图 3-10）。

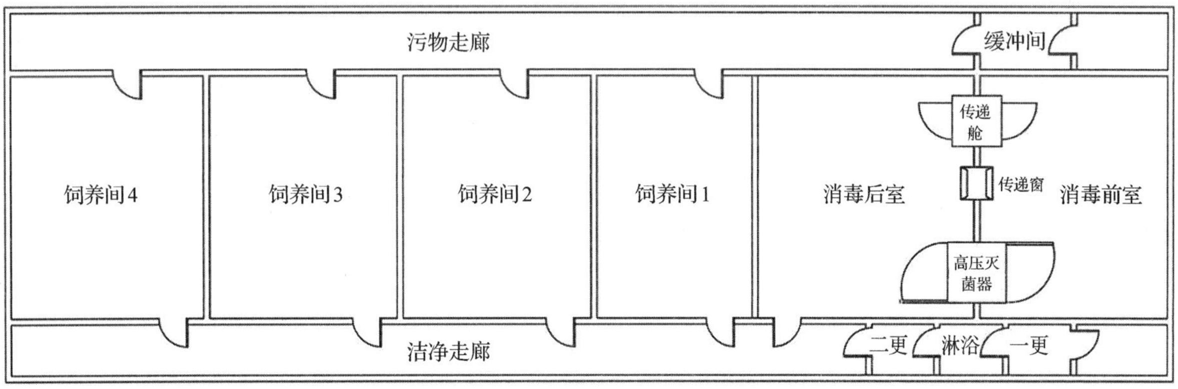

图 3-10　双走廊屏障设施平面示意图

（3）三走廊模式　三走廊一般是在双走廊的基础上增加了一条污染走廊，进而控制清洁与污染物品的分区。该模式有利于人员、物品的单向流动。如果设计不合理，该模式会造成有效饲养空间的浪费。

（二）设施主要组成部分介绍

1. *洁净区域*

（1）饲养间　饲养间是实验动物居住的场所，也是屏障设施的核心区域。饲养间内的气流组织一般采取顶部送风、四角回风的形式，送回风口布局合理，回风口下边缘距离地面不低于0.1 m，尽可能减少气流涡旋，污染空气能尽快排出。在静态下，空气洁净度一般为7级，用于饲养SPF级动物。对于正压屏障单走廊的设施而言，饲养间的压力高于走廊；而双走廊（三走廊）设施须保证洁净走廊压力高于动物饲养间，且洁净走廊、饲养间、污染走廊压力依次递减。

管理要求：饲养间内笼架合理摆放，预留充足的人员操作空间，且不阻挡回风口。日常工作结束后，应及时打扫，将更换的污染物品（笼盒、饮水瓶等）及时传出屏障。定期对地面、墙面、送、回风口等进行清扫、除尘并用消毒液擦拭消毒，同时定期更换回风口滤网。

（2）走廊　走廊是连接设施洁净区域与外部及动物饲养间的通道，分为洁净走廊和污物走廊。一般屏障设施采取双走廊设计，洁净走廊和污物走廊分开设置；单走廊设施两者共用一条通道。在正压屏障的压差设置上，洁净走廊压力最高，高于饲养间，饲养间压力高于污物走廊，三个相邻区域形成压力梯度递减，从而实现气流单向流动，避免交叉污染；在单走廊设施中，走廊压力应低于饲养间。走廊内气流组织应采用上送下回形式，也可采用上送上回。洁净走廊空气洁净度应达到7级，污物走廊可设置为8级。

管理要求：走廊内应保持清洁，每日工作后及时打扫，不堆放杂物，及时清除当日产生的污染物品。定期用消毒液擦拭地面、墙面及送、回风口等，并定期更换回风口滤网。单走廊设施难以避免交叉污染，应采取分时段、再次更衣、严格包装等措施规避风险，同时增加走廊消毒频次。

（3）消毒后室　消毒后室一般与走廊相通，跨越屏障内外的大型消毒灭菌设备的卸载门开向该区域，用于摆放消毒灭菌后的物品，如垫料、笼盒、灭菌饲料（真空型）、高压灭菌水等。

管理要求：消毒后室的洁净度与洁净走廊相同，其环境参数与管理要点同洁净走廊。物品码放避免紧靠墙壁，开口容器须加盖遮盖，灭菌后的物品应挂标签，标注灭菌日期。

（4）洁物贮存间　洁物贮存间位于屏障设施洁净区域内，用于贮存消毒、灭菌后的清洁物品的区域，属于洁净辅助区域。该区域可设置单独房间或与消毒后室集成，一般与洁净走廊相通，与动物饲养区严格分开，空气洁净度为7级。

管理要求：设施内所有经消毒、灭菌的物品应贮存在洁物存物间，不同物品分类设置固定存放位置，开口容器须加盖遮盖。物品应摆放整齐，不靠墙码放，并标注灭菌日期。工作人员取用物品时遵循先进先用、按需取用的原则，进入饲养间的物品不再返回贮存间，一次取足量物品，避免反复进出。

（5）更衣室　更衣室是人员进入屏障设施的必经通道，也是从外界进入屏障洁净区的缓冲区域。更衣室分为第一更衣室（一更）和第二更衣室（二更）。一更与屏障外区域相连，是进入屏障设施的第一步。工作人员在一更将外衣全部脱去，存放于衣柜，随后进入淋浴间。淋浴后进入二更，在二更更换经高压灭菌的工作服、口罩，戴手套、护目镜，用75%乙醇对手部进行消毒后进入屏障洁净区域。二更是进入洁净区最后一道缓冲，压力设置小于走廊压力，压差不小于5 Pa，空气洁净度为7级。

管理要求：一更应设置有专门的衣柜，用于存放工作人员的外界衣物，需保持地面、墙面清洁，每日工作结束后，应及时打扫，用消毒液擦拭消毒；二更仅贮存灭菌后的工作服、口罩、手套、乙醇等物品，不堆放杂物，淋浴后的毛巾、灭菌服包装袋等及时带出，二更的送风口、回风口、地面、墙面，须定期打扫，用消毒液擦拭消毒。

2. 辅助区域

（1）洗刷消毒间　洗刷消毒间是对实验动物笼架具、饮水瓶、托盘等物品清洗消毒的场所。随着行业发展，洗刷消毒间除配备水管、水池等设施外，还配备了大型清洗设备，如隧道式清洗机、双开门清洗机等，以提升洗刷效率。洗刷消毒间应具备充足的空间，用于堆放待洗和清洗后的物品，污物与洁物应分区域码放整齐；地面、墙面做防水处理，地板选择防滑材料，地面铺设时留有一定坡度并设有充足通畅的排水渠道，以利于清洗和排水。

管理要求：洗刷间内应划定专门的区域进行脏垫料的倾倒和收集。该区域内应配备通风、除尘、除味的设备，以保障从业人员职业卫生要求。工作人员在作业时须更换工作服，佩戴口罩和护目镜，做好个人防护。洗刷间还应考虑划定专门的区域进行新垫料的填充。新垫料装填宜在屏障洁净区域外进行，以降低洁净区域内粉尘量。填充好新垫料的笼盒被运送至高压灭菌器前准备装载灭菌。

(2)库房　库房是用来贮存消耗性物资和各类备用物品的区域。实验动物设施常见需大量贮存的物资包括饲料、垫料、运输包装等，还包括笼架具、消毒液、工作服、各类工具等。

管理要求：库房应具备防火、防潮、防鼠、防虫、防微生物滋生、防污染等措施，屋内物品分类码放整齐，挂标签进行标识。用于饲料和垫料贮存的区域应能够控制温度、湿度和通风，温度应控制在 4～20 ℃，相对湿度＜50％。饲料应分类码放，有标识，使用托盘堆放，不直接落地。如涉及感染性、放射性、剧毒、易燃易爆等物质，应设置单独库房贮存，并有专业的设计和安全措施。

(3)空调机房　屏障设施洁净区域若要实现对温度、湿度、压差、送排风、光照等环境因子的控制，须安装各种设备。设备集中安装位置及各种管路分布的区域称为空调机房，也称设备区。空调机组以及通风管路的集中设计应先满足饲养实验动物种类、等级、规模的需求，使饲养区环境能达到设施环境技术标准，同时减少了噪声、振动等不利因素对饲养区域产生的危害，也有利于维保人员进行巡视、检修、维护等。

管理要求：空调机房应保持清洁，地面无积尘、无积水，不堆放杂物，各管路标识清晰。维保人员应经常巡视，检查机组运行状况、管路密封性和保温层完整性、各阀门开合状态以及是否有跑、冒、滴、漏等现象，及时发现问题并维修。

(4)隔离检疫室　从本设施外部引进动物时，应先对引入的动物实施隔离检疫。隔离检疫室应与动物饲养区在区域上划分明确，有硬隔断、相应的隔离设备(隔离器、IVC 等)。隔离检疫期一般为 30 d，SPF 级动物可控制在 7～14 d。

管理要求：在隔离检疫期间，需对动物进行密切的隔离观察，进行必要的采样和微生物检测，质量合格后方可转入种群。隔离结束后，对隔离设备和检疫室环境进行消毒。

(5)工作人员用房　工作人员用房主要是指设置在设施前区的办公室、会议室、资料室、员工休息室、中控室、卫生间、淋浴室等功能性区域。该区域与动物饲养区有明确划分和区域隔离，有单独的进出通道，不与饲养区产生交叉，以降低污染风险。

(6)废弃物处理间　实验动物设施产生的废弃物包括动物使用后的垫料、饲料残渣、包装物、废弃笼盒、各类实验废弃物等以及死亡、淘汰或实验后的动物尸体。废弃物处理间设有专门划定的区域，一般与清洗消毒间相连，用于废弃物分类、打包和暂存。

管理要求：废物处置应符合国家或地方法规和标准要求，尤其是危险废弃物的处理，应由专门的清运机构负责。废弃物处理间应配备冷藏设备(冰柜、冷库等)，温度设定在－15 ℃以下，用于贮存动物尸体。动物尸体应打包、密封后冷藏，并定期由专门机构负责清运，进行无害化处理。

(三)设施主要设备介绍

1. 空调净化机组

空调净化机组是指控制实验动物设施洁净区内的温度、湿度、压差、换气次数、洁净度等环境指标的设备总和。空调净化机组一般包括送排风机，冷热源，通风管道，风阀，初效、中效、高效三级空气过滤器等。实验动物设施一般采用全新风系统，通过送排风机控制空气流动，由蒸汽源、表冷器等调节空气温湿度后，经通风管道送入洁净区。送风管路上设置有初、中、高效三道过滤器，以实现空气洁净度达到标准要求，一般屏障环境洁净度为 7 级(万级)，隔离环境洁净度为 5 级(百级)或 7 级(万级)。房间内气流一般采用上送下回的气流组织形式，减少气流停滞区，有利于污染物快速排出。房间送风口前端、回风口后端设置风量调节阀，可实现对区域空气压力的控制，相邻区域可形成压差，也可用于局部消毒时房间的密闭。送风机、排风机应相互连锁，正压设施送风机先于排风机开启，后于排风机关闭；负压设施则排风机先于送风机开启，后于送风机关闭。净化区内的回风口设置粗效滤网，排入大气前的管道末端应设有除味装置，以降低环境污染。

2. 高压灭菌器

高压灭菌器是指利用饱和蒸汽高温、高压、穿透力强的特点实现物品灭菌的设备。高压蒸汽灭菌法不仅可以杀灭病毒、细菌、真菌、寄生虫(卵)等微生物,还对细菌芽孢有杀灭作用,是目前应用最广泛、最可靠的物理灭菌方法。高压灭菌器一般为双扉设计,安装有跨越屏障设施内外,装载门开启于普通环境[消毒前室,即卸载门开启于洁净区的消毒后室,用于可进行高压灭菌物品的传递,如饲料、垫料、笼盒(盖)、饮水瓶、玻璃制品、纺织物品等]。高压灭菌器工作时,先通过抽真空或下排气的方式排空内室冷空气,随后用蒸汽加温加压,待温度、压力达到设定值时,关闭排气阀进行保压并计时,一般物品灭菌参数设定为121～126 ℃,压力为0.1 MPa以上,维持15～40 min,即可达到灭菌要求。待灭菌程序结束,内室压力降为0时,方可打开灭菌器。灭菌器装载物品不能超过内室容积的90%,利用置物架均匀码放并留有间隙,在蒸汽较难到达的中心部位放置化学指示卡,以监测灭菌效果。

3. 传递窗(舱)

传递窗(舱)是指跨越洁净区与非洁净区的金属箱体,内外设置互锁门,箱体内以紫外光、氙光、汽化过氧化氢(vaporized hydrogen peroxide,VHP)等为空间消毒介质,用于不能通过高温高压灭菌或浸泡消毒传递的物品的表面消毒。传递舱比传递窗容量更大,传递效率更高,并配有汽化过氧化氢发生器。

4. 独立通风笼盒

独立通风笼盒(individual ventilated cages,IVC)是指一种以饲养笼盒为密闭独立单元,配有空气净化装置,洁净空气分别送入各笼盒饲养微环境,长期保持一定的压力和洁净度,避免笼盒外空气侵入及笼盒内气体溢出的成套设备,具有保护实验动物、操作人员和环境的特点。IVC按照用途分为正压IVC和负压IVC,正压笼具用于饲养SPF级实验动物和一般性动物实验;负压笼具用于生物危害、化学污染、放(辐射)污染等动物实验,负压IVC还常用于隔离检疫。

5. 隔离器

隔离器(isolator)是指由隔离器室、传递系统、进出风过滤系统、风机、架体组成,形成一个密闭并与外界环境相对隔绝空间的设备。按照材质类型,隔离器分为软质隔离器和硬质隔离器;按照用途,隔离器也可分为正压隔离器和负压隔离器。隔离器隔离室内空气洁净度可达5级(百级),用于饲养SPF级、无菌级(悉生)实验动物,负压隔离器可用于生物危害、化学污染、放(辐)射污染等动物实验和隔离检疫。

6. 清洗设备

清洗设备是指可用于大规模笼盒、托盘、笼架等用具清洗的大型设备。常见的清洗设备有隧道式洗笼机、步入式洗笼机、柜式洗笼机和水瓶清洗机等。隧道式洗笼机适用于大规模笼盒的清洗,可配套安装笼盒翻转系统等设备,实现自动化清洗工作;步入式洗笼机兼容性强,不仅可批量清洗笼盒,还可将笼架推入进行清洗。实验动物设施可根据空间、面积与饲养规模选择适当的清洗设备,以提高笼盒清洗工作的效率和质量。

7. 动物饮水设备

实验动物基础饮水应无毒、无污染、无杂质,卫生标准应符合(GB 5749—2022)《生活饮用水卫生标准》。SPF级以上实验动物的饮水须进行灭菌处理。灭菌水的制备一般有两种方法:高压蒸汽灭菌法和膜过滤法。

(1)高压蒸汽灭菌法　高压蒸汽灭菌法是指通过高压灭菌器将饮水进行高压灭菌后供动物饮用。灭菌效果可靠,但劳动强度大,制水量有限,灭菌水需冷却后再饲喂动物,且水瓶易结水垢,无法去除水中的有害污染物等缺点。

(2)膜过滤法　膜过滤法是指通过在饮水系统的输水管线上加装多道过滤与杀菌装置达到无菌的目的。过滤一般分为两个步骤:石英砂、活性炭过滤的预处理和膜过滤的深度处理。膜过滤的深度处理主要采用微滤、超滤、纳滤和反渗透等方式,实验动物饮用水处理设备主要采用超滤和反渗透两种方法。

经过膜过滤后，供水管线上还装有紫外线或臭氧杀菌装置，进一步杀灭水中的病原体。经膜分离技术产出的水质优良、稳定，可有效地去除水的臭味、色度、微生物及其他有机物，不需要加入化学药剂，可实现连续自动化制水，适用于大规模动物生产。但过滤材料成本较高，并对预处理水质要求较高。

三、实验动物设施人员管理要求

在实验动物设施管理中，人员的管理尤为重要，是管理的核心。人员无法实现彻底灭菌，同时人具有主观能动性。实施各项操作是否正确得当会直接影响实验动物的质量或动物实验的结果。因此，从业人员的道德水准、专业水平以及职业素养对于设施良好运行、环境质量控制有着重要意义。很多设施的重大事故、种群污染、实验失败等都与人员的违规操作或失误有关。在实验动物设施运行中，对人员的管理应制度化、专业化、规范化，并应有严格的监督和奖惩机制。

(一)屏障设施人员要求

1. 人员分类

进入实验动物设施的人员主要包括设施管理人员、动物饲养人员、兽医、研究与实验技术人员以及设施维保人员等。

(1)设施管理人员　应该具备医学、生物学、兽医学、畜牧兽医等相关专业大学本科以上教育背景，具备扎实的实验动物专业知识，有至少3年实验动物设施相关的从业经历，具备丰富的实验动物设施管理经验，能够合理制订设施使用计划，设施运行相关制度与标准操作规程等，并组织实施。

(2)动物饲养人员　应熟练掌握实验动物专业知识和饲养管理有关技能，有良好的个人卫生习惯、品行端正，能够自觉执行本单位有关设施的管理制度与各项标准操作规程，能够根据不同品种(系)实验动物生物学特性开展规范化饲养管理。

(3)兽医　实验动物兽医是传统兽医的一个分支，是一个新兴职业。从事实验动物兽医工作的人员一般应具备动物医学大专以上教育背景，掌握动物疫病预防和控制的法规、专业知识和技能，能够制定并组织实施实验动物防疫、检疫、微生物质量控制、麻醉与镇痛、安乐死等相关制度与操作程序。实验动物兽医是实验动物管理与使用委员会的成员之一，参与机构所从事的饲养管理与实验中有关动物福利伦理符合性审查，提供有关动物实验操作、手术、麻醉镇痛、术后护理、仁慈终点等方面的培训指导与咨询。每个实验动物机构应至少配备1名取得执业兽医师资质的兽医。

(4)研究与实验技术人员　应具备动物实验专业知识和动物实验相关操作技能，能够根据不同品种(系)实验动物的生物学特性设计实验，且符合动物福利伦理的有关要求。同时，能够遵守动物实验设施的管理制度与操作规程，规范开展动物实验。

(5)维保人员　应熟悉并掌握洁净工程有关专业知识和技能，具备实验动物相关专业知识，自觉遵守设施各项管理制度与操作规程。维保团队应配备自动化、暖通空调、配电等专业技术人员，相关人员应具备对应资质与专业技能。资质包括由地方应急管理局核发的电工作业、制冷与空调作业、焊接与热切割作业等特种作业证；特种设备(锅炉、高压灭菌器等)操作人员应取得地方市场监督管理部门核发的特种设备作业人员证。

2. 屏障设施人员的一般要求

①从事实验动物设施工作的技术人员、管理人员、饲养人员、兽医以及设施维保人员必须经过实验动物从业人员上岗培训，经考试合格后，取得省(市)级实验动物管理机构颁发的上岗证。进入特定实验动物设施内的工作人员还要经过该标准化设施运行管理与使用的技术培训。

②从业人员上岗前必须进行健康检查，确认无传染性疾病(微生物、寄生虫)及其他可能影响工作的疾病后，方可上岗。必须定期(每半年或一年)进行体检。

③进入设施内从业人员应遵守各项防疫规定，建立无菌观念，具备良好的个人卫生清洁习惯，勤洗

头、洗手，不留长指甲、长胡须等。

④皮肤有损伤、炎症，对化学纤维、化学试剂、药品及动物有过敏反应及患有其他不适合从事实验动物工作的人员不应进入实验动物设施。

⑤病毒性感冒、咳嗽、腹泻等患者在病症期间不应进入屏障洁净区，避免接触动物，待完全恢复健康后，方可进入实验动物设施。

⑥个人物品，如手机、钥匙、各类饰品等禁止带入屏障设施洁净区。

⑦禁止在实验动物设施内大声喧哗、跑、跳、嬉戏，操作人员接触动物时动作幅度要小。

⑧进入洁净区时禁止化妆、喷香水等，女性经期不宜进入屏障设施工作。

⑨禁止在实验动物设施内各个区域吸烟，洁净区域内禁止饮食，吸烟后 30 min 内或饮酒后不能进入洁净区。

⑩禁止在洁净区域内解开工作服暴露身体，戒除在操作中用手摸口、鼻、眼睛和头发的习惯。

⑪进入饲养间(或实验室)后须随手关门，不同区域的工作人员非必要不得在设施内的不同饲养间(或实验室)互串。

⑫尽量减少人员进出实验动物设施洁净区的次数和人数。

(二)屏障设施进出一般程序

1. 进出程序

①严格遵守屏障内人员、物品、动物的走向和顺序，所有带入的物品必须进行消毒灭菌，进入设施前填写“屏障设施进出记录”。

②进入第一更衣室，换拖鞋、脱外衣。一切随身物品均应留在一更保存。

③进入第二更衣室，依次戴口罩、帽子，穿上洁净内衣裤，穿洁净工作服，戴手套。

④若设置淋浴步骤(一般为生产设施)，工作人员须进入淋浴室彻底清洗全身，尤其是双手、双脚等以及防护服暴露的部位，淋浴后进入二更，先用灭菌毛巾擦干身体，按顺序穿戴防护服。

⑤用 75% 乙醇喷洒或浸泡双手进行消毒。

⑥进入洁净走廊，到达饲养间(或实验室)。

⑦如有风淋设备，进入风淋室，双手上举并转动身体风淋 1 min，风淋结束后进入洁净走廊。

⑧工作结束后，由饲养间(或实验室)出口进入污物走廊，经缓冲间退出屏障设施。

2. 人员流向

人员在屏障设施内为单向流动。进入过程是从低压区向高压区流动，退出过程则是从高压区向低压区流动。洁净区内清洁程度要求越高的区域压力设置越高，以防止气流逆流而产生污染。人员不可逆向行走的目的是避免低压区污染高压区。应重点强调的是，在二更更换灭菌服后不可返回淋浴间；人员进入污染走廊后不再返回饲养间；在屏障内不同饲养间(或实验室)之间不互串。

屏障设施人员流向：一更→(淋浴室)→二更→(风淋室)→清洁走廊→饲养间(或实验室)→污染走廊→出口缓冲间→洁净区外。

四、特殊动物实验设施管理要求

特殊实验动物设施主要包括三大类：生物危害设施、化学污染设施和放(辐)射污染设施。该类设施是避免人员在实验活动中受到生物、化学及放(辐)射危害所采取的防范措施。

(一)生物危害设施

为防止有害生物因子通过实验室人员暴露或向实验室外扩散而危害人类健康和自然环境，动物生物安全实验设施、设备应符合(GB 19489—2008)《实验室　生物安全通用要求》、(GB 14925—2023)《实验动物　环境及设施》、(GB 50346—2011)《生物安全实验室建筑技术规范》、(GB 50447—2008)《实验动物设施建筑技术规范》等要求，实验室运行状态良好，用具配备到位；主入口处应使用国际通用生物危险符号(图 3-11)进行标识，明确生物防护级别、生物危害因子、负责人、紧急联系方式等信息；设施应得到行政主管部门的批准，允许开展动物实验活动，严禁从事超出许可范围的实验活动；设施所在机构应对动物实验方案、动物福利伦理、生物安全等方面内容进行审查和批准；实验结束后应对设施进行必要的消毒，实验废弃物安全处理。

图 3-11　国际通用生物危险符号

1. *生物危害的种类*

(1)外伤　实验人员在抓取、保定实验动物等操作过程中，可能被抓、咬等而受伤。对于小型动物而言，这类伤害不会直接产生严重后果，但需留意是否会引发感染性疾病；对于较大动物而言，如非人灵长类、猪等，若伤及要害部位，如眼、动脉等，将导致严重后果。

(2)过敏　在动物饲养区域，工作人员会接触到动物散发的毛发、排泄物、粉尘、气溶胶等致敏原，从而引发过敏反应。在实验动物从业人员中，过敏发病比例较高，应当予以足够重视。从设施通风到防护装备以及从业人员急救知识培训等方面均需加强管理，最大限度地保障从业人员的职业健康。

(3)病原微生物伤害　病原微生物导致的传染性危害是实验动物从业人员常见且风险性较高的生物危害因素。通常是由细菌性、病毒性、寄生虫性感染源感染，引发疾病，尤其是一些人畜共患病，如狂犬病、结核、布鲁菌病、弓形体、流行性出血热、猴 B 病毒等，会对从业人员和公众健康产生严重影响。

根据病原微生物的传染性、感染后对个体或群体的危害程度，病原微生物可分为四类：①第一类病原微生物，即能引起人类或动物非常严重疾病的微生物以及我国尚未发现或已宣布消灭的微生物；②第二类病原微生物，即能引起人类或动物严重疾病，比较容易直接或间接在人与人、动物与人、动物与动物间传播的微生物；③第三类病原微生物，即能引起人类或动物疾病，但在一般情况下，对人、动物或环境不构成严重危害，传播风险有限，实验室感染后很少会引起严重疾病，且具备有效治疗和预防措施的微生物；④第四类病原微生物，即在通常情况下，不会引起人类或者动物疾病的微生物。第一类病原微生物、第二类病原微生物被统称为高致病性病原微生物。

(4)基因修饰生物危害　随着基因编辑技术的发展与广泛应用，人类已经利用基因编辑技术手段创造了适用于医药学、生物学、免疫学、肿瘤学等多领域研究的各种动物模型。人工诱变、定点插入或敲除、转基因、核酸酶系统介导等技术手段可改变动物原有染色体组成和基因序列，也可将其他物种或人工构建的大片段基因整合到修饰动物的染色体组中，以获得遗传修饰动物模型，进而研究基因功能和表达。如发生遗传修饰动物的外源基因向野生型群体扩散，就会对自然生态种质基因库造成污染。插入基因是否具有产毒性、致病性、致敏性、易感性和抗生素抗性等，应受到动物模型生产者和使用者的重点关注。控制基因修饰生物危害，首先，应防止基因修饰动物与野生种群交配，避免基因扩散污染；其次，应结合相关研究进展对基因改造进行评估，确定其危害性，确保遗传修饰动物的安全应用。

2. *生物危害动物实验室分级与设施要求*

根据病原微生物对人和动物的危害等级以及从事动物活体操作实验室的生物安全防护水平，动物实验防护设施由低到高可分为四个等级(P1～P4)，分别为 ABSL-1(animal biosafety level 1，ABSL-1)、ABSL-2、ABSL-3、ABSL-4。

(1)ABSL-1(P1 级)动物实验室　从事一般性动物实验。实验涉及的微生物不会对人类或动物产生危害或危害性极小，适合第四类病原实验。

①P1 级动物实验室在设计、建造时应符合有关建筑技术规范，与所饲养的动物种类相适应。动物饲养区和实验操作区一般为负压，不使用循环风。

②实验人员需接受有关实验操作的技术培训。

③动物尸体及组织应做无害化处理。

(2)ABSL-2(P2 级)动物实验室　适用于从事带有传染性或潜在传染性病原微生物实验的动物实验室,可开展第三类病原微生物、第四类病原微生物的动物实验。

①该实验室与其他设施相对隔离且独立,各区域划分明确。外界进入核心区设有缓冲间,以防止感染因子向实验室外扩散。P2 级动物实验室为负压设施,进排风均要经过高效过滤器(HEPA)。设施内配备有效隔离保护的设备,如负压 IVC、隔离器等,用于饲养感染性实验的动物。涉及可能发生有害气溶胶扩散的实验应在配备的生物安全柜中进行。

②实验操作人员须进行培训,正确、有效地使用生物安全防护装备,遵守各项规章制度和操作规程。

③P2 实验室配备高压灭菌器,对实验产生的废弃物、尸体、组织等进行消毒灭菌。P2 实验室应提供两种以上有效的消毒、灭菌方法。

(3)ABSL-3(P3 级)动物实验室　适用于通过暴露能够引起人类或者动物严重疾病、传染能力很强、人畜共患病原微生物的动物实验室。第二类病原的动物实验应在 ABSL-3 实验室中开展。

①应符合 ABSL-2 有关建筑要求,明确划分辅助工作区和防护区。动物饲养区尽可能设置在整个实验室的中心部位,不与公共区域相邻,饲养间负压与室外大气压压差不小于 80 Pa,与相邻区域负压压差不小于 25 Pa。进入核心工作区要有充分的缓冲区,缓冲间应为气锁。实验室采用全新风系统,气流由低风险区向高风险区流动,空气只能通过 HEPA 过滤后经专用排风道排出,排风口 HEPA 可在原位进行消毒灭菌和检漏。实验室送排风管道的关键节点上应安装生物型密闭阀,可完全关闭。实验室内应设置安全隔离装置(生物安全柜),用于防止致病性生物因子经空气传播。

②进入 ABSL-3 实验室应有严格的控制措施,非授权人员不得进入。实验人员经过专业培训,严格执行实验各项标准操作规程,正确使用与生物安全防护等级相适应的防护装备。在实验操作过程中,须有经过训练且具备丰富经验的专家进行监督。

③ABSL-3 实验室所产生的包括使用后的实验耗材、废垫料、动物笼具、动物尸体等废弃物须经可靠的消毒灭菌后方可运出。运出前,应进行包装,并采取可靠的方式对包装表面进行消毒灭菌。核心区污水以及防护区淋浴间污水的排放管道应完全隔离并直通消毒灭菌系统,管道管件节点应安装防回流阀门,有可靠的污水消毒灭菌方式,并可对消毒灭菌效果进行监测,确保符合排放要求。

(4)ABSL-4(P4 级)动物实验室　用于开展具有高致病性、对工作人员有极大危害、能够引发烈性传染病的流行以及危害公众健康的病原微生物实验。第一类病原以及未知病原的动物实验应在 ABSL-4 实验室中开展。

①一般为独立建筑或建筑物中独立隔离的区域,有严格的安保措施,应符合 ABSL-3 实验室有关建筑要求。实验室防护区内所有区域室内气压为负压,动物饲养间负压与室外大气压压差不小于 100 Pa,与相邻区域负压压差不小于 25 Pa。实验室排风须经两级 HEPA 过滤处理后排放,并可原位对送风 HEPA 进行消毒灭菌和检漏。实验室内应配置生命支持系统,通过正压防护服来防止人员暴露感染;配置化学淋浴系统,用于身着防护服人员的消毒,并可在无电力情况下使用;实验室内还配置生物安全隔离装置以及生物安全型高压灭菌器。

②所有未经授权人员不得进入实验室区域,对于进入人员须记录个人情况、进出时间、授权活动区域等信息。实验人员须经过非常危险传染因子操作的专门训练。在实验操作过程中,须有经过训练且具备丰富操作经验的专家进行监督。

③满足 ABLS-3 实验室有关要求,实验室防护区内所有运出的物品与物品包装表面均须经可靠消毒灭菌后方可运出。

(二)化学危害设施

在实验动物设施中,化学品带来的危害会对从业人员健康产生影响。化学危害来自动物饲养管理过程中所使用的化学消毒剂,同时,还包括实验材料中涉及的由化学制剂带来的危害。

1. 化学危害

在设施环境控制过程中，多种化学消毒剂会被用于预防病原微生物污染，如乙醇、过氧化氢、过氧乙酸、甲醛、苯扎溴铵、次氯酸钠等。这些能够杀灭病原体的化学制剂对人体都有不同程度的伤害，例如，用甲醛-高锰酸钾法进行设施熏蒸消毒，甲醛具有高毒性、高致癌、致畸性；次氯酸消毒剂在空气中能够分解释放氯气，吸入后可引发支气管、肺部病变等。除此之外，很多实验还会涉及易燃、易爆以及强腐蚀性、剧毒等化学品，如硝酸甘油、苦味酸等遇到高温、摩擦、冲击等会发生爆炸；乙醇、乙醚易挥发，遇火即可燃烧；强酸、强碱、溴、酚类等具有强腐蚀性，接触体表会造成损伤；有机磷、有机汞、氰化物、砷化合物等具有强烈毒性，人体少量侵入即可致死。

2. 设施防护要求

动物设施内一般不长期、大量贮存化学制品。危险化学品应存放于专门的贮存间，并具备防爆、通风等应急措施。从事化学伤害性动物实验的实验间为负压，前室一侧缓冲区域设置为正压，后室一侧缓冲区域为负压。各实验室配备高密闭性的门的主要目的是减少化学物质对外界区域及环境产生污染。化学危害实验室室内以及室内配备的负压通风橱、负压层流柜等，气流方向控制应遵循进气口、人、动物、排气口的流向，降低实验人员化学品暴露风险。人员操作时，须佩戴专用的安全防护装备，如防腐蚀手套、口罩、防护袍和护目镜等。

3. 人员防护和管理

从事化学危害有关操作的人员必须接受相关知识培训，熟练掌握有关标准操作规程，了解所用化学品的特性和危险程度，能够根据危险程度选用合适的防护装备并正确穿戴。剧毒化学品必须由双人双锁保管，并有准确的贮存与使用记录。长期从事化学危害性工作的人员应定期进行健康检查，评估工作适合性。

(三)放(辐)射危害设施

涉及放(辐)射的实验动物设施在设计和建造(或改造)时应严格遵循(GB 18871—2002)《电离辐射防护与辐射源安全基本标准》、(GB 11928—1989)《低、中水平放射性固体废物暂时贮存规定》的要求，同时符合(GB 14925—2023)《实验动物　环境及设施》的有关要求。通过设施的隔离与严格的管理，防止放(辐)射源扩散，既要保证放射性动物实验安全可靠，又能确保从业人员职业健康和公众人身安全。

1. 设施要求

放(辐)射的动物实验设施应划定专门的区域，与其他设施相对隔离，主入口应有明显辐射警示标识(图 3-12)。布局上分为控制区和监督区：控制区包括动物饲养室、动物实验室、走廊、洗刷间、废弃物暂存间等；监督区包括更衣室、缓冲间等用于剂量监测的区域。实验室内应有送排风系统，在保证洁净度并避免微生物交叉污染的同时，须重点考虑避免放(辐)射的外溢。使用非密封放射源实验室时，由于非密封源易挥发、蒸发、溢出等而产生放射性气溶胶，实验区域应设置为负压，避免污染空气扩散，排风须经高效过滤和放射性吸附装置过滤处理，并达到公众导出空气浓度(derived air concentration，DAC)限值以下后排放。

图 3-12　电离辐射警告标识

2. 人员管理

放射性动物实验从业人员应接受各项有关放(辐)射防护与安全的知识、法规和操作规程的培训，取得“辐射安全与防护培训合格证”和“放射工作人员证”后方可上岗。每个从业人员应实施职业照射控制，配备适当且足够的防护装备与监测设施。每个从业人员上岗前须进行健康检查，上岗后定期体检，建立职业健康监护档案。放射性动物实验区应限制人员进出。进入前，实验人员须按规定正确穿戴与使用防护服、防护用具和计量计；退出前，实验人员须强制淋浴并进行辐射污染剂量检测，合格后方可退出。

3. 废弃物处理

放射性废弃物是指放(辐)射动物实验室产生的放射性废物,主要包括固体、液体、气体三大类。放射性固体废物主要包括实验耗材、防护工作服、动物尸体(组织)、垫料等。放射性固体废弃物主要采用放置法处理,动物尸体存入有屏蔽防护的专用冰箱,根据放射源的半衰期进行暂存,待其自然衰变后按医疗废弃物处理;放射性胶体主要来源于人员清洗、动物笼具清洗等,经专用下水道收集,暂存于衰变池,采用放置法,贮存 10 个衰变期后排放,放射性浓度低的可通过稀释直接排放,但放射性浓度不得超过露天水源中限值的 100 倍;放射性气体主要由动物实验室排风产生,通风管道应有吸附过滤装置,排风口应高出周围 50 m 以内屋顶 3 m 以上,且定期监测排气口放射浓度。

五、实验动物运输管理要求

根据(RB/T 062—2021)《实验动物运输管理规范》,实验动物的运输要遵循合规、安全、福利三项原则,应符合国家有关规定,跨境运输还应符合国际公约。应充分考虑运输安全,做好风险控制及应急预案,防止实验动物受感染或污染,避免对人员及环境安全产生不良影响,同时采取措施保障实验动物福利,提供丰富环境,最大限度地满足不同种类实验动物在运输过程中的生理需求和心理需求。

(一)运输方式

综合考虑实验动物的品种、微生物等级、数量、生理状态、运输距离、运输时间等因素,选择适当的运输方式,包括公路运输、航空运输、铁路运输。运输应保证动物的安全性与舒适性;不同品种(系)、不同微生物级别、不同性别的实验动物不能混装;不应与对动物健康有害的物质在同一空间混装。若运输超过 6 h,应为实验动物配备符合要求的饲料和饮水。运输前后要对运输车辆和运输工具进行清洁与消毒。

1. 公路运输

运输车厢在运输前后应进行清洁与消毒。车厢内有独立的空调系统,可对内部环境参数(温度、通风等)进行监控;车厢内有防震、防滑动装置;驾驶室与车厢之间需设置带有观察窗的隔离装置;驾驶室应安装用于观察车厢情况的监控终端,终端具有提示、报警功能;车辆具有定位功能,可实时定位行车路线。

2. 航空运输

实验动物须装载在飞机有氧舱内。承运方应提前向航空公司预订并确认运输时间、班次、安置空间及环境条件等。实验动物的存放、在集装器上的组装和装载要求应按照(GB/T 27882—2011)《活体动物航空运输载运》的有关规定执行。

3. 铁路

承运方应提前向铁路运输公司预订并确认运输时间、班次、安置空间及环境条件等;承运人应提前确认货舱环境状况是否满足所运实验动物的生理需求;遵守《铁路鲜活货物运输规则》中的“活体动物运输”有关规定;必要时,可派专业人员押运。

(二)运输笼具

用于运输实验动物的运输箱(笼)、食具、水具等物品,应无毒、耐腐蚀、耐高温、耐高压、便于清洁和消毒。运输箱(笼)内部和边缘无锐角或突起,外部设便于搬动的把柄,避免搬运者直接接触内部的实验动物。运输箱(笼)使用前应进行清洁,并进行消毒或灭菌。运输箱(笼)的大小、形状应符合所运输实验动物的生物学特性,在符合运输要求的前提下让动物感觉舒适。封闭式运输箱(笼)应设置观察窗和通风口,开口边缘与箱体结合严密,通风口面积与箱体尺寸适配,总通风区域不小于侧壁总面积的 14%,所用滤材应符合运输动物微生物等级要求。运输箱(笼)应坚固,并设符合实验动物特性的封锁装置,防止动物逃逸;可设置动物逃生装置,以便在不可抗力因素等紧急情况下动物逃生。运输箱(笼)外部应有清晰的标识，注明动物品种（系）名称、性别、年龄、数量、微生物等级、运输时间、联系人等信息，在箱体侧面或顶部标注“活体实验动物”字样，有箭头标识标明笼具正确放置的方向。运输箱（笼）外侧还应标注运输该动物的注意事项，如生物安全等级、凶猛动物、水生动物等。不同种类动物运输箱（笼）尺寸、运输饲料与饮水要求、安全运输温度、运输时间等应参照（RB/T 062—2021）《实验动物运输管理规范》附录中的有关要求执行。

（三）运输的实施

①运输前，应制定合理的运输方案以及运输过程中发生特殊情况的应急预案。在确保动物安全、健康和质量的基础上，尽可能提升实验动物的福利水平，减少动物的应激和不适。

②运输前，供应方应与接受方取得联系，核对运输时间、接收地点、接收人、动物品种（系）、数量、性别、年龄等信息。

③实验动物供应方应按照国际或国家现行规定办理运输证件，一般包括出库单、质量合格证、检疫证明以及近 3 个月内的微生物质量检测报告等。

④按照有关规范准备运输箱（笼），笼具消毒、灭菌，贴标识。在运输 SPF 级以上实验动物时，运输箱应在屏障洁净区内进行密封，配备灭菌的垫料、饲料、饮水等。

⑤在运输装卸过程中，实验动物应最后装上交通工具；到达后，应最先离开交通工具。在运输过程中，车辆应避免剧烈晃动或震动。

⑥由专人负责运输实验动物，人员应接受相关知识、技能的培训，能够监测运输过程中车厢环境与动物状态，能够处理运输途中的突发状况。

⑦非特殊实验需求，不收运妊娠期及哺乳期的实验动物，如需运输，应由供应方兽医出具指导意见，并在运输途中提供必要的医护服务。

⑧非应急需求，避免在恶劣气候条件下运输实验动物。

⑨实验动物运抵目的地后，承运方应与接收方进行货物与相关文件的交接，核对运输数量，检查外包装是否完好等。

第七节　实验动物饲料及营养控制

饲料关乎实验动物福利和质量，进而又关乎科学研究结果。因此，实行实验动物营养控制，实现饲料标准化生产、贮存及运输，对保证实验动物质量及实验顺利开展具有非常重要的意义。

一、实验动物的营养需要

充足的营养是实验动物健康生长、繁育的重要保障。为确保实验动物的实验数据准确性好、重复性好与精确度高，应科学分析实验动物对营养物质的需求，挖掘不同实验动物营养需求的差异，精准确定动物营养需求量，并提供最佳配比的饲料，这是实验动物标准化的关键条件。

（一）实验动物所需的营养种类

截至目前，已知动物机体所需的各种营养物质达 50 多种，主要分为七大类：蛋白质、脂类、碳水化合物、矿物质、维生素、水和纤维素。对于蛋白质的需求，还应考虑蛋白质分解后的必需氨基酸含量。目前国外制定实验动物饲料主要依照《实验动物营养需要》。纤维素是大分子的碳水化合物，对大多数实验动物，如兔、豚鼠、非人灵长类动物和反刍动物的消化非常重要，有助于胃肠道消化和防止胃肠道阻塞。

维持机体健康需要少量的维生素，部分维生素可在体内合成，但合成量不足以满足机体需求，必须从饮食中补充。例如，豚鼠和一些非人灵长类动物无法合成维生素 C，需从饲料或饮水中获得。若缺乏维生素 C，可能会导致坏血病的发生。尽管许多物种对维生素 D 的绝对需求量尚不明确，但一些非人灵长类动物在紫外线（太阳）光照射不足时，就需要在饮食中加入维生素 D_3 来预防佝偻病，因为它们不能利用维生素 D_2 来满足自身需求。氨基酸是蛋白质的组成部分，许多重要的身体功能都需要氨基酸来完成。牛磺酸对猫是必需的，但对其他物种不是。因此，猫粮中添加了牛磺酸，可避免猫因缺乏牛磺酸而导致的失明和蛀牙。脂肪的主要功能是提供和贮存能量。高比例脂肪饮食（高达 11%）有时用于应对新生儿发病率和死亡率上升的情况或支持啮齿动物的繁殖，因为其高能量含量可以帮助动物满足妊娠和哺乳期的能量需求。适当比例的矿物质是维持正常生理机能所必需的。矿物质缺乏或供应比例不当可导致疾病。例如，缺乏钙的饮食会导致许多物种的幼年动物患佝偻病或成年动物患骨质疏松症。

（二）影响实验动物营养需要的因素

实验动物品种多，食性不同，对营养需求也有很大差异。即使同种动物，不同品系、性别也存在需求差异。实验动物对营养的需求随着年龄、生理阶段的变化而变化。在确定实验动物营养需要时，通常以实验动物生长发育情况（体重、器官、组织等）与繁殖性能等作为测定指标，也会增加血液生化、免疫功能等指标，这是因为机体维持最佳生理状态比维持生长发育等基本功能活动需要更高水平的营养支持。以维生素 A 为例，实验动物维持最佳免疫状态需要量＞最佳体内贮存需要量＞有效体内贮存需要量＞正常生长需要量＞维持生长需要量。

即使按照以上指标测定了某一品系，甚至其单一性别的营养需要，也需要考虑其微生物级别。普通级、SPF 级、无菌级等不同级别的实验动物，肠道菌群差异明显，而肠道菌群会直接影响实验动物对食物的利用。例如，无菌小鼠因其无肠道菌群，无法合成维生素 B 和维生素 K，也无法发酵食物中的多糖，且无菌动物的基础代谢率相对较高，其营养需求也更高。

综上所述，实验动物饲料生产正朝着“精准营养”的方向努力。目前，在实验动物生产中，一般根据其生长期、繁殖期和维持期三个生长阶段测定不同时期的营养需求。

1. 实验动物生长期的营养需要

除日常代谢消耗外，生长期的实验动物还需要能够满足生长和体内同化过程所需的各种营养物质，用于物质积累、细胞增殖、组织器官发育，包括早期的骨组织生长及后期的脂肪贮存。因此，蛋白质、脂肪的需求量较大，维生素等需求量也较高。

2. 实验动物繁殖期的营养需要

实验动物在繁殖期的营养需要主要考虑动物的性成熟、性机能的形成和维持、受精、妊娠及哺乳等多个阶段的营养需要。在保证母体营养的同时，还应为胎儿及新生儿的生长发育提供优质、充足的营养。

3. 实验动物维持期的营养需要

维持期的实验动物体重不发生变化且不进行生产，营养供给主要用于维持正常体温、呼吸、心跳、基础代谢等各项基本生命活动。

（三）各种实验动物的营养需要

不同种类的实验动物，其营养需求各具特点。为确保实验动物能够获得足够的营养且符合实验要求，国家制定并实施了（GB 14924.3—2010）《实验动物　配合饲料营养成分》。

1. 小鼠的营养需要特点

小鼠为杂食性动物。随着基因编辑技术的发展，实验小鼠品系数量快速增长，各品系营养需要差异显著。根据饲养经验和积累数据，小鼠喜高碳水化合物，在离乳初期、妊娠后期和哺乳期所需能量相对较高；18%的蛋白质、4%～8%的粗脂肪即可满足 KM、BALB/c、C57BL/6、C3H、DBA/2 等品系的小鼠繁殖需要；维生素和矿物质包括维生素 A、维生素 D、维生素 B_6、钙、镁、锰、锌、碘、钼和硒也被证实是小鼠需从外界摄入的营养素。日粮中添加 0.47% 含硫氨基酸可提高小鼠的生长发育和繁殖性能。小鼠对亚油酸需求高，对钙、维生素 A、维生素 D 需要量较高，但对过量维生素 A 敏感。维生素 A 过量可导致小鼠繁殖紊乱和胚胎畸形。在每千克饲料中，添加 50 mg 维生素 E 可显著提高小鼠的受孕率、产仔率。维生素 K 在常规饲养条件下并不是必需的。随着对环境微生物的控制，SPF 级小鼠、无菌级小鼠肠道菌群发生变化，维生素 K 的需要量会增加。

2. 大鼠的营养需要特点

在饲料中添加 0.4% 的蛋氨酸和 0.48% 的赖氨酸，可加快大鼠生长速度，18%～20% 的粗蛋白质可满足大鼠生长、妊娠和泌乳的需求，大鼠对各种营养素缺乏敏感，应特别注意脂肪酸供给，必需脂肪酸含量应占总能量的 1.3%，其中亚油酸在饲料中含量不能低于 0.3%。大鼠不需要补充维生素 K，但要补充维生素 A，缺乏维生素 A 会出现视力下降，骨发育、生长受阻、繁殖性能降低等情况。大鼠的许多生理功能都需要镁，妊娠、哺乳时镁的需要量明显增加。虽然大鼠对钙、磷的缺乏耐受力较强，但饮食中钙、磷和维生素 D 的含量会影响大鼠对镁的利用。每千克饲料中添加 60 mg 维生素 E 能提高大鼠繁殖率。无菌大鼠还应注意补充维生素 B_{12}。在许多微量矿物质元素中，目前已明确铜、碘、铁、锰、钼、硒和锌七种元素为大鼠的必需元素。虽然铬、锂、镍、硫和钒等元素可能需要，但是还需要进一步研究来确定需求量。

3. 地鼠的营养需要特点

地鼠可以像反刍动物一样有效利用非蛋白质氮。饲料中 71% 的尿素氮可以被沉积，地鼠的胆固醇代谢较为特殊，蛋白质对地鼠营养需要尤为重要，21%～24% 的蛋白质可满足地鼠的需要。如果饲料中的蛋白质含量不能满足其营养需要，成年地鼠性功能会减退，幼鼠生长发育迟缓。饲料中的粗脂肪、粗纤维、钙、磷的含量分别以 3.5%、5%、1.06% 和 0.36% 为宜。

4. 豚鼠的营养需要特点

饲料中的蛋白质、能量水平与豚鼠的生长、繁殖关系较大，一般饲料配方中蛋白质含量约为 20%。豚鼠对某些必需氨基酸，尤其是精氨酸的需要量较高。豚鼠盲肠发达，对粗纤维的消化能力强，通常饲料中要求含有 12%～14% 的粗纤维。如果饲料中粗纤维含量不足，豚鼠会出现排粪障碍、脱毛和相互吃毛等现象。豚鼠不能自身合成维生素 C，对维生素 C 缺乏特别敏感，缺乏时可致坏血病、生殖力下降、抗病力降低，甚至死亡，每只豚鼠每天需补 10 mg 维生素 C。繁殖豚鼠时，还需补充 30 mg 维生素 C，可在添加时给予 10% 的安全系数加入饲料或直接加至饮水中。

5. 实验猪的营养需要特点

研究表明，不限制饲喂会导致小型猪肥胖。但限饲不等同于营养缺乏，小型猪蛋白质需要量比普通家猪低。小型猪长期在粗饲料的条件下生长，对粗饲料适应能力良好，对粗纤维的含量要求和消化能力也远高于普通家猪。因此，不能参照普通家猪的营养需求量作为小型猪的标准来执行。(DB51/T 2857—2021)《实验用猪　营养需要》于 2022 年 1 月 1 日起实施。

Ellegaard Gottingen 小型猪公司研究机构的饲喂结果显示，小型猪每天饲喂的饲料能量平均为 9.3 MJ/kg，粗蛋白质为 13.8%。其中，赖氨酸在饲料中所占的比例为 0.66%、甲硫氨酸为 0.22%、半胱氨酸为 0.21%、苏氨酸为 0.51%。谷氨酰胺被认为是条件必需氨基酸，在饲料中加入适量谷氨酰胺对维持肠代谢与功能具有十分重要的意义。钙、磷、钠的建议需要量分别为 1.02%、0.68%、0.25%。虽然维生素需要量较少，但维生素 A、维生素 D、维生素 E 和 B 族维生素较为重要，因为它们在猪体内不能自行合成或合成量不足以满足机体代谢需求，需靠饲料供应。

6. 兔的营养需要特点

精氨酸对兔的生长发育特别重要，是其第一限制性氨基酸。兔可以耐受高水平的钙，且初生时体内有大量铁储备，故不易贫血。虽然兔的肠道微生物可以合成维生素 K 和大部分 B 族维生素，并通过食粪循环为兔利用，但繁殖时仍需额外补充维生素 K。由于兔盲肠发达，对粗纤维消化能力强，饲料中需要 10%～15% 的粗纤维，以维持其正常的消化生理机能。如果饲料中粗纤维含量不足，可引发兔消化性腹泻，但对无菌兔其饲料中的粗纤维含量应降低，在无菌兔饲养中要补充所有的维生素。经研究测试，新西兰白兔(42～70 日龄)消化能为 9.55～10.5 MJ/kg、粗蛋白质为 16%～17%、粗纤维为 15.5%～17.5%、粗脂肪为 2.0%～2.5%、钙为 1.0%～1.3%和磷为 0.5%～0.6%较为合适。幼兔生长发育的最佳配方为：消化能 11.03 MJ/kg、粗蛋白质 15.10%、粗脂肪 3.04%、粗纤维 10.26%、钙 1.345%、磷 0.56%。繁殖母兔的最佳配方为：消化能 10.91 MJ/kg、粗蛋白质 18.17%、粗脂肪 2.96%、粗纤维 10.28%、钙 1.47%、磷 0.58%。

7. 犬的营养需要特点

犬为杂食性动物，体重与能量需求成正比，年龄与能量需求成反比。处于妊娠期的母犬需要摄入更多的能量以满足后期胎儿增长及产后泌乳需要；处于泌乳期的母犬的产奶量和奶的能量是估算泌乳能量需求的重要因素，泌乳能量需求有时可达到维持能量需求的 3 倍以上。当寒冷或者犬运动量增加时，如果日粮中的能量水平没有提高，犬需要摄入更多的食物来维持能量平衡。此外，绝育犬能量需求显著下降，绝育后应立即降低能量摄入，避免肥胖。《犬猫营养手册》(*Nutrient Requirement of Dogs and Cats*)指出，舍饲成年犬维持能量需求为 543.92 kJ/kg，饲料中动物性蛋白质至少应占蛋白质总量的 1/3，22%的粗蛋白质可满足犬生长和繁殖需求。在相同前提条件下，美国饲料管理协会推荐，维持状态下日粮粗蛋白质的最低含量为干物质的 18%，生长和繁殖阶段的日粮粗蛋白质的最低含量为干物质的 22.5%。犬需要 22 种氨基酸来合成自身所需蛋白质，其中 10 种为必需氨基酸，即精氨酸、组氨酸、异亮氨酸、亮氨酸、赖氨酸、甲硫氨酸、苯丙氨酸、苏氨酸、色氨酸和缬氨酸，必需氨基酸的含量应该满足犬的需求。在《犬猫营养手册》中，犬能耐受高脂肪饲料，高脂肪饲料可显著提升饲料适口性，同时要求饲料含有一定量的不饱和脂肪酸，即必需脂肪酸(essential fatty acids，EFAs)。EFAs 对犬各个生命阶段的生长发育、繁殖、免疫功能等均有重要作用，特定组合的 EFAs 能显著影响犬一系列慢性疾病的发生及发展。碳水化合物包括各种糖类、淀粉、多种细胞壁成分及储藏性的非淀粉多糖，是犬获取能量的最主要来源。NRC(2006)根据功能将碳水化合物分为可吸收的碳水化合物、可消化的碳水化合物、可发酵的碳水化合物和不可发酵的碳水化合物。不同类型的碳水化合物具有不同的生理功能，改变日粮中碳水化合物来源及比例能影响犬餐后血糖及粪便量，还可帮助肥胖犬控制体重。另外，犬对维生素 A 中毒耐受性较强，维生素 A 的摄入量达到需求量的数倍以上才会中毒。维生素 D 对小肠中钙、磷的吸收有促进作用，幼犬缺乏会出现“佝偻病”，成年犬缺乏则表现为“软骨症”。维生素 E 具有抗氧化功能，对犬的繁殖和泌乳十分重要。缺乏维生素 E 时，犬的繁殖性能会下降，睾丸生殖上皮变性，不易妊娠。正常健康犬肠道内细菌能合成维生素 K，一般不会缺乏。

8. 猫的营养需要特点

猫属于肉食性动物，对碳水化合物中的淀粉无绝对需求，可将其用作能量来源之一。虽然大米、小麦、玉米和大麦煮熟后很容易被猫消化，但是与犬相比，猫只能利用 35%～40%的碳水化合物。猫需要更多的蛋白质和脂肪来维持健康，且对蛋白质质量要求较高。成年猫饲料中蛋白含量应不低于 21%，幼猫应不低于 33%。此外，还应经常更换蛋白质来源的食物种类，以免猫产生厌食情绪。初生小猫对日粮脂肪需求量较高，处于生长期的猫对日粮蛋白质的需求量也大。猫肝中 Δ6-去饱和酶(delta_6 desaturase，D6D)活性受限，使得母体脂肪酸产生的长链多不饱和脂肪酸减少，导致猫对花生四烯酸的饮食来源更为依赖。猫需要花生四烯酸，因其机体内无合适的酶将麻油酸转化为花生四烯酸。在蛋白质方面，猫需要特别关注赖氨酸、蛋氨酸、半胱氨酸以及牛磺酸。猫不能将色氨酸转化为烟酸，且需要更高含量的半胱氨酸，半胱氨酸是猫被毛的重要组成部分。牛磺酸也很重要，它由肝脏和其他组织中的半胱氨酸和蛋氨酸合成。若猫缺乏牛磺酸，可能会引发视网膜中央变性，猫对牛磺酸有持续摄入/摄取需求，且牛磺酸仅存在于动物蛋白质中。猫对精氨酸缺乏非常敏感，精氨酸缺乏可在不到 1 h 内引发高氨血症。猫不能利用 β-胡萝卜素转化为维生素 A，因此应在饲料中补充维生素 A。

9. 猴的营养需要特点

在猴日粮中，50% 以上的能量来自碳水化合物；16%～25%的蛋白质可满足猴生长繁殖的需要；脂肪含量以 3%～6%为宜。此外，猴体内不能合成维生素 C，需从饲料中获取。配制猴饲料时，应充分考虑适口性。

10. 禽的营养需要特点(主要介绍鸡的营养需要特点)

与其他动物一样，禽都有生长、生产和繁殖等生命活动，产肉和产蛋都需要一定的营养需求。若日粮中略微缺乏蛋白质，则导致鸡生长略有减缓；若严重缺乏蛋白质，即使是缺少一种氨基酸，也会导致鸡生长和生产立即停滞。当蛋白质过量时，即便所有氨基酸处于平衡状态，鸡的生长也会轻微降低，体脂肪沉积量减少，血液中尿酸水平增高，过多的蛋白质还会对鸡产生应激。日粮中缺少钙、磷或钙、磷比例失调会引发佝偻病，出现生长阻滞、产蛋鸡蛋壳变薄等症状。目前，鸡饲料中需要的维生素有 13 种，即脂溶性的维生素 A、维生素 D、维生素 E、维生素 K 和水溶性的 B 族维生素。各种维生素都有其特定的作用，缺乏或过量均对鸡的生产和生长不利。

11. 实验鱼的营养需要特点

饲料中蛋白质含量应较高，应在 40%以上。脂肪是鱼类最为重要的能量来源，其产生的能量是蛋白质和糖类的 2.5 倍，也是脂溶性维生素的溶剂及细胞组成成分，能为鱼体提供必需脂肪酸。必需脂肪酸在鱼体内不能合成，必须由饲料提供。以斑马鱼为例，其显示出典型的淡水鱼类脂肪酸代谢方式，拥有延长酶和 Δ5-去饱和酶、Δ6-去饱和酶，能够把十八碳多不饱和脂肪酸延长并去饱和，合成更重要的高度不饱和脂肪酸，即花生四烯酸、二十碳五烯酸和二十二碳六烯酸。糖类是鱼类生长必需的营养物质，摄入量不足，则饲料的利用率会下降，鱼代谢紊乱、鱼体减瘦。摄入量过多，超过鱼对糖的利用能力限度，多余部分会合成脂肪，长期摄入过量的糖会导致脂肪肝，肝功能减弱，解毒力下降，鱼体呈肥胖型。研究发现，维生素缺乏会对鱼的卵巢、胚胎发育产生不同程度的影响，其中维生素 E 缺乏的影响较为显著。多种维生素与鱼畸形有一定的相关性；维生素 C 摄取量不足时，剑尾鱼的抗感染力大幅度下降。

二、实验动物配合饲料的分类

实验动物配合饲料是指能提供实验动物所需营养素，保障动物生长、生产和健康或者满足不同实验目的的可饲物质。饲料种类繁多，成分和饲用价值各异，分类方法多种多样，可按配制方式、加工方式、使用对象等分类。依照配制方式进行分类，实验动物配合饲料可分为：单一饲料(饲料原料)、混合饲料和全价配合饲料。其中，全价配合饲料是根据饲养动物的营养需要，将多种饲料原料配方经工业化生产的均匀混合物。实验动物配合饲料应符合国家质量标准、卫生标准以及营养要求。实验动物配合饲料还可以按照营养成分、加工后的物理性状、动物种类及动物发育阶段等进行分类。

(一)根据所含营养成分进行分类

1. 全价配合饲料

这种饲料含有均衡且全面的营养物质，能够完全满足实验动物的各种营养需要，无须额外添加任何其他营养成分，直接饲喂即能获得满意的饲养效果。

2. 混合饲料

混合饲料是由能量饲料、蛋白质饲料、矿物质饲料等按一定比例配合而成。虽然混合饲料基本能满足实验动物的营养需要，但当营养不够全面时，还需搭配一定量的其他饲料，才能达到满意的饲喂效果。

3. 浓缩饲料

浓缩饲料是以蛋白质饲料为主，混入矿物质和添加剂预混料配比而成，不能直接使用，应按说明添加能量饲料或粗饲料，才能配制成全价饲料使用。

4. 添加剂预混料

添加剂预混料由营养物质添加剂(如各种氨基酸、矿物质、维生素等),按各种饲料配方需要,加上必要的载体配制成各种添加剂预混料,分别包装,在配料时再按具体需要分别加入。

5. 代乳饲料

代乳饲料是指专门为各种代哺乳动物设计的,用以替代自然乳的全价配合饲料。

(二)根据加工后的物理性状进行分类

根据饲料的物理性状,实验动物配合饲料可分为粉状饲料、颗粒饲料、膨化饲料、烘烤饲料等。

1. 粉状饲料

粉状饲料是指把所有原料按需要粉碎成大小均匀的颗粒后,再按比例混合而成的一种料型。这种饲料加工方法简单、成本低,但易引起动物挑食,造成浪费,且饲养效果差。

2. 颗粒饲料

颗粒饲料是指以粉料为基础,经过加压成型处理的块状饲料。这种饲料密度大、体积小、适口性好,具有增加动物的采食量、饲料利用率高的优点。由于加温、加压会破坏饲料中的部分有毒成分(如大豆中的抗胰蛋白酶),但也使部分维生素和酶类受到破坏。在实际使用中,应注意适量添加维生素。

3. 膨化饲料

膨化饲料是在高温、高压下,强迫湿粉通过模孔而制成的。这种饲料对非人灵长类、犬、猫等动物的适口性好,其他动物不宜使用。

4. 烘烤饲料

在其他方法不利于实行灭菌或成型时,采用烘烤的方法烘制块料,可起到一定的消灭微生物的作用。

(三)根据动物种类进行分类

由于不同种类动物对饲料的营养素含量、质地,乃至外形有不同要求,实验动物配合饲料可分为大小鼠饲料、兔饲料、猫饲料、犬饲料、猴饲料,鸡饲料及鱼饲料等。

(四)根据动物发育阶段进行分类

同一种动物在不同发育阶段(生长发育期、成年期)和不同生理状态(繁殖、哺乳)对饲料的营养素含量、饲料颗粒大小均有不同的要求。按照不同的发育阶段,实验动物配合饲料可分为繁殖饲料和维持饲料。其中,繁殖饲料是指实验动物在生长繁育期、哺乳期食用的饲料,其营养成分、微生物控制等指标可充分满足实验动物在妊娠期、哺乳期、术后恢复期的营养需要。维持饲料是指用于成年动物,其所含营养元素可满足动物正常生理活动、代谢等需求。繁殖饲料的蛋白质含量、微量元素以及维生素等营养元素含量均高于维持饲料。

三、实验动物配合饲料的质量控制

实验动物配合饲料是指以国家标准为依据,经过严密设计、科学配合、精心加工生产而形成的标准化产品。我国实验动物配合饲料的社会化生产和商品化供应已逐渐成熟。随着实验动物标准化管理的加强,实验动物配合饲料的质量控制逐步纳入科学管理轨道。

实验动物配合饲料的质量控制包括实验动物配合饲料生产过程质量控制、实验动物配合饲料消毒、实验动物配合饲料的质量检测、实验动物配合饲料标签、实验动物配合饲料运输、实验动物配合饲料贮存等环节以及对实验动物配合饲料供应商的考察等,以确保实验动物配合饲料符合相应国家标准要求。

(一)实验动物配合饲料生产过程质量控制

实验动物配合饲料生产单位应了解实验动物管理相关法律法规及标准对配合饲料生产单位的要求,从源头上把控配合饲料质量。由于实验动物配合饲料的种类多,所采用的加工工艺也不尽相同,每道工序的设备选择、操作管理等都会对配合饲料质量有显著的影响，所以在整个生产过程均应按工艺标准严格控制。

1. 生产设施的管理

《实验动物管理条例》规定，各地实验动物管理机构应对实验动物饲料生产部门环境条件、设备、工艺、人员结构、监测设施和规章制度等按有关规定进行检查验收，合格者方可取得生产许可。(GB/T 34240—2017)《实验动物　饲料生产》对饲料生产单位的管理要求、人员要求和环境、设施设备也提出了具体要求，饲料生产企业应符合相关规定。

(1)生产设施管理基本要求　应建立组织机构、管理制度、产品质量标准和应急预案；组织机构明确并建立单独的质量保障部门(或检测室)；完善管理制度；建立产品质量标准，并制定意外事件的应急预案。

(2)人员要求　机构应有符合岗位要求的技术负责人、质量负责人、生产负责人和特种工种人员及其他辅助人员。其中，技术负责人、质量负责人、生产负责人应具备实验动物从业人员上岗证，具有实验动物、畜牧、兽医等相关专业教育背景或中级以上技术职称；所有参与生产的人都应具有健康证明。

(3)环境要求　厂区环境要求厂区道路、排水要求，生产区和生活区分开等；建筑要求包括厂房设施合理，便于清洁整理，生产车间面积与生产力匹配，车间应配备通风、照明、除尘、防水、防鼠和消防等措施；建立独立的原料仓库和成品仓库，并保证安全，不漏雨、不潮湿且通风、防潮，配备防火、防鼠、防鸟和防虫等措施。

(4)设施要求　设施和设备应合理布局；器具、仪器设备以及检测室能满足原料、产品质量安全检测的要求；应设检测分区并配有满足常规检测项目的仪器设备。

(5)设备要求　对工艺流程的要求；生产设备按照加工工艺流程图配备，满足生产需求，符合相关国家标准规定；饲料生产机构应配备检测设备与具备相关资质的检测机构签署的《委托检测协议》。

2. 生产过程控制

(1)原料控制

①实验动物饲料所用原料要严格按饲料配方要求，确保各种营养物质含量达标。原料应质地均匀，且无污染、无发霉、无变质、无虫蛀、无异味和无异物等，若条件允许，应尽可能固定原料产地、收割季节、加工贮存方法等。原料进厂要进行感官检验，合格后方可使用。原料应标明场地、生产日期等信息，以便溯源。贮存环境干燥、阴凉、通风，做好防虫、防鼠、防鸟等措施，保证饲料质量稳定。原料和成品分开放置，不同原料垛位应保持适当距离，并设置明确标签，做好出入库记录，原料遵循先进先出的原则。

②卫生要求，饲料原料、添加剂及成品饲料卫生指标应符合(GB 13078—2017)《饲料卫生标准》和(GB 14924.2—2001)《实验动物　配合饲料卫生标准》要求。

③质量要求，包括对饲料原料的质量要求。本文中的饲料原料是指为提供动物生长所需的蛋白质和能量的单一饲料原料(不包括饲料添加剂)，应符合相关饲料原料的国家标准或行业标准质量指标。饲料添加剂应为《饲料添加剂品种目录》所规定的产品或取得国务院农业行政主管部门颁发的有效期内的“进口饲料登记证”的产品或国务院批准的新饲料添加剂，并不得使用药物添加剂。

(2)配方控制

①在饲料生产之前，应按不同需要对所设计的饲料配方进行饲养实验，确保配方组分构成稳定。经实验验证确实可行后，方可用于饲养实践，且确定后不能轻易改动，仅能根据原料养分变化进行相应微调，以维持营养成分稳定。

②特殊配方应根据使用者需求，由具有高级技术职称以上的实验动物营养和饲料学专业人员提出。

③添加剂卫生指标选择应符合(GB 13078—2017)《饲料卫生标准》和(GB 14924.2—2001)《实验动物　配合饲料卫生标准》要求。

(3)加工过程控制

①工艺规程:应根据产品、工艺特点,按照饲料产品标准,确定生产关键质量控制点,制定生产工艺规程和工艺标准操作规程。

②原料投放:用于加工配合饲料的各种原料,首先按照质量标准检查有无霉变,利用初消设备和磁选装置进行除杂;然后根据不同饲料对象和工艺要求进行粉碎。粉碎后的原料要妥善保存,防止受潮。

③配料:严格按配方称量原料,配料的计量器应在规定量程内使用,并定期检定或校准。

④饲料配合:按配方要求称量各种原料,依次投入混料箱混合。混合过程是饲料加工保证质量的核心环节,混合均匀度是饲料质量检定的重要指标。混合时,要确保计量的准确,防止少投、误投;用量较少的原料应采用逐级稀释法混合。应对混合机进行日常维护保养,每3个月检查一次,确保混合机的正常运行。

⑤制粒(膨化):成型工序是将混合好的饲料粉料制成不同剂型的颗粒(膨化产品)。制粒(膨化)后的高温、高湿颗粒饲料应立刻干燥冷却,使产品接近室温,达到安全水分后,再进行包装。加工过程既要严格控制温度,尽量避免营养成分被破坏,又要保证适当的硬度和适口性。

⑥成品分装:加工好的成品饲料应经过烘烤或其他方法将含水量降低到国家标准规定范围后,再进行分装。包装应密封、防潮、防水且不易破损;包装材料应该无毒、无害,直接接触饲料的包装材料应达到食品包装要求。辐照灭菌饲料应真空包装,需要灭菌的实验动物配合饲料,其包装(或真空包装)应能耐受高压蒸汽或钴-60辐照。成品饲料贮存要求同原料库房贮存要求。

⑦防止交叉污染:不应与有毒、有害或影响产品质量的物品混存。每批饲料原料和饲料添加剂在进厂时要留样;成品饲料均应留样保存,并做好记录,留样应保留至该批产品保质期后一个月。饲料生产机构应建立生产记录制度,生产记录保存时间不应少于24个月。

(二)实验动物配合饲料消毒

成品饲料要经过消毒处理,才能符合某一微生物控制级别的实验动物需求。目前(GB 14924.1—2001)《实验动物 配合饲料通用质量标准》提及的灭菌方式主要有高温高压灭菌和射线辐照灭菌。高温高压灭菌方式能彻底杀灭饲料中的微生物,但需对该灭菌方式的效果进行验证和摸索,确保灭菌彻底的同时,尽可能减少饲料营养成分的损失。采用射线辐照灭菌方式时,目前行业内不同级别的实验动物饲料灭菌剂量和灭菌后微生物要求依据(NY/T 1448—2007)《饲料辐照杀菌技术规范》进行判断。辐照前饲料中的微生物指标应符合(GB 14924.2—2001)《实验动物 配合饲料卫生标准》要求;辐照装置和管理按照(GB 18524—2016)《食品安全国家标准 食品辐照加工卫生规范》规定及国家有关规定执行;饲料辐照后需进行微生物检测,并留样备查。辐照后各类饲料的微生物指标应符合表3-10的规定,同时应符合(GB 13078—2017)《饲料卫生标准》和(GB 14924.2—2001)《实验动物 配合饲料卫生标准》的有关规定。

表3-10 辐照后微生物指标

项目	指标		
	无菌动物、悉生动物饲料	SPF动物饲料	普通实验动物、宠物饲料
细菌总数/(CFU/g)	—	不得检出	≤1 000
大肠菌群/(MPN/100 g)	不得检出	不得检出	≤30
霉菌/(CFU/g)	—	不得检出	≤25
沙门菌	不得检出	不得检出	
细菌(需氧菌和厌氧菌)	无菌	—	
真菌	无菌	—	

(三)实验动物配合饲料的质量检测

合格的配合饲料检测结果是实验动物饲料生产厂家出厂的必需条件,也是配合饲料使用机构饲料质量管理的一个必不可少的重要环节和手段。通过感官指标、营养成分及卫生指标的分析、检测,评定饲料的品质。

1. 感官检验指标

配合饲料应混合均匀,新鲜、无杂质、无异味、无霉变、无发酵、无虫蛀及鼠咬。

2. 配合饲料营养成分测定

按照(GB 14924.3—2010)《实验动物　配合饲料营养成分》所规定的营养标准检测。营养指标包括水分、粗蛋白质、粗脂肪、粗纤维、粗灰分、钙、总磷等七项常规营养成分以及配合饲料氨基酸、维生素、矿物质和微量元素等。

3. 配合饲料卫生指标的测定

按照(GB 14924.2—2001)《实验动物　配合饲料卫生标准》,定期对配合饲料污染物和微生物进行检测。实验动物饲料应经过高温高压消毒灭菌或辐照灭菌,其中辐照灭菌的辐照剂量依据(NY/T 1448—2007)《饲料辐照杀菌技术规范》进行判断。

4. 检测方法及结果

配合饲料营养成分和卫生指标检测应依据实验动物配合饲料的相关国家标准规定的方法进行,并判断结果。

(四)实验动物配合饲料标签

1. 基本原则

标签标注内容必须符合国家相关法律和法规及有关标准的规定。标签所标示的内容必须真实,与产品质量及质量标准相符。其表述应通俗易懂、科学准确并易于为用户理解和掌握,不得使用虚假、夸大或容易引起误解的表述,更不得以欺骗性内容误导消费者。

2. 基本内容

基本内容包括配合饲料名称,产品标准编号、产品成分分析保证值等。标签上应标有“本产品符合实验动物饲料卫生要求”的字样,以明示产品符合配合饲料卫生标准。此外,还包括原料组成、使用说明、净含量、生产日期、保证期、贮存条件和方法、生产企业的名称和地址以及企业认为必需标注的其他内容。

3. 基本要求

标签不应与包装物分离。标签印制材料应结实耐用,文字、符号、图形等应清晰醒目。在流通过程中,标签内容变得模糊不清、脱落,应保证用户在购买和使用时能清晰易辨。应使用规范的简体汉字,可以同时使用有对应关系的汉语拼音及其他文字。标签上出现的符号、代号、术语等应符合最新发布的国家法令、法规和有关标准,采用国家法定计量单位,且一个标签仅标示一种饲料产品。

(五)实验动物配合饲料的运输

当前,我国尚无专门针对实验动物配合饲料的运输标准与规范,但在(GB 14924.1—2001)《实验动物　配合饲料通用质量标准》和(NY/T 1448—2007)《饲料辐照杀菌技术规范》等标准中涉及相关内容。

合格的配合饲料在装车前应对运输路线以及运输车辆的安全、卫生状况进行检查。配合饲料产品在运输中应防止包装破损、日晒、雨淋,严禁与有毒、有害物品混运;避免因不良运输环境导致营养成分损失、变质和污染,同时运输车辆的温湿度要严格控制。为规避运输环境带来的不良影响,中国实验动物学会发布了实验动物运输车的团体标准(T/CALAS 99—2021)《实验动物　运输车通用要求》,其中对实验动物运输车的温度要求做了规定,可供参考。国外有采用冷藏、充氮运输车运送饲料的情况,在封柜前将氮气充入货柜。

(六)实验动物配合饲料贮存

实验动物配合饲料贮存包括原料贮存和成品贮存。配合饲料使用单位应根据配合饲料的品种、等级等，设置合适的专用存放区域，要严格按照要求定期清扫存储库房，在产品变更时彻底清扫。成品库应严格执行先进先出的原则，同时，注意贮存的温湿度，防止成品饲料霉变，避免野鼠、昆虫及有毒物质的污染。饲料成品要分类堆放，标识清楚，严防与不同批次、不同等级饲料混合存放。成品饲料贮存时间一般不超过 3 个月。如果使用单位通过 CNAS 认证或者 AAALAC 认证，且库房贮存条件的温湿度得到严格控制，贮存时间可延长至 6 个月。

(七)实验动物配合饲料供应商考察

实验动物配合饲料供应商考察主要是指实验动物配合饲料使用单位对配合饲料生产单位定期或不定期进行的各种形式考察，主要包括现场考察、调查问卷、产品质量第三方检测等形式，对饲料供应商的资质、能力、产品质量、价格、服务等方面进行全面评估，有助于降低采购风险，提高采购效率，降低采购成本，提升产品质量。

四、实验动物配合饲料的灭菌消毒与贮存

(一)实验动物配合饲料的灭菌消毒方法

实验动物配合饲料在加工、贮存、运输和使用过程中，微生物和有害病菌易侵害其富含的蛋白质等多种营养成分，进而降低了饲料质量，严重时会导致饲喂的实验动物患病，甚至死亡。因此，在实验动物保种、生产繁育和动物实验中，必须根据不同动物的级别、不同微生物控制程度对其使用的配合饲料进行杀菌，以保证实验的正确性和重复性。普通级实验动物所使用配合饲料的微生物含量要求并不高，但 SPF 级别及以上的实验动物配合饲料必须彻底灭菌，以防不确定的病原微生物通过配合饲料进入动物体内，影响实验结果。

实验动物配合饲料必须经过灭菌处理，才能进入屏障设施饲喂实验动物。灭菌过程既要保持配合饲料的物理性质不变，又要尽量不破坏配合饲料的营养成分。因此，选择合理的灭菌方式很重要。我国传统的实验动物配合饲料灭菌消毒方法，如干热消毒法和化学药物熏蒸法，存在灭菌效果不彻底和药物残留等问题，现在已经较少使用。下面对目前实验动物行业广泛采用的高温高压蒸汽灭菌消毒与 ^{60}Co-γ 射线辐照灭菌消毒进行详细介绍。

1. 高温高压蒸汽灭菌消毒

高温高压蒸汽灭菌消毒主要是借助高压水蒸汽进行灭菌消毒。其原理是高压蒸汽具有较高的温度和较强的穿透力，能使细胞内蛋白质分子的氢键发生断裂，改变蛋白质的空间构型，进而凝固微生物蛋白质，使其死亡。该方法是我国应用最广泛的灭菌方法，主要设备有两类：一类是普通下排气式高温高压灭菌器；另一类是预真空高温高压灭菌器。密封包装的饲料必须拆开并用透气材料重新包装或者在密封包装材料上打适量孔隙，以便蒸汽渗透。饲料包装体积不宜过大，以免影响中心部分灭菌效果。目前已有较大容量的灭菌器可用于大批量饲料灭菌。该方法在灭菌时蒸汽需渗透到饲料内部，灭菌后不宜保存太长时间，同时要防潮。此外，在 121 ℃下作用 20～30 min 可将细菌全部杀死，但饲料的水分在灭菌过程中损失较多，营养物质损失较大，尤其是维生素 C、维生素 B_1、维生素 B_2、维生素 B_6 和维生素 A 及不耐热的氨基酸(如赖氨酸、精氨酸和胱氨酸)会有不同程度的损失。

该种方法成本低，在 121 ℃、0.14 MPa 条件下，灭菌 20 min，可使实验动物饲料灭菌得到良好的灭菌效果，并能保留大部分营养成分，灭菌效果才能达到(GB 14924.2—2001)《实验动物　配合饲料卫生标准》的要求。若延长高压蒸汽灭菌时间，粗蛋白质、维生素、氨基酸等营养成分含量会遭受不同程度的损失，导致饲料变硬，适口性差，从而降低了动物吸收利用率。

2. ^{60}Co-γ射线辐照灭菌消毒

^{60}Co-γ射线辐照灭菌消毒是利用^{60}Co产生的γ射线杀灭生物体的灭菌方法。^{60}Co放出的γ射线可抑制或破坏微生物的新陈代谢，且不会在被照射物中残留放射源，故可用于灭菌消毒。该方法能够保留配合饲料中的营养成分，尤其是维生素，对配合饲料营养成分影响不大，操作简单，灭菌效果好，饲育效果佳，但处理成本较高。

辐照装置和管理按照(GB 18524—2016)《食品安全国家标准　食品辐照加工卫生规范》的规定及国家有关规定执行。无菌动物配合饲料和悉生动物配合饲料辐照杀菌的最低有效剂量为25.0 kGy，最高耐受剂量为50.0 kGy；SPF动物配合饲料辐照杀菌的最低有效剂量为10.0 kGy，最高耐受剂量为25.0 kGy；普通实验动物配合饲料辐照杀菌的最低有效剂量为4.0 kGy，最高耐受剂量为10.0 kGy。实验证明，^{60}Co-γ射线辐照灭菌通常使用15 kGy的辐射剂量能够杀灭饲料中的所有微生物，一般可以保存30 d。辐射剂量为25 kGy时，可满足SPF实验动物配合饲料的灭菌要求，一般可以保存90～120 d，而30 kGy辐照剂量灭菌的饲料可以保存180 d。

在实际生产中，有效辐照剂量的确定还依赖于辐照源的情况、环境温度、饲料性质、保存时间以及生产者要求等因素。环境温度、有无氧气以及辐照后的储藏条件都会影响辐照灭菌的效果。不同的配合饲料达到无菌所需的辐照灭菌剂量并不相同，辐照灭菌剂量应根据被测配合饲料中的初始含菌量、饲料的组成、保存时间等来确定。

一般来说，辐射剂量越高，灭菌效果越好，但过高的剂量可能会对营养成分造成极大的破坏，且辐射费用与辐射剂量成正比。因此，需要寻求一个最佳的辐射剂量，使饲料在营养成分变化不显著的基础上，灭菌效果及灭菌后的保存期达到最佳组合。

总体而言，在一定的条件下，高压蒸汽灭菌消毒和^{60}Co-γ射线辐照灭菌消毒都适合用于实验动物配合饲料的灭菌消毒。与高压蒸汽法相比，辐照法属于一种冷灭菌方法，对实验动物配合饲料中营养物质的破坏和损失更低；辐照射线穿透力极强，能迅速杀灭包括沙门菌、霉菌、大肠埃希菌在内的各种微生物，也能杀死寄生虫、虫卵、螨类等。辐照法具有低温灭菌特性，不会改变饲料的适口性，实施消毒更方便，灭菌效果更理想。在实际运用中，仍应注意辐照剂量的选择。文献报道，辐照剂量过高会导致营养成分损失增多，增加饲料生产的经济成本。

3. 常用实验动物饲料灭菌消毒对饲料中营养成分的影响

(1)鼠饲料灭菌消毒对营养成分的影响　鼠饲料经25 kGy和100 kGy辐照后，其总氨基酸、消化率、生物学价值、净蛋白利用率都没有显著变化，但可消化赖氨酸有轻微减少。矿物元素和微量元素在辐照过程中没有受到影响，但是维生素C、维生素B_1等部分维生素有所损失。因此，高剂量辐照后的饲料需要补充维生素。辐照不会影响碳水化合物、蛋白质和脂肪等高分子化合物。

在使用高压蒸汽灭菌鼠饲料时，影响灭菌效果的主要因素是灭菌温度和灭菌时间。与121 ℃、60 min灭菌相比，134 ℃、3 min灭菌时，其蛋白质的生物学价值、消化率和净蛋白利用率的减少幅度都比较小。随着温度上升和时间延长，可利用的氨基酸逐渐减少，但是总氨基酸基本没有受到影响。

(2)兔饲料灭菌消毒对营养成分的影响　兔饲料经高压蒸汽灭菌处理后会引起粗蛋白质含量损失12%～27%，维生素D损失45%～54%，维生素B_1损失35%～46%，维生素B_6损失26%～32%，维生素A损失15%～25%，维生素B_2损失15%～24%，同时赖氨酸、精氨酸、组氨酸、苯丙氨酸＋酪氨酸、苏氨酸和亮氨酸含量降低，其中精氨酸损失19%～30%，赖氨酸损失23%～32%，苯丙氨酸＋酪氨酸损失3.5%～8.4%。延长高压蒸汽灭菌时间会加剧维生素A、维生素D、维生素B_1、维生素B_2、维生素B_6、精氨酸、赖氨酸和苯丙氨酸＋酪氨酸的损失。辐照灭菌会导致赖氨酸含量和维生素含量下降，其中维生素B_1损失25%～27%，维生素D损失12%～13%，且维生素B_1含量损失随辐照剂量递增而增大。

(3)SPF鸡饲料灭菌消毒对营养成分的影响　通过高温高压蒸汽121 ℃、20 min条件对SPF鸡饲料进行高压灭菌，发现粗蛋白质、大部分维生素 A、维生素 D_3、维生素 E、维生素 B_1、维生素 B_2、维生素 B_6、维生素 B_{12} 的含量均有所下降，粗蛋白质的含量明显降低 8%，维生素 A、维生素 B_1、维生素 B_2 和维生素 B_6 分别降低了 15%，49%，21%和 37%，而经 20 kGy 剂量的辐照后，在 30 d 之内未检到有细菌生长。由此可以认为，在保存 1 个月内的前提下，采用 20 kGy 辐照鸡饲料可以达到灭菌效果。利用 ^{60}Co-γ 射线辐照灭菌，剂量为 25 kGy 时，辐照后保证无菌水平。研究报道，用 20 kGy、25 kGy、30 kGy、35 kGy 和 40 kGy 剂量的辐照饲料．均可达到 SPF 鸡对饲料无菌的要求。用 25 kGy 辐照灭菌的饲料可以保存 120 d，而用 20 kGy 辐照灭菌的饲料只能保存 60 d。对 SPF 鸡生长期 ^{60}Co-γ 射线辐照灭菌，剂量为 25 kGy 饲料进行抽检，发现粗蛋白质、粗脂肪、粗纤维、磷的含量分别为 20.50%、2.64%、1.86%、0.65%，均符合农业农村部规定的 SPF 鸡生长期饲料标准。钙和粗灰分超出范围与辐照并无联系。饲料经不同剂量辐照后，其中的水分、粗蛋白质、粗纤维和粗灰分的含量没有明显变化。随着辐照剂量增多，粗脂肪含量明显增多，辐照对维生素的破坏程度也随之加重。饲料中的维生素 A 和 B 族维生素损失最大，饲料经 40 kGy 辐照后，维生素 A 的残存率为 82.3%，维生素 B_6 的残存率为 82.8%。

（4）SPF 猪饲料灭菌消毒对营养成分的影响　与其他实验动物相比，SPF 猪饲料有自身的特点，其饲料灭菌也有不同之处。目前，大小鼠和鸡等小动物由于采食量小，其饲料常采用 ^{60}Co-γ 射线辐照灭菌或高压蒸汽灭菌。而 SPF 猪采食量比大小鼠和鸡要大得多，约为 1 000 g/d，如果采用 25 kGy 辐照计量，成本相当高，可以考虑在保证灭菌效果的前提下适当降低辐照剂量。

由于小型猪的采食量大，其饲料周转周期比较短，一般为 1 周左右，最长不超过 1 个月。较短的保存时间有利于降低灭菌强度，同时可探索新的灭菌工艺。微波灭菌时间短、效果好，但在饲料方面的应用还不成熟。

鉴于各省市区单位对 SPF 猪饲料营养参数设置没有统一标准，且不同地区、不同单位饲料来源较杂，饲料配方不统一，污染源不相同。同一种方法对饲料的灭菌消毒效果也不一样，各单位可根据实际情况进行判定。

（二）实验动物饲料的贮存

实验动物饲料贮存主要包括原料的贮存、成品饲料的贮存以及进入实验动物饲养设施饲料的贮存。

1. 原料的贮存

入库后的原料必须按照不同类别、特性等进行区分放置。原料仓库应封闭，保持干燥通风且清洁。在贮存过程中，要特别关注温度、湿度变化，同时采取防止野鼠、飞鸟、昆虫等侵入的措施。不同的原料应分别堆放并设置标签，明确按原料种类、生产厂家、进货日期等信息。玉米面、鱼粉、麦麸等粉状原料的贮存期不应超过 2 个月；饲料添加剂与原料分开存放，保存在低温、避光、干燥的地方；鱼粉、骨粉、豆饼要保持干燥和避免温度过高，防止霉变和脂肪酸败；干草粉应用单独库房存放，贮存地点应通风、干燥、避光且无鼠害。保存时间以不超过 6 个月为宜，这样能使草粉养分稳定，减少损失；其他袋装料放置在枕木上，以促进空气流通。

2. 成品饲料的贮存

成品饲料贮存应符合相应标准。一方面，将饲料存放在固定的专用贮存间并离地而放，保持贮存环境温度在 20 ℃以下，确保干燥、卫生，避免野鼠、虫媒等生物污染及其他化学性污染；另一方面，为防止因长期放置而变质或被污染，饲料的存放期一般不应超过 1 个月，尤其是易腐败的饲料，保质期往往仅有几天，更需重点关注。

成品饲料应与原料分开，按品种及生产日期，存放入通风、透气、干燥的成品库。成品饲料在饲料库内存放时间一般不超过 7 d，宜在 2 周内用完。

对于不同批次的产品应分开码放，各品种饲料间应有一定间距。应建立仓库管理制度，做好出入库记录，按生产与入库先后顺序，遵循先进先出原则。

3. 进入实验动物饲养设施饲料的贮存

①实验动物饲料贮存区域应设有专用饲料库房，库房应当保持良好的通风，留意温湿度变化。保持库房卫生清洁，防止微生物滋生繁殖。库房内应配有搁板、架子或台车，确保存储的饲料架离地面有一定的高度。饲料按批号堆码，不同批号的物料不得混垛，垛间距不小于 20 cm，与库房顶、温度调控设备及管道等设施间距不小于 30 cm，与地面间距不小于 10 cm。严禁与有毒、有害物品同库存放。

②对每一批产品饲料要严格、详细记录生产日期和使用日期，并分开放置。产品饲料的保质期一般在 3 个月左右，因此使用时必须坚持“先进先用”的原则。饲料管理者必须对每批购进的饲料清点并登记，明确登记饲料的生产日期，过期、变质和受污染的饲料均不得饲喂实验动物。每批饲料进场后需调整存货位置，确保先购进的饲料先使用。

③保持饲料存放区的清洁干净，杜绝野鼠及昆虫出现在贮存区域，防止饲料因沾染粪尿中的微生物、肠道寄生虫、节肢动物和霉菌而受到污染，进而避免导致实验动物感染疾病。

④饲料库应配置空调系统，(CNAS-CL06—2018)《实验动物饲养和使用机构质量和能力认可准则》要求，通常饲料的贮存温度应控制在 4～20 ℃，湿度应控制在 50%以下最为适宜。

⑤豚鼠及灵长类动物的饲料应添加维生素 C，但含维生素 C 的饲料仅有 3 个月存放期，使用维生素 C 微囊的饲料可延长其保存期。若投喂维生素 C 过期的饲料，应另外补充维生素 C。

⑥实验动物饲料应在有效期内使用完毕。传入实验动物饲养室的饲料应在开封后的 7 日内用完，未使用完的饲料应放于能防止害虫侵入的密闭容器内暂存，避免因污染而传播疾病。

⑦变质或发霉、超过保存期的饲料、垫料不可再使用，应安全销毁。

⑧在制造及贮存含高脂肪的特殊饲料时，要特别注意下列因素。

A. 不饱和脂肪酸极易被氧化，会造成必需脂肪酸不足。

B. 脂肪氧化酸败后，饲料适口性变差。

C. 高脂肪饲料在制造时应添加抗氧化剂，以降低氧化变异的概率。

D. 高脂肪饲料应采用密封、冷藏、充氮的专用运输车辆运输。

E. 用不饱和脂肪酸饲料投喂动物时，每隔 24 h 应更换新鲜饲料。

F. 投喂高脂肪酸饲料时，宜额外添加维生素，以减少体内过氧化反应。

第八节　影响动物实验的主要因素

动物实验是指人为地改变实验动物自身的因素或环境因素，观察并分析动物的变化及其规律，以探讨生命科学中理论问题或实践问题的活动。

影响动物实验的因素有内因和外因。内因是实验动物本身的因素，包括动物种属因素、品种品系因素、个体因素等，遗传因素起决定性作用。外因是动物实验的环境因素，包括气候因素、理化因素、居住因素、营养因素、生物因素和人为因素等。

动物实验结果和各因素之间的关系通常可用下列公式表示：

$$R=(A+B+C)\times D\pm E$$

式中：R 为实验动物的总反应、实验结果或演出型；A 为动物种间的共同反应；B 为动物品种、品系特有的反应；C 为动物的个体反应；D 为环境因素(包括实验处理)；E 为实验误差。

A、B、C 为动物因素，主要由实验动物本身的遗传因素决定，包括动物种属因素、品系因素、年龄

(寿命)和体重(体型)因素、性别因素、生理状态因素、健康因素等;D 是环境因素,主要包括温度、湿度、气流及风速、空气洁净度、通风和换气、光照、噪声、饮食、饲养设备、饲养密度、饲养管理水平、实验方案、实验操作;E 是实验误差的总和。这是一个多因素相互作用的复杂系统。R 是实验者得到的实验结果,是实验动物的内因($A+B+C$)与外因($D \pm E$)共同作用的结果。一个理想的实验结果 R 应该是客观规律或本质的反映。

一、遗传因素对动物实验的影响

不同种的哺乳类动物都有一定的共性。人和小鼠的分化约在 8 500 万年前,约 85%的人遗传基因与小鼠一致,这正是医学实验中应用实验动物的基础。不过,不同种属的动物在解剖、生理、生化特征上存在差异,且在各种反应上也有个性表现。例如,某种致病因素对某种动物是敏感的,而对另一种动物可能完全无害。熟悉这些种属差别,有利于选择合适的实验动物,并分析实验结果。如犬、猴、猫对呕吐反应敏感,适宜作呕吐实验;兔和豚鼠对呕吐反应不敏感,大小鼠无呕吐反应。大鼠是对致畸最敏感的动物;豚鼠适宜用于过敏实验,豚鼠的耳蜗对音频变化十分敏感,常被用于听觉实验。兔对致热物质十分敏感,可用于发热、解热和伴随发热发生的免疫增强反应的研究,且兔是诱导排卵的动物,也适合用于药物对排卵等生殖生理方面的研究。此外,各种哺乳动物对辐射 LD 剂量的差异也很大。

不同品系、不同年龄、不同性别的实验动物对同一刺激的反应有很大差异。如 DBA/2 小鼠在 35 日龄时 100%发生听源性癫痫,55 日龄后该比例降为 5%。AKR 为高发白血病品系,雄性淋巴性白血病的发病率为 76%~90%;雌性淋巴性白血病的发病率为 68%~90%。C3H 小鼠乳癌发病率为 97%,NOD 小鼠易发糖尿病,C57BL/6 属低癌组。A 系与 BALB/c 两个品系在存活期自发肿瘤情况、对药物反应和生殖发育方面都有显著差异。实验动物对药物的反应在不同种、不同品系动物间存在差异,主要原因有 3 个方面。

1. 代谢差异

不同种系的酶系统不同,生化反应的速率也就不同。小型啮齿动物的代谢速率明显高于人。这是因为小型啮齿动物的肝/体比(肝体系数)和血循环速率高于人;小型啮齿类动物的肝细胞色素 P450 及其同系物的量以及对于混合功能氧化酶活性所必需的氧张力均大于人,而这些酶正是参与外源性化学物代谢的一类主要的酶。因此,人对农药的代谢速率比大鼠和小鼠慢。不同动物的代谢量和必要的换气量见表 3-11。

表 3-11 不同动物的代谢量和必要的换气量

动物种类	体重/g	代谢量/ 与一个人等价的只数	保证良好空气状态/ (m^3/只)	必要的换气量/ [m^3/(只·h)]
小鼠	21	672	0.085	0.85
大鼠	200	110	0.113	1.27
金黄地鼠	400	73	0.226	2.54
豚鼠	400	70	0.170	1.70
兔	2 600	21	0.283	3.20
猫	3 000	16	1.00	17.00
猴	3 000	16	1.00	17.00
犬	14 000	5	4.25	47.20

2. 生物转运能力的差异

药物的生物转运能力取决于各种屏障系统的结构与性质。不同种属动物的血脑屏障、胎盘、皮肤结构不同，导致药物进入中枢神经系统与胚胎的情况存在差异。经皮肤吸收药物的速率也有明显差别。有人报道，不同动物的皮肤对有机磷化合物的吸收率[$pg/(cm^2 \cdot min)$]依次是：兔与大鼠为 9.3、豚鼠为 6.0、猫与山羊为 4.4、猴为 4.2、猪为 0.3。经消化道吸收是毒物进入机体的主要途径，小肠对铅的吸收速率，在牛、羊与人之间相差 10 倍，吸收与转运能力的差异会使毒物在不同种属动物血液与组织中的质量浓度产生差异。

3. 生理差异

不同动物的食性、采食特点、消化特点等方面存在差别。以大鼠为例，大鼠的相对摄食能力比人大得多，这意味着它对营养的需求与人不同，也意味着它每天随食物摄入的农药量比人多得多。人需要的叶酸量为大鼠的 100 倍，大鼠的需铁量为人的 10 倍。由于这些差异，那些干扰维生素与矿物质利用的药物对大鼠和人的毒性作用就会表现出很大差异。大鼠与人器官相对质量也不同，比如，肝与肺分别相差 0.43 和 3.48 倍，血中化学成分也存在差异；胆固醇约相差 7 倍，酸性磷酸酶大约相差 30 倍。

当把动物的毒理学资料外推至人时，人和动物种属间的差异是必须考虑的。例如，20 世纪 60 年代出现的“反应停(thalidomide)”事件，反应停是一种安眠药。正常人服用后无不良反应，但孕妇在服用后，胎儿可产生典型的海豹肢畸胎。后续的生殖毒性实验发现，反应停对不同动物的致畸剂量不同，人最敏感(0.5～1.0 mg/kg)，依次是兔(2.5 mg/kg)、猴 (10.0 mg/kg)、小鼠(31.0 mg/kg)、犬(100.0 mg/kg)、地鼠最不敏感(350.0 mg/kg)。

人与动物的毒性效应有时并不与毒物剂量的大小成正比。在确定剂量-反应关系时，还需关注剂量与代谢的关系。通常，化学物质在高剂量时可能出现机体内解毒机能的饱和，即在代谢饱和时才出现毒性(如致癌性)，见表 3-12。

表 3-12　大鼠与人的一些毒理学差异

参数	大鼠	人	比值(人/大鼠)
体重/g	4×10^2	7×10^4	175
体表面积/m^2	0.048	1.88	39
食物消耗量/[$g/(kg\cdot d)$]	50	10	0.20
维生素的需要量			
维生素 B_{12}/(pg/kg)	2.5	0.045	0.02
叶酸/(pg/kg)	0.05	5.36	107
维生素 A/IU	200	125	0.62
矿物质需要量			
镁/(mg/kg)	2.0	4.46	2.2
铁/(mg/kg)	1.75	0.179	0.1
器官相对质量			
肝/%	5.22	2.28	0.43
肺/%	0.43	1.50	3.48
血清化学成分			
肌酐/(mg/L)	0.48	1.1	2.3

续表 3-12

参数	大鼠	人	比值(人/大鼠)
血清化学成分			
胆固醇/(mg/L)	26.5	192	7.2
胆红素/(mg/L)	0.30	0.74	2.4
尿素/(mg/L)	1.89	4.8	2.5
钾/(mmol/L)	6.26	4.25	0.67
磷/(mmol/L)	7.91	3.45	0.43
酸性磷酸酶/(IU/L)	38.3	1.13	0.029
碱性磷酸酶/(IU/L)	87.7	25.0	0.28
谷-丙转氨酶/(IU/L)	63.3	13.4	0.21

寿命和身体大小(体型)也是不同实验动物重要的比较医学特征之一。例如,大象的寿命约 100 年,人是 80 年,犬是 15 年,鼠是 2~3 年。各种动物都有自己独特、不同、可相互对应的妊娠期、生长发育期、性成熟期、体成熟期、生育期、衰老期和寿命。这些因素都可以直接影响动物实验的结果。仅从寿命和体型因素来看,小鼠是较经济和使用方便的理想实验动物。人与各种动物寿命的对应关系详见图 3-13。

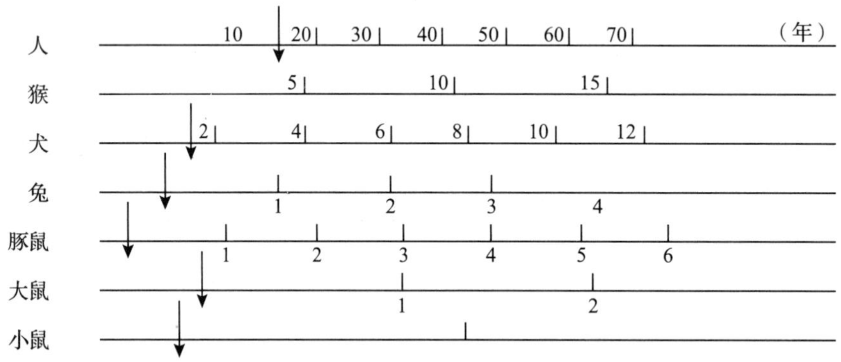

图 3-13　人与各种动物寿命的对应关系

不同性别的动物对同一药物的敏感性不同,对不同刺激的反应也不一致。雌性动物在性周期的不同时期、妊娠和授乳时,机体反应也会有差异,因此,科研人员一般选择雄性动物或雌雄各半做实验。

二、微生物寄生虫感染等生物因素对动物实验的影响

生物因素涉及同种动物因素和异种动物因素等。同种动物因素包括动物的社会地位、势力范围和饲养密度等。实验动物饲养需保持合理密度,确保有一定的活动面积和空间。饲料密度大会使动物活动受到限制,同时,排泄物大量增加会使温度、湿度、有害气体浓度上升,动物患传染病的概率增大,内分泌和代谢活动也会发生变化,进而对实验结果造成影响,因此,(GB 14925—2023)《实验动物　环境及设施》对每种动物的饲养空间和饲养动物的笼架具的大小做了明确规定(表 3-13)。其中,窝养是指繁殖动物带仔时的饲养方式,除窝养外,其他为群养时每只动物所需最小空间。动物单笼饲养时,每只动物需要的空间应比推荐值高,笼内高度为笼底到笼顶的距离。

表 3-13 各种动物的饲养空间

项目	小鼠			大鼠				豚鼠		
	<20 g	≥20 g	窝养	<200 g	200～400 g	>400 g	窝养	<350 g	≥350 g	窝养
底板面积/m^2	0.006 7	0.009 2	0.042	0.015	0.026	0.04	0.09	0.04	0.065	0.76
笼内高度/m	0.13			0.18				0.18	0.22	
项目	地鼠			猫		猪		鸡		
	<100 g	≥100 g	窝养	<2 kg	≥2 kg	<20 kg	≥20 kg	<1 kg	1～2 kg	>2 kg
底板面积/m^2	0.01	0.012	0.09	0.28	0.37	0.96	1.2	0.07	0.12	0.15
笼内高度/m	0.18			0.76(栖木)		0.6	0.8	0.4		0.6
项目	兔				犬			猴		
	<2 kg	2～4 kg	>4 kg	窝养	<10 kg	10～20 kg	>20 kg	<4 kg	4～8 kg	>8 kg
底板面积/m^2	0.14	0.28	0.37	0.42	0.6	1	1.5	0.5	0.6	0.9
笼内高度/m	0.4				0.8	0.9	1.1	0.8	0.85	1.1

异种生物因素主要是指病原微生物和寄生虫。动物在潜在性感染后往往无临床体征和症状，进行动物实验时容易激活一些潜在病原体从而发病，进而影响实验结果。因此，科研人员一定要认识到使用合格健康的实验动物的重要性，最好选用 SPF 级动物进行实验（表 3-14）。饲养人员应掌握动物的生理、生态和习性特点，也应了解动物疾病的临床表现，以便及时发现问题，并尽快采取必要措施。

表 3-14 普通动物/SPF 动物和无菌动物特点比较

项目	普通动物	SPF 动物	无菌动物
微生物、寄生虫	有或可能有	无	无
长期实验存活率/%	约 40	约 90	约 100
应用动物数	多	少	少
实验准确设计	不可能	可能	可能
实验结果	有疑问	明确	明确

病原微生物对动物实验结果影响较大，实验中应尽可能地选用微生物控制级别较高的实验动物。在目前微生物控制国家标准中，主要控制的微生物包括：一是人畜共患病病原体；二是可导致动物死亡的烈性病病原体；三是可能对动物实验产生影响的病原体。

三、环境因素对动物实验的影响

动物实验结果受多种因素影响，是遗传因素和环境因素综合作用的结果。遗传基因是决定生物性状的物质基础。但在个体发育中，基因作用的表现还受环境因素影响。

控制实验动物生活环境的目的就是要减少或消除对实验动物的不利影响，营造实验动物能正常生长、发育、繁殖的最适条件，同时保证动物实验结果中环境因素的可比性，使动物实验环境符合国家质量标准。

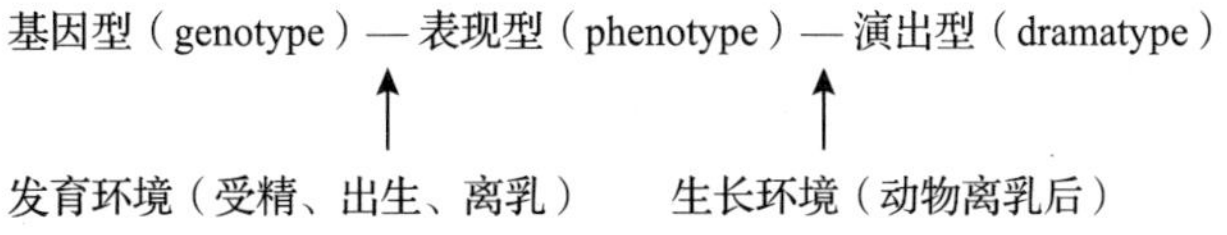

广义的环境泛指实验动物机体以外的客观事物，是实验动物赖以生存的所有外部条件的总和。环境可分为外环境和内环境。外环境是指实验动物设施以外的环境。内环境是指实验动物生活的环境，又可细分为大环境和小环境，其中大环境是指实验动物设施内各饲养间环境；小环境是指存在于实验动物的饲养盒内的环境，对实验动物直接产生影响。

不同动物对环境的适应能力并不相同。实验动物长期生活在人工控制的环境中。近交系动物和免疫缺陷动物是一种在特殊控制的环境下繁殖培育的动物。它们失去了较广泛的适应环境的能力，需要更为严格的环境条件才能培育出合格的个体。影响实验动物的环境因素包括物理、化学、生物、人为等多种因素（图 3-14）。

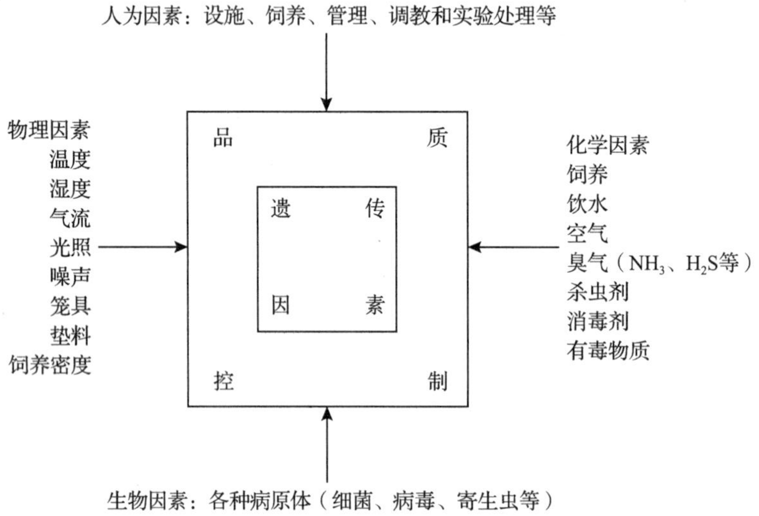

图 3-14　影响实验动物的环境因素

（一）物理因素

1. 温度

动物对环境温度的变化具备一定的适应能力，恒温动物在环境温度变化时能够使体温保持基本不变。动物基础代谢最稳定时的环境温度称为动物的最适温度。在最适温度范围时，动物体温不变，该范围称为中性温域。临界温度是指动物体温不再恒定，开始下降或上升时的环境温度，可进一步分为临界低温值和临界高温值。当环境温度低于临界低温值时，体温开始下降，此时机体通过增加产热，减少散热，体温能维持在正常范围；当环境温度高于临界高温值时，机体的体温增高，此时机体通过减少产热，增加散热，体温能维持在正常范围。在不同环境下培育的动物，其对环境的适应能力不同。

实验动物是在人工控制环境下生长的动物，对环境变化的适应能力较弱，所以要严格控制环境温度。从图 3-15 可以看出，生活在 22～26 ℃温度环境下的裸小鼠的一些生理指标无明显差异。

在进行毒性实验时，不同室温下所做的半数致死量（LD_{50}）不同和不同室温下大鼠对戊巴比妥钠的反应比较如表 3-15、表 3-16 所列。

表 3-15　温度对 3 种药物 LD_{50} 的影响　　mg/kg

药物	15.5 ℃ LD_{50}	27 ℃ LD_{50}
苯异丙胺（Amphetamine）	197.0	90.0
盐酸脱氧麻黄碱（Methedrine）	111.0	33.2
麻黄碱（Ephedrine）	477.1	565.0

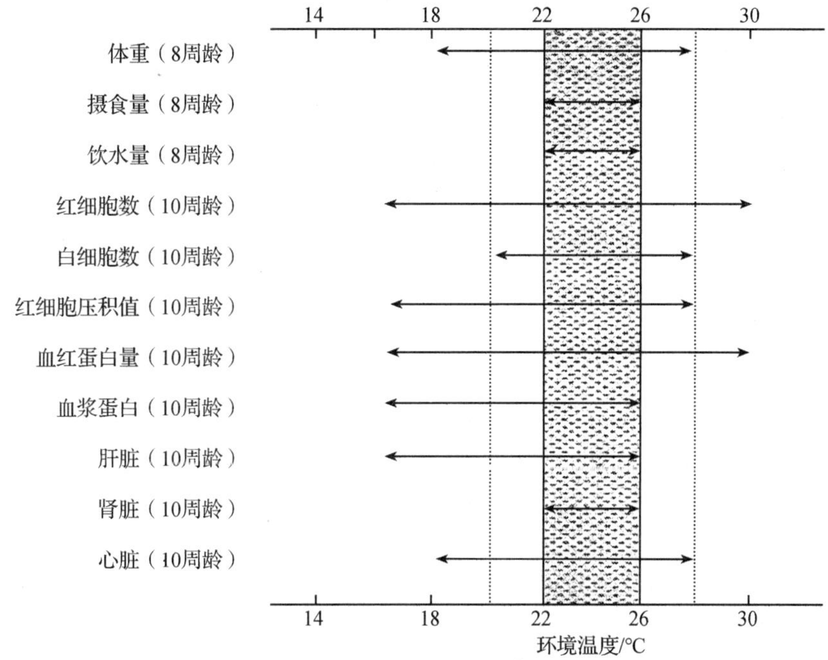

图 3-15　裸小鼠的各种测定值无明显差异的温度范围

表 3-16　不同环境温度时，戊巴比妥钠剂量与大鼠死亡率比较

环境温度/℃	给药动物/只	死亡动物/只	死亡率/%
12	20	20	100
14	20	20	100
16	20	20	100
18	20	10	50
20	20	10	50
22	20	10	50
24	20	10	50
26	20	7	35
28	20	6	30
30	20	11	55
32	20	16	80

一般的哺乳类实验动物还表现出，当温度过低时，常导致性周期推迟；而当温度超过 30 ℃ 时，雄性动物会出现睾丸萎缩或精子形成能力下降，雌性动物将出现性周期紊乱，泌乳能力降低或拒乳等现象。

慢性长期的环境温度变化会影响动物的生长发育和形态结构。例如，在寒冷的地区生长的兔耳较小；在寒冷环境生长的大鼠尾巴比在温暖环境下生长的同胎大鼠尾巴短。

温度与基因表达有密切的关系。例如，喜马拉雅兔在 20 ℃环境下，全身毛色为全白色，若将其饲养在 10 ℃环境下，其耳、尾、鼻和四肢尖端则长出黑毛，这是由体内的黑色素酶被高温破坏所致的。实验证明，在不同温度下，饲养的动物由于代谢不同，即使在相同实验条件下，实验结果的差异也很大。

2. 湿度

湿度是指大气中的水分含量。按每立方米空气中实际含水量表示时，称为绝对湿度。相对湿度是指空气中实际含水量与该温度下饱和含水量的百分比值。相对湿度对动物机体热调节影响很大，高湿环境利于病原微生物和寄生虫的生长繁殖，垫料与饲料易霉变，对动物健康不利。在低湿环境下，大小鼠的哺乳母鼠常发生拒乳或吃仔鼠现象，仔鼠也易发育不良；低湿还会使室内灰尘飞扬，易引发动物呼吸道疾病。多数动物不耐低温，在低温、干燥的环境下，大鼠易患环尾症。当温度为 27 ℃、相对湿度为 20％时，几乎所有大鼠都会发生环尾症；当相对湿度为 40％时，该病发生率为 20％～30％；当相对湿度大于 60％时，则没有发生该症。一般动物在高温、高湿情况下易发生某些传染性和非传染性疾病，而新捕获的猴则要求较高的湿度和温度，南美产的猴尤为如此。动物在相对湿度为 40％～70％ 的空间生活最为适宜。

3. 气流、气流速度及换气次数

人类一般可感觉的气流速度为 0.2～0.25 m/s，而实验动物以 0.13～0.18 m/s 的气流速度为最佳。饲养室内气流的大小会直接影响动物体热的散发。气流速度过小，空气流通不畅，动物体表 散热困难；气流速度过大，动物体表散热量增加，代谢量也随之增加。在饲育室内，换气次数可根据室内饲育动物数量和动物散发的臭气量进行调整，一般以 8～15 次/h 为宜。保持一定的气流速度，不仅可使室内温度、湿度及化学物质组成保持均匀，还有助于将污浊气体排出室外。小型实验动物由于体表面积与体重之比（cm^2/kg）比大动物大，环境温度和气流速度的变化更易引起体温变化。如换气次数过多，动物就要消耗大量能量维持体温，从而出现生育率下降等情况。

4. 噪声

噪声也是影响实验动物健康的因素，动物能听到比人更宽的音域。图 3-16 为各种动物能感受的音域。例如，大鼠能听到频率为 1 000～50 000 Hz 的声音，而人只能听到频率为 1 000～20 000 Hz 的声音。噪声可引起动物紧张，导致流产、产仔率下降，出现咬仔现象，还可能造成实验动物生理机能的变化，如心率、呼吸频率和血压升高，有的动物易诱发癫痫病。国家标准要求饲育室内噪声应控制在 60 dB 以下。不同品系小鼠对听源性痉挛发作的感受性见表 3-17。

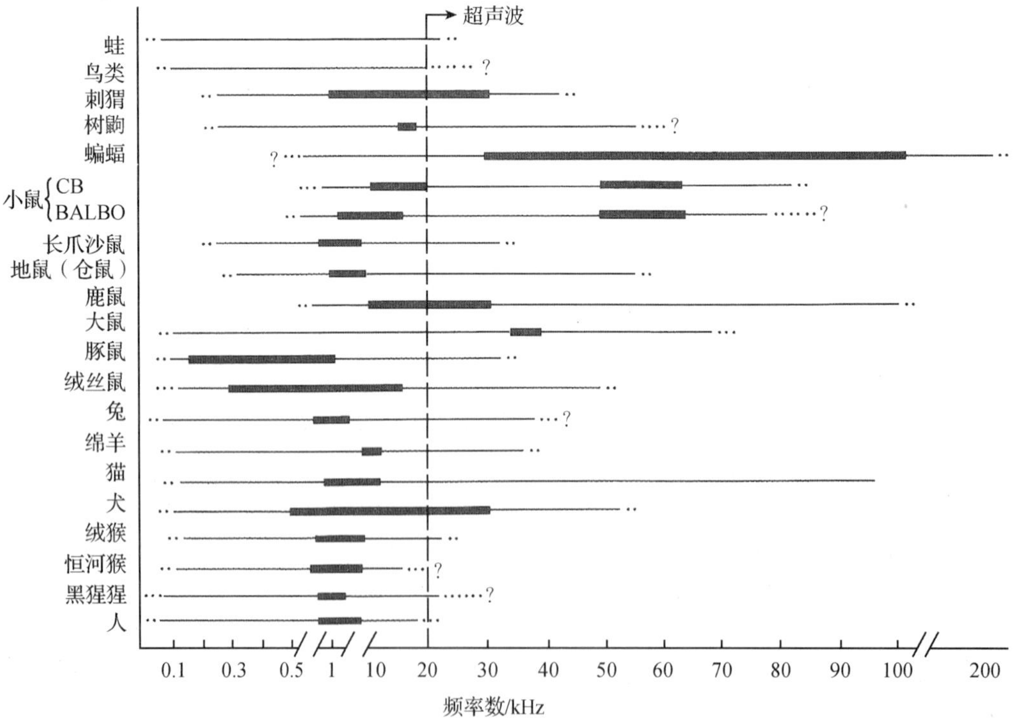

图 3-16　各种动物能感受的音域

表 3-17　不同品系小鼠对听源性痉挛发作的感受性　%

品系	雄鼠		雌鼠	
	痉挛发生比例	痉挛发生率	痉挛发生比例	痉挛发生率
DBA/2	12/12	100	10/10	100
J:ICR	68/80	80	106/155	68
JCI:ddn	23/33	70	8/17	47
DDD	3/15	20	2/16	13
C57BL/Db	1/11	9	0/19	0
BALB/c	0/15	0	0/15	0
C3H/HeN	0/17	0	0/19	0
TVCS	0/14	0	0/13	0
KK	0/15	0	0/12	0
NC	0/16	0		
O/17	0	0		

注：3～4 周龄，音刺激强度 10 kHz，100 dB，2 min。

5. 照明

到达地面的太阳光波长范围是 290～1 100 nm。其中，波长 400～700 nm 为可视光线，波长 200～330 nm 为紫外线（ultraviolet light，UV），波长在 700 nm 以上的光称为赤外线（inflared light，IR）。可视光线的刺激通过视网膜和视神经传递到下丘脑，经下丘脑介导，产生各种神经激素，进而控制垂体中促性激素和肾上腺皮质激素的分泌。动物可以感受明暗、形态、色彩和活动。受可视光线影响，动物表现出明显的日周节律，其内分泌、消化、排泄、肌肉、神经等活动都呈现周期性变化（图 3-17）。小鼠、大鼠、仓鼠、沙土鼠、豚鼠和兔为夜行性动物（nocturnal animal）。猫和犬原本为夜行性动物，但在与人类共同生活过程中逐渐转为昼行性动物（diurnal animal）。鸟类、猪、羊和猴为昼行性动物。

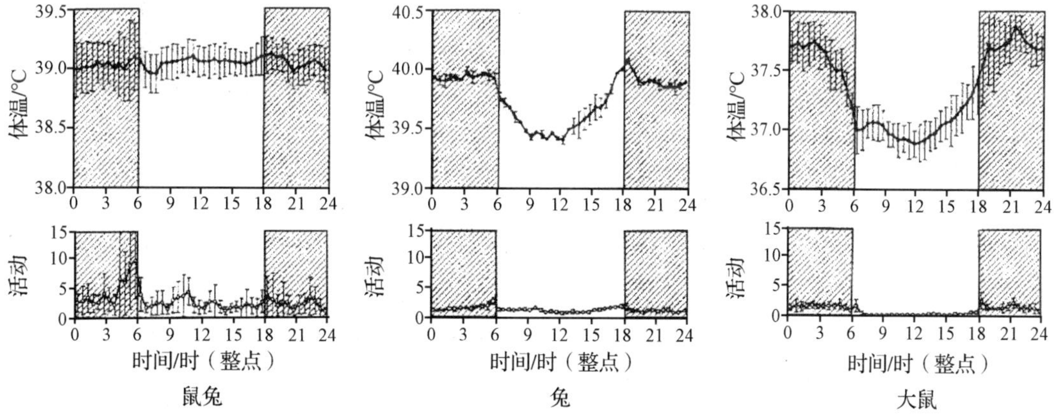

图 3-17　鼠兔、大鼠、兔一天的活动和体温变化

光对动物的生殖功能有很大影响。光周期会影响动物生殖腺的成熟以及性周期活动。机体的基本生化反应和激素分泌在一年之中和一天之中呈周期性变化。在人工环境中，可通过控制光照条件，例如，设置 14 h 亮、10 h 黑或 12 h 亮、12 h 黑的模式，动物的周期变化可消失。

动物处于持续黑暗中，卵巢和子宫质量会降低。持续光照会过度兴奋动物生殖系统，产生连续发情现象，大小鼠出现永久性阴道角化，多数滤泡达到排卵前期，但黄体不能形成。在 15 lx 光照条件下，大鼠不发情的个体数量增加。长日照可使鸡性成熟年龄提前，产蛋增多。光照还可影响雄性动物精子生成。光照过强可导致雌性动物做窝能力变差，出现吃仔现象及哺育不良问题。突然的明暗变化可引起动物躁动不安。明暗交替最好采用渐暗或渐明的方式。

光的波长对动物也有影响，小鼠的自发行为在蓝、绿、白色光下最低，而在红色与黑暗中最多。Starell 等将 ICR 小鼠放在各种灯光（全波长、冷白色、蓝色、粉红色、紫黑色）下饲养 30 d，发现雄性动物在蓝色和冷白色光照下体重最轻。雌性大鼠在蓝光下阴道开口比红光下早 3 d，且卵巢和子宫的质量更大，但红光组的泌乳能力最强。

大白鼠在 540～980 lx 照度下饲养 65 d，在 2 000 lx 照度下饲养几小时都会出现角膜和视网膜病变。不过，有色大鼠不出现该现象。标准动物的照度为 10～20 lx，工作照度为 150～300 lx。紫外线可以诱发各种化学反应，例如，260 nm 的紫外线可以破坏 DNA，280 nm 的紫外线可以破坏蛋白质等。

6. 空气中的微生物、粉尘和有害气体

饲养室内的空气中漂浮着颗粒物（微生物多附着在颗粒物上）与有害气体，对动物机体可造成不同程度的危害。

(1)气体污染　动物粪尿等排泄物会发酵，并分解产生很多污物种类，一般包括氨、甲基硫醇、硫化氢、硫化甲基、三甲氨、苯乙烯、乙醛和二硫化甲基（表 3-18）。

表 3-18　不同种动物饲养室排气口中恶臭物质

项目	动物种别						总排气口
	小鼠	大鼠	兔	犬	猫	猴	
面积/m^2	9.6	21.6	86.4	21.6	21.6	14.4	$n=7$
收容数/只	340	280	205	24	15	19	
氨气/(mg/L)	19.0	1.8	26.7	24.7	15.0	23.7	2.5±0.7
甲基硫醇/(g/L)	0.1	0.1	0.1	2.6	1.7	0.8	0.07
硫化氢/(g/L)	0.1	0.5	0.4	3.7	7.5	3.4	0.45±0.19
硫化甲基/(g/L)	0.2	0.2	0.6	1.6	0.8	0.3	0.06
三甲胺/(g/L)	未检出	未检出					
苯乙烯/(g/L)	未检出	未检出					
乙醛/(g/L)	未检出	未检出	未检出	未检出	未检出	未检出	未检出
二硫化甲基/(g/L)	未检出	未检出	未检出	0.6	0.4	未检出	未检出

氨浓度常是判断饲养室污染状况的监测指标。当动物饲养室温度上升、动物密度增加、通风条件不良、排泄物和垫料未及时清除时，饲养室氨浓度会急剧上升。氨是一种刺激性气体，其浓度升高会刺激动物眼结膜、鼻腔黏膜和呼吸道黏膜，引发流泪、咳嗽，严重者甚至会产生急性肺水肿，引起动物死亡。如果长期处于高浓度氨的环境中，实验动物的上呼吸道就可出现慢性炎症，进而失去使用价值。

硫化氢（H_2S）是具有强烈臭鸡蛋味的有毒气体，空气中含量达 0.000 1%～0.000 2%即能闻到。动物粪便和肠中产生的臭气含有 H_2S。吸入的 H_2S 在呼吸道中生成 Na_2S，致使组织中失去 Na^+，此即黏膜受刺激的生化基础。H_2S 还能刺激神经，温度增高会增加 H_2S 的毒性，室内 H_2S 和 NH_3 均易诱发兔鼻炎。此外，雄性小鼠汗腺分泌物的浓厚臭气也能导致雌性小鼠性周期紊乱。

(2)颗粒物污染　动物饲养间的空气中颗粒物的来源主要有两种途径：一种是室外空气未经过滤直接进入饲养室；另一种是动物的皮毛、皮屑以及饲料、垫料等被气流携带在空气中漂浮，形成颗粒物污染。粉尘颗粒对动物的危害与颗粒的大小有关，颗粒大的在空气中漂浮时间短，影响程度小；颗粒小的在空气中漂浮时间长，影响程度大。粉尘对动物机体的影响主要来自 5 μm 以下的粉尘，这种小颗粒经呼吸道吸入体内后会到达细支气管与肺泡，引发呼吸道疾病。颗粒物除自身对动物产生不良影响外，还可以成为微生物的载体，将细菌、病毒和寄生虫等微生物粒子带入饲养室。因此，饲养清洁级以上实验动物的设施进入饲养环境的空气必须经过有效的过滤，以达到一定的空气洁净度。

7. 笼具、垫料和饮用水

(1)笼具　笼器具应选用无毒、耐腐蚀，能耐受 121～135 ℃高温且耐冲击的材质，同时应符合动物生理生态及防逃逸要求。

(2)垫料　垫料应使用无毒、无异味、无油脂、吸湿性强、粉尘少的材料，并经消毒或灭菌后使用。高压蒸汽灭菌原理是指在 1.0～1.4 kg/cm^2 压力下，温度可达 115～123 ℃，持续 15～25 min 可杀灭一切细菌和孢子。

(3)饮用水　普通级动物应饮用符合人饮用标准的自来水。清洁级及以上的动物饮用水还应经灭菌或酸化处理。酸化处理水是向饮水中添加盐酸，使其 pH 为 2.5～3.0。

(二)营养因素对动物实验的影响

保证实验动物充足的营养供给是维持其健康和提高实验结果的重要因素。实验动物对外界环境条件的变化极为敏感，其中饲料对实验动物的关系更为密切。实验动物的生长、发育、繁殖、增强体质和抗御疾病以及一切生命活动无不依赖于饲料。实验动物的某些系统和器官，特别是消化系统的功能和形态会随着饲料品种的不同而变异。实验动物的品种不同，其生长、发育和生理状况都有区别，因而对各种营养的要求也不一样。

1. 蛋白质对实验动物的影响

如果饲料中的蛋白质含量不足，某些必需氨基酸缺乏或比例不当，实验动物会出现生长发育缓慢、抵抗力下降等情况，甚至体重减轻，还会出现贫血、低蛋白血症等问题。长期缺乏蛋白质可导致水肿，并影响生殖功能。如果长期给动物喂食蛋白质含量过高的饲料，就会引起代谢紊乱，严重者甚至出现酸中毒。因此，应为实验动物提供含适量蛋白质的饲料。

2. 碳水化合物对实验动物的影响

碳水化合物由碳、氢、氧三种元素组成，通常分为无氮浸出物和粗纤维两大类。无氮浸出物(即糖类)包括淀粉和糖，是实验动物的主要能量来源。饲料中的糖类被实验动物采食后，在酶的作用下分解为葡萄糖等单糖并被吸收。在体内，大部分葡萄糖氧化分解产生热能，供机体利用；小部分葡萄糖在肝脏形成肝糖原贮存，还可转化为脂肪。碳水化合物缺乏会引起机体代谢紊乱。

3. 脂类缺乏对实验动物的影响

脂类包括脂肪、脑磷脂、卵磷脂、胆固醇等，后三种脂类是细胞膜和神经等组织的重要组成成分。脂肪被机体消化吸收后，可通过代谢产生热量供动物利用。多余的能量可转变为脂肪，在皮下形成脂肪层。脂肪组织除储备能量外，还有保温以及缓冲外力的保护作用。脂肪还是脂溶性维生素 A、维生素 D、维生素 E、维生素 K 的溶剂，可促进这些维生素的吸收和利用。

脂肪由脂肪酸和甘油组成。脂肪酸中的亚油酸、亚麻酸、花生四烯酸等在实验动物体内不能合成，只能从饲料中摄取，被称为必需脂肪酸。必需脂肪酸缺乏可引起严重的消化系统和中枢神经系统功能障碍，如可使动物患皮肤病、脱毛、尾坏死、生长发育停滞、生殖力下降、泌乳量减少，甚至死亡。饲料中脂肪过多则会导致动物肥胖，影响健康，不利于实验研究。

4. 矿物质缺乏对实验动物的影响

饲料分析中的粗灰分，即矿物质，包括钙、磷、钾、钠、氯、镁等常量元素以及铁、铜、锌、锰、碘等微量元素。前者占实验动物体重的 0.01%以上，后者则占其体重的 0.01%以下。矿物质对实验动物机体的生理机能、生长发育及繁殖起着重要作用。

(1)钙和磷　在机体内，80%～90%的钙和磷是构成骨骼和牙齿的重要成分。钙还参与血液和组织液的调节，维持神经肌肉的适当兴奋性以及参与血液凝固等生理过程。磷脂与蛋白质结合参与能量代谢过程；磷参与形成腺苷三磷酸(ATP)、DNA和RNA，还有助于维持体液酸碱平衡。

(2)氯和钠　氯和钠以离子形式存在，参与维持血浆和体液的渗透压、pH以及水、盐代谢平衡，维持神经系统生理功能等。饲料应含有1%的食盐。若饲料缺乏氯和钠，会导致实验动物对蛋白质和碳水化合物的利用率降低，使实验动物发育迟缓、繁殖力下降。

(3)钾和镁　钾和镁参与糖和蛋白质的代谢。钾离子会影响神经系统的活动，维持心脏、肾脏及肌肉的正常功能。镁离子是维持骨骼正常发育必需的元素。镁元素缺乏可使实验动物出现神经过敏、肌肉痉挛、惊厥等症状。植物性饲料和含钙高的饲料常存在缺乏钾和镁的情况。但摄入过多的镁可引起动物腹泻。

(4)微量元素　其来源、营养作用和缺乏症，见表3-19。

表3-19　微量元素的营养作用和缺乏症

微量元素	营养作用	缺乏症
铁(Fe)	血红蛋白的重要成分，运输氧气，参与细胞内生物氧化过程	贫血、生长发育不良、精神萎靡、皮毛粗糙、无光泽
铜(Cu)	与造血过程、神经系统及骨骼正常发育有关，也为多种酶的活化剂	腹泻、四肢无力、营养性贫血
锌(Zn)	许多酶的成分，以碳酸酐酶最重要	生长停止、进行性消瘦、脱毛、不孕、性周期紊乱、形态变异
锰(Mn)	参与造血、骨骼发育、脂肪代谢	生长发育不良、共济失调、骨节肥大
碘(I)	甲状腺成分，与基础代谢有关	甲状腺肿、黏液性水肿

5. 维生素对实验动物的影响

维生素在体内主要作为代谢过程的激活剂，调节、控制机体的代谢活动。实验动物对维生素的需要量虽然很小，但维生素是维护机体健康、促进生长发育、调节生理功能所必需的物质。通常根据溶解性能，维生素可分为脂溶性和水溶性两大类。脂溶性维生素包括维生素D、维生素E、维生素K；水溶性维生素包括B族维生素和维生素C。在一般情况下，饲料中容易缺乏的是维生素C和维生素E。各种维生素的来源、生理功能和缺乏症见表3-20。

表3-20　维生素的生理功能、缺乏症

维生素	生理功能	缺乏症
	脂溶性	
维生素A	维持正常视觉；维持上皮细胞的正常生长与分化；促进生长发育；抗癌作用；维持正常免疫功能	视觉损害、夜盲症、上皮组织萎缩、干燥、增生及角化、骨骼生长不良、生长发育迟缓
维生素D	调节钙、磷代谢，促进钙、磷吸收	软骨病有关
维生素E	抗氧化作用，保持红细胞的完整性、抗动脉粥样硬化、抗肿瘤、改善免疫功能及延缓衰老；促进蛋白质的更新合成，促进人体新陈代谢，与动物的生殖功能和精子的生成有关；调节血小板的黏附力和聚集作用	生殖系统损害、睾丸萎缩、肌肉麻痹、瘫痪、红细胞溶血
	水溶性	
维生素B	参加糖的代谢；抑制胆碱酯酶的活性，有利于胃肠蠕动和消化腺体的分泌	多发性神经炎

续表 3-20

维生素	生理功能	缺乏症
维生素 B_2	参与体内生物氧化酶体系、晶状体及角膜的呼吸过程，维护皮肤黏膜完整性	生长停滞、脱毛、白内障、角膜血管增生等
维生素 C	参与糖、蛋白质代谢，维持细胞的正常代谢，保护酶的活性，参与胶原、齿质及骨细胞间质生成	坏血病、骨钙化不正常及伤口愈合减慢等

6. 水对实验动物的影响

实验动物体内的水含量占其体重的 60%，是一切组织、细胞和体液的重要组成成分。动物体内物质的输送、组织器官形态的维持、渗透压调节、体温调节、生化反应与排泄等活动都有赖于水的参与。当体内水分减少 8%时，实验动物就会出现严重干渴、食欲丧失、黏膜干燥、抗病力下降、蛋白质和脂肪分解加强；当体内水分减少 10%时，实验动物就会引发代谢紊乱；当体内水分减少 20%时，实验动物将会死亡。因此，缺水对实验动物造成的危害比缺饲料更大。

鉴于环境因素对动物实验结果的不同影响，国家标准规定，在进行动物实验时，不仅应使用合格的实验，而且应在相应级别的实验室中开展。

第四章

动物实验常用操作技术

第一节　实验动物选择基本原则

实验动物在多个领域，如医药、食品、化工、农业、轻工、环保、航天、商检、国防以及军事科学等，均扮演着至关重要的角色。它们不仅是科学研究的关键工具，也在生产应用中发挥着举足轻重的作用。实验动物与经济建设、人民生活紧密相关，涉及各类药品、食品、化学品的研发与生产，以及人类和畜禽类疫苗、生物制剂的安全试验和效果评价。在现代科学不断发展的推动下，实验动物学已成为一门综合性的新兴学科，其发展程度直接反映了一个国家生命科学的研究水平。实验动物的选择过程并非随意，而是需要基于一系列精心制定的原则和综合多种因素进行考量。这些原则和因素确保了研究人员能够选择到最适合其研究目标的动物，从而得出可靠且有价值的研究结论。这样的选择不仅有助于推动科学研究的进步，同时也确保了实验动物的福利和伦理责任得到充分的尊重与保障。

一、相似性原则

相似性原则在实验动物选择中占据核心地位，它强调选择那些在生理和生物学特性上与人类相近的动物，以便更精确地模拟人体内的生物过程。主要涵盖以下几个方面：

（一）组织和功能的相似性

为了确保能准确模拟人类疾病和药物反应，研究人员通常选择那些与人类在组织结构、生理功能和代谢途径上相似的实验动物。例如，大型灵长类动物，如猴、猩猩和长臂猿，因其器官结构和代谢途径与人类相似，在疾病研究和药物研发中发挥了关键作用。

（二）群体分布的相似性

在某些研究中，实验动物的基因型和表型对于结果的准确性至关重要。因此，选择那些与人类群体在基因型和表型上相似的封闭群实验动物，能够更准确地模拟人类疾病和遗传变异，对于药物安全性和有效性的评估具有重要意义。

（三）机体生态因素的近似性

在某些研究中，模拟人类的生态环境或健康状况对于揭示某些生态因素对健康的影响至关重要。因此，选择那些生态环境或健康状况与人类相似的实验动物，能够更准确地反映这些生态因素对健康的影响。

（四）疾病特点的相似性

当研究需要模拟人类特定疾病的病理特点时，研究人员选择那些具有与人类相似疾病特点的实验动物模型是必要的。这些模型可以通过自然发生或通过人为诱导的方式制备，以便更准确地模拟人类疾病发病的过程，从而有助于研究人员更深入地了解疾病机制、评估治疗方法以及研发新的药物。

二、差异性原则

差异性原则在实验动物选择中占据重要地位，它强调不同种类实验动物之间的生物学和生理学差异，以满足特定科学研究的需求。这些差异主要体现在以下几个方面：

（一）基因型差异

不同种类的实验动物在基因型方面有着显著的不同，包括基因组结构、遗传变异和基因表达水平。

例如，为了深入探究特定遗传疾病的机制，研究人员可能会选择具有特定基因突变的小鼠模型。这些模型通常通过基因工程技术制备，以模拟人类的遗传状况。

（二）表型差异

实验动物的外部特征和行为因种类而异，如体型、颜色、生活习性以及行动能力等。这些特征在实验设计中可能起到关键作用，因此需要根据具体研究需求选择合适的表型特征。

（三）代谢型差异

不同实验动物在能量代谢、药物代谢和免疫反应等方面存在差异。例如，在药物代谢或肥胖病机制的研究中，研究人员可能会选择代谢特点与人类相似的实验动物。

值得注意的是，易感性差异也是实验动物选择中的一个重要考虑因素。不同实验动物对于特定疾病或病原体的感染和发病程度存在差异。因此，在研究感染性疾病或免疫反应时，选择对特定病原体具有高度反应性的动物模型至关重要。这有助于研究人员更准确地研究疾病传播、免疫反应以及评估潜在治疗方法。

（四）生殖特点差异

不同种类的实验动物在生殖生理方面有所不同，包括生殖器官结构、生育周期、繁殖率以及性别差异等。这些差异可能会影响研究生殖生理和生殖系统功能的能力，因此在相关研究中需要加以考虑。

综上所述，差异性原则强调了在实验动物选择中充分考虑不同种类之间的生物学和生理学差异的重要性。根据特定研究需求，选择合适的实验动物是确保研究结果可靠性和有效性的关键环节。因此，研究人员需要在实验动物的选择中权衡这些差异后做出决策。

三、易化性原则

在动物实验过程中，深入理解并考虑实验动物的生物学特性，特别是其生理和解剖结构的复杂性至关重要。易化性原则的核心在于选择那些结构和功能相对简单的实验动物，以便于实验条件的控制以及实验结果的分析。

（一）结构和功能的简单性

选择结构和功能简单的实验动物有助于减少实验条件控制的复杂性。例如，两栖类动物因其相对简单的神经系统而成为研究神经反射弧的理想选择。与之相比，灵长目动物虽然与人类在生理和解剖结构上更为相似，但其复杂的神经系统大大地增加了研究难度。

（二）遗传和生活历史的简单性

某些实验动物具有遗传和生活历史的简单性，这也为实验带来了便利。例如，果蝇作为一种实验动物，其短寿命和相对简单的染色体结构（$2n=8$）使其成为遗传学研究的理想选择。研究人员可以轻松地通过观察多代果蝇来研究遗传变异以及探索染色体连锁互换定律等。

综上所述，选择结构和功能简单的实验动物有助于降低研究难度，确保实验的可重复性和结果的稳定性。复杂的实验动物往往需要更高级的技术和资源，而简单的实验动物则更容易操作和研究。

四、易获性原则

易获性原则在研究中强调选择那些容易获得的实验动物，以确保实验的顺利进行。

（一）可获得性

可获得性是选择实验动物的关键因素。这意味着我们应该优先选择那些在实验室或养殖设施中容易获得的动物。例如，实验大鼠和小鼠之所以广受青睐，正是因为它们容易获取，并能在实验室条件下迅速繁殖。这种可获得性确保了实验的稳定性和连续性。

（二）管理和养殖的便利性

选择易获得的实验动物还需要考虑其管理和养殖的便利性。这包括提供合适的饲料、住所以及健康监测。选择那些易于管理和养殖的动物不仅有助于保障它们的福利，还能使实验条件控制变得更为简单和高效。

（三）繁殖力强

繁殖周期短、生育率高以及抵抗力强的实验动物也是理想的选择。这些特点有助于确保实验动物数量的充足，从而支持研究的持续进行。例如，某些鱼类和昆虫因其快速的繁殖周期和强大的生命力而备受青睐。

（四）经济性

易获得性原则还与成本效益密切相关。选择那些容易获得的实验动物通常可以降低研究成本，因为它们不需要昂贵的野外捕捉或长时间的特殊培育。特别是在大型研究项目中，这种成本效益的考虑对于确保研究的经济性至关重要。

五、均一性原则

均一性原则在实验动物选择和实验设计中占据核心地位，它要求确保实验动物在遗传、生物学特征以及实验条件上具有高度均一性，从而保障实验的可重复性并提升结果的可靠性。

（一）遗传均一性

遗传均一性对于实验的精确性和可预测性至关重要。选择近交系动物、F1 代动物或其他遗传背景高度一致的品系，有助于减少因遗传差异带来的实验变量。这种一致性确保了实验动物在遗传背景上的相似性，为实验结果提供了稳固的基础。

（二）生物学均一性

生物学均一性同样不容忽视。确保实验动物在年龄、性别、生理状态和健康状况等生物学特征上的一致性，有助于剔除这些非实验因素对结果的影响。例如，在药物研究中，选择相同年龄和性别的动物可以更有效地评估药物的效果，而不受生物学差异的干扰。

（三）实验条件的均一性

实验条件的均一性对于控制环境因素对实验结果的影响至关重要。保持实验室的温度、湿度、光照和饲养条件等相对稳定，为实验动物提供一个一致的环境，有助于减少外部变量的干扰。这种环境控制确保了实验动物在相同的条件下进行实验，提高了实验结果的可靠性。

（四）标准化

标准化是确保实验动物管理和实验操作一致性的关键。通过制定明确的饲养标准、健康监测标准、实验操作和数据收集标准，可以确保实验动物得到一致的待遇，同时保证实验过程的规范性和可重复性。这种标准化管理提高了实验的精确性和可靠性，为科学研究提供了坚实的基础。

六、符合实验动物伦理和“3R”原则

实验动物使用的关键原则旨在减少对实验动物的使用和提高他们的福利。

（一）替代原则

替代(replacement)原则旨在替代对活体动物的使用，或使用低等动物替代高等动物用于实验。例如体外试验、计算机模拟、细胞培养等，替代活动动物实验；使用无脊椎动物替代脊椎动物实验等。通过采用替代方法，能够减少对高等动物的依赖，降低动物实验带来的伦理问题，同时也能提高实验的可重复性和可靠性。

(二)减少原则

减少(reduction)原则强调减少使用实验动物的数量。这可以通过合理的实验设计和统计分析来实现,以确保获得可靠的结果,而不需要大规模使用动物。此外,通过共享数据和结果,可以避免不必要的重复实验。

(三)优化原则

优化(refinement)原则关注提高实验动物的福利和减少他们所受到的不适。这可以通过改善饲养条件、减轻疼痛和不适、提供适当的照顾和监测来实现。优化还包括在实验动物使用前充分考虑实验设计,把对他们的影响降到最低。

符合实验动物伦理和“3R”原则的实践,在确保科学研究的可靠性前提下,保护实验动物的福利。这些原则强调了伦理和生物学层面上的责任,要求研究者在实验动物使用方面采取尽可能少的动物数量,减少他们的痛苦和不适,以及寻求替代方法。这不仅有助于保护实验动物的福利,还有助于推动科学研究的进步。符合这些原则的研究有助于建立更加可持续和伦理保障的实验动物使用实践。

第二节 实验动物编号标记方法

实验动物的编号标记对于确保实验结果的准确性和可追溯性具有重要作用。为了规范实验动物的管理和提高实验数据的准确性,必须对实验动物进行合理的编号标记。本文将介绍实验动物编号标记的基本原则和方法,旨在为实验室研究提供实用的参考。

一、编号标记的重要性

实验动物的编号标记是实验室管理不可或缺的一环。它不仅有助于研究人员准确记录和追溯动物实验数据,还便于研究人员将实验动物进行分类和标识。通过编号标记,可以有效地避免实验过程中出现混淆和错误,从而提高实验的准确性和可靠性。

二、编号标记的原则

唯一性原则:每个实验动物应具有唯一的编号,以确保实验数据记录的准确性和可追溯性。

简洁性原则:编号标记应简洁明了,易于记忆和识别,以减少研究人员的工作量和避免错误的发生。

稳定性原则:编号标记应保持稳定,一旦确定后不应随意更改,以保证实验数据的连续性和可追溯性。

可扩展性原则:编号标记应具有一定的扩展性,以便未来添加新的实验数据和信息。

合法性原则:编号标记应符合国家相关法律法规的规定,不得侵犯知识产权和涉及敏感信息。

三、编号标记的方法

(一)染色法

染色法是通过在动物明显部位的被毛上涂染化学药品来识别动物的一种方法。该方法主要适用于开展短期实验的白色大鼠、小鼠、豚鼠和兔以及浅色动物的标记。研究人员可以使用毛笔或棉签蘸取化学药品,在实验动物体表的不同部位涂上斑点,以表示不同的编号。之前常用的染液如能将被毛染成黄色的

3%～5%的苦味酸溶液、能染成红色的 0.5%的中性红或品红溶液等均不再推荐使用，除了本身有毒性外，还可能通过小鼠理毛等行为进入其体内，对实验结果产生影响。近年来，市面上还出现了专门用于小动物标记的实验标记笔，使操作更为便捷。目前，实验室普遍采用的编号原则主要有两种。第一种是“九分法原则”，即按照先左后右、由前至后的顺序进行编号。例如，左前肢上代表 1 号，腹部左侧为 2 号，左后肢上为 3 号，以此类推。这种方法可以用单一的颜色标记 1～10 号。由于小鼠体型较小，同一部位通常最多可以使用两种不同颜色进行标记，分别代表个位和十位，从而可以标记到 99 号。第二种编号原则是按照顺时针旋转的顺序进行编号。例如头顶为 1 号、右前肢为 2 号等。当需要标记 10 只以上的动物时，要求后面的数字永远大于前面的数字，例如可以有 12 号、48 号、126 号等，但不能有 21 号、84 号、621 号等。这种编号原则只需要使用一种染料就可以标记大量的动物。此外，还可以使用鼠尾标记法进行编号，用专用实验标记笔在鼠尾上描记编号。例如，横向画一横表示 1 号，依次画四横表示 4 号，纵向画一短竖表示 5 号，一横（靠近鼠体侧）加一短竖表示 6 号等。当需要增加更多的编号时，可以在竖下方（远离鼠体侧）加横表示 11 号、12 号、13 号、14 号等。这种方法适用以笼号区分组别的短期实验。

染色法的优点是操作简单，不伤害小鼠。缺点是小鼠体型小，编号范围有限。只适合如 ICR 小鼠和 BALB/c 小鼠等毛色浅的品系，不适合毛色深的品系如 C57BL/6 小鼠。另外，小鼠之间会相互扎堆嬉戏打闹，时间长了染色易褪色，需要不断地涂色标记。

（二）耳标签法

耳标签法是使用耳号钳等工具将刻有号码的耳标签固定在小鼠的耳朵上。耳标签通常由塑料、铝或不锈钢等材质制成，编码范围广泛。该方法编号清晰易读，持续时间长，但可能不适合周龄较小的小鼠，它们使用耳标签易掉落，成本相对较高。

（三）穿耳孔法

穿耳孔法是用动物专用耳孔器在动物耳朵的不同部位打一小孔或缺口以表示一定号码。此法适用长期实验及体毛颜色较深且不易着色的动物。打孔原则为左耳代表十位数，右耳代表个位数。此方法需使用消毒滑石粉涂抹在打孔局部以防止孔口愈合。

（四）剪趾法

剪趾法是一种通过剪去小鼠脚趾的不同组合来表示不同数字的编号方法，该方法一般不推荐，只适用于新生乳鼠。通常从左至右，第一趾为 1 号，第二趾为 2 号，第三趾为 4 号，第四趾为 7 号。若同时剪去第一、二趾则为 3 号，若同时剪去第一、四趾则为 8 号，以此类推。右脚表示个位数，左脚表示十位数，可编至 99 号。若配合穿耳孔法，左耳表示千位数，右耳表示百位数，可编至 9999 号。此方法适用于各种毛色的小鼠，避免了黑色、棕色等小鼠用染色法标记不易分辨的问题。但剪趾过少不易与小鼠后期新生脚趾进行区分，剪趾过多可能会导致小鼠失血过多影响健康。剪趾后应用干棉球止血，再用碘酒消毒。

（五）挂腿圈法

挂腿圈法是一种适用于禽类如鸡的编号方法。将号码冲压在金属牌上，固定在拴腿的皮带圈上，再固定在动物腿的上部。此方法简便实用。

（六）烙印法

烙印法适用于大、中型动物，如耳部、面部、鼻部、四肢等无体毛或明显部位。用烙印钳将号码烙压后，用乙醇染料涂布。预防烙印号码部位感染。

（七）针刺法

针刺法标记采用人工针刺号码打号，然后涂以乙醇黑墨。适用于兔、犬等的耳部。市面上有专用打号器，原理相同，可根据需要选择不同数字和符号的针刺字号。

（八）剪尾法

剪尾法是将动物尾尖部剪去，用来区分两组动物，但无法给每只动物编号。若需进行尾尖取血，则此法不适用。

(九)剪毛法

剪毛法是将动物背部被毛剪去以标记,编号清楚可靠,便于观察。该方法对非白色小鼠进行临时标记效果好且损伤小。

(十)挂牌法

挂牌法包括两种:一种是将金属标牌挂在动物颈部、耳部等部位,但可能使动物不适,适用于猫、犬、猪、鸡等动物;另一种是将分组编号写在卡片上,挂在动物饲养笼外,简单易识别并且不受数量限制。

(十一)电子芯片法

电子芯片法是一种先进的动物标记方法,利用无线电射频和微功耗集成电路技术制成微电子芯片。晶片装在玻璃体内注射到动物皮下,具有唯一序列号,可长期识别。适用于实验猴或树鼩等灵活不易抓取的动物。电子芯片法的特点包括编号范围广、标签不易破坏、使用寿命长、可循环使用、读取简单等。但此方法不适合短期实验,因其成本较高可能影响皮下接种实验。该方法可应用于大鼠、小鼠的标记中,尤其适用于长期或日常实验。

四、注意事项

确定合适的编号方式后,应将编号信息记录在实验动物管理档案中,以便查询和使用。在对实验动物进行编号标记时,应注意保护动物的福利,避免对动物造成不必要的伤害和困扰。

对于需要更换或补充的编号标签,应及时进行更换或补充,确保编号信息的准确性和完整性。在使用现代化设备进行编号标识时,应注意设备的维护和更新,确保其正常运行和使用效果。

第三节　实验动物抓取与固定

实验动物的抓取与固定是进行实验动物操作的基础步骤,对于实验结果的准确性和可靠性具有重要意义。本节将详细介绍实验动物抓取和固定的重要性、基本步骤、注意事项以及常见问题与解决方案。

一、实验动物的抓取和固定

作为动物实验的基本环节,实验动物的抓取与固定对实验操作的顺利进行至关重要。适当的抓取与固定技巧不仅有助于减少动物的应激和疼痛,还能显著提高实验数据的准确性和可靠性。在进行动物实验时,实验人员需以细致且适当的方式捕捉动物,坚决避免采用突然或粗暴的手法,这样做既能防止实验人员受伤,也能确保动物不会因过度应激而出现呼吸困难、体温升高、组织损伤甚至死亡等状况。

为了有效地抓取和固定动物,实验人员需深入了解动物的生活习性和行为特征,并根据这些特性选择合适的抓取和固定方法。在操作过程中,实验人员应缓慢而友好地接近动物,保持耐心,并密切观察其反应。只有当动物表现出放松和安静的状态时,方可进行抓取。

在执行抓取操作时,实验人员必须果断而敏捷,确保动作准确、熟练且温柔。犹豫不决或粗暴的操作都可能对动物造成不必要的伤害。在必要时,实验人员可以使用手套等防护工具来保护自己。

值得注意的是,不正确的抓取和固定方法可能会引发动物体内生理和生化指标的变化,这将对实验结果的准确性产生负面影响。因此,掌握正确的抓取和固定技术是确保动物实验成功的基本要求。

因此，规范的动物抓取与固定操作不仅有助于提升实验数据的准确性，还能体现对实验动物福利的关注和保护，从而彰显科学实验的严谨性和人道主义精神。

二、常见的各种动物的固定方法

（一）小鼠的抓取与固定

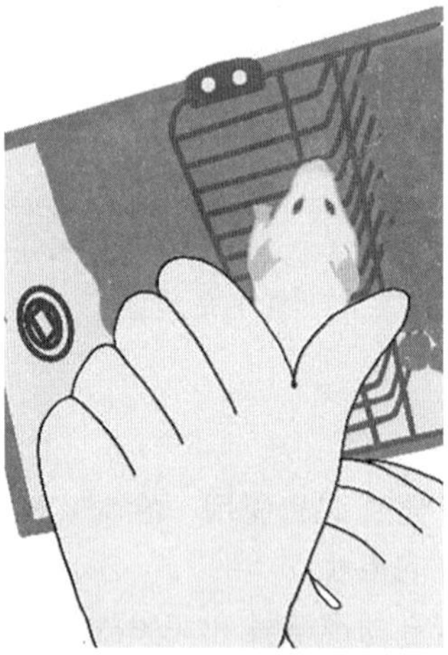
图 4-1　小鼠抓取操作

小鼠通常性格温顺，不易主动攻击人。在抓取小鼠时，应选择其较为安静的时刻，轻轻打开鼠笼盖。一般情况下，用右手捏住小鼠靠近尾根的部位，并将其放在粗糙的平面或鼠笼盖上。轻轻地向后拉鼠尾，当小鼠向前爬行时，用左手拇指和食指准确捏住其颈部皮肤和两耳（图 4-1）。所捏的皮肤量要适中，过多可能导致小鼠窒息，过少小鼠则可能回头咬伤实验者。随后，翻转右手使掌心向上，将小鼠置于掌心，左手拉住尾部，并用左手的无名指或小指紧紧压住尾根，确保小鼠身体呈直线状。这种抓取固定法适用于多种实验操作，如肌内注射、腹腔注射和灌胃等。

对于需要鼠尾采血或进行尾静脉注射等特定操作，建议使用专门的固定装置，使小鼠身体得到固定而尾部得到充分暴露。若进行的是外科手术、心脏采血或解剖等更为复杂的操作，则推荐使用固定板来固定小鼠。这种固定板可以根据实验需求自制，材料可选用泡沫板、木质板或蜡板等。

（二）大鼠的抓取与固定

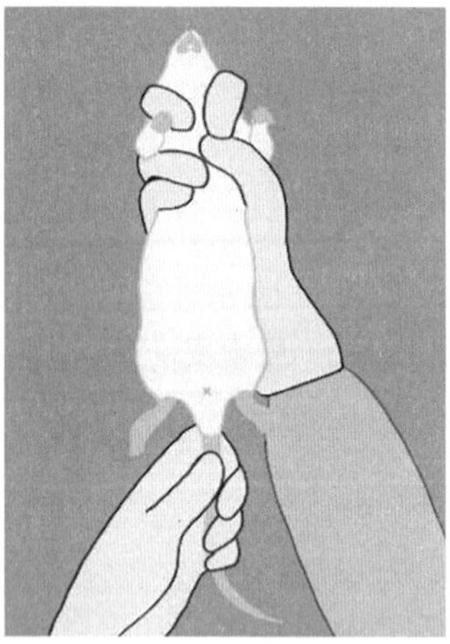
图 4-2　大鼠抓取操作

大鼠相对较大，具有尖锐的牙齿，因此在抓取时需特别小心，避免粗暴操作，以防被咬伤。实验者在抓取大鼠时，可以佩戴帆布或硬皮质手套来增强防护，但徒手操作能让大鼠感受到手掌的温暖，使其变得更为温顺从而减少挣扎。

当从鼠笼中取出大鼠时，应紧抓其尾根部，避免抓其尾尖，同时不应让大鼠悬空过久，以防尾部皮肤受损或实验者被咬伤。大鼠取出后放在鼠笼盖上，轻拉鼠尾使其前行。此时，一手迅速张开，拇指和食指插入大鼠腋下，但不宜过紧，其余三指及掌心握住大鼠身体中段，将其翻转为仰卧位。随后，调整拇指位置，紧抵在下颌骨上，以便另一只手进行腹腔注射等操作（图 4-2）。

进行腹腔注射或肌内注射时，也可使用卵圆钳进行固定。具体操作是：用有齿卵圆钳夹住大鼠头颈后部皮肤，同时持钳手抓住鼠尾，将鼠尾向钳柄部拉直，使大鼠身体与钳子保持平直。再用持钳手抓住大鼠一侧后肢，即可开始实验操作。

进行取尾血或尾静脉注射等操作，需将大鼠固定在专用固定器中，其构造与小鼠固定器相似。而进行外科手术或解剖时，则需使用固定板。制作固定板的方法与小鼠相同，但面积需加大以适应大鼠体型。此外，根据实验需求，如进行颅脑部位的实验操作，可借助立体定位仪进行大鼠的固定。

（三）豚鼠的抓取与固定

豚鼠通常性格温和，不会轻易咬人。在捕捉它们时，必须非常小心，尤其是不能粗暴地抓住它们的腰腹部，因为这可能会导致肝脏破裂，甚至死亡。当捕捉较小的豚鼠时，最好使用双手轻轻捧起。较大的豚鼠可以轻轻地将手伸进笼子，用手掌托住它们的背部，然后抓住它们的肩胛上方，用左手托住，再用手指轻轻抓住它们的颈部将其提起。如果豚鼠怀孕或体重较大，应该用右手托住它们的臀部。在实验过程中，豚鼠可能会不断挣扎，这可能会使操作者握得更紧，导致它们呼吸困难甚至死亡。为了解决这个问题，可以在豚鼠的头部包裹一层纱布，或者将豚鼠放在实验台上轻轻地扶住它们，让其头部钻入实验人员的腋下，这样进行实验操作的效果会更好。

还有一种抓取豚鼠的方法是：将左手的食指和中指轻轻放置在豚鼠颈背部的两侧，拇指和无名指则分别置于其肋部，确保能够稳固地夹住其左右前肢。随后，用右手的拇指和食指夹住豚鼠的右后肢，同时用中指和无名指夹住其左后肢，这样可以确保豚鼠的身体保持一条直线的伸展状态。实验者也可以选择坐下来，将右手拿着豚鼠，将其后部放置在大腿之间，用大腿的力量来稳固地夹住豚鼠。用固定器固定豚鼠，方法与大鼠相同。

（四）地鼠的抓取与固定

在抓取地鼠时，关键在于确保地鼠处于清醒状态并意识到实验者的存在。地鼠一旦受到惊吓，可能会猛烈扑向另一只地鼠的背部，导致咬伤事件。抓取时，实验者应将双手合拢后伸入笼内，轻柔地将地鼠捧出。随后用另一只手环绕住地鼠，使其包裹在类似球形的手掌内。在此过程中，实验者应牢牢抓住其颈背部的皮肤。

值得注意的是，地鼠的皮肤非常松弛，实验者如只抓住少量皮肤，地鼠容易翻转。因此，在抓取时要特别小心，避免仅抓住少量皮肤而导致地鼠翻转咬人。对于性格温顺的地鼠，实验者可以直接在笼底部抓住其颈背部皮肤，将其取出。而对于具有攻击性的地鼠，建议使用毛巾将其围住，然后从笼内取出。在毛巾内，地鼠会尝试转动，此时实验者应迅速而准确地抓住其颈背部皮肤，以确保操作的安全进行。

在整个抓取过程中，实验者应始终保持动作的轻柔与迅速，以减少地鼠的应激反应。同时，根据地鼠的个性和行为特点，灵活选择抓取方法，确保实验的顺利进行。

（五）兔的抓取与固定

兔通常不会咬人，但其爪子较为锐利，因此在抓取时需要特别小心。在捕捉兔时，先轻轻打开笼门，等兔安静下来。接着用右手伸入笼内，抓住兔的颈部被毛和皮肤，然后轻轻地提起兔，并将其拉至笼门口。此时，用左手托住兔的臀部，小心地将兔从笼子里取出。

值得注意的是，在抓取兔时，应避免只抓其双耳、双腿、腰部或背部皮毛，这样做可能会导致兔耳朵、肾脏、腰部受损或皮下出血。此外，进行腹腔注射或肌内注射时，实验者可以一只手抓住兔的颈背部皮肤，另一只手抓住其两后肢，将兔固定在实验台上，以便实验者进行注射操作。

对于兔耳缘静脉给药或采血，可以使用盒式固定器。这种固定器能够牢牢固定住兔的身体，同时使其耳朵充分暴露，便于实验者进行操作。而若需进行心脏采血、测量血压或手术等操作，则可以使用固定板进行固定。具体操作是将兔的四肢拉直并固定在实验台四周的固定夹上，同时兔的头部也应用固定夹固定，以确保实验过程的安全和顺利进行。

在整个操作过程中，实验者需要保持轻柔而迅速的动作，以减少兔的应激反应。同时，根据兔的性格和行为特点，灵活选择抓取和固定方法，确保实验的顺利进行。

（六）犬的抓取与固定

犬类通常性格凶猛，容易咬人。如果犬在实验前与实验人员有过接触并受过驯养和调教，那么抓取和固定就会变得相对容易。对于受过驯养的犬或实验用的比格犬，可以根据它们站立、蹲位或侧卧位时的不同状态采用不同的固定方法。

当犬站立时，固定者应将一只胳膊放在犬的颈下，用前臂安全地固定住犬的头部，同时将另一只胳膊放在犬的腹下或胸下。固定时要将犬拉近实验人员的胸部。

当犬处于蹲位时，固定者同样应将一只胳膊放在犬的颈下，并将另一只胳膊绕在犬的后躯进行固定。

对于侧卧位的犬，固定者应从犬的背部用一只手抓住两前肢，另一只手抓住两后肢。将两只手的食指夹住所抓两犬腿之间，然后慢慢使犬腿离开桌面或地面，并使其身体背对着抓取者本人，朝侧卧的方向慢慢倾斜。固定者前臂靠近犬头部并用力压犬头部的一侧，以限制犬头部的活动。

在抓取比较凶猛的犬时，固定者应使用特制的长柄犬头钳夹住犬颈部，不要夹伤嘴或其他部位。夹住犬颈后，迅速用链绳从犬夹下面圈套住犬颈部，立即拉紧犬颈部链绳使犬头固定。随后，用 1 m 长的绷带打一活套，从犬的背面或侧面将活套套在其嘴部，迅速拉紧活套结，将结打在颌上，然后绕到下颌打一个结，最后将绷带引至颈后部打结固定。麻醉后，用绷带捆住犬的四肢，固定在实验台上。头部用犬头固定器固定好后，可解开嘴上的绷带，以利于犬的呼吸和实验人员的观察。这时，就可以进行手术等实验操作。

对于需要进行灌胃等操作的犬只，固定者可以先将其拉至固定架上，将犬的头部和四肢绑住。然后，用粗棉带吊起犬的胸部和下腹部，固定在架的横梁上，进行实验操作。

(七)猫的抓取与固定

猫天生胆小且谨慎，对于陌生人和新环境会保持警惕和不安。尽管如此，猫通常容易与熟悉的人建立亲近关系，并允许他们直接抓取。由于猫的体重较轻，可以用右手抚摸其头部的同时，轻轻地将手移到颈背部，然后紧紧抓住颈背侧的皮肤，将猫轻轻提起。同时，左手从猫的侧面伸入，托住其腹部，以确保猫的稳定。

对于性格较为狂躁的猫，捉取时需要使用固定袋或网来确保安全。固定者应戴上革制手套，从网外伸入网内，先用右手捉住猫的后双肢，然后顺势用左手抓住双前肢。同时，用外臂轻轻压住猫的头部和颈部，以控制其动作。机械固定方法基本与兔相同，但猫通常需要在麻醉后进行固定，以确保其安全和舒适。

(八)猴的抓取与固定

针对猴的捕捉与固定，可以采用以下方法：

在猴房或露天大笼中，使用专为捕捉猴设计的捕猴网。这种网袋由尼龙绳编织，网孔直径不宜超过 3 cm。网口连接在直径约 1 cm、长 50 cm 的钢筋圈上，网还配备有 1.5 m 长的木柄。固定者在捕捉时，需迅速且准确，避免伤害猴的头部或其他敏感部位。当猴被网住后，将圈网按在地上，紧紧按住猴子的头部或抓住其颈后部，然后将猴子的双前肢反背在其身后，从网中取出。捕捉凶猛的雄猴时，应戴上防护皮手套，并确保有 2～3 人紧密配合。

在猴笼内捕捉时，可以选择设计特殊的笼子，其后壁可以向前滑动。固定者在捕捉时，通过拉动拉杆使笼后壁前移，将猴子夹在两壁之间。接着，将猴子的双前肢从笼隙中拉出并牢牢抓住，另一人则戴上防护手套打开笼门，抓住猴头，随后小心地将双前肢反背在猴身后，最后从笼中取出猴子。

固定猴时，可以使用猴固定椅。这种椅子由头枷和可升降的座椅构成。头枷用于固定猴子的头部，而座椅的高度可以根据猴子的体型进行调整。头枷上的颈孔大小也可以适应不同粗细的猴颈。猴的头部与身体被分开固定，这样可以保护固定者不被咬伤和抓伤。枷板同时充当工作台，可以放置一些必要的器械。

(九)小型猪的抓取与固定

捕捉和固定猪的过程需要确保安全且不会对猪造成过度压力。首先，固定者从背后紧抓猪的两耳，将其平稳提起，确保臀部着地，然后让两腿膝部合拢以夹住猪的躯干。将猪仰放到“V”字形槽内，确保固定牢固。对于小型猪，还可以使用木制三角固定架或帆布吊兜进行固定。

使用三角固定架时，猪应背卧，四肢用棉绳固定在三脚架的四角边上，以确保其稳定。此外，也可以使用犬固定台作为替代方案。帆布吊兜的设计应根据猪的大小来定制，通常呈长方形，中央部分较厚(8 层)，四周部分较薄(4 层)。中央部分开设 5 个口，以便插入四肢和排便。将布兜固定在木制固定架上，下方放置活动板，上面放置便盆，便于清理。

在固定过程中，如果时间过长，可以将活动板上升到猪可站立的高度，以减轻对其肢体的压力，确保猪的舒适和安全。整个过程中，操作应迅速而轻柔，以减少猪的应激反应，并根据猪的行为特点灵活调整固定方法。

(十)鸡的抓取与固定

对于4周龄的鸡,可以通过轻轻抓住其背部来进行固定,这样既能保证鸡的稳定,又不会对其造成伤害。而对于成年鸡,固定方法略有不同。固定者可以用左手从鸡的胸前伸到腹下,用拇指、食指和中指分别夹住鸡的两只脚,手掌紧贴鸡的胸部。同时,用右手从鸡的后方伸至背部,固定其两翼。这样可以确保鸡在操作过程中保持稳定。

另外,为了更方便地固定鸡,还可以使用毛巾。将毛巾平铺在实验台上,然后将鸡放在毛巾上,用毛巾将鸡裹住,这样也能达到固定的效果。将固定好的鸡放在实验台上后,便可以开始进行各种实验操作。

如果有助手协助,助手可以一手握着鸡的两翼根部,另一手握着两爪,将鸡固定好。这样,固定者就可以更方便地进行注射、采血等操作,提高工作效率。

(十一)羊的抓取和固定

在固定羊的过程中,确保羊的安全和舒适非常重要。以下是两种常见的固定方法。

1. 站立固定

固定者站立在羊的面前,双手分别抓住羊的两只角。然后,固定者骑跨至羊的背上,用大腿内侧夹住羊的胸壁、确保羊的稳定。如果羊试图后退,固定者可以利用堵墙或墙角来阻止其移动。这种方法适用于需要快速而有效地控制羊的情况。

2. 卧位固定

首先,固定者俯身面对羊,从羊的对侧一手抓住两只前肢的系部或者抓住一只前肢的臂部。同时,另一手抓住羊的腹肋部膝襞处,轻轻地扳倒羊体,使其侧卧在地。然后,固定者再改抓两后肢的系部,前后一起按住,确保羊稳定地躺在地上。如果需要,固定者还可以使用粗棉绳轻轻地捆绑羊的四肢,防止其移动。

(十二)鸽、鹌鹑的抓取和固定

1. 抓取技巧

在鸽或鹌鹑的前方用一只手引诱其注意,同时另一只手从其背后悄悄接近。双手协同快速捕获鸽或鹌鹑。捕获后,将鸽或鹌鹑的头部朝持者方向,用右手食指和中指轻轻夹住其双脚,左手掌则紧握其从腹部到翼部的位置,确保动作轻柔,避免伤害。

2. 固定方法

固定鸽或鹌鹑时,务必同时抓住其腿与翅膀,避免附肢受伤或骨折。可用麻袋或头巾等固定,但需防止鸟类发生高热症或羽毛受损。在抓取和固定过程中,务必避免压迫鸟类的胸腹腔,防止鸟类因窒息而死亡。

(十三)蛙类的抓取与固定

1. 抓取方法

直接用左手将蛙的背部紧贴手掌,中指、无名指、小指压住其左腹侧和后肢,拇指和食指分别压在左、右前肢。在抓取蟾蜍时,应避免挤压其两侧耳部凸起的毒腺,防止毒液溅入眼中。

2. 固定方法

如需长时间观察,可破坏蛙的脑脊髓(观察神经系统反应时除外)。也可选择麻醉后,使用大头针将蛙固定在蛙板上,根据实验需要选择俯卧位或仰卧位。

(十四)鱼类的抓取与固定

1. 捕捉方法

鱼类最常用的抓取方法是使用网捕,对于小鱼,还可使用塑料袋进行捕捉。

2. 注意保护

在捕捉过程中,要特别注意避免擦伤鱼类,因为鱼鳞的脱落或损伤可能会降低其对细菌感染的抵抗力。

3. 固定技巧

采血时,可以使用打湿的纱布将鱼轻轻固定,确保其安全和舒适。

三、实验动物抓取与固定的注意事项

1. 遵循伦理准则

在进行任何实验动物的抓取与固定操作时，必须遵循动物实验的伦理准则，尽量减少动物的应激和疼痛。始终确保动物的福利和生命安全，避免造成不必要的痛苦和伤害。

2. 规范操作流程

制定详细的操作流程，确保每一步操作都准确无误。操作人员需接受专业培训，熟练掌握抓取与固定的技巧和方法。

3. 使用合适的工具

根据实验动物的特点和实验需求，选择合适的抓取与固定工具。避免使用不合适的工具，以减少对动物的潜在伤害和意外事故的发生。

4. 注意个人安全

操作人员在执行抓取与固定任务时，必须时刻注意个人安全。若需接触有害物质或感染性材料，务必佩戴合规的防护用品，并严格遵守相关规定。

5. 记录操作过程

对实验动物的抓取与固定过程进行详细记录，包括时间、地点、操作人员、动物状况等信息。这些记录有助于了解动物的健康状况、实验进展和潜在问题，确保实验的准确性和可靠性。

第四节　实验动物麻醉与镇痛

在生物学、医学和药学的研究中，实验动物扮演着重要的角色。然而，这些研究往往需要对动物进行手术或产生其他形式的身体创伤，这无疑会给它们带来疼痛和不适。因此，对于大部分动物实验，麻醉和镇痛是必不可少的。本节详细介绍了实验动物的麻醉和镇痛方法，在动物实验中，麻醉和镇痛不仅有助于减轻动物的痛苦和不适，还可以提高实验的准确性和可重复性。

一、实验动物的麻醉

实验动物的麻醉是通过物理或化学方法使动物全身或局部暂时失去痛觉或痛觉迟钝，以便进行实验。麻醉的目的是使动物保持安静、镇痛并确保其安全，从而满足动物实验研究的需要。此外，某些实验动物的性情较为凶猛，容易伤害实验人员，因此也需要进行麻醉处理。从遵循实验动物的“3R”原则出发，实施麻醉是必要的措施。

需要注意的是，动物的麻醉与人类的麻醉存在差异，尤其是在麻醉的毒副作用和使用剂量方面。此外，由于实验动物的种类繁多、体型差异大、解剖生理各异以及实验目的不同，麻醉方法和麻醉剂的选择也会有所不同。因此，在选择麻醉方法时需根据具体情况进行评估和选择。

(一)麻醉前的准备

对于需要麻醉的动物实验，麻醉的成功与否是至关重要的。而麻醉前的准备工作是必不可少的一个环节。

1. 动物的准备

动物应禁食，大动物需禁食 10～12 h。在麻醉之前应准确称量动物体重。

2. 麻醉剂的准备

检查所选用的麻醉剂的质量、数量、浓度，以及预防麻醉过深所选用的急救器材、药品是否准备齐全。需考虑麻醉剂的纯度问题，同种麻醉剂不同纯度，其麻醉效果往往差别较大。在寒冷冬季，麻醉剂在注射前应加热至动物体温水平。

3. 麻醉剂量和麻醉方法的准备

麻醉的剂量应准确计算。但是由于动物个体之间的差异，对药物的耐受性不同，体重与所需剂量并不完全成正比，一般衰弱和过胖的动物，其单位体重所需剂量较小。故文献资料提供的剂量仅供参考，切记不可盲目照搬。有条件的最好做预实验，从而确定合适的麻醉剂量。

（二）常用的麻醉方法

1. 全身麻醉方法

（1）吸入麻醉法　是一种通过呼吸道吸入挥发性麻醉剂（如异氟烷 isoflurane 等）以产生麻醉效果的方法。这种麻醉方式在动物实验中广泛应用，尤其适用于麻醉时间较短的实验或作为其他麻醉方式的辅助。

对于大鼠、小鼠和豚鼠等实验动物，吸入麻醉通常使用特制的麻醉罐进行。麻醉罐多为透明带盖容器，大小根据动物体积定制。实验时，将动物放入含有吸附了挥发性麻醉剂的棉球或纱布的麻醉罐中，然后合上盒盖。动物会很快出现兴奋反应，随后进入抑制状态并倒下。当观察到动物角膜反射迟钝、肌肉紧张度降低时，即可将动物取出进行后续实验。

对于兔和猫等实验动物，吸入麻醉法与小型动物类似。将动物放入麻醉罐后，通常会在 1～2 min 内出现后腿麻痹现象，随后失去运动能力。当动物进入深度麻醉期（即倾斜倒地后无法站立），应立即取出动物进行实验。

对于猪和犬等实验动物，吸入麻醉需要更加谨慎。实验员需要先用绳子牢固地将动物的嘴绑住；然后选择合适的麻醉口罩并加入挥发性麻醉剂。在麻醉过程中，一人负责固定动物的前肢和后肢，另一人用膝部顶住动物的胸颈部，一手捏住头颈，另一手将麻醉口罩套在动物嘴上。开始麻醉时，麻醉剂的用量可以稍大，随后逐渐减少。动物出现兴奋挣扎、呼吸不规则等现象时，应逐渐调整麻醉剂释放量。动物进入麻醉状态（表现为呼吸平稳、肌肉紧张度消失、角膜反射迟钝等）后，可去除嘴部绑绳并开始实验。

（2）注射麻醉法　是一种使用非挥发性全身麻醉药进行麻醉的方法，具有操作简便和麻醉时间较长的特点，适用于需要长时间维持麻醉状态的动物实验。在实施注射麻醉时，常用的给药途径包括静脉注射、腹腔注射和肌内注射。

对于实验动物，如兔、猫、犬和猪等，通常采用静脉注射或肌内注射的方式。这些动物体型较大，血管和肌肉组织较为发达，适合进行注射。而对于实验动物，如小鼠、大鼠和豚鼠等，进行腹腔注射更为常见，因这些动物体型较小，腹腔注射操作相对简便，且药物吸收迅速。

需要注意的是，不同动物对麻醉药的耐受性存在差异，即使同种动物的不同品系也可能存在差异。此外，环境条件、麻醉剂的纯度以及操作人员的技术熟练程度等因素也可能影响麻醉效果。因此，在实际工作中，表 4-1 中的数据仅供参考，实验中应根据具体情况进行调整。

为了确保注射麻醉的安全和有效，操作人员应具备熟练的操作技术，并熟悉各种动物的生理特点和麻醉需求。同时，在动物实验前应进行充分的准备工作，包括选择合适的麻醉药物、确定适当的剂量和注射途径等。在实验过程中，还应密切观察动物的反应和麻醉效果，及时调整麻醉药物的用量或更换麻醉方式，以确保动物的舒适和安全。

表 4-1　实验动物常用麻醉药的剂量及给药途径

药物	小鼠	大鼠	豚鼠	兔	犬	猪	猴
氯胺酮 (ketamine)	—	—	—	20～60 mg/kg; IM	6～10 mg/kg; IV,IM	6～10 mg/kg; IV, IM	5～25 mg/kg; IM
氯胺酮(K)+ 甲苯噻嗪 (xylazine,X)	90～150 mg/kg (K)+ 7.5～16 mg/kg (X);IP	40～75 mg/kg (K)+ 5～10 mg/kg (X);IP,IM	40～75 mg/kg (K)+ 5～10 mg/kg (X);IP	22～50 mg/kg (K)+ 2.5～10 mg/kg (X);IM	—	20 mg/kg (K)+ 2 mg/kg (X);IM	—
氯胺酮(K)+ 地西泮 (diazepam,D)	—	—	—	60～80 mg/kg (K)+ 5～10 mg/kg (D);IM	5.5 mg/kg (K)+ 0.3 mg/kg(D); IV	4 mg/kg (K)+ 0.4 mg/kg (D);IV	15 mg/kg (K)+ 1 mg/kg (D); IM
氯胺酮(K)+ 甲苯噻嗪(X)+ 乙酰丙嗪 (acepromazine,A)	60～100 mg/kg (K)+ 7～20 mg/kg (X)+ 0.6～3 mg/kg (A); IP	30～40 mg/kg (K)+ 5～6 mg/kg (X)+1～2 mg/kg (A); IP, IM	61 mg/kg (K) + 7 mg/kg (X) + 0.6 mg/kg (A); IP	—	—	20 mg/kg(K)+ 2 mg/kg(X)+ 0.2 mg/kg (A); IM	—
戊巴比妥钠 pentobarbital Sodium	30～90 mg/kg; IP 乳鼠: 5 mg/kg	15～40 mg/kg; IP, IV	30～60 mg/kg; IP	20～60 mg/kg; IV	20～30 mg/kg; IV	5～15 mg/kg; IV	—
丙泊酚 propofol	—	—	7.5～10 mg/kg; IV	—	2～8 mg/kg;维持 0.2～0.4 mg/ kg/min;IV	2.5～3.5 mg/kg; 0.1～0.2 mg/ kg/min 维持;IV	7～8 mg/kg; 0.3～0.6 mg/ kg/min 维持;IV
三溴乙醇(阿佛丁) tribromoethanol	125～500 mg/kg; IP	—	—	—	—	—	—

注:IM 为肌内注射;IP 为腹腔内注射;IV 为静脉注射;SQ 为皮下注射。

注射麻醉法是一种常用的动物麻醉方法，在给予麻醉药后，动物会迅速进入麻醉状态，表现为倒下、全身无力、反应消失。这是进行手术的最佳时期，因为动物在此状态下不会感到疼痛或产生应激反应。在实验过程中，操作者需要密切观察动物的状态变化。当动物的四肢开始抖动时，这通常是接近苏醒的表现。若手术尚未完成，为了避免动物在苏醒过程中产生疼痛或应激反应，应及时给予辅助。若实验过程中动物出现抽搐等症状，可能是麻醉过深的表现，也可能是死亡的前兆。在这种情况下，需要立刻进行急救处理。急救措施包括减少麻醉剂的用量、给予药物拮抗剂、进行心肺复苏等，具体措施应根据动物的种类、麻醉药物的种类以及症状的严重程度来确定。

(3)气管内插管麻醉法　是一种通过建立人工通气管来实施麻醉的方法，通过将特制导管插入动物的气管内来实现的。这种方法具有显著优势，因为它能确保动物在任何手术体位下都能保持呼吸道通畅，有效防止异物进入呼吸道，便于清除气管内的分泌物。此外，气管内插管麻醉还有助于给氧吸入和辅助呼吸，并能对动物的重要生理功能指标进行主动监测、调整和控制，从而为实验创造最佳工作条件。

在实施气管内插管麻醉时，需要根据不同的实验动物选择相应的喉镜。例如，犬类通常使用1～4号的 Macintosh 或 Soper 喉镜片，而猫类则使用1号喉镜片。绵羊使用的是24号喉镜片，而兔则适用0～1号的 Macintosh 喉镜片。虽然体重较大的猪可能需要特制的麻醉喉镜片，但一般情况下，它们通常使用1～3号的 Soper 喉镜片或1～4号的 Macintosh 喉镜片。在进行气管内插管之前，操作者需要了解动物咽喉部的结构，并熟悉这一区域的解剖关系，特别是软腭和会厌的位置。气管导管长度也是选择的关键，因为市面上的导管往往过长，需要裁剪至适合的长度，通常是鼻孔到胸骨上凹的距离。如果计划使用外径小于4 mm的细管，最好选择不带气囊的导管，以便插入更粗的导管。此外，在插管过程中，可以在气管导管外壁涂抹少量利多卡因凝胶，以减轻动物的应激反应。最后，确保动物的麻醉诱导深度足够，以消除咳嗽和吞咽反射，这对于插管的顺利进行至关重要。有时可能需要在较浅的麻醉状态下进行插管，这就要求操作人员具备熟练的技术，以确保动物的安全。

①猪的气管插管麻醉：具有一定的挑战性，主要难点在于喉部的暴露较为困难。为确保顺利进行插管，首先需要固定动物使其保持仰卧位，并充分伸展其头颈部。在此过程中，拉出舌头是关键步骤，但要特别小心，避免被猪的牙齿，特别是雄猪的犬牙划伤。为了提高插管的成功率，使用导丝是一个有效的方法。导丝是一种铜管丝，它能够强化导管并引导其更准确地抵达喉部。市售的导丝前端柔软且无创伤性，是理想的选择。在紧急情况下，若无法获得导丝，可以使用一端长短合适的铜线代替，但这样做可能会增加喉部损伤的风险。

在喉镜的引导下，将舌面推向前方，若有必要，可利用导丝的末端轻轻向下推压软腭，使其与会厌分开，从而暴露喉部。当喉部清晰可见时，喷洒适量的利多卡因凝胶以减轻动物的应激反应。随后，将导管与导丝轻柔地插入喉部，并小心拔除导丝。在导管继续前行的过程中，可能会遇到喉壁的阻挡。此时，应轻轻回撤导管，旋转90°角后重新尝试插入。这一过程可能需要反复多次，直至感觉无阻力为止。在任何情况下，操作者都不应强行将导管推入喉部，这可能导致严重的创伤、出血甚至窒息等后果。

②羊、犬和猫的气管插管麻醉：实验员需先让动物呈斜卧位，并由助手协助将其下颌尽量拉开。随后，轻轻拉出舌头，喉镜则沿着面部逐渐推进至喉部。在喉部暴露的过程中，由于会厌通常会覆盖住喉部，因此需要利用喉镜片的末端轻轻上提软腭，使会厌前移，从而充分暴露喉部。特别需要注意的是，对于猫和羊的插管过程，喉部应喷洒局麻药，以防止喉痉挛的发生。局麻药可以通过小喷洒器、注射器或细的套管针进行喷洒，最理想的选择是，使用削去针尖的25 G针头的一次性胰岛注射针。

一旦喉部完全暴露，就可以将导管轻柔地插入气管，并与麻醉机相连接。在导管气囊充气后，使用约1 cm宽的胶布将导管固定在下颌部位。此时建议采用手控通气方式，仔细观察两侧胸壁的呼吸活动度，以确保导管没有深入至一侧支气管。同时也要留意气道的阻力变化，因为阻力增加可能意味着导管打折或靠近气管分叉，导致部分阻塞。若对导管的位置不太确定，可以通过听诊两肺的呼吸音是否对称来进行判断。

③兔的气管插管麻醉：先将兔置于侧卧位，并牢固地抓住其头部，同时伸展并将头部上提至前肢刚好触及台面。随后从舌面上轻轻地将导管推进至喉部。在此过程中，操作者可以通过导管后端来辨识呼吸音，若使用的是聚乙烯导管，还可以通过观察导管内壁是否有呼出的冷凝气雾来判断。当听到强烈的呼吸音或观察到冷凝气雾时，表明导管已接近喉部。当兔吸气时，应轻柔地将导管推进。如果呼吸音消失且没有冷凝气雾，这通常意味着导管并未进入喉部，此时应退出导管重新操作。需要注意的是，该方法无法向声带喷洒局麻药以防止喉痉挛，特别是对于体重在 3 kg 以上的兔，此技术相对容易掌握。

④鸡的气管插管麻醉：由于鸡的气道开口比哺乳类动物更靠前，因此插管过程相对容易。打开鸡嘴后，气道的开口位于舌根部。为辅助插管，可以轻轻拉出舌头。对于鸡的导管选择，通常可以使用婴儿导管。由于鸡拥有完整的气管软骨环，因此选择无气囊型的导管更为适宜，以避免气囊对气管黏膜造成压迫和坏死。

⑤大鼠和小鼠的气管插管麻醉：由于它们的体型较小，特别是小鼠，插管相对较为困难。通常需要借助特制的喉镜或耳镜来完成，并且需要掌握专门的技巧。

2. 局部麻醉方法

局部麻醉在动物实验中的应用虽然不像全身麻醉那样广泛，但在某些短时间内的实验中，如针对猫、犬等大动物的研究，局部麻醉仍是一种实用的方法。局部麻醉是通过阻滞特定区域的神经传导来实现麻醉效果的，它作用于神经末梢、神经干、神经节或神经丛，产生局限性的麻醉区域。这种方法的特点是动物在麻醉过程中保持清醒，对重要器官的功能影响较小，并发症较少，相对安全。

根据化学结构的不同，局部麻醉药主要分为酯类和酰胺类两大类。酯类局部麻醉药包括可卡因、普鲁卡因、丁卡因和氯普鲁卡因等；而酰胺类局部麻醉药则包括利多卡因、布比卡因、卡波卡因和地布卡因等。

在实际应用中，局部麻醉的方法有多种，包括表面麻醉、局部浸润麻醉、区域阻滞麻醉以及传导麻醉等。选择哪种方法取决于实验的具体需求和动物的种类。例如，表面麻醉是将麻醉药直接涂抹在黏膜表面，适用于眼、鼻、口等部位的手术或检查；局部浸润麻醉则是将麻醉药注射到手术部位的皮下组织中，通过药液扩散达到麻醉效果；区域阻滞麻醉则是通过注射麻醉药到神经干或神经丛附近，阻断神经冲动的传导；传导麻醉则是利用局部麻醉药作用于神经末梢，阻断神经冲动的产生和传导。

(1)表面麻醉是指利用局部麻醉药的组织穿透能力，使其透过黏膜，从而阻滞浅表的神经末梢传导神经冲动的方法。常用的麻醉药物包括利多卡因等。在实际应用中，表面麻醉常通过眼部用药点滴、鼻内用药涂敷、咽喉气管用药喷雾以及尿道灌注给药等方式进行。

(2)局部浸润麻醉是通过沿手术切口逐层注射局部麻醉药，以阻滞组织中的神经末梢传导神经冲动。普鲁卡因是这种方法的常用药物。

(3)区域阻滞麻醉是通过在手术区的四周和底部注射麻醉药，以阻断疼痛传入通路。这种方法通常使用普鲁卡因作为常用药物。

(4)神经干(丛)阻滞麻醉通过在神经干(丛)的周围注射麻药，以阻滞其传导神经冲动，从而使所支配的区域无痛感。常用的药物是利多卡因。

(5)椎管内麻醉是在椎管内注射麻醉药，以阻滞脊神经传导神经冲动，从而使支配的区域无痛感。根据麻醉药物注射的不同部位，椎管内麻醉可分为蛛网膜下腔麻醉、硬膜外阻滞麻醉和骶管阻滞麻醉等。这种方法通常适用于大型动物，如猪、马、牛、羊等，常用的药物包括普鲁卡因和可卡因等。

(三)常用的麻醉药

1. 挥发性麻醉药

挥发性麻醉药包括氧化亚氮、氟烷、甲氧氟烷、安氟醚和异氟醚、地氟醚等。

2. 非挥发性麻醉药

非挥发性麻醉药包括全身麻醉药和局部麻醉药。

(1)全身麻醉药

①静脉麻醉药:硫喷妥钠、安定、咪唑安定、氯胺酮、丙泮尼地、羟丁酸钠、安泰酮等。

②肌肉松弛药:琥珀胆碱、管箭毒、爱肌松、卡肌宁等。

③镇痛药:吗啡、哌替啶、芬太尼、纳洛酮、杜冷丁等。

④镇静催眠药:苯巴比妥钠、异戊巴比妥钠、戊巴比妥钠、司可巴比妥(速可眠)等。

⑤神经安定药:氯丙嗪、异丙嗪、乙酰丙嗪、利血平等。

(2)局部麻醉药　可卡因,普鲁卡因、地卡因、利多卡因、布比卡因、氯普鲁卡因等。

(3)常备急救药

①抗副交感神经药:阿托品、东莨菪碱等。

②升压药:肾上腺素、去甲肾上腺素、异丙肾上腺素、麻黄素、多巴胺等。

③中枢兴奋药:烟酸二乙胺、咖啡因、盐酸二甲弗林等。

(四)麻醉对动物实验的影响

临床麻醉的主要目的是确保手术顺利进行、减轻患者痛苦以及治疗伤病。相比之下,实验动物麻醉则旨在满足手术需求,同时确保实验动物的安全和福利。麻醉过程中的动物应展现出制动、镇静和镇痛的效果,从而确保实验结果的精确性和可靠性。在选择麻醉药物和方法时,我们不仅要考虑手术需求和动物安全,还需评估麻醉本身及其可能产生的不良反应对观察指标和实验结果的影响。当麻醉对实验结果产生不可避免的影响时,我们需要了解这种影响的程度和范围,并提供相应的资料来校正和分析实验结果。基于上述原则,麻醉方法和药物的选择应紧密结合实验设计和手术特点。同时,我们还需要关注麻醉深度对实验结果的影响,通过合理的麻醉管理为实验动物提供一个安全、舒适的手术环境,从而确保实验结果的精确性和可靠性。

1. 麻醉方法的影响

实验手术的主要目的是创建一种病理状态的动物模型,以供长期观察和研究,如小肠造瘘等手术。通常临床中常用的麻醉方法在实验手术中也同样适用。当需要在术中或术后立即观察某些生理或病理变化时,如制作肠系膜上动脉钳闭性休克模型,所选用的麻醉方法应尽可能短暂且轻微,以减少对动物呼吸、循环、肝、肾和内分泌等系统的影响。

动物实验所要求的麻醉不仅要有效抑制有害应激反应,还需尽量减少对动物血液生化指标、血流动力学和其他生理功能的干扰。为确保实验结果的准确性,同一实验中的每一只动物都应采用相同的麻醉方法和保持一致的生理、药理状态,这符合"均衡性原则"。同时,应仔细观察并记录麻醉过程中可能产生的干扰和意外,以便在分析实验结果或处理数据时进行相应的校正或剔除。

在设计实验课题时,应充分考虑麻醉方法与实验动物特性的匹配性,以寻求最佳组合。例如,使用一次静脉注射硫喷妥钠的方法麻醉犬时,应注意到苏醒后 2 小时内犬的呼吸和循环系统可能仍会受到抑制。

选择麻醉方法时,还需综合考虑手术时长、刺激和损伤范围与程度,以及麻醉对动物生理的干扰情况等因素。对于需要连续处理多只动物的实验外科,应选择诱导快速、简单且术后不需要长时间监护的麻醉方法。对于长时间的动物实验,应选择能够随时补充给药并便于调节麻醉深度的麻醉方法,以避免长时间深麻醉和体内药物蓄积。对于出血多、创面广和刺激重的手术,应选择对血流动力学、水电解质酸碱平衡影响较小的麻醉方法。此外,手术的特殊要求,如特殊体位、开胸手术、循环暂停、降温和降压等,也是选择麻醉方法的重要依据。

2. 麻醉药物的影响

当需要在术中切取肝组织进行活检,特别是进行电镜检查时,使用某些脂溶性强或组织毒性大的麻醉药物，如巴比妥类药物，可能会导致组织出现超微结构变化，从而干扰实验结果。因此，在选择麻醉药物时需特别谨慎。

不同种属的动物对麻醉药物的反应存在显著差异。例如，由于兔的肝脏中降解阿托品的酶水平较高，导致兔对阿托品的耐受力极高，因此术前用药通常选择胃长宁而非阿托品。然而，兔对巴比妥类药物的呼吸抑制作用极为敏感，而阿法沙龙或阿法多龙在兔身上产生浅麻醉时，加深麻醉可能导致呼吸、心跳骤停。吸入麻醉药常会引起兔的呼吸抑制，导致唾液腺和支气管分泌大量液体。因此，在选择麻醉药物时，需根据动物的种属特性进行考量。

此外，某些麻醉药物在不同动物间的效果也存在差异。例如，氯胺酮在幼猪身上的麻醉作用不明显，可能需要加大用药量；美托咪定和赛拉嗪对多数种属的猪无效。少数猪在吸入氟烷后可能出现恶性高热。阿托品用于减少绵羊唾液腺分泌时，用药量大且效果差。与哺乳类动物不同，鸟类的解剖结构使其对吸入麻醉药物极为敏感，容易过量。而两栖类动物在麻醉和麻醉苏醒期间，最好保持皮肤湿润，低温可产生良好的麻醉和制动作用。对于肌松药箭毒，由于它具有促组胺释放作用，犬对其非常敏感，因此应列为禁忌。

3. 麻醉深度的影响

动物实验中的麻醉深度必须适中且在整个实验过程中保持稳定。麻醉过深可能导致动物处于深度抑制或濒死状态，这会抑制其正常反应，影响实验结果的可靠性。相反，麻醉过浅会在手术或实验过程中引发强烈的疼痛刺激，影响动物的呼吸、循环和消化功能，如疼痛刺激可能反射性地抑制胰腺分泌。麻醉深度的波动会导致实验结果的不一致性，引入难以分析的误差。

在实施动物麻醉时，需要考虑不同动物对同一麻醉药物的敏感性差异，以及同一动物对不同麻醉药物的反应差异。此外，不同麻醉药物的使用途径也会影响其效果，即使是同一药物，通过不同的途径进行麻醉，效果也会有所不同。因此，我们要真正掌握常用实验动物的麻醉技术，需要在实际工作中不断积累经验，灵活应用各种麻醉方法。只有这样，才能确保动物实验的准确性和可靠性。

（五）麻醉的注意事项

（1）实验动物在麻醉之前应禁食 8 h 以上。猫、犬、猪或非人灵长类大动物需禁食 10～12 h。兔或啮齿类动物无呕吐反应，术前无须禁食。被手术的动物在麻醉前可给予一定量饮水。

（2）所有麻醉药使用过量均可引起中毒，应特别注意各种麻醉药的剂量和给药途径，应准确按体重计算麻醉剂量。由于动物存在个体差异，文献介绍的剂量仅能作为参考使用。

（3）麻醉前不能使用泻剂。因为泻剂可导致血液的碱储降低，从而增加血流和组织的酸度，在麻醉和失血情况下，易发生酸中毒，降低损伤组织的抗感染能力。

（4）麻醉后的动物必须保持气道的通畅和组织（眼球、舌、肠等器官）的营养。

（5）犬做长时间实验前 1 h 应灌肠排除积粪。

（6）应检查麻醉剂质量、数量是否满足要求，麻醉固定器具是否有破损（漏气或堵塞），有关麻醉中毒急救品和器材是否准备齐全，以应急需。

（7）麻醉剂的用量，除参照一般标准外，还应考虑个体对药物的耐受性不同，而且体重与所需剂量的关系也并不是绝对成正比的。一般说，衰弱和过胖的动物，其单位体重所需剂量较小。

（8）在使用麻醉剂规程中，操作者随时观察动物反应情况，尤其是采用静脉注射，决不可按体重计算出用量后就匆忙进行注射。

（9）动物在麻醉期体温容易下降，要采取保温措施，尤其在冬季更应注意。可在动物肛门插入体温计观察。

（10）静脉注射必须缓慢，同时观察肌肉紧张性、角膜反射和对皮肤夹捏的反应，当这些反应明显减弱或消失时，立即停止注射。配置的药液浓度要适中，不可过高，以免麻醉过急，但也不能过低，以减少注入溶液的体积。

（11）进行慢性实验时，在寒冷冬季，麻醉剂在注射前应加热至动物体温水平。

(12)出现麻醉过度情况后,应立刻采取抢救措施。

(13)若麻醉过量,应根据不同情况积极采取措施,如施行人工呼吸、给予苏醒剂,或注射强心剂、咖啡因、肾上腺素、可拉明,也可静脉注射 5%温热葡萄糖溶液。

二、实验动物的镇痛

(一)镇痛药的选择

选择适合的镇痛药对于实验动物的术后恢复至关重要。镇痛药可分为非甾体抗炎药(Nonsteroidal Antiinflammatory Drugs,NSAIDs)和阿片类镇痛药。在选择镇痛药时,我们需要考虑动物的疼痛程度、健康状况以及药物的副作用。此外,应尽量选择对动物生理影响小的药物。

(二)镇痛方法的实施

实施镇痛方法时,需确保动物处于安全的操作环境中。在术后,可给予动物口服或注射镇痛药。在镇痛过程中,操作者应密切监测动物的疼痛程度、呼吸、心率和体温等生理指标。

实验动物的麻醉和镇痛是确保实验过程顺利进行并尽量减少动物痛苦的关键因素。为此,我们需要谨慎选择适合的麻醉剂和镇痛药,并严格遵循相关的操作流程。此外,我们还需要继续努力研究如何进一步优化现有的麻醉和镇痛方法,更好地保障实验动物的福利和疼痛管理。

第五节　实验动物给药途径和方法

一、常规给药途径和方法

实验动物的给药途径与方法不尽相同,需根据不同的实验目的、动物种类、药物剂型、临床给药情况等决定动物的给药方法,同时不同给药方法的难易程度不同,除考虑上述因素外,还应考虑操作者的技术熟练程度从而选择适宜的给药方法。

实验动物常用的给药方法大致有经口给药、注射给药、吸入给药等。无论哪种给药方法,正确的、适宜的抓取、固定方式是顺利完成药物给予的保证。

(一)经口给药方法

1. *口服给药*

口服给药是将药物掺入动物饲料或饮水中,让动物自由摄取的方法。尽管这种方法操作简便,但由于动物个体的状态、偏好以及饲料和饮水的摄取量差异,使得药物剂量的控制变得困难。

对于猫、犬等实验动物,当需要给予固体药物,如片剂、丸剂等时,可以通过徒手经口给予。在给药过程中,需要轻轻掰开动物的上下颌,将药物放置在舌根部位,随后动物会自然吞咽。这种方法需要一定的技巧和经验,以确保药物准确投放到位且不会对动物造成伤害。

2. *灌胃给药*

灌胃给药是指借助器械将药物直接灌入动物胃内的方法。这种方法可准确控制给药量,但操作时不要损伤动物。

(1)对于大鼠、小鼠和豚鼠的灌胃操作,应使用特制的灌胃针头。在针头部分焊有金属圆突,旨在防止消化道因锋利针头而受损,同时针头的端部弯曲成大约 30°角,以适应这些实验动物的生理结构。灌胃时,左手固定动物,保持动物头部朝上的垂直体位,右手持灌胃器进行操作。插入灌胃针前,应测量从口角到最后肋骨

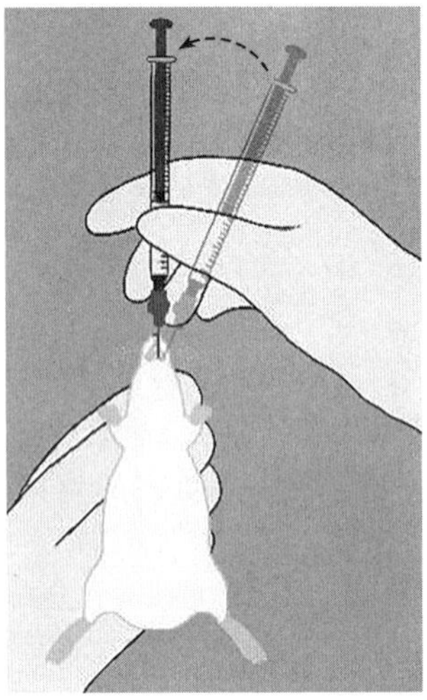

图 4-3 小鼠灌胃操作

之间的距离，以确定针头插入的深度。沿动物的右口角插入灌胃针，确保其与食管保持一条直线，并沿上腭壁缓慢插入(图 4-3)。若动物无挣扎反应，即可注入药液。若遇到阻力或动物挣扎剧烈，应重新插入，避免强行推进造成动物受伤。此外，我们要防止针头误插入气管，那样动物会立刻死亡。操作结束后，轻轻拔出灌胃针头即可。

(2)对于兔、犬和猫的灌胃操作，我们需要用到开口器、清水和导尿管。将开口器置于动物上下门齿之间，固定于舌上，通过开口器的中央孔，用导尿管沿上腭慢慢插入食管。确认导尿管在胃内的方法是，将导尿管外口端放入清水中观察是否有气泡产生。若无气泡，则说明导尿管已正确插入胃中，此时可接上注射器注入药液。为确保药液全部进入胃内，注入完毕后需再注入 5 mL 清水，然后拔出导尿管和开口器。猴和猪的灌胃给药方法类似，也需使用开口器和灌胃管。

(3)对于鸡的灌胃操作，助手需用毛巾裹住鸡的身体进行固定。实验者用左手将鸡头向后拉，使其颈部倾斜，并用左手拇指和食指撬开鸡的嘴，其他三个手指固定好鸡头。右手持带有灌胃针头的注射器，从鸡的舌后插入食道进行灌胃。若鸡无异常症状，即可缓慢注入药液。

(二)注射给药方法

1. 皮下注射

皮下注射时，选择皮下组织较为疏松的部位，如大鼠、小鼠、兔、犬等常用颈背、腋下、侧腹和后肢。猪的注射部位为耳根部皮下，鸡则为翼下部位。操作前，操作者使用乙醇棉球消毒注射部位的皮肤。提起皮肤，从头部方向刺入皮下，沿体轴方向推进 5～10 mm。若针尖易左右摆动，表明已刺入皮下(图 4-4A)。缓慢注射药液，注射完毕后，旋转针头拔出注射针，用干棉球压迫针刺部位，防止药液外漏。不同的动物皮下注射时，使用的针头大小有差异，如小鼠用 4 号或 4.5 号针头，兔、猫等用 6 号针头。

2. 皮内注射

皮内注射常用于观察皮肤血管通透性变化或皮肤反应，选择背部脊柱两侧的皮肤(大鼠、小鼠、豚鼠、兔)或耳壳外面或腹侧皮肤(猪)。操作时，先脱毛并消毒注射部位，然后用左手捏起皮肤皱襞，右手持注射针，以约 30°角稍向上挑起刺入皮下，注射后皮肤表面应鼓起一小丘。应选择合适的针头大小，过小不易注射，过大则药液易漏出。

3. 肌内注射

肌内注射部位通常选择肌肉丰满且无大血管通过的臀部或大腿外侧或内侧肌肉(大鼠、小鼠、兔、犬)(图 4-4B)。鸡则选择胸肌或腓肠肌。注射前先消毒，操作者持注射针刺入肌肉，确保没有回血后再进行注射。根据动物种类选择合适的针头，如大鼠、小鼠大腿肌内注射时选用 5 号针头，避免损伤坐骨神经。兔、猫、犬则一般选用 6 号针头。

4. 腹腔注射

腹腔注射部位为下腹部腹中线左右两侧 1 cm 处。注射前需使动物头稍后仰，使内脏移向上腹。操作者消毒动物的腹腔注射部位后，右手持注射器刺入皮肤，需注意进针深度，防止太深刺到或刺穿背部，特别是不合适的针头。然后以约 45°角刺入腹腔(图 4-4C)。回抽针栓，确认无回血或液体后，注入药液。通常选用 5 号针头进行腹腔注射。对于大动物，如兔、猫、犬，需助手协助固定动物。

5. 静脉注射

(1)大鼠、小鼠尾静脉注射　大鼠和小鼠的尾部有四根明显的血管，其中背部和左右两侧是静脉，腹侧是动脉。注射部位主要是左右两侧的静脉，背侧的静脉较深，不易注射。操作前，将动物固定在固定器中，暴露尾部。用温水或乙醇棉球处理尾部血管，使其扩张。用左手固定尾巴，右手持 4 号或 4.5 号

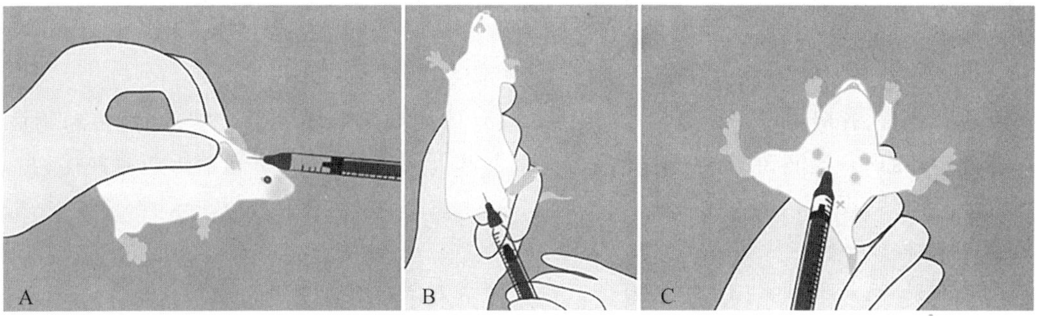

A. 皮下注射；B. 肌内注射；C. 腹腔注射。

图 4-4　小鼠注射给药方法

注射针，从尾尖 1/4 处沿静脉平行方向进针。若轻推药液无阻力，表示针头已在静脉中，可继续注射；若遇阻力或有白色隆起，说明注射到皮下，需重新刺入。注射后，用干棉球按压止血或弯曲尾巴止血。

（2）豚鼠静脉注射　可选前肢皮下头静脉、后肢小隐静脉或耳缘静脉注射，其中前肢静脉更易注射。注射时，助手固定动物，操作者找到静脉，剪毛并消毒。用 4 号针沿向心方向刺入血管，若有回血即可注射。注射后压迫止血，用胶布包裹伤口。耳缘静脉注射时，需特别注意固定好动物，避免因动物挣扎导致针头刺破血管。

（3）兔耳缘静脉注射　将兔固定在兔盒内，露出头部，找到耳缘静脉，去毛并用乙醇擦拭。注射方法和止血方法与豚鼠相同。注射过程中，若感到有阻力或皮肤隆起发白，表明针头不在血管内，需重新刺入。

（4）犬、猫静脉注射　常选前肢内侧头静脉。助手固定动物，去毛并消毒注射部位。操作者持 6 号针头的注射器沿血管平行方向刺入静脉，见血后放开压迫，并固定针头进行注射。犬、猫还可使用后肢外侧小隐静脉进行注射，方法相同。

（5）猴静脉注射　选前肢桡静脉或后肢隐静脉进行注射，方法同犬。

（6）猪的静脉注射　常选耳大静脉进行注射，方法同兔。

（7）鸡的静脉注射　选取翼下静脉进行注射。

6. 脑内注射

对于大鼠和小鼠，脑内给药常用于接种病原体以观察其后续变化。在进行脑内注射时，需先对鼠的额部进行消毒。一种方法是操作者用左手固定好鼠的头部，右手持带有塑料管的针头（针尖露出），直接由额部正中刺入脑内，然后注入药液。另一种方法是先对动物进行轻度麻醉，使注射器与额顶颅骨的角度大致为 45°，从中线稍外侧的位置刺入注射针进行注射。

对于豚鼠、兔和犬，首先麻醉动物，剪去额部注射部位的毛发并消毒皮肤。拉紧皮肤后，用手术刀切开一个 1～2 mm 的切口。接着，使用穿颅钢针在头盖骨的注射部位开一小孔，随后用 7 号针头垂直刺入，并缓慢注入药液。在此过程中，特别要注意注射速度，必须非常缓慢，防止颅内压迅速升高。

7. 涂布给药

（1）大鼠、小鼠涂布给药　为了定性地评估药物或毒物经皮肤的吸收作用，大鼠和小鼠常采用浸尾方式给药。实验前，将鼠放入固定盒中，使其身体固定而尾巴暴露。将鼠尾穿过试管软木塞小孔，浸入含有受试物的试管中。根据受试物的效果确定浸泡时间，并密切观察动物的症状。特别要注意，若受试物具有毒性，需采取预防措施防止中毒。

（2）豚鼠、兔涂布给药　豚鼠和兔的涂布给药通常选择脊柱两侧的背部皮肤。给药前需按前述方法进行脱毛处理，并在脱毛后 24 小时进行给药。给药前检查脱毛部位是否有损伤、炎症或过敏现象，若有这些症状，则不能使用该动物。若背部皮肤符合条件，将动物固定好后，用硫酸纸蘸取受试液平铺在背部,随后用纱布和胶布固定。固定时间根据药物特性和实验要求而定。若受试物为化妆品或膏剂,可直接涂抹在皮肤上。

8. 呼吸道给药

对于大鼠和小鼠,呼吸道给药主要用于吸入粉尘、气体或烟雾等受试物。实验时,将动物放入大小适中的广口瓶中,瓶内悬挂滴药装置。在第一层滤纸上滴上所需受试物,迅速盖上瓶盖并摇匀。动物接触受试物约 2 小时后,观察其反应症状。

9. 阴茎静脉注射给药

对于雄性大鼠,这是一种常用的给药方法。实验前将大鼠麻醉并呈仰卧或侧卧姿势。翻开包皮,露出阴茎,背侧阴茎静脉较为粗大,直接刺入进行静脉注射即可。

10. 椎管内注射给药

此方法主要用于兔的椎管麻醉或抽取脑脊液。实验前将兔麻醉并呈俯卧位,使其尾向腹侧屈曲。剪去第 7 腰椎周围的毛发并消毒。触摸第 7 腰椎间隙,插入腰椎穿刺针头。当针头到达椎管内时,动物后肢会颤动,表明针头已正确插入。此时不可继续下插,以免损伤脊髓。若未成功插入,可在不移动针头的前提下,调整方向再次尝试。确认针头在椎管内后,即可进行注射。

11. 关节腔内注射给药

此方法适用于兔。实验前将兔麻醉并呈仰卧位,除去关节部位的毛发并消毒。在膑韧带附近上方约 0.5 cm 处进针,针头从前上方向后下方倾斜刺入。当感觉阻力减小并确认已刺入关节腔时(可能有刺破薄膜的感觉),即可注入药物。

12. 椎动脉注射给药

此方法适用于兔和猫。以兔为例,实验前先将兔麻醉并在其剑突上方约 6 cm 处从胸骨左缘向外作横切口。分离出锁骨下静脉并结扎,然后分离出锁骨下动脉及其分支。除椎动脉外,分别结扎其他分支及其近心端。在椎动脉上方结扎锁骨下动脉远心端并剪一小口,用腰穿针穿刺至椎动脉分支前进行结扎和固定,然后进行给药。猫的给药方法与此相同。由于椎动脉给药方法较为复杂且技术要求较高,因此操作者对动物的解剖结构和血管走向需要有较为深入的了解。

13. 颈外静脉注射给药

该法专为犬类设计。首先,确保犬只被妥善固定。接着,操作者使用左手的大拇指轻轻压迫犬只颈外静脉入胸部皮肤的位置,使静脉更为明显。随后,对预定的注射部位进行剪毛和消毒处理。右手持注射针头,以朝向头部的方向轻轻刺入。当针头成功进入血管时,回抽可见回血。此时,应松开左手拇指,并以缓慢而稳定的速度注射药物。注射完成后,使用干棉球轻轻压迫注射部位止血。在整个过程中,务必保持对犬只的温和与耐心,确保其安全舒适。

(三)给药容量

在进行实验动物给药前,必须考虑该动物在特定给药途径下所能耐受的最大容量(mL)。只有明确了给药容量,我们才能确定药物的适宜浓度。不同种类的实验动物在一次给药时所能耐受的最大容量是有所不同的。例如,灌胃容量过大可能引发胃扩张,而静脉给药容量过大可能导致心力衰竭和肺水肿。通常情况下,动物的血容量约占其体重的 1/13。因此,静脉注射的容量最好控制在体重的 1/100 以下。对于皮下、肌内及腹腔注射,其容量则建议不超过体重的 1/40。例如,对一只体重为 20 g 的小鼠,其尾静脉注射的容量不应超过 0.2 mL,而肌内、皮下及腹腔注射的容量则不应超过 0.5 mL。在实际操作中,建议参考表 4-2 中关于常用实验动物不同给药途径的常用容量,以及表 4-3 中关于一次给药的最大耐受容量的数据,确保给药的安全性和有效性。

表 4-2　常用实验动物不同给药途径的常用容量

动物名称	灌胃	腹腔注射	静脉注射	肌内注射	皮下注射
小鼠/(mL/10 g)	0.2～0.4	0.2～0.3	0.1～0.2	0.05～0.1	0.1～0.2
大鼠/(mL/100 g)	1～2	0.5～1	0.5～1	0.1～0.2	0.3～0.5
犬、猪/(mL/kg)	2～5	0.5～1	1～2	0.1～0.2	0.2～0.3

表 4-3　常用实验动物一次给药的最大耐受容量　mL

动物名称	灌胃	腹腔注射	静脉注射	肌内注射	皮内注射	皮下注射
小鼠	0.8	1	0.8	0.2	0.1	1.5
大鼠	5	2	4	0.5	0.1	5
兔	200	5	10	2	0.2	10
猫	150	5	10	2	0.2	10
猴	300	10	20	3	0.3	50
犬、猪	500	—	100	4	0.3	100

(四)受试药物的配制

在药效学和药物毒性试验中，为确保实验结果的准确性和可靠性，药物的给药途径应与临床实际应用相一致。这要求我们在给药前，使用适当的溶剂、助溶剂或赋形剂，将受试药物精确配制成相应的剂型。选择这些辅助成分时，必须确保它们无毒、不与药物发生化学反应，且不会改变药物的理化性质和生物活性。以下是常见的受试药物配制方法。

1. 水溶液

这是最常用的剂型。对于能溶于水的药物，优先选择使用水溶液，特别是使用注射用水或生理盐水进行溶解。若药物在水中溶解不完全，可尝试适当加热促进溶解。若仍有少量不溶物，可加入0.1%～0.2%的泊洛沙姆，并通过振荡使其溶解。泊洛沙姆是一种高效的助溶剂、乳化剂和分散剂，具有无毒、无抗原性、无溶血性等特点，因此在静脉注射制剂中常作为助溶剂和乳化剂使用。

2. 混悬液

对于在水和油中均不易溶解的药物，可以先将其研磨至细粉(达到80目以上)，然后逐步加入助悬剂进行研磨，直至配成所需浓度的混悬液。这种剂型仅适用于口服或腹腔注射，不适用于静脉注射。常用的助悬剂包括0.5%～1%的羧甲基纤维素钠、0.5%～1%的西黄蓍胶浆以及5%～15%的阿拉伯胶浆剂等。

3. 油溶液

对于溶于油而不溶于水的药物，如挥发油、类固醇等，可将其按所需浓度溶解于植物油中。油剂既可以口服，也可以进行肌内注射和皮下注射。

4. 乳剂

对于溶于油而不溶于水的药物，除可以制成油溶液外，还可以制成乳剂。制备乳剂时，需将药物与少量乳化剂混合研匀，然后缓慢加入水进行搅拌。常用的乳化剂包括吐温80、吐温60和聚乙二醇等。乳剂适用于注射给药。

5. 有机溶剂

对于不溶于水和油但能溶于某些有机溶剂的药物，我们可以先将其溶于 95 %的乙醇或丙酮中，然后再用生理盐水进行稀释。需要注意的是，乙醇的终浓度不应超过 2 %，而丙酮的终浓度不应超过 5 %。若稀释后仍有少量不溶物，可以加入适量增溶剂，如吐温 80、聚乙二醇、司盘(span)等。

6. 稀酸或稀碱溶液

对于需要用稀酸或稀碱溶解的药物，我们可以先使用少量 0.1 mol/L 的盐酸或碱(如碳酸氢钠、碳酸钠或氢氧化钠)进行溶解，尽可能将 pH 调整至 4.5～9，确保药物不会析出。

此外，由于中药粗制剂含有大量的杂质，如果直接加入体外，其反应系统可能会干扰实验结果，产生假阳性或假阴性结果。因此，建议使用中药血清药理实验方法来解决这一问题。具体的实验方法可以参考相关资料进行了解。

二、神经科学：脑立体定位注射

脑立体定位技术是一种在实验研究中广泛应用的手段，主要用于对特定核团或脑区的精确操控，包括激活、抑制、药物投送、病毒标记以及信号采集等。这项技术将脑立体定位仪作为主要工具，配合动物颅骨外表面的固定标志点和标准的脑图谱，可以准确地确定目标核团或脑区的三维坐标。随后，通过精细的手术操作，研究人员可以在不直接观察目标区域的情况下，对其进行精确的干预，包括操控、损毁、药物投送、病毒标记以及信息采集等。因此，脑立体定位技术已成为研究脑结构和功能的重要实验方法。

(一)病毒注射

脑功能和结构的研究中，为标记目标细胞，常采用病毒工具将外源基因(如荧光蛋白基因、离子通道蛋白基因等)整合到目标脑区细胞的 DNA 上。目前常用的病毒载体包括腺相关病毒、慢病毒、狂犬病毒、单纯疱疹病毒和水疱性口炎病毒等。这些病毒因其独特的生物学特性，在脑科学研究中发挥着不可替代的作用。通过精确注射这些病毒，研究人员可以实现对特定脑区细胞的精确标记和操控，从而更深入地揭示脑的结构和功能机制。

(二)光纤植入

光遗传学(optogenetics)是一门结合光学与遗传学手段，用以精确控制特定神经元活动的新兴技术。这一技术借助分子生物学和病毒载体技术，将外源光敏感蛋白基因导入活细胞中，使其在细胞膜结构上表达光敏感通道蛋白。通过特定波长的光照，可以精准控制这些光敏感通道蛋白的激活与关闭，进而调控细胞膜上离子通道的开关状态，改变细胞膜电压，如膜的去极化与超极化。当膜电压去极化超过一定阈值时，会诱发神经元产生可传导的电信号，实现对神经元的激活；相反，当膜电压超极化到一定水平时，则会抑制神经元动作电位的产生，实现对神经元的抑制。

光遗传学技术的实施主要涵盖病毒包装、病毒注射、光纤埋植、光调控、行为测试和电生理记录这六个关键步骤。其中，光纤埋植是这一技术中至关重要的一环，它确保了光能够准确、有效地作用于目标神经元，从而实现对其活动的精确调控。通过植入光纤，研究人员可以在不干扰动物正常行为的情况下，对特定脑区的神经元进行实时、动态的操控，为研究脑功能和神经环路机制提供了强有力的支撑。

(三)光纤记录

钙成像技术是一种通过监测组织细胞内钙离子浓度来反映细胞活动的先进方法。在神经科学领域，钙成像技术能够利用钙离子浓度与神经元活动之间的紧密联系，通过特定的荧光染料或蛋白质荧光探针(即钙离子指示剂)将神经元内的钙离子浓度转化为荧光信号，从而实时、直观地反映神经元的活动状态。

光纤记录技术是钙成像技术中的一种重要手段。它利用光纤将激发光引入组织内部，激发钙离子指示剂发出荧光，再通过光纤收集荧光信号并传输到外部检测系统进行分析。这种方法具有高度的空间和时间分辨率，能够实现对神经元活动的精准监测。

光纤记录技术在神经科学研究中的应用日益广泛，它不仅能够帮助我们更深入地了解神经元的活动规律，还有助于揭示神经环路的功能和机制。通过光纤记录技术，有望更准确地揭示不同环境下神经元的活动规律，以及神经元之间的相互作用对整个神经系统功能的影响。以下是光纤记录的实施步骤。

1. 选择钙离子指示剂

钙成像技术的核心是选择合适的钙离子指示剂。这些指示剂能够对细胞内的钙离子浓度变化产生响应，并通过荧光信号的变化来反映神经元活动。

2. 将钙离子指示剂运输至目标部位

根据所选指示剂的类型，运输方法有所不同。对于化学发光指示剂，通常使用电极刺穿或借助乙酰氧基甲酯和右旋葡萄糖等方式，将其引入目标部位。而对于基因编码指示剂，则主要通过病毒感染的方式将其导入目标细胞。

3. 光纤埋植与信号收集

光纤埋植是实现钙离子的关键步骤。光纤被植入目标脑区附近，用于收集由钙离子指示剂发出的荧光信号。这些信号随后被转换为电信号，并记录。值得注意的是，光纤记录通常不具备细胞分辨率，它记录的是光纤探针尖端附近不同脑区的群体神经元活动。

4. 记录与分析

通过特定的记录设备，可以实时监测并记录神经元活动的荧光信号变化。这些信号随后被转化为数字数据，以便进行进一步的分析和处理。

(四)颅骨表面脑电电极的植入

脑电图(electroencephalogram，EEG)是一种通过精密电子仪器从头皮上记录脑部自发性生物电位的技术。这一技术能够捕捉到脑细胞群的自发性、节律性电活动，包括常规脑电图、动态脑电图监测和视频脑电图监测。在神经科学研究中，EEG 被广泛应用于探索睡眠机制等重要领域。

为了实现 EEG 的记录，需要将电极植入颅骨表面。这一过程需要精确的定位和精细的操作，确保电极能够准确地接触到目标脑区。植入后的电极能够持续地监测并记录脑部的电活动，为研究者提供关于神经元活动的宝贵信息。

(五)深部脑区电极的埋置

动物在体电生理记录是一种重要的技术手段，用于实时在线记录大脑神经元的放电情况。通过量化和分析这些放电信号，我们能够深入了解神经环路的工作状态。

深部脑区电极埋置是实现这一目标的关键步骤。在这一过程中，电极被精确地放置到大脑的深部结构中，捕捉并记录局部场电位(local field potential，LFP)等电生理信号。LFP 反映了记录电极周围少量神经组织中神经元集群突触活动的总体情况，为我们提供了关于神经环路功能的重要信息。

(六)双光子钙成像技术

在脑科学研究中，双光子显微镜与基因编码的钙探针(如 GCaMP)已成为探究活体神经元功能的重要手段。为实现这一目标，颅窗植入技术应运而生。颅窗植入法涉及去除小鼠的部分颅骨，以透明玻璃取而代之，从而在不干扰大脑正常生理状态的前提下进行光学成像。

颅窗植入技术的优势在于它显著减少了激发光在穿透颅骨时的光损失，从而增加了成像深度，使得我们能够更深入地观察皮层神经元的活动。此外，颅窗具有可重复性和持久性，适用于长期研究神经元群体或单个神经元的动态变化。

值得注意的是，在进行双光子成像时，动物需要保持头部固定或处于麻醉状态，确保成像的稳定性和准确性。通过颅窗植入技术，我们不仅能够记录单个神经元的活动，还能观察到皮层神经元亚细胞结构如轴突末端的钙信号变化，为神经科学研究提供了新视角。

三、免疫学：骨髓移植

(一)骨髓移植的概念

骨髓(bone marrow)是存在于长骨(如肱骨、股骨)的骨髓腔和扁骨(如颅骨、肋骨、髂骨、胸骨、脊椎骨等)松质骨网眼中的一种海绵状的组织。骨髓分为红骨髓(red bone marrow)和黄骨髓(yellow bone marrow)。具有造血功能,能产生血细胞的骨髓呈红色,称为红骨髓。成人的部分骨髓腔中含有很多脂肪组织,呈黄色,它们不能产生血细胞,称为黄骨髓。

骨髓移植(bone marrow transplantation)是将骨髓中的造血干细胞以静脉输入的方式取代机体原有细胞,使其生长繁殖,重建免疫和造血功能。目前,骨髓移植术已经是一种非常成熟且常规的治疗方法,用于治疗多种造血功能异常,如血液系统恶性肿瘤(白血病)及再生障碍性贫血等,帮助患者延长生存期乃至根治。除了重要的临床应用外,实验动物的骨髓移植也是免疫学研究中不可或缺的常规实验技术,主要用于研究血液疾病、免疫系统功能以及干细胞疗法。

根据所使用的细胞类型,骨髓移植可以分为异基因骨髓移植和自体骨髓移植两类。异基因骨髓移植是指从一个供体(通常是遗传背景不同的个体)获取骨髓或干细胞进行移植。这种方法在研究免疫排斥反应和免疫耐受方面有重要价值。相反,自体骨髓移植涉及从同一动物体内提取骨髓或干细胞,经过处理后再回输到体内。这种方法通常用于研究特定的基因修饰或疾病模型。

骨髓移植通常涉及两个主要步骤。首先,通过放射疗法或化疗方法摧毁或抑制受试动物原有的骨髓细胞,称为清髓过程。其次,将健康的骨髓或干细胞移植到动物体内,称为重建过程。骨髓移植成功的关键在于移植细胞的选择、清髓效果以及移植后的管理。此外,保障实验动物在整个移植过程中的福利也是实验成功的重要因素。

(二)骨髓移植技术

骨髓移植技术主要包括以下过程。

1. 准备阶段

首先,选择合适的实验动物。由于小鼠和大鼠的生物学特性已被广泛研究,因此成为常用的动物模型。其次,通过全身辐照或化学药物进行骨髓破坏(清髓),为新的骨髓细胞提供空间。

小鼠清髓所需的辐射剂量根据所使用小鼠的品系不同而存在较大差异。常用的C57BL/6小鼠所需剂量为8～11 Gy,高度免疫缺陷的小鼠品系(如NSG、NCG等)所需剂量低至1～2 Gy。辐照清髓的过程中,为了降低小鼠的死亡率,保障清髓效果,降低移植物抗宿主病(graft-versus-host disease, GVHD),可以选择多次低剂量辐照。如C57BL/6小鼠通常选择辐照2次,间隔2～4 h,每次辐照剂量选择4～5.5 Gy(剂量率通常为0.4～1.2 Gy/min)。小鼠辐照可使用γ射线或X射线源,但是由于产生γ射线的放射性同位素源如铯137(^{137}Cs)、钴60(^{60}Co)的管理和回收成本过高,现在大部分机构多采用X-Ray生物辐照仪(如RS2000系列,Rad Source Technologies),实验效果已得到广泛认可。

虽然大部分清髓是对小鼠进行全身辐照,但也有研究需要对小鼠进行局部辐照,即仅对小鼠特定部位(如脊髓、四肢等)进行射线照射,配合使用局部辐照装置,屏蔽小鼠身体其他部位,仅暴露目标位置于射线装置内即可实现。

2. 骨髓造血干细胞的收集与处理

从健康的供体动物(异基因移植)或同一动物(自体移植)中提取骨髓造血干细胞。

3. 移植过程

将处理过的骨髓造血干细胞通过静脉注射的方式移植到受试动物体内。为确保成功率,移植的细胞数量一般为2×10^6个,移植体积约200 μL。已有成功案例显示最低移植数目可为5×10^4个。

4. 恢复和监测

移植后动物处于免疫缺陷状态，需在严格洁净的环境中恢复，通常使用灭菌后的独立通风笼具(individually ventilated cage，IVC)饲养。部分实验者会使用特殊饮食增加移植后受体存活率，如在动物饮水中加入多种抗生素或使用酸化水(pH 为 2.8～3.1)抑制细菌生长。此外，定期监测动物的健康状况，进行血常规分析和免疫功能评估，确保骨髓重建成功。

5. 数据收集与分析

根据研究目的，收集相关的生物学数据，如血细胞计数、免疫细胞功能测试等。

(三)骨髓移植效果评估

对实验动物进行移植效果评估是骨髓移植技术的关键步骤，它确保了实验的有效性和可靠性。通常涉及以下几个方面。

1. 骨髓植入成功率

通过血液学检查和骨髓抽取来评估新骨髓细胞是否成功植入并开始产生血细胞，包括红细胞、白细胞和血小板的计数，以及骨髓细胞的形态学分析。

2. 免疫系统功能

通过各种免疫学功能测试来评估免疫系统的恢复情况，包括淋巴细胞亚群的分析、抗体产生的评估以及对特定抗原的反应能力测试。

3. 供体细胞嵌合率

在异基因骨髓移植中，通过分子生物学技术(如 PCR 或流式细胞仪)来检测供体细胞在受体体内的存在和比例，有助于确定移植细胞是否成功植入并维持其功能。

4. 生理功能的恢复

评估动物的整体健康状况，包括体重、活动能力和生理行为，有助于判断骨髓移植是否对动物的整体健康产生积极影响。

5. 长期效果和并发症

长期跟踪研究，以评估骨髓移植后的持久效果和可能出现的并发症，如免疫排斥反应或感染。

通过这些综合性的评估方法，研究人员能够全面了解骨髓移植技术在实验动物中的效果，从而为相关的生物医学研究提供重要的数据支持。

第六节　实验动物表型分析技术

表型分析技术指的是对实验动物的可观察特征和功能的全面评估。这些特征包括但不限于外观属性、生理功能、行为表现以及对环境变化的反应等。表型分析的目的是理解遗传信息(基因型)如何影响个体的实际表现(表型)，并揭示基因的内在功能，以及与外界环境之间的相互作用。

在实验动物研究中，表型分析尤为重要，它可以帮助研究人员识别特定基因突变或修饰对动物精神行为、健康和疾病状态的影响。例如，通过观察基因修饰小鼠的行为和生理反应，研究人员可以了解特定基因在认知功能、代谢过程或疾病发展中的作用。此外，表型分析不局限于观察肉眼可见的显著变化，如体型和毛色，还包括通过仪器设备检测到的生理病理状态及行为等变化，这可能涉及复杂的生理测量，如血液分析、心电图、脑电图、CT、核磁以及行为学测试，如学习记忆测试、社交互动测试等。

一、常规仪器设备

实验动物的表型分析依赖多种仪器设备来确保数据收集的准确性和全面性，常规仪器设备主要分为以下几类。

(一)显微镜类设备

1. 光学显微镜

用于观察细胞和组织的基本形态学特征。

2. 荧光显微镜

通过特定波长的光源激发样本，用于观察细胞内特定分子的荧光。

3. 共聚焦显微镜

提供更高分辨率的三维图像，适用于细胞内部结构的详细观察。

4. 电子显微镜

用于观察细胞和组织的超微结构。

(二)细胞分析设备

1. 流式细胞仪

用于快速分析和分类细胞，测量细胞大小、复杂性、内部和表面分子。

2. 自动细胞计数器

用于快速准确地计算细胞数量和活性。

(三)心血管功能评估设备

1. 心电图及心脏B超设备

监测和记录心脏活动，评估心脏功能。

2. 血压监测设备

测量动物的血压，用于心血管疾病模型的研究。

(四)行为分析设备

1. 视频监控系统

记录动物的行为模式。

2. 计算机分析软件

用于分析行为数据，评估学习记忆、焦虑、抑郁等行为。

(五)生化分析仪器

1. 酶联免疫检测仪

用于检测特定蛋白质或抗体。

2. PCR扩增仪器

用于基因表达分析。

3. 免疫印迹设备

用于蛋白质表达和修饰分析。

(六)基本测量工具

1. 体重秤

测量动物体重。

2. 卡尺

测量动物体长、肿瘤大小等线性尺寸。

(七)组织病理设备

1. 病理组织包埋机

用于将脱水后的组织样本包埋在石蜡中,形成固态样本块,便于后续的切片和组织学分析。

2. 脱水机

用于组织样本脱水,通过系列溶液逐步去除样本中的水分,保证样本结构的完整性,使其能够更好地包埋和切片。

3. 自动染色封片机

用于对组织切片进行染色和封片,方便在显微镜下观察。尤其适用于大批量样本的处理,有助于提高效率和一致性。

4. 冷冻切片机

用于快速将新鲜或固定的组织样本冷冻并切割成薄片,适用于需要快速诊断的临床病理和科研工作。

5. 石蜡切片机

用于将经过固定和包埋的组织样本切割成 4～7 μm 的切片,适用于各种类型的组织样本,支持多种染色和分析方法。

(八)代谢评估设备

1. 代谢笼

常用于收集动物排泄物,收集后检测分析粪便和尿液的相关参数。为了检测更全面的代谢指标,可使用配置了高精度传感器的能量代谢监测系统,它能够实时监测动物的饮食量、饮水量、氧气消耗量、二氧化碳产生量、呼吸熵、能量消耗等参数,评估动物代谢水平。此外,配套运动功能监测模块,实现不同运动状态下的代谢水平分析。

2. 间接量热仪

测量动物的能量消耗和代谢率。

3. 体脂成分分析仪

测量清醒动物的体重、瘦体重、脂肪含量,以及动物的自由水和全身水含量。

(九)特殊功能设备

1. 转基因动物制作设备

如显微注射仪,用于制作基因修饰动物模型、体细胞注射等。

2. 光遗传学设备

结合光学和遗传学技术,用于特定神经回路的激活或抑制。

这些设备的应用使研究人员能够从多个角度对实验动物进行全面的表型分析。显微镜类设备和组织病理学设备提供了细胞和组织水平的视角;细胞分析设备允许对细胞特性进行深入研究;心血管功能评估设备和行为分析设备有助于理解生理和行为表型;生化分析仪器和基本测量工具提供了分子和生理数据;代谢评估设备和成像设备则为代谢和解剖结构分析提供支持;特殊功能设备则扩展了实验的可能性。

二、分子影像学

分子影像学是使用影像学方法,反映活体状态下组织水平、细胞和亚细胞水平的变化,在影像学方面进行定性和定量研究。这一领域融合了分子生物学、化学、物理学、医学影像科学、核医学和计算机科学等多门学科,结合使用特异性的分子探针,靶向追踪目标成像和计算。在实验动物研究中,常规分子影像学的方案包括光学成像、微型计算机断层扫描(micro-computed tomography,显微 CT)成像、磁共振成像(magnetic resonance imaging,MRI)、超声成像、核素成像等。

(一)实验动物可见光成像

1. 可见光成像的概念

小动物可见光成像技术主要基于荧光和生物发光原理,研究人员能够非侵入性地观察并记录活体动物体内的分子和细胞活动,如蛋白质表达、细胞迁移和基因表达等。荧光成像使用荧光报告基团进行标记,被特定波长的光照射时发光。通过捕捉这些荧光,可以获得标记物在动物体内的分布情况和浓度信息。生物发光成像通过基因工程方法引入荧光素酶基因,使特定细胞或组织在特定条件下发光。

2. 可见光成像的图像特点

小动物可见光成像技术具有使用安全、灵敏度高、操作简单、成本低等优点,在肿瘤生物学、感染病理学和基因治疗等研究领域得到广泛使用。由于可见光成像为一种非侵入性成像技术,并且不涉及有害辐射,对于长期跟踪实验动物中的生物过程具有重要价值,可减少对动物的应激和伤害。可见光成像技术支持使用多种不同颜色的荧光标记物,可同时观察多个生物标志物或细胞类型。这种多色成像能力对于研究复杂的生物过程和细胞间相互作用具有重要价值。荧光和生物发光成像技术能够提供实时的动态图像,可用于研究生物过程的动态变化,如细胞迁移、信号传导和基因表达等。由于荧光和生物发光信号的亮度与背景的暗度形成鲜明对比,可见光成像通常提供高对比度的图像。此外,生物发光活体成像具有高灵敏度,最小检测光子数约120光子/秒/弧度/平方厘米,可达到检测小鼠皮下50个细胞的状态。

3. 可见光成像仪器组成

小动物可见光成像仪器大体上包括硬件系统、计算机系统和麻醉系统。硬件系统包括光源、探测器、过滤系统、样本台。光源是可见光成像系统的核心部分,它提供必要的光照射激发荧光标记物或引发生物发光反应。这些光源通常包括特定波长的激光或LED灯。探测器用于捕捉从实验动物体内发出的光信号。这些探测器通常是高灵敏度的电荷耦合器件(charge-coupled device,CCD)或互补金属氧化物半导体(complementary metal oxide semiconductor,CMOS)相机,能够捕捉微弱的荧光或生物发光信号。过滤系统用于隔离特定波长的光,确保只有目标荧光或生物发光信号被探测器捕捉,从而提高图像的对比度和质量。样本台用于放置实验动物,可以进行精确的位置调整,确保成像区域的准确定位。

计算机系统用于控制成像过程,包括光源的开关、探测器的设置和图像的捕捉。此外,计算机系统还包括用于图像处理和分析的软件,使研究人员能够对捕获的图像进行后期处理和定量分析。

麻醉系统包括诱导麻醉通路和持续麻醉通路,这两条通路通过氧气或空气与异氟烷混合对实验中的动物进行麻醉。

4. 可见光成像的应用

小动物可见光成像技术在实验动物表型分析中扮演着重要角色,这种技术提供了一种非侵入性、实时成像的方法,生成关于生物体内部过程的直观图像,可广泛应用于疾病研究、基因表达和蛋白质定位、细胞追踪、药物研究。可见光成像技术常用于研究各种疾病模型,包括肿瘤学、感染病理学和遗传疾病的研究。通过标记特定的细胞或分子,研究人员可以观察疾病的发展过程和药物治疗的效果。利用荧光标记技术,可见光成像可以用于研究基因表达模式和蛋白质在细胞内的定位。这对于理解基因功能和细胞内信号传导通路至关重要。通过对细胞进行荧光标记,研究人员可以追踪它们在生物体内的迁移和分布,有助于研究细胞移植、免疫反应和癌症转移等过程。可见光成像也被用于评估药物在生物体内的分布和代谢,以及药物对疾病的治疗效果。

(二)实验动物显微CT成像

1. 显微CT成像的概念

显微CT成像通过使用锥束X光源,实现对小动物活体或离体组织的360度扫描,并利用计算机处理技术重建内部结构,提供高分辨率的三维图像。显微CT成像的主要优势是它能够提供比传统CT更高的空间分辨率,帮助研究人员观察到更细微的解剖结构,如细小的血管、骨骼细节和软组织结构。此外,由于其非侵入性,显微CT允许对同一动物进行重复扫描,从而在时间序列上追踪疾病进展或治疗效果。

2. 显微 CT 成像的图像特点

显微 CT 图像由具有不同灰度值的像素点组成，这些灰度值代表不同组织和器官对 X 射线的吸收程度。灰度值越低，对应位置的图像越暗，表示 X 射线在该处的透射率较高，通常对应低密度的组织或器官。显微 CT 图像具有高密度分辨力，能够清晰区分高密度组织（如骨骼）和较低密度的软组织，甚至在密度差异较小的软组织间也能很好地区分并显示病变。

显微 CT 图像的常用参数包括 CT 值、窗宽、窗位和伪影。CT 值表征局部组织或器官密度大小，通常计为亨氏单位（hounsfield unit，HU），故 CT 值又称为 HU 值。人体内不同密度组织的 CT 值通常为 −1 000 ～ +1 000 HU。CT 值会受到呼吸、血流、病变、设备等因素的影响而发生变化。窗宽表示显示图像时选用的 CT 值范围，影响图像的对比度。窗位则代表窗宽上下限的平均 CT 值，影响图像的亮度。选择合适的窗宽和窗位，对于获得满足诊断要求的清晰 CT 图像至关重要。伪影是指图像上呈现的非实际样本的图像，其成因可能包括仪器故障、患者运动、扫描参数设置不当等，需要通过仔细排查进行识别和纠正。

3. 显微 CT 成像仪器组成

显微 CT 成像仪器包括硬件和软件两个主要部分。硬件组成主要包括扫描床、扫描架和控制台。扫描架内配备了 X 射线管发生器和 X 射线检测器，分别负责生成和捕捉穿过样本的 X 射线。控制台内配置有微型电子计算机和图像显示器，用于控制扫描过程和显示生成的图像。显微 CT 成像主要包括两种基本结构：一种是样品固定而 X 射线球管和探测器运动；另一种是样品运动而 X 射线球管和探测器固定。前者相比后者具有扫描速度快、射线剂量较小的优点，但空间分辨率相对较低，这种结构更适合于动物活体扫描。后者则主要用于离体样本的扫描，能够提供更高的空间分辨率，但扫描速度较慢，射线剂量可能更高。软件部分则包括用于操作显微 CT 仪器的用户界面、数据处理和图像重建的软件。

4. 显微 CT 成像的应用

显微 CT 成像主要应用于中小型动物的研究，包括大鼠、小鼠、兔、豚鼠等。这种技术能够对活体小动物内的组织形态进行动态图像分析，利用计算机技术进行组织的三维重建。显微 CT 在以下研究领域中具有广泛应用，在骨骼结构和骨病理研究中，显微 CT 能够提供关于骨密度、骨微结构和骨重建过程的详细信息，对于骨质疏松症、关节炎和其他骨骼疾病的研究影响深远，同时还支持骨形态学分析和力学分析；在肿瘤学研究中，显微 CT 可用于观察肿瘤的生长、扩散和对治疗的响应，在评估新的抗癌疗法和监测肿瘤治疗效果等方面发挥着重要作用；在心血管研究中，显微 CT 提供血管的形态和血流动力学分析，对心血管疾病的研究具有重要意义；在发育生物学研究中，显微 CT 可以提供关于动物胚胎和幼体发育过程的详细视图，有助于理解发育过程中的解剖和生理变化。此外，通过使用对比剂，显微 CT 还可以用于如肌肉、肝脏和其他内脏器官等软组织的成像，扩展了其应用范围。

（三）实验动物磁共振成像

1. 磁共振成像的概念

磁共振成像主要依赖于组织内水分子中氢原子核（质子）的核磁共振特性。当质子被放置在强磁场中时，它们会对齐于磁场方向。随后，通过施加特定频率的无线电波，这些质子的磁化向量被暂时扰动。当无线电波停止后，质子重新对齐于磁场方向，同时释放出能量。这些能量被探测器捕捉，并用于构建图像。不同于显微 CT 成像，磁共振成像不使用具有潜在危险的电离辐射，而是利用强磁场和无线电波来生成图像。这一特点使得磁共振成像成为一种安全的成像方案，适用于需要频繁成像的研究或诊疗过程。它能够提供高分辨率的图像，帮助明确区分正常组织和病理组织。磁共振成像具有出色的对比度，特别适合非骨性部位或软组织成像。这种高对比度成像有利于神经系统疾病、肌肉骨骼系统疾病、心血管疾病以及肿瘤的诊断和研究。虽然在某些情况下，为了增强图像对比度或突出特定结构，可能会使用造影剂，但许多磁共振扫描并不依赖于这些造影剂。

2. 磁共振成像的图像特点

磁共振成像是一种多参数的成像方法，其图像信号强度受到组织固有参数的影响，这些参数包括氢核(质子)密度、纵向弛豫时间 T1 和横向弛豫时间 T2。常规磁共振图像主要包括质子密度(proton density，PD)加权像、T1 加权像和 T2 加权像三种类型。PD 加权像的信号强度与组织中的质子密度成正比，主要反映组织之间的质子密度差异。通常情况下，不同组织间的质子密度差异不大，因此 PD 加权像在区分组织类型方面的对比度较低。在 T1 加权像中，T1 时间越长的组织，其信号强度越低，图像上呈现得越暗。T1 加权像提供良好的解剖细节，特别是在区分脂肪和水质组织时。相反，在 T2 加权像中，T2 时间越长的组织，其信号强度越高，图像上呈现得越亮。T2 加权像特别适用于显示含水量高的组织，如炎症区域。

应用线性梯度磁场的 MRI 技术可以获得任意方向的断面图像，并实现三维空间的成像观察。此外，利用流体的时间飞跃法(time of flight，TOF)和相位对比敏感性，MRI 可以用于精确测定血液的流速和分布等特征。

3. 磁共振成像仪器组成

磁共振成像仪器主要包括磁体、磁共振波谱仪和计算机系统三个部分。磁体包括主磁体、补偿线圈、射频线圈和梯度线圈。主磁体用于产生强大且均匀的静态磁场，通常由超导材料制成，需要通过液氦冷却来维持其超导状态。补偿线圈用于校正主磁体产生的磁场，确保其均匀性。射频线圈用于向被扫描对象辐射特定频率的电磁波，激发质子共振，并接收由质子释放的信号。梯度线圈形成的梯度磁场对信号进行空间定位和编码。磁共振波谱仪包括发射和接收两部分。发射部分负责发射精确调节的射频波，用于激发被扫描对象中的质子；接收部分则接收组织的自由感应衰减信号。计算机系统对整个磁共振成像仪器进行控制，处理采集到的原始数据，最终生成磁共振图像。

4. 磁共振成像的应用

磁共振成像利用强磁场和无线电波来生成内部结构的图像，特别适用于软组织的成像。磁共振成像系统在以下研究领域中得到广泛应用。如在神经系统研究中，它可以提供大脑和脊髓的高分辨率图像，成为研究神经解剖学、神经病理学和神经行为学的重要工具，广泛用于神经退行性疾病、脑损伤和精神疾病的动物模型研究；在心血管研究中，能够清晰地显示心脏和血管的结构，有助于评估心脏疾病模型，如心肌梗死和心血管畸形，还可以用于监测心脏功能和血流动力学；在肿瘤学研究中，它能够反映肿瘤的大小、形状和与周围组织的关系，对于开发和评估新的抗癌疗法影响深远；在肌肉骨骼系统研究中，它能够提供肌肉、骨骼和关节的清晰图像，有助于研究关节炎、肌肉萎缩和骨质疏松等疾病模型；在发育生物学研究中，磁共振成像仪可以用于观察和记录动物胚胎和幼体的发育过程，提供关于器官形成和发育异常的重要信息。

(四)实验动物超声成像

1. 超声成像的概念

小动物超声技术利用高频声波生成组织和器官的图像，又称为高频超声技术。超声成像通过探头(换能器)发射高频声波，这些声波穿透体内组织时，部分声波会被反射回来经同一探头接收。接收到的回声信号被转换成电信号，随后由计算机处理并转换成可视化图像。图像的亮度取决于回声的强度，不同组织的密度和结构会产生不同强度的回声。针对动物疾病模型，尤其是小鼠疾病模型，小动物超声技术以实时成像、灵活性、安全性、便捷性、经济性以及可重复性等优点，成为实验动物研究中的重要工具。

2. 超声成像的图像特点

超声成像的常用模式主要包括 B 模式(B-mode)和彩色多普勒模式(color doppler-mode)。B 模式是超声成像的基本成像模式，主要用于显示小动物的解剖结构。在此模式下，图像以黑白灰的色阶显示，其中，白色代表强回声，通常对应高密度组织结构，如结石、钙化、气泡等；灰色代表中等回声，通常对应中密度组织结构，如肝脏、胆囊、胰腺、脾脏等器官；黑色代表无回声，通常对应低密度组织结构，如液体、血管、坏死组织等。彩色多普勒模式通常在临床上被称为彩超，是在B模式结构图像的基础上，通过颜色标识血流信号，便于观察组织器官的血流分布。在彩色多普勒模式中，红色代表血流朝向探头方向；蓝色代表血流背离探头方向。两种超声成像模式结合使用，不仅能够提供动物模型解剖结构的详细信息，还能够评估血流动力学和血管功能。

3. 超声成像仪器组成

超声成像仪的基本构造包括发射与接收单元、数字扫描转换器、键盘、面板开关组件、超声探头、监视器、摄影部件等。发射与接收单元是仪器的核心部分，负责发射高频声波并接收反射的回声信号。数字扫描转换器用于处理接收到的回声信号，将其转换成数字信号，以便进一步生成图像。操作人员通过键盘和面板开关控制超声仪器的各种功能，包括调整扫描参数、选择不同的成像模式等。超声探头是与动物直接接触的部分，用于发射和接收声波，不同的成像需求适用不同类型的探头。监视器用于显示超声图像，使操作人员能够实时观察和分析图像。摄影部件用于记录和存储超声图像，便于后续分析和档案管理。

4. 超声成像的应用

超声成像仪器提供了一种非侵入性、实时成像的方法，适用于多种小型实验动物，如小鼠、大鼠、兔和豚鼠。高频超声技术结合心电采集分析、超声多普勒血流测量、彩色超声及心脏B型和M型超声技术，可以实时有效地记录心动周期内心脏形态结构的动态改变和心功能，反映血压、血流量和心腔体积改变间的关系。除了进行心脏病学的研究，小动物超声成像仪器可广泛应用于腹部器官成像以及肿瘤学、发育生物学、血流动力学的研究和治疗。在进行腹部器官成像时，超声仪器可用于检查小动物的腹部器官，如肝脏、脾脏、肾脏和胰腺；在肿瘤学研究中，超声成像可以用于监测肿瘤的生长和扩散，评估抗肿瘤治疗的效果，提供肿瘤大小、形态和血流供应的信息；在发育生物学研究中，超声仪器用于观察和记录胚胎的形态发育和器官形成过程；在血流动力学研究中，利用多普勒超声技术评估血管的血流速度和方向，对于研究血管疾病和血流动力学变化具有重要价值。

(五)实验动物核素成像

1. 核素成像的概念

核素成像是一种利用放射性同位素生成活体内部图像的技术。核素成像技术涉及将放射性示踪剂（俗称同位素药物）注入动物体内，带有放射性的示踪原子进入组织后，通过测量脏器内放射性核素的分布判断病变。这种技术主要包括正电子发射断层成像（positron emission tomography，PET）和单光子发射计算机断层显像（single photon emission computed tomography，SPECT）。在PET扫描中，使用的放射性同位素会发射正电子。当正电子与电子相遇时，产生两个方向相反的γ射线。PET扫描仪检测这些γ射线，从而确定示踪剂的位置和浓度。在SPECT扫描中，使用的放射性同位素直接发射γ射线。SPECT扫描仪通过检测这些射线获得关于示踪剂分布的信息。

2. 核素成像的图像特点

核素成像为功能成像，可提供关于组织和器官功能以及代谢活动的信息。核素成像技术以其高灵敏度著称，能够检测到极低浓度的放射性标记物，实现对疾病细微变化和生物过程的早期观察。然而，核素成像也存在一些局限性，如图像分辨率不高，对解剖结构的显示相比于X线、CT、MRI等成像技术较差；核素成像技术相对复杂，影响图像质量因素较多；特异性显像剂主要显示特定的靶器官，对邻近器官的显示效果较差。但是，通过图像融合技术，核素成像与CT或MRI等解剖成像技术能够结合使用，可以同时展示解剖结构和功能活动，弥补核素成像的不足，有助于更准确地定位和评估病变。

3. 核素成像仪器组成

核素成像仪器主要包括PET和SPECT设备。PET成像利用正电子衰变原理，探测器围绕动物排列，用于捕捉由放射性药物发射的正电子与电子相撞产生的γ射线。PET设备包括高灵敏度的探测器、高性能计算机系统以及检查床。SPECT通过使用旋转探测器围绕动物体内的放射性药物进行成像，从而提供三维图像。SPECT设备包括多个γ探测器、计算机系统以及检查床。

4. 核素成像的应用

基于核素成像高灵敏度的特点，该技术在早期诊断和治疗评估中发挥重要作用，此外该技术可广泛用于功能性研究、疾病机制研究以及药物开发和评估领域。在功能性研究中，通过标记特定的生物分子，核素成像可以用于研究各种生理和病理过程，如血流动力学、氧气消耗和受体结合；在疾病机制研究中，核素成像能够在分子水平上揭示疾病的发展过程，特别是在肿瘤学、心血管疾病和神经退行性疾病的研究中，提供关于病变区域的代谢活动和生物标志物的分布信息；在药物开发和评估过程中，核素成像可用于评估药物的分布、代谢和靶向效果。这对于确定药物的有效性和副作用至关重要。

近年来，在同位素标记技术基础上发展的双标记和多标记技术、稳定性同位素标记技术、活化分析、电子显微镜技术，以及同位素与其他新技术的结合使用等技术手段帮助生物化学领域的研究从静态进入动态，从细胞水平进入分子水平，为新的研究进程助力。

三、生理及行为学实验技术

实验动物生理及行为学实验技术用于观察和量化实验动物在特定条件下的生理反应和行为表现。这包括对动物的神经系统、心血管系统、内分泌系统等多个生理系统的研究以及对动物的学习、记忆、应激反应等行为的观察和分析。这些技术包括但不限于脑电图(electroencephalogram，EEG)、心电图(electrocardiogram，ECG)、血压分析、呼吸分析、认知功能评估、情绪测试、运动能力测试、镇痛评估等。通过这些技术，研究人员能够获得关于动物健康状态、疾病模型和药物效果的重要信息。

(一)脑电监测与分析

1. 脑电监测的概念

脑电监测通过在动物头皮或直接在大脑表面放置电极记录大脑的电活动。这些电活动反映了神经元集群的同步活动，能够提供关于大脑功能状态的重要信息。脑电图波形的变化与动物的觉醒状态、睡眠周期、认知过程以及可能的神经病理变化密切相关。它不仅可以用于基础神经科学研究，如研究大脑的正常功能和睡眠机制，还可以用于疾病模型的研究，如癫痫、阿尔茨海默病和其他神经退行性疾病模型。此外，脑电监测也是评估药物对神经系统影响的重要工具，可用于药物安全性测试和药效学研究。

2. 脑电图特征

脑电图波形由大脑神经元的同步放电产生，这些波形主要包括 α 波、β 波、γ 波、θ 波、δ 波。α 波的频率为 8～12 Hz，通常在动物处于放松、闭眼但清醒的状态时出现。α 波在大脑后部区域，特别是枕叶区域更为明显。β 波的频率为 12～35 Hz，与动物的警觉和认知活动相关。β 波在动物处于积极思考、专注或焦虑状态时更为显著。γ 波的频率在 35 Hz 以上，常见于高度专注状态。在执行认知任务、学习记忆任务时，γ 波的频率和幅度可能增加。θ 波的频率为 4～8 Hz，常见于轻度睡眠或深度放松状态。在某些情况下，θ 波的增加可能与记忆形成和情感体验相关。δ 波的频率为 0.5～4 Hz，它是睡眠期间特别是深度睡眠时的主要波形。δ 波的出现通常表示大脑处于非快速眼动(non-rapid eye movement，NREM)睡眠阶段。

3. 实验动物脑电监测方法

由于不同实验动物的大脑活动频率与人类存在差异，在脑电图采集与分析上，应使用与临床不同的参数设置。例如，小鼠可能需要更高的采样频率来捕捉快速的脑电活动。实验动物脑电监测主要设备包括多导生理信号采集处理系统和生物遥测系统。多导生理信号采集处理系统可以通过在动物头部放置电极来记录脑电活动，而生物遥测系统则允许在动物自由活动时进行长期监测。根据研究需求，电极可以放置在动物头皮上或直接植入大脑。在使用多导生理信号采集处理系统时，通常在动物头部的特定位置放置电极，记录它的脑电活动。电极的连接导线将脑电信号传输到记录仪再通过计算机软件系统进行处理，这样可以获得连续的脑电图波形，并分析脑电活动的各种参数，如波形频率、幅度等。

4. 脑电图分析与解读

在分析脑电图(EEG)的过程中，首先，应总体观察脑电图的波形特征，包括波形的类型、频率和幅度。注意监测过程中出现的任何异常波形，如异常高频的快速活动(可能预示着癫痫发作)或异常慢的波动(可能与深度睡眠或某些类型的神经退行性状况相关)。其次，确定脑电图的波谱，对特定时间内的脑电波进行分析。例如，α 波的减少可能与警觉状态相关，而 θ 波的增加可能与轻度睡眠或放松状态相关。再次，分析脑电图的频率，判断波形是否有规律，波形是否异常以及波形之间的间隔情况。例如，持续的高频 β 波可能与焦虑或应激状态相关，而持续的低频 δ 波可能与深度睡眠或意识丧失相关。最后，关注脑电图中的特殊事件，如尖波或慢波，这些可能是癫痫或其他神经异常的标志。尖波通常与癫痫发作相关，而慢波可能出现在大脑受损或功能障碍的区域。

(二)心电监测与分析

1. 心电监测的概念

心电监测主要用于评估动物的心脏功能，包括心率、心律、心室和心房的电活动。心电监测通过在动物体表放置电极来捕捉心脏每次搏动时产生的电信号。心脏电活动的起始点是位于右心房的窦房结，这是一群自发产生电信号的特殊心肌细胞，被称为心脏的自然起搏器。窦房结细胞自发产生的电信号首先导致心房肌肉的收缩，随后传导至房室结，然后通过希氏束和心室的传导系统快速传播，导致心室肌肉的收缩，最后心室肌肉的电复极化标志着心脏搏动周期的结束。心脏电活动的系列过程保证了心脏有效泵血，维持生命所需的血液循环。在实验动物研究中，对心脏电活动的研究有助于理解心脏功能和疾病的基本原理。

2. 心电图特征

正常心电图由心房激动波和心室激动波两部分组成。每个心电图的心动周期包含 P 波、QRS 复合波、T 波、PR 间期、QT 间期。P 波代表心房的去极化，即心房肌肉的电激活，导致心房收缩。在 ECG 上，P 波表现为小的正向波，通常是每个心跳周期的第一个波形。QRS 复合波表示心室的去极化，即心室肌肉的电激活，导致心室收缩。它由 Q 波、R 波和 S 波组成，是 ECG 上最显著的波形，通常表现为一个较大的正向或负向波峰。T 波代表心室的复极化，即心室肌肉恢复到电静息状态。在 ECG 上，T 波通常表现为一个较小的正向波，跟在 QRS 复合波之后。PR 间期是从 P 波开始到 QRS 复合波开始的时间间隔，反映了从心房激动到心室激动的传导时间。QT 间期是从 QRS 复合波开始到 T 波结束的时间间隔，反映了整个心室去极化和复极化的过程。

3. 实验动物心电图监测方法

对于实验动物而言，心率与人类存在显著差异，为了分析不同动物的心电信号，确保准确地捕捉心率，需要使用与人类心电图不同的参数设置。一般而言，动物体型越小，心率越高，所需的采样频率也越高。

实验动物主要心电图监测设备包括：多导生理信号采集处理系统、生物遥测系统。多导生理信号采集处理系统是心电图监测的核心设备，它能够同时采集和处理来自多个电极的生理信号。此系统通常包括多个通道，每个通道对应一个电极，能够捕捉和记录心脏的电活动，提供详细的心电图数据，包括心率、心律以及各种心电图波形(如 P 波、QRS 复合波和 T 波)。多导生理信号采集处理系统对于研究心脏疾病模型、评估药物效果或进行心脏生理学研究尤为重要。生物遥测系统提供了一种无线监测动物心电图的方法，允许动物在没有物理约束的情况下自由活动。这种系统通常包括一个或多个植入或外部贴附的传感器，经传感器实时捕捉的心脏电信号，通过无线方式传输至接收器和记录设备。生物遥测系统能够在动物处于自然状态时，持续监测心脏活动，从而获得更准确、更具代表性的数据，特别适用于长期监测、行为研究以及评估药物长期效果的研究。

4. 心电图分析与解读

对心电图进行分析和解读时，首先，检查心电图上的心率，判断是否存在心动过速或心动过缓。其次，识别心电图上的异常波形。例如，出现不规则、宽波形的 QRS 复合波可能表示室性早搏(premature ventricular contractions，PVCs)，而心电图上出现的长时间无波形区域可能预示着窦房结阻滞或心房静止。再次，我们需要对 QRS 波群进行详细分析，计数特定时间内的 QRS 波群数量。频繁出现的异常 QRS 波形，如 PVCs，可能暗示室性心动过速。然后，检查心电图上 P 波和 QRS 波群的关系，确保每个 P 波后都有一个正常的 QRS 波群。P 波后紧接着的正常 QRS 波群可能表明存在传导系统的阻滞。随后，评估心电图上的心率是否规律，以及 R-R 间隔(即两个连续 R 波之间的间隔)是否一致。最后，仔细分析 P-QRS-T 复合波。这一复合波通常以 P 波开始，紧接着是 QRS 复合波，最后是 T 波。这种波形序列反映了正常的窦性心律。心率过快表示窦性心律过速，过慢则表示窦性心律过缓，不规则则可能是窦性心律不齐。

(三)血压测量与分析

1. 血压测量的概念

血压测量是测定血液在血管中流动时对血管壁施加的压力。它通常包括收缩压(心脏收缩时的最高压力)和舒张压(心脏舒张时的最低压力)。血压测量在心血管疾病、药物开发、毒理学评估以及生理学等领域的研究中尤为重要。

2. 实验动物血压测量方法

实验动物血压测量方法包括直接测量法和间接测量法。直接测量法需要将压力传感器或导管直接插入动物血管内，准确测量血压，可通过生理记录仪或生物遥测技术实现。使用生理记录仪进行直接测量时，通常在动物麻醉后，将导管或传感器植入主要动脉(如颈动脉或股动脉)，通过导管连接的生理记录仪实时记录血压数据。生理遥测技术需要在动物体内植入一个小型压力传感器，将血压数据通过无线方式传输到外部接收器。该技术减少了对动物的干扰，允许在动物自由活动状态下进行血压数据采集，适用于长期连续监测血压。

间接测量法是一种非侵入性的血压测量方法，涉及使用尾部血压计或足底血压计。这种方法通常将一个充气的袖带围绕动物的尾部或肢体，然后逐渐放气并使用多普勒超声或光电容积描记法检测血流。间接测量法适用于对动物干扰较小的情况，特别是在需要进行长期或重复测量的研究中。

(四)呼吸检测与分析

1. 呼吸检测概念

呼吸是生物体与外界环境之间进行气体交换的生理过程，包括外呼吸、气体运输、内呼吸。外呼吸主要包括肺部的通气和换气过程。肺通气是指空气进入和离开肺部的过程，而肺换气则是指在肺泡中氧气和二氧化碳的交换。气体运输包括氧气从肺泡被运输到血液中，随后通过血液循环传输到全身各个组织和器官。同时，二氧化碳从组织转移到血液中，再被运回肺部以便排出体外。内呼吸指的是组织细胞与血液间的气体交换及细胞内的氧化代谢。正常呼吸过程中每次吸入和呼出的气体量称为潮气量。最大吸气后所能进行的最大呼气量称为肺活量。呼吸模式是指呼吸的节律和深度。监测呼吸模式有助于识别异常呼吸，如浅呼吸、深呼吸或不规则呼吸。

2. 实验动物呼吸检测方法

呼吸肌的肌电图记录是一种直接且精确的呼吸测量方法，不仅能够提供实时的呼吸频率信息，还能够量化特定呼吸周期的不同阶段及其呼吸量。该方法通过在呼吸肌上放置电极，捕捉肌肉收缩的电信号，从而评估呼吸肌的活动模式和功能。此外，还包括通过气管插管、鼻内插管或面罩的侵入式检测法，以及通过呼吸感应体积描记法或者遥测系统进行长期连续的呼吸监测。

3. 实验动物肺功能检测方法

肺功能监测对于呼吸系统疾病的诊断、肺部健康和功能评估、药物和治疗效果评估、生理学和病理学研究具有重要意义。实验动物肺功能检测方法主要包括无创体积描记法和有创体积描记法。无创体积描记法又可分为整体体积描记法和双室体积描记法。整体体积描记法需要将动物置于密闭室内，通过监测室内气压（压力型体积描记法）或气流（流量型体积描记法）的变化测量动物的呼吸。不同于整体体积描记法，双室体积描记法需要将动物放置在一个分为两部分的密闭室内，这种方法可以分别测量胸腔和腹部的运动，能够更精确地测量呼吸参数。有创体积描记法通常需要在动物的气管或肺部直接放置传感器。这种方法可以提供非常精确的肺功能数据，包括气体交换率、肺容量和气道阻力。由于其具有侵入性，这种方法通常在动物麻醉状态下进行，需要考虑手术相关的风险。

现有专用的实验动物肺功能检测仪器可自动检测并实时分析肺功能生理参数，可应用于小鼠、大鼠、豚鼠以及其他大型动物。在几分钟内即可测量动物用力呼气量、肺总量、用力肺活量、最大呼气流量、准静态压力容积曲线、功能残气量等指标。

（五）行为学实验方法

实验动物行为学是一门关注动物在特定条件下行为表现的学科，通过系统观察、记录和分析动物行为，旨在深入了解动物的生态、生理和心理特征。实验动物行为学的研究领域包括学习与记忆、情绪、运动、社会行为、生物节律等多个方面。学习与记忆研究探讨了动物如何获取新知识、改变行为方式或保持特定行为的能力，这有助于理解认知过程。情绪研究关注抑郁、焦虑、恐惧等情感，通过观察行为反应了解动物的情感状态。运动行为研究着眼于动物的运动表现，包括自发活动、攻击、防御和生物节律等。社会行为研究则关注动物在群体中的互动，包括社交行为、利己行为和等级行为等。

1. 学习记忆行为学实验

研究学习记忆行为学不仅能揭示动物和人类如何通过与环境的互动获得和保持新技能、知识和经验，还对理解大脑的工作机制和治疗相关疾病提供了关键依据。通过研究学习和记忆过程，我们能够加深对认知功能的理解，包括信息的获取、存储、回忆和使用。同时，通过观察动物的自然行为和反应，可以探究神经系统如何响应环境变化，并对学习经验进行编码和巩固。此外，研究动物的学习记忆过程为理解和治疗人类的记忆障碍（如阿尔茨海默病）提供了治疗策略和药物开发的基础。

学习记忆行为学实验的研究方法包括但不限于经典条件范式、操作性条件范式、空间学习和记忆、社会学习范式、认知任务。

（1）经典条件范式

①条件性恐惧测试（fear conditioning test）：动物学习将一个原本中性的刺激（如声音）与一个负性刺激（如电击）联系起来，导致恐惧反应。

②条件性味觉厌恶（conditioned taste aversion，CTA）：动物在尝到特定味道后经历不适，随后学会避免尝试这种味道。

（2）操作性条件范式

①正强化：动物通过执行特定行为（如按杆）来获得奖励（如食物）。

②负强化：动物通过执行特定行为来避免不愉快的刺激（如轻微电击）。

③消极性避免：动物学会执行特定行为以避免预期的负性刺激。

该部分范式可通过斯金纳箱（Skinner box）进行测试。

（3）空间学习和记忆

①莫里斯水迷宫（morris water maze，MWM）：用来测试动物空间学习和记忆能力的任务，动物需要记住隐藏平台的位置。

②巴恩斯迷宫（barnes maze）：与莫里斯水迷宫测试相似，用来测试动物空间学习记忆任务，动物需要记住避难所出口位置，但是动物不需要承受水压力。

③放射型迷宫（radial maze）：空间学习测试，动物需要学习和记忆迷宫的路线找到出口。

(4)社会学习范式

①观察学习:动物通过观察其他动物的行为来学习。

②社会传递:在动物群体中,特定行为或信息通过社交互动被传播和学习。

(5)认知任务

①新物体识别测试(novel object recognition test, NORT):测试动物对新旧物体的辨别能力。

②延迟非匹配任务(delayed non-match to sample, DNMS):评估动物的工作记忆,要求动物记住短期内展示的对象。

2. 情绪测试行为学实验

情绪行为是指由个体的情绪状态驱动的行为表现,它涉及个体对内部情感状态的反应以及对外部刺激的情绪反应。由于动物难以用语言表达情绪,研究人员主要通过系列的行为学实验测试动物的情绪状态,这对于理解动物福利、研究心理疾病的动物模型以及测试药物的影响等方面至关重要。这些评估方法涵盖了抑郁、焦虑和恐惧等不同类型的情绪行为。

(1)抑郁行为的评估方法

①习得性无助(learned helplessness):动物经历不可控的负性事件后,表现出无助行为,如被动接受而不是尝试逃避。

②强迫游泳测试(forced swimming test, FST):动物被放置在水中,评估其放弃挣扎和游泳的时间,作为抑郁行为的指标。

③悬尾测试(tail suspension test, TST):通过悬挂动物的尾部并记录其放弃挣扎的时间来评估抑郁状况。

④糖水偏好测试(sucrose preference test, SPT):评估动物对糖水的偏好,糖水偏好降低通常与抑郁状况相关。

⑤新物体识别测试(novel object recognition test, NORT):评估动物对新奇物体的兴趣和探索行为,对新奇物体探索的减少可能反映抑郁症状。

(2)焦虑行为的评估方法

①高架十字迷宫(elevated plus maze, EPM):通过观察动物在开放臂与封闭臂间的活动,评估其焦虑水平。

②旷场实验(open field test, OFT):通过观察动物在旷场内的活动范围和速度,评估动物的焦虑水平。

③明暗箱(light-dark box, LDB):评估动物在明亮与黑暗区域间的活动,对明亮区域的探索很少可能指示焦虑。

④新奇环境摄食抑制测试(novelty suppressed feeding test, NSFT):观察动物在新环境中摄食行为的变化,摄食行为的抑制可能指示焦虑。

⑤饮水冲突实验(vogel test):通过设置获取水源的障碍,评估动物的焦虑水平。

(3)恐惧行为的评估方法

①穿梭箱实验(shuttle box):通过电击等刺激,评估动物的逃避和恐惧反应。

②场景恐惧实验(contextual fear conditioning):属于条件性恐惧测试的一种,结合环境线索与负性刺激,评估动物对特定场景的恐惧反应。

③跳台实验(step-down test):通过将动物放置在高台上,评估其对高度的恐惧反应。

3. 运动功能评估实验

在实验动物行为学中,运动功能测试是评估动物健康和神经系统完整性的关键部分。这些测试不仅揭示了动物的基本运动能力,还对理解神经退行性疾病的机制和发展治疗策略具有重要意义。常用的运动功能评估实验包括以下内容。

(1)一般运动行为学评价　旷场实验(open field test，OFT)：该实验通过观察动物在一个没有限制的开放区域内的活动模式来评估其基本的运动能力和活跃度。

(2)协调运动评价

①转棒实验(rotarod test)：啮齿类动物的协调运动功能可以通过转棒实验进行评估。在这个实验中，动物需要在旋转的棒上保持平衡，用它在棒上持续的时间长短来评估其运动协调能力和抵抗疲劳的能力。

②平衡木实验(beam walking test)：这一实验是测试啮齿类动物平衡和协调能力的有效方法。动物在平衡木上的表现可以反映其感觉运动功能，尤其在运动皮层损伤或脑损伤后的变化。

(3)肌力评价　爪抓力实验(grip strength test)：通过测量啮齿类动物的抓握力，客观量化其肌力。这一测试对于评估药物、毒素或神经损伤对肌肉功能的影响具有重要意义。

(4)耐力行为学评价　跑步机实验(treadmill test)：通过让动物在跑步机上运动，可以评估其耐力和长期运动能力。跑步机实验对于研究心脑血管药物、体内物质缺乏或毒性对运动能力的影响等方面具有重要意义。

(5)精细运动能力评估

①运动协调性测试：通过追踪动物的精细运动，如肢体操作、爪子的灵活性，评估其协调性和精确性。

②精细动作技能测试：测试动物在进行精细运动技能任务时的表现，例如抓取、操纵小物体等。

4. *疼痛行为评估方法*

疼痛行为的评估在实验动物行为学中占有重要地位，特别是在开发和筛选新型镇痛药物的研究中。对动物模型中的疼痛行为进行准确评估，是理解疼痛机制并开发有效治疗方法的关键。以下是几种常用的疼痛行为评估实验方法。

(1)Von Frey 实验(Von Frey test)　主要用于评估皮肤触觉和痛觉阈值。在实验中，根据需要选择合适的尼龙丝，调整伸出长度，垂直于动物皮肤施加刺激，直到尼龙丝弯曲，以此来确定痛觉阈值。

(2)热板实验(hot plate test)　基于动物在一定程度的热刺激下产生的身体反应或保护性反射行为，评估动物对急性热痛的反应，如肢体回缩行为。

(3)哈格里夫斯实验(Hargreaves test)　使用红外光源对动物足底进行热痛刺激，测量啮齿类动物后爪或尾部对辐射热刺激的痛觉阈值。动物缩回受测爪时，仪器自动记录红外光强度和动物的热耐受时间。

(4)压痛仪测试(Randall-Selitto test)　将动物放入固定器中固定，对尾部后 1/3 处施加逐渐增加的压力，测定动物对压痛刺激的反应。记录动物出现缩尾、鸣叫或挣扎等疼痛反应时的压力。

5. *大动物行为学实验方法*

实验动物行为学在医学领域尤其在疾病诊断和健康评估中发挥着重要作用。基于大动物在体型和生理特征与小型动物的差异，行为学评估方法与小型动物如啮齿类动物有所不同。随着技术的发展，数字科学技术如红外摄像头和触屏测试设备在大动物行为学评估中的应用越来越广泛。这些技术不仅提高了数据收集的准确性和效率，还为研究人员更深入的洞察提供了便利，使他们可以更好地理解大动物的行为模式和认知功能。

在非人灵长类动物的运动行为评估中，通过红外摄像头、视频软件记录和分析动物的昼夜活动模式、运动及静止时间等。在认知行为的评价中常使用触屏测试，动物通过触摸屏与计算机联机，完成系列模块化测试。这包括强化认知、空间记忆、选择序列反应时测试和成对结合学习等。

第七节 实验动物外科技术及术后护理

实验动物外科技术及术后护理涉及在实验动物身上进行外科手术的技术和手术后的护理管理。实验动物外科技术涵盖各种外科手术,如器官切除、组织移植以及设备或传感器植入等。这些手术通常用于建立疾病模型、研究生理过程或评估药物和治疗方法的效果。术后护理指的是手术后对动物的护理和监测,包括疼痛管理、伤口护理、营养支持等内容。良好的术后护理对于动物的快速恢复和福利健康具有重要意义。

实验动物外科技术及术后护理对于实验动物的健康和福利、实验数据的准确性和可靠性,以及科学研究的伦理性具有重要意义。恰当的外科技术可以减少实验动物的痛苦,提高手术成功率;有效的术后护理有助于实验动物快速恢复,减少实验结果的变异性。此外,这些技术和管理措施符合伦理和法规要求,确保实验动物得到适当的护理和尊重。

一、常见外科技术

(一)术前准备

1. 动物准备

常见实验动物外科技术的术前动物准备包括健康评估、禁食、水分管理、麻醉准备和毛发剃除等。首先,对动物进行全面的健康检查,包括体重、体温、心率、呼吸频率等基本生理参数,评估健康风险。其次,根据手术类型评估动物是否需要手术前禁食以降低术中呕吐风险。再次,根据动物种类、体重、年龄和健康状况,确定麻醉剂和剂量,准备麻醉前给药和监测设备。然后,根据需要给予适当的镇静剂、镇痛剂或预防性抗生素。最后,选择合适的动物固定方式使动物处于正确体位,最大程度暴露手术部位,剃除手术区域的毛发,并清洁皮肤,减少术中感染的风险。

2. 器械准备

常用手术器械包括基础外科手术器械、眼科手术器械、显微外科手术器械等。基础外科手术器械包括手术刀、手术剪、手术镊、血管钳、持针器、拉钩、缝针和缝线等。在进行实验动物外科手术前,手术器械需要彻底清洗和消毒。术前手术器械常用杀菌消毒方法包括高压蒸汽灭菌法、干热灭菌法、化学消毒法、环氧乙烷灭菌法、等离子体灭菌法。每种杀菌消毒方法都有适用范围和限制,需要根据器械的材质和耐受性选择具体方法,同时应使用灭菌指示剂标识材料的灭菌处理过程。此外,手术前需要对所有器械进行检查,对器械分类并依次摆放,准备备用器械和特殊器械,如保温垫、显微外科器械、电凝器或吸引器等。

3. 试剂药品准备

为防止长时间手术过程中动物脱水,需要给术中动物进行静脉补液。开创手术中,组织器官长时间暴露易导致表面水分流失,需准备生理盐水保持表面湿润状态。手术过程中涉及污染创口(如胃肠手术),需要大量生理盐水缓慢冲洗防止污染物进入其他组织。如手术过程中可能涉及追加麻醉的情况,需额外准备一定量的麻醉剂。此外,研究人员还需要准备调节血压、心率的药物,应对手术中可能的突发情况。

4. 环境准备

实验动物手术前的环境准备包括手术室清洗消毒、空气消毒、手术设备和检测仪器设备准备等。手术室清洗消毒应包括地面、墙壁、手术台及其他工作台。使用合适的消毒剂清洗所有表面,消除细菌和病毒。空气消毒可以通过空气过滤系统或消毒剂实现,应最大限度保证空气的洁净度,确保手术室内空气质量，减少空气传播的微生物，降低感染风险。手术前需要确保所有手术设备和检测仪器已准备妥当。基本设备包括恒温箱、离心机、天平、冰箱等；专用设备包括手术台、手术显微镜、无影灯、麻醉台和吸引器等。另外，根据需要配备测温计、心电图机、多导生理仪等监测设备，以便在手术过程中实时监控动物的生理状态。最后，手术环境应保持安静、温暖，并适当调节光线，减少动物的应激反应。

（二）手术切开、分离与止血

1. 组织切开方法

在实验动物外科手术中，组织切开是一项基本且关键的操作，其执行方式直接影响手术进行和动物福利。每种切开方法都有其特定的适用情况和优势。应结合手术目的、目标组织的类型和位置以及动物的具体情况，选择合适的切开方法。常用的组织切开方法包括以下几种。

（1）直线切口　最常见的切开方法通常使用手术刀沿直线进行切割。这种方法适用于多数手术，如皮肤切开或探查内部器官。

（2）曲线或弧形切口　需要避开重要解剖结构或提供更好的手术视野时，采用曲线或弧形切口。这种切法有助于减少对周围重要组织的损伤。

（3）层次性切开　逐层切开组织，从皮肤逐步深入到皮下组织、肌肉层等。这种方法可以精确控制切开深度，减少不必要的损伤。

（4）Z形切口　用于需要增加切口闭合时，皮肤弹性或避免切口张力过大的情况。Z形切口可以改善术后愈合并减少疤痕形成。

（5）电刀切开　使用电刀切开组织的同时，具有止血效果，适用于血管丰富的区域或需要快速止血的情况。

2. 组织切开注意事项

在切开操作前，必须充分了解动物的解剖结构，确保切口位置准确，避免不必要的组织损伤。切口应尽可能小且精确，根据手术需求决定切口的长度和深度，避免切割过深或过浅。在切开过程中应采取适当措施控制出血，如使用止血钳或电凝技术。为避免交叉感染，不应使用同一器械在不同动物之间操作。在切开和操作过程中，尽量减少对周围健康组织的损伤。遵循这些注意事项有助于提高手术成功率，减轻动物痛苦、缩短术后恢复时间，同时也是维护实验动物福利的重要措施。

3. 组织分离方法

组织分离涉及将不同的组织结构分开，便于进行手术操作或病理分析。分离方法的选择取决于手术目的、组织类型和位置，应以动物的具体情况而定。正确的组织分离技术对于手术成功、减轻动物痛苦和加快术后恢复至关重要。以下是实验动物外科手术中常用的组织分离方法。

（1）锐性分离　使用锋利的手术刀或剪刀进行切割，适用于需要精确切除或分离的组织。这种方法要求高度精准和控制，避免不必要的损伤。

（2）钝性分离　使用钝器（如钝头剪刀或分离钳）通过轻轻推动和分开组织进行分离。这种方法适用于敏感区域或需要保护周围组织的情况。

（3）组织牵引　通过钳子轻轻牵拉组织的方式暴露手术区域或分离粘连组织。这种方法需要小心操作，避免过度牵拉导致组织损伤。

（4）电凝分离　使用电凝器进行组织分离的同时实现止血。这种方法适用于血管丰富的区域，可以减少手术中的出血。

（5）吸引分离　在某些情况下，需要使用吸引器辅助分离，特别是在涉及液体或软组织的手术中。

4. 组织分离注意事项

在进行组织分离前，必须深入了解动物的解剖结构，有助于识别和保护重要的血管、神经和周围组织。分离组织的操作应温和且精确，避免过度牵拉或压迫，减少组织的损伤、出血，减轻动物疼痛。如果出现出血，应立即使用止血钳或电凝等方法采取措施进行止血。此外，应选择合适的手术器械进行组织分离，如使用锋利的解剖剪和钳子，提高操作的精确性和效率。在手术过程中，保持手术区域视野清晰，必要时使用吸引器清除血液和体液，确保操作准确。

5. 常用止血方法

实验动物外科手术中，有效的止血方法是确保手术安全和减轻动物痛苦的关键。选择合适的止血方法取决于出血程度、手术区域和动物的具体情况。以下是实验动物外科手术中常用的止血方法。

(1)机械止血　使用止血钳夹闭小的血管是最常见的止血方法。

(2)电凝止血　通过电凝器产生的高频电流凝固血管和组织，达到止血效果。这种方法适用于中等大小的血管，特别是在难以接近的区域。

(3)化学止血　使用止血剂，如凝血酶或凝血海绵，促进血液凝固并封闭小的血管。这些物质在接触血液时能迅速形成凝块，帮助止血。

(4)压迫止血　对于表面性出血或较小的出血点，可以通过直接按压伤口来控制出血。这种方法通常会用到止血海绵、无菌纱布或压迫带。

(5)缝合止血　某些情况下，对于较大血管，可以直接使用缝合线对出血点进行缝合，控制出血。

(6)冷冻止血　在特定情况下，可以使用冷冻技术(如液氮)来冷冻组织，从而减少出血。

(三)缝合、打结、拆线

1. 常用缝合种类与方法

正确的缝合技术对于促进伤口愈合、减少感染风险和保障动物福利至关重要。选择合适的缝合种类和方法取决于伤口类型、位置和愈合需求。以下是实验动物外科手术中常用的缝合种类与方法。

(1)单纯缝合法　包括单纯间断缝合、连续缝合、连续锁边缝合、8 字缝合、贯穿缝合等。适用于皮肤、皮下组织、肌肉、腱膜等。单纯间断缝合(结节缝合)是最基本的方法，每缝合一针便单独打结，操作简单但耗时；连续缝合法更快捷且节省缝合线，但存在断线的风险；连续锁边缝合法适用于胃肠道缝合，缝合严密但时间长。

(2)内翻缝合法　包括垂直褥式内翻缝合、连续水平褥式内翻缝合、连续全层水平褥式内翻缝合、荷包缝合法等。常用于胃肠道、子宫、膀胱等空腔器官的缝合。这类缝合方法可以使创缘部分组织内翻，外观光滑，减少感染的风险。

(3)外翻缝合法　包括间断水平褥式外翻缝合、间断垂直褥式外翻缝合、连续水平褥式外翻缝合等。适用于血管吻合、腹膜缝合等。这类缝合方法缝合后切口外翻，内面光滑，减少皮缘内卷，提高愈合效果。

(4)减张缝合法　适用于腹壁等部位。这种缝合方法使用较粗的丝线，跨越较大的创口区域，减少切口张力，防止术后裂开。

2. 缝合注意事项

缝合前应彻底止血，清除缝口血凝块和游离组织。缝合时应根据伤口类型和位置选择合适的缝合线。皮肤和外部组织可以使用不可吸收材料；内部组织更适合使用可吸收材料。在缝合过程中，应保持无菌，使用无菌手术器械和手套，防止术中感染。缝合时应避免过度紧张，以免导致组织坏死或缝合线断裂。缝合应足够闭合伤口，但不要过度压迫组织。另外，应正确处理缝合线的末端，避免留下过长的线尾导致动物不适或自我啃咬。

3. 常用打结方法

正确的打结方式对于缝合的稳固性和伤口的有效愈合至关重要。选择合适的打结类型取决于手术的具体需求、伤口类型和位置，以及缝合线的材质。以下是实验动物外科手术中常用的几种打结类型。

(1)方结　最基本且常用的打结类型，适用于大多数外科缝合。方结通过两次相反方向的简单过结来完成，具有良好的稳定性和安全性(图 4-5A)。

(2)三叠结　由三个单结组成，其中第二个单结方向与第一、三个单结的方向相反，用于有张力的部位缝合和大血管的结扎(图 4-5B)。

(3)外科结 与方结类似,但在第一次过结时多缠绕一圈,增加结的稳定性,特别适用于张力较大的伤口或滑腻的缝合线(图 4-5C)。

(4)滑结 用于需要调整缝合线张力的情况。滑结可以在固定之前调整紧密度,然后通过额外的过结来固定(图 4-5D)。

图 4-5 外科技术常用打结类型

在实验动物外科手术中,常用打结手法包括单手打结法、双手打结法和器械打结法。单手打结法操作迅速,适合急需快速结扎的情况,操作相对简单,易于在狭小或视野受限的区域执行。通常消耗的缝合线较少,但有时难以保证结的均匀和稳定性,如果操作不当,容易形成滑结,影响结的稳定性和安全性。双手打结法通过双手协作可以更精确地控制力度,使结更稳定。适用于需要精细操作的深部或张力较大的组织结扎。与单手打结法相比,双手打结法操作速度较慢,通常会消耗更多的缝合线。器械打结法适用于难以手动打结的情况,如线头过短或深部组织结扎等情况。使用器械能够准确地控制结的形成,增强结的稳定性。但与手动打结相比,器械打结法步骤更复杂,需要更多操作技巧。

4. 剪线、拆线正确方法

剪线和拆线是术后护理的重要环节,正确的操作对于保障动物福利和促进伤口愈合至关重要。以下是实验动物外科手术中剪线和拆线的方法。

(1)剪线方法 剪线时,应使用专用的外科剪刀,在扣结处使用剪刀稍向上倾斜剪断缝合线,确保剪线干净、整齐。对于内部缝合使用的可吸收线,通常不需要剪线,线头会随着时间自然吸收。

(2)拆线方法 拆线通常在伤口充分愈合后进行,拆线时间取决于伤口的类型和愈合速度。在拆线前,首先应先检查伤口是否完全愈合。其次,使用专用的拆线钳轻轻夹住线头,逐一从伤口中拆开线的每个环。最后,逐渐把线从伤口中抽出,确保每个环都被完全移除。在拆线过程中,应避免对新愈合的伤口造成不必要的牵拉或压迫。对于使用可吸收线的情况,不需要拆线,但仍需定期检查伤口愈合情况。

(四)引流

1. 引流主要方式

在实验动物外科手术中,正确的引流方式可以有效减少术后并发症,加快伤口愈合,减少动物不适。选择合适的引流方式取决于手术的类型、动物的大小和伤口特点。以下是实验动物外科手术中常用的引流方式。

(1)被动引流 利用重力和毛细作用引导液体从伤口排出。常见的被动引流方式包括开放引流,即在伤口处留有小的开口,让液体自然排出。

(2)主动引流 使用外部设备,如负压引流系统,主动抽取伤口内液体。这种方式适用于大型动物或大手术,它能够有效地控制伤口内的液体积聚。

(3)管状引流 在伤口内放置一根引流管,将液体导出体外。引流管通常在手术结束时放置,在伤口开始愈合后移除。

(4)纱布引流　使用纱布条作为引流材料，放在伤口内部，通过毛细作用吸收和引流液体。纱布引流适用于小型动物或小切口。

(5)穿刺引流　在特定情况下，如积液或血肿形成时，可以通过穿刺引流去除积聚的液体。

2. 引流注意事项

引流过程必须保证无菌操作，使用无菌手套和工具，防止感染。引流管或引流条应正确放置于伤口适当位置，确保有效引流。同时应避免引流管过度压迫周围组织，造成额外损伤。此外，需要定期检查引流管是否通畅，避免堵塞，确保引流效果，同时检查引流液的量和性质(如颜色、气味、质地)，评估伤口愈合情况和感染风险。最后，还应确保引流设备不会给动物带来额外的不适，防止动物啃咬或抓挠引流管。一旦伤口开始愈合，积液减少，应及时移除引流设备，减少感染风险和促进伤口愈合。

二、术后护理

(一)术后护理的目的

术后护理是确保动物快速恢复和减少术后并发症的关键环节。术后护理需要综合考虑疼痛管理、感染控制、营养支持和行为监测。减轻动物术后疼痛是术后护理的首要目的。适当的疼痛控制不仅提高动物福利，还有助于加快恢复过程。在麻醉复苏期间，动物应放置在干爽、整洁、舒适的场所中，便于工作人员随时观察。应特别注意麻醉复苏过程中的体温调节、心血管系统和呼吸系统功能、电解质和水的平衡，以及术后的疼痛或不安处理。在伤口愈合的过程中，应及时处理任何感染迹象，防止感染的发生和扩散，确保伤口正常愈合，减少疤痕形成和组织损伤。提供适当的营养和水分，以支持动物的恢复和身体需求。此外，还应确保动物舒适，必要时使用伊利莎白圈或其他保护措施，防止动物舔咬伤口。最后，观察动物的行为和活动水平，评估恢复进度和动物福利，以便及时调整治疗方案。

(二)术后护理内容

1. 麻醉复苏期间的护理

在实验动物外科手术后，麻醉复苏期是一个关键阶段，麻醉复苏期间的主要护理包括监测生命体征、维持动物体温、观察意识状态、疼痛管理、防止自我伤害、水分和营养支持、伤口护理等。监测生命体征包括定期检查动物的心率、呼吸频率和体温。由于手术和麻醉可能导致动物体温下降，因此麻醉复苏期间需要使用加热垫或保温毯来维持动物的正常体温。麻醉复苏期间可能需要提供适当的镇痛药物，减轻术后疼痛，同时应采取适当的措施防止动物在麻醉复苏期可能的自我伤害。此外，需要持续观察动物从麻醉中苏醒的过程，直至恢复意识水平和运动能力。

2. 麻醉复苏期间的潜在危险与护理

在实验动物外科手术后的麻醉复苏期，动物可能面临多种危险，因此需要特别的护理和关注。以下是复苏期间可能的危险及相应的护理措施。

(1)低体温

①危险：麻醉可能导致体温调节机制受损，使动物体温下降。

②护理：使用加热垫、保温毯或红外灯等设备维持体温。

(2)呼吸抑制

①危险：麻醉药物可能导致呼吸抑制。

②护理：监测呼吸频率和深度，必要时提供氧气支持。

(3)呕吐

①危险：麻醉可能导致动物呕吐而引起窒息或吸入性肺炎。

②护理：麻醉或手术前实验动物应禁食、禁水(除特殊情况外，大鼠、小鼠和兔的实验不需要提前禁食、禁水)。必要时，可进行气管插管。

(4)意识和运动能力恢复缓慢

①危险:动物可能因麻醉药物作用导致意识恢复缓慢。

②护理:让动物在温暖、舒适的环境中安静休息,避免打扰。

(5)疼痛和不适

①危险:手术可能引起疼痛和不适。

②护理:提供适当的镇痛药物,定期评估疼痛程度。

(6)自我伤害

①危险:复苏期间的动物可能因不适而试图啃咬伤口。

②护理:使用伊利莎白圈或其他保护设备,防止动物接触伤口。

3. 麻醉复苏后的护理

麻醉复苏后的护理对于预防并发症、促进伤口愈合和保障动物福利至关重要。适当的护理措施可以显著提高动物的恢复速度和生活质量。以下是麻醉复苏后的主要护理内容。

(1)持续监测生命体征　即使动物已从麻醉中完全苏醒,也需继续监测其心率、呼吸频率和体温,确保一切正常。

(2)伤口护理　定期检查手术伤口,观察有无红肿、渗液或其他感染迹象。保持伤口干燥和清洁,避免污染。

(3)疼痛管理　根据动物的行为和生理指标评估疼痛程度,并根据需要继续提供镇痛药物。

(4)饮食和水分补充　鼓励动物进食和饮水。提供易于消化的食物,确保充足的水分供应。

(5)限制活动　根据手术的性质,可能需要限制动物的活动,防止伤口撕裂或延迟愈合。

(6)环境舒适　保持动物所在环境的舒适性,如适宜的温度、充足的休息空间和减少噪声干扰。如有必要,部分手术后动物需要单笼饲养。

(7)行为观察　观察动物的行为变化,如食欲、活动水平和休息方式,评估其恢复情况。

(8)记录和评估　记录所有护理措施和动物的反应,定期评估恢复进度,必要时调整治疗方案。

第八节　实验动物采血和体液采集方法

在实验动物研究中,采集血液和体液是获取关于实验动物健康状况、生理反应和疾病机制等重要信息的关键手段。血液和体液样本可用于测定各种生理和生化指标,如血细胞计数、酶活性、荷尔蒙水平和代谢产物。这些数据对于评估动物的健康状态和生理反应至关重要。在药物研发和毒理学研究中,通过分析血液和体液中的药物浓度,可以了解药物的吸收、分布、代谢和排泄情况。血液和体液样本还可用于疾病标志物的检测,有助于疾病的早期诊断、病理机制研究和治疗效果评估。此外,通过分析血液中的免疫细胞和体液中的抗体,可以研究动物的免疫反应和免疫调节机制。

一、采血的一般性原则

①采血体积和频率的选择决定于体循环中的血液体积和红细胞更新率。过量采血可导致低血容量性休克(hypovolemic shock)、生理应激,甚至死亡。

②为了动物健康考虑,采血体积应该是推荐最大体积的下限。最大采血体积是针对正常健康动物制定的。

③单次采集。假如不补充体液，单次采集血液的最大体积约是血液总体积的 10%，即 7.7～8 μL/g。以 25 g 小鼠为例，为 193～200 μL。假如补充液体，单次采集的最大体积约是血液总体积的 15%，即 12 μL/g。以 25 g 小鼠为例，约为 300 μL。一般补充体液应该是预热后通过皮下给予。

④多次采集。假如实验需要多次收集血液，那么应该最小化采血体积。每周最大采血体积不超过血液总体积的 7.5%，即 6 μL/g。以 25 g 小鼠为例，每周为 145～150 μL。假如是每 2 周采血一次，最大采血体积不超过血液总体积的 10%，即 8 μL/g。以 25 g 小鼠为例，每 2 周约为 200 μL。不允许通过增加总体液的方法收集更多血液。

⑤放血法。采用放血法收集血液，可以收集血液总体积的 1/2 左右，即 40 μL/g。以 25 g 小鼠为例，每只约为 1 mL。

⑥小鼠常用的采血方法有尾静脉采血、眼眶后静脉丛采血、颌下静脉采血、心脏采血、后肢小隐静脉采血、尾尖采血、腹主动脉采血等(图 4-6)。

⑦眼眶后静脉丛采血、心脏采血需在麻醉后进行。假如是终末期采血，心脏采血也可以在安乐死后立即执行。

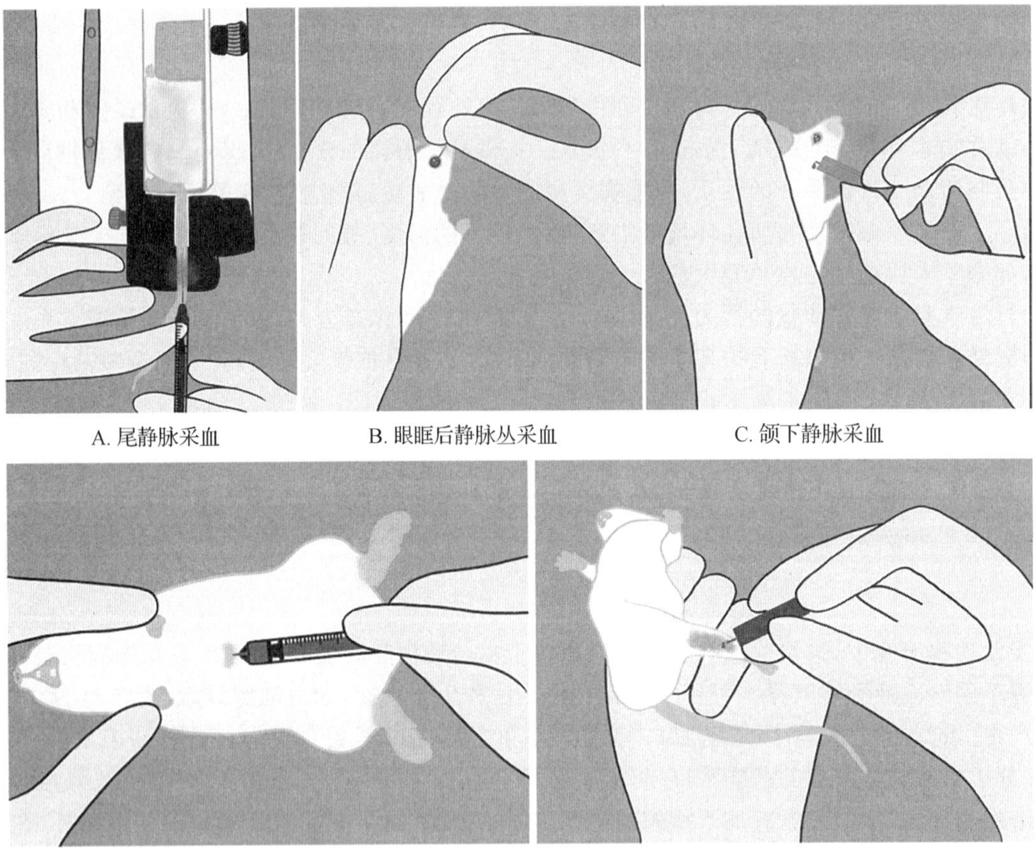

A. 尾静脉采血　B. 眼眶后静脉丛采血　C. 颌下静脉采血

D. 心脏采血　E. 后肢小隐静脉采血

图 4-6　小鼠常见采血方法示意

二、实验动物采血方法

在研究中，实验动物常规的采血方法包括尾静脉采血、心脏穿刺采血、颈静脉或颈总动脉采血、耳缘静脉采血、足底静脉采血等。每种采血方法都有其适用的动物种类、优点和局限性。选择合适的采血方法时，我们需要考虑动物的大小、所需血液量和动物福利。无论采用哪种方法，实验人员都应确保操作的准确性和温和性，减轻动物的压力。常用动物的采血部位与采血量可参考表4-4。

(一)尾静脉采血

1. 采血方法

尾静脉采血是一种常用于小型啮齿类动物的采血方法。尾静脉通常位于尾巴的侧面和底部，在光线条件良好的情况下，可以看到静脉呈深色线条沿尾巴延伸。在采血前，操作者应确保动物处于安静和放松的状态。用乙醇棉球擦拭动物的尾部消毒提高可见性，减少感染的风险。通常直接用消毒后的剪刀快速剪断尾尖5 mm左右，可观察到有明显的血液流出，此法用于检测实验动物的血糖值。有时需要从动物尾根部轻轻挤压尾巴，将血液挤出。在操作时，应避免大力挤压尾巴，防止将组织液挤出或导致溶血。必要时可轻微加热尾部以促进血管扩张，这样更容易辨认静脉方便操作。另一种方法是使用适当大小的注射针(通常为25～27 G)进行穿刺。穿刺时注射针应与尾巴表面呈约30°角，轻轻插入静脉。一旦针头进入静脉，轻轻拉动注射器的柱塞收集血液。在收集的过程中，操作者应避免使用过大的力量，以免损伤静脉或导致红细胞破裂而溶血。采血后，立即用干棉球或纱布轻压穿刺点止血。

2. 优缺点

尾静脉采血是一种相对简单的方法，适用于需要小量血液样本的情况。尾静脉采血的主要优点包括可重复采血、操作简便、恢复快速。这种采血方法对动物的压力较小，不需要复杂的设备或高度专业的技术。通常不需要特别的术后护理。

尾静脉采血的主要缺点包括采血的血液体积受限，每次只能采集少量血液，不适合需要大量血液的实验。其次需要操作者具有一定的技巧和经验，不正确的操作可能导致尾部组织损伤或血管炎症，还易导致溶血，影响实验结果。

(二)眼眶后静脉丛采血

1. 采血方法

采用眼眶后静脉丛采血法时，我们需要确保采血操作符合动物福利要求，尽可能减轻动物疼痛，减少不适。首先，采血前确保动物处于镇静或麻醉状态，异氟烷气体有麻醉时间短，苏醒快等特点，特别适合眼眶后静脉丛采血前麻醉。其次，操作者需要准备必要的工具，如毛细管、针头或专用采血器械以及无菌干棉球。然后，小心地将动物的头部用手固定，通过拉紧眼周的皮肤，使眼球突出，增大表面张力，便于采血，否则易对动物造成较大损伤。操作者使用毛细管、针头或专用采血器械，沿眼球的外侧缘，轻轻进入眼眶后区域，需特别注意角度和深度，避免伤害眼球。一旦针头或专用采血器械进入静脉丛，血液即流出。操作者可以让血液自然滴入收集管或轻轻吸取。采集足够的血液后(一滴约为50 μL)，缓慢退出毛细管、针头或专用采血器械等，用无菌干棉球擦拭眼部，一般情况下可快速止血。最后，操作者需观察动物反应，确保没有持续出血或其他并发症。

2. 优缺点

眼眶后静脉丛采血，具有一定的风险和技术难度。该方法的主要优点包括适用性广，可用于多种小型实验动物；可以迅速获得较多量的血液；适用于需要反复采血的实验。

眼眶后静脉丛采血的主要缺点包括对技术要求高，需要考虑潜在风险、动物福利等因素。该方法需要操作人员具有较高的技能和经验，采血的潜在风险包括可能导致眼部损伤、出血或感染。同时该方法可能导致动物疼痛和紧张，需要严格考虑动物福利。

(二)颌下静脉采血

1. 采血方法

实验动物的颌下静脉采血是一种常用的血液采集方法，特别是在小型啮齿类动物的实验中。颌下静脉采血需要准备的工具包括负压无菌采血针、采血管。采血时，操作者轻轻固定动物的头部，使颈部稍微伸展。找到颌下静脉的位置，通常位于颈部下方，靠近下颌。用乙醇棉球轻轻擦拭采血区域，使用采血针轻轻刺入静脉，然后缓慢抽取所需的血液量。采血完成后，迅速抽出针头，用乙醇棉球轻压采血点止血，一般情况下都可以快速止血。

2. 优缺点

颌下静脉采血的优点包括操作相对简单、适用于需要少量血液样本的实验。此外，与其他采血方法相比，颌下静脉采血对动物的创伤较小。

该方法的主要缺点是对操作技术有要求，需要操作者有一定的技巧和经验，特别是在定位静脉和避免对动物造成伤害等方面。这种方法不适用于需要大量血液的实验。此外，错误的操作可能导致局部出血或组织损伤，因此需要确保操作的准确性和动物福利的最大化。

(四)心脏采血

1. 采血方法

实验动物的心脏采血是一种直接从心脏获取血液样本的方法。准备心脏采血前，动物需要处于全麻状态。采血时，操作者将动物腹部朝上放置，轻轻固定。确定好心脏的位置后小心地将针头插入心脏，操作时应避免针头插入过深或过浅。一旦针头进入心腔即可缓慢地抽取所需的血液量。操作时避免快速或剧烈的抽吸，减少对动物心脏的损伤。采血完成后，迅速抽出针头，对采血点进行适当的处理。观察动物的恢复情况，确保没有严重的出血或其他并发症。

2. 优缺点

心脏采血的优点是能够快速获得较大量的血液，具有广泛的适用性，可用于多种实验动物，特别是在其他采血方法无法实施时。此外，该方法获得的血液样本质量较高，污染风险低。

心脏采血的主要缺点包括对技术要求高，需要操作者具有丰富的技巧和经验；侵入性强，对动物造成较大的应激和潜在的伤害，通常在实验的最后阶段进行。最后应用该方法需要严格遵循动物福利和伦理标准，由于其对动物的影响较大，因此在选择这种方法时需谨慎考虑。

(五)颈动脉采血

1. 采样方法

在实验动物的采血技术中，颈动脉采血适用于中到大型的实验动物。这一方法的关键在于精确定位颈动脉。颈动脉采血前，操作者通常需要对动物进行适当的镇静或麻醉，减少动物应激，保证操作的顺利进行。采血时，动物应放置于仰卧或侧卧位置，头部轻微伸展以露出颈部。采血区域需要剃毛并清洁消毒。然后通过触摸定位颈动脉的确切位置，通常在颈侧中线附近。轻轻将针头插入颈动脉，注意针头插入的角度和深度，避免损伤附近结构。一旦针头成功进入血管即可缓慢地抽取所需的血液量。采血完成后，迅速抽出针头，对采血点施加压力防止出血。最后对采血区域进行适当的消毒，观察动物的恢复情况。

2. 优缺点

颈动脉采血的主要优点包括可以迅速获得较大量的血液；可以在多种体型的动物上实施。

颈动脉采血的主要缺点包括对技术要求高，需要操作者有精准的技术和丰富的经验，操作时避免对周围组织造成损伤。相比其他采血方法，颈动脉采血对动物的侵入性更强，具有潜在风险，可能引起出血、神经损伤或血管损伤。鉴于此法对动物的影响较大，选择时应严格遵循动物福利和伦理标准。

(六)后肢小隐静脉采血

1. 采血方法

后肢小隐静脉采血是一种在小型啮齿类动物(如大鼠和小鼠)中使用的血液采集方法。采血前需选择合适的采血针和采血管。动物通常不需要镇静或麻醉。采血时，操作者轻轻固定动物，暴露后腿内侧区域。小隐静脉位于动物后腿的内侧，靠近脚部。可通过轻微的按压使静脉充血，从而更容易定位。清洁并消毒采血区域。小心地将针头垂直于静脉，轻轻插入。确认针头进入静脉后，缓慢地抽取所需的血液量。采血完成后，迅速拔出针头，对采血点施加压力减少出血。

2. 优缺点

后肢小隐静脉采血适用于小型啮齿类动物，可以在需要时重复进行采血。相比于心脏采血等方法，此方法给动物造成的应激和不适较小。

后肢小隐静脉采血的主要缺点包括对技术要求较高、采集的血液量有限，操作不当可能导致局部出血或血管损伤。

（七）腹主动脉采血

1. 采血方法

腹主动脉采血通常用于小型啮齿类动物，涉及直接从动物的腹部动脉中抽取血液。采血前需要对动物进行全身麻醉确保操作过程中动物无应激和疼痛反应。操作者将动物置于仰卧位，对动物腹部进行剃毛，然后彻底消毒。通过外部解剖标记或触摸定位腹主动脉，腹主动脉通常位于腹部中线附近。在严格无菌的条件下，小心地将针头插入腹主动脉。确认针头成功穿入动脉后，缓慢地抽取所需的血液量。采血完成后，迅速拔出针头，对穿刺点施加压力减少出血。

2. 优缺点

腹主动脉采血可以获取较大量的血液，适用于需要大量血液样本的实验。直接从动脉采血，能够提供代表性的血液样本。

腹主动脉采血的缺点主要包括操作复杂，需要高水平的解剖知识和外科技巧。相比于其他采血方法，腹主动脉采血的侵入性更强，存在较高的出血和感染风险。因此腹主动脉采血虽然能够提供大量高质量的血液样本，但由于其高侵入性和技术难度大的特点，通常应用于实验终末期采血。

（八）股动脉采血

1. 采血方法

股动脉采血通常用于中到大型动物，如兔、犬、猴等。这种方法涉及从动物后腿内侧的股动脉采集血液。股动脉采血提供了一种获取高质量血液样本的方法，特别是在需要血液气体分析或其他特殊检测时。采血前，动物需要进行适当的镇静或全身麻醉，从而减轻应激和疼痛。采血时，操作者通常将动物放置于侧卧位，以暴露股动脉采血区域，并对暴露区域进行剃毛和彻底的消毒处理。股动脉位于动物后腿的内侧，可以通过触摸或视觉确定。在确定动脉位置后，轻微地按压使动脉突出，便于穿刺。在无菌条件下，小心地将针头插入股动脉。确认针头成功进入动脉后，缓慢地抽取所需的血液量。采血完成后，迅速拔出针头，对穿刺点施加压力减少出血。

2. 优缺点

股动脉采血可以获得高质量样本，提供没有经过组织代谢的血液样本。适合于需要较大量血液样本的实验。在必要时可以进行多次采血。

股动脉采血的缺点包括对技术要求高，需要精确的定位和操作技巧。该方法侵入性较强，可能存在出血、感染或血管损伤的风险，操作时需要考虑动物福利。

（九）耳缘静脉采血

1. 采样方法

耳缘静脉采血是一种常用于中到大型动物的血液采集方法，如兔或某些品种的猪。这种方法是通过动物耳朵边缘的静脉来获取血液样本。动物通常不需要镇静或麻醉，操作者只需轻轻固定动物，确保其安全、舒适即可。在兔等动物中，耳缘静脉通常在耳朵的边缘，沿耳廓明显可见。操作者清洁并消毒耳朵边缘区域，尤其是计划采血的部位。通过轻微的按压使静脉充血，这样更容易定位和穿刺。使用适当大小的针头，轻轻地垂直或斜向地插入静脉。确认针头进入静脉后，缓慢地抽取所需的血液量。完成采血后，迅速拔出针头，对穿刺点施加压力防止出血。

2. 优缺点

相比其他采血方法，耳缘静脉采血技术简单，容易操作。在多数情况下，动物无需镇静或麻醉，减少了动物的应激，适用于需要反复进行血液采集的实验。

耳缘静脉采血的缺点包括采集的血液量有限，不适合大量血液采集，可能导致耳部局部组织损伤或出血。

当采血体积接近上限值时，实验动物管理与使用委员会或兽医可能会要求做血常规，检测动物的红细胞比容（HCT）和血红总蛋白。在审查实验动物研究及使用计划（animal protocol，AP）时，将提供做血常规检测的频率。在每一次采血后，需要检查动物是否有低血容量性休克和贫血症状。

表 4-4　常用动物的采血部位与采血量

采血部位	采血量	动物品种
尾静脉	少量取血	大鼠、小鼠
耳缘静脉		兔、犬、猫、猪
颌下静脉		大鼠、小鼠
舌下静脉		犬
后肢外侧皮下小隐静脉	中量取血	犬、猴、猫
前肢内侧皮下头静脉		犬、猴、猫
耳中央动脉		兔
心脏		豚鼠、大鼠、小鼠、兔
股动脉、颈动脉	大量取血	犬、猴、猫、兔
心脏		犬、猪、猴、猫、兔
腹主动脉/静脉		豚鼠、大鼠、小鼠

三、实验动物体液采集方法

（一）体腔液的收集

1. 胸腔积液采集

胸腔积液采集主要用于需要分析胸腔积液成分的实验，如研究心脏疾病、肺部感染或肿瘤等疾病。采集前需要确认动物是否已麻醉，研究人员通常将动物放置在侧卧位或立位，这样便于接近胸腔。然后对所选择的穿刺区域（通常是胸腔的侧面或下方）进行剃毛和彻底消毒。轻轻触摸或用超声波设备定位胸腔内积液的准确位置。在无菌条件下，小心地将穿刺针插入胸腔，需要避免损伤肺部或其他重要器官。一旦针头成功进入积液区，缓慢地吸引积液进入无菌容器。根据需要的量和动物的反应，适当地调整吸引力度。完成采集后，迅速拔出针头，并对穿刺点施加压力减少出血。这一过程需要精确的技术和经验，操作中应严防空气进入胸腔膜，采样后的积液样本应立即进行处理和分析。

2. 腹水采集

腹水采集主要用于腹腔疾病过程的研究和诊断，如炎症、感染或癌症。腹水采集前需要确定动物是否需要麻醉，通常轻度镇静或局部麻醉足以减轻操作过程中的不适。动物通常置于仰卧位，以便接近腹部。对预定的穿刺区域进行剃毛和彻底消毒。通过触摸或超声波设备以及两者结合来定位腹水积聚的准确位置。在无菌条件下，小心地将穿刺针垂直插入腹腔，应避免损伤内部器官。针头成功进入腹腔内的积液区域，缓慢地吸引腹水进入无菌容器，避免快速抽液和一次性大量抽取，防止腹压突然下降引发的循环功能障碍。完成采集后，迅速拔出针头，并对穿刺点施加压力减少出血。

(二)消化液的采集

1. 唾液采集

(1)直接抽取法　在急性唾液采集实验中,可以使用棉签或唾液采集装置轻轻擦拭动物的口腔内,特别是下颌和舌下区域,将收集到的唾液转移到无菌采集管中。某些情况下,在采集唾液前可以使用轻微的刺激(如味觉或咀嚼刺激)来激发唾液分泌。唾液采集时,避免采集过程中唾液与食物残渣或其他杂质混合。采集时需要确保采集过程的无菌性,避免样本污染。采集后的样本应立即冷藏或冷冻,以保持生物标志物的稳定性。

(2)制造腮腺瘘法　制造腮腺瘘法是一种在实验动物中长期、重复采集唾液的技术。这种方法涉及在动物的腮腺建立一个外部引流管道(瘘管),便于连续或定期收集唾液样本。

2. 胃液采集

(1)直接采集法　大动物使用直接采集法采集胃液时,需在动物麻醉后,将胃管通过口腔或鼻腔插入至胃部。通过胃管直接吸取胃液或注入少量生理盐水后再吸取,以获取胃液样本。通过直接采集法采集大鼠胃液时,通常使用两根导管,一根导管剖腹后从幽门端插入前胃,另一根导管经口插入前胃,并使用生理盐水缓慢灌胃,收集流出液进行分析。

(2)制备胃瘘法　胃瘘法是一种常用的慢性收集胃液的方法,尤其适用于需要长期观察胃功能和胃液成分的研究。这种方法包括全胃瘘法、巴氏小胃瘘法、海氏小胃瘘法等。制备胃瘘时,需要麻醉后对动物腹部进行手术以暴露胃部,将胃部分离出小部分缝合成为小胃,主胃与小胃互不相通。在小胃上建立瘘管,即可从小胃反复采集纯净胃液。

3. 胰液和胆汁采集

在实验动物研究中,胰液和胆汁的采集对于理解消化系统的功能和药物代谢非常重要。使用直接采集法采集胰液和胆汁,可以分别在胰总管、胆总管或胆囊插入导管,将导管固定引出体外,采集胰液或者胆汁。此外,研究人员也可以通过在胰腺或者胆囊处制备瘘管,实现长期、重复采集胰液和胆汁。

(三)尿液的采集

1. 代谢笼法

代谢笼法是一种非侵入性、可以长时间监测动物排泄物的方法,特别适合于需要连续或定期收集尿液样本的长期研究。代谢笼通常由上层和下层两部分组成,上层用于动物活动,下层用于收集排泄物,并且能够有效分离尿液和粪便。采集时,将动物轻轻放入代谢笼的上层,并持续让动物在代谢笼中停留几小时到几天,通过代谢笼下层的收集系统,定期收集尿液。代谢笼法多用于大鼠和小鼠。

2. 导尿法

导尿法适用于需要精确量化尿液成分的研究,如药物代谢、生理学或毒理学研究。这种方法通过导管直接从动物的膀胱中收集尿液。采集前,研究人员可以对动物进行适当的镇静或麻醉。采集时,轻轻将导尿管插入动物的尿道,直至达到膀胱。确保导管的正确位置后开始收集尿液,将收集的尿液转移到无菌容器中。根据实验需要,可以进行单次收集或持续监测。导尿法一般适用于兔、犬等较大动物。

3. 输尿管插管法

输尿管插管法适用于需要长期或重复采集尿液样本的研究。这种方法涉及将导管直接插入动物的输尿管中收集尿液。采集前,研究人员需要对动物进行全身麻醉,确保动物手术过程中无痛感。采集时,通过腹部切口暴露输尿管,小心地将导尿管插入输尿管,确保位置正确。导管的另一端引出体外并固定,便于尿液的收集,定期转移到无菌收集容器中。根据实验需求,可以进行持续或间断性的尿液采集。

4. 压迫膀胱法

压迫膀胱法通过轻柔地触摸和压迫动物下腹部,促使动物自然排尿。该方法主要用于兔、犬等较大动物。

5. 膀胱穿刺法

膀胱穿刺法适用于需要快速、直接从膀胱中获取尿液样本的情况。这种方法涉及直接穿刺动物膀胱来收集尿液。采集前，研究人员需要对动物进行适当的镇静或麻醉，将动物置于仰卧位固定，小心地将注射针穿刺入膀胱，通过注射针抽取尿液，并收集到准备好的无菌容器中。

6. 反射排尿法

反射排尿法是一种利用动物的自然反射来收集尿液的非侵入性技术。这种方法特别适用于小型动物，如大鼠或小鼠。采集时通过轻柔地触摸动物的下腹部或腹股沟区域，甚至直接提起小鼠，即可刺激其自然排尿。

（四）骨髓的采集

骨髓采集用于研究造血系统、免疫学、疾病模型等。骨髓采集的方法根据实验需要和动物种类差异而有所区别。

1. 穿刺法

穿刺法获得骨髓样本需要直接从骨髓腔中采集骨髓样本，常用于大型动物。采集前，研究人员对动物进行适当麻醉并固定，确定适当的采集部位，如胸骨、肋骨、股骨或胫骨。在无菌条件下，穿刺进入骨髓腔，吸取骨髓样本。

2. 切骨法

切骨法获得骨髓样本适用于需要较多骨髓样本的情况下，通过切开骨骼进行采集，常用于小型动物。小动物的骨骼较小且骨髓量有限，通常在动物处死后采集胸骨和股骨的骨髓。采集过程中，首先人道处死动物后解剖剥离出胸骨或股骨。其次，使用注射器注入适量的 Hanks 液，轻轻冲洗以收集胸骨或股骨中的骨髓液。如果只需采集少量骨髓用于检查，可以将胸骨或股骨剪断，将断面的骨髓挤压到含有稀释液的玻片上。另一种方法是使用针头直接插入骨髓腔中提取骨髓。

（五）脑脊液的采集

脑脊液的采集用于神经科学、药理学和病理学等研究领域。脑脊液采集的方法主要根据动物的大小和生理结构而定。常用的脑脊液采集方式分为：脊髓腔穿刺法和枕骨大孔直接穿刺法两种。

1. 脊髓腔穿刺法

脊髓腔穿刺法适用于大中型动物，如兔、犬等，通过腰椎间隙进行穿刺以获得脑脊液。采集脊髓液时，动物需要全身麻醉后以侧卧位固定。在腰部进行消毒，定位适合穿刺的椎间隙。使用无菌的腰椎穿刺针穿透椎间隙，进入脊髓腔抽取脑脊液。

2. 枕骨大孔直接穿刺法

主要用于小型动物，如大鼠、小鼠，通过枕骨大孔进行穿刺以采集脑脊液。采集时，动物全身麻醉并小心固定头部。在动物的后颈部进行消毒，钝性分离动物颈背侧肌肉暴露枕骨大孔。使用细小的无菌穿刺针穿透枕骨大孔抽取脑脊液。

（六）精液的采集

实验动物精液的采集对于繁殖生物学、遗传学研究以及动物种群健康评估等领域具有重要意义。根据动物的大小，精液采集的方法有所不同。

1. 阴道栓采精

阴道栓采集精液的方法是一种非侵入性、简便的技术，适用于小型实验动物，如小鼠或大鼠。该采集方法需要将雄性和雌性小型动物进行交配，在交配后的 24 小时内，检查雌性动物的阴道口。寻找雄性动物在交配后形成的透明或乳白色的阴道栓，轻轻地使用镊子或类似工具从阴道内提取阴道栓。将收集到的阴道栓放置在无菌容器中。

2. 人工阴道采精

人工阴道采集精液的方法提供了一种可控制且安全的方式收集实验动物的精液，尤其适用于那些不适合或无法进行自然交配的情况。该方法的成功很大程度上依赖于操作者的技术水平和动物的配合。人工阴道采集精液适用于中型到大型动物，如犬、猫、猪等。人工阴道采精首先需要准备适配动物种类的人工阴道装置。其次确保装置清洁并处于适当温度，模拟自然交配环境。将雄性动物引导至人工阴道装置附近，通过适当的刺激，如轻触或特定的行为诱导，促使动物进行射精。最后在射精时将精液收集于人工阴道装置中。

3. 其他方法采精

附睾内采集精液通常用于那些无法通过自然射精或其他非侵入性方法获得精液的情况。这种方法涉及直接从附睾中提取精液，常用于小型动物，如小鼠和大鼠。采集前对动物进行全身麻醉。采集时通过小的腹部切口暴露附睾，使用显微外科工具轻轻切开附睾管并提取精液。

人工帮助发情后射精适用于那些需要特定刺激才能射精的动物。此方法通常需要对动物进行轻微的物理刺激，促使其自然射精。根据动物种类，使用特定的方法诱导发情。例如，对于犬，特定的诱导方法可能包括雌性犬的气味或视觉刺激。此外，研究人员可以轻轻地刺激动物的生殖器官，如轻触阴茎或模拟交配动作帮助射精。

第九节 实验动物安乐死方法

实验动物的安乐死是实验过程的一个重要环节，旨在确保动物在研究结束时采用可迅速引起动物意识丧失而死亡的方法，尽可能减轻动物痛苦和应激反应，保证其终点符合人道。安乐死方法的选择和实施对于维护动物福利、遵循科学研究的道德标准至关重要。作为对动物生命尊重的体现，实施合适的安乐死方法是每个从事动物研究人员的道德责任。安乐死应由经过专业培训的人员在严格监控下进行。实验人员选择和实施安乐死方法时，应考虑实验目的、动物种类、动物福利、设备和资源等因素。

一、物理方法

(一)颈椎脱臼法

颈椎脱臼法通过迅速、物理性的断开颈椎导致动物立即死亡。(GB/T 39760—2021)《实验动物安乐死指南》中的6.4.4建议颈椎脱臼法可用于体重低于200 g的啮齿类动物、禽类及兔。除非有特殊需求，实施颈椎脱臼前可给予动物镇定剂，减少动物的应激反应。使用颈椎脱臼法进行安乐死时，操作者用一手固定动物的后躯，确保动物平稳安静，另一手抓住动物的头部。颈椎脱臼时，快速而坚决地向上和向后拉动物的头部，同时向下压其后躯。该操作可实现颈椎迅速脱臼，引起动物立即死亡。颈椎脱臼法是一种快速且相对简单的安乐死方法，然而，它要求操作者具备足够的技能和经验，确保操作迅速、有效，尽可能减轻动物的痛苦和应激反应，保证整个过程的人道性和高效性。在选择和实施此方法时，必须严格考虑动物的福利和相关法律法规和标准。

(二)断头法

断头法是一种迅速切断动物的头部以实现安乐死的方法。由于其迅速性而被视为较为人道的选择，但由于其显著的侵入性，应当谨慎使用，仅作为特定情况下可接受的实验动物安乐死方法。这种方法适用于那些需要避免麻醉药物或麻醉气体影响血液、组织、尿液等样本分析的科学研究，或者对缺氧环境有一定耐受性的幼龄啮齿动物的安乐死。断头法主要适用于小型啮齿类动物，如小鼠、大鼠，更适用于体重较轻的动物，大型动物可能不适用或难以实施。断头法应使用专门设计的断头装置，确保其锋利且能迅速完成切割，同时应确保装置的规格与动物大小相匹配。操作时应保证迅速，以避免不必要的痛苦。该方法同样要求操作者严格遵守动物福利的伦理准则，并具备相应的技能和经验，确保操作的迅速和准确。

（三）放血法

放血法安乐死主要用于需要大量血液样本的实验。通过这种方法，不仅可以收集所需的样本，同时也确保动物在过程中迅速失血导致死亡，减轻痛苦。为了减轻动物的痛苦和应激反应，通常在放血前对动物进行诱导麻醉。放血时应选择适当的血管，如颈静脉、心脏或大动脉。操作时迅速且准确地穿刺并引流血液。该方法无动物种类的限制，适用于各种体型的动物，从小型啮齿类动物到大型哺乳动物。

二、吸入法

吸入法安乐死是实验动物研究中常用的一种人道化处理方式，主要通过让动物吸入特定的气体来实现安乐死。吸入法适用于多种动物，包括啮齿类动物、兔等。吸入法安乐死的关键是使用能够迅速引起动物失去意识并最终死亡的气体。由于吸入法不能立即使动物失去意识，因此使用吸入法时需考虑动物福利，尽量减轻痛苦和应激反应，控制气体浓度和流量，确保动物快速失去意识。在实验动物中常用吸入法实施安乐死的方式包括麻醉药物吸入法和二氧化碳（CO_2）吸入法。

（一）麻醉药物吸入法

麻醉药物吸入法常用药物包括异氟醚、七氟醚等，这些药物能使动物迅速失去知觉，接着导致呼吸和心脏功能停止，且对动物的刺激性相对较小。该方法适用于大鼠、小鼠、豚鼠、兔、猫和犬等动物。使用麻醉药物吸入法执行动物安乐死，首先需要确保使用的吸入麻醉设备处于良好的工作状态。其次，将动物放入麻醉设备吸入箱内，开启麻醉药物气体设备，逐渐增加浓度直至超出正常麻醉剂量。该过程要监测动物的生理反应，确保其迅速失去意识。继续维持高浓度的麻醉药物，直至确认动物死亡（无心跳、呼吸）。最后，停止麻醉药物供应，将动物从吸入箱中移出。

使用该方法需精确控制药物浓度，确保动物快速、无痛地失去意识，最终死亡。确保操作人员采取适当的安全措施，避免吸入麻醉药物。最后需要定期检查和维护吸入设备，确保其准确性和安全性。

（二）二氧化碳（CO_2）吸入法

在实验动物的研究中，CO_2 吸入法是一种广泛使用的安乐死方法。这种方法通过让动物吸入高浓度的 CO_2 气体，迅速引起动物呼吸窘迫，进而导致无痛的昏迷和死亡。该方法适用于小型啮齿类动物，同时对动物体重有要求，如小鼠、大鼠（小于 300 g），特别适用于实验需要大量或批量处理动物的情况。执行 CO_2 吸入法安乐死的动物需要使用专为动物安乐死设计的 CO_2 供应系统，确保系统能够控制气体流量和浓度。将动物放入密闭的吸入箱中后，逐渐增加箱内 CO_2 浓度。（GB/T 39760—2021）《实验动物　安乐死指南》中的 C2.2 推荐以每分钟替换安乐死箱容积 10%～30%的速度灌注 CO_2 于箱内，确定动物不动、不呼吸、瞳孔放大。停止灌注 CO_2，再观察 2～3 min（豚鼠 5 min），直至确定动物死亡。

使用该方法需要精确控制 CO_2 的流量和浓度，避免过快或过慢，操作过程中应尽量减轻动物的痛苦和焦虑。同时需要控制安乐箱内动物数量，避免过度拥挤。此外，应保证操作人员安全，防止操作人员暴露于高浓度 CO_2 环境中。最后，需要定期检查和维护 CO_2 供应系统，确保其安全和有效运行。

三、药物注射法

药物注射法涉及使用特定药物进行注射，使动物迅速且无痛地失去生命。从小型啮齿类动物到大型哺乳动物该方法都适用。巴比妥类药物是最常用的安乐死药物，这类药物能迅速导致呼吸和心脏停止。使用药物注射法执行安乐死的过程中，需要根据动物种类和体重计算安乐死药物剂量。之后选择合适的注射部位（静脉、心脏、腹腔或其他适宜区域），迅速且准确地将药物注入。注射后观察动物的生理反应，确认无心跳、呼吸等生命体征。

使用该方法需要准确计算并使用合适剂量的药物，确保动物快速无痛死亡。操作者需具备相关的医疗或兽医技能，确保注射的准确性和安全性。操作过程中尽量减轻动物的痛苦和焦虑。最后需要妥善处理未使用的药物，避免环境污染或误用。

氯化钾（KCl）是常用的致死化学药物之一，当在静脉内迅速注射高浓度的 KCl 时，会导致血清钾水平升高，从而迅速引起心脏骤停。由于直接注射 KCl 会引起极度痛苦，因此这种方法只能在动物已经完全麻醉的情况下使用。该方法在执行过程中需要准确计算和注射所需剂量，避免任何不必要的延误或复苏。操作者需要有适当的训练和经验，严格遵循麻醉要求确保注射的准确和迅速。

第十节　实验动物病理学检查

一、活体检查

活体检查指从患病动物身上切取病变组织或从患病动物体内收集细胞做病理检查。一般用外科手术切取、钳取、细针吸取、刮取等方法，获得患病动物活体的小块病变组织、体液、细胞，经过病理组织学方法或细胞学方法，制成薄切片，在光学或电子显微镜下观察，做出病理诊断，为临床医生诊断、治疗和判断预后提供重要的参考依据。这种检查方法的优点是材料新鲜，保持活组织的状态，可以在疾病的各个阶段取材。其缺点是不能在活体上任意取材，不能做全面、系统的检查，取材有局限性。按照检测样本的不同可以分为组织学检查和细胞学检查。

（一）组织学检查

组织学检查（biopsy）是指通过对从患病动物身上切除的病变组织形态、结构和排列状态的观察，了解病变发生的机制及程度。这种检查采集的组织新鲜，有利于及时、准确地对疾病做出病理学诊断，作为指导治疗和判断预后的依据；同时，手术切除组织时可做冰冻切片进行快速诊断。活体组织学检查可动态的了解疾病的发展过程，有利于进行更深入的研究。组织切片的制作详见第三章第五节内容。

（二）细胞学检查

细胞学（cytology）检查是指通过对患病动物病变部位脱落、刮取和穿刺抽取的细胞，进行病理形态学的观察并做出定性诊断，细胞学检查主要应用于肿瘤的诊断，也可用于某些疾病的检查和诊断，如内部器官炎症性疾病的诊断和激素水平的判定等。

细胞学的标本可以是来自生殖道、呼吸道、消化道、泌尿道等分泌、排泄物中的脱落细胞，也可以是经穿刺抽取的胸、腹、心包腔、关节腔、脑脊髓膜腔液体中的脱落细胞，还可以是经各种内窥镜刷涂片、印片采集的细胞，或经细针吸取（FNA）技术直接或在 B 超、X 线引导下穿刺吸取出的各组织器官病变处的细胞等，将这些细胞直接或经离心沉降等方法处理后涂片、固定、染色，在光镜下观察、诊断。细胞学检查的主要目的是判定有无肿瘤细胞，初判是良性还是恶性。

二、尸体剖检

尸体剖检是兽医临床最为客观、快速的诊断方法之一，是运用兽医病理学知识检查尸体的病理变化、确定疾病所处的阶段，来诊断和研究疾病的一种方法。它可以有效提高诊疗工作的质量，促进病理学的教学和研究。利用肉眼或借助于放大镜、尺、称等工具，观察被检标本和病变的大小、形状、重量、色泽、质地、界限、表面和切面状态等。尸体剖检观察肉眼可见病变的整体形态和许多重要性状，具有微观观察不能取代的优势。按剖检目的不同，尸体剖检分为诊断学剖检、科学研究剖检和法医学剖检三种。诊断学剖检的目的在于查明病畜发病和致死的原因、目前所处的阶段和应采取的措施。要求对所检动物的全身每个脏器和组织都要做细致的检查，并汇总其相关资料进行综合分析，才能得出准确的结论。科学研究剖检以学术研究为目的，如通过人工造模确定实验动物全身或某个组织器官的病理变化规律。多数情况下，目标集中在某个系统或某个组织，对其他的组织和器官只做一般检查。法医学剖检则以解决与兽医有关的法律问题为目的，是在法律的监控下进行的剖检。三者各依其目的要求来考虑剖检方法和步骤，基本步骤如下。

(一)接收病料

为达到其诊断目的，诊断者需要尽可能详细地了解有关的情况，包括地理位置、环境气候、饲养条件、管理制度、群体状况、动物的免疫情况、来源、临床症状、发病率等。

(二)临床症状检查及采样

如果送检的是活畜，应先进行临床症状检查并做好记录。如需采样，应按照采样的原则及其方法采集血样、分泌物、排泄物、体表寄生虫等，然后再将实验动物安乐死。

(三)实验动物安乐死

根据发病系统和检验目的，遵循实验动物福利原则，采用相应的安乐死方法(详见本章第九节内容)，主要包括放血致死、静脉注射药物致死等。

(四)外部检查

即在剥皮之前检查尸体的外表状态。如果送检物是死亡动物，则在接收病料后直接进行。外部检查的内容主要包括尸体概况、营养状态、皮肤、天然孔的检查以及尸体变化的检查。

(五)内部检查

内部检查包括剥皮和皮下检查、暴露腹腔及腹腔脏器的视检、胸腔的剖开及胸腔脏器的视检、腹腔脏器的采出、胸腔脏器的采出、口腔和颈部器官的采出、颈部胸腔及腹腔脏器的检查、骨盆腔脏器的采出和检查、脑的采出和检查、鼻腔的剖开和检查、脊椎管的剖开及脊髓的采出和检查、肌肉关节的检查、骨和骨髓的检查。

三、取材的注意事项

(一)常规病理检查的取材

1. 取材用具及试剂准备

取材用具包括动物固定板，刀片，大、小解剖镊子(含无齿镊)，大、小解剖剪，止血钳，滤纸，纱布，棉签，注射器，切取组织用的小蜡板，称量脏器组织的天平，尺子，铅笔，标签，固定容器，实验记录本等。生理盐水(洗组织标本用)、固定溶液(10%中性福尔马林溶液、4%多聚甲醛或 Bouin、Carnoy 等特殊固定液)。

2. 分组及背景信息记录

通常将要进行取材的实验动物随机分组，各组啮齿类实验动物通常每组 6～8 只，若考虑实验过程中出现意外等情况，动物数量还需适当增加；实验分组时还应考虑动物性别的影响，如啮齿类动物二态性，通常采用两种性别的动物进行实验，雌雄各一半。取材前需记录完整的动物背景信息，如品种品系、性别、年龄、分组、处理剂量等。

3. 解剖取材方法及注意事项

(1)及时取材固定　在动物模型饲养期间，动态观察并记录其生活状态、生理指标。动物处死或麻醉过程要迅速，避免动物较长时间处于应激或濒于死亡的状态，使机体内组织细胞结构发生改变而引起人为假象或病理假象，影响对实验结果的正确分析。取材时先要对实验动物的体表外观及脏器进行肉眼观察，并做描述性记录，随后进行脏器的取出及固定，取脏器组织要快速，取好后立即放入固定液中。应在安乐死后 5 min 内开始剖检，剖检取材时间应小于 20 min。

(2)避免脏器人为损伤　采取组织时所使用的刀具刀片要长，刀刃要锋利，取材尽可能不用有齿镊夹取，镊子不能直接夹住脏器组织，尽量用无齿镊夹住脏器周围结缔组织夹取，避免夹伤组织造成人为损伤。

(3)取材位置正确　切取检材时，要先暴露组织器官的最大直径面，或多作切面，以便观察其结构和病变的具体位置，然后再选取适宜部位进行取材；所取组织应尽量全面并有代表性，还要保持器官的正常结构和层次，即组织块中既有病变部，又有病变和周围交界部，还有正常部。黏膜面不要用手去擦拭或用水流直接冲洗，以防造成黏膜的破损或者脱落。病变部较大时，可从其不同区域切取组织块。用作切片的组织块大小可根据情况而定，通常长和宽各 1～1.5 cm、厚 3～5 mm，但在剖检取材时可适当大一些，经固定后再按上述大小修整。

(4)固定　固定(fixation)的目的是使蛋白质等成分凝固，所使用的化学试剂称为固定剂。及时固定可保证组织结构和细胞形态良好，使细胞内的一些蛋白质、抗原等沉淀或凝固，定位在细胞内原有位置，终止或减少外源性和内源性分解酶的作用，防止组织细胞自溶，减少细胞可溶性蛋白质、脂肪和糖类的等物质的弥散、破坏与丢失。它还可以使组织硬化成型，便于后续包埋、切片及染料着色。如固定不充分、固定液选择不当，将直接影响制片、染色以及抗原、抗体等准确定位。

①固定液的选择。

组织块一般用 10%中性福尔马林溶液或 4%多聚甲醛固定，也可用其他固定液(95%乙醇，Zenker 氏液等)固定，眼球、睾丸建议使用改良的 Davidson 固定液，肠道固定可以选用 Bouin 液和改良 Davidson 固定液，可以一定程度上避免肠黏膜上皮脱落、坏死组织的制片异常。Carnoy 液用于肝、肌肉组织糖原染色的固定。在冬季寒冷季节，加 1 份乙醇至 9 份 10%中性福尔马林溶液中，这样能够降低运输过程中样本被冷冻的概率。

②常用固定液配方。

a. 10%中性福尔马林溶液(1 L)：福尔马林(40%甲醛)，100 mL；磷酸二氢钠，4.0 g；磷酸氢二钠，6.5 g；蒸馏水 900 mL。

b. 4%多聚甲醛(1 L)：40 g 多聚甲醛，0.1 mol/L 磷酸缓冲液至 1 000 mL。

c. Bouin 液(1 L)：苦味酸饱和水溶液 (2.1%)，750 mL ；40%甲醛，250 mL；冰醋酸，50 mL。

d. Carnoy 溶液(0.1 L)：无水乙醇，60 mL；氯仿，30 mL；冰醋酸，10 mL。

③固定方法。

a. 浸泡固定：将取出的组织直接浸泡在固定液中，固定液的量至少要多于组织块体积的 5～10 倍，固定瓶选用广口瓶，避免组织取放时发生挤压，也可 24 h 后换液 1 次，一定要确保充分固定，若固定不良会明显影响制片效果。

b. 灌注固定：此法包括心脏插管灌注和动脉插管灌注两种方法。常选用 10%中性福尔马林溶液或 4%多聚甲醛固定。心脏插管灌注常用于较小的实验动物，如大鼠、小鼠等啮齿类实验动物。灌注时，将动物固定于取材板上，开胸暴露出心脏，从左心室向主动脉方向穿刺，缓慢注入生理盐水。在右心耳剪口放血，直到冲洗的生理盐水无色时，再缓慢灌注固定液。动脉插管灌注用于较大的实验动物(如犬、猴)，在颈动脉或股动脉做切口插管灌注并将另一侧相应的静脉切开，固定液输入与机体内血液的排出同时进行。全身灌注的压力最好与该动物血压相当，若压力过大，可能会造成组织细胞水肿等人为假象。

④固定注意事项。

含血液或其他内容物的组织器官固定前要用生理盐水轻轻地漂洗，以免损坏标本或因血液或内容物而降低固定液的浓度。组织切块厚度不超过 5 mm，如肺组织、脂肪组织等容易浮于固定液面，可在其上覆盖脱脂棉或纱布使其整体进入固定液中。肝、肾等较大的脏器可先将其切成较薄的块状组织，固定或稍固定后再切成片状继续固定。垂体、肾上腺、甲状腺等小组织，应平贴于滤纸上再固定。消化系统空腔脏器，按胃、十二指肠、空肠、回肠、结肠、直肠的顺序排列，沿肠系膜分开后平贴于滤纸上再固定。固定时间为 48～72 h，若组织块较大，需适当延长时间。固定后制片前的组织要用流水充分冲洗，避免福尔马林引起的色素沉积。取材时，要对脏器病变部位的形状、色泽、位置、大小及切面等情况做好实验记录。核对实验编号，取材结束仔细核对各实验组编号。制片流程及注意事项参见第三章第五节内容。

(5)骨组织脱钙　实验动物的骨做切片染色前，必须将骨组织中的钙质脱尽，使其变软才可制成切片。常用脱钙液配方包括以下几种。

a. 10%中性甲醛 EDTA 饱和液(可用于免疫组化)：EDTA 50 g，10%中性福尔马林 500 mL，每周更换一次。

b. 甲酸-盐酸混合脱钙液(不能用于免疫组化)：甲醛 15 mL，甲酸 12 mL，盐酸 10.5 mL，三氯化铝 9 g，冰醋酸 3.75 mL，生理盐水 150 mL。

c. 盐酸-乙醇混合脱钙液(不能用于免疫组化)：盐酸 50 mL，甲酸 50 mL，70%乙醇 900 mL。

d. 5%甲酸脱钙液(可用于免疫组化)：4%多聚甲醛固定 1 周后，移入用 4%多聚甲醛做溶液的 5%甲酸液中脱钙。

上述脱钙大约需 4 周以上，或用针扎、刀片割无阻力即为脱钙终点。

(二)冷冻切片检查的取材

冷冻切片(freezing sectioning)法是利用液氮低温将组织迅速骤冷进行切片的方法。因组织中的水分迅速冰冻使组织变硬，达到一种包埋作用，可连续切薄片至 4～6 μm，常用的有液氮、甲醇、二氧化碳、氯乙烷等材料或半导体制冷技术。因冷冻切片不需要经过逐级乙醇脱水、二甲苯透明等有机溶剂处理，新鲜组织冰冻切片对组织细胞内酶类保存最佳，能较好保存组织内酶、糖、脂和多种抗原，尤其是表面抗原的抗原性，是组织化学和免疫细胞化学研究中常用的切片方法。

1. 操作步骤

取出新鲜动物脏器组织修切好后，0.5 h 以内埋入已有 OCT(冷冻切片专用胶)的冷冻包埋盒内，或将组织放在软木塞、硬纸垫上用少量 OCT 粘贴好，放入液氮预冷的异戊烷中，轻轻搅拌冷冻 1 min 后，放入恒冷切片机内平衡温度 20 min，在－20～－19 ℃条件下进行冷冻切片，切片厚度 5～8 μm。各脏器组织冷冻方法基本相同，只是包埋面有所区分。脂肪组织冷冻切片温度要求更低一些通常在－25 ℃左右，切片厚度 8～10 μm。

2. 注意事项

组织取材快速，骤冷速度快而均匀，搅拌冷冻可使受冷均匀；所取组织不能带有水分，否则容易形成冰晶，影响观察；骤冷时间不要过长否则组织易碎裂，一般骤冷时间为 1 min；组织平整地埋入 OCT 中不能有气泡；一般防卷板调好后不需要再调整，用组织靠近防卷板切片；在冷冻头上粘贴组织时，过多的 OCT 可冻融组织，又易形成冰晶；保护防卷板刃面，不要用硬的器械碰伤防卷板刃面，停机时在防卷板刃面与刀架之间放一块软布。

（三）电镜检查的取材

1. 透射电子显微镜的取材

透射电镜就是用电子枪发射的电子束作为光源，用轴对称的电磁线圈作为透镜来成像。根据不同的观察目的和样品的来源，透射电镜样品有许多制备方法，包括超薄切片技术、负染色技术及电镜细胞化学术。

超薄切片技术是为透射电镜观察而提供制作超薄样品的专门技术，是生物学中研究细胞超微结构最基本、最常用的技术。超薄切片制作的过程包括取材、固定、脱水、渗透、包埋、聚合、切片和染色等步骤，和一般光镜的石蜡切片过程相似，所不同的是切片过程更为精细，要求更严格，而且所用的试剂不同，比较昂贵。取材是超薄切片技术的关键环节之一。

动物组织的取材：在麻醉或急性处死动物后，解剖取出需研究的组织器官。用锋利的剪刀在确定的部位剪取小块组织，用磷酸缓冲液稍做清洗去除血污黏液后，放在洁净蜡盘上，并在其上滴数滴预冷的戊二醛固定液。双面刀片折成两半，两手各执一半刀片，交叉如剪刀样把组织划切成横截面约 1 mm×1 mm 的小条，再将小条切成 1 mm^3 左右的小块。把所取的小块样品放入盛有戊二醛固定液的一次性的小塑料离心管中，并确保样品完全浸没在固定液中。对于脑组织这样的材料，要先进行灌流或原位固定，再行取材。对肌肉、皮肤、视网膜等需定向的样品，取材和包埋时必须考虑样品的方向性。

培养细胞的取材：在有足够数量培养细胞的情况下，才考虑取材。对贴壁的培养细胞，倒掉培养液后，在培养瓶中加入适量的戊二醛固定液，固定 3～5 min。用细胞刮刀轻轻刮下贴壁的培养细胞，并一同转移到离心管中低速离心，使细胞聚集成团约米粒大小。对悬浮细胞，可逐级低速离心，使细胞聚集成团约米粒大小。倒去上清液，再沿离心管壁缓慢注入新戊二醛固定液，切忌打散细胞团，随后置于 4 ℃冰箱保存。

2. 扫描电子显微镜技术

扫描电子显微镜（简称扫描电镜）成像方式与透射电镜不同，是用类似电视的方式成像。由于大多数生物样品都含有水分，而且比较柔软，在进行扫描电镜观察前，要对样品作相应的处理。扫描电镜样品制备的要求是尽可能使样品的表面结构保存完好，没有变形和污染，样品干燥并且有良好的导电性能。常规的扫描电镜生物样品制备包括取样、清洗、固定、干燥、导电处理等步骤。

器官组织的取样主要是指针对空腔器官或冷冻割断的组织，与透射电镜样品不同的是，样品可以大些，但必须要保护被观察的自然表面或割断的截面完好无损。对于易卷曲的样品（如血管、胃肠道黏膜等）可先粘贴固定在滤纸上，再做后续处理。

游离细胞的取样是指贴壁培养细胞，可连同其贴附的玻片一起用作样品后续的处理。游离细胞（如血细胞、胸腹水细胞、骨髓细胞、培养的悬浮细胞等）先用等渗磷酸缓冲液孵育 10 min，使其恢复原有形态，对血细胞样品需作抗凝处理。加入低浓度固定液（0.25%戊二醛）进行预固定，使样品保持原有形态；对于有多种细胞成分的悬浮细胞液，需利用密度梯度离心法，轻轻加入悬浮细胞液，置于细胞分层液的顶部，以 2 000 r/min 的速度离心 20 min，吸取所需细胞，再做固定、漂洗处理。对于只有同一细胞的悬浮液，用离心方法把细胞收集起来做后续处理；游离细胞必须先分散附着于铺好多聚 *L*-赖氨酸膜的玻片上后，再进行后续的脱水、干燥、导电等处理，否则在后续的处理时，游离细胞会丢失。

第十一节　基因编辑与小鼠胚胎操作技术

基因编辑是在基因组水平对生物体特定的基因组序列进行定向改造的一项实验技术，包括插入、删除或替换特定的基因序列。在许多领域，包括医学研究、农业改良、生物制药和基础生物学研究等都有着广泛的应用。小鼠胚胎操作技术是指在实验室环境下，对小鼠早期胚胎进行精确操作和修改的一类技术，广泛应用于基因工程、发育生物学研究以及模型动物的创建。

基因编辑与小鼠胚胎操作技术是现代遗传学和发育生物学研究的重要工具。通过这些技术，人类可以更深入地理解基因如何控制生物体的发育和功能，以及它们在疾病中的作用，对于新药的开发、遗传病的治疗以及基础科学的发展具有重要意义。

一、基因编辑技术

(一)锌指核酸酶技术

锌指核酸酶(zinc finger nucleases，ZFNs)技术利用特制的核酸酶精确地修改基因组，实现对特定基因进行添加、删除或替换。ZFNs由两部分组成，分别为锌指蛋白和FokI核酸内切酶。锌指蛋白是一种DNA结合蛋白，可以特异性地识别并结合到目标DNA序列。FokI是一种限制性内切酶，能够在特定位置切割DNA双链。每个锌指蛋白单元可识别并结合到DNA的特定3个碱基对上。通过串联多个锌指单元，可以创建一个能特异性识别较长DNA序列的锌指蛋白。ZFNs通常成对工作，每个ZFN在目标序列的一侧切割DNA，从而在目标位点引入双链断裂(DSB)(图4-7A)。接下来利用细胞修复机制修复这种双链断裂，主要包括非同源末端连接(non-homologous end joining，NHEJ)和同源重组(homologous recombination，HR)两种途径。NHEJ通常导致目标位点处的插入或缺失，可以用于敲除特定基因。在提供了同源DNA模板的情况下，HR途径可以实现特定序列的替换或插入。

ZFNs进行基因编辑的实现过程包含以下内容。

1. 设计和构建ZFNs

首先，确定需要编辑的基因序列。其次，设计锌指蛋白，使其能够特异性地结合到目标DNA序列，每个锌指单元通常能识别DNA序列中的3个碱基。最后，将锌指蛋白与FokI核酸内切酶的催化结构域结合，形成ZFNs。

2. ZFNs的表达和递送

首先，将ZFNs构建插入适当的表达载体中，这些载体可以是质粒、病毒载体等。其次，通过细胞转染将载体递送到目标动物的细胞中。细胞转染大致可分为物理介导、化学介导和生物介导三类途径。物理介导方法包括电穿孔法、显微注射和基因枪等；化学介导方法包括经典的磷酸钙共沉淀法、脂质体或聚合物转染法等；生物介导方法包括原生质体转染以及病毒介导的转染。

3. DNA的切割和修复

ZFNs在目标位点结合并切割DNA，产生双链断裂。细胞利用自身的DNA修复机制修复这些断裂。

4. 基因编辑的实现

在NHEJ过程中，可能发生小片段的插入或缺失，从而导致目标基因的失活或功能改变。在提供同源模板的情况下，可以通过HR机制实现特定序列的精确替换或插入。

5. 筛选和验证编辑细胞

利用抗生素筛选、PCR检测等方法筛选成功编辑的细胞。通过DNA测序等技术验证基因编辑的准确性和特异性。

锌指核酸酶技术具有特异性强、适用性广泛、编辑效率高、灵活性强等优点，但是设计和制备特定序列的锌指蛋白较为复杂，需要专业知识和技术来设计和使用ZFNs。与其他基因编辑技术相比，ZFNs的开发和合成成本较高。虽然特异性强，但仍有可能出现脱靶效应，导致非预期的基因改变。

(二)转录激活子样效应物核酸酶技术

转录激活子样效应物核酸酶(transcription activator-like effector nucleases，TALENs)技术结合了特异性的DNA识别能力和高效的基因切割功能。TALENs由转录激活子样效应物(TALE)和FokI

核酸内切酶两个主要部分组成。TALE是从植物病原菌Xanthomonas属细菌中发现的一类蛋白，能够特异性地识别和结合DNA序列。FokI核酸内切酶用于在特定的DNA位点上切割双链DNA。TALE部分由多个重复序列组成，每个重复序列能够识别一个特定的DNA碱基。通过改变这些重复序列的组合，TALENs几乎可以识别任何特定的DNA序列。当两个TALEN分子分别结合到目标DNA序列的相邻位置时，它们所携带的FokI核酸内切酶单元会靠近并形成活性结构。FokI核酸内切酶的聚集激活其切割功能，从而在目标序列附近切割DNA双链(图4-7B)。DNA切割后，细胞的自然DNA修复机制介入，通过NHEJ或HR修复断裂的DNA。在这个修复过程中，可以引入特定的突变(如小片段的插入或缺失)，或者在存在同源模板的情况下实现精确的序列替换。TALENs进行基因编辑的实现过程包含以下内容。

1. 设计和合成TALENs

根据目标基因的特定序列，设计一对TALENs。每个TALEN由一个转录激活子样效应物(TALE)和一个FokI核酸内切酶组成。TALE部分通过其重复序列的不同组合来识别目标DNA序列。使用分子生物学技术合成设计好的TALENs。

2. 载体构建

载体构建是指将合成的TALENs基因克隆到适当的表达载体中。选择适合的载体系统，便于将TALENs引入目标细胞。

3. 细胞转染

细胞转染是指将含有TALENs的载体转染入目标细胞，如胚胎干细胞或体外培养的动物细胞。使用电穿孔、脂质体介导转染等方法实施细胞转染。

4. DNA切割和修复

TALENs在目标DNA序列处识别并结合，通过FokI核酸内切酶进行DNA切割，DNA切割后，细胞的自然DNA修复机制介入，可通过NHEJ或HR修复DNA断裂。

5. 筛选和鉴定编辑细胞

对转染后的细胞进行筛选，以识别成功进行基因编辑的细胞。通过分子生物学技术，如PCR和DNA测序，验证基因编辑的准确性。

TALENs技术适用性广，可用于不同类型的基因编辑任务，包括基因敲除、插入和替换。适用于多种类型的细胞和动物模型，可以设计用于针对几乎任何基因序列的TALENs，对于那些难以使用CRISPR/Cas技术编辑的复杂基因组区域特别有效。精确性高，能够精确地定位和编辑目标基因，TALENs的脱靶风险相比于ZFNs更低。但是，相比于ZFNs和CRISPR/Cas技术，TALENs的设计和合成更为复杂和耗时。由于设计和生产过程复杂，需要专业知识和技术来成功设计和应用TALENs，成本通常高于其他基因编辑方法。虽然脱靶风险较低，但仍然存在，需要通过严格的筛选和验证来确认。

(三)CRISPR/Cas技术

无论是TALEN技术还是ZFN技术，针对基因组中不同的编辑位点均需要设计构建新的结合蛋白模块。然而，结合蛋白模块不易合成，严重限制了这两项基因编辑技术的广泛应用。CRISPR/Cas(clustered regularly interspaced short palindromic repeats/CRISPR-associated)系统是来源于细菌和古细菌的一种适应性免疫系统，在已经获得了测序数据的多种细菌以及古生菌中均发现了该系统的存在。目前，CRISPR/Cas系统被改造成为了新一代的基因组编辑工具，被广泛应用于多种生物的基因编辑。在实验动物基因编辑领域，CRISPR/Cas系统是一种革命性的基因编辑技术，以其高效、精确的编辑能力以及相对较低的技术门槛，在实验动物基因编辑领域中发挥着重要作用。

CRISPR/Cas系统由两个主要组成部分CRISPR序列和Cas蛋白组成。CRISPR序列是存在于细菌和古细菌基因组中的一种特殊DNA序列。这些序列以短重复的DNA片段("短回文重复")和间隔的外源DNA片段组成,它们在细菌和古细菌的基因组中起着“记忆系统”的作用。CRISPR序列中的外源DNA片段是过去感染细菌或古细菌的病毒或质粒的遗传信息,细菌通过保存这些片段进行免疫防御。Cas蛋白是CRISPR系统的核酸酶,负责识别并切割目标DNA或RNA。Cas蛋白种类多样,包括Cas9、Cas12、Cas13等,其中最常用的是Cas9。

CRISPR/Cas系统可以实现精确的DNA编辑,包括基因敲除、插入和修复,实现对生物体基因进行高度定制的修改,促进基因功能的研究、疾病治疗等领域的发展。CRISPR/Cas系统的工作过程包括CRISPR序列的识别和获取、CRISPR序列的转录和加工、gRNA的生成、CRISPR/Cas蛋白的活化、识别目标DNA、DNA切割和DNA修复。初始阶段,细菌或古细菌会感知并捕获入侵的外源DNA片段,如病毒的DNA。这些外源DNA片段将被整合到细菌的CRISPR序列中,成为“记忆片段”,以供将来的免疫防御。当外源DNA再次侵入时,CRISPR序列会被转录成特定的RNA,称为CRISPR RNA(crRNA)。crRNA包含与外源DNA片段互补的序列,用于识别特定的外源DNA。crRNA通过与另一种RNA分子(trans-activating CRISPR RNA, tracrRNA)合并,形成导向RNA(gRNA)。为了降低实验的复杂性,使得CRISPR/Cas9基因编辑更加高效和便捷,研究人员通常将crRNA和tracrRNA功能结合到一个单一的RNA分子(single-guide RNA, sgRNA)。sgRNA包含一个用于识别外源DNA的导引序列。sgRNA与CRISPR/Cas蛋白(如Cas9)相结合后,激活Cas蛋白,使其具备切割DNA的能力。Cas蛋白和gRNA组成复合物,然后通过导引序列与目标DNA的特定序列相互匹配,使CRISPR/Cas系统能够准确找到目标DNA。一旦CRISPR/Cas复合物与目标DNA结合,Cas蛋白的核酸酶活性被触发,导致目标DNA的双链断裂(图4-7C)。细胞会尝试修复双链断裂,包括NHEJ和HR两种修复机制。通过修复,可以引入特定的突变(如小片段的插入或缺失),或者在存在同源模板的情况下实现精确的序列替换。

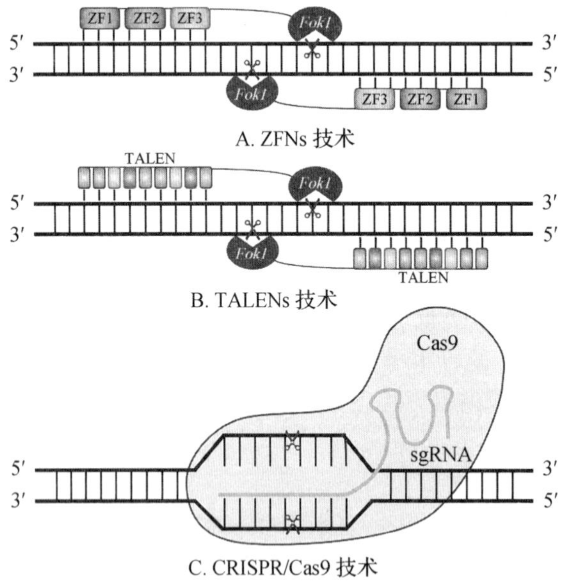

图4-7 基因编辑技术原理

CRISPR/Cas9基因编辑系统的操作过程包括以下关键步骤。

1. 设计和构建sgRNA

我们需要先确定编辑的基因以及目标区域的DNA序列(需临近原间隔子相邻基序,即PAM序列;Cas9蛋白的PAM序列为“NGG”),并设计一个与该序列互补的sgRNA。利用分子生物学技术合成sgRNA,这段RNA将指导Cas9核酸酶结合目标DNA序列。

2. 准备 Cas9 蛋白

常用的 Cas9 来源于链球菌(streptococcus pyogenes),但也可选择其他来源的 Cas 变体。在体外系统中表达 Cas9 蛋白,并进行纯化以确保其活性。

3. 组合 sgRNA 和 Cas9

在体外将 sgRNA 和 Cas9 蛋白结合,形成能够识别和切割特定 DNA 序列的核糖核蛋白(RNP)。

4. 细胞转染

通过细胞转染技术能够将 RNP 转染到目标细胞中,使其直接发挥功能。或者将含有 sgRNA 和 Cas9 编码序列的载体转染到目标细胞中,使 sgRNA 和 Cas9 蛋白在胞内表达并组装,再发挥功能。

5. DNA 切割和修复

sgRNA 引导 Cas9 蛋白结合目标位点,Cas9 切割 DNA 双链,产生 DNA 双链断裂,通过细胞自身的 DNA 修复机制修复这种断裂。其中,NHEJ 修复通路会导致目标区域的碱基插入或缺失,导致移码突变,最终引起基因敲除。另外,在引入同源模板的情况下,通过 HR 修复通路可以实现目标区域的插入和替换。

6. 筛选和鉴定编辑细胞

选择已经进行了基因编辑的细胞。使用 PCR、DNA 测序等分子生物学技术,验证目标位点的基因编辑情况。

7. 动物模型的创建

如果研究目标是构建基因编辑动物模型(如小鼠),可将组合的 sgRNA 与 Cas9 蛋白共同注入或电转入小鼠的原核期受精卵中。常用的方法包括原核注射、胞质注射和电转染。原核注射通常注入雄性原核。

注射或电转后的受精卵继续在体外培养至 2 细胞期,随后移植至假孕小鼠的输卵管中,完成胚胎在体内的继续发育。

8. 后续分析

在动物出生后,通过分析其表型确认基因编辑的效果。

作为新一代基因组编辑工具,CRISPR/Cas 系统仅需设计针对目标区域的 gRNA,便可实现对基因组不同位点的编辑。与 ZFNs 和 TALENs 技术相比,CRISPR/Cas 的设计更简捷、成本更低,且对于相同靶点的编辑效率更高。CRISPR/Cas9 系统在多种细胞类型和物种中显示出高效的基因编辑能力,并且该系统的设计和实施更加简单和直接,降低了技术操作的复杂性,在实验动物基因编辑领域获得了广泛应用。由于 CRISPR/Cas9 系统能够同时编辑多个基因,还可适用于更复杂的基因编辑任务。因此,CRISPR/Cas 技术的出现极大地推动了基因编辑技术的发展,其开创者 Jennifer A. Doudna 和 Emmanuelle Charpentier 也因此获得了 2020 年的诺贝尔化学奖。

二、小鼠胚胎操作技术

实验动物胚胎操作技术是一种高度专业化的生物技术,主要用于在实验动物的胚胎阶段进行基因操作、细胞操作和胚胎移植。这些技术在遗传学、发育生物学、生殖生物学和医学研究中起着至关重要的作用。常用的小鼠胚胎操作技术包括体外受精技术(in vitro fertilization, IVF)、显微注射技术、精子冷冻保存、胚胎冷冻保存、精子或胚胎复苏。

(一)体外受精技术

小鼠胚胎获取是实验动物胚胎操作技术中的一个基础步骤,涉及从雌鼠体内提取胚胎的过程,通常用于后续的基因操作、胚胎显微注射、胚胎培养、胚胎移植、胚胎冷冻保种等实验。小鼠胚胎获取主要有自然交配和体外受精技术两种方式。自然交配是最传统和直接的小鼠胚胎获取方式,其过程相对简单。将雌性小鼠与雄性小鼠放在同一个笼子中进行交配。交配后检查雌鼠是否有阴道栓(通常有阴道栓称为见栓),这是交配成功的标志。之后根据研究需要在特定的时间点安乐死雌鼠,手术取出输卵管或者子宫获得不同发育阶段的胚胎。该方法交配成功率和胚胎获取率可能受到多种因素的影响，难以控制精确的受精时间。IVF 技术可以对卵子和精子的质量进行控制和优化，精确控制受精时间和条件，提高实验效率。并且 IVF 技术允许不同遗传背景的小鼠交配，有助于增加种群的遗传多样性。通过 IVF 技术，可以创造特定的遗传变异模型。IVF 技术的改进和优化对人类辅助生殖技术具有指导意义。

体外受精技术可以广泛应用在繁殖中，冷冻精子、冷藏精子和新鲜精子都可以通过不同的实验体系进行体外受精。该技术主要包括精子获能、精卵结合、胚胎移植三个过程。

1. 精子获能

精子需要获得一定足够的能量才能完成精卵结合即受精，受精效率由精子活力决定。精子活力代表了精子质量，活力越好质量越好，受精效率越高。活力主要由精子浓度、精子游动速度、精子形态等决定。以新鲜精子为例，IVF 技术中精子活力的主要影响因素有以下几点。

(1)雄鼠状态　在通常情况下，雄鼠约 7 周龄左右性成熟，10 周以上可以进行 IVF 实验，最佳实验周龄是 12～18 周。在特殊情况下，IVF 实验最小使用年龄允许 8～9 周龄；在雄鼠状态良好情况下，最大使用年龄可以达到 1～2 年，某些品系甚至可达到 2 年以上。

当使用年幼或者年老雄鼠进行 IVF 实验时，均需降低精子获能试剂的量，提高精子浓度或者受精液里添加还原型谷胱甘肽(GSH)，提高 IVF 的受精效率。

(2)获能液　精子获得足够能量的试剂称为获能液，通常使用 TYH 或 HTF 获能液。TYH 是一种小鼠 IVF 实验中常用的培养液，其中含有甲基-β-环糊精(MBCD)和聚乙烯醇(PVA)，获能时间一般 30～60 min。这种培养液提供了一种模拟自然生殖道环境的介质，有助于促进体外环境中的精子成熟，提高精子活力，促进精子获得渗透卵子所需的能量，提高精子与卵子结合的概率，从而增加受精成功率。HTF 是一种模拟人类输卵管环境的 IVF 专用培养液，该培养液可以为精子获能，提供精卵结合必要的营养和环境支持，增加受精的概率。HTF 培养液不仅适用于获能和受精过程，还能支持受精卵的初期分裂和发育，甚至可以支撑胚胎发育到囊胚。此外，其他胚胎培养液，如 KSOM、M16 等有利于胚胎的早期发育。

2. 精卵结合

从雌鼠的输卵管膨大部收集到带有颗粒细胞的卵母细胞(也称卵子)，放入 HTF 受精液，加入获能后的精子，孵育受精 4～6 h，这个过程称为精卵结合(受精)。一般新鲜精子或冷藏精子需加入 3～5 μL，冷冻精子需加入 10～20 μL。一直以来，科学家们致力于探索获得更多的卵母细胞，进一步提高受精效率。

(1)超数排卵　为了提高可使用的卵子数量，IVF 实验开始前，雌鼠需要经过促性腺激素刺激，通常使用孕马血清促性腺激素(pregnant mare's serum gonadotropin，PMSG)和人绒毛膜促性腺激素(human chorionic gonadotropin，HCG)的组合。PMSG 模拟内源性促卵泡素的促进卵巢内卵泡的成熟作用。HCG 模拟促黄体素的诱导成熟的卵泡破裂排卵作用。

高效的超数排卵影响因素包括雌鼠自身的营养状态(体重和周龄)、外来激素的稳定性(批次和剂量)、激素干预时间(激素注射时间和间隔时间)等(图 4-8)。此外，不同小鼠品系遗传背景也是其中一个因素。在通常情况下，雌鼠最佳实验周龄 3～5 周或者 9～12 周，激素注射剂量为 10 IU/只，PMSG 与 HCG 注射的间隔为 42～48 h，HCG 注射后 14～18 h 收集卵子。

(2)胚胎收集和培养　孵育受精后，使用 HTF 洗涤胚胎，洗去颗粒细胞和精子。之后将胚胎转移到 HTF 培养液中进行过夜培养，每枚胚胎对应 1 mL 培养液，以提供更合适的营养成分利于胚胎的卵裂发育。

3. 胚胎移植

通过输卵管移植将 IVF 得到的 2 细胞期胚胎移入代孕受体输卵管内，从而得到小鼠后代。该技术是胚胎操作相关技术获得后代的重要环节，也是 IVF 实验中的重中之重。

(1)结扎雄鼠　结扎雄鼠(vaseetomized male mice，VAS)主要是用于诱导雌鼠假孕的雄鼠。一般通过结扎输精管对雄鼠进行外科绝育手术，使雄鼠丧失生育能力，但保有正常的交配行为。结扎后的雄鼠经过 2 周的术后恢复，观察其是否能成功诱导雌鼠进入假孕状态，判断标准为交配后雌鼠可形成阴道

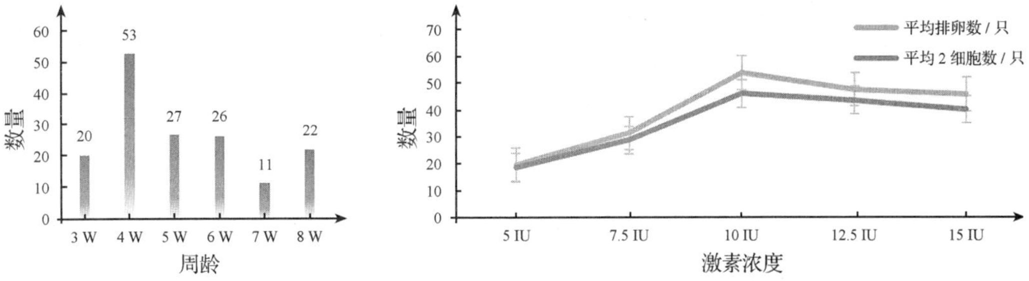

A. 激素刺激超排卵后，不同周龄雌鼠排卵数量统计

B. 不同激素注射浓度下，雌鼠超排卵子数与受精后 2-cell 数量统计

不同品牌激素可能对超数排卵效果影响较大，需要在实际使用中探索最佳剂量。

图 4-8　雌鼠排卵数及受精后 2-cell 数统计

栓但是不会妊娠。

VAS 使用时，最好间隔一天进行交配，同时记录与雌鼠交配并见栓的记录，连续出现 3 次没有成功见栓的情况则需要淘汰 VAS。

(2)假孕受体　一般认为，假孕受体需选择母性良好，每窝仔鼠多且代乳好的品系。ICR 小鼠是最佳选择，也可以选择杂交一代。在 ICR 种群繁育时，必须保证 ICR 封闭群属性，繁育方式最好选择最佳避免近交法。选择健康且生殖能力良好的成年雌性小鼠作为潜在的受体母鼠。通常选择年龄和体重符合特定标准的个体，年龄一般在 6～8 周，体重范围 25～35 g，不超过 40 g。

见栓当天的假孕受体记为 0.5 d 受体，以此类推有见栓 2.5 d 受体。原核期单细胞胚胎到囊胚的早期胚胎都可以使用 0.5 d 受体输卵管移植，输卵管有膨大部的受体可以使用进行胚胎移植。桑葚胚、囊胚等晚期胚胎可以使用 2.5 d 受体子宫移植，其中卵巢有排卵点，子宫红润的受体可以使用。

每只假孕受体双侧输卵管可移入 20 枚左右的 2 细胞期胚胎，不超过 15 枚左右的囊胚，不同来源的胚胎或不同发育时期的胚胎可以进行调整。关于 2 细胞期胚胎移植数量直接影响假孕受体的生仔数量，质量好的体内胚胎可以减少胚胎移入量，但是最好不少于 10 枚胚胎，质量一般的 IVF 胚胎或者体外操作过的胚胎可以增加胚胎移入量，最好不超过 35～40 枚胚胎。总而言之，输卵管移植时，40%左右的 2 细胞可以发育成正常胎儿，因此植入胚胎数为 25 枚左右。子宫内移植时，每只受体雌鼠可移植 10～15 枚胚胎，如果进行单侧子宫角移植则每个子宫角最多不超过 8 枚胚胎。

小鼠孕期 19.5 d，孕 14 d 胎儿体积最大，受体肚子最明显，此时可以查看是否成功受孕。受体在生仔前后 3 天，需给予安静舒适的环境保证顺利生仔。如果生仔前后受到惊扰，受体可能会出现难产或者食仔等现象。

(3)非手术移植　如果胚胎发育到晚期阶段，可以使用非手术的方法将胚胎移植到假孕受体子宫内，使胚胎正常发育成新的个体。该技术使用非手术胚胎移植器，将胚胎放入子宫角，主要针对桑葚胚、囊胚等晚期胚胎的移植。非手术移植技术简单易操作，对小鼠损伤小，提高动物福利。

非手术移植假孕受体使用见栓 2.5 d 受体。显微镜下，将晚期胚胎吸入小鼠非手术胚胎移植器(transcervical embryo transfer device，TCET)，借助开膣管打开阴道暴露子宫颈，将胚胎放入子宫角内。如果插入 TCET 有阻力，不要强行用力插入，需要重新寻找进入子宫角的位置。

4. 快速大量扩繁技术

基于 IVF 技术，用 1～2 只雄鼠精子和野生型雌鼠的卵子，一次性获得大量子代的方法，即为快速大量扩繁。45 d 内，快速大量扩繁技术即可获得 50～1 000 只后代。后代出生日期一致，周龄、体重相当，可以减少实验材料之间的误差，同时缩短了繁育周期，加速科研进程。

(二)显微注射技术

小鼠显微注射技术用于将DNA、RNA、CRISPR/Cas9组件或其他物质直接注射到小鼠的受精卵或早期胚胎中。这项技术在基因编辑、转基因小鼠模型的创建和基因功能研究中发挥着至关重要的作用。根据注射物的不同,分为早期胚胎胞质或原核注射、8细胞期胚胎注射、囊胚期胚胎注射、胞浆内单或类精子注射、小鼠克隆技术、贴壁细胞的体细胞注射等。

1. 显微注射的准备阶段

显微操作的实验室需要一套完整的显微注射系统以及胚胎操作相关的仪器设备。进行显微注射之前还应准备好胚胎、注射样品等。

(1)仪器设备　显微操作系统,主要包括倒置显微镜、气压和油压操作仪、操作臂控制面板、微量自动注射仪、Piezo破膜仪、减震台等。此外,进行显微注射还应包括拉针仪和煅针仪。

拉针仪用于准备注射用玻璃针。使用仪器时测试熔点Ramp值很重要,然后根据注射针的需求摸索参数,主要参数包括加热值(HEAT)、拉力值(PULL)、速率值(VEL)、时间(TIME)。加热值增加,针细而长,尖端细;拉力值增加,针呈长锥型,针尖变化不受影响;速率值增加,针尖的直径会变细;时间增加,针呈短锥型,针尖直径迅速减小。因此,为了达到最优的注射效果,不同注射选择不同的注射针,对应使用不同的参数。拉针仪针对不同注射内容使用的参数设置可参考表4-5。

表4-5　不同注射内容对应拉针仪的参数设置

注射内容	HEAT	PULL	VEL	TIME
胞质或原核注射	596	120	100	90
晚期胚胎干细胞相关注射	720	120	120	100
ICSI(intracytoplasmic sperm injection)相关注射	720	120	120	100

注:以上参数仅供参考,不同品牌的拉针仪和玻璃电极,拉制参数设置存在差异。

煅针仪主要用于对拉制针进行收口、测量内外径、截断和角度处理等。持卵针制备参数可参考,HEAT=415,PULL=18,VEL=95,TIME=150。通常持卵针的打弯角度控制在20°～30°,内径控制在10 μm,ICSI注射针内径控制在8 μm,干细胞注射针内径控制在10 μm。

(2)胚胎的收集与准备　通过自然交配或体外受精获得小鼠受精卵或早期胚胎。将胚胎在适宜的培养液中孵育至适合注射的阶段。通常HCG注射后24 h进行原核注射,40 h左右进行2细胞期胚胎注射,68～72 h进行8细胞期胚胎注射。收集囊胚时,为了达到更好的胚胎发育统一性,提前收集桑葚胚胚胎,在培养液M16培养过夜得到囊胚。

(3)注射样品的准备　准备所需注射的物质,如DNA、RNA或CRISPR/Cas9 RNP、干细胞或体细胞、单或类精子等。将注射样品稀释在相应的溶液中,DNA/RNA/蛋白等液相样品使用无菌水或者其他溶剂;干细胞、体细胞、类精子细胞等使用对应的细胞培养液;精子使用精子滞动液聚乙烯吡咯烷酮(PVP)。

2. 显微注射过程

(1)注射样品上样和注射胚胎准备　注射样品是DNA、RNA或蛋白等液相样品时,使用上样针将注射样品直接加入注射针中,注射操作皿中放置胚胎。胚胎干细胞注射、ICSI注射或者克隆注射时,使用压电式破膜仪,需要上样针将重油加入注射针中,注射操作皿中放置干细胞、精子或体细胞,同时放置胚胎,将注射操作皿置于倒置显微镜的热台上。通常细胞类注射操作不需要打开热台,使用持卵针轻微吸力或特殊的固定装置固定胚胎即可防止移动。

(2)注射操作　在显微镜下,精确地将注射针插入胚胎(通常是合子或早期胚胎或囊胚)。通过微量操作器控制,精确注入所需量。

(3)胚胎的恢复与培养　注射后,将胚胎转移到培养液 M16 中进行恢复或者培养。如果需要孕期胎儿或者后代,通常恢复 0.5 h 后进行胚胎移植手术(参考 IVF 技术中的胚胎移植部分)。

(三)精子冷冻保存

小鼠精子冷冻保存是一种重要的生物资源保存技术,其主要目的包括遗传资源保存,保留特定遗传背景的小鼠品系,防止遗传漂变或品系丢失。减少长期饲养成本,方便在需要时快速恢复特定的品系。维持遗传多样性,防止因连续近亲繁殖而导致的遗传问题。在基因编辑和转基因研究中,保存特定遗传改变的精子。精子冷冻保存相较于胚胎冷冻保存具有成本低、效率高、遗传稳定性强、动物使用少等优点,从单个雄性个体即可以获得大量精子,在较小的空间中存储更多样本,节省液氮和存储空间。

1. 精子冷冻保存原理

小鼠精子冷冻保存技术的成功实施依赖于正确使用冷冻保护剂、控制降温速率、妥善贮存和管理解冻过程。这些措施共同确保了精子的生物活性和遗传完整性。极低温度(如液氮温度,−196 ℃)可以显著减缓或停止细胞内的代谢活动,有效防止细胞老化和死亡,并且在极低温度下,生物学过程和化学反应几乎完全暂停,这有助于保存精子的生物活性和遗传完整性。为了防止冷冻过程中细胞内冰晶形成导致细胞膜破裂和细胞结构损伤,需要添加冷冻保护剂(如甘油或二甲基亚砜 DMSO 或丙二醇等),保护剂还帮助维持细胞在冷冻和解冻过程中的渗透平衡,减少细胞受损。精子在冷冻前需要经历逐步降温过程,减少细胞内部和外部环境之间因温度变化带来的压力。同时,缓慢降温有助于防止大冰晶的形成,从而减少对细胞结构的损伤。

2. 精子冷冻保存方法

传统精子冷冻保存流程如下。

(1)精子冷冻保护剂配制　取 50 mL 离心管,加入 30 mL 胚胎专用水;加入 0.438 5 g 谷氨酰胺(glutamine),封口膜封口振荡 3 min,放入 60 ℃水浴锅中;直接加入 0.9 g 脱脂奶粉(skim milk)和 5.4 g 棉子糖(raffinose);振荡 3 min 放入水浴锅 90 min,其间每 30 min 振荡 3 min;之后离心机离心 1 000 g,60 min,保留上清液,过滤后用安瓿瓶分装于室温保存,预实验检测无误后使用。

(2)精子冷冻前准备　在常温下,制作冷冻保护剂微滴和洗涤滴,通常使用冷冻保护剂(cryoprotective agents,CPA)。准备精子载体麦管及麦管套,并使用喷码机编号和信息登记等。准备好封口机、浮漂和盛好液氮的保温桶。

(3)精子收集　选择健康的成年雄性小鼠,最佳年龄 12～18 周。通过手术方式采集附睾尾,显微镜下去除附睾尾组织上残留的血迹和脂肪(图 4-9A),并用冷冻保护剂清洗两遍。双侧附睾尾放入冷冻保护剂滴中,用显微剪对每个附睾尾剪 3 下,精子扩散 3 min,期间每 1 min 固定方向摇动,便于加速精子游出(图 4-9B 至图 4-9D)。

(4)冷冻过程　首先,待精子扩散均匀后,移液器将精液分为 10 个小滴,每个小滴 10 μL,放在培养皿上,每次需去除培养皿壁上枪头的矿物油(图 4-9E)。其次,用注射器吸 100 μL HTF,50 μL 空气,10 μL 精子,50 μL 空气。上端吸到过滤塞处,下端吸取精子前去除麦管前端多余的 HTF,封口机封存。浮漂浮于液氮表面,将麦管放入浮漂内预冷 10 min 后再放入液氮内,完成冻存。每只雄鼠 10 个精子滴,可冻存 10 根麦管,放置于一个麦管套内,即 1 只雄鼠冻精 1 个麦管套。冻存完毕转移到液氮罐中保存。

(5)长期贮存　将麦管套置于液氮罐中(−196 ℃),定期检查确保液氮充足,安全无泄漏,温度稳定,每个小鼠品系冻存 2 只雄鼠,冻精分开放置于不同液氮罐内,安全备份。冻精信息和位置信息进行详细登记。

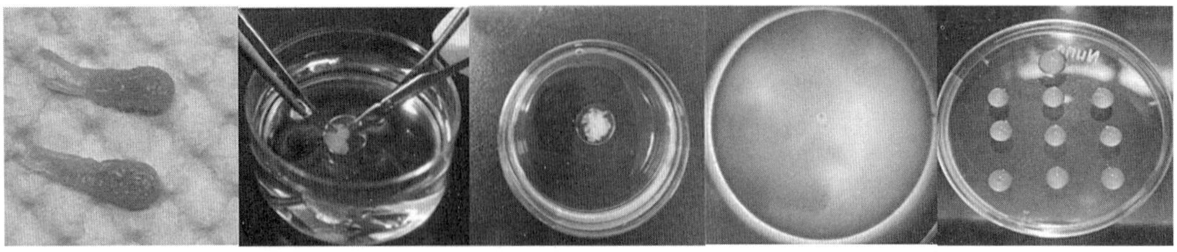

A. 采集附睾尾　B. 剪刀剪切附睾尾　C. 精子扩散过程中图示　D. 精子均匀扩散后图示　E. 制备精子滴

图 4-9　精子收集-冷冻过程

此外，精子冷冻保存方法还包括脱水干燥冷冻方法、冻干保存精子方法、冷冻睾丸或附睾方法。脱水干燥冷冻法是一种新型的小鼠精子冷冻方法，包括冷冻、干燥和保存三个过程。主要使用一种非渗透性冻存保护剂(海藻糖)，在冷冻过程中，精子细胞内形成冰晶，但大小不至于立即造成损伤。精子在真空冷冻干燥机中进行干燥处理，固态玻璃化冰晶直接汽化。该方法可在 4 ℃的条件下长期保存精子，并支持在室温下长途运输，节约成本并减少对贮存空间的要求。冻干保存精子方法是在传统冷冻方法基础上开发的经济便捷的长期保存方法。该方法通过在冻存保护液中加入蛋白质抑制冰晶形成。利用冻干仪器对小鼠精子进行冻干操作。此方法冻干精子在普通冰箱内可保存两个月，在－80℃冰箱内可保存 6 个月以上，液氮中保存时间更长。冷冻睾丸或附睾方法则直接冷冻小鼠的附睾、睾丸或整个个体来保存种质资源。该方法适用于成熟和未成熟的精子，对保护濒危哺乳动物具有重要意义。但是，使用这三种方法冻存的精子，复苏后需通过卵胞浆内单精子显微注射(intracytoplasmic sperm injection，ICSI)技术获得受精卵(ICSI 注射请参考显微操作技术部分)。

(四)胚胎冷冻保存

小鼠胚胎冷冻保存技术，能够帮助科研人员更加高效和经济地进行实验动物的管理和研究，同时减少对活体动物保种的依赖，提高动物福利。与精子冷冻保存相似，通过胚胎冷冻保存，研究者可以快速恢复所需的实验动物群体，提高研究效率，减少持续饲养实验动物的成本。冷冻胚胎相较于活体动物更能保持遗传稳定性，避免长期繁殖可能引起的基因变异。便于国际合作和遗传资源的应急备份。小鼠胚胎冷冻保存技术适用于保存特定遗传组合的胚胎，尤其是在双亲均携带重要基因时。特别适用于保存那些繁育困难或成本较高的复杂遗传背景品系。此外，小鼠胚胎冷冻保存技术有利于一些特殊实验设计，例如某些需要特定时期的发育生物学实验。常用小鼠胚胎冷冻保存方法包括慢速冷冻法和玻璃化冷冻法两大类。

1. 慢速冷冻法

慢速冷冻法使用低渗透的低温保护剂[如乙二醇、丙二醇、甘油、二甲基亚砜(DMSO)]，将胚胎与保护剂混合使保护剂充分进入细胞，利用程序降温仪缓慢降温至适宜温度。最终将胚胎投入液氮中长期保存。该方法对胚胎毒性小，解冻后存活率较高。但是操作烦琐，需要特殊的降温装置，时间消耗长。

2. 玻璃化冷冻法

玻璃化冷冻法通过在高浓度的冷冻保护液中处理胚胎后，将其快速降至－196 ℃，并长期保存。该方法冷冻速率快，缩短了程序时间。简化操作，无须昂贵的设备。直接接触液氮，加快了冷冻和复苏速度。玻璃化冷冻法可进一步划分为以下三类。

(1)超快速冷冻法　使用 DMSO、乙酰胺、丙二醇等组成的玻璃化溶液进行冷冻。

(2)开放式拉长塑料细管法(OPS)　利用薄壁细管和毛细现象，快速冷冻并与液氮接触。

(3)封闭式拉长塑料细管法(CPS)　采用封闭式系统，避免直接接触液氮，减少污染风险。

慢速冷冻法和玻璃化冷冻法各有优势和局限。慢速冷冻法操作更为复杂，需要特定的设备，但对胚胎的影响较小，适合于对胚胎损伤要求较低的情况。玻璃化冷冻法则因其快速、简便且对设备要求较低而在临床和研究中得到广泛应用，特别是在资源有限的环境中。不同的冷冻方法适用于不同的实验条件和目的，选择合适的方法是关键。

3. 胚胎冷冻方法

(1)传统 DAP213 胚胎冷冻保存流程

①胚胎冷冻保护剂配制：先配制 stock 液 PB1（表 4-6），再配制 1 mol/L DMSO、DAP213A、DAP213B、0.25 mol/L Sucrose，DAP213 现用现配（DAP213A 和 DAP213B 按照 1∶1 比例混匀）。

②胚胎冷冻前准备：预冷胚冷试剂 1 M DMSO、DAP213A、DAP213B 和冻存管（可置于冰盒上预冷）。标记冻存管，每管冷冻 50 枚左右胚胎。

③胚胎收集：体外受精后，过夜培养收集 2 细胞期胚胎，挑选状态良好的统计数量。

④冷冻过程：培养皿上做 4 个 100 μL DMSO 的液滴，吸取 150 枚 2-cell 放置于其中 1 个液滴，然后将洗涤后胚胎均匀分入剩下的 3 个液滴内，即每个液滴分装 50 枚胚胎；用移液器吸取 5 μL 含有胚胎的 DMSO 转移至冻存管底部。冰上平衡 5 min 后，加入 45 μL DAP213，拧好冻存管盖（回旋半圈），冰上平衡 5 min，直接放入液氮。

⑤长期保存：保存方式同精子冻存，每个品系可冷冻 200 枚以上 2 细胞期胚胎。冻胚信息和位置进行详细登记。

表 4-6　PB1 胚胎冷冻保护剂成分

试剂名称	mg/100 mL	供应商	产品货号
NaCl	800	Sigma	S5886
KCl	20	Sigma	P5405
$CaCl_2$	12	Sigma	C5670
KH_2PO_4	20	Sigma	P5655
$MgCl_2 \cdot 6H_2O$	10	Sigma	M2393
Na_2HPO_4	115	Sigma	S5136
Na-Pyruvate	3.6	Sigma	P4562
Glucose	100	Sigma	G6152
Penicillin	7.5	Sigma	P4687
Streptomycin	5	Sigma	S1277
BSA	300	Sigma	A4378

(2)麦管丙二醇胚胎冷冻保种流程

①胚胎冷冻保护剂配制：配制冷冻液 A 和冷冻液 B，复苏液 C、复苏液 D 和复苏液 E（表 4-7）。

表 4-7 胚胎冷冻保护剂成分表

处理液名称	胎牛血清	HTF	丙二醇	乙二醇	蔗糖
冷冻液 A(10 mL)	2	6.5	0.75	0.75	—
冷冻液 B(10 mL)	2	3.85	1.5	1.5	1.98
第一解冻液 C(10 mL)	2	6	—	—	3.42
第二解冻液 D(10 mL)	2	7	—	—	1.71
第三解冻液 E(10 mL)	2	8	—	—	—

注:表中各处理液的总体积为 10 mL,以上组分之和如不足 10 mL,以水补齐。

②胚胎冷冻前准备:冷冻液 A 和冷冻液 B,预先室温放置 2 h 以上。

③胚胎收集:体外受精后,过夜培养收集 2 细胞期胚胎,挑选状态良好的统计数量。

④冷冻过程:培养皿上做 1 个 200 μL 的冷冻液 A 滴,将胚胎移至 A 中,平衡 5 min,观察皱缩。起初收缩,之后又渐渐恢复原来形态。等待过程中将小鼠品系信息等标记在麦管套。冷冻液 B 做三个滴,每个 B 滴约 20 μL,将胚胎从 A 移入 B,并依次清洗三遍,前后时间控制在 1 min 以内。之后将胚胎直接放入麦管前端凹槽内,并直接放入液氮内冻存。通常每个麦管冻存 20～30 枚胚胎,即每管复苏回收的胚胎移植 1 只代孕受体。

⑤长期保存:液氮罐内放置。每个品系麦管放置两个不同麦管套,分开放置在不同地方的液氮罐中。与 DAP213 胚胎冷冻方法保存一样。

(五)精子或胚胎复苏

小鼠精子或胚胎复苏是指从冷冻保存状态恢复活性的过程,不同的冷冻方法对应不同的复苏流程。下面主要针对传统精子冷冻方法和麦管丙二醇胚胎冷冻方法的复苏流程进行具体介绍,仅供参考。

1. 传统精子冷冻方法的复苏

(1)复苏前准备　提前对供卵雌鼠进行激素超排,准备精子获能滴,受精滴(参考 IVF 技术)。获能滴和受精滴均是 90 μL/滴,其中受精滴需要根据冻精状态决定谷胱甘肽(GSH)的最终浓度。

(2)复苏操作　液氮中取出需要复苏的冻精麦管,室温放置 10 s 之后快速放入 37 ℃的水浴中 10 min。水浴后将麦管内精液推入获能滴内进行获能。获能 30 min 后,取获能滴周围的精子 10～20 μL(如果精子活力低,可以酌情增加精子的加入量),加入受精滴内与卵子受精。

如果回收回来的冻精没有活力,可以保留进行 ICSI。

2. 麦管丙二醇胚胎冷冻方法的复苏

(1)复苏前准备　准备代孕受体,制作 M16 培养滴并提前放入培养箱 30 min 以上。每皿加入 500 μL 第一解冻液 C,放入 37 ℃培养箱预热 1 h 以上;每皿加入 500 μL 第二解冻液 D 或者第三解冻液 E,室温放置 2 h 以上。

(2)复苏操作　首先,从液氮罐中取出冻胚,将麦管保有胚胎一端正面向上浸入第一解冻液 C 中,至胚胎自由漂到解冻液内后静置 1 min。其次,将胚胎从第一解冻液 C 中转移至第二解冻液 D 中,放置 3～5 min。然后继续将胚胎从第一解冻液 D 中转移到第三解冻液 E 中,放置 10 min。最后,转移到 M16 培养滴中,等待移植。

精子或胚胎复苏过程中,解冻和后续操作需快速进行,以减少精子或胚胎暴露在非理想环境下的时间。整个复苏过程应严格控制温度,避免温度波动。此外,操作过程中需保持无菌条件,避免污染。

第十二节　动物原代细胞模型制作技术

动物原代细胞模型制作技术涉及直接从实验动物体内分离细胞并在体外条件下培养，旨在系统研究其生物学特性和功能。原代细胞源自直接分离于动物组织的细胞群，具有有限的体外传代历程或无传代历程。相较于连续细胞系，如肿瘤细胞系或人工永生化的细胞系，原代细胞更能保持其来源组织的主要功能成分，因此被认为是更贴近体内状态的体外研究模型。

原代细胞能够保留在体内环境中的生物学特性，包括基因表达模式、生长特性以及细胞信号传导途径。其应用不仅有助于提供更真实的生理状态下的细胞环境，在开展动物实验研究之前，可使用动物原代细胞摸索剂量、探索机制，为动物实验提供实验依据，减少动物实验使用动物的数量，还可用于药物的有效性和安全性筛选与评估。在一些研究中，原代细胞甚至视为替代完整动物实验的一种方法，符合实验动物“3R”原则。

总体而言，原代细胞模型提供了更加真实的环境，有助于深入理解细胞在体内行为，使研究者能够在分子水平上深入研究疾病的发生和发展机制。

一、基本原代细胞培养技术

(一)取材

原代细胞培养的难易程度和特点受到细胞分化程度、组织类型和生物年龄等因素的影响。在选择培养材料时，应考虑细胞的生物学特性和研究目的。通常年轻的、分化程度低的和肿瘤组织的细胞更容易培养，而成熟和年老组织的细胞培养难度较大。在没有特殊要求的情况下，选择易于培养的组织可以提高原代细胞培养的成功率。进行原代细胞培养时，首先，应根据研究目的选择适宜的动物模型，确定动物体内组织来源，如肝脏、皮肤、肌肉等。其次，使用手术刀、剪刀等工具精确切割所需组织，尽量减少对组织的物理损伤。整个取材过程必须在无菌条件下进行，防止微生物污染。最后，立即将切割下的组织样本置于含有适当缓冲溶液的无菌容器中，并在转移过程中保持适当的温度(通常为 4 ℃)和湿度。

(二)细胞分离

动物体内取出的组织由多种紧密结合的细胞和纤维成分构成。为了获得大量生长良好的细胞，必须分散组织从而解离出细胞。分散后的细胞可以更有效地接触到培养基中的营养物质和生长因子，促进细胞的增殖和生长。对于不同的生物学研究，可能需要特定类型的细胞，细胞分离使得特定细胞类型的分离和纯化成为可能。细胞分离的方法需要根据不同组织的特性和研究目标来选择，确保细胞的活性和纯度。常用的细胞分离方法包括机械分散法和消化分离法。

1. 机械分散法

从动物体中取出目标组织，将组织置于无菌条件下，并在生理盐水或特定的缓冲液中冲洗以去除血液和杂质。使用无菌手术刀或剪刀将组织切成更小的块，切割过程中应尽量减少对细胞的损伤。将切割好的组织块放入培养皿或试管中，通过温和的搅拌、震动、反复吹打，使组织块进一步分散。使用细孔筛或滤网去除未分散的组织块和大的碎片，收集通过筛选的细胞悬液。通过低速离心将细胞沉降下来，去除上清液，在新鲜的培养基中重新悬浮细胞。

机械分散法是一种相对温和、简单的细胞分离方法，特别适用于结构松散、细胞粘连不紧密的组织，以及一些对酶敏感的细胞分离。该方法的主要优点是避免了化学损伤，但可能对细胞有一定的物理损伤，需要结合其他方法提高分离效率和纯度。在操作过程中，保持无菌和温和处理是保证细胞活性的关键。

2. 消化分离法

在无菌条件下，将从动物体内获得的组织冲洗并切割成小块后，将切割好的组织块与消化酶混合。在通常为 37 ℃的恒温条件下孵育，孵育时间取决于组织类型和酶种类。当细胞从组织中释放后，立即用含有血清的培养基终止消化过程。通过细孔筛或滤网去除未消化的组织碎片。通过低速离心弃去上清，收集细胞。用新鲜的培养基洗涤细胞，去除残余的消化酶。将洗涤后的细胞悬浮于适宜的培养基中，进行进一步的培养。

常用的消化酶包括胰蛋白酶、胶原酶、透明质酸酶，不同酶适用的组织不同。胰蛋白酶消化法主要用于细胞间质较少的软组织，如胚胎、上皮、肝脏、肾脏等，对纤维性组织和较硬的肿瘤组织效果不佳。可联合 EDTA 使用，提高消化效果。胶原酶消化法使用的胶原酶包含多种亚型，其中Ⅰ型胶原酶适用于上皮、肾脏、肺、脂肪等；Ⅱ型胶原酶适用于心脏、甲状腺、唾腺、肝脏、骨骼、软骨等；Ⅳ型胶原酶适用于胰岛等特定组织。透明质酶消化法适用于含有大量透明质酸的组织，如软骨、眼球周围组织等。常与其他酶联合使用，提高细胞分离效率。

消化分离法是原代细胞培养中常用的一种细胞分离方法，适用于多种密集和粘连紧密的组织类型。该方法能有效分离出大量细胞，但需要精细控制消化条件以保护细胞的活性和功能，包括根据组织类型和目标细胞选择适当的消化酶；严格控制消化时间和温度，避免过度消化导致细胞损伤；保持整个过程的无菌性，避免细胞污染；在收集和洗涤细胞时要温和操作，避免对细胞造成机械性损伤。

（三）传代培养

随着细胞增殖，培养基中的营养成分逐渐耗尽，代谢产物积累，同时细胞过度生长会导致空间不足，细胞间相互竞争营养和空间，影响细胞生长和分化。此外，随着细胞在体外培养时间的延长，可能发生基因和表型的改变。通过细胞传代培养，可以帮助细胞维持生长和繁殖的活力，延长其在体外的存活时间，为实验研究提供足够数量的细胞。

动物细胞传代培养是一种常用的实验室技术，这一过程涉及将细胞从原始培养容器转移到新的培养环境中。正确的传代技术对于保持细胞的健康和活力至关重要。传代技术主要包含以下过程。

1. 准备工作

确保无菌操作环境，如使用生物安全柜。准备新的无菌培养基、传代用试剂（如胰蛋白酶）和无菌容器等。

2. 移除培养基和洗涤细胞

从培养瓶中吸走旧培养基，使用磷酸盐缓冲盐水（PBS）轻轻洗涤细胞，去除残留的血清和代谢产物。

3. 细胞消化分离

添加胰蛋白酶或其他消化酶，使细胞从培养容器表面分离。观察细胞分离情况，避免过度消化。

4. 细胞收集和离心

将消化液转移至含有培养基的离心管中，以中和消化酶。离心以收集细胞。

5. 重悬和播种细胞

弃去上清液，让细胞重悬在新鲜的培养基中。将细胞悬液均匀接种到新的培养容器内。

6. 细胞培养

将细胞放置在恒温培养箱中，提供适宜的温度和 CO_2 浓度。定期观察细胞生长情况和培养基状态。

当对原代细胞进行首次传代时，首先，需要确保细胞的汇合度达到 80％以上，既保证细胞足够成熟，又避免过度密集生长。其次，原代细胞培养中常见混杂生长，传代时应根据不同细胞对胰蛋白酶的耐受时间差异进行选择性分离，纯化目标细胞。最后，需要注意接种密度，原代细胞通常需要更高的接种密度以促进生长。

(四)培养细胞的观察

原代细胞培养过程中，正确的观察不仅能监测细胞的健康状态，还能为实验的调整和决策提供依据。以下是培养细胞观察的具体内容。

1. 细胞形态

观察细胞形态是否正常，如细胞大小、形状和黏附状态。注意细胞是否出现形态异常，如收缩、圆化或不规则形状。

2. 细胞密度和分布

检查细胞的密度和分布是否均匀。注意细胞是否过度汇合或生长过密。

3. 细胞活力

观察细胞的活力，如移动性和对环境变化的反应。细胞活力下降可能是不良生长条件或细胞老化导致。

4. 污染迹象

关注微生物污染迹象，如细菌、真菌或酵母。注意培养基浑浊、pH 改变或异常颗粒等。

二、动物原代细胞模型

(一)大鼠肺泡Ⅱ型上皮细胞培养

Wistar 大鼠麻醉后气管切开，自左股静脉注入肝素钠 0.5 mL，开胸取肺。用胰蛋白酶消化肺组织，分离气管、支气管及其他结缔组织。细胞重悬于 DMEM 培养基中，培养于 37℃、5% CO_2 环境内。通过 IgG 包被细胞培养皿进行细胞分离，得到纯化肺泡Ⅱ型上皮细胞。

(二)大鼠肺血管内皮细胞培养

同样先对大鼠进行麻醉和气管切开。使用 HEPES 缓冲液、DPBS 缓冲液灌洗肺部，然后用含胶原酶的 M199 培养基灌流。收集细胞后，用 20%胎牛血清的 M199 培养基进行清洗和培养。通过胰蛋白酶消化和重悬培养，培养肺血管内皮细胞。

(三)大鼠心肌成纤维细胞和心肌细胞培养

取 1 日龄 SD 大鼠心脏，使用胰蛋白酶和Ⅱ型胶原酶混合液消化。分离心肌成纤维细胞和心肌细胞，用 DMEM/F12 培养液培养。采用 BrdU 抑制成纤维细胞增殖，保留心肌细胞。通常仅原代培养，适合研究用。

(四)大鼠成骨细胞培养

从新生 SD 大鼠取头盖骨，经胰蛋白酶和Ⅱ型胶原酶消化。使用含新生牛血清的低糖 DMEM 培养基培养。细胞以碱性磷酸酶染色鉴定，适合 2～4 代细胞实验研究。

(五)大鼠软骨细胞培养

从幼年 SD 大鼠取关节软骨，使用胰蛋白酶和Ⅱ型胶原酶消化。以高糖 DMEM 培养基培养，原代细胞培养适合实验。经甲苯胺蓝染色或Ⅱ型胶原免疫荧光染色鉴定。

(六)大鼠原代肝细胞培养

使用无钙缓冲液和胶原蛋白酶灌洗肝脏，分离肝细胞。经过多次低速离心，从细胞悬液中分离出肝细胞。

(七)大鼠卵巢颗粒细胞培养

注射 PMSG 激发排卵，取卵巢，用胰蛋白酶和 EDTA 处理。以 DMEM/F12 培养基培养，24 h 后换液，除去未贴壁细胞。

(八)小鼠骨髓来源树突状细胞培养

取 BALB/c 小鼠骨髓,用 GM-CSF 条件培养基培养。经过 10～14 d 的诱导培养,可获得树突状细胞。可加入不同刺激物进行细胞成熟诱导。

这些动物原代细胞模型展示了原代细胞培养技术的多样性和复杂性。每种细胞类型的培养都有其特定的步骤和要求,准确执行这些步骤对成功分离和培养细胞至关重要。通过这些技术,研究者可以更好地理解不同细胞类型的生物学特性,为生物医学研究提供重要的实验模型。

第五章

实验动物的福利与伦理

第一节 实验动物福利伦理概论

一、基本概念

(一)实验动物福利和实验动物伦理

实验动物福利(laboratory animal welfare)是指人类保障实验动物健康和快乐生存权利的理念及其提供的相应外部条件的总和(GB/T 35892—2018)《实验动物 福利伦理审查指南》。国际和国内对“动物福利”及“实验动物福利”较为公认的具体要求包括动物应享有的五项自由,以保障动物处于健康快乐的状态(well-being)。

实验动物伦理(laboratory animal ethics)是指人类对待实验动物和开展动物实验所应遵循的社会道德标准和原则理念,其中规定的八项实验动物福利伦理原则得到了国际同行的广泛认可,也成为实验动物行业和从业人员应遵守的职业道德及伦理底线。

(二)实验动物伦理与生命伦理学和科技伦理的关系

1. 生命伦理学

生命伦理学的基本原则也适用于实验动物伦理,包括:

(1)尊重原则 根据《北京市实验动物福利伦理审查指南》中的第九条“伦理委员会审查依据的基本原则”第三项伦理原则规定:“应充分考虑动物的利益,善待动物,防止或减少动物的应激、痛苦和伤害,尊重动物生命,制止针对动物的野蛮行为、采取痛苦最少的方法处置动物;实验动物项目要保证从业人员的安全;动物实验方法和目的符合人类的道德伦理标准和国际惯例。”

(2)不伤害原则 不伤害主要指任何治疗和试验都要尽量避免对患者和受试者造成伤害。但在动物实验操作过程中,实验人员不可避免会对动物肢体、器官或心理造成一定程度损伤。基于此,《北京市实验动物福利伦理审查指南》中的第九条“伦理委员会审查依据的基本原则”第一项动物保护原则规定:“审查动物实验的必要性,对实验目的、预期利益与造成动物的伤害、死亡进行综合的评估。禁止无意义滥养、滥用、滥杀实验动物。制止没有科学意义和社会价值或不必要的动物实验;优化动物实验方案以保护实验动物特别是濒危动物物种,减少不必要的动物使用数量;在不影响实验结果的科学性、可比性的情况下,采取动物替代方法,使用低等级替代高等级动物,用非脊椎动物替代脊椎动物、用组织细胞替代整体动物、用分子生物学、人工合成材料、计算机模拟等非动物实验方法替代动物实验的原则。”第十二条“有下列情况之一的,不能通过伦理委员会的审查”第八项规定“动物实验项目的设计或实施中没有体现善待动物、关注动物生命,没有通过改进和完善实验程序,减轻或减少动物的疼痛和痛苦,减少动物不必要的处死和处死的数量。在处死动物方法上,没有选择更有效的减少或缩短动物痛苦的方法。”

(3)有利原则 在实验动物伦理中,该原则主要体现在权衡利害。在生物医学研究中,既要考虑对人类健康或科学发展等有利,也要给动物带来最小可能的伤害或风险。在伦理审查中体现为审查动物实验的必要性,对实验目的、预期利益与造成动物的伤害、死亡进行综合的评估。

(4)公正原则 在人类伦理学中,公正原则是指在医疗和科研中公平、正直地对待每一位病人。在对待实验动物方面,应有一定的制度规范,实验操作方法、程度等均应保持一致。

2. 科技伦理

2022 年 3 月中共中央办公厅、国务院办公厅印发了《关于加强科技伦理治理的意见》,2023 年 9 月多部委共同印发了《科技伦理审查办法(试行)》。审查办法明确将涉及实验动物的科技活动列入科技伦理审查的范围。科技伦理是指科技创新活动中人与社会、人与自然和人与人关系的思想与行为准则。

(1)科技伦理原则

①增进人类福祉。科技活动应坚持以人民为中心的发展思想，有利于促进经济发展、社会进步、民生改善和生态环境保护，不断增强人民获得感、幸福感、安全感，促进人类社会和平发展和可持续发展。

②尊重生命权利。科技活动应最大限度避免对人的生命安全、身体健康、精神和心理健康造成伤害或潜在威胁，尊重人格尊严和个人隐私，保障科技活动参与者的知情权和选择权。使用实验动物应符合“减少、替代、优化”等要求。

③坚持公平公正。科技活动应尊重宗教信仰、文化传统等方面的差异，公平、公正、包容地对待不同社会群体，防止歧视和偏见。

④合理控制风险。科技活动应客观评估和审慎对待不确定性和技术应用的风险，力求规避、防范可能引发的风险，防止科技成果误用、滥用，避免危及社会安全、公共安全、生物安全和生态安全。

⑤保持公开透明。科技活动应鼓励利益相关方和社会公众合理参与，建立涉及重大、敏感伦理问题的科技活动披露机制。公布科技活动相关信息时应提高透明度，做到客观真实。

(2)科技伦理内容

①诚实性：不得编造、篡改数据和事实。

②客观性：避免在实验设计、数据分析甚至同行评审等方面有失公正。

③正直：遵守承诺和协议。

④开放性：在利益冲突许可的范围内，共享和公开披露数据、结果、资源。

⑤知识产权：尊重专利、版权及其他形式知识产权，不可剽窃抄袭。

⑥保密：对于参与研究的受试者、商业机密信息等保密。

⑦人类和动物受试者保护：在研究中有人类参与者时，尽量降低风险、减小危害，最大限度提升收益，尊重人的尊严、隐私和自主权。如果研究中使用动物时，应对其表现出适当的尊重和关怀。

2006年科学技术部发布的《国家科技计划实施中科研不端行为处理办法(试行)》(2007年1月1日起施行)，其中规定的六项科研不端行为中第五条为违反实验动物保护规范。

3. 职业道德

(1)职业道德的概念　职业道德(professional virtue)指在职业范围内形成的比较稳定的道德观念、行为规范和习惯的总和。它是调整职业群体内部人员的关系以及与社会方面关系的行为准则，是评价从业人员职业行为的道德标准，对该行业的从业人员具有特殊的约束力。

(2)职业道德的内容　职业道德意识，包括职业道德原则、规范、范畴、观念、情感、意志、信念等。职业道德活动，包括个人职业道德行为和职业道德评价、教育、修养等。两个方面的内容密切联系、互相影响。职业道德往往通过公约、守则等形式，促使职工忠于职守，遵守规程，钻研技术和业务，服从领导，团结协作，体现社会公德的要求。

(3)职业道德的特点　职业道德对人们的思想和职业行为有着一种内在的约束力量，人们遵从职业道德是一种经过内化的、自觉的行为。职业道德比法律、规章制度等对人们行为的控制更为深刻和广泛；职业道德是社会道德的一个重要组成部分，它构成个人思想品德的一部分内容，成为个人的价值观、人生观乃至世界观的重要因素，对个人的思想意识和思想觉悟的形成有着重大的影响；职业道德对稳定社会秩序、行业秩序、促进社会发展有重要作用。

(4)科技工作者应遵守的职业道德　中国科学技术协会于2007年1月16日发布了《科技工作者科学道德规范》(试行)，旨在推动中国科技界科学道德和学风建设的规范化、制度化，为建设创新型国家营造良好学术环境，也是实验动物从业人员应遵守的基本要求。

(5)实验动物从业人员应遵守的职业道德　我国实验动物工作起步较晚，与其他相关学科相比条件设备落后，工作环境艰苦，技术和管理要求较高，实验动物从业人员社会地位相对较低，要保证实验动物与动物实验质量，促进我国实验动物科学发展，就要求所有实验动物从业人员加强自身职业修养，培养一丝不苟的工作作风和勇于奉献的敬业精神，严格遵守职业道德规范，树立良好的职业道德。

二、实验动物福利国内外发展历程及动态

(一)国际实验动物福利发展历史及进展

第二次世界大战后，人们对于研究用动物的关心意识开始觉醒。对美国学术界来说，1950 年成立了美国实验动物科学协会(AALAS)，1958 年成立了美国实验动物医学会(American College of Laboratory Animal Medicine，ACLAM)，1965 年国际实验动物评估和认可委员会 (Association for Assessment and Accreditation of Laboratory Animal Care，AAALAC)成立。这些组织的共同目标是通过提高设施条件和授权这些设施正式资格，使其更好地照顾用于研究、教学和检测的动物。影响实验动物福利的另一个关键事件是 1963 年出版了第一本关于如何照顾和使用实验动物的指南《实验动物饲养管理和使用指南》(*Guide for the care and use of laboratory animals*，以下简称指南)，目前《指南》已更新至第八版。对公众来说，以下事件引起了人们对研究用动物的关注，特别是动物经销商如何随意获得宠物以及如何饲养这些动物。第一个事件是 1965 年《体育画报》上刊登的小犬“Pepper”的故事，这只小犬被盗，最终死在实验室；第二个是 1966 年《生活》杂志的一篇报道，揭露了供应商让动物生活在恶劣的条件中(Wayman，1966)。公众强烈抗议，促使美国于 1966 年通过了第一部动物福利法案。《动物福利法案》分别于 1985 年、1990 年、2002 年、2007 年和 2008 年修订。动物福利监督委员会，在美国称为动物管理和使用委员会(IACUC)，其范围和功能持续被定义和扩展。指南将动物管理和使用计划定义为“由机构进行的和在机构内进行的对动物福利有直接影响的所有活动……”，并将监督该计划的责任交给了 IACUC。

在农业领域，自 1964 年 Ruth Harrison 出版了《动物机器》以后，公众对农场动物福利的关注也有所增加，这本书讲述了后工业化农业中农场动物的困境。1965 年伦敦政府为回应社会诉求，召开了一次研究农场动物福利问题的会议，制定了“五项自由”的准则，包括：(1)享有不受饥饿的自由——随时获得洁净的水和饮食以保持健康和活力；(2)享有生活舒适的自由——提供适当的环境，包括居所和舒适的休憩场所；(3)享有不受伤害、痛苦或疾病的自由——通过预防或快速诊断和治疗疾病；(4)享有表达天性的自由——提供足够的空间、适当的设施和同伴；(5)享有不受惊恐的自由——提供适当的条件和治疗避免对动物造成精神痛苦 (Brambell，1965)。五项自由在一定时期内也被用于评估实验动物福利。

1982 年至 1984 年，国际医学科学组织理事会(CIOMS)进行国际跨学科商讨，制定《涉及动物的生物医学研究的国际指导原则》(CIOMS，1985 年)。这些原则由欧洲医学研究委员会(EMRC)和世界卫生组织医学研究咨询委员会认可，并作为美国国立卫生研究院、美国跨机构研究动物委员会(IRAC)和 1985 年美国政府颁布的《检测、研究和教学中饲养管理和使用脊椎动物的法规》的基础。

虽然以上原则和指导方针对实验动物福利产生重大影响，但对当今动物研究影响最大的还是 1959 年由英国的 Russell 和 Burch 提出的 3R 原则，替代(replacement)、减少(reduction)和优化(refinement)。替代是指使用低等级动物替代高级动物，或不使用动物而采用其他方法达到与动物实验相同的目的。应用细胞组织培养方法、物理化学方法、计算机模拟技术和组织器官芯片或人体芯片代替实验动物的使用。减少是指为获得特定数量及准确的信息，尽量减少实验动物的使用数量。优化是指对必须使用的实验动物，应采取人道方法，同时尽量降低使用频率或危害程度。1985 年，美国芝加哥的“伦理化研究国际基金会”提出了“4R”原则，即在 3R 的基础上增加了责任(responsibility)，呼吁实验者对实验动物要有责任感。

(二)我国实验动物福利发展历程

我国实验动物福利工作的起步是在20世纪80年代,《实验动物管理条例》提出了“从事实验动物工作的人员对实验动物必须爱护,不得戏弄或虐待”。随着生命科学研究飞速发展和实验动物使用量不断增加,使实验动物福利、实验动物伦理和替代方法的研究备受关注。

在政府和科技界的共同努力下,我国在实验动物福利、实验动物伦理和替代方法研究方面有了一定发展。实验动物纪念碑的出现和“3R”概念的引入,杂志中“福利与3R”专栏的设置和以动物福利暨动物实验替代方法为主题的国际研讨会,都是我国关注实验动物福利伦理、推动开展相关研究的集中表现。

1996年,我国学者第一次参加了在荷兰举办的第二届生命科学动物使用和动物实验替代方法国际大会,与国际本领域专家建立联系,由此开启我国实验动物福利的研究。2003年,由中国生物多样性保护基金会、北京市科学技术委员会、北京市科学技术协会、中国国际贸易促进委员会北京分会、北京实验动物学学会、中国实验动物学会青年科技协会联合主办,召开了以“实验动物福利与资源多样性”为主题的“第四届生物多样性保护与利用高新科学技术国际研讨会”,来自英国、加拿大、芬兰、日本、泰国以及国内200多位科技工作者出席了此次研讨会。把实验动物福利和动物实验替代方法研究作为国际会议的主题,在我国实验动物领域、甚至可以说在我国生命科学研究领域是第一次。这次会议助推了我国实验动物福利和动物实验替代方法研究工作又向前迈进了一步。

2006年科技部颁布了《关于善待实验动物的指导性意见》(国科发财字〔2006〕398号),北京、湖北、云南、黑龙江、广东、吉林等省(直辖市)通过人大立法发布实施的地方条例,均强调实验动物福利和动物实验替代方法的研究。其中2021年修订的《北京市实验动物管理条例》第七条 从事实验动物工作的单位和个人,应当维护动物福利,保障生物安全,防止环境污染。第九条 从事实验动物工作的单位,应当配备科技人员,有实验动物管理机构负责涉及实验动物项目的管理;成立实验动物福利伦理委员会,对涉及实验动物的项目进行独立、公正、科学的福利伦理审查。涉及实验动物的项目应当通过实验动物福利伦理委员会的审查,并接受其监督。为加快我国实验动物工作与国际先进水平的对接,中国合格评定国家认可委员会(CNAS)大力推广我国自主研发、创新建立的具有中国特色的实验动物机构认可制度,并积极寻求与国内外其他评价机制的合作与结果互认,确保实验动物机构认可制度的权威、科学和公正。这些对于促进监管部门、行业协会等相关方对实验动物机构认可结果的采信,推动认可评价方式的国际创新、引导国际认可的战略方向具有积极而重要的意义。

三、实验动物福利的重要意义

(一)实验动物福利关系到社会文明的进步

人类尊重实验动物、关心实验动物和善待实验动物是社会文明进步的标志。实验动物为人类医学等生命科学研究做出了无法替代的贡献。实验动物具有与人类一样可以感知疼痛和痛苦,有相似的感情和心理活动。作为为人类做出特殊贡献的动物群体,从人文与道德的角度,理应受到人类的关爱,其基本的福利必须得到保障。

(二)实验动物福利关系到生命科学的发展

在人工饲养条件下,实验动物的心理和生理健康非常重要,它们的福利直接或间接对生命科学的实验结果产生影响,其“身心健康”是保证生命科学研究的结果准确、可靠、客观、真实的重要保证。根据国际上对实验动物福利的要求,研究并实施我国关于实验动物福利的法律法规,是保证我国生命科学实验成果得到广泛的国际认可,使我国生命科学科研水平与国际接轨的前提与基础。

第二节　实验动物福利伦理原则

一、“五项自由”原则

1. 免于饥渴的自由(freedom from hunger and thirst):保证提供动物保持良好健康和精力所需要的食物和饮水;

2. 免于不适的自由(freedom from discomfort):提供适当的房舍或栖息场所,让动物能够得到舒适的睡眠和休息;

3. 免于伤害、痛苦和疾病的自由(freedom from pain, injury and disease):保证动物不受额外的疼痛,预防疾病并对患病动物进行及时的治疗;

4. 免于恐惧和焦虑的自由(freedom from fear and distress):保证避免动物遭受精神痛苦的各种条件和处置;

5. 表达主要天性的自由(freedom to express normal behavior):提供足够的空间、适当的设施以及与同类的社交伙伴。

二、3R 原则

1959 年,英国动物学家威廉·拉塞尔(W. M. S. Russell)和微生物学家雷克斯·伯奇(R. L. Burch)主编出版了一本具有里程碑意义的著作《人道实验技术原理》(*The Principles of Human Experimental Technigue*),书中第一次提出了动物实验替代方法,即替代(replacement)、减少(reduction)和优化(refinement)的“3R”理论。动物实验替代在动物保护运动深入的国家较为提倡,美国及欧洲部分国家已成立了相关研究中心,主要是从动物保护的理念出发,科学研究尽量减少动物的使用数量,优化动物实验,提高精确度,找出替代动物的实验方法等。

为了适应科学技术发展的需要和加入 WTO 后与国际接轨、突破贸易技术壁垒,我国已经开始了这方面的研究工作和法规、政策上的调整,人们对“3R”的理解以及技术上的探索也在不断加深和扩展,“3R”越来越被更多的人所接受。人们逐渐认识到,“3R”不仅是适应动物保护主义的一种需要,也是符合生命科学发展的要求。

(一)替代

使用低等级动物代替高等级动物,或不使用动物而采用其他方法达到与动物实验相同的目的。

(二)减少

为获得特定数量及准确的信息,尽量减少实验动物的使用数量。

(三)优化

对必须使用的实验动物,尽量减低非人道方法的使用频率或危害程度。

第三节　实验动物福利伦理要求

一、实验动物饲养环节福利要求

(一)饲养管理要求

严格的饲养管理是获得高质量实验动物,取得准确、可靠的实验结果,以及满足动物福利的基本要求。动物使用者和兽医沟通饲养管理方案和计划,只要可行,应尽量满足动物的天性,并通过 IACUC 审核。

机构应建立针对不同动物进行个体或群体识别的程序和方法,标记物或标记方式不应造成动物痛苦、过敏、中毒等任何伤害,不影响其生理状态、行为状态和正常生活,也不影响实验结果。所用方法应经过 IACUC 的审核,用于动物识别的信息应包括动物来源、动物品种及品系、研究者姓名及联系方式、关于日期的资料、关于实验或使用目的资料等。

应建立每日巡查制度,包括观察设施运行情况、动物行为和健康状况、环境参数和卫生、饮食和垫料等,并进行记录。如果在巡查过程中发现任何异常情况,应及时报告并采取有效措施。应由专业人员观察和检查实验动物的福利及行为状况,当发现存在福利问题时,应有措施保证可以尽快弥补所发现的任何缺失或不满足动物属性行为的条件,如果已经造成动物痛苦或不安等,应立即采取补救措施。需要时,应针对每个动物建立个体档案,包括动物种类、动物识别、父母系资料、性别、出生或获得日期、来源、转运日期及最后处理日期等。当进行机构间的动物转运时,应可以按要求提供动物身份等相关信息。需要时应建立实验动物的临床档案,包括临床及诊断资料、接种记录、外科手术程序及手术后的照料记录、解剖及病理资料、实验相关的资料等。

应建立假日期间动物管理程序、应急安排和值班计划,应有专业人员按统一的要求照料动物,并安排应急医学处置。遇到紧急情况时,可以保证相关的专业人员及时到位和实施救援。

(二)饲养环境的福利要求

1. 常规条件

应根据动物的种类和不同发育阶段保证其营养需求和均衡,以避免营养不良或营养过剩。饮食营养和卫生应符合相关标准的要求,应考虑动物对其食物的心理需求,如果不是特殊需要,应以动物习惯的方式进食和饮水。应保证动物的饮食环境和节律符合其饮食习惯。应有措施保证动物的饮食条件和卫生,选用良好设计的饮食装置,避免造成粪便污染饮食及撒食漏水的现象。动物群养时,应有机制保证每个动物均能自由获得食物,避免产生争斗。不应突然改变饲料的种类,避免导致消化或代谢问题。对某些动物(如灵长类动物)可给予多样化的饲料或奖赏性食物,但应注意饲料营养成分的均衡,饮食的品质应符合相应级别动物对膳食的要求。动物应可以按其意愿随时获得适合饮用且卫生的水。

应保证大环境和小环境的卫生条件有益于动物健康,笼舍内垫料的使用量要充足并根据动物的多少和习性定期更换,以保证动物持续干爽。应有机制避免饮水在笼舍内泄漏,或可被饲养人员及时发现。应定期清理动物设施的所有区域并进行消毒,包括笼盒、食盒、水瓶、饮水嘴等所有设备及其附件,频率应根据使用情况及污染特性而定。应优先选用物理的方法清除异物、排泄和代谢物、食物残渣、潮湿、有害物质、气味、颜色、微生物、藻类、害虫等,不应使用对人和动物有毒有害、有气味、易残留的清洁剂和消毒剂。

2. 环境丰富度

环境丰富度的主要目的是根据动物的特性，改变设施结构并提供相关资源，通过加强动物身体锻炼，促进动物的操作活动和认知活动，从而有利于发挥动物的物种特异性行为，刺激动物的感知和运动，加强动物福利。可用的丰富设施，例如为非人灵长类提供的栖木和遮蔽，为猫和兔提供的层架笼、为豚鼠提供的饲养箱。可提供的玩具，例如非人灵长类使用的认知新物品和饲喂器，为非人灵长类、犬、猫和猪提供的玩具，啮齿类使用的木质磨牙棒，为小鼠提供的筑巢材料等。需要轮换或更新物品以保持环境丰富度的新鲜度，但同时也要注意频繁更换环境可能会使动物造成的应激。

动物可以在设计良好的丰富化环境中有多种选择，并在一定程度上控制周围的环境，帮助它们更好地应对环境压力。如蔽障可以帮助灵长类避免群体争斗，筑巢材料和垫料可以帮助小鼠休息和睡眠时避免冷应激，并控制体温。

群居环境是环境丰富度的重要组成部分，同一物种内各成员间适量的相互交流，对其正常发育和福利是必不可少的。当选择适合的饲养环境时，需要考虑动物是群居动物，还是独居动物，需要单独饲养、配对饲养还是成群饲养。但也不是群体中所有成员都能够或应当群体饲养。若动物不适合群体饲养环境，可能会引发慢性应激、损伤，甚至导致死亡。在有些物种中，不同性别可能会导致群体不兼容，例如雄性小鼠一般比雌性小鼠攻击性更强，雌性仓鼠一般比雄性仓鼠攻击性要强。若将动物从小在一起饲养，或保持动物群体结构的稳定，又或动物饲养区的设计和环境丰富度都可以帮助动物避免群体争斗，减少动物群体的不兼容性。需要仔细监视群体的稳定性，以避免群体中严重的或长期的争斗，不合群的动物需要被隔离。

当涉及动物实验的要求，或出于兽医相关的动物福利考虑，可将群居动物单独饲养。但单独饲养的时间应尽量缩短，并应尽可能地提供动物与同种动物个体肢体接触的机会，以及提供通过视觉、听觉、嗅觉等非肢体性接触和沟通的条件。若因特殊需求而必须将群居性动物单独饲养时，就应为其安排其他丰富的生活方式，以补偿其缺乏同伴的孤寂。例如，与管理人员之间的积极互动，在环境中提供可以降低其孤独感的替代物品。IACUC 和兽医应定期审查单独饲养的需要。

二、动物实验环节福利要求

应使动物可以自由表现其种属特有的活动。除非治疗或实验需要，应避免对动物做强迫性活动。针对动物日常饲养和实验操作，鼓励进行习惯化训练，减少动物面对饲养环境变化、新的实验操作以及陌生人时产生的应激。

(一)保定要求

实验动物的保定方法在各种教科书中都有详细描述，适宜的保定方法对于开展良好的动物实验非常重要，操作人员必须经过严格的培训并熟练掌握才可操作。如需长时间保定，须通过 IACUC 审核。

(二)限制食水要求

对动物饮食饮水进行限制时，应提供充分的科学理由，比如需进行空腹采血等操作的前一晚需要对动物进行饮食饮水的限制。

(三)疼痛管理(麻醉和镇痛)

使用动物时，应尽量使动物产生的痛苦及受到的伤害最少(动物疼痛分级如表 5-1 所示)。对活体动物的手术、解剖、创伤性或可引起严重疼痛和痛苦的实验操作或实验观察，均应进行有效麻醉。动物饲养管理人员和研究人员应熟悉实验对象的行为、生理和生化特征，了解和有能力辨识各类动物对痛苦和疼痛所表现出的反应。如果目前尚无资料可利用，应假设相同的操作程序如果可对人类造成疼痛，则也会对动物造成疼痛。如果不是实验需要，不应实施复杂、损伤多组织、不易恢复或引起重度疼痛的手术。对有疼痛感的动物实施手术时，应采用麻醉等镇痛措施。对动物实施手术前，应根据需要由了解动物疼痛特征和麻醉药品特征的兽医制订完整的术前、术中和术后的麻醉与镇痛方案。

麻醉可以通过注射(静脉、肌肉、腹腔注射等)或吸入等途径实现。如果需要，应准备气管插管、喉头镜、保温垫，以及监视或监测动物呼吸、心率、血氧、电解质、血压等生命体征的设备。如非实验需要，不应对清醒的动物使用镇静剂、抗焦虑剂或神经肌肉阻断剂等非麻醉类和非镇痛类药品后进行手术。应考虑非手术因素(如环境因素)可能导致的动物痛苦，并针对性地采取缓解措施。应按主管部门的相关规定购买、使用、保存和处置麻醉类药品。

表 5-1 动物疼痛分级

B 级	C 级	D 级	E 级
饲养或抓取动物	短暂或轻微的疼痛、不安，并且不需要使用缓解疼痛的药物	使用麻醉药、镇痛药、镇定剂或其他方法缓解的疼痛或抑郁	未使用麻醉药、镇痛药、镇定剂或其他方法缓解的疼痛或抑郁
	如 1. 教学或研究中抓取动物或给动物称重 2. 注射、采血或在浅表血管留置导管 3. 文身(用于标记) 4. 啮齿类动物用耳标钳打耳标 5. 日常身体检查 6. 动物行为观察 7. 喂养实验，不会造成动物健康问题 8. AVMA 批准的人道安乐死方法 9. 日常农业饲养 10. 捕鼠笼捕捉 11. 正向驯练	如 1. 诊断操作如腹腔镜、穿刺活检 2. 非存活手术 3. 存活手术 4. 手术后疼痛或抑郁 5. 小鼠眼部采血 6. 心脏采血(非存活) 7. 任何会造成动物后续明显疼痛、不适、抑郁(可表现为食欲下降，不活跃，触碰或揭开皮肤伤口、脓肿、残疾肢体)的操作，结膜炎，角膜水肿和畏光 8. 为导管留置而暴露血管 9. 麻醉下放血 10. 麻醉或必要时使用镇痛药，诱发动物感染或产生抗体	如 1. 持续到动物出现明显临床症状甚至死亡的毒性或微生物测试，癌症研究或感染性研究 2. 眼或皮肤刺激实验 3. 禁食或禁水超过了普通的的手术前准备时间 4. 使用有害性刺激如点击，如果动物无法避免或摆脱刺激或刺激太严重足以造成伤害或非一过性的疼痛或应激反应 5. 因创伤或烧伤而导致的感染 6. 长时间束缚 7. 任何需要使用镇痛剂、镇定剂或镇静剂或麻醉剂，但因研究需要不能使用的操作 8. 使用麻醉或固定药物用于动物的保定 9. 暴露于异常或极端环境条件下 10. 出现精神病样行为也提示动物处于痛苦和抑郁状态 11. 采用未被美国兽医协会允许的安乐死方法

资料来源：美国农业部疼痛分级(USDA pain levels)。

(四)采集血样本的基本要求

实验动物采血是动物实验中常见的操作，不同的采血方法会引起动物不同程度的疼痛，并且动物采血时所处的生理心理状态也会显著影响采集血液样本的质量，故采血时须充分考虑“3R”原则，采取有效措施减轻给动物造成的痛苦。基本要求包括但不限于，详细的采血计划须通过 IACUC 审批通过，才可开展；采血的人员须通过培训并考核合格才可执行该操作；根据动物种类、实验要求和所需血量，选择恰当的采血方法；疼痛管理适用于采血操作。以小鼠和大鼠为例，摘眼球采血方法、心脏采血作为一种终末采血法，须在深度麻醉下才可进行；建议眼眶后静脉丛采血时使用全身麻醉，并采用局部眼科麻醉剂，例如普鲁卡因作为镇痛剂。

选择合适采血技术时要考虑的因素包括动物种类；被采血动物体重、年龄（周龄）和估计的总血量；所需样本的类型（如血清、全血细胞等）；所需样品的质量（无菌性、组织液污染等）；所需的血量（考虑到所选方法引起的额外失血）；采血频率；被采血动物的健康状况；采血者的培训情况和经验；采血毛细管的尺寸和类型合适，以及采血部位、保定或麻醉对测得血液参数的影响。

不同动物可接受的采血量和频率取决于循环血量和红细胞的周转率。以啮齿类动物为例，小鼠每千克体重有63～80 mL循环血量(平均72 mL/kg)，即25 g小鼠有1.37～1.75 mL血；大鼠每千克体重约有58～70 mL循环血量(平均64 mL/kg)，即200 g大鼠有11～14 mL的血。美国国立卫生研究院(National Institutes of Health，2022)推荐，每2～4周采血一次，采血量不宜超过10%的总血量；每7 d采一次血，不宜超过7.5%；每24 h采血不宜超过1%，其他物种的采血量可参考英国3R中心网站。

（五）人道终点的制定

人道终点是指考虑人道对待动物的要求和实验要求，合理终止动物实验的时机。我国已颁布(RB/T 173—2018)《实验动物人道终点评审指南》，以规范实验动物人道终点的实施。同时，还可参考2022年版加拿大实验动物管理委员会(Canadian Council On Animal Care，CCAC)《动物科学终点、人道干预点和累积终点确定指南》(*Identification of Scientific Endpoints，Humane Intervention Points，and Cumulative Endpoints*)。开展实验前，实验人员应和兽医按动物的种类建立动物疼痛与痛苦评定指标，共同制订人道终点计划。人道终点的常用重要观察指标包括体重、体态、可测量临床指标、临床症状、行为变化和对外界刺激的反应。

动物实验计划中应包括人道终止的时机，并通过IACUC的审核。在动物实验计划中说明实验终点的科学性、必要性和对动物福利的考虑，对一些残酷的实验终点设计应有充分的理由。同时应制订缓解动物疼痛与痛苦的方案。应根据动物实验的要求和动物状态，明确人道终点时机的判定准则，符合现行的公认原则，并保证相关的人员可以理解、掌握和运用。在实验过程中，应持续评估人道终点的时机，只要无更多的实验价值，应及时终止并记录。例如，对濒死的动物通常应及时实施安死术，而不必待其自己死亡。对终止实验动物的处置方式应经过IACUC的审核，并符合相关规定的要求。IACUC应负责监督动物实验过程中人道终止的时机和方式是否符合要求，应及时制止和纠正不当行为。需要时，机构应对相关人员的资质进行再评估、考核和确认。

以肿瘤研究为例，不同类型肿瘤(如实体瘤、造血或淋巴系统肿瘤或腹水性肿瘤等)的模型动物遭受着不同的疼痛和痛苦。对实体瘤而言，肿块会影响动物正常生理功能，或由于占位而引起疼痛；肿瘤部位发生溃疡或感染；肿瘤侵入周围组织，造成生理功能紊乱或疼痛。肿瘤负荷(tumor burden)，美国国家癌症研究所对其(人体)定义为人体中癌细胞的数量、肿瘤的大小或癌症病灶的总量。动物实验中，可用肿瘤重量或大小描述。一旦治疗效果证明有效，有统计学意义，动物实验就应终止。

动物体表实体瘤并不一定是规则形状，故在活体动物中描述肿瘤负担往往为估算值。某些研究用直径(d)描述肿瘤大小，而某些研究用体积(V)描述。其中常用较为简化的公式：$V=(W^2\times L)/2$ 计算。体表实体瘤测量方法如图5-1所示。

（六）安乐死方法的选择

安乐死是指以迅速造成动物意识丧失而致身体、心理痛苦最小的方法结束动物的生命。目前，我国已颁布了国家标准(GB/T 39760—2021)《实验动物　安乐死指南》、行业标准(RB/T 061—2021)《实验动物安乐死技术规范》以规范实施实验动物安乐死。由中国疾病预防控制中心组织翻译出版的美国兽医协会(AVMA)《动物安乐死指南(2020版)》在动物安乐死概念、评价方法、安乐死方法及实施技术方面做了详细介绍，该指南是实施实验动物安乐死操作时可以参考的工具书之一。

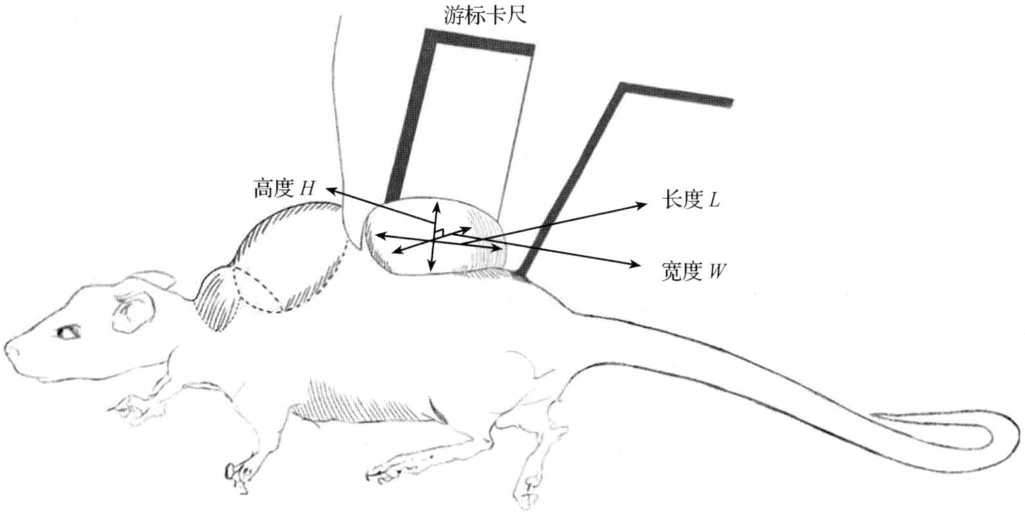

图 5-1　体表实体瘤测量方法

（资料来源：Mary M. Tomayko，C. 等，1989）

处死动物是对动物福利的最终剥夺，对必须处死的动物应实施安死术。动物实验计划中应有明确描述动物实施安乐死的时机、方案和方式，并经过 IACUC 的审核。只要可行，应采用适宜的国际公认的安死术（常用实验动物安乐死方法如表 5-2 所示）。实施安乐死的人员均须经过技术培训，熟练掌握安乐死技术。培训内容包括疼痛及痛苦分级与评估；安乐死方法的致死原理；适用不同种类实验动物的安乐死方法及技术；判断实验动物意识丧失和确认死亡的方法；安乐死相关的仪器设备使用；人员防护、心理健康等职业健康安全。

表 5-2　实验动物安乐死常用方法

动物种类	建议方法	备注
鱼	敲击颅骨，破坏脑部；水内加过量 TMS（MS-222）（浸渍法）或注射过量 TMS（MS-222）	
禽类	过量麻醉；CO_2 安乐死；颈椎脱臼；断头；敲击颅骨，破坏脑部	小于 1 kg 的禽类才可使用颈椎脱臼，超过 250 g 的须在镇静或麻醉状态下；断头法只有在没有其他方法可用的情况下使用
啮齿类	过量麻醉；CO_2 安乐死；颈椎脱臼；断头；敲击颅骨，破坏脑部	CO_2 安乐死不可用于胎儿和新生的啮齿类动物；小于 1 kg 的啮齿动物才可使用颈椎脱臼，超过 150 g 的须在镇静或麻醉状态下；断头法只有在没有其他方法可用的情况下使用
兔	过量麻醉；颈椎脱臼；敲击颅骨，破坏脑部	小于 1 kg 的兔才可使用颈椎脱臼，超过 150 g 的须在镇静或麻醉状态下
犬、猫、仓鼠、豚鼠和雪貂	过量麻醉	
非人灵长类	过量麻醉	

注：1. 胚胎阶段、胎儿和新生动物安乐死均可采用过量麻醉的方法；浸泡于冰冷的组织固定液后冷冻适用于大鼠、小鼠和兔；断头适用于小于 50 g 的哺乳动物和禽类。2. 参考欧盟指令 2010/63/EU，英国动物法案，加拿大 CCAC 实验动物安乐死指南。3. 由于麻醉剂种类多、麻醉途径不一，建议方法中的过量麻醉不得使用国际上禁用、不再使用、“三致”（致畸、致癌、致突变）或毒副作用大的麻醉剂和麻醉途径，如水合氯醛等。

应保持实施安乐死操作的区域安静、整洁和相对隐蔽，不对其他动物产生影响。在实施安乐死时，应使动物在未感到恐惧和紧迫感的状态下迅速失去意识，并且使动物历经最少表情变化、声音变化和身体挣扎，令旁观者容易接受以及对操作人员安全。应考虑药品的经济性和滥用的风险。如果动物的组织还将用于实验，应选择适宜于动物特征和不影响后续实验结果的安死术。

安乐死必须由对有关动物种类所用的方法熟练的人员来实施，并以专业的具有同情心的态度进行操作。特别需要注意的是当进行物理学方法时，要确保该种安乐死术方法是可行的。动物的死亡必须由那些能够识别动物生命终止特征的人员来确认。也可通过安乐死术的再次实施(如开胸法或放血法)来确保动物的死亡。所有安乐死术的实施方法均必须由兽医和IACUC进行审阅和批准。

第四节　实验动物福利伦理审查

实验动物福利伦理审查是保证实验动物福利，规范从业人员职业道德行为的重要措施。审查实施实质上是对人类道德标准的检查和自我反思。鉴于实验动物福利与体内科学研究相互促进、互为保障的关系，福利伦理审查同时也是确保动物实验科学性、准确性和可重复性不可或缺的环节。从业人员应有更高的福利伦理意识，积极支持实验动物福利伦理审查的各项工作。近年来，我国颁布多项涉及实验动物福利伦理审查的法规或规章制度，从业人员必须要了解和遵守这些规定，确保合理、合法和合规的开展动物实验。

一、北京市审查办法介绍

《北京市实验动物管理条例》第九条规定：从事实验动物工作的单位，应当配备科技人员，有实验动物管理机构负责涉及实验动物项目的管理；成立实验动物福利伦理委员会，对涉及实验动物的项目进行独立、公正、科学的福利伦理审查。涉及实验动物的项目应当通过实验动物福利伦理委员会的审查，并接受其监督。

2006年北京市制定了《北京市实验动物福利伦理审查指南》，维护本市实验动物福利，规范实验动物伦理审查和实验动物从业人员的职业行为。2020年北京市(DB11/T 1734—2020)《实验动物福利伦理审查技术规范》、(DB11/T 1717—2020)《动物实验管理与技术规范》发布并实施，规定了实验动物从业单位福利伦理审查的规范性技术要求，包括审查机构及质量控制，审查程序及流程、审查要点、现场检查及终结审查等内容。

二、实验动物福利伦理委员会

(GB/T 35892—2018)《实验动物　福利伦理审查指南》中规定，实验动物福利伦理审查机构为独立开展审查工作的专门组织，可使用“实验动物福利伦理委员会”“实验动物管理和使用委员会(IACUC)”等不同的称谓，但均应具有审查的职能。

伦理委员会负责管理权限范围内实验动物从业单位的实验动物相关的福利伦理审查和监管，受理相关的举报和投诉。具体要求为每半年对实验动物从业单位的管理规范和执行情况进行检查；对科技项目涉及的实验动物饲养繁育、运输和使用中的福利伦理事前审查、实施过程中监督检查和项目结束时的终结审查；负责对违法违规现象进行调查；负责独立开展审查、监督工作，出具福利伦理审查报告、监督检查报告和终结审查报告；负责日常的福利伦理监督检查和至少每6个月进行一次现场跟踪检查；负责向单位主管和上级主管机构报告工作。

伦理委员会至少应由实验动物专家、医师、实验动物管理人员、使用动物的科研人员、公众代表等不同方面的人员组成。来自同一分支机构的委员不得超过3人，伦理委员会设主席1名，副主席和委员若干。伦理委员会每届任期3～5年，由组建单位负责聘任、岗前培训、解聘和及时补充成员。所有伦理委员要承诺遵守法规、规定及标准，维护实验动物福利伦理。

(DB11/T 1734—2020)《实验动物福利伦理审查技术规范》中进一步明确了伦理委员会应由不少于5人的单数人数组成。其中来自组建单位内同一个二级分支机构的委员不得超过3人，同时不得超过伦理委员会委员的半数。伦理委员会的委员应是从事实验动物科技、管理、兽医和福利伦理审查工作的专家或从业3年以上的专业技术人员，必要时可聘请外单位专家；主席应具有较强的专业技术背景和高效率的组织能力；聘请的公众代表应代表社会公众意见，其专业不限，但不应与组建单位或被审查的项目间有利害关系。委员需经过实验动物福利伦理审查和职业道德的专门技术培训。

伦理委员会应具备完善的内部质量与技术控制文件体系。管理性文件至少应包括：a) 伦理委员会章程；b) 审查监督制度；c) 例会制度；d) 工作纪律；e) 各类文件档案和资料管理。技术性文件至少应包括：a) 审查、现场检查、终结审查的技术标准；b) 方案审查程序；c) 现场检查程序；d) 终结审查程序；e) 委员技术培训及考核要求。

三、实验动物福利伦理审查程序

(一)申请

(DB11/T 1717—2020)《动物实验管理与技术规范》规定动物实验审查与管理实行地域性管辖，凡在本从业单位实施的动物实验项目，应通过本从业单位伦理委员会的审查。

申请福利伦理审查项目的负责人，应向伦理委员会提交正式的审查申请表和相关举证材料。申请材料应包括以下内容。

①实验动物或动物实验项目名称及概述；

②项目负责人、动物实验操作人员的姓名、专业培训经历、实验动物或动物实验资质培训证书编号、实验动物环境设施及许可证号；

③项目的目的、必要性、意义和实验设计，拟使用动物的信息(包括选择实验动物种类和数量的原因)，对动物造成的可预期的伤害及防控措施(包括麻醉、镇痛、仁慈终点和安死术等)，动物替代、减少动物用量、降低动物痛苦伤害的主要措施及利害分析；

④遵守实验动物福利伦理原则的声明；

⑤伦理委员会要求的其他具体内容以及补充的其他文件。

(二)审查

1. 实施方案审查

伦理委员会形式审查合格后受理，对申请表进行统一编号。编号规则为：

1)每份文件应有一个独立的、易于识别编号，依次由英文字母加数字符号组成；

2)编号顺序首先为从业单位名称的英文缩写字母；字母后第一位数字代表文件的种类，1代表申请受理的文件，2代表审查批准的文件，3代表现场监督报告文件，4代表终结审查报告文件；字母后第2位数字代表该项目被受理或被审查或监督检查或终结审查的次数；其后为破折号加四位数字，为文件生成的时间，前两位为年，后两位为月；其后为破折号加数字，为该文件的排列序号。

受理后，由伦理委员会主席指定委员进行初审。常规项目首次审查后，可由主席或授权的副主席直接签发。新项目应交伦理委员会审议，5个工作日内提出书面意见。如果有争议，可聘请有关专家参加，召开伦理委员会会议再次审查。(GB/T 35892—2018)《实验动物　福利伦理审查指南》规定参加审查的委员不得少于半数。(DB11/T 1734—2020)《实验动物福利伦理审查技术规范》规定参加审查的委员人数不得少于伦理委员总数的2/3。申请者可以申请现场答疑,并可以提请对项目保密或评审公正性不利的委员回避。委员会应尽可能采用协商一致的方法做出决议,如无法协商一致,应根据少数服从多数的原则,采用无记名投票的方式表决,在10个工作日内做出福利伦理审查决议,由主席或授权副主席签发后,3个工作日内送达。

2. 实施过程审查

伦理委员会对于批准项目的实际执行情况及偏差进行日常检查,发现问题时应提出整改意见,严重的应立即做出暂停实验动物项目的决议。对于项目执行期12个月以上的,伦理委员会应每6个月组织一次现场跟踪评查。

任何涉及实验动物福利的重大改变、变更部分均应在实施前重新申请伦理委员会的审查和批准。属于涉及实验动物福利的重大改变、变更包括①实验设计,包括物种、数量、来源及动物选择的合理性,包括重复利用,批准使用的低等动物擅自改为高等动物;②实验程序、操作方法,如手术方式、术后恢复措施改变;③运输及搬运方法和限制条件;④对动物驯养、饲养、保定和操作性条件的加强措施,如擅自变更为多次伤害和过度采血、过度取材,严重伤害实验动物;⑤避免或减缓疼痛、不舒适、压力、痛苦或身体或生理机能的持续性损伤的方法,包括采用麻醉、止痛以及其他方式抑制不舒适的感觉,如治疗、保暖、铺软垫、辅助喂食等,对动物限制饮食的时间擅自加长,特殊照料或辅助饮食的措施减少;⑥仁慈终点的应用和动物的最后处理方法,包括安死术,如原方案的仁慈终点,擅自改为实验性终点,弃用安死术处死动物;⑦动物健康状况、饲养和护理情况,包括环境丰富度;⑧涉及"替代、减少、优化"原则和动物五项自由;⑨任何涉及健康安全风险的特殊实验;⑩设施、设备、环境条件和手术规程;⑪项目中主要负责人和实际操作人员变更,致使其技术能力不能满足动物实验项目正常的实施和动物福利伦理的要求;⑫使用动物项目意义、目标、科研价值社会效益(例如利害分析);⑬违反职业道德,虐待或遗弃动物、恶意伤害动物的行为;⑭未通过伦理审查的项目实施;⑮擅自增加实验项目内容;⑯实验造成人员和环境生物安全的情形;⑰其他可能对动物福利伦理原则造成负面影响的项目问题。

3. 终结审查

项目结束时,项目负责人应向伦理委员会提交该项目福利伦理回顾性终结报告,接受伦理委员会终结审查。

4. 审查结论

伦理委员会对未发现违反实验动物福利伦理有关法规、规定和标准的,应通过福利伦理审查,出具福利伦理审查报告并注有该伦理委员会统一编制的批准文件号码。

对发现项目有下列情况之一的,不能通过伦理委员会的审查:

①实验动物项目不接受或逃避伦理审查的。

②不提供足够举证的或申请审查的材料不全或不真实的。

③缺少动物实验项目实施或动物伤害的客观理由和必要性的。

④从事直接接触实验动物的生产、运输和使用的人员未经过专业培训,未获得相关的资质或明显违反实验动物福利伦理原则和管理规定要求的。

⑤实验动物的生产、运输、实验环境达不到相应等级质量标准的;实验条件无法满足动物福利要求和从业人员职业安全及公共环境安全的;实验动物的饲料、笼具、垫料不合格的。

⑥实验动物生产、运输和使用中缺少维护动物福利、规范从业人员道德伦理行为的操作规程,或不按规范的操作规程进行的;虐待实验动物,造成实验动物不应有的应激、伤害、疾病和死亡的。

⑦动物实验项目的设计有缺陷或实施不科学。没有科学的体现"3R"原则、5项动物福利自由权益和动物福利伦理原则的。

⑧动物实验项目的设计或实施中没有体现善待动物,关注动物生命,没有通过改进和完善实验程

序，减轻或减少动物的疼痛和痛苦，减少动物不必要的处死和处死的数量。在处死动物方法上，没有选择更有效的减少或缩短动物痛苦时间的安死术。

⑨活体解剖动物或手术时不采取有效的麻醉方法的；对实验动物的生和死处理采取违反道德伦理的，使用一些极端的手段或会引起社会广泛伦理争议的动物实验。

⑩动物实验的方法和目的不符合我国传统的道德伦理标准或国际惯例或属于国家明令禁止的各类动物实验。动物实验目的、结果与当代社会的期望，与科学的道德伦理相违背的。

⑪对人类或任何动物均无实际利益或无任何科学意义并导致实验动物痛苦的各种动物实验。

⑫对有关实验动物新技术的使用缺少道德伦理控制的，违背人类传统生殖伦理，把动物细胞导入人类胚胎或把人类细胞导入动物胚胎中培育杂交动物的各类实验；以及对人类尊严的亵渎，可能引发社会巨大的伦理冲突的其他动物实验。

⑬严重违反实验动物福利伦理有关法规、规定和本标准规定的其他行为的。

对实验动物福利伦理审查决议有异议时，申请者或被检查者可以补充新材料或改进后申请复审。伦理委员会接到复审申请后，应在10个工作日内给予书面答复。

5. 存档

伦理委员会应有专人负责文件的收发和档案管理工作。所有审查或检查的证明材料和审查报告均应归档。审查报告应有参加审查或检查的委员签字。

未被通过的审查报告应至少包括以下内容：任何违反实验动物福利伦理有关法规、规定和标准的问题及情况，项目实施中和其审查通过的方案出现偏差并影响动物福利的情况，以及相应的整改意见和整改情况，也应包括伦理委员审查的观点，以及伦理委员会审查结论和其他有关重要信息。

伦理委员会的所有文档，在项目结束后还应至少保留3年。

四、实验动物福利伦理审查内容及要点

(一)审查内容

审查内容主要涉及人员资质、设施条件、实验动物医师、动物来源、技术规程、动物饲养、动物使用、职业健康和安全、动物运输等方面。

审查表格填写的完整性和真实性，是新开项目、常规项目或已审项目。申报项目的来源、内容、实验设施、动物来源、动物级别、实验人员符合有关法规和标准。

项目负责人、动物饲养或动物实验操作人员经过专业培训，能保证动物福利及人员和环境的安全。

项目实施的目的、意义，拟使用动物的种类和数量的原因和依据；项目实施各环节对动物可能造成的所有伤害及其防控措施，麻醉、镇痛、特殊护理和安死术方法及仁慈终点的确定依据。

项目设计方案的优化，符合动物福利伦理原则要求，动物替代方法使用，合理确定实验终结的指标。

项目实施中实验动物可能遭受到的所有直接性伤害、继发性伤害、实验操作不当可能引起的偶发性伤害，动物生理性的、心理性的和行为自由的伤害，对实施的人员和环境可能带来的危害，这些伤害的实际意义。

审查重点是发现项目中存在的所有潜在的伦理问题；项目设计缺陷引发的动物不必要伤害；弃用成熟的动物替代技术而引发的不必要伤害；不科学的过多或过度地使用实验动物，造成的不必要伤害；人员和环境安全存在的潜在的风险。

申请者应遵守实验动物福利伦理法规及标准、接受监督检查，保证申请内容真实完整的正式承诺。

伦理委员会要求申请者提供的其他具体内容、材料以及补充的文件齐全。

(二)审查要点

1. 人员技能

负责实验动物饲养繁育、运输及实验的人员，应经过专业和动物福利伦理知识培训，熟悉实验动物

福利伦理有关法规和标准，了解善待动物的知识和要求，掌握相关种属动物的习性和正确的操作技术，具有应对突发事件、保护实验动物福利和从业人员健康及环境安全的技术能力。

项目方案中应明确一名实验动物兽医，负责日常检查，维护实验动物福利，全程参与项目的伦理审查、实施和检查，职责及资质应符合(GB/T 35892—2018)《实验动物　福利伦理审查指南》的要求。

2. 动物环境丰富度

实验动物饲养和使用环境应符合《实验动物　福利伦理审查指南》。实验动物笼具、运输设备、动物垫料质量应符合所饲养动物的福利需求，保证动物的健康和舒适。各类动物设备、实验仪器和实验器具不应对动物造成意外伤害和不必要的痛苦。

贴身垫料应符合所饲养动物的特殊需求，满足不同动物对不同垫料的天性喜好和舒适性需要，增加实验动物健康快乐，符合动物繁殖和孕产期及幼仔的需求，应提供动物充足的筑巢垫料。

动物的饲养条件应满足环境丰富度和安全舒适；可播放使动物舒适的背景音乐；可科学地放置适宜动物嬉戏的物品和动物玩具。

应提供动物适宜的社交空间，防止动物的孤独及恐惧，同时避免动物相互厮打。

3. 动物运输福利

实验动物的运输应符合《实验动物　福利伦理审查指南》对动物运输的基本福利要求。负责动物运输及装卸的人员应经过实验动物福利的技术培训，了解运输中实验动物福利的基本需求。具有减少动物应激和运输过程中伤害的有效措施。跨境运输实验动物的方案，应符合我国和相关国家或地区福利伦理技术标准。运输前后的饲养环境及条件尽可能调整一致。抵达后，应给予动物特殊的照料适应新环境。饲养人员应了解运输前动物的饲养方式、饲料、饮水及饲养环境。隔离饲养期内，应加强对动物的观察和保障动物福利条件不会突然降低。抵达后的动物福利，应遵守《实验动物　福利伦理审查指南》的要求。运输应遵守(DB11/T 1457－2017)《实验动物运输规范》的要求。

4. 动物饲养福利

饲养福利应遵守《实验动物　福利伦理审查指南》要求。禁止使用来源不明的动物。特殊动物、基因改造动物、免疫缺陷动物，应有相应的动物福利技术保障措施。实验动物的生物净化等级和质量应明确，并符合动物实验的需求。应避免实验动物被反复使用，除非前后两个实验有科学的关联。

在可以替代、减少的情况下，尽量不使用或少使用动物，优先减少灵长类动物、犬和猫的使用。天性不相容的动物应隔离饲养，保证动物生活环境的舒适，避免强势动物引起弱势动物的恐惧。不应将猫和大鼠、小鼠或地鼠相邻饲养；不应将兔和猴或犬临近饲养，避免因强势动物的叫声或气味引起弱势动物的惊恐和应激。饲养过程定时观察、巡视，发现异常及时采取改善措施。

新进动物在使用前应有适应性饲养，达到生理和行为的稳定状态。可根据动物运输方式，时间长短，动物的种类和年龄，动物的来源和用途，运输前后两个不同饲养环境，饲养管理的差异等因素确定适应期的长短。对动物饮食进行限制时，应提供充分的科学理由。

5. 动物麻醉技术

对活体动物的手术、解剖、创伤性或可引起严重疼痛和痛苦的实验操作或实验观察，均应进行有效麻醉。

根据动物的种类、年龄、生理状态和手术种类的不同，选择合适的麻醉方案，避免动物遭受不必要的伤害。应保证动物在手术过程中无痛苦，全麻过程中表现无知晓，控制麻醉深度适当，保证动物的生命体征、呼吸、循环等生理功能稳定的同时，限制动物的骚动以满足手术操作全过程的需要。

避免使用麻醉效果较差、刺激性强、毒副作用较大的麻醉剂。

对于老弱、危重症及重大损伤性手术和实验操作的动物，应用全身麻醉药时需监测其呼吸、循环及瞳孔反射等情况，避免因麻醉过深而死亡。对怀孕动物进行全身麻醉时，尽量缩短麻醉时间，并选用对胎儿影响较小的药物。

实施麻醉过程中注意检查相关设备、药品，防止动物和实验人员的意外伤害，保证环境的安全。

存活性实验或手术操作结束后，应有完善的复苏及监护过程。应有突发意外的抢救方案。

6. 动物手术优化

实验方案中应明确手术目的及术式，满足创伤最小化原则，致死、致残性手术，应有充分理论依据，说明无替代方案的理由。

手术操作者已熟练掌握实验方案规定的术式，或通过预试验掌握该术式。手术环境及设备应满足需要。根据实验需求，存活性手术应有术后护理和恢复措施。

7. 仁慈终点和安死术

实验过程中，动物有无遭受不必要和过长时间的疼痛和痛苦，仁慈终点的确定条件和安死术的选择是否合理。除非实验研究的必须等极少数情况，实验直至致死动物（安死术除外）的实验性终点不应作为动物实验计划或实施的终点。

8. 人员及环境的生物安全

项目的实施应有保证从业人员职业健康和生物安全的技术管理操作规范，应当针对职业健康和环境生物安全进行技术培训，配备有可靠的安全防护设备和装备。

出现人兽共患病、有毒有害的化学制剂和生物制剂、放射性源、过敏源、特殊的危险性实验操作、动物的攻击等主要安全风险时，应有应急预案和应对措施。

第五节　实验动物福利伦理监督

一、实验动物福利伦理执行主体

实验动物福利是一个复杂的问题，涉及实验动物生产、使用、运输的方方面面，因此实验动物福利执行主体涉及实验动物生产、实验动物使用、实验动物运输等过程的所有人员。在实验动物生命周期中，作为福利伦理执行主体的人员应尽力做好提高实验动物福利各个环节的工作，其中实验动物环境、饲料、垫料、运输、安乐死方法的选择等都是实验动物福利执行主体提高实验动物福利技术的关键环节。

二、实验动物福利伦理监督主体

实验动物福利监督的主体应为实验动物福利伦理审查机构。从事实验动物相关工作的单位应设立相应的实验动物福利伦理审查机构，授权其实验动物福利伦理审查的职能，以及与实验动物护理和福利相关法律法规、执行标准遵守情况的监督职能，比如单位的实验动物管理与使用委员会（IACUC）或实验动物福利伦理委员会。各省市实验动物管理办公室也具有对从事实验动物相关工作单位的实验动物福利执行情况监督的职能。此外，实验动物福利还可能受到相关社会人士和动物保护组织的监督。

三、实验动物福利伦理监督内容

（一）监督“3R”原则的执行情况

1. 是否真正考虑了替代实验动物的方法

①替代方法的使用。是否有可行的替代方法，不适用替代方法的原因、审批程序、对动物福利影响的评估。

②可利用的替代方法。计算模拟替代动物实验、植物、器官、组织和细胞替代动物进行实验，低等动物替代高等动物，体外生物反应培养系统，转基因动物替代普通动物，体外生物反应系统的应用，人体实验志愿者等。

2. 是否真正做到减少实验动物的使用数量

要重点关注减少实验动物的数量、减少动物使用的方案是否为最佳等内容。

①检查动物使用必要性的依据、动物使用方案、参考文献、获得动物使用数量的可靠数据来源等。

②检查实验方案的设计是否合理，是否利用统计学方法，对影响动物实验的生物学变异因素是否给予了充分考虑，如动物的种类、品系、年龄、性别、体重、质量、分组等。动物选择的合理性、实验分组的合理性，是否减少了对照组的设置，预实验的合理性，统计技术利用的合理性，实验目的和预期结果的合理性，实验技术的选择，实验方案的策略，如体内外实验顺序安排等。

③检查重复使用或多目的使用实验动物的可行性，以及对动物伤害和福利保障措施。

④检查不同实验室之间或不同研究项目组之间的协作或合理的实验安排情况。

⑤检查动物适应性或正向性训练的可行性、实施和效果，动物保定措施的适宜性。

⑥检查操作规程的适宜性，人员岗位要求、人员能力和操作技术提高情况、意外事件的应急处理方案是否合理及应急演练记录，因操作失误或结果误判导致的动物实验数据无效或重复情况及相关记录。

3. 是否对实验动物饲养、使用过程进行了优化

①监督涉及动物饲养和使用事项的改善。如动物设施、饲养管理、医护和实验条件的改善，选择、设计的技术路线和实验手段是否合适，优化和规范操作技术，尽量减少实验过程对动物机体的损伤、减轻动物遭受的痛苦和应激反应，并保证动物实验结果的有效性。

②实验过程中的疼痛和应激的减轻措施、人道终止时机和安死术。疼痛或痛苦分级，镇痛方案、减轻应激措施、人道终止时机、安死术的制定依据、适宜性和操作记录，非人灵长类动物的处置方案和依据，操作人员的培训记录和资格。

③饲养条件的改善和环境丰富度的措施、记录和效果。

④饲养管理、动物医护流程的优化措施、记录和效果。

(二)动物饲养过程中监督的主要内容

1. 环境控制

温度和相对湿度，压差、气流速度、换气次数，空气洁净度和沉降菌浓度，工作照度、动物照度(包括光源的适宜性)，昼夜明暗交替时间，噪声、震动，氨浓度(或需要控制的其他有害物质浓度)。

2. 饲养空间

单独饲养、群体饲养、特殊情况的空间要求，现场观察动物的活动情况。

3. 不相容动物或物品的管理

动物之间、动物级别的不相容，动物与物品或物品与物品之间的不相容。

4. 单独饲养的原因

单独饲养的必要性、环境丰富度措施、社交活动措施。

5. 身份识别

政策和程序、方法的适宜性、可能引起的动物伤害、相关装置的适宜性、动物身份识别的现场观察。

6. 遗传学管理

动物遗传学管理程序、档案、识别和确认方法，基因操作合规性和伦理审查、生物风险，基因操作动物的处置。

7. 动物档案

档案管理规定，动物档案的内容(动物身份识别、来源、合格证明、进入机构的日期、隔离与检疫记

录、饲育或实验期间的健康监测或病历记录、微生物、寄生虫等监测记录、治疗与免疫记录、离开机构的日期与接收者或死亡和尸体处置记录)，动物档案的保存和处置。

8. 环境丰富度

环境丰富度政策、依据和记录，环境丰富度用品的适宜性和安全性，环境丰富度措施(栖息、躲避、食物类型及供给方式、气味、玩具、社交、运动等)及效果。

9. 饮食及营养

根据动物的种类和不同发育阶段保证其营养需求和均衡，避免营养不良或营养过剩，保证饮食卫生的措施，饲喂方式，饮水、饲料的来源和成分的适宜性，饮水、饲料的保存、质量保证措施和效果，饲喂记录，饮水、饲料消耗记录。

10. 环境卫生

环境卫生的政策和指标，保证环境卫生的措施和实施记录，环境卫生用品的适宜性、监测和记录，虫害的控制，清洁剂的适宜性、风险识别和管理，废物处置。

11. 微生物控制和消毒

微生物控制政策和指标，控制区域和措施(物理、化学)，微生物监测指标和记录，消毒剂的适宜性、风险识别和管理，生物风险评估和措施。

12. 假日管理

假日管理政策和程序，假日工作量和人力资源匹配情况，假日管理计划和记录，假日管理的通信及应急方案，应急装备。

13. 人员能力和日常管理

饲养人员的动物福利意识和知识，现场观察人员的饲养行为，人员的职责和应急能力，个人卫生，动物饲养的日常管理政策和程序，动物饲养的巡查计划，事件的报告制度。

(三)动物实验研究过程中需要监督的重点内容

1. 兽医与人员能力

兽医岗位设置的合理性，岗位职责、权限是否明确，人员资质能力(专业资格、培训、健康背景)，动物福利实施情况，动物质量监管程序及记录，兽医工作计划及相关记录，兽医护理记录，动物使用计划及监管程序、审核记录，兽医相关法规和技术标准的指导及实施，调查以往动物病史相关处置程序，核实兽医对辖区设施动物使用的管控情况，动物管理档案及相关人员的规范操作能力，实验动物保障机制的可行性、有效性，职业道德监督措施及执行情况。

2. 采购动物

饲养条件(饲养空间、环境条件、管理人员岗位能力)的满足情况，采购计划和使用计划的审核机制(动物种类、数量、使用方式)，采购途径的合规性(生产商资质证明、动物质量合格证明、动物订购和接收记录)，采购方对生产商审核机制(实验动物遗传学及微生物学等质量状态检测报告、相关的医疗历史、疫苗及驱虫药的使用、实验动物生产环境设施、实验动物福利伦理实施情况)，野生动物准入程序的合规性(动物检疫合格证、动物买卖、采集、饲养、使用等所有环节的合法性、不同种类动物的检疫期符合法规和标准的情况)。

3. 包装与运输动物

运输方案(安全、动物质量和福利保证措施、运输时间、应急预案和应急装备)，运输单位资质，运输工具、笼具、包装等对设施准入要求的满足程度，特殊动物(如感染动物、凶猛动物、水生动物等)运输程序的合规性，动物运输相关文件资料，运输人员要求(专人负责、处置突发事件的能力及培训)，动物运输过程管理(实验动物福利、运输笼、装运、押运、检疫、接送以及安保监控措施等)，动物收发管理(收发政策、程序、记录、应急预案和应急装备)。

4. 检疫与隔离

动物检疫机制(适应性隔离或检疫、输出机构随附动物健康依据、检疫证明),检疫程序(动物级别、来源、使用方式、检疫依据和方法、检疫设施),患病动物处置(隔离和处置方案、设施、装备),感染动物流程(合规性、管理要求、生物安全设施和设备、人员能力)。

5. 疾病监视和监测

疾病监视人员(专业能力、健康状况),监视频次(每日观察、对术后、发病期、濒死前或对生活能力低下的动物的监视频次),监视方式及处置(视频、现场处置设施和设备、处置方法和效果、记录),监测要求(动物质量监测方案和计划、抽样方法、检测频次、检测样本、检测对象、检测方法和程序、检测指标、结果报告、判定准则、检测机构的能力),出现不良结果的处置,发病或死亡原因分析报告。

6. 疾病预防与控制

动物疾病预防与控制政策和要求(监测频次、监测规则、取样要求、送检要求),监视和监测结果的分析和利用,日常预防措施记录,实验动物个体健康档案,疾病控制预案和装备,动物处置审核机制及处置,消除潜在原因的措施。

7. 动物的生物安全

生物安全政策和要求,生物风险(包括致敏性反应、基因操作等风险)评估报告及控制措施,微生物寄生虫控制程序,分级独立饲养,防止野外动物(如鼠类、昆虫)进入设施的措施,防止交叉感染的措施(设施功能、环境控制、饮食卫生、物品卫生、流程管理、个体防护),出入设施的物品、废物、动物、样本等无害化处理措施,突发事件紧急处理预案、装备及记录。

8. 动物疾病治疗与护理

动物医护政策、程序和操作规程,医护措施的审核机制(医护措施和方案的必要性、科学性和可接受性,对患病动物放弃医护措施的政策和程序),医护人员资质(资质证明、培训记录、个人档案),设施设备、技术、器材药品的适宜性,医护记录(兽医学检查记录、检测结果和医护措施)。

9. 手术及护理

手术政策、方案及操作程序,手术计划(实验要求、安全性评估、手术和所用药品对实验的影响、实验结果观察和记录、动物福利的考虑,人员分工、职责、术前培训,手术地点和时间、需要的仪器设备、手术器械、术前准备,职业健康安全、意外事件应对方案和其他注意事项),术前准备(动物的状况、手术者的经验和能力、术前和术后的医护、设施设备的条件、无菌操作要求、可能的意外),麻醉与镇痛(减少动物痛苦和伤害、麻醉类药品的使用和管理、生命体征监护),术中监护(监视监测麻醉程度、生理机能、临床症状等并记录,监视、监测设备和急救设备),术后观察和护理满足实验要求、临床要求及动物福利要求的情况,术后观察、护理、监测记录,术后动物疼痛控制方案,预防与控制术后并发症和术后感染的计划,手术记录(手术的目的和性质、手术方案、术中和术后观察与监测、术后恢复、护理和记录)。

10. 疼痛和痛苦的控制

疼痛和痛苦缓解方案,基于动物种类及实验操作的疼痛与痛苦评定指标,评估项目(体重、食物或饮水消耗、身体姿势、毛发竖起情形、呼吸、流涎、震颤、痉挛、沉睡、卧倒、无刺激时的一般行为、对刺激的反应),止痛措施,重复使用动物、实施人道终止生命的审核与批准。

11. 急救

急救计划的适宜性,急救人员的确定政策、培训与考核、人员数量和能力、记录,急救设备性能维护、数量、维保记录。

12. 安死术

安死术的选择依据和实施方案,实施时机的判定依据,安死术的程序和实施的批准,实施装置,操作记录。

13. 人道终止时机

计划的审核机制和再审核，人道终止时机和程序的适宜性（必要性、科学要求、动物福利的考虑、依据），实施人员的能力，实施的监督，实施记录。

14. 病历、记录、研究报告或实验报告

病历的范围、内容、格式、记录、借阅、复制、保存、销毁。

临床医护档案（临床及诊断资料、接种记录、外科手术程序及手术后的照料记录、解剖及病理资料、实验相关的资料），记录保管制度（归档、借阅、保存要求、保存期限、销毁、保密和隐私），记录的质量（客观性、真实性、详实性、完整性，不端行为），记录介质的适宜性，电子记录、切片等的保存。

第六章

实验动物机构职业健康安全管理

第一节　职业健康安全管理体系

一、职业健康安全管理体系概述

职业健康安全管理体系(英文缩写为OHSMS)是一整套系统化和规范化的现代职业健康安全管理办法,是与质量管理体系和环境管理体系并列的三大重要管理体系之一。最早由英国标准化组织在全球率先制定健康安全管理体系指南(BS8800:1996)《职业安全健康管理体系指南》,之后国际上13家知名认证组织于1999年联合制定并发布了OHSAS18001《职业健康安全管理体系规范》,为不同国家制定各自国内职业健康安全管理体系提供指引。我国2001年首次发布并实施(GB/T 28001—2001)《职业健康安全管理体系规范》,历经十余年发展和改版跟踪,于2011年推出(GB/T 28001—2011)《职业健康安全管理体系要求》。在世界卫生组织和国际劳工组织等全球高度关注职业健康的基础上,国际标准化职业健康与安全管理体系项目委员会ISO/PC283于2018年发布(ISO 45001:2018)《职业健康安全健康管理体系》标准,为全球提供统一的职业健康安全管理体系标准。2020年,我国颁布(GB/T 45001—2020)《职业健康安全管理体系——要求及使用指南》,同时废止前两版职业健康管理要求标准。GB/T 45001—2020与ISO 45001—2018全面接轨,GB/T 45001—2020/ISO 45001—2018成为职业健康安全管理体系的最新国家标准。

职业健康安全管理体系旨在使组织能够提供健康安全的工作场所,防止与工作相关的伤害和健康损害,并持续改进其职业健康安全绩效。强调事故预防,即预先找出所有危险和隐患并采取科学的技术和管理措施及时进行消除或控制,使得生产和工作保持在相对安全状态下。同时也强调应急准备,即对于可能发生的事故加强应急演练,确保未来万一发生事故时尽可能减少人身伤害和财产损失。

职业健康安全管理体系采用"策划—实施—检查—改进(PDCA)"的方法(图6-1)。其中,策划(plan),确定和评价职业健康安全风险、职业健康安全机遇以及其他风险和其他机遇,制定职业健康安全目标并建立所需的过程,以实现与组织职业健康安全方针相一致的结果。实施(do),实施所策划的过程。检查(check),依据职业健康安全方针和目标,对活动和过程进行监视和测量,并报告结果。改进(act),采取措施持续改进职业健康安全绩效,以实现预期结果。

二、实验动物机构职业健康安全管理体系

实验动物从业人员作为从事实验动物或动物实验相关工作的人员,工作具有特殊性,是容易受到多种职业伤害的高危人群。实验动物机构管理者和从业人员需要对职业危害高度重视,依据国家法律法规、标准指南以及本机构的具体情况建立职业健康安全管理体系,形成科学的、风险可控的职业健康管理体系文件。有条件的机构也可以进行ISO 45001—2018的认证,同时也可以结合国际实验动物评估和认可委员会(AAALAC)、中国合格评定国家认可委员会(CNAS)和《实验动物管理条例》对实验动物领域职业健康的明确的规定进行认证。

(一)体系的目的和预期结果

职业健康安全管理体系的目的和预期结果是防止对实验动物从业人员造成与工作相关的伤害和健康损害,并提供健康安全的工作场所。

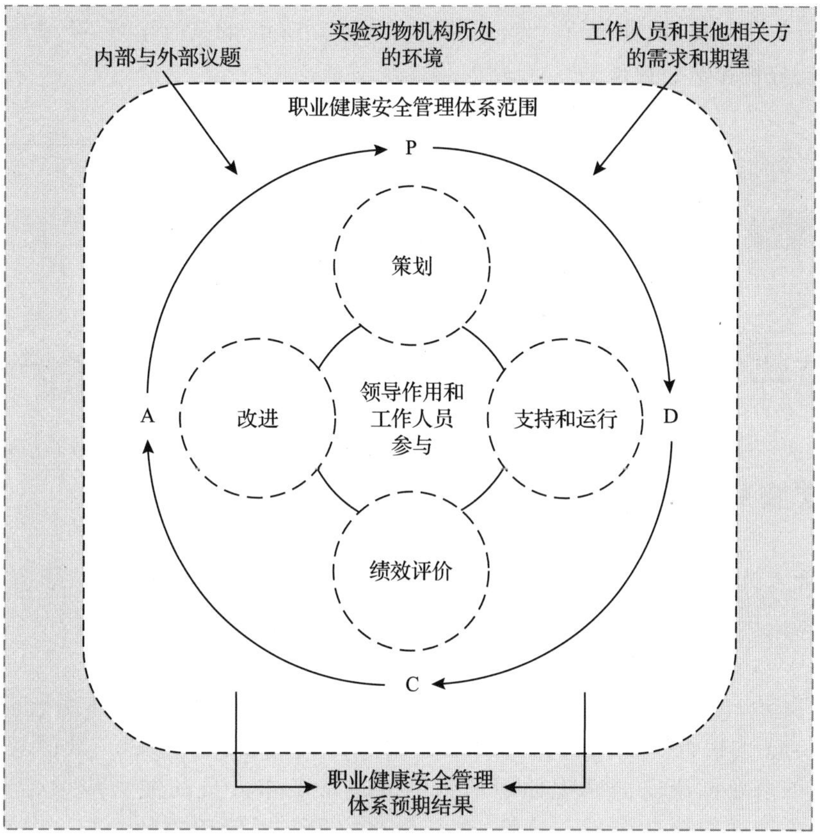

图 6-1　实验动物职业健康安全管理体系

(二)体系组织架构、关键岗位及职责

明确职业病防治法对落实组织机构法人及实验室主任责任的要求,成立实验动物管理委员会和实验动物伦理审查委员会,设置职业健康安全管理专门岗位,聘用职业健康管理专业人才,进行职业健康安全管理。

(三)管理体系文件编写

各机构应根据自身具体情况建立职业健康安全管理制度及操作规程,以保证本机构职业健康体系的具体实施及执行。管理制度及操作规程要包含纲领性文件如职业健康安全管理手册,支持性文件如程序文件、作业指导书,以及证实性文件如机构运行记录、表格、报告等。

机构的程序文件——职业健康安全管理制度文件涉及职业健康安全方针、职业健康危害防治责任制度、职业健康危害警示与告知制度、职业健康防治宣传教育培训制度、职业健康防护设施维护检修制度、职业健康防护用品管理制度、职业健康危害监测及评价管理制度、职业健康危害事故处置与报告制度、职业健康危害应急救援与管理制度等。特别需要注意的是,职业健康安全风险识别、风险评价、风险控制以及应急响应程序措施等的文件化程度,应足以确保以上过程和措施可按策划执行。另外,职业健康管理体系相关文件需要确保其在需要的场所和时间均可获得,同时又得到充分保护,防止失密、不当使用和部分缺失。

(四)职业健康安全管理体系的运行与持续改进

职业健康安全管理体系的运行与持续改进主要涵盖下述操作内容及处理措施。

①消除危险源和降低职业健康安全风险,应急准备和响应。

②体系培训。包括培训对象、培训内容、培训方法、培训考核及效果跟踪。

③日常管理。领导作用、全员参与、体系运行记录。

④文件管理。包括审核、批准、发布、发放、修订、受控等(SOP 的及时更新、受控)。

⑤监视、测量、分析和绩效评价。

⑥内部审核。

⑦管理评审。

⑧持续改进。

第二节　实验动物从业人员职业健康安全培训

一、实验动物从业人员职业健康安全培训内容

实验动物从业人员职业培训和教育是保证职业健康安全的关键,也是职业健康安全管理体系执行环节最重要的因素。从业人员的安全意识和安全技能高低,直接关系到机构生产经营、科学研究等活动的安全可靠性。

根据(GB/T 45001—2020/ISO 45001—2018)《职业健康安全管理体系——要求及使用指南》,组织机构应:a) 为协商和参与提供必要的机制、时间、培训和资源;b) 及时提供访问明确的、易理解的和相关的职业健康安全管理体系信息的渠道。工作人员的能力应包括对与其工作和工作场所有关的危险源和职业健康安全风险,进行恰当辨识和处置所需的知识和技能。工作人员宜具备使自己摆脱紧迫和严重危险状况的必要能力。工作人员宜接受所需的培训,使其能够有效地履行其职业健康安全方面的职责。

(CNAS-CL06:2018)《实验动物饲养和使用机构质量和能力认可准则》明确指出:“应培训所有员工(包括来访者),使其认识各自的职业健康安全风险、责任和义务。应明确所有员工对机构职业健康安全管理和参与绩效改进的作用、职责和权限。应建立并保持程序,以识别和获得适用的涉及职业健康安全的法规和其他要求。应及时更新有关法规和其他要求的信息,并将这些信息传达给员工和相关方。”“应保证机构内承担职业健康安全职责的所有人员具有相应的工作能力,并规定对其教育、培训和能力胜任的要求。培训内容和方式应适合于员工和来访者的职责、能力及文化程度,以及面临风险的特征。应告知员工和来访者将面临的所有风险和对他们相应的要求,达不到机构要求者不应进入或不应从事相关活动。”

根据《北京市实验动物管理条例》和《北京市实验动物从业人员培训考核管理办法》,实验动物从业人员应具有良好的职业道德和敬业精神,热爱实验动物工作,积极为实验动物事业的建设与发展服务;必须了解和遵守国家有关的实验动物法律、法规、质量标准和动物福利要求;必须参加由地方实验动物主管部门组织的实验动物从业人员岗前专业培训和考试,在获得“实验动物从业人员岗位证书”后方可从事实验动物相关工作;应具有良好的卫生习惯和心理卫生素质,符合实验动物从业人员体检健康标准。

为确保关键风险因素都能覆盖,实验动物机构应建立一套系统培训课程体系。培训内容要涵盖职业健康安全概念、生物安全、化学物质安全、物理性危害等方面的广泛知识和技能操作,要涵盖国内职业健康安全法律法规与标准、突发公共卫生事件应急条例、生物安全法律法规、实验动物行业规范以及实验室管理制度等法规条例。通过培训,增强实验动物从业人员的安全生产意识,使其系统地了解国家职业健康安全法律法规,遵守实验动物机构相关行业规范、管理制度,提高开展实验动物相关工作的专业技能。培训课程方式应注重实操训练和考核管理。

（一）生物安全培训

实验动物设施因实验动物从业人员工作环境及服务对象的特殊性，会同时与实验动物和各类病原体直接接触，可直接危害人员健康的因素也较多。实验动物生物性因素包括实验动物在其繁育、使用过程中的毛发、排泄物、血液及组织液等，是从业人员发生过敏的主要过敏原。人畜共患病，动物性气溶胶，以及在实验动物操作过程中感染性动物的抓伤和咬伤均会对从业人员造成严重伤害。应根据实验动物从业人员不同工作岗位性质，有针对性地进行生物安全相关培训。

生物安全方面的培训课程应包括：①生物安全的基本概念，包括生物安全和生物防护的基本原理、生物因子特性、动物生物安全、生物安全保障、PPE 的正确使用与维护、医疗监护等；②生物安全国内外法律法规、主管政府部门和主管执行机构的指导方针和管理条例等；③生物安全危害评估内容，包括病原微生物、人畜共患病相关知识，准确识别生物安全风险及评估和处置技能；④涉及病原微生物操作技能，主要包括病原微生物标准操作、仪器设备原理及基本操作、动物实验操作、消毒剂的使用规程、设施设备的维修维护等；⑤病原控制措施与意外事故应急理论，包括实验室的空间布局、进出程序、废弃物的处置、清场和去污方法、个人卫生及内务行为规范等，以及意外事故应急措施和消防知识等。

（二）法律法规和指南培训

实验动物从业人员需了解其职业健康安全管理的监管体系，包括主管政府部门、主管执行机构、国内外相关法律法规、指导方针和管理条例。实验动物机构应更新收集国际和国内新的法律法规并进行合规性评价，再通过此类培训向从业人员强调国家政府政策的重要性和法律的严肃性，也更利于保护从业人员自身身心健康。

根据（GB/T 45001—2020/ISO 45001—2018）《职业健康安全管理体系——要求及使用指南》：

1. 法律法规要求

①法律法规（国家的、区域的或国际的），包括法律、法规和规章；②法令和指令；③监管部门发布的命令；④许可、执照或其他形式的授权；⑤法院判决或行政裁决；⑥条约、公约、议定书；⑦集体协商协议。

2. 其他要求

①组织的要求；②合同条款；③雇佣协议；④与相关方的协议；⑤与卫生部门的协议；⑥非强制性标准、获得一致认可的标准和指南；⑦自愿性原则、行为守则、技术规范、章程；⑧本组织或其上级组织的公开承诺。

表 6-1 总结了中国和国际实验动物职业健康安全相关法律法规和标准指南。北京市辖区内的实验动物机构，除对实验动物从业人员有针对性的进行上述法律法规和指南标准培训外，还应重点宣传贯彻北京市颁布的一系列法律、法规、指南，如《北京市实验动物管理条例》《北京市实验动物许可证管理办法》《实验动物福利伦理审查技术规范》《北京市实验动物废物无害化处理管理办法》《北京市实验动物从业人员培训考核管理办法》等。

表 6-1　中国和国际实验动物职业健康安全相关法律法规和标准指南

序号	名称	制定部门	颁布年份	类别
1	中华人民共和国职业病防治法	全国人民代表大会常务委员会	2018	法律
2	中华人民共和国传染病防治法	全国人民代表大会常务委员会	2013	法律
3	实验动物管理条例	国务院	2017	行政法规
4	突发公共卫生事件应急条例	国务院	2011	行政法规
5	国家突发公共卫生事件总体应急预案	国务院	2006	应急预案
6	中华人民共和国生物安全法	全国人民代表大会常务委员会	2020	法律

续表 6-1

序号	名称	制定部门	颁布年份	类别
7	工作场所职业卫生管理规定	国家卫生健康委员会	2020	部门规章
8	重大动物疫情应急条例	国务院	2017	行政法规
9	病原微生物实验室生物安全管理条例	国务院	2018	行政法规
10	医疗废物管理条例	国务院	2011	行政法规
11	病原微生物实验室生物安全环境管理办法	国家环境保护总局	2006	部门规章
12	人间传染的病原微生物目录	国家卫生健康委员会	2023	指南
13	动物病原微生物分类名录	农业部	2005	指南
14	可感染人类的高致病性病原微生物菌(毒)种或样本运输管理规定	卫生部	2005	部门规章
15	传染性非典型肺炎病毒的毒种保存、使用和感染动物模型的暂行管理办法	卫生部	2003	部门规章
16	传染性非典型肺炎病毒研究实验室暂行管理办法	科技部、卫生部、国家环境保护总局、国家食品药品监督管理局	2003	部门规章
17	动物病原微生物菌(毒)种保藏管理办法	农业部	2016	部门规章
18	可感染人类的高致病性动物病原微生物菌(毒)种或者样本运输管理规定	卫生部	2005	部门规章
19	高致病性动物病原微生物实验室生物安全管理审批办法	农业部	2008	部门规章
20	高致病性动物病原微生物菌(毒)种或者样本运输包装规范	农业部	2005	规范性文件
21	人间传染的高致病性病原微生物实验室和实验活动生物安全审批管理办法	卫生部	2006	部门规章
22	人间传染的病原微生物菌(毒)种保藏机构管理办法	卫生部	2009	部门规章
23	兽医实验室生物安全管理规范	农业部	2003	部门规章
24	医疗废物分类目录	国家卫生健康委员会、生态环境部	2021	指南
25	医疗废物管理行政处罚办法	卫生部、国家环境保护总局	2004	部门规章
26	医疗废物集中处置技术规范	国家环境保护总局	2003	部门规章
27	医疗废物专用包装物、容器和警示标志标准	国家环境保护总局、卫生部	2003	部门规章
28	医疗卫生机构医疗废物管理办法	卫生部	2003	部门规章
29	危险化学品安全管理条例	国务院	2011	行政法规
30	固体废物污染环境防治法	全国人民代表大会常务委员会	2020	法律法规

续表 6-1

序号	名称	制定部门	颁布年份	类别
31	放射性废物安全管理条例	国务院	2012	行政法规
32	实验室生物安全手册 第四版	世界卫生组织	2020	指南
33	微生物和生物医学实验室生物安全手册	美国国立卫生研究院疾病控制与预防中心	2020	指南
34	生物危害主要防护:生物安全柜的选择、安装和使用	美国国立卫生研究院疾病控制与预防中心	2000	指南
35	传染性物质和诊断标本安全运输指南	世界卫生组织	1997	指南
36	医学实验室 安全要求	国家质量监督检验检疫总局	2005	标准
37	职业健康安全管理体系要求及使用指南	国家市场监督管理总局	2020	标准
38	实验动物饲养和使用机构质量和能力认可准则	中国合格评定国家认可委员会	2018	标准
39	实验动物 动物实验生物安全通用要求	国家市场监督管理总局	2023	标准
40	实验室生物安全通用要求	国家质量监督检验检疫总局	2008	标准
41	实验动物机构 质量和能力的通用要求	国家质量监督检验检疫总局	2014	标准
42	实验动物环境与设施	科学技术部	2010	标准
43	职业性接触毒物危害程度分级	卫生部	2010	标准
44	工作场所化学有害因素职业健康风险评估技术导则	国家卫生和计划生育委员会	2017	标准
45	工作场所职业病危害作业分级	卫生部	2010	标准
46	微生物和生物医学实验室生物安全通用准则	卫生部	2003	标准
47	生物安全柜	国家药品监督管理局	2022	标准

二、建立规范的职业健康安全培训效果评价和绩效管理机制

培训、意识和能力是建立和保持职业健康安全管理体系的重要人力资源保证，培训质量是培训的生命。根据 OHSMS 规范，对人员培训效果进行绩效测量，是实现机构职业健康安全目标实施的重要环节。

实验动物机构在针对管理层和操作层建立培训课程体系的同时，应建立培训质量评价量表，规范培训绩效管理体系。培训效果评价量表建议在安全意识、参与态度、掌握程度、员工反应、行为表现 5 个维度上设计封闭式问题，每个条目从低到高的顺序依次赋分为 1、2、3、4，代表“不清楚”“一般”“较清楚”“很清楚”，得分越高表示员工的职业健康安全意识和能力越强。针对受过培训人员，统一发放并介绍量表内容和填写要求，以集中填写、当场交卷方式完成，并在一段时间(2 周)后重复填表用于重测信度和效度分析。将总体得分划分为 4 个等级(差、中、良、优)，达到总分的 40%～50%为差，50%～70%为中，70%～80%为良，得分为总分的 80%以上为优。通过量表达到对职业安全健康管理中培训情况的定量测量。机构还应通过对培训记录、职业健康监护记录、管理报告等定期监测，进行培训的定性绩效测量。

第三节 职业健康安全风险管理

职业健康安全风险是指与工作相关的危险事件或暴露发生的可能性与由危险事件或暴露而导致的伤害和健康损害的严重性的组合。职业健康安全管理体系的管理重点在于事故预防，最核心的要素就是建立风险评估机制，对风险进行识别并制定应对风险的措施，进行风险管理。通过危险源辨识、风险评估和风险控制来达到控制事故的目的，建立、实施、保持和持续改进职业健康安全管理体系，实行全员、全过程、全方位的安全管理。

一、风险识别

（一）危险源辨识原则

进行职业健康安全风险管理，首先要进行风险因素的识别。危险源是指可能导致伤害或疾病、财产损失、工作环境破坏或这些情况组合的根源或状态。危险源辨识即辨识危险源的存在并确定其特性的过程（表 6-2）。根据 GB/T 45001—2020/ISO 45001—2018，机构需要主动建立、实施可持续的危险源辨识原则。

表 6-2 职业健康安全风险危险源辨识

危险源辨识	
管理角度	工作如何组织，社会因素（包括工作负荷、工作时间、欺骗、骚扰和欺压），领导作用和组织文化。
常规和非常规的活动和状况所可能产生的危险源	1）基础设施、设备、原料、材料和工作场所的物理环境； 2）产品和服务的设计、研究、开发、测试、生产、装配、施工、交付、维护或处置； 3）人为因素； 4）工作执行过程。
机构内外以往发生过的职业健康安全问题（包括紧急情况）及其原因。	
可能会发生的职业健康安全问题。	
人员	1）有机会进入工作场所的人员，包括工作人员、承包方、访问者和其他人员； 2）工作场所附近可能受影响的人员； 3）处于非机构直接控制场所的工作人员。
其他因素	1）工作区域、过程、装置、机器或设备、操作程序和工作组织设计，包括它们对所涉及工作人员的需求和能力的适应性； 2）由机构控制下的工作相关活动所导致的、发生在工作场所附近的状况； 3）发生在工作场所附近、不受组织控制、可能对工作场所内的人员造成伤害和健康损害的状况。
组织、运行、过程、活动和职业健康安全管理体系中的实际或拟定的变更。	
危险源的知识和相关信息的变更。	

（二）实验动物机构危险源辨识

实验动物机构的风险识别可以从机构管理、自然灾害、人员、实验动物、废弃物处理、个体防护以及机构环境的物理、化学、生物反应等方面进行危险源辨识。机构针对以往发生过的、现有的以及可能发生的职业健康安全问题，选择适当的方法包括询问、会议交流、现场勘察等方式，进行危险源辨识，形成危险源清单，以便进行风险评估。

（CNAS-CL06：2018《实验动物饲养和使用机构质量和能力认可准则》列出至少应考虑以下来源的风险：(a)放射性物质；(b)感染性微生物；(c)生物性毒素；(d)致敏原；(e)实验动物或野外动物；(f)危险化学品和药品；(g)重组 DNA 材料、基因操作；(h)新的物种或外来物种；(i)设施设备(如高压、高温、低温、高动量设备，通风、消毒设备等)；(j)利器；(k)强光、紫外线等；(l)电气；(m)其他物理性危险因素；(n)工作流程和操作不当；(o)误用或恶意使用；(p)个体防护；(q)水灾；(r)火灾；(s)其他自然灾害。

1. *病原微生物风险*

实验动物的体表、体内以及饲养环境中存在着种类繁多的微生物和寄生虫。这些微生物和寄生虫对实验动物可以是致病性的、条件致病性的和非致病性的，有些可能是能感染人的病原体，导致人畜共患病。WHO 列出超过 200 种直接或间接由动物传播给人类的传染疾病，以及根据我国农村农业部 2022 年修订的《人畜共患传染病名录》，实验动物易感的结核病、狂犬病、布鲁菌病、炭疽、弓形虫病等均为人畜共患病(表 6-3)。实验动物从业人员应学会使用《人间传染的病原微生物目录》，初步了解病原微生物的不同危害分类等级所涉及的风险；通过病原微生物的生物学特性、感染途径、流行病学、在环境中的稳定性，以及以往发生实验室感染的信息等特点，识别病原微生物的潜在风险；新病原、未知病原或待检病原信息不足时的风险识别。

表 6-3　实验动物主要的人畜共患病

人畜共患病	实验动物	致病微生物	严重程度
尼帕病毒性脑炎	猪、马、羊、猫、犬等	尼帕病毒	+++
B 病毒病	猴	猿疱疹病毒	+++
高致病性禽流感	禽类	高致病性禽流感病毒	+++
牛海绵状脑病	牛	朊病毒	+++
猴痘	猴、啮齿类、兔、犬、猫等	猴痘病毒	++
病毒性肝炎	猪、牛、羊、兔等	戊型肝炎病毒	++
麻疹	猴等	麻疹病毒	++
淋巴细胞性脉络丛脑膜炎	小鼠、地鼠、豚鼠	淋巴细胞性脉络丛脑膜炎病毒	++
钩端螺旋体病	啮齿类、犬、牛、羊、猪等	钩端螺旋体	++
炭疽	牛、羊、猪、啮齿类等	炭疽杆菌	++
结核病	牛、猪、猴、鸡、犬等	结核分枝杆菌	++
兔热病	兔、啮齿类等	土拉弗朗西斯菌	++
布鲁菌病	牛、羊、猪、犬	布鲁菌属细菌	++
马鼻疽	马	鼻疽伯氏菌	++
类鼻疽	牛、羊、猪、犬、猫等	伪鼻疽伯氏菌	++
弓形虫病	猫、犬、啮齿类、猴等	刚地弓形虫	++

续表 6-3

人畜共患病	实验动物	致病微生物	严重程度
棘球蚴病	羊、猪、牛、犬、猫等	棘球蚴	++
日本血吸虫病	牛、羊、猪、犬等	血吸虫	++
疟疾	猴	疟原虫	++
鹦鹉热	禽类	鹦鹉热衣原体	++
流行性出血热	啮齿类	汉坦病毒	+
脑心肌炎	啮齿类、猪等	脑心肌炎病毒	+
狂犬病	犬、猫等	狂犬病病毒	+
流行性乙型脑炎	猪、牛等	乙脑病毒	+
马尔堡病毒病	非洲绿猴、猪等	马尔堡病毒	+
沙门氏菌病	禽类、啮齿类、猴、猪等	沙门氏菌属细菌	+
假结核病	羊、豚鼠、小鼠、兔等	假结核棒状杆菌	+
猪链球菌Ⅱ型感染	猪等	2 型猪链球菌	+
李氏杆菌病	牛、羊、猪等	产单核细胞性李斯特菌	+
鼠咬热	啮齿类	小螺菌或念珠状链杆菌	+
猪丹毒	猪	猪丹毒丝菌	+
Q 热	羊、牛、马等	贝纳柯克斯体	+
华支睾吸虫病	鱼、猪、猫、犬等	华支睾吸虫	+
片形吸虫病	牛、羊、兔等	肝片形吸虫、巨片形吸虫	+
旋毛虫病	猪、犬、啮齿类等	旋毛形线虫	+
猫抓病	猫、犬	汉塞巴尔通体	+
利什曼原虫病	犬、啮齿类等	利什曼原虫	+
犬蛔虫病	犬	犬弓首蛔虫	+
囊尾蚴病	猪	囊尾蚴	+
细菌性痢疾	猴等	志贺菌	+

2. 危险化学品和药品风险

实验动物饲养、应用研究、设施消毒等过程会大量使用各类化学品和药品。尤其危险化学品具有易爆、易燃、导致中毒、腐蚀性强、放射性等特点，这类化学品如果处理不当，不仅危害人员的生命安全或造成中毒，甚至会造成巨大灾难。麻醉药品为动物实验常用药品，具有成瘾性，轻则致人恶心呕吐，重则导致肝肾衰竭，危及生命。

(1)爆炸品　一些药品和化学品受到高温、撞击或与其他物品接触会具有爆炸性。如硝酸甘油和苦味酸遇到高温、摩擦、冲击或与某些物品接触即发生急剧化学反应，产生大量气体和热量易爆炸。具有强烈氧化性能的氯酸钾和高锰酸钾，遇到酸和某些有机物而混合或经摩擦撞击和受高温即引起燃烧爆炸。压缩气体和液化气体，因撞击和受热会引起燃烧爆炸，均应注意按要求操作。

(2)易燃化学品　如乙醚、乙醇在常温下是液态,极易挥发为气态,遇火能引起燃烧爆炸。金属钠和钾等受潮易分解,放出易燃气体,放出热量引起燃烧。硝化纤维胶片为积热自燃物质,燃点较低,受热或冲击、摩擦及与氧化剂接触时能引起急剧的连续的燃烧。

(3)腐蚀品　如强酸、强碱类和溴、酚等具有强烈的腐蚀性,接触人体和其他物品可造成损伤和破坏,甚至引起燃烧和爆炸,造成伤亡。

(4)毒麻药品　剧毒品如氰化物、三氧化二砷、有机汞等具有强烈毒性,少量侵入人体即可造成死亡。毒性药品还包括去乙酰毛花苷、阿托品(包括其盐类)、洋地黄毒苷、氢溴酸后马托品、毛果芸香碱(包括其盐类)、水杨酸毒扁豆碱、氢溴酸东莨菪碱、亚砷酸钾、士的宁(包括其盐类)、亚砷酸注射液、A型肉毒毒素及其制剂等,在动物实验操作过程中,人员应做好防护,避免不慎接触而中毒。对于《麻醉药品和精神药品品种目录(2023年版)》所涉及的麻精药品的实验研究、使用和贮存必须严格按照《麻醉药品和精神药品管理条例(2016年修订)》规定执行。毒麻药品必须实行双人双锁专柜管理,对原有量和使用量进行准确记录。有皮肤损伤者尽量不操作传染性和剧毒药物。非操作不可,必须认真做好个人防护。

3. 辐射和放射性物质

(1)紫外线　紫外线灯是空气和表面消毒的常用手段,但紫外线照射过多会导致人体皮肤和眼睛损伤、致癌等。使用紫外线灯必须做好个人防护,控制使用时间。对紫外线照射易损物品和仪器在开启紫外线灯时应做好遮盖。

(2)放射性药品　放射性药物即核医学使用的含有放射性核素,用于临床诊断或治疗的放射性核素制剂或者其标记化合物。此类药品释放出的α、β、γ等射线具有穿透性,通过人体时,可与组织发生电离作用引起放射病。凡是从事放射性工作的人员必须了解放射防护的基本知识,必须经过放射防护部门的考核合格后方可上岗,做好防护以及放射性废物处理。

4. 实验活动涉及的风险

①实验开展过程中所涉及的风险,如实验操作在高温高压或超低温、强磁、真空、微波辐射、高电压和高转速等特殊环境和条件下会产生有害物质或者气溶胶等;

②特殊实验活动,如重组DNA操作、超常规样品数量、超常规量大量培养所涉及的风险。

③动物抓伤、咬伤,如不正确的动物保定方式或动物应激行为,实验动物可能对实验人员产生攻击,抓伤、咬伤给实验者的身体及心理带来伤害。

5. 设施、设备涉及的风险

①设施常见故障导致的风险;

②设施、设备带来的砸伤、烫伤、噪声、扎伤风险,如操作较重或尺寸较大的笼具可能会给使用者带来身体损伤、疲劳或难以驾驭的体验;重心不稳的笼架及不整齐摆放的笼具,存在倾倒、意外砸伤的风险;垫料倾倒机及隧道式清洗、灌装设备产生噪声及粉尘危害;高压灭菌设备存在高温烫伤风险;实验室仪器设备和动物接种、取材或解剖使用的手术工具的不当使用可能导致锐器扎伤风险。

6. 物理及其他风险

物理及其他风险包括消防、电器、自然灾害等因素所导致的风险。

7. 人员因素导致的风险

①实验动物机构管理、实验操作、运行维护人员基本知识及技能不足带来的风险;

②不良操作行为、操作失误或个人防护用品失效带来的风险;

③因身体健康和心理原因导致的意外事件;

④责任心不足和违背伦理的技术谬用带来的风险;

8. 废弃物处置不当引发的风险

(1)废物处理　潜在被污染的废弃物与普通废弃物不做区分,感染性材料消毒灭菌不彻底等,实验产生的生物、化学和医疗废物的不当处理可能对环境造成污染，对人类健康安全带来隐患。废弃化学试剂应存放在原试剂瓶中，保留原标签；化学废液放入满足要求的收集容器中，防止泄漏、磕碰；危险废物的贮存容器、设施、警示标识等必须符合规定，危险废物交由专业的危险废物处置机构进行处置；动物实验机构产生的动物尸体、注射器等利器，收集后交由医疗废物处置机构处置。

(2)废气处理　高浓度的氨气和硫化氢气体会给眼睛、呼吸系统带来伤害，设定恰当的脏垫料更换频率，可以很大程度上减少臭气的浓度。动物设施产生的废气需经过设施排风废气处理系统处理后才可以排放，以免氨和硫化物等恶臭气体给周边环境及人们生活带来影响。

9. 管理制度和安保措施

管理制度和安保措施不健全带来的风险。

二、风险评价

职业健康安全风险评价是在全面、系统地进行风险因素识别的基础上，定性或定量地测评职业健康风险水平，即某事件或事物带来的影响或损失的可能程度，采取相应的控制措施。它是对危险源导致的风险进行评估、对现有控制措施的充分性加以考虑以及对风险是否可接受予以确定的过程。

(CNAS-CL06:2018)《实验动物饲养和使用机构质量和能力认可准则》规定：实验动物职业健康安全体系应建立风险评估程序，事先对所有拟从事活动的职业健康安全风险进行评估。风险评估应由具有经验的专业人员(不限于本机构的人员)进行。应记录风险评估过程，风险评估报告应注明评估时间、编审人员和所依据的法规、标准、研究报告、权威资料、数据等。应定期进行风险评估或对风险评估报告复审，评估的周期应根据机构活动和风险的特征而确定。开展新的活动或欲改变经评估过的活动(包括相关的设施、设备、人员、活动范围、管理等)，应事先或重新进行风险评估。当发生事件、事故等时应重新进行风险评估。当相关政策、法规、标准等发生改变时应重新进行风险评估。根据(GB/T 45001—2020/ISO 45001—2018)《职业健康安全管理体系——要求及使用指南》，组织机构的职业健康安全风险评价方法和准则应在范围、性质和时机方面予以界定，确保其主动、系统地使用，并保留有关方法和准则的文件化信息。

1. 风险评估的实施人员

应根据任务来源确认评估目的，由机构指定风险评估负责人，并根据评估需要确定哪些人员应参加风险评估，并成立风险评估小组，进行工作分工，制订风险评估实施方案。

2. 风险评估的实施程序

在收集资料、初步分析风险预期的基础上，明确内外部环境信息，制定风险准则。在与利益相关方进行充分沟通、交流的基础上，确定拟开展的实验等活动内容，并逐一识别其涉及的可能风险，形成风险列表。针对风险列表，根据风险准则进行风险分析，做出风险评价，制定出相应的风险应对措施。实验室应有记录风险管理全过程的机制。形成完整的风险评估报告，并应根据活动的进程或风险特征的变化适时启动风险再评估工作。

3. 风险评估实施的时机

应建立风险管理的监督检查和持续改进的工作机制，以确保相关要求得到及时有效地实施。正常情况下，实验活动进行中每年应对风险评估报告进行一次再评估(或称复评审)，以便持续识别新的风险或发生的风险改变。实验室出现变化时，应重新进行风险评估或对风险评估报告进行再评估。再评估的要求和程序与初次进行风险评估时相同。同一风险因素在不同实验活动中，或同一实验活动的不同阶段风险评估中，风险的管理和控制要求可能不同。

4. 风险评估的常用方法

各实验动物机构可根据具体情况选择一种或多种相结合的方法对风险进行评估。目前风险评估常用方法有作业条件危险性评价法(LEC 法)、风险矩阵法、量规法(Gauge Method)、风险树法、RPN 风险顺序数法(Risk Priority Number)、层次分析法、基于大数据风险评估方法等。

(1)作业条件危险性评价法(LEC 法) LEC 法的基本原理是根据作业条件的不同因素(如作业环境、使用设备、作业人员等)来评估可能存在的风险。通过对这些因素进行系统性的分析和评估，可以帮助组织有效地识别潜在的危险，从而采取相应的措施来降低风险并确保工作场所的安全和员工的健康。对于一个具有危险性的作业条件，其危险性(D)的主要影响因素包括发生事故或危险事件的可能性(L)、人员暴露于危险环境中的频繁程度(E)、事故发生可能产生的后果(C)，根据实际经验对 L、E、C 分别打分(打分标准可参考表 6-4，也可根据实际情况进行优化)，采用公式 $D = L \times E \times C$ 进行计算。较大的 D 值对应着较大系统危险，要求采用恰当的风险规避优化以及转移机制进行处理，将风险控制在合理范围内。

D 值总分在 20 以下是被认为低危险的；如果危险分值到达 70～160，具有显著的危险性，需要及时整改；如果危险分值在 160～320，即一种必须立即采取措施进行整改的高度危险环境；分值在 320 以上的高分值表示环境非常危险，应立即停止生产直到环境得到改善为止。值得注意的是，LEC 风险评价法对危险等级的划分，一定程度上凭经验判断，应用时需要考虑其局限性，根据实际情况予以修正(表 6-5)。

表 6-4 LEC 法风险评估标准

事故发生的可能性(L)	分值	人员暴露于危险环境的频繁程度(E)	分值	事故后果的严重程度(C)	分值
完全可以预料	10	连续暴露	10	大灾难，多人死亡	100
相当可能	6	每天工作时间内暴露	6	灾难，数人死亡	40
可能，但不经常	3	每周一次或偶尔暴露	3	非常严重，一人死亡	15
可能性小，完全意外	1	每月一次暴露	2	严重，重伤	7
很不可能，可以设想	0.5	每年几次暴露	1	重大，致残	3
极不可能	0.2	非常罕见暴露	0.5	引人注目，需要救护	1
实际不可能	0.1				

表 6-5 LEC 法风险等级评定

风险危险性(D)值	危险程度	风险等级
>320	极其危险，不能继续作业	1
160～320	高度危险，要立即整改	2
70～160	显著危险，需要整改	3
20～70	一般危险，需要注意	4
<20	稍有危险，可以接受	5

(2)风险矩阵法　风险矩阵法是风险评估的常用方法之一，按照风险发生的可能性和风险发生后果的严重程度，将风险绘制在矩阵图中，以矩阵的方式对风险进行研判，根据风险等级，采取相应控制措施。风险矩阵法通过将风险的可能性和影响程度相结合，形成一个矩阵，以矩阵的水平轴表示风险的可能性，竖直轴表示风险的影响程度，而交叉点则对应于不同的风险等级。通常，可能性和影响程度会被分为几个等级，从低到高或从小到大。根据实际情况，组织可以根据自身需求定义这些等级，并为每个等级分配相应的颜色或标签，以便更清晰地识别风险的级别。

风险矩阵法以直观的方式展示出不同风险的优先级，为管理者提供了可视化的风险等级识别工具。但该方法由于只考虑可能性和影响程度两个因素，忽视了其他可能影响风险的因素，如时间、成本等，因此风险矩阵法具有局限性。另外，风险矩阵法容易受到评价人员主观判断的影响，可能导致对风险的评估不够客观。在实际应用中，风险矩阵法通常与其他风险评估方法结合使用，以获得更全面和准确的风险评估结果。

(3)量规法(Gauge Method)　量规法是一种通过定量分析来评估和管理风险的方法，其核心在于使用数值化的指标和工具来衡量风险的概率和影响程度，从而帮助决策者更好地理解和处理风险。该方法针对影响机构安全的各因素及各因素在安全风险中的具体体现和作用，列出评估标准，对各标准进行描述，包括概率分布、事件发生可能性和后果严重程度等信息，设计出风险评估量表计算风险数值。该方法评价主体范围广、可操作性强，容易及时、准确地找出存在的安全风险隐患，研究应对方案。通过量化分析减少主观因素影响，评估结果更具可信度。但对数据需求较高，且需要专业知识和技能进行分析计算，复杂度高，受多种因素影响存在一定的不确定性和预测误差。

(4)风险树法　风险树法是一种系统性的风险分析方法，通过构建一个逻辑树状结构，将顶层事件(例如事故)与导致其发生的底层事件(如故障或错误)相连，以定量或定性地评估各种事件发生的可能性和影响程度。该方法以图解的形式将机构风险按层次分解，找到机构所承受风险的具体型态。采用风险树法进行风险评估分为以下几个步骤：①事件分解：首先确定顶层事件，收集风险因素并分类整理，构建树状结构将其形象化表示出来。②概率分配：为每个底层事件分配概率，表征其发生的可能性。③影响评估：确定每个底层事件发生时对顶层事件的影响程度。④风险计算：通过计算各个路径上事件发生的概率和影响的乘积，得出整体风险评估值进行等级划分。其中要注意的是，对风险因子的权重评分要使得占其上一层父因子的权重之和为1。

风险树法可以很好地描述一个复杂的系统过程，清晰展示各事件之间的逻辑关系，帮助全面理解风险来源，通过概率和影响的量化评估得出相对准确的风险值；灵活性高，以应对不同类型的风险评估需求，且有助于发现内在风险。该方法适用于系统性、全面分析的风险评价，实际应用中对历史事件数据、专家经验需求较高。

(5)RPN风险顺序数法(risk priority number，RPN)　RPN法是一种定量的风险评估方法，通过结合风险的发生频率O(occurrence)、严重性S(severity)和可预测性D(detectability)三个方面的参数来评估风险的优先级，从而帮助确定应对措施的优先级。可能性O指事件发生的可能性，通常用1～10的等级表示，1代表风险发生的可能性极低，10代表风险发生的可能性极高。严重性S指事件发生后可能导致的严重程度，同样用1～10的等级表示，1代表影响较小，10代表可能带来灾难性后果。可预测性D指系统检测风险事件发生前的能力，同样用1～10的等级表示，1代表可以轻松预测，10代表几乎不可能预测。通过三者乘积进行风险评价，简化公式为$RPN=S\times O\times D$。结果越大，表明风险越高，需要采用合理机制进行预防干预。

RPN法通过数字化的评估方法，使得风险评估更加客观、准确，可以明确地确定不同风险的优先级顺序，帮助管理者有序地制订应对计划。此方法相对简单易行，不需要复杂的模型或工具。但在评估可能性、严重性和检测能力时，存在一定的主观性，不同评估者可能会有不同的评估结果。仅考虑可能性、严重性和检测能力三个因素，未考虑其他可能影响风险的因素，容易导致评估片面。在实际使用过程中，建议结合其他风险评估方法和工具使用，以便更全面、准确地评估和管理潜在风险。

(6)层次分析法 层次分析法是一种多标准决策方法，采用数字形式将决策者的主观判断进行量化处理，通过将一个大的问题层层分解成若干个层次，然后利用专家判断和数学模型计算来确定各因素之间的重要性和影响，从而进行综合评价和决策。因此，能够处理不易量化问题的风险评价。层次分析法首先确定问题的层次结构，将问题分解成若干个层次，包括目标、准则、方案等。通过专家判断或数据分析，对每个层次内的元素两两比较，建立判断矩阵。根据两两比较得到的判断矩阵，计算每个元素的权重，从而确定各因素在决策中的重要性。对比判断矩阵的一致性，确保专家判断或数据的一致性。最终根据各因素的权重，对各方案进行综合评价，做出最佳决策。

层次分析法简单易懂，直观地展示了各因素之间的关系，易于理解；考虑了各因素之间的相对重要性，避免片面决策。但依赖专家的主观判断，存在主观偏差和不确定性，评价过程需要对判断矩阵进行一致性检验，增加了额外的计算和复杂度，对数据处理有一定要求。

(7)基于大数据风险评估方法 基于大数据风险评估方法是利用大规模数据分析技术来评价各种风险。这种方法结合了数据挖掘、机器学习和统计分析等技术，通过对海量数据的挖掘和分析，发现隐藏在数据背后的模式、规律，从而识别和评价潜在的风险事件，帮助机构决策者及时采取预防和控制措施来降低风险。基于大数据风险评估方法首先需要收集各种数据源的数据，包括结构化数据和非结构化数据，并对数据进行清洗、整合，用于后续分析使用。其次利用数据挖掘和机器学习算法，对数据进行深入分析，发现隐藏在数据中的模式、趋势和规律，识别潜在的风险因素。基于数据分析的结果，建立风险评估模型，利用模型对未来可能出现的风险事件进行预测和评估。最终根据模型的预测结果，制定相应的风险管控策略，帮助机构及时应对风险，降低损失。

该方法将预先已知的事件用数据形式进行概率和条件的转换，通过改进评估方法对整体框架进行设计，导入大数据，建立风险评估体系，能更好地评估风险中的不确定性和未知性，评估流程严格，大数据量化准确性高，同时对评估人员数据分析和处理的专业性要求较高。另外，大数据方法需要处理大量敏感数据，存在隐私泄露和安全风险，在实施过程中需要注意数据安全和质量。

三、风险控制

在职业健康安全管理体系运行的过程中，最重要的就是进行风险控制，即危险源消除和降低职业健康安全风险。

根据(GB/T 45001—2020/ISO 45001—2018)《职业健康安全管理体系——要求及使用指南》，组织应通过采用下列控制层级，建立、实施和保持用于消除危险源和降低职业健康安全风险的过程。

以下示例说明了每个层级可以实施的措施。

a)消除危险源：移除危险源；停止使用危险化学品；在规划新的工作场所时应用人类工效学方法；消除单调的工作或导致负面压力的工作；

b)用危险性低的过程、操作、材料或设备替代：用低危险性替代高危险性；从源头防止职业健康安全风险；适应技术进步；更换光滑的地板材料；降低设备的电压要求；

c)采用工程控制、工作重组或两者兼用：将人与危险源隔离；实施集体防护措施(如隔离、机械防护装置、通风系统)；采用机械装卸；降低噪声；使用护栏防止高空坠落；采用工作重组以避免人员单独工作、有碍健康的工时和工作量，或防止重大伤害；

d)采用管理控制，包括培训：实施定期的安全设备检查；实施防止欺凌和骚扰的培训；通过协调分包方的活动来管理健康和安全；实施上岗培训；指导工作人员如何报告事件、不符合和受害情况而不用担心遭到报复；改变工作人员的工作模式(如轮班)；为已确定处于危险状况(如与呼吸系统疾病、皮肤病或暴露有关的危险)中的工作人员管理健康或医疗监测方案；

e)使用适当的个体防护装备:提供充足的个人防护用品,包括工作服、安全鞋、防护眼镜、听力保护装备、手套等以及用品的使用和维护说明书。

(CNAS-CL06:2018)《实验动物饲养和使用机构质量和能力认可准则》规定:采取风险控制措施时宜首先考虑消除危险源(如果可行),然后考虑将潜在伤害发生的概率或严重程度降低至可接受水平。风险评估报告是采取风险控制措施、建立职业健康安全管理制度和制定安全操作规程的依据,应根据风险评估报告,对所认定的风险采取控制措施,对员工行为规范、人员能力要求与培训、设施和设备的设计保证及运行管理相关的流程和活动进行规范,制定程序和作业指导书。应建立机制监控机构所要求的活动,以确保相关要求及时并有效地得以实施。危险识别、风险评估和风险控制的过程不仅适用于机构(包括设施设备、活动等)的常规运行,而且适用于机构在对设施设备进行清洁、维护、关停期间以及节假日等期间的运行。

1. 风险控制应遵循的原则

风险控制应遵循的原则包括全程控制原则、动态控制原则、分级控制原则、分层控制原则,遵循这些原则开展风险控制将确保实现其有效性。选择风险应对措施时,应考虑的因素包括但不限于:法律法规、标准规范方面的要求;风险应对措施的实施成本与预期效果;选择几种应对措施,将其单独或组合使用;利益相关方的诉求、对风险的认知和承受度,以及对某些风险应对措施的偏好。实验室风险控制的最终目标是降低事故发生频率、减轻事故的严重程度,在选择具体的控制措施时也应着眼于上述两个目标。

2. 风险控制策略的选择

有许多不同的策略可用于降低和控制风险。通常为了有效降低风险,可能需要应用多个风险控制策略。良好的风险控制策略将:①提供降低不可接受风险所需的风险控制措施性质的总体方向,但不必规定可用于实现这种降低风险控制措施的类型;②利用当地条件下现有的资源可以实现;③帮助最大限度地减少对正在执行的工作的任何阻力(例如,解决利益相关方的风险感知)并确保支持(例如,国家或国际监管机构的批准);④与组织的总体目标、目的和使命保持一致,促进成功(即改善公共卫生和/或卫生安保)。

3. 风险控制措施的选择与实施

合理选择风险控制措施。根据所识别出的风险性质、可用资源和其他当地条件,应采取多种风险控制措施来实现风险控制策略。即使为风险策略选择了风险控制措施,仍然会有一定程度的风险存在。如果该风险(称为“残余风险”)是不可接受的,那么就需要使用额外或更有效的风险控制措施来实现风险控制策略,并将风险降为可接受的风险。通常,初始风险越高,将残余风险降低到可接受风险以继续工作所需的风险控制措施的数量就越多。

4. 风险控制措施

(1)设施的设计保证及运行管理　①保证设施的设计、工艺、材料和建造等符合职业健康安全要求。②有对设施设备(包括个体防护装备)管理的政策和程序,包括设施设备的完好性监控指标、巡检计划、使用前核查、安全操作、使用限制、授权操作、消毒灭菌、禁止事项、定期校准或核查、定期维护、安全处置、运输、存放等内容。③应定期监测作业环境中有害物质的浓度。④应有专业的工程技术人员负责(可以分包)维护机构的设施。⑤应有机制保证可以及时维修设施的故障。⑥应定期维护和保养设施,根据需要,备有充足的配件。⑦应根据设施的特征制订巡检计划,明确巡检周期和核查表。⑧应追踪实验动物设施的发展趋势,考虑不断改进和提高设施的性能。

(2)设备检查与性能保证　①在投入使用前应核查并确认设备的性能可满足机构的安全要求和相关标准。②应明确标示出设备中存在危险的部位。③设备应由经过授权的人员依据制造商的建议操作和维护,现行有效的使用和维护说明书应便于有关人员使用。④每次使用前或使用中应根据监控指标确认设备的性能处于正常工作状态,并记录。⑤应制定在发生事故或溢洒(包括生物、化学或放射性危险材料)时,对设施设备去污染、清洁和消毒灭菌的专用方案。⑥设备维护、修理、报废或被移出机构前应先去污染、清洁、消毒或灭菌，应明确维护人员是否需要穿戴适当的个体防护装备。⑦应在设备的显著部位标示出其唯一编号、校准或核查日期、下次校准或核查日期、准用或停用状态。⑧应停止使用并安全处置性能已显示出缺陷或超出规定限度的设备。⑨无论什么原因，如果设备脱离了机构的直接控制，当该设备返回后，应在使用前对其性能进行核查并记录。⑩应维持设备的档案，适用时，内容应至少包括：A. 制造商名称、型式标识、系列号或其他唯一性标识；B. 验收标准及验收记录；C. 接收日期和启用日期；D. 接收时的状态（新品、使用过、修复过等）；E. 当前位置；F. 制造商提供的使用说明或其存放处；G. 维护记录和年度维护计划；H. 校准（包括核查）计划和记录；I. 任何损坏、故障、改装或修理记录；J. 服务合同；K. 预计更换日期或使用寿命；L. 安全检查记录。

(3)员工能力培训、行为规范　①应保证机构内承担职业健康安全职责的所有人员具有相应的工作能力，并规定对其教育、培训和能力胜任的要求。②培训内容和方式应适合于员工和来访者的职责、能力及文化程度以及面临风险的特征。③应告知员工和来访者将面临的所有风险和对其的相应要求，要求其理解并执行风险评估和控制规范文件，达不到机构要求者不应进入或不应从事相关活动。④应要求员工（包括来访者）不从事不了解或风险不可控的活动。⑤应制定在缺乏规范时从事相关工作的政策和程序。

(4)个体防护装备　①应根据风险特征，备有充足的个体防护装备供员工（包括来访者）使用。②应制定作业文件以指导相关人员正确选择和使用个体防护装备。③在需要使用个体防护装备的区域应有醒目的提示标识。④需要时，应清洁、消毒和维护个体防护装备。⑤需要废弃个体防护装备时，应考虑其可能携带的危险物质并采取适宜的方式处置。⑥如果使用个体呼吸保护装置，应做个体适配性测试，每次使用前核查并确认符合佩戴要求。

四、应急准备和响应

实验动物机构应评价影响职业健康安全的潜在紧急情况，并制定有效的响应程序。根据（GB/T 45001—2020/ISO 45001—2018)《职业健康安全管理体系——要求及使用指南》进行应急准备和响应时，机构应：①针对紧急情况建立所策划的响应，包括提供急救；②为所策划的响应提供培训；③定期测试和演练所策划的响应能力；④评价绩效，必要时（包括在测试之后，尤其是在紧急情况发生之后）修订所策划的响应；⑤与所有工作人员沟通并提供与其义务和职责有关的信息；⑥与承包方、访问者、应急响应服务机构、政府部门、当地社区（适当时）沟通相关信息；⑦必须考虑所有有关相关方的需求和能力，适当时确保其参与制定所策划的响应。

实验动物机构制定突发事件应急处置措施应依据《中华人民共和国突发事件应对法》《中华人民共和国动物防疫法》《中华人民共和国生物安全法》《病原微生物实验室生物安全管理条例》《北京市实验动物管理条例》《北京市突发事件总体应急预案》《北京市突发重大动物疫情应急预案》等文件，重点宜为对人身伤害和健康损害的预防，以及使人员对紧急情况下的有害暴露的职业健康安全后果最小化。注重加强应急培训和实战演练，及时有效地处置实验动物机构潜在紧急情况的危害及影响。

（一）突发灾难性事件应急处置措施

突发实验动物灾难性事件主要指实验动物设施运行过程中突发的资源条件中断、地震、火灾、水灾、台风等灾难性事件。应对紧急疏散通道、标示、应急照明灯、火灾自动报警器、消火栓、灭火器等消防设施定期进行校验和维护，发现故障及时排除，不得自行改动或拆卸。平时提高防灾和减灾意识，通过宣传教育和演练，让从业人员熟悉掌握人员逃生、消防设备使用等应急方法，一旦发生灾害性突发事件，从业人员要能够及时实施应急方案，从而有效避免灾害性突发事件所引发的人员、动物伤亡和设施、财产损失。

（二）突发实验动物传染性疾病事件处置措施

动物发生传染性疾病可导致动物质量下降、影响实验结果、死亡，甚或引起人畜共患病。平时必须做好实验动物的质量控制、人员和物品的消毒控制、空气和内环境的净化控制等日常性工作。设施内一旦发生疑似传染性疾病，应立即启动应急预案，及时上报北京市实验动物管理办公室，将患病动物所在的区域隔离，并进行及时诊断工作。对整个设施进行带动物、物品进行消毒净化，对有关人员进行健康监护并实施必要的预防或治疗措施。针对烈性和非烈性传染病采取不同级别控制措施。

（三）实验动物操作相关事件应急处置措施

针对感染性材料溢洒、感染性材料污染皮肤伤口、感染性材料吸入、皮肤或黏膜锐器损伤、防护用品被污染、感染性材料包装破裂、动物咬伤抓伤、感染性动物逃逸、动物感染实验时气溶胶意外暴露等意外事件采取相应应急设备以及处理措施。

（四）实验人员意外相关事件应急处置措施

包括实验动物从业人员身体或心理健康异常导致的突然晕倒、昏迷、情绪失控等，以及意外性滑倒、机械性损伤、防护装备失效、防护装备功能缺陷等事件，及时采取有效地处理措施。

（五）设施设备意外事件应急处置措施

采取应急措施应对突然停电、送排风系统故障、围护结构出现泄漏、高效过滤器泄漏、通信设施故障；压力蒸汽灭菌器、生物安全柜、离心机、培养箱、独立通风动物笼具、负压隔离动物笼具、气溶胶感染系统、正压呼吸面罩、正压防护服、生命支持系统、化学淋浴等设备出现故障。

（六）化学性、物理性意外应急处置措施

采取应急措施应对发生泄漏、灼伤、爆炸、中毒、烫伤、烧伤、冻伤、辐射、噪声、触电等事故。

（七）安保事件应急处置措施

采取应急措施应对感染性材料、生物性材料等被盗、被抢或丢失、运输过程发生泄漏、被恶意使用等事故。

第四节　实验动物从业人员个体防护与健康保健措施

实验动物从业人员的健康、安全和福利得到保障是实验动物机构职业健康安全管理体系建立的根本目的之一。在实验动物机构的管理中强调从业人员的职业健康和安全要求，不仅包括法律法规中界定的职业病类别，而从更广义的角度理解健康和安全，代表着我国的职业健康安全发展达到了新的高度，体现现代社会以人为本的管理理念。

《实验动物管理条例》第二十六条规定：实验动物工作单位对直接接触实验动物的工作人员，必须定期组织检查。对患有传染性疾病，不宜承担所做工作的人员，应当及时调换工作。《北京市实验动物管理条例》第十二条也规定：从事实验动物工作的单位，应当采取防护措施，保证从业人员的健康与安全，组织从业人员每年进行身体检查，及时调整健康状况不宜从事实验动物工作的人员。（GB/T 45001—2020/ISO 45001—2018）《职业健康安全管理体系——要求及使用指南》和（CNAS-CL06：2018）《实验动物饲养和使用机构质量和能力认可准则》均明确规定，机构应提供充足的个体防护装备供员工（包括来访者）使用；监护工作人员的健康是职业健康安全管理体系绩效评价的重要内容，应制订关于员工职业健康保健服务的政策和计划，符合国家法规的要求，应为每个员工建立职业健康安全档案并保存，定期进行较全面的健康检查，需要时为员工提供免疫计划，随时提供包括心理咨询、职业健康安全政策咨询在内的服务。

一、实验动物从业人员职业性危害及防护措施

实验动物领域职业暴露导致的健康安全问题，主要可分为生物性因素、化学因素、物理因素和心理因素四大类，机构和工作人员应预测到可能的危害因素，做好个人防护措施。

（一）生物性危害及防护措施

生物性危害包括人畜共患病原微生物、过敏原及与实验室感染相关的微生物气溶胶等。实验动物从业人员因接触实验动物而发生的实验动物过敏已成为常见的职业危害。动物产生的皮屑、毛发、粪便以及携带病原体等都是严重影响从业人员健康的主要过敏原。实验动物从业人员的过敏先兆症状主要有鼻炎、哮喘和荨麻疹等，严重的可发展成为实验动物从业人员的职业性气喘。实验动物从业人员在操作中不可避免地要接触各种动物的血液、体液或其他分泌物，而这些是最常见、又是最具有潜在性的危险因素。实验动物从业人员由于与患有疾病或携带有病原体的动物以及血液、体液等分泌物接触，或因接触感染病原体的动物实验室空气均可导致人畜共患病的发生。当前重要的人畜共患病包括狂犬病、流行性出血热、B病毒病、布鲁菌病、结核病、弓形虫病、沙门氏菌病、日本血吸虫病、流行性乙型脑炎等。动物实验引发的生物安全事件屡有发生，如2011年东北农业大学28名师生在动物实验过程中感染布鲁菌而染病，继而出现不同程度关节疼痛、全身乏力等症状。

因此，实验动物从业人员应该随时穿着保护性衣物，根据需要佩戴手套、手臂及头部保护装备、口罩、面罩、脸部保护镜片等，隔绝动物感染原对人的伤害。处理被污染的物品时一定要戴手套甚至双层手套防护，操作完毕彻底洗手。严格无菌技术，注意隔离制度，安全处理医疗废弃物。防护服及装备不应穿离危险物品工作区或动物区，离开工作区时应淋浴。

（二）化学危害及防护措施

实验动物机构典型的化学性危害来源于化学消毒剂、臭氧、麻醉废气和保存组织的化学试剂，以及动物废弃垫料和实验废弃材料等。实验动物机构会大量地消毒试剂、药品以及消毒设备用于环境因素控制过程。已知实验动物屏障环境常用的化学消毒剂有醛类消毒剂（甲醛）、烷基化气体消毒剂（环氧乙烷）、过氧化物类消毒剂（过氧乙酸、84消毒液）、季铵盐类消毒剂（新洁尔灭）及醇类消毒剂（乙醇）。接触化学物质会导致急性或慢性的健康影响。例如，化学消毒剂的频繁使用会对眼睛、皮肤以及呼吸道造成刺激，有引起咽喉炎、职业性哮喘的危险。特别是次氯酸钠、过氧乙酸对人的皮肤、眼睛、呼吸道和胃肠道刺激非常大，甚至对免疫功能也造成损伤。环氧乙烷、乙醇和甲苯等各种试剂会诱发细胞突变，具有致癌性。长时间接触紫外线消毒过程中产生的低水平臭氧可使人感到胸闷、气短和恶心，并可刺激眼睛黏膜和肺组织，破坏肺的表面活性物质，严重时可引起肺水肿和哮喘等。某些试验用药物，如他莫昔芬等抗肿瘤药物，多毒性较大。吸入麻醉在动物实验手术中广泛应用，术中麻醉废气可弥散到手术室空气中，造成手术室空气污染，对人体产生包括困倦、易激惹、抑郁、头痛、恶心和疲乏等短期危害，长期暴露会导致包括生殖系统毒性、肝脏毒性和致癌性等危害。大部分抗癌药物治疗剂量和中毒剂量非常接近，对人体的肿瘤组织及正常组织均有抑制作用，实验动物从业人员在接触抗癌药物时如不注意防护也会带来危害。

实验动物从业人员接触化学品和药品时，室内应有良好的通风设备，操作时应戴手套、口罩或护目镜等，严格遵守操作规程，准确操作，及时加盖。如不慎将化学消毒剂溅到皮肤或眼睛里，应立即用清水冲洗干净。废液瓶和注射器放入固定容器。

（三）物理危害及防护措施

实验动物从业人员工作过程中的物理危害主要包括放射线危害、噪声危害、动物咬伤以及针刺伤、锐器伤和重物搬运等机械损伤。

1. 针刺伤、锐器伤和动物咬伤危害及防护措施

实验动物从业人员在实验过程中频繁与各种动物、注射器材及锐利器械接触。工作中大意或未按

标准的操作规程进行操作，或保定动物和操作不熟练，容易发生刺伤、锐器伤和动物咬伤，可能会造成血源性传播疾病的感染。

为避免上述危害，实验动物从业人员应该做好个人防护，穿戴手套、隔离服等。正确取放针头和锐器，注射完毕后立即将针头或锐器放入锐器盒内。拾取污染针头或其他锐器时要使用专用钳子或镊子，不可徒手处理破碎的玻璃器皿。如果发生针刺伤、锐器伤后，应立即由近心端向远端挤出伤口血液，用肥皂和流动水冲洗，再用碘酒或碘伏消毒伤口行敷料包扎，并及时就医，必要时抽血体检，接种破伤风、狂犬疫苗等。需按程序向上级主管部门上报备案，做好跟踪复查和治疗。

2. 放射线的危害及防护

紫外线照射广泛应用于实验动物手术室、检疫隔离室、超净工作台、屏障环境的缓冲间和传递窗等场所。实验动物的影像学检查，以及接触放射性药品如^{60}Co，均有可能受到放射线危害。当工作人员较长时间放射线照射，又缺乏相应防护时，可能出现全身不适、食欲不振、头晕、四肢无力、灼伤甚至诱导肿瘤的发生等严重问题。

因此，凡是从事放射性工作的人员必须了解放射防护的基本知识，经过放射防护考核合格后方可上岗。血红蛋白和白细胞偏低或过高、患有慢性肝肾疾病的人不得从事放射性工作。进入放射性同位素实验室，必须穿戴有相应防护功能的个人防护服。在放射性实验室内不得随意脱去内层工作服和工作鞋等，不得随意摘去口罩。放射区和非放射区的鞋不得通用。放射性工作人员佩戴个人剂量计，认真做好个人防护用品的保管、放射性监测和除污染工作，严格防止交叉污染。做好放射性废物处理，做好放射性沾染的清除。凡人员体表、个人防护用品、实验用品、地面和墙面等受到放射性沾染，都必须清除直到低于表面沾染水平控制值，并达到尽可能低的水平，不致发生污染转移和扩散。定期对其与放射病有关的生理指标进行监测，发现问题立刻停止接触放射性工作并进行及时治疗。

3. 噪声污染及防护

噪声污染主要来自于实验动物设施的风机、高压灭菌器、气溶胶消毒喷雾器、推车和压缩机等设备，以及实验室内的各种监护仪、麻醉机、高频电刀、电锯、吸引器等仪器。工作人员长时间在紧张和高噪声的环境中工作，可引起内分泌、心血管和听力系统的生理变化，如出现头痛、头晕、失眠、烦躁和听力下降等。进行噪声预防，一方面要提高建筑设施隔音能力、定期维护检修仪器设备减少不必要噪声的发生；另一方面要对实验工作人员提供个人防护用品如耳塞或耳罩等。

4. 搬运重物的危害及防护

实验动物从业人员工作中不可避免地需要搬运仪器设备、大动物以及饲料和水箱等重物，用力不当可发生急性的扭伤和磕伤等意外伤害，长期可能会使肌肉和关节过度负重，引发持续性损伤如腰肌劳损、腕管症候群、网球肘和滑囊炎等。为避免此类职业伤害，可开设抬举课程，培训运用工效学原理，合理用力减少腰背肌肉负荷等；机构有条件可配备自动化搬运设备，为工作人员配备关节护具。

（四）心理健康危害及防护措施

多项研究显示，实验动物从业人员的一般自我效能感水平较低，焦虑和抑郁水平均高于常人，这与实验动物从业人员的特殊工作性质有关。目前国内社会对实验动物从业人员工作的认可度和福利制度有待进一步提高，辅助实验或研究的实验动物从业人员往往得不到应有的尊重，使得他们对所从事的职业自信心不高，对自身职业认同感较差，甚至出现自卑等不良情绪。同时，职业性危险暴露对实验动物从业人员的心理健康造成较大影响。由于我国对实验动物从业人员职业健康关注起步较晚，未能及早重视这类高风险职业人群的职业伤害。如果实验动物从业人员在经历针刺伤、抓咬伤等职业伤害后，不能获得及时有效的心理疏导及护理，容易出现焦虑、抑郁等负面情绪。

实验动物行业管理层、机构管理者应重视从业人员职业健康和福利待遇，优化硬件设施和防护用具，努力提高实验动物从业人员的自我效能感来增强他们在工作中的自我防护水平。应加强对全体实验动物从业人员尤其是年轻资质的实验动物从业人员的职业健康安全培训与教育，推选具有扎实防护知识、熟练防护技能、良好群众基础的从业人员作为榜样开展经验交流，从而使大部分从业人员可通过直接经验和替代性经验的途径提高自身效能感，并进一步加强自身的职业防护水平。管理者应为从业人员提供合适的疏解压力、抒发情绪的途径，尤其是要对职业暴露者提供专业的心理辅导人员，引导其宣泄不良情绪，并密切重视从业人员的心理变化。

二、实验动物从业人员的职业健康监护

关心实验动物从业人员的健康并进行严格监护管理是遵循以人为本的管理原则、保障实验动物工作的基础，同时也是职业健康安全体系绩效评价的体现之一。应对每一个人建立职业健康安全医务监督检查登记制度，并有针对性地对上述危险因素做好防御工作。

《中华人民共和国职业病防治法》第二十条（四）规定：建立、健全职业卫生档案和劳动者健康监护档案；《工作场所职业卫生管理规定》第三十一条规定：用人单位应当按照《用人单位职业健康监护监督管理办法》的规定，为劳动者建立职业健康监护档案，并按照规定的期限妥善保存。职业健康监护档案应当包括劳动者的职业史、职业病危害接触史、职业健康检查结果、处理结果和职业病诊疗等有关个人健康资料。

根据（CNAS-CL06：2018）《实验动物饲养和使用机构质量和能力认可准则》，实验动物机构应：①制订关于员工职业健康保健服务的政策和计划，符合国家法规的要求。②应为每个员工建立职业健康安全档案并保存。③应根据机构的特点，识别职业危害特征，并定期监测。④应根据机构职业危害特征，安排员工健康检查的项目、参数和周期。通常，每年应对员工进行较全面的健康检查。⑤需要时应为员工提供免疫计划。⑥应为员工提供职业健康安全政策、知识和技能进培训，并随时提供相关的咨询服务，包括心理咨询。

实验动物从业人员在上岗前必须进行健康检查，确认没有传染病（含微生物和寄生虫）和其他影响工作的疾病者才能上岗。实验动物从业人员应保持个人清洁卫生。工作中定期健康检查时，发现健康状况不适于直接接触实验动物的人员，应及时调整工作岗位。每日上班前测量并记录体温，超过 37.5 ℃或有明显不适者不能进行传染性实验。有明显的过敏反应人员应考虑更换工作岗位。如果进行已知的传染性实验，要对工作人员进行特异性血清抗体检测并留存，以后要进行定期特异抗体检测，以便了解工作人员是否在工作中受到了感染。进行传染性特别是强传染性工作，有条件者要进行药物和血清抗体预防治疗或备用，有相应疫苗的要进行预防免疫。还要聘请或指定传染科专家对实验室工作人员进行医疗监督，一旦实验室感染能够及时发现并到指定医院或备用医疗病房进行有效治疗。

三、个体防护装备

个体防护装备（personal protective equipment，PPE）是从业人员为防御物理、化学、生物等外界因素伤害所穿戴、配备和使用的各种护品的总称（GB/T 11651—2008、GB 39800.1—2020）。可根据所进行工作的性质来选择着装和装备，减少操作人员暴露于气溶胶、喷溅物以及意外接种等危险。实验人员开展涉及病原微生物的实验活动，或者开展诸如样本采集、接触病人或者感染病原的动物等可能接触到病原微生物时必须要熟练穿戴、配备或者使用 PPE。

（一）常用的 PPE

PPE 按照防护部位进行分类，可分为手部防护用品（手套），头部防护用品（安全帽），呼吸器官防护用品（口罩、呼吸器），眼面部防护用品（眼镜、眼罩和面罩），听觉器官防护用品（耳塞、耳罩），躯干防护用品（手术服、围裙、连体防护服），足部防护用品（长筒胶靴、鞋套、防水靴套），防坠落用品（全身吊带、安全带）等。表 6-6 总结了常用的个体防护装备及功能。

实验服、隔离衣、连体衣、围裙：实验服最好应该能完全扣住。而长袖、背面开口的隔离衣、连体衣的防护效果要比实验服好，因此更适用于在实验动物设施、微生物学实验室以及生物安全柜中的工作。在必须对病毒、微生物、血液等生物学物质的溢出提供进一步防护时，应该在实验服或隔离衣外面穿上围裙。

护目镜、安全眼镜和面罩：要根据所进行的操作来选择相应的装备，从而避免因实验物品飞溅对眼睛和面部造成的危害。安全眼镜是制备屈光眼镜或平光眼镜配以专门镜框，将镜片从镜框前面装上，镜框用可弯曲的或侧面有护罩的防碎材料制成，但安全眼镜即使侧面带有护罩也不能对喷溅提供充分的保护。护目镜应该戴在常规视力矫正眼镜或隐形眼镜的外面来对飞溅和撞击提供保护。面罩(面具)采用防碎塑料制成，形状与脸型相配，通过头带或帽子佩戴。

防毒面具或 N95 口罩：当进行高度较高危险性的操作(如接触感染性物质，垫料倾倒)时，可以采用防毒面具或 N95 口罩来进行防护。根据危险类型来选择防毒面具或 N95 口罩。防毒面具中装有一种可更换的过滤器，可以保护佩戴者免受气体、蒸汽、颗粒和微生物的影响。过滤器必须与防毒面具的正确类型相配套。为了达到理想的防护效果，每一个防毒面具或 N95 口罩都应与操作者的面部相适合并经过适配性测试。具有一体性供气系统的配套完整的防毒面具可以提供彻底的保护。在选择和佩戴正确的防毒面具时，要听从专业职业卫生工作者等有医学相应资质人员的意见，并进行医学评估。有些单独使用的一次性防毒面具设计用来保护工作人员避免生物因子暴露。

手套：当进行实验室操作时，手可能被污染，也容易受到“锐器”伤害。在进行实验室一般性工作，以及在处理感染性物质、血液和体液时，应广泛使用乳胶、聚氯乙烯或丁腈材料的一次性手套。可重复使用的手套虽然也可以用，但必须注意一定要正确冲洗、摘除、清洁并消毒。

在操作完感染性物质、结束生物安全柜中工作以及离开实验室之前，均应该摘除手套并彻底洗手。用过的一次性手套应该与实验室的感染性废弃物一起丢弃。实验室或其他部门工作人员在戴乳胶手套，尤其是添加粉末的手套时，曾有发生皮炎及速发型超敏反应等变态反应的报道。应该配备替代加粉乳胶手套的品种。在进行尸体解剖等可能接触尖锐器械的情况下，应该戴不锈钢网孔手套。

表 6-6　实验动物从业人员常用个体防护装备

装备	避免的危害	安全性特征
实验服、隔离衣、连体衣	污染衣服	背面开口罩在日常服装外
塑料围裙	污染衣服	防水
长筒胶靴、鞋套、防水靴套	碰撞和喷溅	罩在鞋外，不露脚趾
护目镜	碰撞和喷溅	防碰撞镜片(必须有视力校正)侧面有护罩
安全眼镜	碰撞	防碰撞镜片(必须有视力校正)侧面有护罩
面罩	碰撞和喷溅	罩住整个面部，发生意外时易于取下
防毒面具	吸入气溶胶	包括一次性使用的、整个面部或一半面部空气净化的、整个面部或加罩的动力空气净化的以及供气的防毒面具
手套	直接接触微生物和划破	一次性乳胶、乙烯树脂或聚腈类材料

(二)PPE 的选用原则

通过适当的 PPE 使用可提高人员在有害环境中的个人安全。但是 PPE 不能取代良好的操作规范、良好的管理控制措施以及良好的工作环境。

选用 PPE 时，应首先就使用人员、操作的样本及实验活动情况进行风险评估，明确风险控制措施，确定需使用的 PPE。其次对应降低风险的措施，有针对性地选择 PPE，确定其可以降低或控制的风险。最后需进行 PPE 的适合性检查，包括：①屏障保护（穿透和渗透）；②耐受性；③质量（材质、舒适度、尺码、贴身度）；④便利性（方便使用）；⑤环境相容性（处置应安全、经济有效）；⑥测试和使用。防护服在测试满足必要要求后，应在实际工作条件下进行试用测试。

（三）不同级别实验室的个体防护要求及选择原则

1. BSL-1 实验室要求

进行有害材料操作，应戴手套、穿戴工作服。根据风险评估结果，必要时，如从液氮中取物品、超声处理、细胞破碎等需戴面屏、口罩或眼罩、耳部防护用品等。

2. BSL-2 实验室要求

除满足 BSL-1 实验室要求外，还需依据风险评估结果，佩戴诸如医用外科口罩或 N95 口罩以上医用防护口罩，穿实验室用工作服、后系带式手术服或医用防护服，必要时可佩戴双层手套。

3. BSL-3 实验室要求

BSL-3 实验室进行病原微生物实验操作时，PPE 包括 N95 或以上医用防护口罩、眼罩或防护面屏、一次性医用防护服、双层手套、一次性帽子、工作鞋、鞋套或靴套。必要时使用正压呼吸装置、防水围裙等。有特殊实验操作时可加戴其他防护用品。在外层医用防护服内，穿着可重复使用的工作服（如棉质长袖分体工作服）。

4. BSL-4 实验室要求

BSL-4 实验室可分为生物安全柜型实验室和防护服型实验室。在生物安全柜型 BSL-4 实验室中，PPE 一般与 BSL-3 实验室相同，包括 N95 或以上医用防护口罩、眼罩或防护面屏、一次性医用防护服、双层手套、一次性帽子、工作鞋、鞋套或靴套。必要时使用正压呼吸装置和防水围裙。有特殊实验操作时可加戴其他防护用品。在外层医用防护服内，穿着可重复使用的工作服（如棉质长袖分体工作服），不能穿个人衣物佩戴首饰，眼镜除外。防护服型 BSL-4 实验室中 PPE 主要包括正压防护服及生命支持系统等，在正压防护服内，必须穿工作服和佩戴手套，可根据风险评估结果，增加其他防护用品。

（四）PPE 的穿脱程序

1. 手套的穿脱

（1）穿戴。根据实验选择手套的种类，选择大小合适的手套，先用吹气法检查手套是否破损，手套袖筒要覆盖在防护服袖口的外面。必要时用胶带将手套袖筒粘在防护服袖口上。

（2）脱除。脱手套时污染面不可接触清洁面。实验活动中，必要时及时更换手套。

2. 口罩气密性检查、适合性检验和穿脱

（1）口罩气密性检查。正压检查法和负压检查法。

（2）口罩适合性检验。使用专用设备进行适合性检验。

（3）口罩穿脱。先做手部消毒，再进行穿脱。介绍两种口罩穿脱方式：①杯式口罩穿脱。口罩扣住下巴，上下头带戴到合适位置，双手食指从鼻夹中部开始往两侧按压，使鼻夹贴合鼻梁，进行气密性检查；脱口罩时先取下下头带。②折叠式口罩穿脱。先展开口罩形成杯状，其余与杯式口罩类似。

3. 防护服的穿脱

（1）一次性医用连体防护服

①穿戴。先选择型号，脱鞋，从双脚伸入穿上，然后是双臂，最后是头罩，拉上拉链，按下拉链，粘上拉链外部和颈部的防护胶条。

②脱除。原则是由内往外卷成一团，避免接触防护服里的衣物和身体。穿戴有防护手套的情况下先手部消毒后进行脱除，撕开防护胶条，拉下拉链，脱掉头罩后利用双手让防护服由里到外卷，从外部往下拉，边拉边卷，直到完全脱下。过程中要避免手部接触到防护服内的衣物或者身体的洁净区域。

(2)外科手术服

①穿戴。手臂伸入,系好颈部和腰部的系带,注意背后不应裸露。

②脱除。原则是由内往外卷成一团,避免接触手术服里的其他地方。双手交叉抓住对侧手术服的肩部,稍用力扯断系带,由内往外,由上到下卷成一团放置到垃圾桶。

4. 不同情况下 PPE 的穿脱顺序

全套 PPE 的穿脱顺序应根据所操作的病原微生物的风险评估结果来确定。根据接触到病原微生物概率的高低,确定不同 PPE 在不同区域受污染的可能性。脱除 PPE 应从污染可能性最大的开始,最需要保护部位的 PPE 最后脱除。脱除顺序与穿戴顺序基本相反。

参 考 文 献

北京实验动物信息网:https://baola. ilaims. com/.

北京实验动物行业协会．北京市实验动物行业从业人员培训考核管理办法[EB/OL],2020: 4. 1. https://baola. ilaims. com/Index/TZTG/33172.

北京市人民代表大会常务委员会．北京市实验动物管理条例[EB/OL],2021: 7. 30. https://www. beijing. gov. cn/zhengce/dfxfg/202107/t20210731_2453284. html.

蔡磊,李建军,余露军,等．诸氏鲻虾虎鱼封闭群遗传质量评价方法的建立[J]. 中国实验动物学报,2020(1): 10-16.

陈怀涛．兽医病理剖检技术与疾病诊断彩色图谱 [M]. 北京:中国农业出版社, 2021.

陈勤,杨萍,唐业忠．蛇类红外感知研究进展[J]. 生物学通报,2013,48(1):7.

陈振文．实验动物外科手术学[M]. 西安:第四军医大学出版社, 2012.

戴欣,李伟,李建中,等．蜥蜴生态毒理学研究进展[J]. 生态毒理学报,2016,11(1):103-110.

丁永芳,印鑫,庄子锐,等．斑马鱼在毒理学中的应用研究进展[J]. 中国实验动物学报,2020,3: 390-396.

董德刚,王万春,邓中平．蛇毒研究进展:从致命毒素到新药开发[J]. 药学学报,2020,55(9): 2019-2026.

窦如海．实验动物与动物实验技术[M]. 济南:山东科学技术出版社,2006.

杜凯, 芦鑫琳, 穆玉凤, 等．一款电子标识应用于小鼠的安全性分析[J]. 实验动物科学,2023, 40(4): 73-75.

格温多林·卡罗尔, (Gwendolyn L. Carroll). 小动物麻醉与镇痛[M]. 北京: 中国农业出版社, 2014.

国家标准化管理委员会．实验动物 福利伦理审查指南:GB/T 35892—2018 [S]. 北京:中国标准出版社,2019.

国家标准化管理委员会．实验动物 福利通则．GB/T 42011—2022 [S]. 北京:中国标准出版社,2022.

韩凌霞,孟兴,佟相慧,等．实验动物 SPF 鸡质量控制标准介绍[J]. 中国比较医学杂志,2019,29(3): 72-78.

韩凌霞,孟兴,佟相慧,等．实验用禽类动物种群(鸡、鸭)的建立与标准化[J]. 实验动物科技资讯,2019,8.

贺争鸣．2019 年国家实验动物种子中心(国家实验动物资源库)工作进展[J]. 国家实验动物专家委员会简报,2020.

贺争鸣．实验动物福利与动物实验科学[M]. 北京:科学出版社,2011.

胡梅．医疗器械临床前动物试验研究的要点[J]. 畜牧业环境,2021,94.

胡平, 雷莉辉．动物实验技术[M]. 北京:中国农业大学出版社, 2022.

胡忠军,王勇,郭聪,等．中国东方田鼠生物生态学研究进展,2006,22,12.

黄小琼, 郑玉连, 曾育培, 等．一种简单的实验动物编号标记方法试验筛选[J]. 中兽医学杂志, 2020(9): 3.

江勤芳, 匡德宣, 孙晓梅, 等．电子芯片在树鼩管理中的应用[J]. 实验动物科学, 2012, 29(6): 39-42.

雷忠萍,贺道华．果蝇饲养及保种技术[J]. 安徽农学通报,2023,29(20):58-60.

李根平,邵军石,李学勇,等．实验动物管理与使用手册．北京:中国农业大学出版社,2010.

李根平,邵军石,李学勇,等．实验动物管理与使用指南[M]. 北京:中国农业大学出版社,2010.

李厚达．实验动物学[M]. 北京:科学出版社,2022.

李厚达．实验动物学[M]. 北京:中国农业出版社,2003.

李建军,陈小曲,林忠婷,等．诸氏鲻虾虎鱼的形态与生长特性分析[J]. 实验动物与比较医学,2012,4(32):334-340.

李建军,余露军,蔡磊,等．诸氏鲻虾虎鱼实验动物化研究进展[J]. 中国实验动物学报,2018,26(4):493-498.

李凯彬,吴淑勤．水生实验用鱼:剑尾鱼[J]. 实验动物科技资讯,2018,52.

李学勇．实验动物设施运行管理指南[M]. 北京:科学出版社,2008.

李煜,敬海明,高珊．秀丽隐杆线虫在毒理学研究中的应用进展[J]. 毒理学杂志,2012,026(6):466-469.

廖力夫,贺争鸣,侯岩岩,等．灰仓鼠生物学特征及其应用[J]. 实验动物科学,2016,3.

刘恩岐,尹海林,顾为望．医学实验动物学[M]. 北京:科学出版社,2016.

刘新民, 陈善广, 秦川．动物行为实验方法学[M]. 北京: 中国轻工业出版社, 2023.

卢静．实验动物寄生虫学[M]. 北京:中国农业大学出版社,2016.

陆源,林国华,杨午鸣．机能学实验教程[M]. 2 版．北京:科学出版社,2010.

马达开，尹洧．实验室安全与风险评估常用方法讨论[J]．安全，2021,42(5)：36-39.
马小琴，徐鋆娴．实验动物从业人员职业危害及其防护研究进展[J]．中国职业医学，2014,41(6)：735-738.
美国兽医协会．美国兽医协会动物安乐死指南：2020 版[M]．卢选成，李晓燕，刘晓宇主译．北京：中国农业出版社，2022.
孟艺伟，赵燕秋，孟庆洲，等．秀丽隐杆线虫模型在抗衰老研究中的应用[J]．生物资源，2023,45(1)：9-15.
倪建泉．实验用果蝇的标准化[J]．国家实验动物专家委员会简报，2018,42.
潘琳．实验病理学技术图鉴 [M]．北京：科学出版社，2012.
秦川，谭毅．医学实验动物学[M]．3 版．北京：人民卫生出版社，2020.
邵奇鸣，窦木林．实验动物设施的职业健康管理体系的建立与实施初探[J]．中国比较医学杂志，2018，28(8)：1-6.
施华宏，朱静敏，朱攀，等．热带爪蟾(Xenopus tropicalis)胚胎在生态毒理学中的应用前景[J]．生态毒理学报，2014，9(2)：190-198.
宋志刚，刘芳，任晓楠，等．实验动物从业人员环境健康安全管理体系中生物安全培训的重要性[J]．中国比较医学杂志，2018，28(8)：7-10.
孙德明，李根平，陈振文，等．实验动物从业人员上岗培训教材[M]．北京：中国农业大学出版社，2011.
孙靖．实验动物学基础[M]．北京：北京科学技术出版社，2005.
孙靖．屏障设施运行与管理[M]．北京：军事医学科学出版社，2002.
谭毓治，周玖瑶．药理学实验指导[M]．北京：科学出版社，2012.
王德军，李昌煜．动物实验方法[M]．北京：科学出版社，2023.
王剑伟，曹文宣．中国本土鱼类模式生物稀有鮈鲫研究应用的历史与现状[J]．生态毒理学报，2017,12(2)：20-33.
魏玉．几种实验动物灌胃给药方法简介[J]．上海实验动物科学，2003，23(3)：180.
吴晟旻，张圣虎，吉贵祥，等．稀有鮈鲫作为水生模式生物的研究及探讨[J]．生态毒理学报，2017,12(6)：38-46.
吴端生，张健．现代实验动物学技术[J]．北京：化学工业出版社，2007.
吴端生．实验红鲫标准化研究与应用的现状及展望[J]．实验动物科学，2016,33(3)：56-60.
吴端生．实验红鲫标准化研究及应用的概况[J]．实验动物科技资讯，2018,54.
吴端生，刘娟，张朝晖．实验红鲫 C1HD 系遗传质量控制地方标准的研究[J]．中国比较医学杂志，2018,28(2)：124-128.
杨斐，胡樱．实验动物学基础与技术[M]．2 版．上海：复旦大学出版社，2019.
杨秀平．动物生理学实验[M]．北京：高等教育出版社，2009.
殷安国，匡德宣，李晓飞，等．树鼩模型在人类病毒性疾病研究中的应用进展[J]．中国实验动物学报，2014.
张辉，王志强，赵启阳，等．科技资源信息管理与开放共离[M]．北京：科学技术文献出版社，2020.
张玉霞，董雯雯，李峰，等．关于 SPF 鸭产业发展的思考与建议[J]．家禽科学，2023,45(10)：76-80.
张志雄．生理学[M]．上海：上海科学技术出版社，2006.
赵德明，杨利峰，周向梅．兽医病理学[M]．5 版．北京：中国农业出版社，2015.
赵德明．兽医病理学 [M]．北京：中国农业大学出版社，2012.
赵黎明．中国子午沙鼠形态地理变异及亚种分类研究[J]．兰州大学，2013.
赵明德．常用小型实验动物灌胃给药技术方法介绍[J]．泸州医学院学报，2004，27(3)：258-259.
郑丹阳，徐梦漪，李淑敏，等．斑马鱼模型在化妆品功效评价研究中的应用进展[J]．中国实验动物学报，2023(4)：541-548.
中国国家标准化管理委员会．PPE 配备的基本要求：总则：GB/T 29510－2013[S]．北京：中国标准出版社，2014：2.
中国国家标准化管理委员会．个体防护装备配备规范第 1 部分：总则：GB/T 39800.1－2020[S]．北京：中国标准出版社，2022：1.
中国国家标准化管理委员会．职业健康安全管理体系要求及使用指南：GB/T 45001－2020[S]．北京：中国标准出版社，2020：3.
中国国家认证认可监督管理委员会．动物实验人道终点评审指南：RB/T 173—2018[S]．北京：中国标准出版社，2018.
中国国家认证认可监督管理委员会．实验动物安乐死技术规范：RB/T 061—2021[S]．北京：中国标准出版社，2022.
中国国家认证认可监督管理委员会．实验动物福利和人员职业健康安全检查指南．RB/T 018—2019 [S]．北京：中国标准出版社，2019.
中国合格评定国家认可委员会．实验动物饲养和使用机构质量和能力认可准则：180301-CNAS-CL06：2018[S]．北京：中国标准出版社，2018：3.

中国实验动物信息网:https://www.lascn.net/.

中华人民共和国国家卫生健康委员会．工作场所职业卫生管理规定[EB/OL],2020：12.31. https://www.gov.cn/gongbao/content/2021/content_5595925.htm.

中华人民共和国科学技术部．中华人民共和国实验动物管理条例[EB/OL],2017：3.1. https://www.gov.cn/gongbao/content/2017/content_5219148.htm.

周淑佩,田枫,贾光．实验动物从业人员的职业安全及个人防护[J]. 实验动物科学，2013，30(1)：50-54.

周正宇,薛智谋,邵义祥,2012. 实验动物与比较医学基础教程[M]. 江苏:苏州大学出版社．

BOLUS H,CROCKER K,BOEKHOFF-FALK G,et al.,2020. Modeling Neurodegenerative Disorders in Drosophila melanogaster [J]. Int J Mol Sci. 21(9):3055.

Canadian Council On Animal Care, CCAC. Identification of Scientific Endpoints,Humane Intervention Points,and Cumulative Endpoints (2022).

CHOI T Y,CHOI T I,LEE Y R,et al.,2021. Zebrafish as an animal model for biomedical research [J]. Exp Mol Med. 53 (3):310-317.

EDQM. European Pharmacopoeia 11.5:Comparability of alternative analytical procedures [S]. 2024.

FLURKEY K,2009. The Jackson Laboratory Handbook on Genetically Standardized Mice[M]. Sixth Edition. The Jackson Laboratory,241-254.

GAO C,HAN L X,HAN J L,et al.,2015. Establishment of six homozygous MHC-B haplotype populations associated with susceptibility to Marek's disease in Chinese specific pathogen-free BWEL chickens,Infection,Genetics and Evolution. 29:15-25.

HEDRICH H J,2012. The Laboratory Mouse[M]. Second Edition. Academic Press,639-674.

HOWE K,CLARK M,TORROJA C F,et al.,2013. The zebrafish reference genome sequence and its relationship to the human genome[J]. Nature. 496 (7446):498-503.

Karl-Heinz Diehl, Robin Hull, David Morton,et al. A Good Practice Guide to the Administration of Substances and Removal of Blood, Including Routes and Volumes[J]. J. Appl. Toxicol, 2001,21: 15-23.

LIU L S,ZHAO L Y,WANG S H,et al.,2016. Research proceedings on amphibian model organisms [J]. Zoological Research, 37(4): 237-245.

MARKAKI M,TAVERNARAKIS N,2020. Caenorhabditis elegans as a model system for human diseases[J]. Current Opinion in Biotechnology, 63:18-125.

Mary M. Tomayko,C. Patrick Reynolds. Determination of subcutaneous tumor size in athymic (nude) mice[J]. Cancer Chemother Pharmacol,1989,24: 148-154.

MENEELY P M,DAHLBERG C L, Rose J K,2019. Working with worms: Caenorhabditis elegans as a model organism [J]. Current Protocols Essential Laboratory Techniques,19:e35.

MichaelBalls. 3R和仁慈准则[M]. 北京:科学出版社,2014.

National Institutes of Health ,NIH . Guidelines for Survival Bleeding of Mice and Rats (2015).

NC3Rs. Blood sampling: General principles. https://nc3rs.org.uk/3rs-resource-library/blood-sampling/blood-sampling-general-principles (accessed 10 December 2024).

PHIPPS L S, MARSHALL L, DOREY K, et al.,2020. Model systems for regeneration: Xenopus[J]. Development. 147 (6).

SCHARTL M,LU Y,2024. Validity of Xiphophorus fish as models for human disease [J]. Dis Model Mech. 17 (1): 1-14.

Shamoo A E , Resnik D B . Responsible Conduct of Research[M]. 3rd ed. New York: Oxford University Press,2015.

SUCKOW M A, HA F C, WILSON P L F P, et al.,2019. The Laboratory Rat[M]. 3ed. Academic Press: 157-179.

TEAME T,ZHANG Z,RAN C,et al.,2019. The use of zebrafish (Danio rerio) as biomedical models[J]. Anim Front. 9(3):68-77

USDA-APHZS Painful and Distressful Procedures Policy 11 AWA Section 2143 9 CFR,Part 2,Setlions 2.31 .

XU X Q, LAI R, 2015. The Chemistry and Biological Activities of Peptides from Amphibian Skin Secretions [J]. Chem. Rev. 115(4): 1760-1846.

YAMAGUCHI M,2018. (Ed.) Drosophila Models for Human Diseases [J]. Springer: Singapore,1076.